化学核心教程立体化教材系列

无机化学核心教程

（第二版）

徐家宁　张丽荣　王　莉
于杰辉　李国祥　杜金花　编

科学出版社
北　京

内 容 简 介

本书为化学核心教程立体化教材系列之一，适合 50～90 学时的无机化学和普通化学课程教学。

本书共 16 章，第 1～9 章为化学基础理论，第 10～16 章为无机元素化学。本书力图体现内容丰富、知识准确、可读性强、接近课堂、精炼取材的特色，既充分考虑无机化学知识内容的系统性，又避免篇幅过长而与教学计划的实际需求脱节。

本书可与《无机化学考研复习指导》(第二版)(徐家宁，科学出版社，2014)配合使用，既可作为综合性大学、师范院校及其他理工类院校无机化学和普通化学课程的教材或参考书，也可作为无机化学、普通化学等课程考研复习的参考书。

图书在版编目(CIP)数据

无机化学核心教程/徐家宁等编．—2 版．—北京：科学出版社，2015

化学核心教程立体化教材系列

ISBN 978-7-03-045631-1

Ⅰ．①无…　Ⅱ．①徐…　Ⅲ．①无机化学-高等学校-教材　Ⅳ．①O61

中国版本图书馆 CIP 数据核字(2015)第 215480 号

责任编辑：赵晓霞／责任校对：赵桂芬　张小霞

责任印制：徐晓晨／封面设计：陈　敬

科 学 出 版 社 出版

北京东黄城根北街16号

邮政编码：100717

http://www.sciencep.com

北京凌奇印刷有限责任公司 印刷

科学出版社发行　各地新华书店经销

*

2011 年 7 月第　一　版　开本：787×1092　1/16

2015 年 8 月第　二　版　印张：25 1/4　插页：1

2021 年 7 月第十二次印刷　字数：630 000

定价：59.00 元

(如有印装质量问题，我社负责调换)

第二版前言

《无机化学核心教程》自 2011 年出版以来，一些兄弟院校将其作为教材或参考书使用。根据广大读者的建议并针对教学实践中遇到的一些问题，我们组织几位编者对第一版教材进行补充和修改，编写了第二版。

《无机化学核心教程》(第二版)保持了第一版的特色：知识准确、可读性强、内容丰富、接近课堂、精炼内容、合理取材；在保持无机化学原理部分的篇幅基本不变的基础上，重点对元素部分内容进行补充和修改。

(1) 补充重要元素单质的制备或提炼；

(2) 补充常见化合物的主要用途；

(3) 补充生命必需元素生物功能的简要介绍；

(4) 重点补充铜锌副族和过渡元素单质和化合物的性质；

(5) 补充一些探讨性内容，如对 N_2O 成键的新认识，$(NH_4)_2CO_3$ 和 $(NH_4)_2S$ 溶液是否存在，$[Fe(NO)]^{2+}$ 中铁的氧化数的不同认识等。

教材内容的补充和修改使本书适用面更加宽泛，能够用于 50～90 学时的无机化学和普通化学课程的教学。主讲教师可根据教学要求对教学内容进行合理的取舍，保证无机化学知识的系统性和课程的完整性，在教学计划学时内把无机化学的重要知识点介绍给学生。

本书由于杰辉、王莉、张丽荣、徐家宁、李国祥、杜金花编写。感谢吉林大学化学学院无机化学教学组和无机化学实验教学组老师们的参与和支持，感谢内蒙古科技大学化工学院老师们的参与和支持，感谢科学出版社对本书出版的大力支持和鼓励。

由于编者水平所限，疏漏和不妥之处在所难免，诚请广大读者批评指正，使本书得以不断完善。

徐家宁

2015 年 6 月于吉林大学化学学院

第一版前言

无机化学是化学及相关学科必修的第一门化学基础课程，也是后续化学课程的基础。近几年，随着高等教育事业的飞速发展和教学改革的逐步深入，各高等学校相继对本科生培养方案和教学计划进行了调整，无机化学教学内容在深度和广度上都发生了很大变化。为了适应教学的需要，无机化学主讲教师必须对无机化学教学内容进行合理的取舍，既要保证无机化学知识的系统性和课程的完整性，又要在教学计划学时内完成无机化学教学任务。本书是为50～80学时的无机化学课程编写的教材，主讲教师可根据教学计划合理地进行取舍。

参加本书编写的都是无机化学教学第一线的骨干教师，承担过无机化学、无机与分析化学、普通化学、无机化学实验等课程的教学，有着丰富的教学经验。本书力图体现知识准确、可读性强、接近课堂的特色，既充分体现无机化学知识内容的系统性，又避免篇幅过长而与教学计划脱节。我们着力为读者奉献一本内容丰富、取材合理的无机化学教材。

本书共16章，第1～9章为化学基础理论，力图用精练的文字深入浅出地将化学基础知识呈现出来，将中学化学中简单的理论知识与无机化学后续的分析化学、物理化学及结构化学知识相衔接；第10～16章为无机元素化学，以元素周期表中各族元素为单元，详细地阐述了各元素及相关化合物的性质，将丰富的无机化学元素知识呈现给读者。

本书可与《无机化学考研复习指导》(徐家宁，科学出版社，2009年)配合使用，既可作为综合性大学、师范院校及其他理工类院校无机化学课程的教材或参考书，也可作为无机化学、普通化学等课程考研复习的参考书。

本书由徐家宁主编。参加编写的人员有：王莉(第1、9章，附录)，于杰辉(第2、3、4、13、14章)，徐家宁(第5、6、12、15、16章)，张丽荣(第7、8、10、11章)，最后由徐家宁统一修改、补充、定稿。

由于编者水平所限，疏漏和不妥之处在所难免，诚请广大读者批评指正，使本书在重印时进一步完善。

徐家宁
2011年5月于吉林大学化学学院

目　　录

第1章 化学基础知识

1.1 气体
- 理想气体
- 实际气体
- 气体分压定律
- 气体扩散定律
- 气体的液化

1.2 液体
- 溶液的浓度
- 液体的气化与凝固
- 稀溶液的依数性

1.3 固体
- 固体的种类和性质
- 晶体的种类

气体、液体和固体是物质常见的三种存在状态。气体的性质比较简单，人们对其研究得最早。

1.1 气　　体

1. 气体状态方程：理想气体状态方程 $pV=nRT$；实际气体状态方程 $\left[p+a\left(\frac{n}{V}\right)^2\right](V-nb)=nRT$。

2. 气体分压定律

$$p=\sum p_i \qquad p_i=px_i$$

3. 气体扩散定律

$$\frac{u_A}{u_B}=\sqrt{\frac{\rho_B}{\rho_A}}$$

描述气体的物理量有压强 p、体积 V、温度 T 和物质的量 n。压强 p 的单位为 Pa（帕斯卡，$1\ Pa=1\ N\cdot m^{-2}$），体积 V 的单位为 m^3（立方米），温度 T 的单位为 K（开尔文），物质的量 n 的单位为 mol（摩尔）。

1.1.1 理想气体

1. 理想气体的概念

理想气体是在实际气体的基础上抽象出的理想化模型，是忽略了气体分子之间的引力和气态分子所占体积的气体。也就是说，理想气体分子之间、分子与器壁之间所发生的碰撞没有能量损失，气体体积可无限压缩。

真正的理想气体实际上并不存在，实际气体在高温、低压条件下的性质与理想气体非常相近，可近似看作理想气体。

2. 理想气体状态方程

理想气体的压强 p、温度 T、体积 V、物质的量 n 之间的关系式称为理想气体状态方程

$$pV=nRT$$

式中，R 为摩尔气体常量（$R=8.314\ Pa\cdot m^3\cdot mol^{-1}\cdot K^{-1}=8.314\ J\cdot mol^{-1}\cdot K^{-1}$）。

在不同条件下，理想气体状态方程有不同的表达形式。

当 n 一定时，符合关系式

$$\frac{p_1V_1}{T_1}=\frac{p_2V_2}{T_2}$$

当 n、T 一定时，符合波义耳(Boyle)定律

$$p_1V_1=p_2V_2$$

当 n、p 一定时，符合盖·吕萨克(Gay-Lussac)定律

$$\frac{V_1}{T_1}=\frac{V_2}{T_2}$$

当 T、p 一定时，符合阿伏伽德罗(Avogadro)定律

$$\frac{n_1}{n_2}=\frac{V_1}{V_2}$$

将 $n=\frac{m}{M}$，$\rho=\frac{m}{V}$ 代入理想气体状态方程，可求气体的摩尔质量

$$M=\frac{mRT}{pV}=\frac{\rho RT}{p}$$

式中，m 为气体的质量；ρ 为气体的密度。

【例1-1】 在298 K和101.3 kPa时，气体A的密度为1.80 $g \cdot dm^{-3}$。求：

(1) 气体A的摩尔质量；

(2) 将密闭容器加热到400 K时容器内的压强。

解 (1) 由理想气体状态方程 $pV=nRT$ 的导出公式，得气体A的摩尔质量

$$M=\frac{\rho RT}{p}=\frac{1.80\times10^3\ g\cdot m^{-3}\times8.314\ Pa\cdot m^3\cdot mol^{-1}\cdot K^{-1}\times298\ K}{1.013\times10^5\ Pa}$$
$$=44.02\ g\cdot mol^{-1}$$

(2) 由理想气体状态方程 $pV=nRT$，若 n 和 V 不变，得

$$\frac{p_1}{T_1}=\frac{p_2}{T_2}$$

则400 K时容器内的压强为

$$p_2=\frac{p_1T_2}{T_1}=\frac{1.013\times10^5\ Pa\times400\ K}{298\ K}=1.360\times10^5\ Pa$$

1.1.2　实际气体

当气体分子之间的相互引力和气体分子自身的体积不可忽略时，理想气体状态方程不再适用。可通过对理想气体状态方程的修正，使之适用于实际气体。

当理想气体分子之间的相互引力不可忽略时，实际气体分子与器壁碰撞所产生的压强 p 要比相同物质的量的理想气体的压强 $p_{理}$ 小，需加上修正项 $p_{修}$。

$$p_{理}=p+p_{修}$$

研究表明，修正项 $p_{修}$ 与 n^2 成正比，与 V^2 成反比。

$$p_{理}=p+a\left(\frac{n}{V}\right)^2$$

而当实际气体分子自身的体积不可忽略时，只有从实际气体的体积 V 减去其分子自身的体积，才能得到相当于理想气体的自由空间(即气体分子可以自由运动且体积可以无限压缩)。分子自身的体积与气体的物质的量 n 成正比，所以

$$V_{理}=V-nb$$

将以上修正项代入理想气体状态方程，得实际气体的状态方程

$$\left[p+a\left(\frac{n}{V}\right)^2\right](V-nb)=nRT$$

实际气体的状态方程是范德华(van der Waals)提出来的，故称为范德华方程。式中，a 和 b 为气体的范德华常量，显然不同气体的范德华常量不同。

1.1.3 气体分压定律

1. 分压与分体积

由两种或两种以上气体混合形成的气体称为混合气体，组成混合气体的每一种气体都称为该混合气体的组分气体。对于整个混合气体应该满足

$$pV=nRT$$

当某组分气体 i 单独存在并占有总体积时所具有的压强，称为该组分气体的分压，用 p_i 表示，则

$$p_iV=n_iRT$$

式中，V 为混合气体所占有的体积；n_i 为某组分气体的物质的量。

当某组分气体 i 单独存在且具有总压 p 时所占有的体积，称为该组分气体的分体积，用 V_i 表示，则

$$pV_i=n_iRT$$

2. 摩尔分数

某组分气体的物质的量占混合气体物质的量的分数称为摩尔分数，用 x_i 表示。

$$x_i=\frac{n_i}{\sum n_i} \quad 或 \quad x_i=\frac{n_i}{n}$$

由理想气体状态方程可知，当 p、T 一定时，混合气体中某组分气体的摩尔分数等于体积分数（某组分气体的分体积占混合气体总体积的分数）。

$$x_i=\frac{n_i}{\sum n_i}=\frac{V_i}{\sum V_i}$$

3. 气体的分压定律

混合气体的总压等于各组分气体的分压之和，称为气体分压定律，也称道尔顿(Dalton)分压定律。

$$p=\sum p_i$$

将 $p_iV=n_iRT$ 除以 $pV=nRT$，得

$$\frac{p_i}{p}=\frac{n_i}{n}=x_i$$

即

$$p_i=px_i$$

这是气体分压定律的一个重要结论，即组分气体的分压等于总压与摩尔分数之积。

1.1.4 气体扩散定律

英国物理学家格拉罕姆(Graham)提出：同温同压下气体的扩散速率 u 与其密度 ρ 的平方根成反比。

$$\frac{u_A}{u_B}=\sqrt{\frac{\rho_B}{\rho_A}}$$

这就是气体扩散定律。

由

$$M=\frac{\rho RT}{p}$$

得

$$\rho=\frac{Mp}{RT}$$

将其代入气体扩散定律公式，得

$$\frac{u_A}{u_B}=\sqrt{\frac{M_B}{M_A}}$$

即同温同压下气体的扩散速率与摩尔质量的平方根成反比。

【例 1-2】 气体 A 的扩散速率约为甲烷气体的 2 倍，通过计算判断 A 是何种气体。

解 甲烷气体的摩尔质量为 16 g · mol^{-1}。

由 $\frac{u_A}{u_B}=\sqrt{\frac{M_B}{M_A}}$ 得气体 A 的摩尔质量为

$$M_A=M_{甲烷}\left(\frac{u_{甲烷}}{u_A}\right)^2=16\times\left(\frac{1}{2}\right)^2=4.0(\text{g}\cdot\text{mol}^{-1})$$

由气体 A 的摩尔质量判断，该气体为 He。

1.1.5 气体的液化

一般采用降温或加压的方法使气体液化。实验结果表明，当气体温度高于某一值时无论施加多大压力都不能使其液化。

通过加压能使某气体液化的最高温度称为该气体的临界温度，用 T_c 表示；达到临界温度时使气体液化所需要施加的最低压力称为该气体的临界压力，用 p_c 表示；在临界温度和临界压力下 1 mol 气体所占有的体积称为该气体的临界体积，用 V_c 表示。气体同时处在临界温度和临界压力时的状态称为临界状态。

临界状态是物质的一种特殊存在形式，此时气、液同性，状态不分，往往具有非常规的性质。人们利用临界状态的特殊性质，合成一些在通常情况下难以合成的物质，提取、分离一些在通常情况下难以提取的物质。

1.2 液　　体

核心内容

1. 溶液浓度常用的表示方法：物质的量浓度，质量摩尔浓度，质量分数，摩尔分数。

2. 拉乌尔定律

$$p=p^* x_{剂}$$

3. 稀溶液的依数性包括蒸气压的降低($\Delta p=kb$)，沸点升高($\Delta T_b=k_b b$)，凝固点降低($\Delta T_f=k_f b$)和渗透压($\Pi V=nRT$)。

液体具有流动性，有确定的体积，但没有固定的外形和显著的膨胀性。液体中溶入其他物质则形成溶液。

1.2.1 溶液的浓度

1. 物质的量浓度

1 dm^3 溶液中含有溶质的物质的量称为该溶质的物质的量浓度，也称为体积摩尔浓度，其单位为 $mol \cdot dm^{-3}$，有时也用 $mol \cdot L^{-1}$ 表示。物质 A 的物质的量浓度用符号 $c(A)$、c_A 或[A]表示。本书采用[A]表示物质的量浓度。

2. 质量摩尔浓度

1000 g 溶剂中含有溶质的物质的量称为该溶质的质量摩尔浓度，用符号 b 表示，其单位为 $mol \cdot kg^{-1}$。则溶液的质量摩尔浓度为

$$b_{质} = \frac{n_{质}}{m_{剂}/1000}$$

式中，$n_{质}$ 为溶质的物质的量；$m_{剂}$ 为溶剂的质量，单位 g。

3. 质量分数

溶质的质量 $m_{质}$ 与溶液的质量 m 之比称为溶质的质量分数，用符号 w 表示。

$$w_{质} = \frac{m_{质}}{m}$$

显然，固体混合物也可以计算质量分数。

4. 摩尔分数

溶液中溶质的物质的量 $n_{质}$ 与溶液的总物质的量 n 之比，称为溶质的摩尔分数，用符号 $x_{质}$ 表示。

$$x_{质} = \frac{n_{质}}{n} = \frac{n_{质}}{n_{质} + n_{剂}}$$

同样，溶剂的摩尔分数为

$$x_{剂} = \frac{n_{剂}}{n} = \frac{n_{剂}}{n_{质} + n_{剂}}$$

显然

$$x_{质} + x_{剂} = 1$$

5. 浓度换算

若溶液的密度已知，即可进行体积摩尔浓度与质量分数之间的换算。在同样的基础上，也可进行体积摩尔浓度与质量摩尔浓度之间的换算，以及质量摩尔浓度与质量分数之间的换算。

对于稀溶液 $x_{剂} \gg x_{质}$，所以

$$x_{质} + x_{剂} \approx x_{剂}$$

即

$$x_{质}=\frac{n_{质}}{n_{质}+n_{剂}}\approx\frac{n_{质}}{n_{剂}}$$

对于稀的水溶液，若溶剂水为 1000 g，则有

$$n_{剂}=\frac{1000\ \text{g}}{18\ \text{g}\cdot\text{mol}^{-1}}=55.56\ \text{mol}$$

则其质量摩尔浓度与摩尔分数之间的关系近似为

$$x_{质}=\frac{b}{55.56}$$

即稀溶液中，溶质的摩尔分数与其质量摩尔浓度成正比。可以写成

$$x_{质}=k'b$$

【例 1-3】 将 36.5 g 氯化氢溶于 63.5 g 水中，求溶液中氯化氢的质量分数、摩尔分数和质量摩尔浓度。

解 溶液的质量为

$$36.5\ \text{g}+63.5\ \text{g}=100\ \text{g}$$

则溶质氯化氢的质量分数为

$$w_{HCl}=\frac{m_{HCl}}{m}=\frac{36.5\ \text{g}}{100\ \text{g}}=0.365$$

溶质氯化氢的物质的量为

$$n_{HCl}=\frac{m_{HCl}}{M_{HCl}}=\frac{36.5\ \text{g}}{36.5\ \text{g}\cdot\text{mol}^{-1}}=1.00\ \text{mol}$$

溶剂水的物质的量为

$$n_{H_2O}=\frac{m_{H_2O}}{M_{H_2O}}=\frac{63.5\ \text{g}}{18\ \text{g}\cdot\text{mol}^{-1}}=3.53\ \text{mol}$$

溶液中氯化氢的摩尔分数为

$$x_{HCl}=\frac{n_{HCl}}{n_{HCl}+n_{H_2O}}=\frac{1.00\ \text{mol}}{1.00\ \text{mol}+3.53\ \text{mol}}=0.221$$

溶液中氯化氢的质量摩尔浓度为

$$b_{HCl}=\frac{n_{HCl}}{m_{H_2O}/1000}=\frac{1.00\ \text{mol}}{(63.5/1000)\text{kg}}=15.7\ \text{mol}\cdot\text{kg}^{-1}$$

1.2.2 液体的气化与凝固

1. 液体的气化

液体气化的方式有两种：蒸发和沸腾。液体的气化只在液体的表面进行，称为蒸发；液体的气化在液体的表面和内部同时进行，称为沸腾。

液体沸腾时，其饱和蒸气压与外界大气压相等。液体沸腾时的温度称为该液体的沸点，用 T_b 表示。

有时，将液体加热至沸点温度时，液体并没有沸腾，这种现象称为过热。过热现象经常导致温度过高而使液体暴沸，非常危险。因此，在进行蒸馏实验时需要加入少量沸石以避免液体的暴沸。

2. 饱和蒸气压

1) 纯溶剂的饱和蒸气压

在密闭容器中，纯溶剂分子的凝聚速度和蒸发速度相等时，体系达到动态平衡，蒸气的压强不再改变，此时的蒸气为饱和蒸气，所产生的压强称为该温度下的饱和蒸气压，用符号 p^* 表示。

饱和蒸气压与温度有关，温度升高则饱和蒸气压增大。例如，20 ℃时水的饱和蒸气压为 2338 Pa，25 ℃时水的饱和蒸气压为 3167 Pa，30 ℃时水的饱和蒸气压为 4242 Pa。

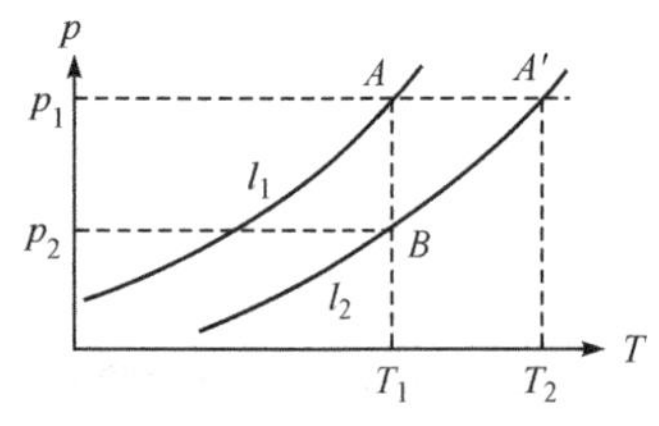

图 1-1　饱和蒸气压-温度图
l_1-纯溶剂的饱和蒸气压；
l_2-溶液的饱和蒸气压

2) 溶液的饱和蒸气压

单位时间内在溶液表面凝聚的分子数目与蒸发的分子数目相等时的蒸气压，称为溶液的饱和蒸气压。

非挥发性溶质溶解在溶剂中形成溶液，则溶液中部分表面被溶质占有。因此，在单位时间内溶液的表面所蒸发的溶剂分子数目小于纯溶剂蒸发的分子数目，平衡时蒸气的密度及压强都比纯溶剂时小。也就是说，溶液的饱和蒸气压 p 小于纯溶剂的饱和蒸气压 p^*，如图 1-1 所示。

3) 拉乌尔定律

拉乌尔(Raoult)根据大量实验结果总结得出：在一定温度下，稀溶液的饱和蒸气压 p 等于纯溶剂的饱和蒸气压 p^* 与溶剂在溶液中所占的摩尔分数 $x_{剂}$ 的乘积。

$$p=p^* x_{剂}$$

3. 液体的凝固

液体凝固为晶体时，在凝固过程中温度不变，该温度称为凝固点，用 T_f 表示。在这个温度下液体和固体的饱和蒸气压相等。液体凝固为非晶体时，在凝固过程中温度仍发生变化。

有时，将液体温度降至凝固点温度时，液体并没有凝固，这种现象称为过冷。过冷状态一经破坏，凝固的速度则非常快，会使晶体出现缺陷。

1.2.3　稀溶液的依数性

难挥发的非电解质稀溶液的某些性质只和溶液的浓度有关，称为稀溶液的依数性，包括蒸气压降低、凝固点(冰点)降低、沸点升高和渗透压。

溶液的依数性计算公式只适用于难挥发的非电解质稀溶液，对于浓溶液或电解质溶液来说，虽然仍有蒸气压降低、沸点升高、冰点降低和渗透压的现象，但定量关系不准确。

1. 蒸气压降低

溶液的饱和蒸气压比纯溶剂的饱和蒸气压低，对于稀溶液，符合拉乌尔定律

$$p=p^* x_{剂}$$

将 $x_{剂}=1-x_{质}$ 代入拉乌尔定律表达式，得

$$p=p^*(1-x_{质})$$

用 $\Delta p=p^*-p$ 表示稀溶液的饱和蒸气压的降低值，上式经整理得

$$\Delta p=p^{*}x_{质}$$

因此，拉乌尔定律可以描述为稀溶液饱和蒸气压的降低值与溶质的摩尔分数成正比。

将 $x_{质}=k'b$ 代入式 $\Delta p=p^{*}x_{质}$，并令 $p^{*}k'=k$（k 为常数）得

$$\Delta p=kb$$

即稀溶液饱和蒸气压的降低值与溶液的质量摩尔浓度成正比，这是拉乌尔定律的又一种表述形式。

2. 沸点升高

图1-2描述了水、水溶液和冰的饱和蒸气压随温度的变化。同一温度，水溶液的饱和蒸气压低于水的饱和蒸气压。373 K时，纯水的饱和蒸气压等于外界大气压（1.013×10^{5} Pa），则373 K为水的沸点。但373 K时溶液的饱和蒸气压小于外界大气压，即溶液未达到沸点，只有当温度升到高于373 K的 T_1 时溶液的饱和蒸气压才达到外界大气压，溶液才沸腾，即溶液的沸点比纯水的沸点高。

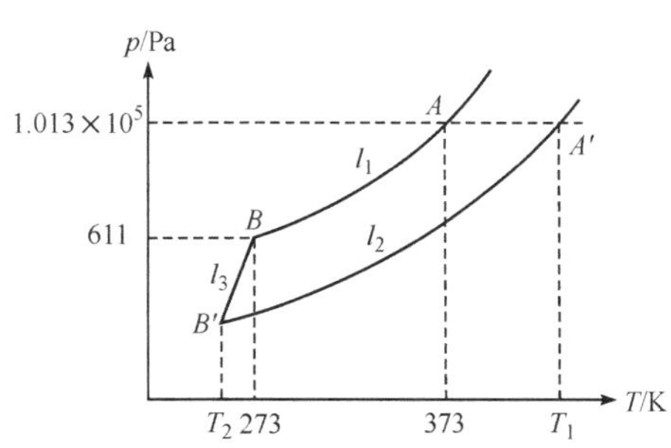

图1-2　水、水溶液和冰的饱和蒸气压-温度图

l_1-水；l_2-水溶液；l_3-冰

稀溶液的沸点升高值 ΔT_{b} 为溶液的沸点与纯溶剂的沸点 T_{b}^{*} 之差

$$\Delta T_{b}=T_{b}-T_{b}^{*}$$

实验结果表明，溶液沸点升高的数值和凝固点降低的数值均与溶液的饱和蒸气压的降低值（Δp）成正比，由于饱和蒸气压的降低值与质量摩尔浓度（b）成正比（$\Delta p=kb$），所以

$$\Delta T_{b}=k_{b}b$$

该式表明，难挥发的非电解质稀溶液的沸点升高数值与溶液的质量摩尔浓度成正比。式中，k_{b} 为沸点升高常数，其大小由溶剂的性质决定。例如，水的沸点升高常数为 $0.512\ \mathrm{K\cdot kg\cdot mol^{-1}}$，苯的沸点升高常数为 $2.53\ \mathrm{K\cdot kg\cdot mol^{-1}}$。

【例1-4】 将9.0 g葡萄糖溶于100 g水中，求该葡萄糖水溶液的沸点。已知水的沸点升高常数 $k_{b}=0.512\ \mathrm{K\cdot kg\cdot mol^{-1}}$，葡萄糖的摩尔质量为 $180\ \mathrm{g\cdot mol^{-1}}$。

解　葡萄糖溶液的质量摩尔浓度为

$$b=\frac{n_{糖}}{m_{水}/1000}=\frac{m_{糖}/M_{糖}}{m_{水}/1000}=\frac{9.0\ \mathrm{g}/180\ \mathrm{g\cdot mol^{-1}}}{(100/1000)\mathrm{kg}}$$
$$=0.50\ \mathrm{mol\cdot kg^{-1}}$$

葡萄糖溶液的沸点升高值为

$$\Delta T_{b}=k_{b}b=0.512\ \mathrm{K\cdot kg\cdot mol^{-1}}\times0.50\ \mathrm{mol\cdot kg^{-1}}=0.26\ \mathrm{K}$$

葡萄糖溶液的沸点为

$$T_{b}=373.16\ \mathrm{K}+0.26\ \mathrm{K}=373.42\ \mathrm{K}$$

3. 凝固点降低

由图1-2可知，水线（l_1）与冰线（l_3）相交于 B 点（温度273 K，压力611 Pa），则 B 点的温度为水的凝固点，也称为冰点。在凝固点温度时，水和冰的饱和蒸气压相等，但溶液饱和蒸气压低于冰的饱和蒸气压，即

$$p_{冰} > p_{溶液}$$

当溶液和冰共存时，冰要蒸发为气态，气态的水则凝结为液态，宏观上冰要融化为水进入溶液，或者说溶液此时尚未达到凝固点。只有当温度降到低于 273 K 的 T_2 时，冰线(l_3)和溶液线(l_2)相交，溶液的饱和蒸气压和冰的饱和蒸气压相等，此温度时溶液才开始结冰，达到溶液的凝固点。可见，水溶液的凝固点比纯水的凝固点低。

与稀溶液的沸点升高相似，难挥发的非电解质稀溶液的凝固点降低的数值 ΔT_f 与其质量摩尔浓度成正比

$$\Delta T_f = k_f b$$

式中，k_f 为凝固点降低常数，其大小与溶剂的性质有关。例如，水的凝固点降低常数为 $1.86\ K \cdot kg \cdot mol^{-1}$，苯的凝固点降低常数为 $4.9\ K \cdot kg \cdot mol^{-1}$。

4. 渗透压

在图 1－3 所示的 U 形管中央安装一个半透膜(溶剂分子能透过而溶质分子不能透过的膜)，在一侧注入蔗糖水溶液而在另一侧注入等高度的纯水。放置一段时间后，蔗糖水溶液的液面升高而纯水的液面降低。这种溶剂透过半透膜进入溶液的现象称为渗透。

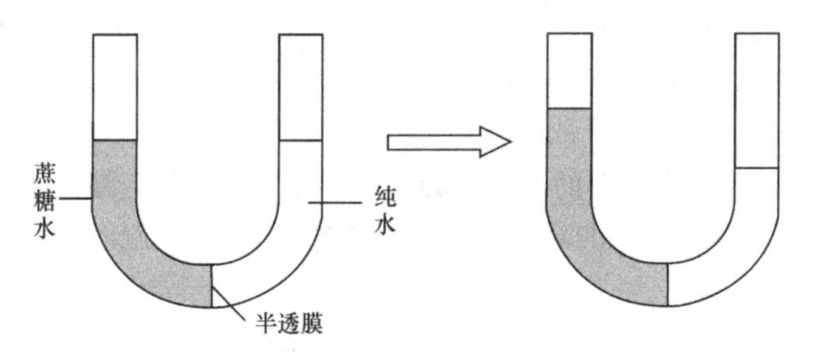

图 1－3　渗透现象示意图

产生渗透现象的原因是，单位时间内半透膜两侧透过的水分子数目不同。在蔗糖水溶液一侧，由于不能透过半透膜的蔗糖分子占有部分位置，因此单位时间内从蔗糖水溶液一侧进入纯水一侧的水分子数少于从纯水一侧进入蔗糖水溶液一侧的水分子数，蔗糖水溶液一侧的液面逐渐升高。随着渗透过程的进行，蔗糖水溶液一侧的液面逐渐升高，其静压升高使水分子从蔗糖水溶液一侧进入纯水一侧的速度逐渐加快。渗透进行到一定程度后，两侧透过半透膜的水分子的速度相同，达到平衡状态，两侧的液面高度不再发生变化。

范特霍夫(van't Hoff)提出，稀溶液的渗透压 Π 与溶液的物质的量浓度 c、温度 T 的关系和理想气体状态方程相似

$$\Pi = cRT$$

即

$$\Pi V = nRT$$

【例 1－5】 实验测得，人的血浆在 37 ℃时渗透压为 773 kPa，求人的血浆的凝固点。已知水的凝固点降低常数 $k_f = 1.86\ K \cdot kg \cdot mol^{-1}$。

解　由渗透压公式 $\Pi = cRT$ 得人的血浆的物质的量浓度为

$$c=\frac{\Pi}{RT}=\frac{773\times10^{3}\ \text{Pa}}{8.314\times10^{3}\ \text{Pa}\cdot\text{dm}^{3}\cdot\text{mol}^{-1}\cdot\text{K}^{-1}\times(273+37)\text{K}}$$
$$=0.30\ \text{mol}\cdot\text{dm}^{-3}$$

对于稀溶液 $b\approx c=0.30\ \text{mol}\cdot\text{kg}^{-1}$，则人的血浆的凝固点降低值为

$$\Delta T_{\text{f}}=k_{\text{f}}b=1.86\ \text{K}\cdot\text{kg}\cdot\text{mol}^{-1}\times0.30\ \text{mol}\cdot\text{kg}^{-1}$$
$$=0.56\ \text{K}$$

人血浆的凝固点为

$$T_{\text{f}}=273.16\ \text{K}-\Delta T_{\text{f}}=273.16\ \text{K}-0.56\ \text{K}$$
$$=272.6\ \text{K}$$

人们根据渗透压原理，利用增加外压实现反渗透进行海水的淡化处理。

1.3　固　　体

1. 固体分为晶体和非晶体。
2. 晶体有规则的外形，固定的熔点，有各向异性。
3. 晶体的四种基本类型：分子晶体、离子晶体、原子晶体和金属晶体。

固体有固定的形状和体积。在无外力作用时固体没有流动性，固体中质点(原子、分子或离子)的相互位置基本不变。

1.3.1　固体的种类和性质

按照固体中质点间排列的有序程度，可将固体分为晶体和非晶体。

晶体通常是由质点(原子、分子或离子)在空间按一定规律周期性重复排列构成的固态物质。晶体有规则的外形，形成规则的多面体；晶体有固定的熔点，加热至熔点温度后，体系的温度不再上升，直至晶体全部熔化；有些晶体有各向异性，其导热、导电、光折射、硬度等与晶体的取向有关，如石墨层内导电而层间不导电；晶体具有节理性，劈裂出现的新晶面与某一原晶面平行。

非晶体也称为无定形体，质点排列毫无规律，没有规则的外形。非晶体没有固定的熔点，加热时逐渐软化最后成为液体，有较宽的温度区间。非晶体各向同性。非晶体往往是温度下降速度较快凝固时物质的质点来不及进行有规则的排列造成的，所以非晶体属于不稳定的固体。

1.3.2　晶体的种类

根据晶体中质点的性质，可以将晶体分成四种基本类型，即分子晶体、离子晶体、原子晶体和金属晶体。

1. 分子晶体

分子晶体中有序排列的质点是分子。例如，冰中有序排列的质点都是 H_2O 分子，干冰中

有序排列的质点都是 CO_2 分子。

分子晶体中质点之间的结合力均为分子间作用力，这种结合力很小，所以分子晶体一般来说熔、沸点低，有的在室温下以气体形式存在，如 H_2、N_2、CO_2、H_2O、乙醇等。

分子晶体导电性较差，因为分子传递电子能力差。

2. 离子晶体

离子晶体中有序排列的质点是正离子和负离子。例如，在 MgO 晶体中有序排列的质点是 Mg^{2+} 和 O^{2-}。正、负离子间通过静电引力即离子键相结合，破坏离子晶体要破坏离子各个方向的作用力，因此离子晶体的熔、沸点较高。

离子晶体熔化后能够被电解而传递电子，因此能够导电。离子晶体溶于水后能够被电解或电解水时帮助平衡水中局部非电中性的电荷，故离子晶体的水溶液导电。

请注意，离子晶体导电的实质不是离子能够定向移动，而是电子的定向移动。电子的定向移动必须通过电解来实现。

离子晶体结构的相关内容将在第 6 章介绍。

3. 原子晶体

原子晶体中有序排列的质点是原子。例如，在金刚石中有序排列的质点是 C 原子，在石英中有序排列的质点是 Si 原子和 O 原子。

在原子晶体中，原子间都是以共价键相互连接的。由于共价键非常强，所以原子晶体的熔点高，硬度大，导电性差。

4. 金属晶体

金属晶体中有序排列的质点是金属原子。金属晶体的某些性质相差很大，如钠的熔点很低，质地很软；而钨的熔点很高，硬度大。这些差异是由金属键的强弱不同造成的。

金属晶体与原子晶体没有截然的界限，金属晶体可以看成原子晶体的特例，即原子晶体中的所有原子为金属原子时则成为金属晶体。砷在同族元素中熔点最高，一般认为砷是金属晶体，我们认为将砷看成原子晶体更为合适，只不过砷原子半径大，其硬度和熔点明显低于其他原子晶体。

金属晶体的成键和结构知识将在第 6 章介绍。

以上是最常见的晶体类型，这种区分也不是绝对的。例如，石墨就是一种混合型晶体，层间为分子间作用力，层内为共价键。

思 考 题

1. 试总结理想气体与实际气体的区别。
2. 在特定条件下理想气体状态方程都有哪些表示方法？
3. 实际气体状态方程相对于理想气体状态方程在哪些方面进行了修正？
4. 溶液的浓度主要有哪几种表示方法？
5. 溶液的依数性的条件限制有哪些？造成沸点升高和凝固点降低的根源是什么？
6. 晶体与非晶体的基本区别是什么？举例说明晶体的基本类型。

习　题

1. 下列实际气体中，哪种气体的性质最接近理想气体？为什么？

$$H_2, He, N_2, O_2, Cl_2, NO, CO_2, NO_2$$

2. 127℃时，体积为10.0 dm^3的密闭真空容器中充入1.0 mol H_2、0.5 mol O_2和分压为150 kPa的Ar。求：
   (1) 容器内混合气体的总压；
   (2) 在容器内以电火花引燃，使H_2和O_2发生反应直至完全，冷却至25℃，求此时容器中气体的总压(忽略水的蒸气压强)。
3. 在40℃时，使10.0 g氯仿($CHCl_3$)在真空容器中蒸发为气体，容器的体积应为多大？相同温度下，将101.3 kPa、3 dm^3空气缓慢通过足量的氯仿时，氯仿将失重多少？已知液态氯仿在40℃时的饱和蒸气压为49.3 kPa。
4. 在25℃和100 kPa时，于水面上方收集10 dm^3空气，然后将其压缩到200 kPa。已知25℃时水的饱和蒸气压为3167 Pa，求压缩后气体的质量和水蒸气的摩尔分数。
5. 在相同的温度和压强下，同时打开分别充有NH_3和气体A的长颈瓶瓶塞。一段时间后测得，盛有NH_3的气瓶减重0.17 g，盛有气体A的气瓶减重0.37 g。求气体A的相对分子质量。
6. 在25℃时，将C_2H_6和过量O_2充入2.00 dm^3氧弹中，压强为200 kPa。点燃并完全燃烧后将气体通入过量的$Ca(OH)_2$饱和溶液中，过滤、洗涤、干燥，得4.00 g沉淀。求原混合气体的组成($CaCO_3$的摩尔质量为100 $g \cdot mol^{-1}$)。
7. 将一定量的$KClO_3$加热分解，反应结束后固体质量减少0.64 g，生成的O_2用排水集气法收集。计算常温常压下所收集气体的体积(水的饱和蒸气压为3.17 kPa)。
8. 实验室欲配制1.0 dm^3浓度为2.5 $mol \cdot dm^{-3}$的H_2SO_4溶液，现已有300 cm^3密度为1.07 $g \cdot cm^{-3}$的10% H_2SO_4溶液，求向此H_2SO_4溶液补加密度为1.84 $g \cdot cm^{-3}$的98% H_2SO_4的体积。
9. 在一个密闭钟罩内有两杯水溶液，甲杯中含0.213 g尿素$CO(NH_2)_2$和20.00 g水，乙杯中含1.68 g非电解质A和20.00 g水，在恒温下放置足够长的时间达到平衡，甲杯水溶液总质量变为16.99 g。求A的相对分子质量。
10. 将0.100 dm^3 $CuSO_4$溶液蒸干后，得4.994 g水合晶体，再将其于300℃加热脱水至恒重，得3.192 g无水固体。已知$CuSO_4$的摩尔质量为159.6 $g \cdot mol^{-1}$。试确定水合硫酸铜晶体的化学式、原$CuSO_4$溶液的物质的量浓度。
11. 在密闭容器中放入2个容积为1 dm^3的烧杯，A杯中装有300 cm^3水，B杯中装有500 cm^3 10%的NaCl溶液。最终达到平衡时将会呈现什么现象？为什么？
12. 四氢呋喃、甘油、乙二醇和甲醇都可用作汽油防冻剂，你认为选用哪种物质更合适？简要说明原因。
13. 把一小块0℃的冰放在0℃的水中，另一小块0℃的冰放在0℃的盐水中，现象有什么不同？为什么？
14. 试判断下列各组物质中哪组制冷效果最好，并解释原因。

$$冰，冰+食盐，冰+CaCl_2，冰+CaCl_2 \cdot 6H_2O$$

15. 浓度相同的NaCl和$AlCl_3$溶液，哪种溶液的凝固点高？为什么？
16. 将3.24 g硫溶于40 g苯中，该苯溶液的沸点升高0.81 K，请给出硫在苯溶液中的分子式(已知苯的沸点升高常数$k_b = 2.53\ K \cdot kg \cdot mol^{-1}$)。
17. 将3.20 g某碳氢化合物溶于50 g苯中，溶液的凝固点下降了0.256 K。已知苯的凝固点降低常数为5.12 $K \cdot kg \cdot mol^{-1}$。
    (1) 求该碳氢化合物的摩尔质量；
    (2) 若上述溶液在20℃时的密度为0.920 $g \cdot cm^{-3}$，求溶液的渗透压。
18. 将0.570 g $Pb(NO_3)_2$溶于120 g水中，其凝固点为−0.080℃，相同质量的$PbCl_2$溶于100 g水中，其凝固点为−0.0381℃。通过计算试判断这两种盐在水中的解离程度。

第2章 化学热力学基础

化学热力学是用热力学的理论和方法研究化学反应，通过化学反应中能量变化解决化学反应进行的方向和进行的限度等问题。

化学热力学着眼于宏观性质的变化，不涉及物质的微观结构。运用化学热力学方法研究化学问题时，只需知道研究对象的起始状态和最终状态，而无需知道变化过程的机理。用化学热力学讨论变化过程没有时间概念，不能解决变化过程的速率问题。

化学热力学涉及的内容非常丰富，在无机化学中只能介绍化学热力学的最基本的概念、理论、方法和应用。

2.1　热力学第一定律

1. 理解体系和环境、状态和状态函数、过程和途径、体积功、热力学能、反应进度等概念的意义。

2. 可逆途径是一种特殊的途径，体系和环境可以按原路复原，体系从环境吸收的热量最多。以可逆途径完成过程需要时间无限长，速率无限慢，体系几乎一直处于平衡态。

3. 热力学第一定律的实质是能量守恒。功和热与途径有关。

2.1.1　热力学基本概念

1. 体系和环境

热力学上将研究的对象称为体系(或系统)，体系以外的其他相关部分称为环境。热力学将体系和环境加在一起称为宇宙。

体系和环境可根据具体研究对象和条件人为进行划分。例如，在实验台上的密闭容器中盛有 O_2、N_2 和 CH_4，点燃后发生反应

$$CH_4 + 2O_2 \xlongequal{} CO_2 + 2H_2O$$

则容器中的反应物 O_2、CH_4 及生成物 CO_2、H_2O 为体系，而密闭容器、实验台及实验台周围的空气、与实验台相接触的地面等为环境。N_2 既可以看成体系，也可以看成环境。

体系与环境之间可以有界面，也可以无界面。在上例中，若将 N_2 看成体系，则体系与环境之间有界面；若将 N_2 看成环境，则体系与环境之间无界面，但可以设计一个假想的界面，从分体积的概念出发，认为 N_2 的分体积属于环境，于是相当于有了体系与环境的界面。

按照体系与环境之间的物质和能量的交换关系，通常将体系分为三类。

(1) 敞开体系：体系与环境之间既有能量交换又有物质交换，如在烧杯中稀硫酸与锌粒发生反应。

(2) 封闭体系：体系与环境之间有能量交换但没有物质交换，如在密闭的金属容器中氧气与甲烷反应。

(3) 孤立体系：体系与环境之间既无物质交换，又无能量交换，如在密闭、保温的金属容器中氧气与甲烷反应。

2. 状态和状态函数

由一系列表征体系性质的物理量所确定的体系的存在形式称为体系的状态。这些确定体

系状态的物理量称为体系的状态函数。

例如，中学阶段常提及的理想气体的标准状况就是理想气体的一种状态，而确定了这一状态的物理量，如 $n=1$ mol、$T=273$ K、$p=1.013\times10^5$ Pa、$V=22.4$ dm^3 即为状态函数。

体系变化前的状态为始态，变化后的状态为终态。体系的始态和终态确定，则状态函数的改变量有确定值。如果物质的量改变量用 Δn 表示，温度的改变量用 ΔT 表示，压强的改变量用 Δp 表示，体积的改变量用 ΔV 表示，状态 1 为始态，状态 2 为终态，则

$$\Delta n=n_2-n_1, \Delta T=T_2-T_1, \Delta p=p_2-p_1, \Delta V=V_2-V_1$$

体系的状态一定，则状态函数一定(有确定值)；体系的一个或几个状态函数发生了变化，则体系的状态必然发生变化。

在描述体系状态的状态函数中，有些状态函数表示的体系的性质具有加和性，这些状态函数称为量度性质或广度性质，如体积 V、物质的量 n 等物理量。

而有些状态函数表示的体系的性质无加和性，这些状态函数称为强度性质，如温度 T、压强 p、密度 ρ 等物理量。

3. 过程和途径

体系的状态发生变化，从始态变到终态，则体系经历了一个热力学过程，简称过程。常见的热力学过程包括恒温过程、恒压过程、恒容过程和绝热过程。

恒温过程是指体系在变化过程中温度保持恒定的过程；恒压过程是指体系在变化过程中压强保持恒定的过程；恒容过程是指体系在变化过程中体积保持恒定的过程；绝热过程是指体系在变化过程中与环境之间无热量交换的过程。

状态函数只和体系的状态有关，体系的始态和终态一定，则确定体系状态的状态函数的改变量确定。据此，可以将等温过程定义为体系的始态和终态的温度相同的过程($\Delta T=0$)，等压过程为体系的始态和终态的压强相同的过程($\Delta p=0$)，等容过程为体系的始态和终态的体积相同的过程($\Delta V=0$)。也就是说，只需考察始态和终态的状态函数是否相同，而过程进行中状态函数是否发生变化并不重要。

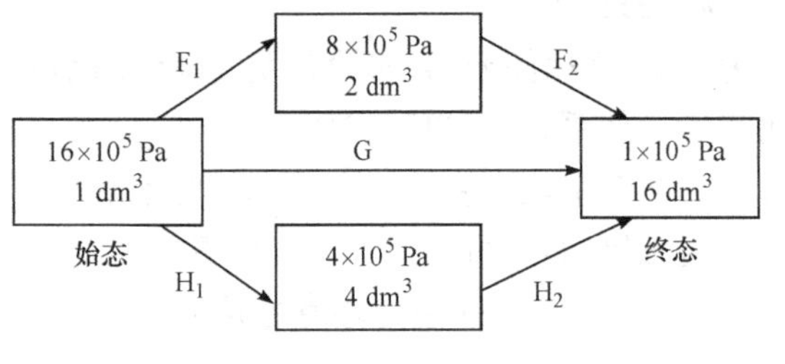

图 2-1　同一过程的三种不同途径

完成一个热力学过程可以采取不同的方式，这些具体的方式称为途径。

以理想气体在恒温条件下从 $p_1=16\times10^5$ Pa、$V_1=1$ dm^3 膨胀至 $p_2=1\times10^5$ Pa、$V_2=16$ dm^3 的过程为例，完成这样一个热力学过程可以采取多种不同的途径，图 2-1 表示的是其中的三种途径。

显然，过程与途径有着本质不同，过程只关心体系始态和终态，而途径则着重于实现过程的具体方式。

4. 体积功

化学反应过程中，经常发生体积变化。由体积变化造成环境对体系做的功称为体积功，一般用 W 表示。

如图 2-2 所示，用活塞将气体密封在圆柱形筒内，气体膨胀反抗外力 F 将活塞从位置Ⅰ推到位置Ⅱ，位移为 Δl。若忽略活塞自身的质量及其与筒壁间的摩擦力，则活塞抵抗外力 F

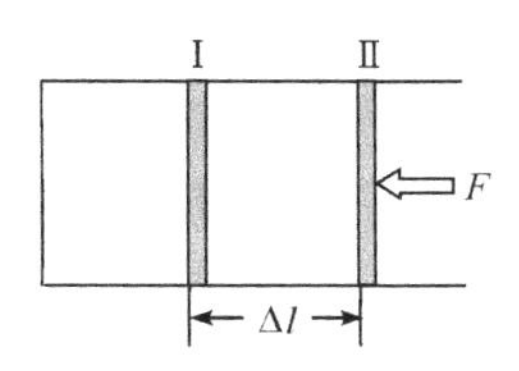

图2-2　体积变化做功示意图

做的功为

$$W=F\cdot\Delta l$$

设活塞的截面积为S，则有

$$W=\left(\frac{F}{S}\right)\cdot(S\Delta l)$$

式中，$\frac{F}{S}$恰好为体积膨胀时抵抗的外压p；$(S\Delta l)$为体积改变量ΔV。体系对环境做功，功为负值，所以

$$W=-p\cdot\Delta V$$

从上述体积功的定义式可知，若外压$p=0$或体积改变量$\Delta V=0$时，体积功$W=0$。在本章中所研究的体系及过程都是不做非体积功的，即体系变化过程所做的功全是体积功。

由p的单位Pa，ΔV的单位m^3，可以导出体积功的单位

$$Pa\cdot m^3=(N\cdot m^{-2})\cdot m^3=N\cdot m=J$$

因此，体积功的单位为J或kJ。

【例2-1】 理想气体在恒温条件下从$p_1=16\times10^5$ Pa、$V_1=1$ dm^3膨胀至$p_2=1\times10^5$ Pa、$V_2=16$ dm^3，过程按照图2-1的三种途径完成，求各途径的体积功。

解　理想气体膨胀，体系对环境做功，体积功为负值

$$W=-p\cdot\Delta V$$

(1) 途径F　先抵抗外压8×10^5 Pa膨胀，再抵抗外压1×10^5 Pa膨胀

$$W_F=[-8\times10^5\ Pa\times(2-1)\times10^{-3}\ m^3]+[-1\times10^5\ Pa\times(16-2)\times10^{-3}\ m^3]$$
$$=-2200\ J$$

(2) 途径G　抵抗外压1×10^5 Pa一次膨胀

$$W_G=-1\times10^5\ Pa\times(16-1)\times10^{-3}\ m^3=-1500\ J$$

(3) 途径H　先抵抗外压4×10^5 Pa膨胀，再抵抗外压1×10^5 Pa膨胀

$$W_H=[-4\times10^5\ Pa\times(4-1)\times10^{-3}\ m^3]+[-1\times10^5\ Pa\times(16-4)\times10^{-3}\ m^3]$$
$$=-2400\ J$$

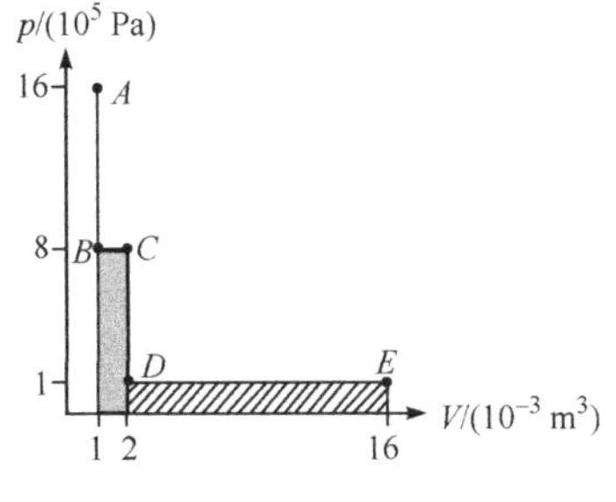

图2-3　用p-V图表示体积功

可见，体积功是与途径有关的物理量，不是状态函数，途径不同做功的数值可能不同。

体积功还可以用p-V图法求算。外压$p_{外}$对体系的体积V作图，得到的曲线称为p-V线。由理想气体恒温膨胀过程的p-V线下的面积可求得体积功。如图2-3所示。

图2-3所示由图2-1中的途径F作p-V线而得。A点表示始态，$V_1=1\times10^{-3}$ m^3，$p_1=16\times10^5$ Pa；E点表示终态，$V_2=16\times10^{-3}$ m^3，$p_2=1\times10^5$ Pa。折线$ABCDE$即是过程按途径F的p-V线。图中两坐标轴上物理量的单位的乘积为$10^5\ Pa\times10^{-3}\ m^3=1.0\times10^2$ J，故图中的单位面积代表1.0×10^2 J体积功。而p-V线下覆盖的面积（即图中阴影部分的面积）为

$$S=8\times(2-1)+1\times(16-2)=22\text{(单位面积)}$$

故图中阴影部分的面积代表 22×10^2 J 体积功。体积功的绝对值与 p-V 线覆盖的面积相一致，p-V 线覆盖的面积可以表示体积功 W 的绝对值，即表示体系对环境做的体积功。

5. 热力学能

热力学能也称内能，是体系内所有能量之和。热力学能包括分子或原子的动能、势能、核能、电子能等，以及一些尚未研究的能量，经常用 U 表示。

虽然体系的热力学能还不能求得，但是体系的状态一定时其热力学能是一个定值。因此，热力学能 U 是体系的状态函数。体系的状态发生变化，始态和终态确定，则热力学能变化量 ΔU 为定值。

$$\Delta U=U_{终}-U_{始}$$

热力学能是体系的量度性质，有加和性。

理想气体是最简单的体系，其热力学能只是温度的函数。若温度不变，则体系的热力学能不变，即体系热力学能改变量为零（$\Delta T=0$，则 $\Delta U=0$）。例如，理想气体恒温向真空膨胀，因为 $p=0$，所以 $W=0$；因为 $\Delta T=0$，所以 $\Delta U=0$。

6. 反应进度

设有化学反应

$$\nu_A\,A+\nu_B\,B = \nu_G\,G+\nu_H\,H$$

式中，ν 为各物质的化学计量数，是一种量纲为 1 的物理量。反应未发生时（$t=0$），各物质的物质的量分别为 n_{0A}，n_{0B}，n_{0G} 和 n_{0H}；反应进行到 $t=t$ 时，各物质的物质的量分别为 n_A，n_B，n_G 和 n_H。则 t 时刻的反应进度 ξ 定义式为

$$\xi=\frac{n_{0A}-n_A}{\nu_A}=\frac{n_{0B}-n_B}{\nu_B}=\frac{n_G-n_{0G}}{\nu_G}=\frac{n_H-n_{0H}}{\nu_H}$$

可见，反应进度可以描述为，反应物减少的物质的量或生成物增加的物质的量与反应式中各物质的化学计量数之比。

反应进度 ξ 的单位为 mol。反应进度可以是零、正整数、正分数，但不能为负数。用反应体系中任一物质来表示反应进度，在同一时刻所得的 ξ 值完全一致。

$\xi=1$ mol 表示从 $\xi=0$ 时算起，已经有 ν_A mol A 和 ν_B mol B 消耗掉，生成了 ν_G mol G 和 ν_H mol H。即按 ν_A 个 A 粒子和 ν_B 个 B 粒子为一个单元，已进行了 6.02×10^{23} 个单元反应。所以，当 $\xi=1$ mol 时，可以说进行了 1 mol 反应。可见，$\xi=1$ mol 的意义清楚了，其他任意时刻的反应进度的意义也就清楚了。

7. 可逆途径

理想气体恒温条件下从 $p_1=16\times10^5$ Pa、$V_1=1\times10^{-3}$ m^3 膨胀至 $p_2=1\times10^5$ Pa、$V_2=16\times10^{-3}$ m^3，体系可以由一次膨胀途径（膨胀次数 $N=1$）、二次膨胀途径（$N=2$）来完成这一热力学过程，也可以经四次膨胀途径（$N=4$）或更多次膨胀途径来完成这一热力学过程（图 2-4）。各膨胀途径的 p-V 线及覆盖的面积如图 2-5 所示。

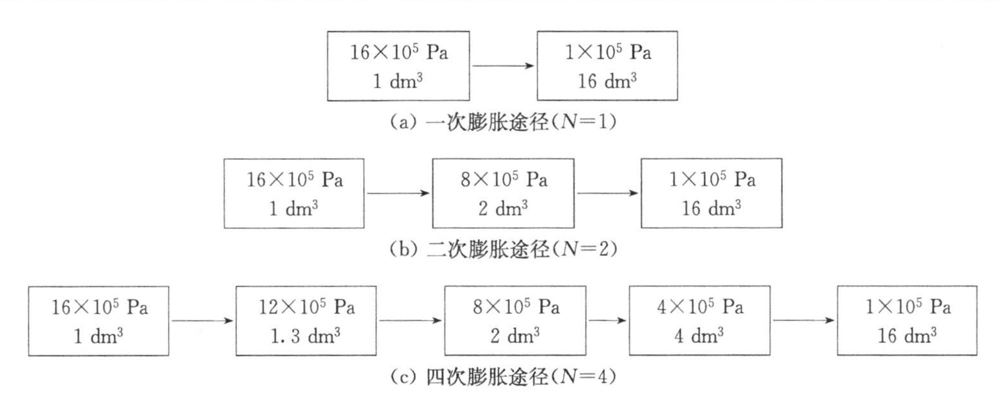

图 2-4 理想气体恒温膨胀的不同途径

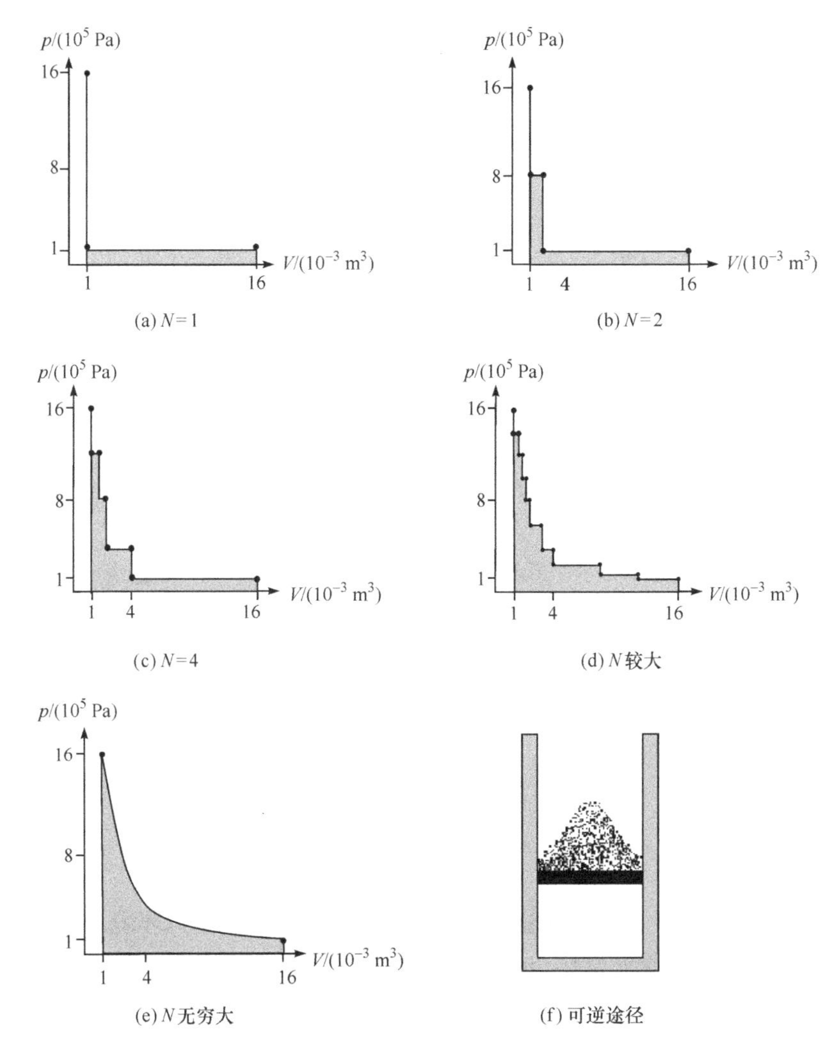

图 2-5 理想气体恒温膨胀不同途径的 p-V 线及可逆途径

由图 2-5 可以发现,始态和终态相同时,理想气体膨胀次数 N 越大,p-V 线下面所覆盖的面积越大。当膨胀次数 N 趋于无穷大时,p-V 折线向 $pV=nRT$ 曲线逼近,p-V 折线下覆盖的面积也就越向 $pV=nRT$ 曲线下面覆盖的面积逼近。这说明 N 值越大的途径,体系对环境做的体积功越多。膨胀次数 N 趋近于无穷大时，体系所做的体积功是各种途径的体积功的极限。

这种无限多次膨胀过程可以由如图 2-5(f)所示的操作来描述：活塞下面的理想气体与活塞上面盛有的无穷小的砂粒处于平衡态。由于砂粒无穷多，每减少一粒砂粒，气体膨胀的体积无限小，过程所需的时间无限长，除去全部砂粒需要的次数无限多(即 $N \to \infty$)，故过程中体系无限多次达到平衡，即过程中体系每时每刻都无限接近平衡态。这种途径的逆过程，从过程的终态出发，将无穷小的砂粒一粒一粒放回到活塞上，需经无限长的时间后体系被压缩回到过程的始态。可见这种途径具有可逆性，体系按膨胀途径与压缩途径时的状态点无限趋近于 $pV=nRT$ 曲线上各点。这种体系和环境都能够沿原路复原的途径称为可逆途径。其他 N 为有限数的途径(如 $N=1$、$N=2$、$N=4$、…、$N=1000$、…)均为不可逆的，以这些途径完成的过程称为自发过程。

可逆途径是一种特殊的途径，体系所做的功的绝对值最大(用 W_r 表示)。可逆途径中的每一步都是可逆的，由可逆途径完成的过程自然也是可逆的，故也称可逆过程。可逆过程是一种理想过程，有些实际过程可以近似为可逆的，如在相变点的温度和压强下物质的相变过程、电池的充放电过程等。

2.1.2 热力学第一定律

1. 热力学第一定律的内容

体系热力学能的改变量 ΔU 等于体系从环境吸收的热量 Q 与环境对体系所做的功 W 之和。这就是热力学第一定律，数学表达式为

$$\Delta U=Q+W$$

【例 2-2】 某过程中体系从环境吸收热量 100 J，对环境做体积功 50 J。求该过程中体系热力学能的改变量和环境热力学能的改变量。

解 由热力学第一定律，体系热力学能的改变量为

$$\begin{aligned}\Delta U &= Q+W\\ &= 100\ \mathrm{J}+(-50\ \mathrm{J}) = 50\ \mathrm{J}\end{aligned}$$

若将环境当做体系来考虑，则有

$$Q'=-100\ \mathrm{J} \qquad W'=+50\ \mathrm{J}$$

则环境热力学能改变量为

$$\begin{aligned}\Delta U' &= Q'+W'\\ &= (-100\ \mathrm{J})+50\ \mathrm{J} = -50\ \mathrm{J}\end{aligned}$$

热力学中体系与环境的总和为宇宙。体系的热力学能增加 50 J，环境的热力学能减少了 50 J，则宇宙的热力学能改变量为 0。这一结果说明了热力学第一定律的实质是能量守恒。

2. 功和热

1) 功和热的符号规定

按照热力学第一定律的概念，体系从环境吸热，Q 为正；体系向环境放热，Q 为负。环境对体系做功，W 为正；体系对环境做功，W 为负。

2）功和热与途径有关

热力学能是状态函数，只要始、终态确定，其过程的改变量 ΔU 就确定。但功和热不是状态函数，其改变量与具体的途径有关。例 2-1 的计算结果表明，理想气体恒温膨胀时途径不同，体系所做的体积功不同。

由于理想气体的热力学能只是温度的函数，温度不变则不管途径如何，其热力学能的改变量为 0。因此，例 2-1 三种途径体系热力学能的改变量均为 0。由热力学第一定律可知

$$Q=\Delta U-W$$

得三种途径体系吸收的热量分别为

$$Q_F=0-(-2200\ \text{J})=2200\ \text{J}$$

$$Q_G=0-(-1500\ \text{J})=1500\ \text{J}$$

$$Q_H=0-(-2400\ \text{J})=2400\ \text{J}$$

可见，三种不同途径体系所做的功不同，造成体系吸收的热量也不同。

对于理想气体恒温膨胀过程，可逆途径体系对环境所做的体积功的绝对值最大，体系吸收的热最多（这种可逆途径的最大热量用 Q_r 表示）。

理想气体恒温压缩过程不同途径所做的功也可在 p-V 坐标系下通过连接平衡点做折线而获得（图 2-6），不同于理想气体恒温膨胀过程，理想气体恒温压缩过程环境对体系所做的功为正值。由图 2-6 可知，理想气体恒温压缩次数越多，压缩途径功越少；一次压缩途径功最多，而压缩次数 N 趋于无穷大时的可逆途径功最少（为极限值）。所以，无限多次的途径功最少。

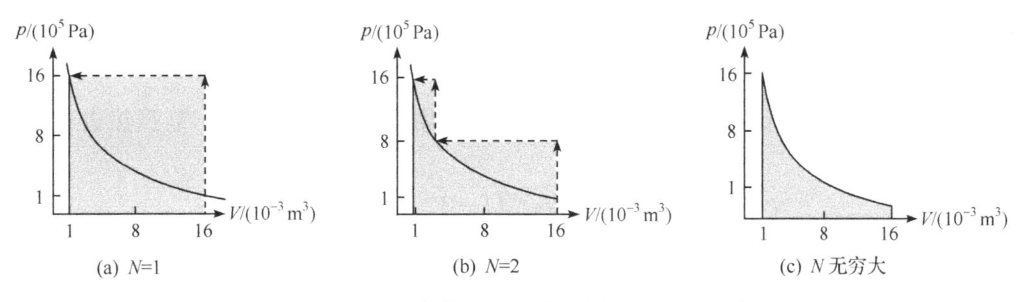

图 2-6　理想气体恒温压缩不同途径的 p-V 线

理想气体恒温膨胀时，可逆途径体系对环境做的功最大，对体系而言膨胀功为负值，故可逆途径膨胀时体系获得的功最小（越负则值越小），可逆膨胀时体系获得的热最大。

对体系而言，无论是理想气体恒温膨胀还是理想气体恒温压缩，可逆途径的热最大。

2.2 热　化　学

1. 恒容反应热等于热力学能的改变量，恒压反应热等于焓变。恒容反应热与恒压反应热的关系为 $Q_p=Q_V+\Delta nRT$。

2. 赫斯定律是指无论化学反应一步完成还是数步完成，其热效应相同。利用赫斯定律由已知的反应热可求得反应的未知热效应。

3. 反应热可以由标准生成热和燃烧热数据计算，也可以由键能数据估算。

化学反应往往伴随着放出热量或吸收热量，热化学就是利用热力学的理论和方法讨论和计算化学反应的热量变化的学科。

2.2.1 化学反应的热效应

1. 反应热的概念

在无非体积功的体系和反应中，化学反应的热效应（简称反应热）可以定义为：当生成物与反应物的温度相同时，化学反应过程中吸收或放出的热量。强调生成物和反应物的温度相同，是为了避免将生成物温度升高或降低所引起的热量变化计入反应热中。

对于化学反应，热力学能的改变量 $\Delta_r U$ 为（下标 r 表示 reaction）

$$\Delta_r U = U_{生} - U_{反}$$

热力学第一定律可表示为

$$\Delta_r U = Q + W$$

2. 恒容反应热

若反应在恒容条件下完成，$\Delta V = 0$，则 $W = -p_{外}\Delta V = 0$。若用 Q_V 表示恒容反应热，根据热力学第一定律 $\Delta_r U = Q + W$，得

$$\Delta_r U = Q_V$$

可见，在恒容反应中，体系的热效应全部用来改变体系的热力学能。

3. 恒压反应热

若反应在恒压条件下完成，$\Delta p = 0$，p 为常数。若用 Q_p 表示恒压反应热，据热力学第一定律 $\Delta_r U = Q_p + W$，得

$$Q_p = \Delta_r U - W$$

由

$$W = -p\Delta V$$

得

$$\begin{aligned} Q_p &= \Delta_r U + p\Delta V \\ &= (U_2 - U_1) + p(V_2 - V_1) \end{aligned}$$

由于

$$p_1 = p_2$$

因此

$$\begin{aligned} Q_p &= (U_2 - U_1) + (p_2 V_2 - p_1 V_1) \\ &= (U_2 + p_2 V_2) - (U_1 + p_1 V_1) \end{aligned}$$

由于 U、p、V 都是状态函数，则 $(U + pV)$ 也是状态函数，据此可定义一个新的状态函数。令

$$H = U + pV$$

因此，恒压反应时

$$Q_p = \Delta H$$

H 是具有加和性的状态函数，称为焓或热焓。可见，在恒压反应中，体系的热效应全部用

来改变体系的热焓。

4. Q_p和Q_V的关系

由焓的定义 $H=U+pV$,得

$$\Delta_r H=\Delta_r U+p\Delta V$$

即

$$Q_p=Q_V+p\Delta V$$

(1) 对于没有气体参与的反应,反应前后体积变化很小,体积功可以忽略,则

$$\Delta_r H\approx\Delta_r U$$

即

$$Q_p\approx Q_V$$

没有气体参与的反应,恒压反应热与恒容反应热基本相同。

(2) 对于有气体参与的反应,同一个反应的 Q_p 和 Q_V不一定相等。

由于

$$p\Delta V=\Delta(pV)=\Delta nRT$$

因此

$$Q_p=Q_V+\Delta nRT$$

或

$$\Delta_r H=\Delta_r U+\Delta nRT$$

式中,Δn 为反应前后气体的物质的量之差。

显然,当反应物与生成物气体的物质的量相等($\Delta n=0$),体积功为 0,则

$$Q_p\approx Q_V$$

(3) 同一反应,无论是以恒压途径还是以恒容途径完成,其反应的焓变相同,热力学能的改变量也相同。

5. 摩尔反应热

恒容反应热除以反应进度得摩尔恒容反应热 $\Delta_r U_m$,即

$$\frac{\Delta_r U}{\xi}=\Delta_r U_m$$

恒压反应热除以反应进度得摩尔恒压反应热 $\Delta_r H_m$,即

$$\frac{\Delta_r H}{\xi}=\Delta_r H_m$$

将 $\Delta_r H=\Delta_r U+\Delta nRT$ 两边都除以反应进度 ξ,得

$$\frac{\Delta_r H}{\xi}=\frac{\Delta_r U}{\xi}+\frac{\Delta n}{\xi}RT$$

显然,$\frac{\Delta n}{\xi}=\Delta\nu$,所以有

$$\Delta_r H_m=\Delta_r U_m+\Delta\nu RT$$

式中,$\Delta\nu$ 为反应式中气相物质的化学计量数之差;等号两边的单位均为 $J\cdot mol^{-1}$或 $kJ\cdot mol^{-1}$。

【例 2-3】 反应 $N_2(g)+3H_2(g)$══$2NH_3(g)$在恒容热量计内进行，生成 2 mol NH_3 时放热 82.7 kJ，求反应在 298K 时的 $\Delta_r H_m$。

解 反应在恒容条件下进行，则反应进度为

$$\xi=\frac{\Delta n_{NH_3}}{\nu_{NH_3}}=\frac{(2-0)\text{mol}}{2}=1\ \text{mol}$$

$$\Delta_r U_m=\frac{\Delta_r U}{\xi}=\frac{Q_V}{\xi}$$

将 $Q_V=-82.7$ kJ 代入上式，得

$$\Delta_r U_m=\frac{Q_V}{\xi}=-\frac{82.7\ \text{kJ}}{1\ \text{mol}}=-82.7\ \text{kJ}\cdot\text{mol}^{-1}$$

$$\begin{aligned}\Delta_r H_m &=\Delta_r U_m+\Delta\nu RT\\ &=-82.7\ \text{kJ}\cdot\text{mol}^{-1}+(-2)\times 8.314\times 10^{-3}\ \text{kJ}\cdot\text{mol}^{-1}\cdot\text{K}^{-1}\times 298\ \text{K}\\ &=-87.66\ \text{kJ}\cdot\text{mol}^{-1}\end{aligned}$$

2.2.2 赫斯定律

1. 热化学方程式

下面是几个热化学方程式的例子。

① $H_2(g)+1/2O_2(g)$══$H_2O(l)$　　$\Delta_r H_m=-285.8\ \text{kJ}\cdot\text{mol}^{-1}$

② $H_2(g)+1/2O_2(g)$══$H_2O(g)$　　$\Delta_r H_m=-241.8\ \text{kJ}\cdot\text{mol}^{-1}$

③ $2H_2(g)+O_2(g)$══$2H_2O(g)$　　$\Delta_r H_m=-483.6\ \text{kJ}\cdot\text{mol}^{-1}$

④ C(石墨)$+O_2(g)$══$CO_2(g)$　　$\Delta_r H_m=-393.5\ \text{kJ}\cdot\text{mol}^{-1}$

⑤ C(金刚石)$+O_2(g)$══$CO_2(g)$　　$\Delta_r H_m=-395.4\ \text{kJ}\cdot\text{mol}^{-1}$

⑥ $H_2O(l)$══$H_2(g)+1/2O_2(g)$　　$\Delta_r H_m=285.8\ \text{kJ}\cdot\text{mol}^{-1}$

由以上实例可以总结出，书写热化学方程式时要注意以下几点：

(1) 要注明反应的温度和压力。若反应是在常温(298 K)和常压(1.013×10^5 Pa)下进行，习惯上不需注明。

(2) 要注明物质的存在状态。气态物质用 g 表示，液态物质用 l 表示，固态物质用 s 表示。例如，反应①和②，产物的状态不同，反应的热效应相差很大。

(3) 方程式要配平。方程式中的配平系数是表示各种物质的比例关系的化学计量数，可用分数表示。化学计量数不同，摩尔反应热不同。例如，反应②和③，化学计量数 2 倍则反应热效应也 2 倍。反应热效应与反应式及特定的化学计量数对应。

(4) 有确定晶形的固体物质要注明晶形。例如，反应④和⑤，碳的晶形不同，反应的热效应不同。

(5) 反应方向改变，则热效应的符号改变，如反应①和⑥。

2. 赫斯定律

赫斯(Hess)指出，一个化学反应无论是一步完成还是数步完成，其热效应相同，称为赫斯定律。

显然，赫斯定律是有适用条件的，因为热是与途径有关的物理量。赫斯定律的适用条件是恒容无非体积功或恒压无非体积功。而且，这里重点强调的是反应不做非体积功，因为反应无

论是在恒容还是在恒压条件下进行，只要反应不做非体积功，反应的热效应就等于一个状态函数的改变量，即

$$Q_V=\Delta U \qquad \text{恒容无非体积功}$$

$$Q_p=\Delta H \qquad \text{恒压无非体积功}$$

而状态函数的改变量 ΔU、ΔH 是与途径无关的物理量。

如果反应过程中做了非体积功，反应热将不再等于一个状态函数的改变量。如恒容有非体积功的反应，根据热力学第一定律

$$\Delta U=Q+W_{\text{体}}+W_{\text{非体}}$$

对于恒容反应

$$W_{\text{体}}=0$$

所以

$$Q=\Delta U-W_{\text{非体}}$$

可见，恒容有非体积功时，热效应等于热力学能的改变量与非体积功之差。由于功是与途径有关的物理量，故反应热 Q 与途径有关。

赫斯定律的意义在于：①由易测反应的热效应求得难测反应的热效应；②由已知的反应热效应数据求得未知的反应热效应数据。

例如，C 与 O_2 反应生成 CO 的热效应很难测定（有生成 CO_2 的副反应），而 C 与 O_2 反应生成 CO_2 的热效应、CO 与 O_2 反应生成 CO_2 的热效应都很容易测定，利用赫斯定律由 2 个易测定的反应热效应可求得 C 与 O_2 反应生成 CO 的热效应。

2.2.3　标准摩尔生成热

1. 标准摩尔生成热的概念

对于反应 $2NO_2(g)=\!=\!=N_2O_4(g)$，若能够知道 NO_2 和 N_2O_4 的绝对焓值，反应的焓变就很容易求出。

$$\Delta_r H=H(N_2O_4)-H(NO_2)$$

然而，物质热力学能的绝对值无法确定，导致物质的焓的绝对值也无法确定，但可以定义各物质的相对焓值。这一问题类似于一个简单的地理问题：测量一座山的绝对高度应从地心开始测量，这显然是做不到的，于是人们以海平面为零点可测得山的海拔高度，海拔高度就是相对值。

确定物质的相对焓值，关键是相对零点的选取。一般来说，每一种物质都可以认为是由单质转化而来的，如 $NO_2(g)$ 和 $N_2O_4(g)$ 可认为是由 $N_2(g)$ 和 $O_2(g)$ 以不同的物质的量比相互作用而得

$$1/2N_2(g)+O_2(g)=\!=\!=NO_2(g) \tag{1}$$

$$N_2(g)+2O_2(g)=\!=\!=N_2O_4(g) \tag{2}$$

若选取单质的焓值为相对零点，那么，反应(1)和(2)的反应热即分别为 $NO_2(g)$ 和 $N_2O_4(g)$ 的相对焓值。

热力学上规定，某温度时由处于标准状态的各种元素的指定单质生成标准状态的 1 mol 某物质的热效应，称为此温度下该物质的标准摩尔生成热，简称标准生成热或生成热。用符号 $\Delta_f H_m^\ominus$ 表示，单位为 kJ · mol^{-1}。

$\Delta_f H_m^\ominus$ 符号中，ΔH_m 表示摩尔焓变，下标"f"表示"生成"（英文 formation 的词头），上标"$\ominus$"表示"标准状态"。

热力学对标准状态有明确的规定：对于固态和液态，纯物质为标准状态（$x_i=1$）；对于溶液中物质 A，标准状态是其质量摩尔浓度 $b_A=1\ \text{mol}\cdot\text{kg}^{-1}$（近似等于物质的量浓度 1 mol · dm^{-3}）；对于气相物质，标准状态是其分压为标准大气压 100 kPa（也有用 101.3 kPa）。

标准状态下由指定单质生成 1 mol 某物质的反应称为该物质的生成反应，故生成热也可以定义为某物质生成反应的热效应。

指定单质多为常温下最稳定的单质，如气态的 F_2、Cl_2、O_2（不是 O_3）、N_2，液态的 Br_2、Hg，固态的 I_2、S（正交）、C（石墨）；指定单质有时不是最稳定的单质，如 P 的指定单质是白磷而不是稳定的黑磷，Sn 的指定单质是白锡而不是灰锡。

2. 由标准生成热求反应热

所有物质都可以看成由单质生成的，指定单质的标准生成热为 0。由反应式中各物质的标准生成热可求得化学反应的反应热。如图 2-7 所示，途径Ⅰ为单质转化为反应物的过程，途径Ⅱ为单质转化为生成物的过程，途径Ⅲ为反应物转化为生成物的过程。

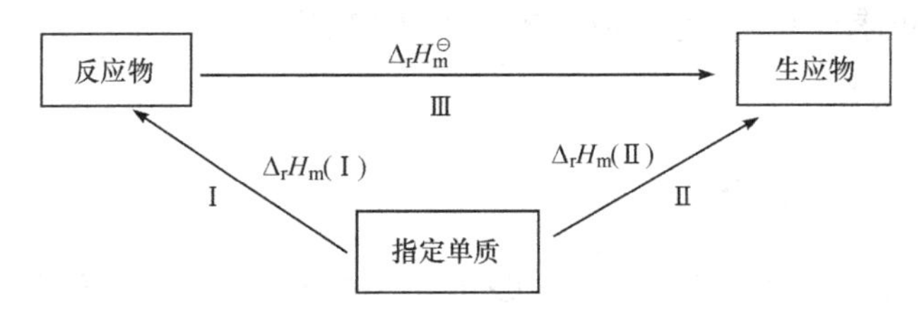

图 2-7　生成热与反应热的关系

由赫斯定律得

$$\Delta_r H_m(\text{Ⅱ})=\Delta_r H_m(\text{Ⅰ})+\Delta_r H_m(\text{Ⅲ})$$

即

$$\Delta_r H_m(\text{Ⅲ})=\Delta_r H_m(\text{Ⅱ})-\Delta_r H_m(\text{Ⅰ})$$

由于

$$\Delta_r H_m(\text{Ⅰ})=\sum_i \nu_i \Delta_f H_m^\ominus(\text{反应物})$$

$$\Delta_r H_m(\text{Ⅱ})=\sum_i \nu_i \Delta_f H_m^\ominus(\text{生成物})$$

因此

$$\Delta_r H_m^\ominus=\sum_i \nu_i \Delta_f H_m^\ominus(\text{生成物})-\sum_i \nu_i \Delta_f H_m^\ominus(\text{反应物})$$

化学反应的热效应可由生成物的标准生成热与反应物的标准生成热求得。

【例 2－4】 产生水煤气的反应为 $C(s)+H_2O(g) = CO(g)+H_2(g)$，试由标准生成热求反应的热效应 $\Delta_r H_m^\ominus$。

解 查表得各物质的标准生成热为

$$\Delta_f H_m^\ominus(C,s)=0 \qquad \Delta_f H_m^\ominus(H_2O,g)=-241.8\ kJ\cdot mol^{-1}$$

$$\Delta_f H_m^\ominus(H_2,g)=0 \qquad \Delta_f H_m^\ominus(CO,g)=-110.5\ kJ\cdot mol^{-1}$$

所以

$$\begin{aligned}\Delta_r H_m^\ominus &= \sum_i \nu_i \Delta_f H_m^\ominus(\text{生成物}) - \sum_i \nu_i \Delta_f H_m^\ominus(\text{反应物}) \\ &= [\Delta_f H_m^\ominus(CO,g)+\Delta_f H_m^\ominus(H_2,g)]-[\Delta_f H_m^\ominus(C,s)+\Delta_f H_m^\ominus(H_2O,g)] \\ &= [-110.5\ kJ\cdot mol^{-1}+0]-[0+(-241.8\ kJ\cdot mol^{-1})] \\ &= 131.3\ kJ\cdot mol^{-1}\end{aligned}$$

反应热 $\Delta_r H_m^\ominus$ 与反应温度有关，但受温度影响很小，在无机化学课程中可以将 298 K 时的 $\Delta_r H_m^\ominus$ 近似地看成与其他温度时的 $\Delta_r H_m^\ominus$ 相等。

2.2.4 标准摩尔燃烧热

1. 标准摩尔燃烧热的概念

生成热是以单质的焓为零点作为参比定义的。对于能够发生燃烧反应的物质，可以将燃烧产物的焓为零点作为参比。对于有机化合物，生成热难以测定，但其燃烧热却比较容易通过实验获得。

例如，甲烷的燃烧反应

$$CH_4(g)+2O_2(g) = CO_2(g)+2H_2O(l)$$

若指定甲烷的燃烧产物 $CO_2(g)$、$H_2O(l)$的焓值为 0，那么甲烷燃烧反应的热效应就是甲烷的相对焓值。

热力学上规定，在标准大气压下 1 mol 物质完全燃烧时的热效应称为该物质的标准摩尔燃烧热，简称标准燃烧热或燃烧热，用符号 $\Delta_c H_m^\ominus$ 表示（其中下标 c 为英文 combustion 的词头，表示“燃烧”），单位为 $kJ\cdot mol^{-1}$。

由燃烧热的定义，甲烷燃烧反应的热效应即为甲烷的燃烧热。

热力学上规定，完全燃烧是指：碳→$CO_2(g)$，氢→$H_2O(l)$，氮→$N_2(g)$，硫→$SO_2(g)$，氯→$HCl(aq)$。这些燃烧产物的燃烧热为 0。单质氧没有燃烧反应，它的燃烧热为 0。

2. 由标准摩尔燃烧热求反应热

如图 2－8 所示，途径Ⅰ为反应物的燃烧过程，途径Ⅱ为生成物的燃烧过程，途径Ⅲ为反应物转化为生成物的过程。

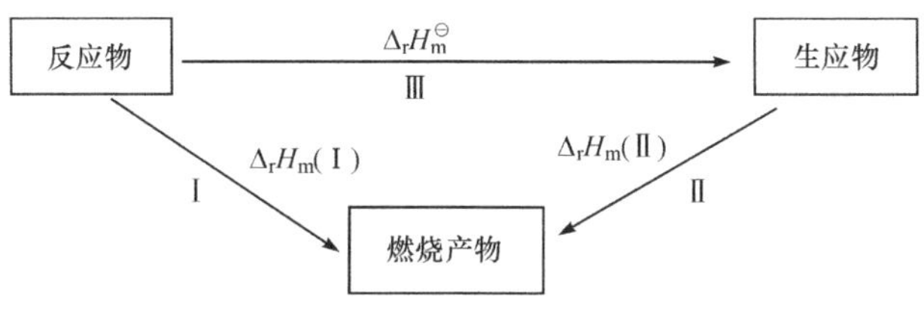

图 2－8　燃烧热与反应热的关系

由赫斯定律得

$$\Delta_r H_m(\text{Ⅰ})=\Delta_r H_m(\text{Ⅱ})+\Delta_r H_m(\text{Ⅲ})$$

即

$$\Delta_r H_m(\text{Ⅲ})=\Delta_r H_m(\text{Ⅰ})-\Delta_r H_m(\text{Ⅱ})$$

由于

$$\Delta_r H_m(\text{Ⅰ})=\sum_i \nu_i \Delta_c H_m^{\ominus}(\text{反应物})$$

$$\Delta_r H_m(\text{Ⅱ})=\sum_i \nu_i \Delta_c H_m^{\ominus}(\text{生成物})$$

因此

$$\Delta_r H_m^{\ominus}=\sum_i \nu_i \Delta_c H_m^{\ominus}(\text{反应物})-\sum_i \nu_i \Delta_c H_m^{\ominus}(\text{生成物})$$

化学反应的热效应可由反应物的标准燃烧热与生成物的标准燃烧热求得。

【例 2-5】 由标准燃烧热求下面反应的热效应 $\Delta_r H_m^{\ominus}$

$$2HCHO(g)+2H_2O(l) = 2CH_3OH(l)+O_2(g)$$

解　查表得各物质的燃烧热为

$$\Delta_c H_m^{\ominus}(HCHO,g)=-570.7\ kJ\cdot mol^{-1}$$

$$\Delta_c H_m^{\ominus}(CH_3OH,l)=-726.1\ kJ\cdot mol^{-1}$$

反应的热效应(焓变)为

$$\begin{aligned}\Delta_r H_m^{\ominus} &= \sum_i \nu_i \Delta_c H_m^{\ominus}(\text{反应物})-\sum_i \nu_i \Delta_c H_m^{\ominus}(\text{生成物})\\ &=2\Delta_c H_m^{\ominus}(HCHO,g)-2\Delta_c H_m^{\ominus}(CH_3OH,l)\\ &=[2\times(-570.7\ kJ\cdot mol^{-1})]-[2\times(-726.1\ kJ\cdot mol^{-1})]\\ &=310.8\ kJ\cdot mol^{-1}\end{aligned}$$

2.2.5　反应热的求法

1. 通过实验测得反应热

利用弹式热量计可测得反应的恒容反应热 $Q_V(\Delta_r U_m^{\ominus})$，利用杯式热量计可测得反应的恒压反应热 $Q_p(\Delta_r H_m^{\ominus})$，根据 $\Delta_r U_m^{\ominus}$ 和 $\Delta_r H_m^{\ominus}$ 之间的关系式可以由一种反应热求另一种反应热

$$\Delta_r H_m^{\ominus}=\Delta_r U_m^{\ominus}+\Delta\nu RT$$

2. 由赫斯定律求算反应热

可将反应设计成一个热力学循环过程，进而由赫斯定律间接求算反应的热效应；或利用已知热效应的反应方程式通过加减得到所求热效应的反应，进而计算反应的热效应。

【例 2-6】 已知

$$2ZnO(s) = 2Zn(s)+O_2(g)\qquad \Delta_r H_m^{\ominus}(1)=696.0\ kJ\cdot mol^{-1}$$

$$S(s)+O_2(g) = SO_2(g)\qquad \Delta_r H_m^{\ominus}(2)=-296.9\ kJ\cdot mol^{-1}$$

$$2SO_2(g)+O_2(g) = 2SO_3(g)\qquad \Delta_r H_m^{\ominus}(3)=-196.6\ kJ\cdot mol^{-1}$$

$$Zn(s)+S(s)+2O_2(g) = ZnSO_4(s)\qquad \Delta_r H_m^{\ominus}(4)=-978.6\ kJ\cdot mol^{-1}$$

求 $ZnSO_4$ 分解为 ZnO 和 SO_3 的热效应 $\Delta_r H_m^{\ominus}$。

解　根据所求反应设计热力学循环

$$\begin{array}{ccccc} ZnSO_4(s) & \xrightarrow{\Delta_r H_m^{\ominus}} & ZnO(s) & + & SO_3(g) \\ \uparrow \Delta_r H_m^{\ominus}(4) & & \nearrow -\frac{1}{2}\Delta_r H_m^{\ominus}(1) & & \uparrow \frac{1}{2}\Delta_r H_m^{\ominus}(3) \\ Zn+S+O_2 & & \xrightarrow[\Delta_r H_m^{\ominus}(2)]{} & & SO_2+O_2 \end{array}$$

由赫斯定律

$$\Delta_r H_m^{\ominus}+\Delta_r H_m^{\ominus}(4)=-\frac{1}{2}\Delta_r H_m^{\ominus}(1)+\Delta_r H_m^{\ominus}(2)+\frac{1}{2}\Delta_r H_m^{\ominus}(3)$$

得

$$\begin{aligned}\Delta_r H_m^{\ominus}&=\left[-\frac{1}{2}\Delta_r H_m^{\ominus}(1)+\Delta_r H_m^{\ominus}(2)+\frac{1}{2}\Delta_r H_m^{\ominus}(3)\right]-\Delta_r H_m^{\ominus}(4)\\&=\left[-\frac{1}{2}\times 696.0+(-296.9)+\frac{1}{2}\times(-196.6)\right]\mathrm{kJ\cdot mol^{-1}}-(-978.6\ \mathrm{kJ\cdot mol^{-1}})\\&=235.4\ \mathrm{kJ\cdot mol^{-1}}\end{aligned}$$

3. 由生成热求算反应热

查表可获得各种物质的生成热，进一步利用生成热可求算反应热。

$$\Delta_r H_m^{\ominus}=\sum_i \nu_i \Delta_f H_m^{\ominus}(\text{生成物})-\sum_i \nu_i \Delta_f H_m^{\ominus}(\text{反应物})$$

4. 由燃烧热求算反应热

如果反应物和生成物是能够发生燃烧反应的物质或燃烧产物，可以由燃烧热计算反应热，特别是对于有机反应热的计算更适用。

$$\Delta_r H_m^{\ominus}=\sum_i \nu_i \Delta_c H_m^{\ominus}(\text{反应物})-\sum_i \nu_i \Delta_c H_m^{\ominus}(\text{生成物})$$

5. 由键能 E 估算反应热

化学反应的实质就是反应物中化学键的断裂和生成物中化学键的形成。断开化学键要吸热，形成化学键要放热，通过分析反应过程中化学键的断裂和形成，应用键能数据，可以估算化学反应的反应热，关系式为

$$\Delta_r H_m^{\ominus}=\sum E(\text{断开})-\sum E(\text{生成})$$

【例 2-7】　利用键能计算下面反应的反应热。

$$C_2H_4(g)+H_2(g)\!=\!=\!=C_2H_6(g)$$

解　查表得相关键能 E 的数据

$$E_{C-C}=346\ \mathrm{kJ\cdot mol^{-1}}\qquad E_{C=C}=610\ \mathrm{kJ\cdot mol^{-1}}$$
$$E_{C-H}=413\ \mathrm{kJ\cdot mol^{-1}}\qquad E_{H-H}=435\ \mathrm{kJ\cdot mol^{-1}}$$

由反应方程式可知，反应过程中断裂的键有

4 个 C—H 键，1 个 C═C 键，1 个 H—H 键

反应过程中形成的键有

$$6\text{个}\ C—H\text{键},1\text{个}\ C—C\text{键}$$

所以,反应的热效应为

$$\begin{aligned}\Delta_r H_m^{\ominus} &= [4\times E_{H-H}+E_{C=C}+E_{H-H}]-[6\times E_{C-H}+E_{C-C}]\\ &=(4\times413+610+435)\mathrm{kJ\cdot mol^{-1}}-(6\times413+346)\mathrm{kJ\cdot mol^{-1}}\\ &=-127\ \mathrm{kJ\cdot mol^{-1}}\end{aligned}$$

由键能计算反应热一般误差较大,这和两方面因素有关。一方面,同一类化学键在不同化合物中的键能未必相同,如乙烷中的 E_{C-C} 与氯代乙烷中的 E_{C-C} 就不相同。另一方面,反应物及生成物的状态也未必能满足定义键能时的反应条件,尤其是有固相或液相参与的反应更是如此(键能是指将气态分子解离为气态原子时断开 1 mol 某化学键的平均解离能)。

在不能准确测得反应热时,由键能来估算反应热还是具有实用价值的。

2.3 状态函数 熵

1. 本章讨论的化学反应方向是指各种物质均处于标准状态时化学反应自发进行的方向。化学反应有向放热反应方向进行的趋势。

2. 熵是描述体系混乱度的状态函数。化学反应有向熵增加方向进行的趋势。

3. 热力学第三定律:在 0 K 时完整晶体的熵值为 0。

2.3.1 化学反应进行的方向

1. 化学反应方向的判断

将 PCl_3 和 Cl_2 按一定比例混合后于密闭容器中加热,发生的反应是

$$PCl_3(g)+Cl_2(g) = PCl_5(g)$$

显然,反应方向是 PCl_5 生成的方向。

将 PCl_5 置于密闭容器中加热,发生的反应是

$$PCl_5(g) = PCl_3(g)+Cl_2(g)$$

显然,反应方向是 PCl_5 分解的方向。

从以上的例子可以得出结论:反应方向与反应条件有关,包括温度、压力、反应物比例等。

再看一个例子:将 $CaCl_2$ 溶液与 Na_2SO_4 溶液混合,生成白色 $CaSO_4$ 沉淀。反应方向是 $CaSO_4$ 生成的方向。

$$Ca^{2+}+SO_4^{2-} = CaSO_4$$

若将新生成的 $CaSO_4$ 放入大量水中,$CaSO_4$ 溶解。反应方向是 $CaSO_4$ 溶解的方向。

$$CaSO_4 = Ca^{2+}+SO_4^{2-}$$

究竟应该以什么条件为标准判断反应方向?

在本章学习中,化学反应方向是指各种物质均处于标准状态时化学反应自发进行的方向。显然,标准浓度的 Ca^{2+} 和 SO_4^{2-} 相遇反应自发的方向肯定是生成 $CaSO_4$,而将 $CaSO_4$ 置于水中溶解不可能使 Ca^{2+} 和 SO_4^{2-} 浓度达到标准状态。

对于非标准状态条件下化学反应进行的方向将在第4章(化学平衡)中讨论。

2. 反应热对反应方向的影响

化学反应往往伴随着热效应。研究表明,放热反应一般都可以自发进行,如

$$2C(石墨)+O_2(g)=2CO(g) \qquad \Delta_r H_m=-221.0\ kJ\cdot mol^{-1}$$

$$2H_2O_2(l)=2H_2O(l)+O_2(g) \qquad \Delta_r H_m=-196.0\ kJ\cdot mol^{-1}$$

这两个放热反应能够自发进行,升高温度仍然能够自发进行。

有的放热反应,在常温下能够自发进行,而在一定的高温下反应方向逆转,如

$$NH_3(g)+HCl(g)=NH_4Cl(s) \qquad \Delta_r H_m=-176.9\ kJ\cdot mol^{-1}$$

$$ZnO(s)+SO_3(g)=ZnSO_4(s) \qquad \Delta_r H_m=-235.4\ kJ\cdot mol^{-1}$$

在较高温度时,NH_4Cl 和 $ZnSO_4$ 将发生分解反应。

上面两个反应的逆反应为吸热反应,在常温下不能自发进行,在一定的高温下能够自发进行。

$$NH_4Cl(s)=NH_3(g)+HCl(g) \qquad \Delta_r H_m=+176.9\ kJ\cdot mol^{-1}$$

$$ZnSO_4(s)=ZnO(s)+SO_3(g) \qquad \Delta_r H_m=+235.4\ kJ\cdot mol^{-1}$$

有的吸热反应,在常温下不能自发进行,在高温下也不能自发进行,如

$$2H_2O(l)+O_2(g)=2H_2O_2(l) \qquad \Delta_r H_m=+196.0\ kJ\cdot mol^{-1}$$

$$2N_2(g)+O_2(g)=2N_2O(g) \qquad \Delta_r H_m=+163.2\ kJ\cdot mol^{-1}$$

由以上反应方向的实例说明:①在常温下放热反应一般能够自发进行,吸热反应一般不能自发进行,即反应热是影响反应方向的主要因素;②有些常温下能够自发进行的放热反应在温度较高时,反应方向发生逆转,说明温度也影响反应的方向;③有些常温下能够自发进行的放热反应在高温下仍然自发进行,有些常温下不能自发进行的吸热反应在高温下仍然不能自发进行,说明除热效应和温度外,还有其他因素影响反应方向。

2.3.2 状态函数 熵

1. 混乱度与微观状态数

研究常温下不能自发进行而在高温下能自发进行的吸热反应

$$NH_4Cl(s)=NH_3(g)+HCl(g) \qquad 固态\rightarrow气态$$

$$ZnSO_4(s)=ZnO(s)+SO_3(g) \qquad 固态\rightarrow气态$$

再看在常温自发进行、在高温更易自发进行的放热反应

$$2H_2O_2(l)=2H_2O(l)+O_2(g) \qquad 液态\rightarrow气态$$

$$2N_2O(g)=2N_2(g)+O_2(g) \qquad 气体少\rightarrow气体多$$

总结这类反应不难发现,加热有利于由固态或液态物质生成气态物质、由气态物质分子少向气态物质分子多的方向进行。

或者说,加热有利于向生成物分子的活动范围大或者活动范围大的分子数增多的方向进

行。分子的活动范围大或者活动范围大的分子数增多就是体系的混乱度变大了。体系的混乱度增加是化学反应自发进行的另一种趋势。

经常用微观状态数(Ω)定量描述体系的混乱度。不难理解,活动范围(体积)相同,体系的粒子数越多则微观状态数越多,体系越混乱;粒子数相同,粒子活动范围(体积)越大则微观状态数越多,体系越混乱。

2. 熵的概念

体系的状态一定时,微观状态数有确定值。在宏观上可以找到一个物理量与微观状态数相联系,以表达体系的混乱度。热力学上把描述体系混乱度的状态函数称为熵,用 S 表示。

若体系的微观状态数为 Ω,则熵 S 为

$$S=k\ln\Omega$$

式中,$k=1.38\times10^{-23}\ \mathrm{J\cdot K^{-1}}$,称为玻耳兹曼(Boltzmann)常量;熵的单位为 $\mathrm{J\cdot K^{-1}}$。

熵是具有加和性的状态函数。

实际上,一般不用熵 S 和体系微观状态数 Ω 的关系式求算一个过程的熵变 ΔS,原因是体系的微观状态数很难准确计算。

过程的始、终态一定,ΔS 数值一定。如果以可逆方式完成这一过程,热量 Q_r 值最大。恒温可逆过程中

$$\Delta S=\frac{Q_r}{T}$$

恒温可逆过程的熵变 ΔS 可由上式计算,若为非恒温可逆过程,熵变 ΔS 可利用积分的方法计算。在相变点的温度下,物质的相变可以看成可逆途径。例如,在 373 K 时,常压下 1 mol 的 $H_2O(g)$ 凝聚成 $H_2O(l)$,放热 44.0 kJ,则该过程的熵变

$$\Delta S=\frac{Q_r}{T}=\frac{-44.0\times1000\ \mathrm{J}}{373\ \mathrm{K}}=-118\ \mathrm{J\cdot K^{-1}}$$

体系的混乱度增加是化学反应自发进行的一种趋势。因此,化学反应趋向于熵值的增加,即

$$\Delta_r S>0$$

和反应的焓变一样,熵变受温度变化的影响也较小,在一定温度范围内的熵变可以用 298 K 时的熵变数据替代。

3. 热力学第三定律

在 0 K 时,完整晶体的熵值为 0。这就是热力学第三定律。

完整晶体中的质点只有一种排列形式,即 $\Omega=1$,所以 $S=0$。

从熵值为 0 的状态出发,使体系变化到终态(标准大气压和温度 T),这一过程熵变的值就是过程终态体系的绝对熵值。1 mol 物质在标准状态下的熵值称为标准摩尔熵,简称标准熵,用符号 $S_m^\ominus$ 表示,其单位为 $\mathrm{J\cdot mol^{-1}\cdot K^{-1}}$。

标准熵 $S_m^\ominus$ 是绝对值,而标准生成热 $\Delta_f H_m^\ominus$ 是相对值。

4. 熵变符号的定性判断

熵增加过程是混乱度(流动性)小向混乱度大变化的过程。因此,固体生成液体、固体或液

体生成气体、气体分子少生成气体分子多的反应一般是熵增加的，而其逆过程则是熵减小的。例如

$$2H_2O_2(l) = 2H_2O(l) + O_2(g) \qquad \Delta_r S > 0$$

$$2N_2O(g) = 2N_2(g) + O_2(g) \qquad \Delta_r S > 0$$

$$NH_3(g) + HCl(g) = NH_4Cl(s) \qquad \Delta_r S < 0$$

$$ZnO(s) + SO_3(g) = ZnSO_4(s) \qquad \Delta_r S < 0$$

熵变符号的定性判断是非常有意义的。例如，$ZnSO_4$ 在常温下稳定，说明其分解反应是吸热的；但其分解产物中有气相物质 SO_3，分解反应是熵增加的过程（$\Delta_r S > 0$），加热有利于向熵增加的方向进行，所以在高温下 $ZnSO_4$ 一定会发生分解反应。

2.3.3 熵变的计算

1. 由恒温可逆过程的热效应 Q_r 计算

对于恒温可逆过程，熵变等于热效应 Q_r 与温度 T 的商，即

$$\Delta S = \frac{Q_r}{T}$$

2. 由标准熵 $S_m^\ominus$ 求得

若反应为

$$aA + bB = cC + dD$$

则反应熵变为

$$\Delta_r S_m^\ominus = [c\, S_m^\ominus(C) + d\, S_m^\ominus(D)] - [a\, S_m^\ominus(A) + b\, S_m^\ominus(B)]$$

即

$$\Delta_r S_m^\ominus = \sum_i \nu_i S_m^\ominus(\text{生成物}) - \sum_i \nu_i S_m^\ominus(\text{反应物})$$

【例 2-8】 求反应 $2H_2(g) + O_2(g) = 2H_2O(g)$ 在 298 K 时的 $\Delta_r S_m^\ominus$。已知

	$H_2(g)$	$O_2(g)$	$H_2O(g)$
$S_m^\ominus/(J \cdot mol^{-1} \cdot K^{-1})$	130.7	205.2	188.8

解 $\Delta_r S_m^\ominus = \sum_i \nu_i S_m^\ominus(\text{生成物}) - \sum_i \nu_i S_m^\ominus(\text{反应物})$

$= 2S_m^\ominus(H_2O,g) - [2S_m^\ominus(H_2,g) + S_m^\ominus(O_2,g)]$

$= 2\times188.8 - (2\times130.7 + 205.2)$

$= -89.0(J \cdot mol^{-1} \cdot K^{-1})$

3. 由其他热力学数据求得

根据吉布斯-亥姆霍兹(Gibbs-Holmholtz)公式（在本章后面介绍）

$$\Delta_r G_m^\ominus = \Delta_r H_m^\ominus - T\Delta_r S_m^\ominus$$

由反应的自由能变 $\Delta_r G_m^\ominus$ 和焓变 $\Delta_r H_m^\ominus$ 数据可求得熵变 $\Delta_r S_m^\ominus$。

2.4 吉布斯自由能

1. 吉布斯自由能判据综合考虑了 ΔH 和 ΔS 对反应方向的影响。吉布斯自由能定义为

$$G=H-TS$$

2. 热力学第二定律：吉布斯自由能减小的方向是恒温、恒压、无非体积功反应自发进行的方向。

3. 吉布斯-亥姆霍兹公式

$$\Delta_r G_m^{\ominus}=\Delta_r H_m^{\ominus}-T\Delta_r S_m^{\ominus}$$

4. 若 $\Delta_r H_m^{\ominus}$ 和 $\Delta_r S_m^{\ominus}$ 符号相同，反应方向与温度有关；若 $\Delta_r H_m^{\ominus}$ 和 $\Delta_r S_m^{\ominus}$ 符号不相同，反应方向与温度无关。

2.4.1 吉布斯自由能判据

前面已经介绍，常温下放热反应一般能够自发进行，反应有向放热反应方向进行的趋势；吸热但熵增加的反应在高温下能够自发进行，反应有向熵增加方向进行的趋势。人们并不满足于对 ΔH 和 ΔS 分别加以考虑去判断反应方向的方法，希望找出更好的判据，综合考虑 ΔH 和 ΔS 对反应方向的影响。

在恒温、恒压有非体积功条件下，根据热力学第一定律

$$\Delta U=Q+W_{体}+W_{非}$$

则有

$$\begin{aligned}Q&=\Delta U-W_{体}-W_{非}\\&=\Delta U-(-p\Delta V)-W_{非}\\&=\Delta U+p\Delta V-W_{非}\\&=\Delta H-W_{非}\end{aligned}$$

由于可逆途径体系吸收的热量 Q_r 最大，因此

$$Q_r\geqslant\Delta H-W_{非}$$

由于

$$\Delta S=Q_r/T$$

因此

$$T\Delta S\geqslant\Delta H-W_{非}$$

对于恒温过程

$$T_2=T_1$$

故

$$(T_2S_2-T_1S_1)\geqslant(H_2-H_1)-W_{非}$$

移项并整理得

$$-[(H_2-T_2S_2)-(H_1-T_1S_1)]\geqslant-W_{非}$$

由于 H、T 和 S 都是状态函数，所以 $(H-TS)$ 也是状态函数，则可以定义一个新的状态函数 G。

$$G = H - TS$$

G 称为吉布斯自由能，简称自由能，是具有加和性的状态函数，单位与焓相同。所以

$$-\Delta G \geqslant -W_{非}$$

在恒温、恒压条件下，吉布斯自由能 G 的减少值是体系对环境所做的非体积功的最大限度，并且这个最大值只有在可逆途径中才能实现。

环境对体系做的非体积功为 $W_{非}$，则 $-W_{非}$ 为体系对环境做的非体积功。

吉布斯自由能 G 是体系在恒温、恒压下做非体积功的能量，这就是吉布斯自由能的物理意义。

2.4.2　热力学第二定律

利用吉布斯自由能判据（$-\Delta G \geqslant -W_{非}$）可以判断在恒温、恒压有非体积功时反应的方向。

$-\Delta G > -W_{非}$　　反应自发进行

$-\Delta G = -W_{非}$　　反应可逆进行

$-\Delta G < -W_{非}$　　反应非自发进行

原电池反应就是有非体积功（电功）的过程，判断这一类反应是否自发进行将在第 8 章中学习。

本章中涉及的反应都是无非体积功的反应，恒温、恒压无非体积功时，化学反应方向的判据为

$\Delta G < 0$　　反应自发进行

$\Delta G = 0$　　反应可逆进行

$\Delta G > 0$　　反应非自发进行

即吉布斯自由能减小的方向是恒温、恒压无非体积功反应自发进行的方向，这是热力学第二定律的一种表述形式。

2.4.3　标准摩尔生成吉布斯自由能

与标准生成热概念相似，将处于标准状态下各元素的指定单质的标准生成吉布斯自由能定为 0，则可以定义各种物质的标准生成吉布斯自由能。

化学热力学规定，某温度下由处于标准状态的各元素的指定单质生成 1 mol 某物质的吉布斯自由能改变量称为这个温度下该物质的标准摩尔生成吉布斯自由能，简称标准生成自由能或生成自由能，用符号 $\Delta_f G_m^{\ominus}$ 表示，单位是 $kJ \cdot mol^{-1}$。

例如，反应

$$C(石墨) + O_2(g) \xlongequal{\quad} CO_2(g) \qquad \Delta_r G_m^{\ominus} = -394.4\ kJ \cdot mol^{-1}$$

则气态 CO_2 的标准摩尔生成吉布斯自由能 $\Delta_f G_m^{\ominus} = -394.4\ kJ \cdot mol^{-1}$。

与标准生成热相似，标准生成吉布斯自由能 $\Delta_f G_m^{\ominus}$ 也是相对值，即以指定单质的吉布斯自由能为 0 的相对值。

2.4.4　标准吉布斯自由能变的计算

1. 由标准摩尔生成吉布斯自由能求得

查表可获得各种物质的标准摩尔生成吉布斯自由能数据，利用标准摩尔生成吉布斯自由

能可求算反应的 $\Delta_r G_m^\ominus$

$$\Delta_r G_m^\ominus = \sum_i \nu_i \Delta_f G_m^\ominus(\text{生成物}) - \sum_i \nu_i \Delta_f G_m^\ominus(\text{反应物})$$

【例 2-9】 求反应 $ZnSO_4(s) = ZnO(s) + SO_3(g)$ 在 298 K 时的 $\Delta_r G_m^\ominus$。已知

	$ZnSO_4(s)$	$ZnO(s)$	$SO_3(g)$
$\Delta_f G_m^\ominus/(kJ \cdot mol^{-1})$	−871.5	−320.5	−371.1

解 $\Delta_r G_m^\ominus = \sum_i \nu_i \Delta_f G_m^\ominus(\text{生成物}) - \sum_i \nu_i \Delta_f G_m^\ominus(\text{反应物})$

$= [\Delta_f G_m^\ominus(ZnO, s) + \Delta_f G_m^\ominus(SO_3, g)] - \Delta_f G_m^\ominus(ZnSO_4, s)$

$= [(-320.5) + (-371.1)] - (-871.5)$

$= 179.9(kJ \cdot mol^{-1})$

2. 由吉布斯-亥姆霍兹公式求得

由吉布斯自由能的定义

$$G = H - TS$$

得吉布斯-亥姆霍兹公式

$$\Delta_r G_m^\ominus = \Delta_r H_m^\ominus - T\Delta_r S_m^\ominus$$

由反应的焓变和熵变可求得反应的吉布斯自由能变 $\Delta_r G_m^\ominus$。由吉布斯-亥姆霍兹公式可知，温度对反应的吉布斯自由能变影响较大。298 K 时的 $\Delta_r G_m^\ominus$ 一般不能用于其他温度。

【例 2-10】 已知如下热力学数据

	$NO_2(g)$	$N_2O_4(g)$
$\Delta_f H_m^\ominus/(kJ \cdot mol^{-1})$	33.2	11.1
$S_m^\ominus/(J \cdot mol^{-1} \cdot K^{-1})$	240.1	304.4

求反应 $2NO_2(g) = N_2O_4(g)$ 在 318 K 和 338 K 时的 $\Delta_r G_m^\ominus$。

解 由

$$\Delta_r H_m^\ominus = \sum_i \nu_i \Delta_f H_m^\ominus(\text{生成物}) - \sum_i \nu_i \Delta_f H_m^\ominus(\text{反应物})$$

得

$$\begin{aligned}\Delta_r H_m^\ominus(298\ K) &= \Delta_f H_m^\ominus(N_2O_4, g) - 2\Delta_f H_m^\ominus(NO_2, g)\\ &= 11.1\ kJ \cdot mol^{-1} - 2 \times 33.2\ kJ \cdot mol^{-1}\\ &= -55.3\ kJ \cdot mol^{-1}\end{aligned}$$

由

$$\Delta_r S_m^\ominus = \sum_i \nu_i S_m^\ominus(\text{生成物}) - \sum_i \nu_i S_m^\ominus(\text{反应物})$$

得

$$\begin{aligned}\Delta_r S_m^\ominus(298\ K) &= S_m^\ominus(N_2O_4, g) - 2S_m^\ominus(NO_2, g)\\ &= 304.4\ J \cdot mol^{-1} \cdot K^{-1} - 2 \times 240.1\ J \cdot mol^{-1} \cdot K^{-1}\\ &= -175.8\ J \cdot mol^{-1} \cdot K^{-1}\end{aligned}$$

温度对反应焓变和反应熵变影响较小，所以可由吉布斯-亥姆霍兹公式计算其他温度时的 $\Delta_r G_m^\ominus$。

由

$$\Delta_r G_m^{\ominus} = \Delta_r H_m^{\ominus} - T\Delta_r S_m^{\ominus}$$

得

$$\Delta_r G_m^{\ominus}(318\ K) = -55.3\ kJ \cdot mol^{-1} - 318\ K \times (-175.8 \times 10^{-3}\ kJ \cdot mol^{-1} \cdot K^{-1}) = 0.6\ kJ \cdot mol^{-1}$$

$$\Delta_r G_m^{\ominus}(338\ K) = -55.3\ kJ \cdot mol^{-1} - 338\ K \times (-175.8 \times 10^{-3}\ kJ \cdot mol^{-1} \cdot K^{-1}) = 4.1\ kJ \cdot mol^{-1}$$

吉布斯-亥姆霍兹公式综合了 $\Delta_r H_m^{\ominus}$ 和 $\Delta_r S_m^{\ominus}$ 对反应方向的影响，根据 $\Delta_r H_m^{\ominus}$ 和 $\Delta_r S_m^{\ominus}$ 的符号，可以预测 $\Delta_r G_m^{\ominus}$ 的符号，进一步可预测反应的趋势。结果如下：

$\Delta_r H_m^{\ominus}$	$\Delta_r S_m^{\ominus}$	$\Delta_r G_m^{\ominus}$	反应方向
−	+	−	任何温度下，反应都能自发进行
+	−	+	任何温度下，反应都不能自发进行
−	−	−	温度较低时，反应自发进行
		+	温度较高时，反应不能自发进行
+	+	+	温度较低时，反应不能自发进行
		−	温度较高时，反应自发进行

上表说明，若 $\Delta_r H_m^{\ominus}$ 和 $\Delta_r S_m^{\ominus}$ 符号相同，反应方向与温度有关；若 $\Delta_r H_m^{\ominus}$ 和 $\Delta_r S_m^{\ominus}$ 符号不相同，反应方向与温度无关。

随着温度的改变，反应的方向可能发生逆转，即反应的吉布斯自由能的符号发生变化。根据吉布斯-亥姆霍兹公式可以求得反应逆转温度，即反应的吉布斯自由能为 0 的温度。

由

$$\Delta_r G_m^{\ominus} = \Delta_r H_m^{\ominus} - T\Delta_r S_m^{\ominus} = 0$$

得

$$T = \frac{\Delta_r H_m^{\ominus}}{\Delta_r S_m^{\ominus}}$$

思　考　题

1. 如何理解反应进度概念？为什么说反应进度为 1 mol 时的意义最为重要？
2. 试讨论恒容反应热与恒压反应热的关系。
3. 热力学上是怎样定义物质的标准状态的？
4. 热力学上的可逆途径与化学反应的可逆性有什么本质上的区别？
5. 根据吉布斯自由能的定义式 $G = H - TS$，可否推出 $\Delta_f G_m^{\ominus} = \Delta_f H_m^{\ominus} - TS_m^{\ominus}$？为什么？
6. 为什么标准生成热和标准摩尔生成吉布斯自由能为相对值，而标准熵却是绝对值？
7. 指出下列各热力学关系式所适用的条件。
   (1) $\Delta U = Q + W$　　(2) $\Delta H = Q_p$　　(3) $\Delta_r H_m^{\ominus} = \Delta_r U_m^{\ominus} + \Delta \nu RT$
   (4) $Q_p = Q_V + \Delta nRT$　　(5) $\Delta G = W_{非}$　　(6) $\Delta S \geqslant 0$
8. 试举例说明在什么情况下 $\Delta_r H_m^{\ominus}$、$\Delta_f H_m^{\ominus}$、$\Delta_c H_m^{\ominus}$ 的数值相等。

习　题

1. 1 mol 理想气体在 200 ℃、恒外压 300 kPa 下恒温膨胀至体积为原体积的 4 倍。求此过程的 W、Q、ΔU 和 ΔH。
2. 已知某弹式热量计与其内容物的总热容为 4.521 kJ · K^{-1}。0.223 g 萘($C_{10}H_8$)和足量 O_2 在其中完全燃烧，所放热量使温度由 27.25 ℃ 升高到 29.23 ℃。求萘燃烧反应的 $\Delta_r U_m$ 和 $\Delta_r H_m$。
3. 已知

$$MnO_2(s) = MnO(s) + \frac{1}{2}O_2(g) \qquad \Delta_r H_m^\ominus(1) = 134.8\ \text{kJ} \cdot \text{mol}^{-1}$$

$$MnO_2(s) + Mn(s) = 2MnO(s) \qquad \Delta_r H_m^\ominus(2) = -250.18\ \text{kJ} \cdot \text{mol}^{-1}$$

试求 $MnO_2(s)$ 的标准摩尔生成热。

4. 已知下列反应的热效应：

$$2H_2(g) + O_2(g) = 2H_2O(l) \qquad \Delta_r H_m^\ominus(1) = -571.6\ \text{kJ} \cdot \text{mol}^{-1}$$

$$H_2(g) + I_2(s) = 2HI(g) \qquad \Delta_r H_m^\ominus(2) = 53\ \text{kJ} \cdot \text{mol}^{-1}$$

$$4Cu(s) + O_2(g) = 2Cu_2O(s) \qquad \Delta_r H_m^\ominus(3) = -337.2\ \text{kJ} \cdot \text{mol}^{-1}$$

$$Cu_2O(s) + 2HI(g) = 2CuI(s) + H_2O(l) \qquad \Delta_r H_m^\ominus(4) = -305.8\ \text{kJ} \cdot \text{mol}^{-1}$$

求 298 K 时 CuI(s)的标准摩尔生成热。

5. 已知 $\Delta_f H_m^\ominus[(NH_4)_2SO_4, s] = -1180.9\ \text{kJ} \cdot \text{mol}^{-1}$，$\Delta_f H_m^\ominus(NH_3, g) = -45.9\ \text{kJ} \cdot \text{mol}^{-1}$，$\Delta_f H_m^\ominus(NH_4HSO_4, s) = -1027.0\ \text{kJ} \cdot \text{mol}^{-1}$。求反应 $(NH_4)_2SO_4(s) = NH_3(g) + NH_4HSO_4(s)$ 的 $\Delta_r U_m^\ominus$。
6. 试比较下列物质标准生成热的大小，并简要说明理由。

$$NaF,\ KCl,\ MgCl_2,\ Na_2CO_3,\ Na_2SO_4$$

7. 试比较下列气体标准熵的大小，并简要说明理由。

$$H_2, N_2, O_2, O_3, NO_2, SO_2, SO_3$$

8. 解释原因：NO 与 NO_2 的标准熵相差较大，而 SO_2 与 SO_3 的标准熵相差较小。
9. 将下列气体按照标准生成热由大到小的顺序排列并简要说明理由。

$$CO_2, NO_2, O_3, SO_2, SO_3$$

10. 比较下面两个反应热效应大小，并说明两个反应热效应相差很大的原因。
   (1) $2NO + O_2 = 2NO_2$
   (2) $3O_2 = 2O_3$
11. 通常采用金属与 CO 反应生成液态的金属羰基化合物、经与杂质分离后再分解的方法制备高纯金属。已知反应：

$$Ni(s) + 4CO(g) \underset{423\ \text{K}}{\overset{323\ \text{K}}{\rightleftharpoons}} [Ni(CO)_4](l)$$

的 $\Delta_r H_m^\ominus = -161\ \text{kJ} \cdot \text{mol}^{-1}$，$\Delta_r S_m^\ominus = -420\ \text{J} \cdot \text{mol}^{-1} \cdot \text{K}^{-1}$。试分析该方法提纯镍的合理性。

12. 已知 $\Delta_f H_m^\ominus(ClF, g) = -50.3\ \text{kJ} \cdot \text{mol}^{-1}$，$E_{Cl-Cl} = 239\ \text{kJ} \cdot \text{mol}^{-1}$，$E_{F-F} = 166\ \text{kJ} \cdot \text{mol}^{-1}$，求 ClF 的解离能 $\Delta H_{解离}$。
13. 已知 $H_2(g)$ 的键能 $E_{H-H} = 436\ \text{kJ} \cdot \text{mol}^{-1}$，石墨的升华热为 $\Delta_v H_m^\ominus(\text{C, 石墨}) = 716.7\ \text{kJ} \cdot \text{mol}^{-1}$，$\Delta_c H_m^\ominus(CH_4, g) = -890.8\ \text{kJ} \cdot \text{mol}^{-1}$，$\Delta_c H_m^\ominus(C_2H_6, g) = -1560.7\ \text{kJ} \cdot \text{mol}^{-1}$，$\Delta_f H_m^\ominus(CO_2, g) = -393.5\ \text{kJ} \cdot \text{mol}^{-1}$，$\Delta_f H_m^\ominus(H_2O, l) = -285.8\ \text{kJ} \cdot \text{mol}^{-1}$。求 C—C 键的键能。
14. 蔗糖在人体内代谢过程中所发生的反应和相关物质的热力学数据如下：

	$C_{12}H_{22}O_{11}(s)$ +	$12O_2(g)$ =	$12CO_2(g)$ +	$11H_2O(l)$
$\Delta_f H_m^\ominus/(\text{kJ} \cdot \text{mol}^{-1})$	−2226.1	0	−393.5	−285.8
$S_m^\ominus/(\text{J} \cdot \text{mol}^{-1} \cdot \text{K}^{-1})$	359.8	205.2	213.8	70.0

若在人体内只有 30%上述反应的标准自由能变可转变为有用功，则 5.0 g 蔗糖在体温 37 ℃时进行代谢，可做多少有用功？

15. 已知键能数据：$E_{O=O}=498\ kJ\cdot mol^{-1}$，$E_{C=O}=708\ kJ\cdot mol^{-1}$，$E_{C-C}=331\ kJ\cdot mol^{-1}$，$E_{C-H}=415\ kJ\cdot mol^{-1}$，$E_{O-H}=465\ kJ\cdot mol^{-1}$。试判断下面的反应能否自发进行。

$$CH_3COCH_3(g)+4O_2(g)\xlongequal{}3CO_2(g)+3H_2O(g)$$

16. 在 298 K 时，CS_2 的摩尔蒸发热 $\Delta_v H_m^\ominus$ 为 27.7 $kJ\cdot mol^{-1}$，CS_2(l)的标准熵 $S_m^\ominus$(l)为 151.3 $J\cdot mol^{-1}\cdot K^{-1}$，试求该温度条件下平衡时气态 CS_2 的标准熵 $S_m^\ominus$(g)。

17. 乙醇在其沸点温度(78 ℃)时蒸发热为 $3.95\times10^4\ J\cdot mol^{-1}$。求 10 g 乙醇蒸发过程的 W、Q、ΔU、ΔH、ΔS 和 ΔG。

18. 已知水的融化热为 6.02 $kJ\cdot mol^{-1}$，冰和水的摩尔体积分别为 $1.96\times10^{-2}\ dm^3\cdot mol^{-1}$ 和 $1.80\times10^{-2}\ dm^3\cdot mol^{-1}$。计算 0 ℃、100 kPa 下，1 g 冰完全融化成水过程的 Q、W、ΔH、ΔU、ΔS 和 ΔG。

19. 已知反应中各物质的 $\Delta_f H_m^\ominus$ 和 $S_m^\ominus$

	$PbCO_3(s)$ ═	$PbO(s)$ +	$CO_2(g)$
$\Delta_f H_m^\ominus/(kJ\cdot mol^{-1})$	−699.1	−217.3	−393.5
$S_m^\ominus/(J\cdot mol^{-1}\cdot K^{-1})$	131.0	68.7	213.8

求 $PbCO_3$ 热分解反应的最低温度。

20. 反应 $CaCO_3\xlongequal{}CaO+CO_2$。不通过计算试比较 $\Delta_r H_m^\ominus$ 和 $\Delta_r G_m^\ominus$ 的大小，说明原因。

21. 已知 $CCl_4(l)\rightleftharpoons CCl_4(g)$ 的 $\Delta_r H_m^\ominus=32.5\ kJ\cdot mol^{-1}$，$\Delta_r S_m^\ominus=88\ J\cdot mol^{-1}\cdot K^{-1}$，求 CCl_4 的沸点。

22. 反应 $A(g)+B(g)\longrightarrow 2C(g)$ 中 A、B、C 都是理想气体。在 25 ℃、1×10^5 Pa 条件下，体系若分别按下列两种途径发生变化，求两种变化途径的 Q、W、$\Delta_r U_m^\ominus$、$\Delta_r H_m^\ominus$、$\Delta_r S_m^\ominus$ 和 $\Delta_r G_m^\ominus$。

(1) 体系放热 41.8 $kJ\cdot mol^{-1}$，而没有做功；

(2) 体系做了最大功，放热 1.64 $kJ\cdot mol^{-1}$。

第3章 化学反应速率

3.1 反应速率的概念
- 平均速率
- 瞬时速率

3.2 反应物浓度对反应的影响
- 反应物浓度对反应速率的影响
- 反应物浓度与反应时间的关系

3.3 反应机理的探讨
- 基元反应
- 反应机理的探讨

3.4 反应速率理论简介
- 碰撞理论
- 过渡状态理论

3.5 温度和催化剂对化学反应速率的影响
- 温度对反应速率的影响
- 催化剂对反应速率的影响

许多热力学上能够发生的化学反应($\Delta_r G_m^\ominus < 0$),往往观测不到实验现象。例如

$$2H_2(g) + O_2(g) = 2H_2O(l) \qquad \Delta_r G_m^\ominus = -474.2\ \text{kJ} \cdot \text{mol}^{-1}$$

常温下混合 H_2 和 O_2,观测不到水的生成。这主要是动力学的因素所致,即反应速率太慢,没有观测到现象。可见,化学热力学虽然解决了反应的可能性问题,但没有解决反应的现实性问题。化学反应的速率问题需要用化学反应的动力学来解决。

3.1　反应速率的概念

核心内容

1. 化学反应速率是指单位时间内反应物浓度的减少或生成物浓度的增加。

2. 平均速率是某时间区间内反应速率的平均值,瞬时速率是某一时刻的化学反应速率。

3. 用不同物质的浓度变化表示的反应速率一般不同,某物质浓度变化表示的反应速率与其在反应式中的化学计量数成正比。

单位时间内反应物浓度的减少或生成物浓度的增加可用来表示化学反应速率。常用的反应速率的单位是 $\text{mol} \cdot \text{dm}^{-3} \cdot \text{s}^{-1}$,$\text{mol} \cdot \text{dm}^{-3} \cdot \text{min}^{-1}$或 $\text{mol} \cdot \text{dm}^{-3} \cdot \text{h}^{-1}$。

3.1.1　平均速率

对于反应

$$aA = bB$$

若 $t_1 \to t_2$ 时间内用反应物 A 浓度的减少表示平均速率,则平均速率 $\bar{r}_A$ 为

$$\bar{r}_A = -\frac{[A]_2 - [A]_1}{t_2 - t_1} = -\frac{\Delta[A]}{\Delta t}$$

式中,$[A]_1$ 为物质 A 在时间 t_1 时的物质的量浓度;$[A]_2$ 为物质 A 在时间 t_2 时的物质的量浓度。前面加"$-$"号以使反应速率为正值。

在同一时间间隔里,反应速率也可以用生成物 B 浓度的改变来表示

$$\bar{r}_B = \frac{\Delta[B]}{\Delta t}$$

用反应式中不同物质表示的反应速率的数值可能不相等,但由于表示的是同一个反应的速率,彼此间应该存在着一定关系,且这种关系与化学计量数有关。

由于

$$-\frac{\Delta[A]}{a} = \frac{\Delta[B]}{b}$$

等式两侧同时除以 Δt,得

$$-\frac{1}{a}\frac{\Delta[A]}{\Delta t} = \frac{1}{b}\frac{\Delta[B]}{\Delta t}$$

于是有

$$\frac{1}{a}\bar{r}_A = \frac{1}{b}\bar{r}_B$$

因此,用不同物质表示的反应速率与该物质在反应式中的化学计量数成正比。

反应的平均速率是某一时间区间内反应速率的平均结果,时间的区间越大,平均速率与某一时刻的反应速率差别就越大。

3.1.2　瞬时速率

通常把某一时刻的化学反应速率称为反应的瞬时速率。

利用实验数据,以反应时间 t 为横坐标,生成物的浓度为纵坐标,可得到生成物浓度对反应时间的曲线,如图 3 - 1(a)所示。

通过曲线在 t_1 时刻和 t_2 时刻的两点作曲线的割线,则割线的斜率表示在 $t_1 \sim t_2$ 时间区间内反应的平均速率,如图 3 - 1(b)所示。显然,$t_1 \sim t_2$ 时间间隔越小,割线的斜率越逼近曲线的切线的斜率。如图 3 - 1(c)所示,当时间间隔趋近于 0 时,割线 l 的斜率近似等于 t_0 时刻切线 l_0 的斜率,则该切线的斜率即为反应在 t_0 时刻的瞬时速率。

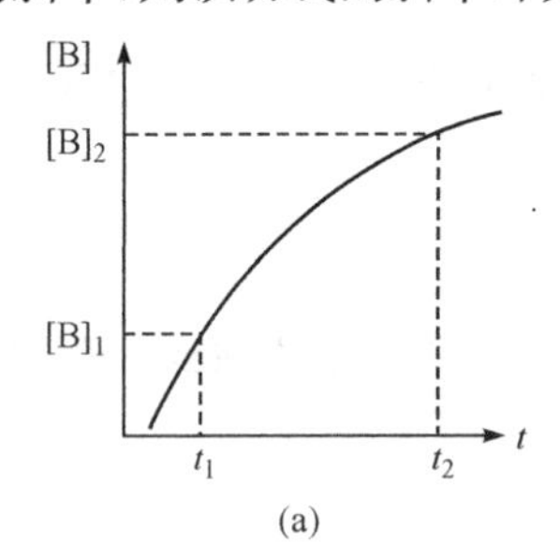

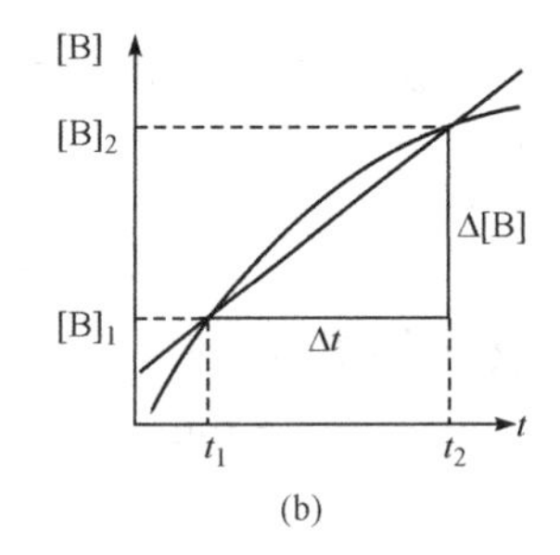

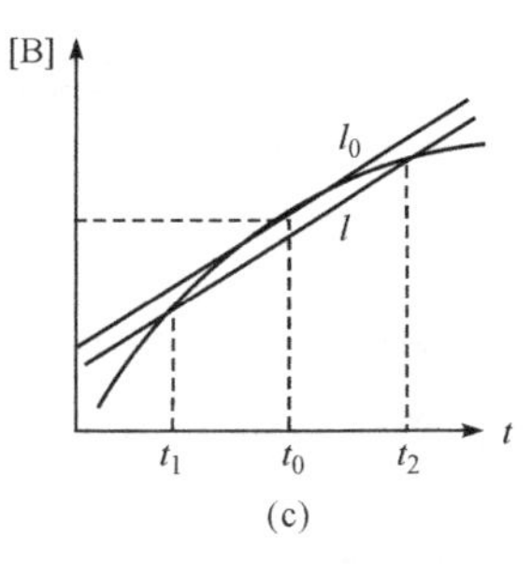

图 3 - 1　平均速率与瞬时速率的关系

反应的瞬时速率是平均速率的极限,用数学方法表示为

$$r_{\mathrm{B}}=\lim_{\Delta t \to 0}\frac{\Delta[\mathrm{B}]}{\Delta t}$$

这种极限形式,可用微分式表示为

$$r_{\mathrm{B}}=\frac{\mathrm{d}[\mathrm{B}]}{\mathrm{d}t}$$

也可用反应物浓度变化表示瞬时速率,其微分式为

$$r_{\mathrm{A}}=-\frac{\mathrm{d}[\mathrm{A}]}{\mathrm{d}t}$$

在同一时刻,用不同物质的浓度的改变表示反应的瞬时速率,其数值不相同。同样,瞬时速率与物质在反应式中的化学计量数成正比。

$$\frac{1}{a}r_{\mathrm{A}}=\frac{1}{b}r_{\mathrm{B}}$$

在所有时刻的瞬时速率中,初速率(起始速率)r_0 最重要,在研究反应速率与浓度的关系时,经常用到初速率。

3.2　反应物浓度对反应的影响

1. 反应的瞬时速率与反应物浓度之间的关系式称为反应速率方程(也称质量作用定律)。用不同物质的浓度变化来表示反应速率时,速率常数的数值可能不同。

2. 反应物浓度与反应时间的关系可用速率方程的积分式表示。零级反应的积分表达式为$[A]_t=[A]_0-kt$，一级反应的积分表达式为$\ln[A]_t-\ln[A]_0=-kt$。

3. 零级反应的半衰期与反应物的初始浓度成正比，一级反应的半衰期与反应物的初始浓度无关。

实验事实表明，恒温下增加反应物的浓度则反应速率增大，但完成反应需要更长时间。由图 3-1 可知，将反应物按一定比例混合后发生反应，随着时间的延续反应速率减小。

3.2.1 反应物浓度对反应速率的影响

1. 速率方程

实验表明，对于反应

$$aA+bB=gG+hH$$

反应的瞬时速率 r 与反应物浓度之间的关系为

$$r=k[A]^m[B]^n$$

这就是反应的速率方程，或称为质量作用定律。k 为速率常数，在恒温下 k 不因反应物浓度的改变而变化；k、m 和 n 可由实验测得。反应的速率方程可通过实验获得。

【例 3-1】 测得反应 $aA+bB=gG+hH$ 的反应物初始浓度和反应速率的数据如下所示，试根据实验数据给出反应的速率方程。

实验编号	1	2	3	4	5
A 的初始浓度$[A]_0/(mol \cdot dm^{-3})$	2.0	4.0	6.0	2.0	2.0
B 的初始浓度$[B]_0/(mol \cdot dm^{-3})$	2.0	2.0	2.0	4.0	6.0
反应速率 $r_B/(mol \cdot dm^{-3} \cdot s^{-1})$	0.30	0.60	0.90	0.30	0.30

解 对比表中实验数据可发现：

反应物 B 的初始浓度不变时，A 的初始浓度增加 1 倍，反应速率也增加 1 倍，即 $r \propto [A]^1$；

反应物 A 的初始浓度不变时，B 的初始浓度增加 1 倍，反应速率不变，即 $r \propto [B]^0$。

因此，反应的速率方程是

$$r_B=k_B[A]$$

2. 反应级数

若反应的速率方程为

$$r=k[A]^m[B]^n$$

则$(m+n)$称为该反应的反应级数，或者说该反应为$(m+n)$级反应。反应级数也可只对某一种反应物而言，如反应对反应物 A 是 m 级反应，对反应物 B 是 n 级反应。

反应级数可以是整数。例如，H_2 和 I_2 反应的化学方程式和反应的速率方程为

$$H_2+I_2=2HI \qquad r=k[H_2][I_2]$$

反应级数为 2,或者说对 H_2 和 I_2 均为一级反应。

反应级数可以是分数。例如,Cl_2 和 H_2 反应的化学方程式和反应的速率方程为

$$H_2 + Cl_2 = 2HCl \qquad r = k[H_2][Cl_2]^{1/2}$$

反应级数为$\frac{3}{2}$,或者说对 H_2 为一级反应,对 Cl_2 为$\frac{1}{2}$级反应。

有些反应没有确定的反应级数。例如,Br_2 和 H_2 反应的化学方程式和反应的速率方程为

$$H_2 + Br_2 = 2HBr \qquad r = \frac{k[H_2][Br_2]^{1/2}}{1 + k'\frac{[HBr]}{[Br_2]}}$$

反应的级数也可以是零。例如,Na 与 H_2O 反应的化学方程式和反应的速率方程为

$$2Na + 2H_2O = 2NaOH + H_2 \qquad r = k$$

反应的速率与反应物浓度无关,是零级反应。

3. 速率常数 k

若反应 $aA + bB = gG + hH$ 的速率方程为 $r = k[A]^m[B]^n$,当各种反应物浓度皆为 $1\ mol \cdot dm^{-3}$时,$r = k$。

速率常数 k 是各种反应物浓度皆为 $1\ mol \cdot dm^{-3}$时的反应速率,或称为比速常数。在相同的浓度和反应级数条件下,可用速率常数的大小来比较化学反应的速率。

速率常数的单位与反应级数有关。反应速率的国际单位是 $mol \cdot dm^{-3} \cdot s^{-1}$,若浓度单位为 $mol \cdot dm^{-3}$,对于 n 级反应则速率常数 k 的单位是

$$\frac{mol \cdot dm^{-3} \cdot s^{-1}}{(mol \cdot dm^{-3})^n}$$

可见,n 级反应的速率常数 k 的单位是 $mol^{(1-n)} \cdot dm^{-3(1-n)} \cdot s^{-1}$或$(mol \cdot dm^{-3})^{(1-n)} \cdot s^{-1}$。

零级反应的速率常数的单位是 $mol \cdot dm^{-3} \cdot s^{-1}$,与反应速率的单位一致;一级反应的速率常数的单位是时间的倒数,即 s^{-1};二级反应的速率常数的单位是 $mol^{-1} \cdot dm^3 \cdot s^{-1}$。

用不同物质的浓度的变化来表示反应速率时,速率方程中速率常数的值经常是不同的,这与反应式中物质的化学计量数有关。对于反应

$$aA + bB = gG + hH$$

其速率方程的通式为

$$r_i = k_i[A]^m[B]^n$$

不论用哪种物质的浓度变化来表示反应速率,$[A]^m[B]^n$ 项是相同的,因此反应速率常数间的关系与反应速率间的关系一致。由于反应速率间的关系为

$$\frac{1}{a}r_A = \frac{1}{b}r_B = \frac{1}{g}r_G = \frac{1}{h}r_H$$

因此速率常数间的关系为

$$\frac{1}{a}k_A = \frac{1}{b}k_B = \frac{1}{g}k_G = \frac{1}{h}k_H$$

3.2.2　反应物浓度与反应时间的关系

化学动力学不仅关注反应物浓度对反应速率的影响,同样关注反应物浓度随时间的变化

情况。利用反应速率方程的微分表达式推导出相应的积分表达式，可得到反应物浓度与时间的关系式。

1. 零级反应

零级反应的特点是反应速率与反应物浓度无关。某零级反应

$$A = B$$

若以反应物 A 的浓度变化表示反应速率，则该反应的速率方程微分表达式为

$$-\frac{d[A]}{dt}=k$$

整理，得

$$-d[A]=kdt$$

若反应物 A 的初始浓度为$[A]_0$，t 时刻的浓度为$[A]_t$，对上式两侧同时积分

$$-\int_{[A]_0}^{[A]_t} d[A] = k\int_0^t dt$$

得

$$[A]_t-[A]_0=-kt$$

整理，得

$$[A]_t=[A]_0-kt$$

以上两式为零级反应的积分表达式。若已知反应物的初始浓度和速率常数 k，通过积分表达式就可求出反应物在任意时刻的浓度。

零级反应的积分表达式也可以写成

$$[A]_0-[A]_t=kt$$

即反应物浓度的改变量与时间成正比。这是零级反应的特点之一。

【例 3-2】 反应 A══B 为零级反应，100 min 时反应物 A 消耗了 25%。求 200 min 时反应物 A 消耗了多少。

解　设$[A]_0=1\ mol\cdot dm^{-3}$，则$[A]_{100\ min}=0.75\ mol\cdot dm^{-3}$。代入式

$$[A]_t=[A]_0-kt$$

得

$$0.75=1-k\times 100$$

$$k=2.5\times 10^{-3}(mol\cdot dm^{-3}\cdot min^{-1})$$

200 min 时

$$[A]_{200\ min}=1-2.5\times 10^{-3}\times 200=0.5(mol\cdot dm^{-3})\text{，消耗了 }50\%$$

另一种解法：

由

$$[A]_0-[A]_t=kt$$

100 min 时

$$[A]_0-[A]_{100\ min}=k\times 100$$

200 min 时

$$[A]_0-[A]_{200\ min}=k\times 200$$

两式相除，得

$$[A]_{200\ min}=0.5\ (mol\cdot dm^{-3})\text{，消耗了 }50\%$$

反应物消耗一半所需的时间称为半衰期,用$t_{1/2}$表示。半衰期的大小也能体现反应速率的快慢,反应的$t_{1/2}$越短,表明反应的速率越快。

将反应达半衰期时的浓度$[A]_t=1/2[A]_0$代入零级反应积分表达式

$$1/2[A]_0=[A]_0-kt_{1/2}$$

整理,得

$$t_{1/2}=\frac{[A]_0}{2k}$$

可见,零级反应的半衰期与反应物的初始浓度成正比,与反应的速率常数成反比。

2. 一级反应

某一级反应

$$A \xlongequal{} B$$

以反应物A的浓度改变表示反应的速率,则反应的速率方程微分表达式为

$$-\frac{d[A]}{dt}=k[A]$$

整理,得

$$-\frac{d[A]}{[A]}=k dt$$

反应物A的初始浓度为$[A]_0$,t时刻的浓度为$[A]_t$,对上式两侧同时积分

$$-\int_{[A]_0}^{[A]_t}\frac{d[A]}{[A]}=k\int_0^t dt$$

得

$$\ln[A]_t-\ln[A]_0=-kt$$

转换成常用对数式

$$\lg[A]_t=\lg[A]_0-\frac{k}{2.303}t$$

由一级反应速率方程的积分表达式,可以求得一级反应的反应物的瞬时浓度。

将$[A]_t=1/2[A]_0$代入一级反应的速率方程的积分表达式,得一级反应的半衰期为

$$t_{1/2}=\frac{0.693}{k}$$

可见,一级反应的半衰期只与速率常数有关,与反应物的初始浓度无关。这是一级反应的一个突出特点。

【例3-3】 反应物A的浓度随时间变化情况如下所示:

t/min	0	1	2	3	4	5
$[A]/(mol \cdot dm^{-3})$	1.00	0.72	0.50	0.36	0.25	0.18

求(1)反应的速率常数;(2) 3 min时反应的瞬时速率。

解 从表中数据可知,反应物的浓度从1 $mol \cdot dm^{-3}$减小到0.50 $mol \cdot dm^{-3}$所需要的时间是2 min,从0.5 $mol \cdot dm^{-3}$减小到0.25 $mol \cdot dm^{-3}$所需要的时间也是2 min。即反应物的浓度每消耗一半所需要的时间是一个常数,因此该反应为一级反应,$t_{1/2}=2$ min。

(1) 对于一级反应

$$t_{1/2}=\frac{0.693}{k}$$

得

$$k=0.347\ (\mathrm{min}^{-1})$$

(2) 该反应的速率方程为

$$r=k[\mathrm{A}]$$

反应至 3 min 时，反应的瞬时速率

$$r_{3\ \mathrm{min}}=k[\mathrm{A}]_{3\ \mathrm{min}}=0.347\times0.36=0.125(\mathrm{mol}\cdot\mathrm{dm}^{-3}\cdot\mathrm{min}^{-1})$$

3. 二级反应和三级反应

利用二级反应和三级反应速率方程的微分表达式，通过积分处理可分别求得只有 1 种反应物的二级反应和三级反应的速率方程积分表达式和半衰期表达式。

1）二级反应

速率方程的微分表达式

$$-\frac{\mathrm{d}[\mathrm{A}]}{\mathrm{d}t}=k[\mathrm{A}]^2$$

速率方程的积分表达式

$$\frac{1}{[\mathrm{A}]_t}-\frac{1}{[\mathrm{A}]_0}=kt$$

半衰期

$$t_{1/2}=\frac{1}{k[\mathrm{A}]_0}$$

2）三级反应

速率方程的微分表达式

$$-\frac{\mathrm{d}[\mathrm{A}]}{\mathrm{d}t}=k[\mathrm{A}]^3$$

速率方程的积分表达式

$$\frac{1}{[\mathrm{A}]_t^2}-\frac{1}{[\mathrm{A}]_0^2}=2kt$$

半衰期

$$t_{1/2}=\frac{3}{2k[\mathrm{A}]_0^2}$$

3.3　反应机理的探讨

化学反应速率、反应级数、反应的半衰期等均是对反应特点的宏观描述，反应机理则是对反应的微观过程的描述。

1. 基元反应是指反应物分子经一步直接转化为产物的反应。基元反应或复杂反应的基元步骤,可直接由反应式写出速率方程。

2. 复杂反应中的慢反应步骤是整个反应的控制步骤,其速率近似为整个反应的速率。

3. 平衡假设法就是假设快反应步骤的反应物和产物处于近似的平衡态。稳态近似法是将中间产物的生成速率与消耗速率看成近似相等。

3.3.1 基元反应

基元反应是指反应物分子经一步直接转化为产物的反应。例如

$$NO_2 + CO = NO + CO_2$$

许多化学反应,尽管其反应方程式很简单,但却不是基元反应,而是经由两个或多个步骤完成的复杂反应。例如,反应 $2NO + O_2 = 2NO_2$ 可能经历了如下基元步骤

$$2NO = N_2O_2 \quad (快) \tag{1}$$

$$N_2O_2 = 2NO \quad (快) \tag{2}$$

$$N_2O_2 + O_2 = 2NO_2 \quad (慢) \tag{3}$$

研究复杂反应的反应机理,就是要研究反应经历了哪些基元步骤。

基元反应或复杂反应的基元步骤中反应所需要的微粒数目称为反应的分子数。反应可以是单分子反应,也可以是由两个微粒碰撞所发生的双分子反应,三分子的反应非常少见,目前尚未发现四分子反应。只有基元反应才可用反应分子数,反应分子数是微观层次的概念,它只能是正整数,不能是分数。而反应级数是反应宏观层次的概念,可以是分数。

基元反应或复杂反应的基元步骤,可直接由反应式写出速率方程。例如,基元反应

$$aA + bB = gG + hH$$

其反应的速率方程为

$$r = k[A]^a[B]^b$$

即基元反应的反应速率与反应物浓度以其化学计量数为指数幂的连乘积成正比。

反应 $NO_2 + CO = NO + CO_2$ 是基元反应,反应的速率方程式为

$$r = k[NO_2][CO]$$

有些反应,由实验测得的反应级数与反应式中反应物化学计量数相等,但反应并不一定是基元反应。例如,以下两个反应都不是基元反应。

$$2NO + O_2 = 2NO_2 \qquad r = k[NO]^2[O_2]$$

$$H_2 + I_2 = 2HI \qquad r = k[H_2][I_2]$$

3.3.2 反应机理的探讨

研究反应机理,探讨反应的微观过程,对于认识化学反应的宏观性质具有重要意义。通常用平衡假设法和稳态近似法推导反应的速率方程。将复杂反应中的慢反应步骤看做是整个反应的控制步骤,慢反应步骤的速率近似为整个反应的速率。

1) 平衡假设法

平衡假设法就是假设快反应步骤的反应物和产物处于近似的平衡态。例如

$$2H_2 + 2NO = 2H_2O + N_2$$

实验测得其速率方程为

$$r=k[H_2][NO]^2$$

说明该反应肯定不是基元反应，因为实验测得的速率方程与按基元反应写出的速率方程表示式不一致。人们根据实验信息推断，该反应可能经历如下的基元步骤

$$NO+NO = N_2O_2 \quad （快） \quad (1)$$

$$N_2O_2+H_2 = N_2O+H_2O \quad （慢） \quad (2)$$

$$N_2O+H_2 = N_2+H_2O \quad （快） \quad (3)$$

步骤(1)和(3)是快反应，很快就达到了平衡，步骤(2)是慢反应，是反应的速率控制步骤，因此这一步反应的速率就应该是整个反应的速率。所以

$$r=k_2[N_2O_2][H_2]$$

根据平衡假定原理

$$r_{1+}=r_{1-}$$

即

$$k_{1+}[NO][NO]=k_{1-}[N_2O_2]$$

整理，得

$$[N_2O_2]=\frac{k_{1+}}{k_{1-}}[NO]^2$$

所以

$$r=k_2\frac{k_{1+}}{k_{1-}}[NO]^2[H_2]$$

令

$$k=\frac{k_2k_{1+}}{k_{1-}}$$

反应的速率方程为

$$r=k[NO]^2[H_2]$$

2）稳态近似法

稳态近似法是将中间产物的生成速率与消耗速率近似看成相等，则反应达到这种稳定状态时中间产物生成的净速率为零。例如

$$2NO+O_2 = 2NO_2$$

实验测得其反应速率方程为

$$r=k[NO]^2[O_2]$$

人们提出反应可能经历如下基元步骤

$$2NO = N_2O_2 \quad （快） \quad (1)$$

$$N_2O_2 = 2NO \quad （快） \quad (2)$$

$$N_2O_2+O_2 = 2NO_2 \quad （慢） \quad (3)$$

步骤(3)为慢反应，故反应速率为

$$r=k_3[N_2O_2][O_2]$$

按稳态近似法，快步骤(1)生成中间产物 N_2O_2，快步骤(2)消耗中间产物 N_2O_2，两个快步骤在慢步骤(3)之前迅速地进行，可近似地认为$[N_2O_2]$是稳定不变的。于是有

$$k_1[NO]^2-k_2[N_2O_2]=0$$

所以

$$[N_2O_2]=\frac{k_1}{k_2}[NO]^2$$

代入速度控制步骤的速率方程，得

$$r=k[NO]^2[O_2]$$

式中，$k=k_3\frac{k_1}{k_2}$。

3.4 反应速率理论简介

1. 碰撞理论认为，反应物分子间的相互碰撞是反应进行的先决条件；只有能量足够高的分子组的分子以合适的方向碰撞才是有效的。

2. 过渡状态理论认为，当两个具有足够能量的反应物分子相互接近时，反应物分子先形成活化配合物作为反应的中间过渡状态。可以用反应历程-势能图讨论反应过程。

3.4.1 碰撞理论

碰撞理论认为，反应物分子间的相互碰撞是反应进行的先决条件。影响反应速率的因素主要有反应物分子碰撞的频率、反应物分子的能量以及分子碰撞时的取向。

反应物分子碰撞的频率(Z)越高，反应速率越大。显然，反应物的浓度越大，反应物分子碰撞的频率越高，因此增加反应物浓度能增大反应速率。

反应物分子相互碰撞时，只有极少数碰撞是有效的，即相互碰撞的分子不一定发生反应，只有有效碰撞的分子才有可能发生反应。研究表明，相互碰撞时能发生反应的分子必须具备足够的能量，足以克服分子相互接近时的排斥力。具有足够能量的分子组称为活化分子组，活化分子组具有的能量限制 E_a 称为活化能。若能量满足要求的碰撞次数占总碰撞次数的分数为 f，则有

$$f=e^{-\frac{E_a}{RT}}$$

式中，f 称为能量因子。活化能 E_a 越高，满足能量要求的碰撞次数占总碰撞次数的分数 f 越小。

活化分子组中的各个分子采取合适的取向进行碰撞时，反应才能发生。例如

$$NO_2+CO=\!=\!=NO+CO_2$$

只有 CO 中的 C 与 NO_2 中的 O 接近，才是反应能够发生的合适的取向，如图 3－2(a)所示；而其他取向不是合适的取向，故不能发生反应，如图 3－2(b)、(c)、(d)所示。

因此，真正的有效碰撞次数 Z^* 为

$$Z^*=ZfP=ZPe^{-\frac{E_a}{RT}}$$

式中，Z 为碰撞次数；f 为能量因子；P 为取向因子；E_a 为活化能；T 为热力学温度；R 为摩尔气体常量。

3.4.2 过渡状态理论

过渡状态理论认为，当两个具有足够能量的反应物分子相互接近时，反应物分子先形成活

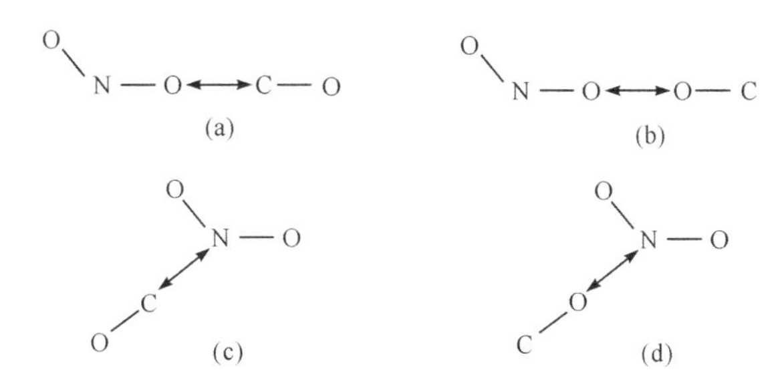

图 3-2　分子碰撞的取向示意图

化配合物作为反应的中间过渡状态。在活化配合物中，反应物分子的键部分地断裂，产物分子的键部分地形成。例如，具有足够能量的 NO_2 与 CO 沿合适的取向接近时，N—O 键部分断裂而新的 C—O 键部分形成，生成过渡状态的活化配合物。活化配合物能量很高，不稳定，它既可以分解为生成物，也可以分解为反应物。

$$\mathrm{O{-}N{-}O + C{-}O \rightleftharpoons O{-}N\cdots O\cdots C{-}O \rightleftharpoons N{-}O + O{-}C{-}O}$$

活化配合物的浓度、活化配合物分解为产物的概率以及活化配合物分解为产物的速率均影响化学反应的速率。

过渡状态理论经常用反应历程-势能图讨论反应过程，如图 3-3 所示。反应历程-势能图非常直观地描述了反应过程中体系势能变化情况。

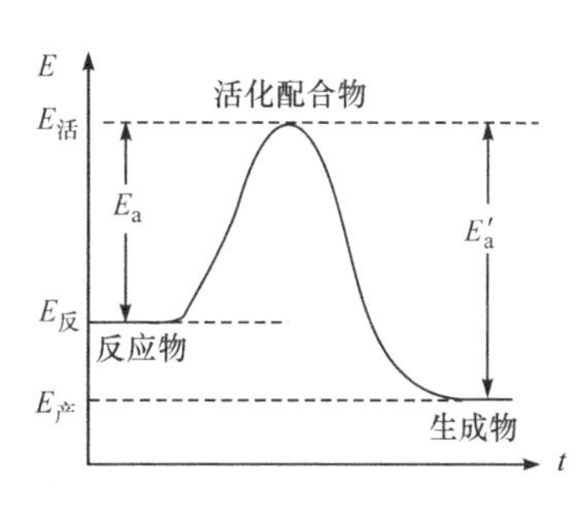

图 3-3　反应历程-势能图

在图 3-3 中，活化配合物的势能与反应物分子的平均势能之差为正反应的活化能 E_a；活化配合物的势能与生成物分子的平均势能之差为逆反应的活化能 E_a'。可见，在过渡状态理论中，活化能体现着一种能量差。

由图 3-3 可以得到

$$\text{反应物} \longrightarrow \text{活化配合物} \qquad \Delta_r H_m(1) = E_a$$

$$\text{活化配合物} \longrightarrow \text{生成物} \qquad \Delta_r H_m(2) = -E_a'$$

总反应为

$$\text{反应物} \longrightarrow \text{生成物} \quad \Delta_r H_m$$

故摩尔反应热为

$$\Delta_r H_m = \Delta_r H_m(1) + \Delta_r H_m(2) = E_a - E_a'$$

因此，正反应的活化能与逆反应的活化能之差为化学反应的摩尔反应热。

不论是放热反应还是吸热反应，反应物分子必须先经过一个能垒(活化能)。由反应历程-势能图可知，正、逆两个反应经过同一个活化配合物中间体，这就是微观可逆性原理。

过渡状态理论将反应速率与物质的微观结构结合起来，这是比碰撞理论先进的一面。由于许多反应的活化配合物的结构尚无法从实验上加以确定，加上计算方法复杂，这一理论的应用受到限制。

3.5 温度和催化剂对化学反应速率的影响

1. 范特霍夫定律:温度每升高 10 K,反应速率增加 2～4 倍。温度越高,反应越快。
2. 阿伦尼乌斯公式

$$\lg k=-\frac{E_a}{2.303RT}+\lg A$$

3. 催化剂能改变反应速率,因为反应的历程发生变化,从而改变了反应的活化能。

3.5.1 温度对反应速率的影响

夏日里的食品更容易变质,但保存在冰箱里可以延长食品的保质时间;用高压锅煮食物,因为温度高使煮熟食物的时间变短。可见,温度对化学反应速率有很大影响。

按照碰撞理论,温度升高时分子运动速率加快使分子碰撞的频率增加,同时活化分子组的分数增加使分子有效碰撞的分数增加,所以反应速率增大。

按照过渡状态理论,升高温度使反应物分子的平均能量提高,相当于减小了活化能值,所以反应速率加快。

1. 温度与反应速率常数的关系

1901 年,荷兰人范特霍夫(van't Hoff)指出,温度每升高 10 K,反应速率增加 2～4 倍。两年后,阿伦尼乌斯(H. A. Arrhenius)提出了反应速率与温度的定量关系,温度对反应速率的影响表现在对反应速率常数的影响,即

$$k=Ae^{-\frac{E_a}{RT}}$$

式中,k 为反应速率常数;A 为指前因子;E_a 为反应的活化能。

由于速率常数 k 与热力学温度 T 呈指数关系,因此温度的微小变化将导致 k 值的较大变化。阿伦尼乌斯公式的对数形式为

$$\ln k=-\frac{E_a}{RT}+\ln A$$

常用对数形式表示为

$$\lg k=-\frac{E_a}{2.303RT}+\lg A$$

用阿伦尼乌斯公式讨论速率与温度的关系时,可以近似地认为活化能 E_a 和指前因子 A 不随温度的改变而变化。

温度 T_1 时速率常数为 k_1,则

$$\lg k_1=-\frac{E_a}{2.303RT_1}+\lg A$$

温度 T_2 时速率常数为 k_2,则

$$\lg k_2=-\frac{E_a}{2.303RT_2}+\lg A$$

两式相减并整理，得

$$\lg\frac{k_2}{k_1}=\frac{E_a}{2.303R}\left(\frac{T_2-T_1}{T_1T_2}\right)$$

若已知活化能，则可以由已知温度下的速率常数求得另一温度下的速率常数。

温度对反应速率的影响，还表现在不同的温度区间，升高温度时反应速率增加的倍数不同。例如，活化能 $E_a=150\ \text{kJ}\cdot\text{mol}^{-1}$时，反应温度从 400 K 升高至 410 K，$k_2$ 与 k_1 的比值为 3.0；反应温度从 600 K 升高至 610 K，k_2 与 k_1 的比值为 1.6。可见在较低温区间升高温度时速率常数增大的倍数较大，而在较高温区间升高温度时速率常数增大的倍数较小。

2. 活化能对反应速率的影响

对于式

$$\lg k=-\frac{E_a}{2.303RT}+\lg A$$

如果以 $\lg k$ 对$\frac{1}{T}$作图，在直角坐标系内将得到一条直线，直线的斜率为$-\frac{E_a}{2.303R}$。因此，由直线的斜率可以求得反应的活化能 E_a。

图 3-4 表示温度 T 与速率常数 k 的关系$\left(\lg k\text{-}\frac{1}{T}\text{图}\right)$。直线Ⅰ斜率的绝对值大于直线Ⅱ，原因在于活化能 E_a(Ⅰ)大于 E_a(Ⅱ)。活化能 E_a 越大，温度 T 对反应速率常数 k 的影响越大，即活化能越大，反应速率受温度的影响越大。

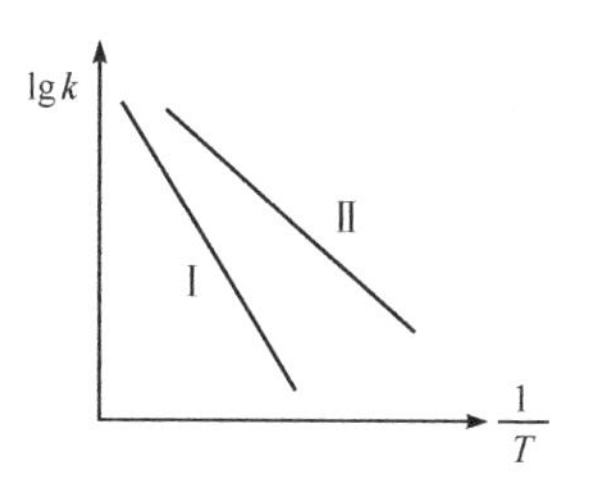

图 3-4　温度与速率常数的关系

例如，若活化能 $E_a=50\ \text{kJ}\cdot\text{mol}^{-1}$，反应温度从 400 K 升高至 420 K，$k_2$ 与 k_1 的比值为 2.0；若活化能 $E_a=150\ \text{kJ}\cdot\text{mol}^{-1}$，反应温度从 400 K 升高至 420 K，$k_2$ 与 k_1 的比值为 8.5。

由两个温度下的速率常数，可直接计算反应的活化能 E_a。

$$E_a=\frac{2.303RT_1T_2}{T_2-T_1}\lg\frac{k_2}{k_1}$$

由上式直接计算活化能只涉及两个实验点，比作图法求得的活化能的误差大，因为作图法涉及多个实验点。

【例 3-4】 某反应 300 K 时速率常数为 $9.86\times10^{-2}\ \text{dm}^3\cdot\text{mol}^{-1}\cdot\text{s}^{-1}$，320 K 时速率常数为 $8.57\times10^{-1}\ \text{dm}^3\cdot\text{mol}^{-1}\cdot\text{s}^{-1}$。求

(1) 反应的活化能 E_a；

(2) 310 K 和 330 K 时的速率常数；

(3) 温度每升高 10 K 速率常数增加的倍数。

解　(1)

$$E_a=\frac{2.303RT_1T_2}{T_2-T_1}\lg\frac{k_2}{k_1}$$

$$=\frac{2.303\times8.314\times10^{-3}\times300\times320}{320-300}\lg\frac{8.57\times10^{-1}}{9.86\times10^{-2}}$$

$$=86.3(\text{kJ}\cdot\text{mol}^{-1})$$

(2) 将已知数据代入

$$\lg\frac{k_2}{k_1}=\frac{E_a}{2.303R}\left(\frac{T_2-T_1}{T_1T_2}\right)$$

310 K时　$k_{310\,K}=2.98\times10^{-1}\ dm^3\cdot mol^{-1}\cdot s^{-1}$

330 K时　$k_{330\,K}=2.31\ dm^3\cdot mol^{-1}\cdot s^{-1}$

(3)　$\frac{k_{310}}{k_{300}}=3.02$　$\frac{k_{320}}{k_{310}}=2.88$　$\frac{k_{330}}{k_{320}}=2.70$

例3-4计算结果表明，温度每升高了10 K，反应速率增加的倍数在2～4倍，这表明范特霍夫定律是有实验基础的。

3.5.2　催化剂对反应速率的影响

从热力学角度分析，许多反应在常温下能够自发进行，但是由于反应速率过慢而得不到产物，甚至有的反应在高温下速率也极慢。例如

$$N_2(g)+3H_2(g)=\!=\!=2NH_3(g)\qquad \Delta_rG_m^{\ominus}=-32.8\ kJ\cdot mol^{-1}$$

$$2SO_2(g)+O_2(g)=\!=\!=2SO_3(g)\qquad \Delta_rG_m^{\ominus}=-142\ kJ\cdot mol^{-1}$$

对于这种热力学上具有可能性且有重要应用价值的反应，通过动力学上的研究找到最佳催化剂以便更容易得到需要的产物，是化学工作者研究工作的重要课题。

1. 催化剂与催化反应

研究表明，将 N_2 和 H_2 混合气体加热、加压并加入铁粉，则生成 NH_3 的反应速率大大加快；将 SO_2 和 O_2 混合气体加热并加入 V_2O_5，则迅速生成 SO_3。

对于热力学上能自发的但速率过慢的反应，如果向反应体系中添加某种物质能使反应速率大大加快，那么这种物质称为催化剂。

催化剂是一种能改变化学反应速率但其本身在反应前后质量和化学组成不变的物质。

通常所说的催化剂是正催化剂，正催化剂能加快反应速率。例如，铁粉是合成氨反应的催化剂，V_2O_5 是 SO_2 与 O_2 反应的催化剂。有些物质能够使化学反应变慢，称为负催化剂，如为防止橡胶等产品的老化，就需要这种负催化剂。有些物质自身无催化作用，可帮助催化剂提高催化性能，称为助催化剂。例如，在合成氨反应中加入 Al_2O_3 使铁粉的表面积增大，提高了铁粉的催化性能。

有催化剂参加的反应称为催化反应，催化剂改变反应速率的作用称为催化作用。

2. 催化作用原理与反应特点

催化反应一般分为均相催化反应和多相催化反应。

均相催化反应是指在反应中催化剂与反应物同处一相的反应。例如，NO_2 催化 SO_2 氧化生成 SO_3 的反应，Mn^{2+} 催化 MnO_4^- 氧化 $H_2C_2O_4$ 的反应，均为均相催化反应。因为催化剂与反应物同处一相，催化效果更为明显。

多相催化反应是指催化剂与反应体系不在同一相的反应，也称非均相催化反应或复相催化反应。例如，Fe催化合成氨的反应，V_2O_5 催化 SO_2 氧化成 SO_3 的反应，均为多相催化反应。多相催化在化工生产中最为常见，催化剂经常是固体，反应物为气体或液体，反应在催化

剂表面进行。

若反应的某种产物对反应有催化作用而不需另加催化剂，这种反应称为自催化反应。自催化反应往往都是均相催化反应。例如，高锰酸钾溶液氧化草酸的反应，还原产物 Mn^{2+} 对反应具有催化作用。

$$2MnO_4^- + 6H^+ + 5H_2C_2O_4 \longrightarrow 10CO_2 + 8H_2O + 2Mn^{2+}$$

催化剂能使反应速率加快的原因是催化剂改变了反应的历程，使反应的活化能降低。例如，NO_2 催化氧化 SO_2 的机理为

$$SO_2 + NO_2 \longrightarrow SO_3 + NO \qquad E_a(1)$$

$$NO + 1/2O_2 \longrightarrow NO_2 \qquad E_a(2)$$

总反应为

$$SO_2 + 1/2O_2 \longrightarrow SO_3 \qquad E_a$$

由于活化能 $E_a(1)$ 和 $E_a(2)$ 都比总反应的活化能 E_a 小，因此 NO_2 可使 SO_2 氧化反应速率大大加快。

对于化学反应

$$A + B \longrightarrow AB \qquad E_a$$

反应体系中加入催化剂(以 cat 表示)，则反应的历程可以表示为

$$A + B + cat \longrightarrow Acat + B \qquad E_a(1)$$

$$Acat + B \longrightarrow AB + cat \qquad E_a(2)$$

图 3－5 给出了同一反应无催化剂和有催化剂时的反应历程-势能图。曲线Ⅰ为无催化剂时的反应历程-势能图。可见，无催化剂时，反应只经历了一次中间过渡态，反应物需要克服相对较高的能量 E_a 才能到达中间过渡态。曲线Ⅱ为加入了催化剂后的反应历程-势能图，尽管反应经历了两个中间过渡态，但经历每一个中间过渡态所需要的能量 $E_a(1)$ 和 $E_a(2)$ 都要低于无催化剂时的 E_a。

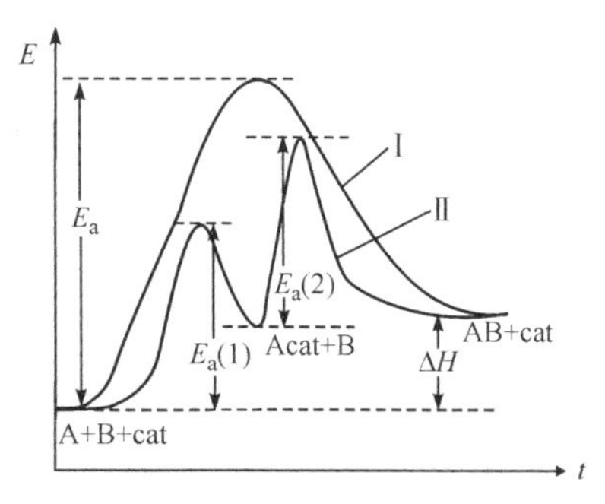

图 3－5　催化剂改变反应历程示意图

有催化剂参加的反应，反应的历程发生变化，从而改变了反应的活化能，使反应的活化能降低。根据阿伦尼乌斯定律，活化能减小使得反应速率大大加快。从反应历程-势能图上可知，催化剂的存在同时也降低了逆反应活化能，从而使逆反应速率也加快。

从图 3－5 可以看出，虽然催化剂同时降低了正反应和逆反应的活化能，使正逆反应的速率同时加快，但催化剂并没有改变反应的始态和终态。催化剂没有改变正、逆反应活化能之差，即反应热 $\Delta_r H_m^\ominus$ 没有变化。因此，催化剂只改变反应速率，不改变反应平衡转化率(请参见“化学平衡”一章的内容)。

思　考　题

1. 化学反应的平均速率与瞬时速率的意义有什么不同？反应级数与反应分子数有什么不同？
2. 什么是基元反应？什么是复杂反应？氨分解反应 $2NH_3 \longrightarrow N_2 + 3H_2$ 是基元反应吗？为什么？

3. 质量作用定律的内容是什么?
4. 同一反应,反应物浓度大反应速率就快吗?为什么?
5. 反应速率常数的意义是什么?其单位与反应级数的关系如何?
6. 零级反应和一级反应的反应物浓度与时间的关系如何?
7. 为什么反应的活化能越大,反应速率受温度变化的影响越大?
8. 某反应为吸热反应,试画出反应历程-势能图。

习　题

1. 某一级反应 $2A \rightleftharpoons 4B + C$,初始速率为 5.0×10^{-5} mol · dm^{-3} · s^{-1},4000 s 时的速率为 2.0×10^{-5} mol · dm^{-3} · s^{-1},求
   (1) 反应速率常数;
   (2) 反应的半衰期;
   (3) 反应物的初始浓度。
2. 在 600 K 时,测得反应 $2A(g) = 2B(g) + C(g)$ 的总压力随时间的变化如下:

t/s	300	900	2000	4000
p/kPa	32	35	38	40

   已知 A 的初压为 28 kPa。试分别用 A 和 C 表示最初 300 s 内的反应速率。
3. 某植物化石中^{14}C 的含量是活植物中^{14}C 的 70%,已知^{14}C 的半衰期为 5720 年。同位素衰变为一级反应,计算此植物化石的年龄。
4. 某反应进行 20 min 时,反应完成 20%;进行 40 min 时,反应完成 40%。求该反应的反应级数。
5. 反应物 A 浓度随时间的变化情况如下所示:

t/s	0	30	60	90	120	150
[A]/(mol · dm^{-3})	1.00	0.71	0.51	0.35	0.26	0.17

   求(1) 反应的速率常数;
   (2) 时间区间 30～90 s 的平均速率;
   (3) 110 s 时反应的瞬时速率。
6. 零级反应:$2A(g) = B(g) + 3C(g)$,A 的初始浓度为 1.0 mol · dm^{-3},已知反应速率常数为 $k = 2.5\times10^{-5}$ mol · dm^{-3} · s^{-1}。计算:
   (1) 反应 1 h 后 A 的浓度为多少?
   (2) 欲使 A 完全分解需多长时间?
7. 反应温度由 27 ℃升至 37 ℃时,某反应的速率增加 1 倍。求反应的活化能。
8. 化合物 A 在 300 K 时分解 20%需要 30 min,而在 310 K 时分解 20%需要 5 min,求 A 分解反应的活化能。
9. 某一级反应 300 K 时的半衰期是 400 K 时的 50 倍。求反应的活化能 E_a。
10. 某有机物的热分解是一级反应,活化能为 200 kJ · mol^{-1},600 K 时的半衰期为 360 min。计算在 700 K 时,将该有机物分解 70%需要的时间。
11. 已知在正常情况下煮熟鸡蛋需要 3 min,而在 3000 m 的高山上(压力为 69.9 kPa,水的沸点为 90 ℃)同样煮熟鸡蛋需 300 min,计算鸡蛋煮熟反应(即蛋白质变性)的活化能。
12. 某反应 400 K 时的速率常数为 0.77 dm^3 · mol^{-1} · s^{-1},450 K 时的速率常数为 1.3 dm^3 · mol^{-1} · s^{-1},求反应的活化能 E_a、反应的指前因子 A 以及 500 K 时的速率常数。

13. 有人提出反应 $2N_2O_5 = 4NO_2 + O_2$ 反应的机理如下：

(1) $N_2O_5 \underset{k_{-1}}{\overset{k_1}{\rightleftharpoons}} NO_2 + NO_3$

(2) $NO_2 + NO_3 \overset{k_2}{=\!=} NO + O_2 + NO_2$

(3) $NO + NO_3 \overset{k_3}{=\!=} 2NO_2$

试写出生成 O_2 的速率方程，并给出反应速率常数 k。

14. 光气的制备反应为：$CO(g) + Cl_2(g) = COCl_2(g)$，其可能的反应机理为

(1) $Cl_2 \underset{k_{-1}}{\overset{k_1}{\rightleftharpoons}} 2Cl\cdot$　　（快平衡）

(2) $Cl\cdot + CO \underset{k_{-2}}{\overset{k_2}{\rightleftharpoons}} COCl\cdot$　　（快平衡）

(3) $COCl\cdot + Cl_2 \xrightarrow{k_3} COCl_2 + Cl\cdot$　（慢反应）

试推导反应速率的表达式。反应级数是多少？

15. 有人推测 $H_2 + Cl_2 = 2HCl$ 的反应历程如下：

(1) $Cl_2 + M \xrightarrow{k_1} 2Cl + M$

(2) $Cl + H_2 \xrightarrow{k_2} HCl + H$

(3) $H + Cl_2 \xrightarrow{k_3} HCl + Cl$

(4) $2Cl + M \xrightarrow{k_4} Cl_2 + M$

试推导用 HCl 的生成速率表示的反应速率方程。

16. 环丁烷分解反应：$(CH_2)_4 \longrightarrow 2CH_2 = CH_2(g)$，活化能 $E_a = 262\ kJ \cdot mol^{-1}$，在 600 K 时，反应的速率常数 $k_1 = 6.10 \times 10^{-8}\ s^{-1}$。当 $k_2 = 1.00 \times 10^{-4}\ s^{-1}$ 时计算反应温度并确定该分解反应的反应级数和速率方程。

17. 600 K 时，某化合物分解反应的速率常数 $k = 3.3 \times 10^{-2}\ s^{-1}$，$E_a = 18.88 \times 10^4\ J \cdot mol^{-1}$，若使反应物在 10 min内分解 90%，则反应的温度应控制为多少？

18. 某反应的活化能为 $150.5\ kJ \cdot mol^{-1}$，引入催化剂后反应的活化能降低至 $112.2\ kJ \cdot mol^{-1}$。求反应温度为 300 K 时反应速率增加的倍数。

第4章 化学平衡

4.1 化学平衡与平衡常数
- 化学平衡状态
- 平衡常数
- 平衡常数的应用

4.2 $K^{\ominus}$与$\Delta_r G_m^{\ominus}$的关系
- 化学反应等温式
- $K^{\ominus}$与$\Delta_r G_m^{\ominus}$的关系

4.3 化学平衡的移动
- 浓度对平衡的影响
- 压强对平衡的影响
- 温度对平衡的影响

反应速率理论研究的是反应的快慢，化学平衡则要研究反应进行的程度，即化学反应在指定的条件下反应物可以转变成产物的最大限度。化学平衡属化学热力学的范畴。

4.1 化学平衡与平衡常数

1. 化学平衡状态的特征是：正反应速率与其逆反应速率相等，反应物和生成物的浓度不再随时间发生改变。

2. 生成物的浓度或分压以化学计量数为指数幂的乘积与反应物的浓度或分压以化学计量数为指数幂的乘积之比为经验平衡常数。若用相对浓度或相对分压表示，则为标准平衡常数。

3. 对于气相反应，平衡常数 $K^{\ominus}$、K_p、K_c 间的关系

$$K^{\ominus}=K_p\left(\frac{1}{p^{\ominus}}\right)^{\Delta\nu}=K_c\left(\frac{RT}{p^{\ominus}}\right)^{\Delta\nu}$$

4. 平衡转化率是指实现化学平衡时，已转化为生成物的反应物占该反应物起始总量的分数或百分比。

4.1.1 化学平衡状态

在一定条件下，一个化学反应按照反应方程式既可以从左向右进行，又可以从右向左进行，这称为化学反应的可逆性。原则上，化学反应都具有可逆性，只不过可逆程度不同而已。例如，$CO_2(g)$和 $H_2(g)$的反应在高温下是高度可逆的。

$$CO_2(g)+H_2(g) \rightleftharpoons CO(g)+H_2O(g)$$

而以下两个反应的可逆程度则很差

$$CO_3^{2-}(aq)+2H^+(aq) \rightleftharpoons CO_2(g)+H_2O(l)$$

$$Ag^+(aq)+Cl^-(aq) \rightleftharpoons AgCl(s)$$

某温度下一个可逆的化学反应，随着反应的进行，反应物浓度不断降低，正反应速率逐渐减慢；与此同时，随着产物浓度的增加，其逆反应速率逐渐加快。当反应到某一时刻时，正反应速率与其逆反应速率相等，反应物浓度和生成物浓度不再随时间改变。此时，我们称这一可逆反应达到了平衡状态。

化学平衡是一种动态平衡。在平衡状态下，虽然反应物和生成物的浓度均不再发生变化，但反应却没有停止。

4.1.2 平衡常数

化学反应可逆性的不同，可以用平衡常数进行描述，表示可逆的化学反应可以进行的最大限度。

1. 经验平衡常数

对于任意一个可逆反应

$$aA+bB \rightleftharpoons gG+hH$$

在一定温度下达到平衡时，若各物质的平衡浓度分别为[A]、[B]、[G]和[H]，则体系中各物质

的平衡浓度间存在着如下关系

$$\frac{[G]^g[H]^h}{[A]^a[B]^b} = K$$

式中，K 为化学反应的平衡常数，这种平衡常数也称为经验平衡常数或实验平衡常数。

平衡常数表达式可以表述为：在一定温度下可逆反应达平衡时，生成物的浓度以化学计量数为指数幂的乘积与反应物的浓度以化学计量数为指数幂的乘积之比是一个常数。

由平衡浓度（物质的量浓度）表示的经验平衡常数称为浓度平衡常数，一般用 K_c 表示。如果化学反应是气相反应，平衡常数既可以用平衡时各物质的浓度表示，也可以用平衡时各物质的分压表示。例如，气相反应

$$a\mathrm{A(g)} + b\mathrm{B(g)} \rightleftharpoons g\mathrm{G(g)} + h\mathrm{H(g)}$$

达到平衡时，不仅各种物质的浓度不再改变，而且其分压也不再改变，则经验平衡常数可以用分压表示为

$$K_p = \frac{(p_\mathrm{G})^g(p_\mathrm{H})^h}{(p_\mathrm{A})^a(p_\mathrm{B})^b}$$

由平衡常数表达式可知，K_c 的量纲与浓度的量纲相关，K_p 的量纲与压力的量纲相关。只有当反应物的化学计量数之和与生成物的化学计量数之和相等时，平衡常数才是量纲为 1 的量（以前曾称为无量纲的量）。

气相反应达到平衡时，可以由平衡浓度计算出 K_c，也可以由平衡分压计算出 K_p。虽然 K_p 和 K_c 一般来说不相等，但它们所表示的却是同一个平衡状态，因此二者之间应该有确定的数量关系。由理想气体状态方程可以得出

$$K_p = K_c(RT)^{\Delta\nu}$$

其中

$$\Delta\nu = (g+h) - (a+b)$$

若浓度单位为 $\mathrm{mol \cdot dm^{-3}}$，则 $R = 8.314 \times 10^3\ \mathrm{Pa \cdot dm^3 \cdot mol^{-1} \cdot K^{-1}}$。

平衡常数的表达式中，不应出现反应体系中的纯固体、纯液体以及稀溶液中的水，因为它们在反应过程中可近似认为没有浓度变化。

对于同一个化学反应，如果化学反应方程式中的化学计量数不同，平衡常数的表达式及其数值要有相应的变化。例如

$$\mathrm{N_2(g) + 3H_2(g) \rightleftharpoons 2NH_3(g)} \qquad K_1 = \frac{[\mathrm{NH_3}]^2}{[\mathrm{N_2}][\mathrm{H_2}]^3}$$

$$\frac{1}{2}\mathrm{N_2(g)} + \frac{3}{2}\mathrm{H_2(g)} \rightleftharpoons \mathrm{NH_3(g)} \qquad K_2 = \frac{[\mathrm{NH_3}]}{[\mathrm{N_2}]^{1/2}[\mathrm{H_2}]^{3/2}}$$

显然，$K_1 = (K_2)^2$，即方程式中化学计量数 n 倍时，反应的平衡常数 n 次幂。又如

$$\mathrm{2NH_3(g) \rightleftharpoons N_2(g) + 3H_2(g)} \qquad K_3 = \frac{[\mathrm{N_2}][\mathrm{H_2}]^3}{[\mathrm{NH_3}]^2}$$

显然，$K_1 = \dfrac{1}{K_3}$，即正反应的平衡常数与其逆反应的平衡常数互为倒数。

两个反应方程式相加（相减）时，所得的反应方程式的平衡常数，可由原来的两个反应方程式的平衡常数相乘（相除）得到。例如

$$\begin{array}{ll} 2NO(g)+O_2(g) \rightleftharpoons 2NO_2(g) & K_1 \\ +\ 2NO_2(g) \rightleftharpoons N_2O_4(g) & K_2 \\ \hline 2NO(g)+O_2(g) \rightleftharpoons N_2O_4(g) & K_3=K_1 \cdot K_2 \end{array}$$

2. 标准平衡常数

定义标准平衡常数之前,需要定义相对浓度和相对分压。

物质的量浓度除以其标准浓度 $c^\ominus$($1\ \mathrm{mol \cdot dm^{-3}}$)即是相对浓度。可见,相对浓度就是物质的浓度相对于其标准浓度的倍数。

将气相物质的分压除以标准压力 $p^\ominus$(100 kPa,以前曾用 101.3 kPa),则得到相对分压。可见,相对分压就是分压相对于标准压力的倍数。气相物质显然是没有相对浓度的,因为气相物质的标准态是 100 kPa,与浓度无关。

相对浓度和相对分压显然都是量纲为 1 的量。化学反应达到平衡时,各物质的相对浓度或相对分压也不再变化。

对于溶液中的可逆反应

$$a\mathrm{A(aq)}+b\mathrm{B(aq)} \rightleftharpoons g\mathrm{G(aq)}+h\mathrm{H(aq)}$$

平衡时各物质的相对浓度可以分别表示为

$$\frac{[\mathrm{A}]}{c^\ominus} \quad \frac{[\mathrm{B}]}{c^\ominus} \quad \frac{[\mathrm{G}]}{c^\ominus} \quad \frac{[\mathrm{H}]}{c^\ominus}$$

则标准平衡常数 $K^\ominus$ 的定义式为

$$K^\ominus=\frac{\left(\frac{[\mathrm{G}]}{c^\ominus}\right)^g\left(\frac{[\mathrm{H}]}{c^\ominus}\right)^h}{\left(\frac{[\mathrm{A}]}{c^\ominus}\right)^a\left(\frac{[\mathrm{B}]}{c^\ominus}\right)^b}$$

显然,对于溶液中的反应,标准平衡常数 $K^\ominus$ 与经验平衡常数 K_c 存在着如下关系

$$K^\ominus=K_c\left(\frac{1}{c^\ominus}\right)^{\Delta\nu}$$

而对于气相反应

$$a\mathrm{A(g)}+b\mathrm{B(g)} \rightleftharpoons g\mathrm{G(g)}+h\mathrm{H(g)}$$

平衡时各物质的相对分压可以分别表示为

$$\frac{p_\mathrm{A}}{p^\ominus} \quad \frac{p_\mathrm{B}}{p^\ominus} \quad \frac{p_\mathrm{G}}{p^\ominus} \quad \frac{p_\mathrm{H}}{p^\ominus}$$

气相反应的标准平衡常数只能用相对分压表示,则 $K^\ominus$ 的定义式为

$$K^\ominus=\frac{\left(\frac{p_\mathrm{G}}{p^\ominus}\right)^g\left(\frac{p_\mathrm{H}}{p^\ominus}\right)^h}{\left(\frac{p_\mathrm{A}}{p^\ominus}\right)^a\left(\frac{p_\mathrm{B}}{p^\ominus}\right)^b}$$

对于气相反应,标准平衡常数 $K^\ominus$ 与经验平衡常数 K_p、K_c 的关系为

$$K^\ominus=K_p\left(\frac{1}{p^\ominus}\right)^{\Delta\nu}=K_c\left(\frac{RT}{p^\ominus}\right)^{\Delta\nu}$$

【例 4-1】 在 100 ℃时，反应

$$AB(g) \rightleftharpoons A(g) + B(g)$$

平衡常数 $K_c = 0.21\ \text{mol} \cdot \text{dm}^{-3}$，计算反应的标准平衡常数 $K^\ominus$ 和经验平衡常数 K_p。

解　化学计量数之差 $\Delta\nu = 1$。根据 $K^\ominus$ 与 K_c 间的关系式

$$K^\ominus = K_c \left(\frac{RT}{p^\ominus}\right)^{\Delta\nu}$$

得

$$K^\ominus = 0.21 \times \left(\frac{8.314 \times 10^3 \times 373}{1.00 \times 10^5}\right) = 6.51$$

根据 K_c 与 K_p 间的关系式

$$K_p = K_c (RT)^{\Delta\nu}$$

得

$$\begin{aligned} K_p &= 0.21\ \text{mol} \cdot \text{dm}^{-3} \times (8.314 \times 10^3\ \text{Pa} \cdot \text{dm}^3 \cdot \text{mol}^{-1} \cdot \text{K}^{-1} \times 373\ \text{K}) \\ &= 6.51 \times 10^5\ \text{Pa} \end{aligned}$$

对于纯固相、纯液相和稀溶液中大量存在的水，可以认为它们的摩尔分数 $x_i = 1$，可以定义其类似于相对浓度和相对分压的相对物理量，即将其除以标准状态 $x^\ominus = 1$，结果相对量为 1。因此，它们的浓度不写入平衡常数表达式。

溶液中反应的 K_c 与其 $K^\ominus$ 在数值上相等，原因是标准浓度 $c^\ominus = 1\ \text{mol} \cdot \text{dm}^{-3}$，但二者的量纲一般是不同的。对于气相反应，$K^\ominus$ 必须用相对分压来表示，$K^\ominus$ 与 K_p 不论数值还是物理学单位一般都不相等。

4.1.3　平衡常数的应用

1. 由平衡常数计算平衡转化率

化学反应达到平衡状态时，反应物的浓度和生成物的浓度不再随时间改变，反应物已最大限度地转化为生成物。

化学反应达到平衡态时，已转化为生成物的反应物占该反应物起始总量的分数或百分比称为平衡转化率。

在其他条件相同时，K 越大，平衡转化率越大。因此，体现各平衡浓度之间关系的平衡常数能够表示反应进行的程度。

【例 4-2】 在 523 K 时反应 $PCl_5(g) \rightleftharpoons PCl_3(g) + Cl_2(g)$ 的平衡常数为 $0.625\ \text{mol} \cdot \text{dm}^{-3}$。若将 0.700 mol PCl_5 密封在 2.00 dm^3 容器中，求反应达平衡时 PCl_5 的转化率。

解　设平衡时已有 x mol PCl_5 参与反应。

	$PCl_5(g)$	$\rightleftharpoons PCl_3(g)$	$+ Cl_2(g)$
起始时各物质的量/mol	0.700	0	0
平衡时各物质的量/mol	$0.700 - x$	x	x

平衡时

$$K_c = \frac{[PCl_3][Cl_2]}{[PCl_5]}$$

即

$$0.625 = \frac{\left(\frac{x}{2}\right)^2}{\frac{0.700-x}{2}}$$

解得

$$x = 0.500$$

PCl_5 的转化率为

$$\frac{0.500}{0.700} = 0.714 = 71.4\%$$

2. 由平衡常数判断化学反应的方向

对于反应

$$aA(aq) \rightleftharpoons gG(aq)$$

定义某时刻的反应相对浓度商(简称相对商)$Q^\ominus$为

$$Q^\ominus = \frac{\left(\frac{[G]}{c^\ominus}\right)^g}{\left(\frac{[A]}{c^\ominus}\right)^a}$$

式中,[G]和[A]均表示反应进行到任意时刻的浓度。显然,反应达到平衡时反应的相对商$Q^\ominus$和标准平衡常数$K^\ominus$相等,即

$$K^\ominus = \frac{\left(\frac{[G]_{平}}{c^\ominus}\right)^g}{\left(\frac{[A]_{平}}{c^\ominus}\right)^a} = Q^\ominus_{平}$$

若反应进行到某一时刻时

$$Q^\ominus < K^\ominus$$

即

$$\frac{\left(\frac{[G]}{c^\ominus}\right)^g}{\left(\frac{[A]}{c^\ominus}\right)^a} < \frac{\left(\frac{[G]_{平}}{c^\ominus}\right)^g}{\left(\frac{[A]_{平}}{c^\ominus}\right)^a}$$

说明$[G]^g < [G]^g_{平}$,同时$[A]^a > [A]^a_{平}$。只有反应相对商中G的浓度增大,A的浓度减小,才会实现$Q^\ominus$与$K^\ominus$相等,以达到反应的平衡,故该时刻反应应向正反应方向进行。因此,比较平衡常数$K^\ominus$和某一时刻的反应相对商$Q^\ominus$的大小,能够判断该时刻反应进行的方向。

$Q^\ominus < K^\ominus$ 反应向正向进行

$Q^\ominus > K^\ominus$ 反应向逆向进行

$Q^\ominus = K^\ominus$ 反应达到平衡态

利用K_p或K_c与相应的反应浓度商(简称反应商)Q相比较,也可以判断反应的方向,但必须注意平衡常数与反应浓度商的一致性,即二者均用相对浓度(分压)或均不用相对浓度(分压)。

【例 4-3】 273 K 时，水的饱和蒸气压为 611 Pa，该温度下反应

$$SrCl_2 \cdot 6H_2O(s) \rightleftharpoons SrCl_2 \cdot 2H_2O(s) + 4H_2O(g)$$

平衡常数 $K^\ominus = 6.89 \times 10^{-12}$，试用计算结果说明实际发生的过程是 $SrCl_2 \cdot 6H_2O(s)$ 失水风化，还是 $SrCl_2 \cdot 2H_2O(s)$ 吸水潮解。

解法一 由反应的标准平衡常数

$$K^\ominus = \left(\frac{p_{H_2O}}{p^\ominus}\right)^4$$

得

$$p_{H_2O} = p^\ominus \times (K^\ominus)^{1/4} = 1.00 \times 10^5\,\text{Pa} \times (6.89 \times 10^{-12})^{1/4}$$
$$= 162\ \text{Pa}$$

由于水的饱和蒸气压大于该温度下 $SrCl_2 \cdot 6H_2O$ 脱水反应达平衡时 H_2O 的分压，因此脱水反应逆向进行，即 $SrCl_2 \cdot 2H_2O$ 吸水潮解。

解法二 当反应生成的 H_2O 的分压等于水的饱和蒸气压时，反应的相对浓度商为

$$Q^\ominus = \left(\frac{p_{H_2O}}{p^\ominus}\right)^4 = \left(\frac{611}{1.00 \times 10^5}\right)^4 = 1.39 \times 10^{-9}$$

由于 $Q^\ominus > K^\ominus$，反应向逆反应方向移动，即 $SrCl_2 \cdot 2H_2O$ 吸水潮解。

4.2 $K^\ominus$ 与 $\Delta_r G_m^\ominus$ 的关系

1. 化学反应等温式

$$\Delta_r G_m = \Delta_r G_m^\ominus + RT\ln Q^\ominus$$

2. 标准平衡常数 $K^\ominus$ 与反应的标准吉布斯自由能变 $\Delta_r G_m^\ominus$ 的关系

$$\Delta_r G_m^\ominus = -RT\ln K^\ominus$$

恒温、恒压、无非体积功的化学反应，当各种物质均处于标准状态时，用标准吉布斯自由能变 $\Delta_r G_m^\ominus$ 可以判断反应进行的方向。

对于在非标准状态的反应（至少有一种物质处于非标准状态），不能用 $\Delta_r G_m^\ominus$ 来判断反应方向。非标准状态的反应方向，可以由反应商与平衡常数大小的比较来判断，也可以通过反应的非标准吉布斯自由能变 $\Delta_r G_m$ 进行判断。

4.2.1 化学反应等温式

若反应

$$a\text{A(aq)} + b\text{B(aq)} \rightleftharpoons g\text{G(aq)} + h\text{H(aq)}$$

任意时刻的反应吉布斯自由能为 $\Delta_r G_m$，反应相对商为 $Q^\ominus$，则有

$$\Delta_r G_m = \Delta_r G_m^\ominus + RT\ln Q^\ominus$$

这就是化学反应等温式。该关系式的由来、推导以及物理意义将在物理化学中学习。利用该式可以求算反应的非标准吉布斯自由能变。

4.2.2　$K^{\ominus}$与$\Delta_r G_m^{\ominus}$的关系

当体系处于平衡状态时

$$\Delta_r G_m = 0 \qquad Q^{\ominus} = K^{\ominus}$$

代入化学反应等温式，得

$$0 = \Delta_r G_m^{\ominus} + RT\ln K^{\ominus}$$

即

$$\Delta_r G_m^{\ominus} = -RT\ln K^{\ominus}$$

关系式建立了标准吉布斯自由能变$\Delta_r G_m^{\ominus}$和标准平衡常数之间的联系，由热力学数据$\Delta_r G_m^{\ominus}$可以计算化学反应的标准平衡常数$K^{\ominus}$。

将式$\Delta_r G_m^{\ominus} = -RT\ln K^{\ominus}$代入化学反应等温式$\Delta_r G_m = \Delta_r G_m^{\ominus} + RT\ln Q^{\ominus}$，得

$$\Delta_r G_m = -RT\ln K^{\ominus} + RT\ln Q^{\ominus}$$

整理得

$$\Delta_r G_m = RT\ln\frac{Q^{\ominus}}{K^{\ominus}}$$

该式将反应处于非标准态时的吉布斯自由能变$\Delta_r G_m$和反应相对商$Q^{\ominus}$与标准平衡常数$K^{\ominus}$之比联系起来，根据比值的大小可判断$\Delta_r G_m$的符号，即可判断反应的方向。

当$Q^{\ominus} < K^{\ominus}$时　　$\Delta_r G_m < 0$　　反应正向进行

当$Q^{\ominus} = K^{\ominus}$时　　$\Delta_r G_m = 0$　　反应达到平衡

当$Q^{\ominus} > K^{\ominus}$时　　$\Delta_r G_m > 0$　　反应逆向进行

【例4-4】 将1 mol SO_2、2 mol O_2和7 mol Ne混合后，气体在常压下进行反应

$$SO_2(g) + 1/2O_2(g) \rightleftharpoons SO_3(g)$$

反应在912 K达到平衡，有70%的SO_2转化成SO_3，求反应的$\Delta_r G_m^{\ominus}$。

解　由反应方程式，反应平衡后各气体的物质的量为

$$n_{SO_3} = 1\times 70\% = 0.70(\text{mol}) \qquad n_{SO_2} = 1 - 0.70 = 0.30(\text{mol})$$

$$n_{O_2} = 2 - 0.7\times\frac{1}{2} = 1.65(\text{mol}) \quad n_{Ne} = 7(\text{mol})$$

反应后气体总的物质的量为

$$n = n_{SO_2} + n_{O_2} + n_{SO_3} + n_{Ne} = 9.65\ \text{mol}$$

反应后各气体的摩尔分数为

$$x_{SO_2} = \frac{0.3\ \text{mol}}{9.65\ \text{mol}} = 0.0311 \qquad x_{O_2} = \frac{1.65\ \text{mol}}{9.65\ \text{mol}} = 0.171 \qquad x_{SO_3} = \frac{0.7\ \text{mol}}{9.65\ \text{mol}} = 0.0725$$

由气体分压定律，气体的分压等于其摩尔分数与总压的乘积，则反应后各气体的分压

$$p_{SO_2} = x_{SO_2}\times p^{\ominus} = 0.0311p^{\ominus}$$

$$p_{O_2} = x_{O_2}\times p^{\ominus} = 0.171p^{\ominus}$$

$$p_{SO_3} = x_{SO_2}\times p^{\ominus} = 0.0725p^{\ominus}$$

反应的标准平衡常数为

$$K^{\ominus} = \frac{(p_{SO_3}/p^{\ominus})}{(p_{SO_2}/p^{\ominus})(p_{O_2}/p^{\ominus})^{1/2}} = \frac{0.0725}{0.0311\times(0.171)^{1/2}} = 5.64$$

所以

$$\Delta_r G_m^\ominus = -RT\ln K^\ominus = -8.314\ \text{J}\cdot\text{mol}^{-1}\cdot\text{K}^{-1}\times 912\ \text{K}\times\ln 5.64$$
$$= -13.1\ \text{kJ}\cdot\text{mol}^{-1}$$

4.3 化学平衡的移动

1. 在化学平衡的体系中增大反应物的浓度，则 $Q^\ominus < K^\ominus$，反应向正反应方向移动。

2. 在恒温下，增大体系的压力时平衡向气体分子数目减少的方向移动，减小压力时平衡向气体分子数目增加的方向移动。

3. 温度对平衡的影响体现在对平衡常数的影响，并与反应焓变的符号有关。

$$\ln\frac{K_2^\ominus}{K_1^\ominus} = \frac{\Delta_r H_m^\ominus}{R}\left(\frac{1}{T_1} - \frac{1}{T_2}\right)$$

化学平衡体系的条件变化时，平衡状态可能遭到破坏，体系从平衡变为不平衡。在已改变的条件下，可逆反应将向某一方向进行直至达到新的平衡态。可逆反应从一种平衡状态转变到另一种平衡状态的过程称为化学平衡的移动。

按照勒夏特列(Le Chatelier)原理，如果对平衡体系施加外力，平衡将向着减小其影响的方向移动。

4.3.1 浓度对平衡的影响

溶液中的反应

$$a\text{A(aq)} + b\text{B(aq)} \rightleftharpoons g\text{G(aq)} + h\text{H(aq)}$$

若[A]、[B]、[G]、[H]为各物质的平衡浓度，则反应的标准平衡常数为

$$K^\ominus = \frac{\left(\frac{[\text{G}]}{c^\ominus}\right)^g\left(\frac{[\text{H}]}{c^\ominus}\right)^h}{\left(\frac{[\text{A}]}{c^\ominus}\right)^a\left(\frac{[\text{B}]}{c^\ominus}\right)^b}$$

显然，在平衡体系中增大反应物的浓度，反应相对商 $Q^\ominus$ 的数值因其分母的增大而减小，于是 $Q^\ominus < K^\ominus$，反应向正反应方向进行，即平衡向正反应方向移动。同理，增大生成物的浓度，平衡向逆反应方向移动。

4.3.2 压强对平衡的影响

气相反应

$$a\text{A(g)} + b\text{B(g)} \rightleftharpoons g\text{G(g)} + h\text{H(g)}$$

若用 p_A、p_B、p_G、p_H 表示各物质的平衡分压，则标准平衡常数为

$$K^\ominus = \frac{\left(\frac{p_\text{G}}{p^\ominus}\right)^g\left(\frac{p_\text{H}}{p^\ominus}\right)^h}{\left(\frac{p_\text{A}}{p^\ominus}\right)^a\left(\frac{p_\text{B}}{p^\ominus}\right)^b}$$

假设反应体系的总压增大为 n 倍($n>1$),则各物质的瞬时分压为 np_A、np_B、np_G、np_H。那么,此时的反应相对商为

$$Q^{\ominus}=\frac{\left(\frac{np_G}{p^{\ominus}}\right)^g\left(\frac{np_H}{p^{\ominus}}\right)^h}{\left(\frac{np_A}{p^{\ominus}}\right)^a\left(\frac{np_B}{p^{\ominus}}\right)^b}$$

将 n 值提出,得

$$Q^{\ominus}=\frac{\left(\frac{p_G}{p^{\ominus}}\right)^g\left(\frac{p_H}{p^{\ominus}}\right)^h}{\left(\frac{p_A}{p^{\ominus}}\right)^a\left(\frac{p_B}{p^{\ominus}}\right)^b}\times n^{(g+h)-(a+b)}$$

整理,得

$$Q^{\ominus}=K^{\ominus}\times n^{(g+h)-(a+b)}$$

即

$$Q^{\ominus}=K^{\ominus}\times n^{\Delta\nu}$$

当 $\Delta\nu=0$ 时,$Q^{\ominus}=K^{\ominus}$。也就是说,对于有气体参与且反应前后气态物质的化学计量数没有变化的化学反应,压力的变化对平衡没有影响。

当 $\Delta\nu\neq 0$ 时,$Q^{\ominus}\neq K^{\ominus}$,平衡将发生移动。

(1) 若 $\Delta\nu>0$(反应体系气态分子的化学计量数增加),则 $Q^{\ominus}>K^{\ominus}$。增大压力($n>1$)平衡将向逆反应方向移动,即向气态分子数减少的方向移动。

(2) 若 $\Delta\nu<0$(反应体系气态分子的化学计量数减少),则 $Q^{\ominus}<K^{\ominus}$,增大压力($n>1$)平衡将向正反应方向移动,即向气态分子数增多的方向移动。

因此,对于有气相物质参与的化学反应,当体系的压力增大时,平衡向气态分子数目减少的方向移动;当体系的压力减小时,平衡向气态分子数目增多的方向移动。

【例 4-5】 某温度时,N_2O_4 分解反应为

$$N_2O_4(g)\rightleftharpoons 2NO_2(g)$$

在总压为 100 kPa 时 N_2O_4 的解离度为 20%,求在总压为 200 kPa 时 N_2O_4 的解离度。

解　设 N_2O_4 的起始量为 1 mol,平衡解离度为 α

$$N_2O_4(g)\rightleftharpoons 2NO_2(g)$$

平衡时各物质的量　　$1-\alpha$　　2α

总的物质的量

$$n=(1-\alpha)+2\alpha=1+\alpha$$

则

$$p_{N_2O_4}=\frac{1-\alpha}{1+\alpha}p_{总}\qquad p_{NO_2}=\frac{2\alpha}{1+\alpha}p_{总}\qquad K^{\ominus}=\frac{(p_{NO_2})^2}{p_{N_2O_4}}\cdot\frac{1}{p^{\ominus}}$$

当 $p_{总}=100$ kPa,$\alpha=0.20$ 时

$$p_{N_2O_4}=\frac{2}{3}\times 100\text{ kPa}\qquad p_{NO_2}=\frac{1}{3}\times 100\text{ kPa}$$

代入标准平衡常数表达式,得

$$K^{\ominus}=\frac{1}{6}$$

若温度不变，当 $p_{总}=200\ \text{kPa}$ 时

$$K^{\ominus}=\frac{(p_{NO_2})^2}{p_{N_2O_4}}\cdot\frac{1}{p^{\ominus}}=\frac{\left(\frac{2\alpha}{1+\alpha}\times 200\ \text{kPa}\right)^2}{\frac{1-\alpha}{1+\alpha}\times 200\ \text{kPa}}\cdot\frac{1}{100\ \text{kPa}}$$

将 $K^{\ominus}=\frac{1}{6}$ 代入上式，得

$$\alpha=0.14$$

N_2O_4 的解离度减小了，表明增大压力，平衡向气体分子数减少的方向移动。

体积的变化对化学平衡也有影响，通常将体积的变化归结为浓度或压力的变化，即体积增大相当于浓度或压力减小，而体积减小则相当于浓度或压力增大。

4.3.3 温度对平衡的影响

浓度和压力的变化因改变了反应商而使化学平衡移动。而温度对平衡的影响体现在改变了标准平衡常数 $K^{\ominus}$ 的大小。

将关系式 $\Delta_r G_m^{\ominus}=-RT\ln K^{\ominus}$ 和 $\Delta_r G_m^{\ominus}=\Delta_r H_m^{\ominus}-T\Delta_r S_m^{\ominus}$ 联立，得

$$\ln K^{\ominus}=\frac{\Delta_r S_m^{\ominus}}{R}-\frac{\Delta_r H_m^{\ominus}}{RT}$$

若温度 T_1 时平衡常数为 $K_1^{\ominus}$，温度 T_2 时平衡常数为 $K_2^{\ominus}$，则

$$\ln K_1^{\ominus}=\frac{\Delta_r S_m^{\ominus}}{R}-\frac{\Delta_r H_m^{\ominus}}{RT_1}$$

$$\ln K_2^{\ominus}=\frac{\Delta_r S_m^{\ominus}}{R}-\frac{\Delta_r H_m^{\ominus}}{RT_2}$$

两式相减并整理得

$$\lg\frac{K_2^{\ominus}}{K_1^{\ominus}}=\frac{\Delta_r H_m^{\ominus}}{2.303R}\left(\frac{1}{T_1}-\frac{1}{T_2}\right)$$

或

$$\lg\frac{K_2^{\ominus}}{K_1^{\ominus}}=\frac{\Delta_r H_m^{\ominus}}{2.303R}\cdot\frac{T_2-T_1}{T_1T_2}$$

以上两式给出了温度 T 对标准平衡常数 $K^{\ominus}$ 的影响，即标准平衡常数 $K^{\ominus}$ 随温度 T 的变化而发生改变。

(1) 对于吸热反应 $\Delta_r H_m^{\ominus}>0$，升高温度($T_2>T_1$)时，$K_2^{\ominus}>K_1^{\ominus}$。吸热反应的标准平衡常数随温度升高而增大，升高温度时平衡向正反应方向移动。

(2) 对于放热反应 $\Delta_r H_m^{\ominus}<0$，升高温度($T_2>T_1$)时，$K_2^{\ominus}<K_1^{\ominus}$。放热反应的标准平衡常数随温度升高而减小，升高温度平衡向逆反应方向移动。

通过两个不同温度 T_1、T_2 时的标准平衡常数 $K_1^{\ominus}$、$K_2^{\ominus}$，可求出反应的热效应 $\Delta_r H_m^{\ominus}$。

$$\Delta_r H_m^{\ominus}=\frac{2.303RT_1T_2}{T_2-T_1}\lg\frac{K_2^{\ominus}}{K_1^{\ominus}}$$

【例4-6】 合成氨反应 $N_2(g)+3H_2(g) \rightleftharpoons 2NH_3(g)$，473 K时，$K^\ominus=0.61$；873 K时，$K^\ominus=13\times10^{-5}$。求(1) 反应的 $\Delta_r H_m^\ominus$；(2) 673 K时的 $K^\ominus$。

解 (1) 将473 K和873 K时的 $K^\ominus$ 值代入公式

$$\Delta_r H_m^\ominus=\frac{2.303RT_1T_2}{T_2-T_1}\lg\frac{K_2^\ominus}{K_1^\ominus}$$

$$=\frac{2.303\times8.314\times10^{-3}\times473\times873}{873-473}\lg\frac{13\times10^{-5}}{0.61}$$

$$=-72.54(\mathrm{kJ\cdot mol^{-1}})$$

(2) 将反应的焓变和473 K时的 $K^\ominus$ 值代入公式

$$\lg\frac{K_2^\ominus}{K_1^\ominus}=\frac{\Delta_r H_m^\ominus}{2.303R}\left(\frac{1}{T_1}-\frac{1}{T_2}\right)$$

$$\lg\frac{K_2^\ominus}{0.61}=\frac{-72.54}{2.303\times8.314\times10^{-3}}\left(\frac{1}{473}-\frac{1}{673}\right)$$

得673 K时平衡常数

$$K_2^\ominus=2.54\times10^{-3}$$

液态物质B的气化过程

$$B(l)\rightleftharpoons B(g)$$

标准平衡常数 $K^\ominus$ 为

$$K^\ominus=\frac{p_B^*}{p^\ominus}$$

式中，p_B^* 为B的饱和蒸气压；$p^\ominus$ 为标准大气压。

在不同温度 T_1、T_2 时B的饱和蒸气压分别为 p_1^*、p_2^*，则B在不同温度 T_1、T_2 时气化反应的标准平衡常数分别为

$$K_1^\ominus=\frac{p_1^*}{p^\ominus}\qquad K_2^\ominus=\frac{p_2^*}{p^\ominus}$$

代入式

$$\lg\frac{K_2^\ominus}{K_1^\ominus}=\frac{\Delta_r H_m^\ominus}{2.303R}\left(\frac{1}{T_1}-\frac{1}{T_2}\right)$$

得

$$\lg\frac{p_2^*}{p_1^*}=\frac{\Delta_r H_m^\ominus}{2.303R}\left(\frac{1}{T_1}-\frac{1}{T_2}\right)$$

该式为液态物质饱和蒸气压与温度的定量关系式。可见，液态物质的饱和蒸气压也只是温度的函数。式中，$\Delta_r H_m^\ominus$ 可用室温下的气化反应焓代替。

思考题

1. 总结气相反应的平衡常数 K_c、K_p 和 $K^\ominus$ 之间的关系。
2. 为什么说化学反应达到平衡态后反应并没有停止？
3. 气相反应的标准平衡常数为什么不能用相对浓度来表示？
4. 如何理解体积对化学平衡的影响？催化剂对化学平衡是否有影响？
5. 反应 $2N_2O \rightleftharpoons 2N_2+O_2$ 的 $\Delta_r G_m^\ominus$ 与温度 T 的关系为

$$\Delta_r G_m^\ominus/(kJ \cdot mol^{-1}) = -163.2 - 0.148T/K$$

由此得出结论，温度越高时，$\Delta_r G_m^\ominus$ 值越负，反应越彻底。请分析该结论是否正确。

习　题

1. 在一定温度下一定量 N_2O_4 气体分解生成 NO_2 气体，达到平衡时总压力为 $p^\ominus$，测得 N_2O_4 转化率为50%。求 N_2O_4 分解反应的平衡常数。
2. 已知下列各反应的标准平衡常数

$$HCN \rightleftharpoons H^+ + CN^- \qquad K_a^\ominus = 6.17 \times 10^{-10}$$

$$NH_3 + H_2O \rightleftharpoons NH_4^+ + OH^- \qquad K_b^\ominus = 1.76 \times 10^{-5}$$

求反应 $NH_3 + HCN \rightleftharpoons NH_4^+ + CN^-$ 的标准平衡常数。
3. 1000 K 时，反应 $SO_2(g) + 1/2O_2(g) \rightleftharpoons SO_3(g)$ 的 $K_c = 16.8\ mol^{-0.5} \cdot dm^{1.5}$，求反应 $2SO_3(g) \rightleftharpoons 2SO_2(g) + O_2(g)$ 在该温度下的 $K^\ominus$ 值。
4. 1000 K 时，$CaCO_3(s)$、$CaO(s)$ 和 $CO_2(g)$ 达到平衡时，CO_2 的压力为 390 kPa；反应 $C(s) + CO_2(g) \rightleftharpoons 2CO(g)$ 的 $K^\ominus = 1.9$。将 $CaCO_3$、CaO 和 C 混合后在 1000 K 的密闭容器中达到平衡时，CO 的分压是多少？
5. 已知 $CCl_4(l) \rightleftharpoons CCl_4(g)$ 的 $\Delta_r H_m^\ominus = 32.5\ kJ \cdot mol^{-1}$，$\Delta_r S_m^\ominus = 88\ J \cdot mol^{-1} \cdot K^{-1}$。求
   (1) CCl_4 的正常沸点；
   (2) CCl_4 在 338 K 时的饱和蒸气压。
6. 反应 $2NOCl(g) + I_2(g) \rightleftharpoons 2NO(g) + 2ICl(g)$ 于 179 ℃ 在 1 dm^3 的容器中进行。已知 $[NOCl]_0 = 0.016\ mol \cdot dm^{-3}$，$[I_2]_0 = 0.0070\ mol \cdot dm^{-3}$，反应平衡时的压力为 99 kPa。
   (1) 计算此反应的标准平衡常数 $K^\ominus$；
   (2) 该温度下反应 $2NOCl(g) \rightleftharpoons 2NO(g) + Cl_2(g)$ 的平衡常数为 0.26 kPa，求反应 $2ICl(g) \rightleftharpoons I_2(g) + Cl_2(g)$ 的标准平衡常数 $K^\ominus$。
7. 已知反应 $N_2(g) + 3H_2(g) \rightleftharpoons 2NH_3(g)$，673 K 时 $K^\ominus = 1.69 \times 10^{-4}$，773 K 时，$K^\ominus = 1.44 \times 10^{-5}$，若起始分压为 $p(H_2) = 100$ kPa，$p(N_2) = 400$ kPa，$p(NH_3) = 2$ kPa，试判断在 673 K 和 773 K 时反应移动的方向，并简述理由。
8. 在 375 K 时，反应 $SO_2Cl_2(g) \rightleftharpoons SO_2(g) + Cl_2(g)$，$K^\ominus = 2.40$。若在 1.00 dm^3 密闭容器中装有 6.70 g SO_2Cl_2，Cl_2 初始压力为 101 kPa，试计算达到平衡时各物质的分压。
9. 已知反应 $H_2S(g) + Cu(s) \rightleftharpoons CuS(s) + H_2(g)$ 的 $\Delta_r G_m^\ominus = -20.2\ kJ \cdot mol^{-1}$。计算混合气体中 H_2 与 H_2S 的分压比值为多少时，Cu 可免遭 H_2S 的腐蚀。
10. 若两个反应在 353 K 时的 $\Delta_r G_m^\ominus$ 相差 70 $kJ \cdot mol^{-1}$，求两个反应的平衡常数之比。
11. 反应 $2NO_2(g) \rightleftharpoons N_2O_4(g)$ 的 $\Delta_r H_m^\ominus = -55.3\ kJ \cdot mol^{-1}$，$\Delta_r S_m^\ominus = -175.8\ J \cdot mol^{-1} \cdot K^{-1}$，求 300 K、100 kPa 达到平衡时 NO_2 和 N_2O_4 混合气体的密度。
12. 已知反应 $N_2O_4(g) \rightleftharpoons 2NO_2(g)$ 在 298 K 时的 $\Delta_r H_m^\ominus = 55.3\ kJ \cdot mol^{-1}$，$\Delta_r G_m^\ominus = 2.8\ kJ \cdot mol^{-1}$。
    (1) 求室温和 100 kPa 下，N_2O_4 的解离度；
    (2) 325 K 时，N_2O_4 的解离度是室温时的几倍？
13. 高温下 HgO 按下式分解：$2HgO(s) \rightleftharpoons 2Hg(g) + O_2(g)$。在 723 K 时，气体的总压力为 108 kPa；而在 693 K 时，气体的总压力为 51.6 kPa。计算该分解反应的 $\Delta_r H_m^\ominus$ 和 $\Delta_r S_m^\ominus$。
14. 在 550 ℃时，反应 $2MgCl_2(s) + O_2(g) \rightleftharpoons 2MgO(s) + 2Cl_2(g)$，$K^\ominus = 3.06$。在 25 ℃时，将 50 g $MgCl_2$ 置于 2.00 dm^3、O_2 的压力为 100 kPa 容器中，将容器密封后慢慢加热到 550 ℃。计算达到平衡时容器内 $p(Cl_2)$ 和 $p(O_2)$。
15. N_2O_4 分解反应为 $N_2O_4 \rightleftharpoons 2NO_2$。在 25 ℃时将 3.176 g N_2O_4 置于 1.00 dm^3 容器中，反应达平衡时体系的总压为 $p^\ominus$。计算 N_2O_4 的解离度 α 和分解反应的平衡常数 K_c、$K^\ominus$。

16. 已知 298 K 时，$H_2O(l)$的饱和蒸气压为 3575 Pa。下表为 298 K 时相关 $\Delta_f G_m^\ominus$ 数据。

化合物	$CaSO_4 \cdot 2H_2O(s)$	$CaSO_4(s)$	$H_2O(g)$
$\Delta_f G_m^\ominus/(kJ \cdot mol^{-1})$	−1797.5	−1322	−228.6

(1) 通过计算说明空气中的 $CaSO_4 \cdot 2H_2O$ 能否风化；

(2) 求室温下 $CaSO_4 \cdot 2H_2O$ 分解时 H_2O 的压力。

17. 五氯化磷分解反应 $PCl_5(g) \rightleftharpoons PCl_3(g) + Cl_2(g)$ 在 250 ℃、100 kPa 达到平衡，测得混合物的密度为 2.695 $g \cdot dm^{-3}$。计算：

(1) PCl_5的解离度 α；

(2) 反应的 $K^\ominus$ 和 $\Delta_r G_m^\ominus$。(相对原子质量：P 31.0　Cl 35.5)。

18. 已知 $\Delta_f G_m^\ominus(Br_2, g) = 3.1\ kJ \cdot mol^{-1}$，液态 Br_2 的沸点为 331.4 K。求气态 Br_2 的标准生成热和液态 Br_2 在 282.5 K 时的饱和蒸气压。

19. 已知水在 273 K 时的饱和蒸气压为 561 Pa，求水的气化热。

20. Cd^{2+} 的一级水解反应

$$Cd^{2+} + H_2O \rightleftharpoons Cd(OH)^+ + H^+$$

已知 $\Delta_r H_m^\ominus = 60\ kJ \cdot mol^{-1}$，$\Delta_r S_m^\ominus = 20\ J \cdot mol^{-1} \cdot K^{-1}$。求 0.2 $mol \cdot dm^{-3}$ $CdSO_4$ 溶液的 pH。

21. 已知反应 $NH_4HS(s) \rightleftharpoons NH_3(g) + H_2S(g)$，$\Delta_r H_m^\ominus = 93.72\ kJ \cdot mol^{-1}$。在 298 K 时，$NH_4HS(s)$分解后的平衡压力为 59.96 kPa(设气相中只有 NH_3 和 H_2S)。

(1) 求 298 K 时该反应的标准平衡常数 $K^\ominus$；

(2) 计算 308 K 时 $NH_4HS(s)$在真空容器中分解反应达到平衡时容器中的总压力。

(3) 在 308 K 时，将 0.6 mol H_2S 和 0.70 mol NH_3放入 25.25 dm^3的容器中，计算生成固体 $NH_4HS(s)$的物质的量。

22. 已知 25 ℃时以下两个反应的 $\Delta_r G_m^\ominus$，$H_2O(l)$的饱和蒸气压 3.167 kPa。

$$CuSO_4 \cdot 5H_2O(s) = CuSO_4(s) + 5H_2O(g) \qquad \Delta_r G_m^\ominus = 75.2\ kJ \cdot mol^{-1}$$

$$NiSO_4 \cdot 6H_2O(s) = NiSO_4(s) + 6H_2O(g) \qquad \Delta_r G_m^\ominus = 77.7\ kJ \cdot mol^{-1}$$

(1) 25 ℃时，两种无水盐中哪种是相对有效的干燥剂？

(2) 25 ℃时，两种无水盐开始潮解时空气的相对湿度分别是多少？

第5章 原子结构与元素周期律

19 世纪末到 20 世纪初，科学发展史上的一系列重大成就，为原子结构理论的确立奠定了基础。1879 年，克鲁克斯(Crookes)发现阴极射线；1896 年，贝克勒尔(Becquerel)发现铀的放射性；1897 年，汤姆孙(Thomson)测得电子的荷质比，发现电子；1898 玛丽·居里(Marie Curie)发现钋和镭的放射性；1900 年，普朗克(Planck)提出量子论；1904 年，汤姆孙提出正电荷均匀分布的原子模型；1905 年，爱因斯坦(Einstein)提出光子论，解释光电效应；1909 年，密立根(Millikan)用油滴实验测定了电子的荷电量；1911 年，卢瑟福(Rutherford)进行 α 粒子散射实验，提出原子的有核模型；1913 年，玻尔(Bohr)解释了氢原子光谱，提出了原子轨道的概念。

5.1　微观粒子运动的特点

核　心　内　容

1. 微观粒子的运动有其特殊性，因此，研究微观粒子的运动状态和性质，要充分考虑到这种特殊性。

2. 微观粒子具有波粒二象性，不可能同时测准其空间位置和动量，可以用统计规律研究微观粒子的运动。

5.1.1　波粒二象性

20 世纪初，光既具有波动性又具有粒子性的性质得到人们的普遍承认。

光子所具有的能量 E 与频率 ν 的关系为

$$E = h\nu$$

式中，h 为普朗克常量。由爱因斯坦质能联系定律，光子的能量 E 与质量 m 和速度 c 的关系为

$$E = mc^2$$

将两个表示光子能量的公式联立，用 P 表示光子的动量 mc，得

$$P = h\,\frac{\nu}{c}$$

或

$$P = \frac{h}{\lambda}$$

式中，λ 为光波的波长。

根据光的波粒二象性，法国物理学家德布罗意(de Broglie)于 1924 年预言，微观粒子也具有波粒二象性，微观粒子运动的波长为

$$\lambda = \frac{h}{P} = \frac{h}{mv}$$

式中，v 为微观粒子运动的速度。

1927 年电子衍射实验证实了德布罗意的预言，微观粒子具有波粒二象性。微观粒子的这种性质决定了描述其运动状态不能用经典的牛顿力学，而要用量子力学。

5.1.2　测不准原理

1927 年，海森堡(Heisenberg)提出，由于微观粒子具有波粒二象性，不可能同时测准其空间位置和动量。微观粒子位置的测量偏差(测不准量)为 Δx，动量的测量偏差为 ΔP，则测不

准关系可以表示为

$$\Delta x \cdot \Delta P \geqslant \frac{h}{2\pi}$$

或

$$\Delta x \cdot \Delta v \geqslant \frac{h}{2\pi m}$$

测不准关系表明，微观粒子的位置和动量中若有一个量测量偏差很小，则另一个量测量偏差必然很大。

5.1.3　微观粒子的运动符合统计性规律

对于微观粒子而言，不可能同时测准其空间位置和动量。因此，不能用研究宏观物体运动的方法去研究微观粒子的运动。

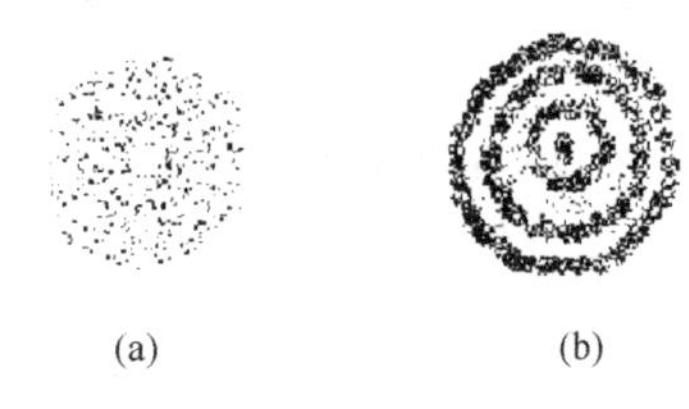

图 5-1　电子衍射实验示意图

电子衍射实验证明，若电子逐个地射向荧光屏，电子击中荧光屏的位置是无规律的，更难以预测电子打在荧光屏的位置，这是由电子的粒子性的特点决定的，如图 5-1(a)所示。随着打在荧光屏的电子的增多，其分布的规律性就会表现出来，荧光屏上逐渐显示出明暗相间的环纹，体现了电子的波动性特征，如图 5-1(b) 所示。

电子的波动性是其粒子性统计的结果，单个微观粒子运动是无规律的，但统计的结果是有规律的，可以用统计规律研究微观粒子的运动。

5.2　核外电子运动状态的描述

1. 薛定谔方程每个合理的解 Ψ 表示电子的一种运动状态，也称之为原子轨道，与这个解相对应的常数 E 就是电子在该状态下的能量，也是电子所在轨道的能量。

2. 原子轨道可由 3 个量子数描述：主量子数 n 的大小表示原子中电子所在的层数，角量子数 l 决定原子轨道的形状，磁量子数 m 表示原子轨道在空间的伸展方向。

3. 电子的运动状态需 4 个量子数描述。

4. 电子在核外空间出现的概率可由电子云图描述。用径向分布图和角度分布图从不同侧面描述波函数的图像。

5.2.1　薛定谔方程

1926 年，奥地利物理学家薛定谔(Schrödinger)建立了描述微观粒子的波动方程，这是一个二阶偏微分方程，即

$$\frac{\partial^2 \Psi}{\partial x^2}+\frac{\partial^2 \Psi}{\partial y^2}+\frac{\partial^2 \Psi}{\partial z^2}+\frac{8\pi^2 m}{h^2}(E-V)\Psi=0$$

式中，波函数 Ψ 为 x,y,z 的函数；E 为电子的总能量；V 为电子的势能；m 为电子的质量；h 为普朗克常量；π 为圆周率。

解薛定谔方程就是要求出描述微观粒子运动的波函数 Ψ 和微观粒子在该运动状态下的

能量 E。方程每个合理的解 Ψ 表示电子的一种运动状态，称之为原子轨道，与这个解相对应的常数 E 就是电子在该状态下的能量，也是电子所在轨道的能量。

薛定谔方程中核外电子的势能 V 与原子序数 Z、原电荷 e、电子与核的距离 r 的关系为

$$V = -\frac{Ze^2}{4\pi\varepsilon_0 r}$$

式中，ε_0 为真空介电常数。

薛定谔方程势能项中的 r 同时与 x、y、z 三个变量有关，这给解方程带来很大的困难。为解方程，人们对薛定谔方程进行坐标变换，将直角坐标三变量(x,y,z)变换成球坐标三变量(r,θ,ϕ)，如图 5 - 2 所示。直角坐标与球坐标的关系为

$$x = r\sin\theta\cos\phi, y = r\sin\theta\sin\phi, z = r\cos\theta$$

$$r = \sqrt{x^2+y^2+z^2}$$

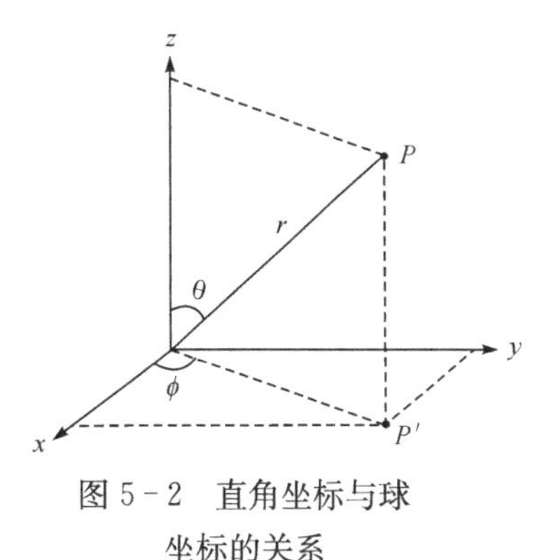

图 5 - 2　直角坐标与球坐标的关系

则

$$\Psi(x,y,z) \longrightarrow \Psi(r,\theta,\phi)$$

再进行变量分离

$$\Psi(r,\theta,\phi) = R(r) \cdot \Theta(\theta) \cdot \Phi(\phi)$$

变量分离后，三个变量的偏微分方程分解成三个各有一个变量的常微分方程。其中 $R(r)$ 只和 r 有关，即只和电子与核间的距离有关，称为波函数的径向部分。令

$$Y(\theta,\phi) = \Theta(\theta) \cdot \Phi(\phi)$$

$Y(\theta,\phi)$ 与 r 无关，只与角度 θ 和 ϕ 有关，称为波函数的角度部分。

分别解 $R(r)$、$\Theta(\theta)$、$\Phi(\phi)$ 这三个常微分方程，得到关于 r、θ 和 ϕ 三个单变量函数的解。在解常微分方程求 $\Phi(\phi)$ 时，要引入一个参数 m，且只有当 m 取某些特殊值时，$\Phi(\phi)$ 才有合理的解；在解常微分方程求 $\Theta(\theta)$ 时，要引入一个参数 l，且只有当 l 取某些特殊值时，$\Theta(\theta)$ 才有合理的解；在解常微分方程求 $R(r)$ 时，要引入一个参数 n，且只有当 n 取某些特殊值时，$R(r)$ 才有合理的解。参数 n、l、m，就是后面要介绍的量子数。

薛定谔方程的解是一系列三变量、三参数的函数，即

$$\Psi_{n,l,m}(r,\theta,\phi) = R(r) \cdot \Theta(\theta) \cdot \Phi(\phi)$$

对应每个波函数 $\Psi_{n,l,m}(r,\theta,\phi)$，都有特定的能量 E。对于 H 原子和只有一个电子的类氢离子

$$E = -13.6 \times \frac{Z^2}{n^2}(\text{eV})$$

式中，Z 为原子序数，n 为参数(后面所说的主量子数)。

下面是波函数 Ψ 的几个例子。

$$\Psi_{1,0,0} = \frac{1}{\sqrt{\pi}}\left(\frac{Z}{a_0}\right)^{\frac{3}{2}} \mathrm{e}^{-\frac{Zr}{a_0}}$$

$$\Psi_{2,1,0} = \frac{1}{4\sqrt{2\pi}}\left(\frac{Z}{a_0}\right)^{\frac{5}{2}} r\mathrm{e}^{-\frac{Zr}{2a_0}}\cos\theta$$

$$\Psi_{3,2,2} = \frac{1}{81\sqrt{2\pi}}\left(\frac{Z}{a_0}\right)^{\frac{3}{2}}\left(\frac{Zr}{a_0}\right)^2 r\mathrm{e}^{-\frac{Zr}{3a_0}}\sin^2\theta\cos2\phi$$

式中，a_0=52.9 pm，为玻尔半径；下标“1,0,0”、“2,1,0”、“3,2,2”为参数“n,l,m”的取值。

解薛定谔方程得到的描述电子运动状态的波函数，称为原子轨道。但与玻尔轨道的意义

不同，波函数是轨道函数，是电子在核外运动的空间区域，而不是轨迹。

5.2.2 四个量子数

在解薛定谔方程时，为使方程有合理的解，引入了三个参数 n、l、m，这些参数只能按规定取某些特定的值，故称为量子数。

1. 主量子数 n

n 称为主量子数，取值为正整数 1、2、3、4…，光谱学上依次可用符号 K、L、M、N、…表示。

(1) n 的大小表示原子中电子所在的层数，即电子(所在的轨道)离核的远近。$n=1$，表示第一层(K 层)；$n=2$，表示第二层(L 层)；n 越大，电子离核的平均距离越远。

(2) n 的大小表示电子和原子轨道能量的高低。n 越大，离核越远，电子和轨道的能量越高。对于氢原子和类氢离子等单电子体系，电子或轨道的能量只和主量子数 n 有关：

$$E=-13.6\times\frac{Z^2}{n^2}(\mathrm{eV})$$

能量单位为 eV(电子伏特)，1 eV=1.602×10^{-19} J。

n 越大能量越高，当 $n\to\infty$ 时，电子的能量最高($E=0$)，为自由电子。由于受 n 取值的限制，能量 E 也是量子化的。

2. 角量子数 l

l 称为角量子数，取值为 0、1、2、3、…、$(n-1)$，对应的光谱学符号为 s、p、d、f、g、…。l 取值受 n 取值的限制，对于确定的主量子数 n，l 有 n 个取值。

(1) 角量子数 l 决定原子轨道的形状。s 轨道为球形，p 轨道为哑铃形，d 轨道为花瓣形，如图 5-3 所示。

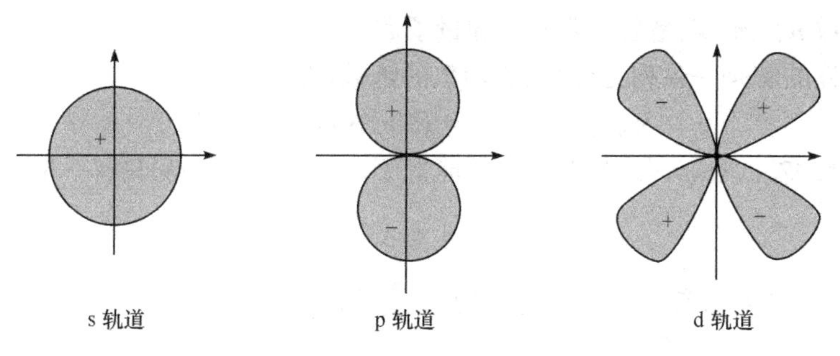

图 5-3 几种原子轨道的形状

(2) 角量子数 l 决定同一电子层中亚层(或分层)的数目。例如，$n=1$ 时，则 $l=0$，只有 s 轨道一个亚层；$n=2$ 时，则 $l=0$、1，有 s 轨道和 p 轨道两个亚层；$n=3$ 时，则 $l=0$、1、2，有 s 轨道、p 轨道和 d 轨道三个亚层。

(3) 对多电子原子而言，核外电子的能量不只取决于主量子数 n，还与角量子数 l 相关。n 相同而 l 不同的各亚层的能量不同，l 越大的亚层能量越高，如

$$E_{4s}<E_{4p}<E_{4d}<E_{4f}$$

(4) 角量子数 l 决定电子绕核运动的轨道角动量大小，轨道角动量的模为

$$|\vec{M}| = \sqrt{l(l+1)}\,\frac{h}{2\pi}$$

可见,轨道的角动量也是量子化的。

3. 磁量子数 m

m 称为磁量子数,取值为 0、±1、±2、±3、…、$\pm l$。m 的取值由 l 决定,对于给定的 l 值,则 m 的取值共有$(2l+1)$个。

(1) 磁量子数 m 表示原子轨道在空间的伸展方向。例如,$l=1$ 时,$m=0$、±1,即 m 有 3 个值,表示 p 轨道有三种不同的伸展方向。依此类推,s 轨道有 1 个伸展方向;d 轨道有 5 个伸展方向;f 轨道有 7 个伸展方向。

l 相同时,虽然轨道有不同的伸展方向,但能量完全相同。这些能量相同的轨道称简并轨道。p 轨道为三重简并,d 轨道为五重简并,f 轨道为七重简并。

(2) 磁量子数 m 决定轨道角动量的方向。轨道角动量$\vec{M}$在 z 轴上的分量为

$$M_z = m\,\frac{h}{2\pi}$$

m 通过$\vec{M}$在 z 轴上的分量大小决定轨道角动量的方向,即由 M_z 和$|\vec{M}|$的夹角决定轨道角动量的方向。

轨道角动量的模为

$$|\vec{M}| = \sqrt{l(l+1)}\,\frac{h}{2\pi}$$

角动量矢量与 z 轴的夹角为 θ,则

$$\cos\theta = \frac{M_z}{|\vec{M}|} = \frac{m\,\frac{h}{2\pi}}{\sqrt{l(l+1)}\,\frac{h}{2\pi}} = \frac{m}{\sqrt{l(l+1)}}$$

【例 5-1】 某轨道角量子数 $l=2$,求角动量的方向。

解 轨道角动量的方向由 m 决定,求角动量的方向就是求角动量与 z 轴的夹角 θ。

$l=2$ 时,m 有 5 个取值:+2,+1,0,−1,−2。由

$$\cos\theta = \frac{m}{\sqrt{l(l+1)}}$$

计算得 θ 的 5 个值为 35.26°,65.91°,90°,114.09°,144.73°。

由以上讨论可知,描述原子轨道需要三个量子数。n,l,m 三个量子数确定了一个原子轨道离核的远近、形状和伸展方向,因而原子轨道也可以理解为由 n、l、m 一组数值确定的波函数。

4. 自旋量子数 m_s

人们根据氢原子光谱的精细结构,提出了电子自旋的假设,引入自旋量子数 m_s。即 m_s 决定电子在空间的自旋方向,其值可取 $+\frac{1}{2}$ 或 $-\frac{1}{2}$,通常用正反箭头↑与↓来表示。电子自旋角

动量沿外磁场方向的分量 M_s 的大小由自旋量子数 m_s 决定，即

$$M_s = m_s \frac{h}{2\pi}$$

可见，描述核外电子的运动状态需要四个量子数。n, l, m 三个量子数确定了电子所在原子轨道离核的远近、形状和伸展方向，另一个量子数 m_s 确定了电子的自旋方向。

5.2.3 概率和概率密度

1. 概率和概率密度的概念

概率是指电子在核外某一区域出现次数的多少。概率与电子出现区域的体积有关，也与所在区域单位体积内出现的次数有关。

概率密度是指电子在单位体积内出现的概率。量子力学计算证明，概率密度与 $|\Psi|^2$ 成正比，即可以用 $|\Psi|^2$ 表示电子在核外的概率密度。

概率 ω 与概率密度 $|\Psi|^2$ 和体积 V 之间的关系为

$$\omega = |\Psi|^2 \times V$$

当某空间区域中概率密度一致时，可以用上式乘积求得概率。从 $|\Psi|^2$-r 变化图可知（图 5－4），在某空间区域中概率密度经常是不一致的。概率是不能用简单的乘法求算的，需要使用积分运算。

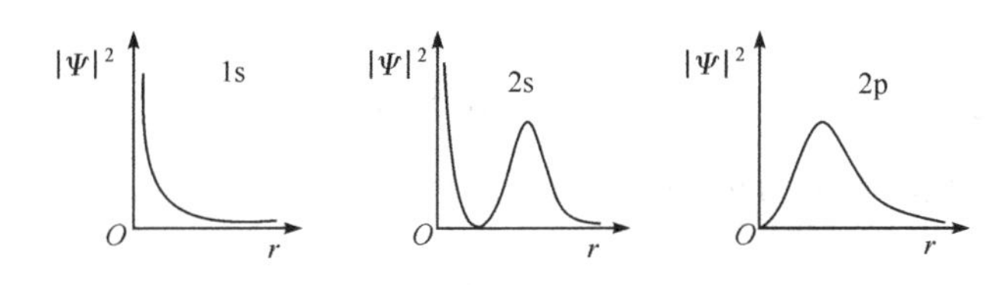

图 5－4　概率密度 $|\Psi|^2$ 随 r 变化示意图

2. 电子云图

在以原子核为原点的空间坐标系内，用黑点密度表示电子出现的概率密度，所得图像称为电子云图，如图 5－5 所示。

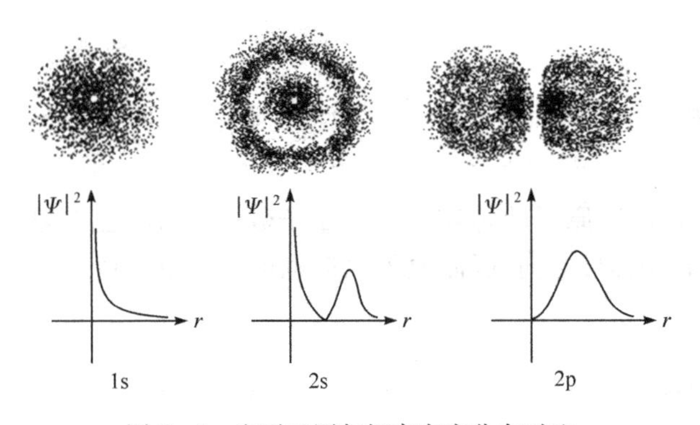

图 5－5　电子云图与概率密度分布对比

电子云图中，黑点密集的区域概率密度大，黑点稀疏的区域概率密度小。电子云图与概率

密度$|\Psi|^2$随 r 变化的趋势是一致的。因此,电子云图是核外电子出现的概率密度的形象化描述,也可以说是$|\Psi|^2$的图像。

5.2.4　径向分布和角度分布

在二维直角坐标系中,可以画出单变量的函数的图像,得到的是曲线;在三维直角坐标系中,可以画出两个变量的函数的图像,得到的是曲面。

在三维直角坐标系中,不能画出含有三个变量的波函数 $\Psi(x,y,z)$的图像。在球坐标系中,波函数表示为 $\Psi(r,\theta,\phi)=R(r)Y(\theta,\phi)$,也不能在三维空间画出其图像。因此,波函数的变化只能从径向部分 $R(r)$和角度部分 $Y(\theta,\phi)$分别加以讨论,从不同侧面画出其图像,以理解 $\Psi(r,\theta,\phi)$随 r 和 θ、ϕ 的变化。

1. 径向概率分布图

从图 5－4 可以了解$|\Psi|^2$-r 的变化趋势。对于 1s 电子,概率密度$|\Psi|^2$随 r 增大而减小。若考虑电子在单位厚度的薄层球壳内的概率随 r 的变化情况,可以找出与核的距离为 r 处的薄层球壳厚度为 Δr 时的概率(图 5－6)。

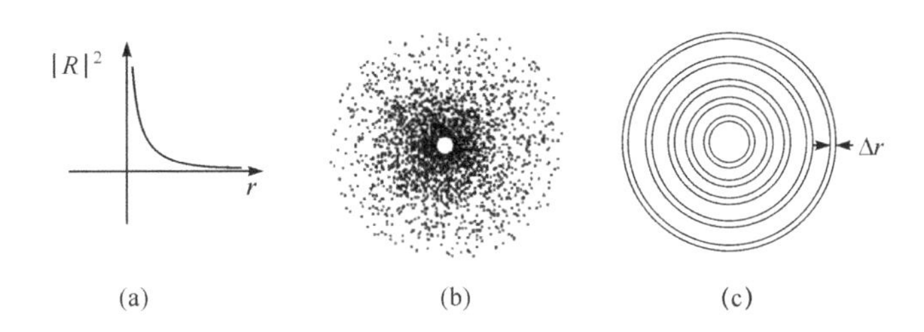

图 5－6　1s 电子的图像

(a) $|R|^2$随 r 变化图;(b) 电子云图;(c) 半径不等的单位厚度的球壳

在距离核 r 处的球面积为 $4\pi r^2$,则薄层球壳的体积近似为 $4\pi r^2\Delta r$。只考虑$|\Psi|^2$随 r 的变化,可以用径向概率密度$|R|^2$代替$|\Psi|^2$。所以,电子在与核的距离为 r 处、薄层球壳厚度为 Δr 时的体积内出现的概率为

$$\omega = 4\pi r^2 \Delta r \mid R \mid^2$$

电子在单位球壳厚度内出现的概率为

$$\frac{\omega}{\Delta r} = \frac{4\pi r^2 \Delta r |R|^2}{\Delta r} = 4\pi r^2 |R|^2$$

令

$$D(r) = 4\pi r^2 |R|^2$$

$D(r)$称为径向分布函数,表示距核 r 处在单位厚度的球壳内电子出现的概率。由 $D(r)$对 r 作图,可得各种状态的电子径向概率分布图(图 5－7)。

由径向概率分布图可知,1s 有 1 个概率峰,2s 有 2 个概率峰…,ns 有 n 个概率峰;2p 有 1 个概率峰,3p 有 2 个概率峰…,np 有($n-1$)个概率峰;3d 有 1 个概率峰,4d 有 2 个概率峰…,nd 有($n-2$)个概率峰。依此类推,电子每种运动状态的概率峰个数为

$$N_{峰} = n - l$$

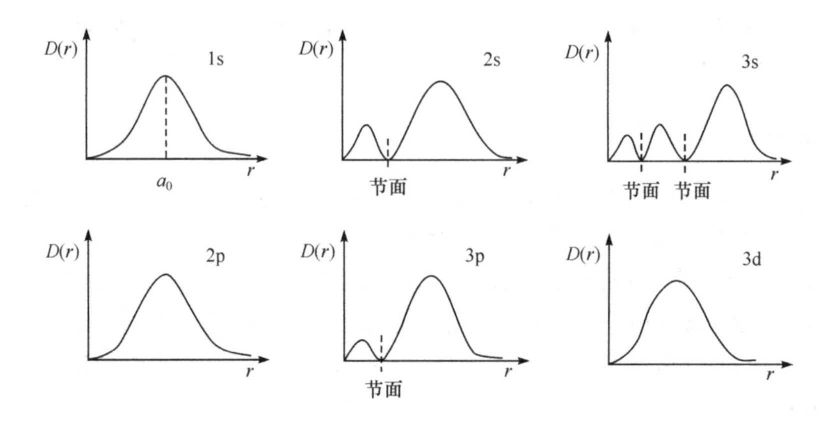

图 5－7　径向概率分布图

两个峰之间有一个概率密度为 0 的节面，则电子每种运动状态的概率密度为 0 的节面数为

$$N_{节面} = n - l - 1$$

2. 角度分布函数

角度分布包括原子轨道的角度分布和电子云的角度分布。$2p_z$ 轨道的波函数为

$$\Psi_{2,1,0} = \frac{1}{4\sqrt{2\pi}}\left(\frac{Z}{a_0}\right)^{\frac{5}{2}} r\mathrm{e}^{-\frac{Zr}{2a_0}}\cos\theta$$

$2p_z$ 轨道的角度部分为

$$Y(\theta,\phi) = \cos\theta$$

电子云的角度分布(角度部分的概率密度)为

$$|Y(\theta,\phi)|^2 = \cos^2\theta$$

由不同 θ 取值计算得到对应的 $Y(\theta,\phi)$ 和 $|Y(\theta,\phi)|^2$。作 $Y(\theta,\phi)$-θ 图得到波函数(原子轨道)的角度分布图，作 $|Y(\theta,\phi)|^2$-θ 图得到概率密度(电子云)的角度分布图。同样的方法，可以得到各种原子轨道的角度分布图(图 5－8)和电子云的角度分布图(图 5－9)。

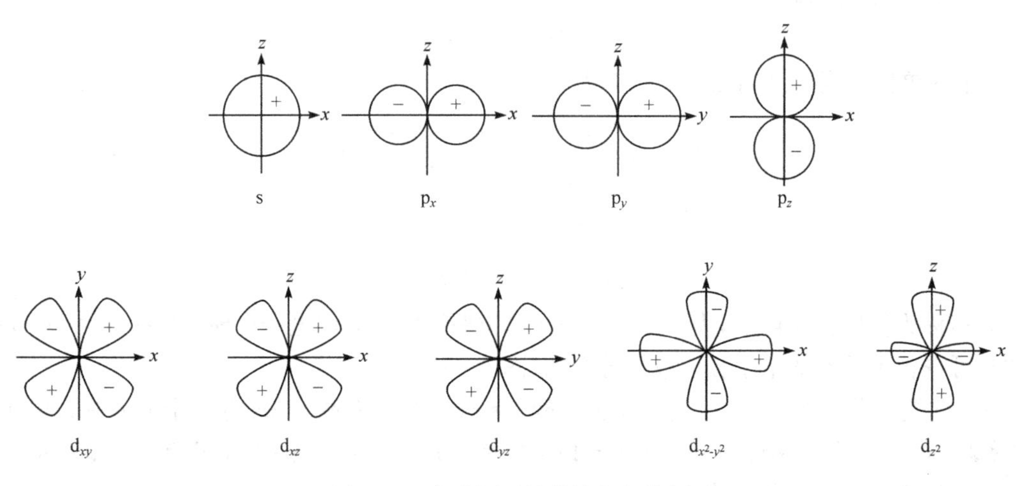

图 5－8　部分原子轨道的角度分布图

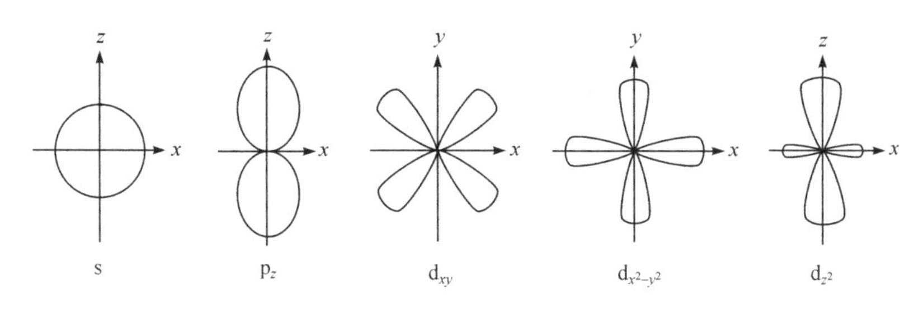

图5-9　部分电子云的角度分布图

原子轨道的角度分布图的各个波瓣有“+”、“-”之分，而电子云的角度分布图各波瓣无“+”、“-”之分；电子云的角度分布图的各个波瓣比对应的原子轨道的角度分布图的各个波瓣都“瘦”了一些。

原子轨道的角度分布图的各个波瓣的“+”、“-”是计算的结果，不是指电性的正或负，与原子轨道的对称性有关，在讨论原子轨道的成键作用时有重要作用。

5.3　核外电子排布和元素周期律

1. 屏蔽效应和钻穿效应影响轨道的能量。鲍林原子轨道近似能级图将能级从低到高分为7个能级组。

2. 原子中电子的排布遵循能量最低原理、泡利原理和洪德规则。

3. 在轨道中排布电子时按照鲍林原子轨道近似能级顺序由低到高进行，原子在失去电子时按照科顿能级顺序由高到低进行。

4. 周期表中的元素分成7个周期，5个区(s区、p区、d区、ds区和f区)。

对于单电子体系，电子或轨道的能量只和主量子数 n 有关；n 相同的轨道能量相同，n 越大能量越高。

在多电子体系中，电子不仅受到原子核的引力，还受到其他电子的斥力，轨道的能量不只与主量子数 n 有关。

5.3.1　多电子原子轨道的能级

1. 屏蔽效应

对于多电子原子，可以将原子核和所讨论电子以外的其他电子看做一个整体，研究这个整体与被讨论电子间的引力，即其他电子抵消了部分正电荷后的原子核与被讨论电子之间的引力。被抵消了部分正电荷后的有效核电荷 Z^* 与核电荷 Z 的关系为

$$Z^* = Z - \sigma$$

式中，σ 为屏蔽常数，其大小与量子数 n 和 l 有关。

多电子体系轨道或电子的能量为

$$E = -13.6 \times \frac{(Z^*)^2}{n^2}(\text{eV})$$

即

$$E = -13.6 \times \frac{(Z-\sigma)^2}{n^2}(\mathrm{eV})$$

多电子体系中，由于内层电子抵消或中和部分正电荷，使被讨论的电子受核的引力下降而能量升高，这种现象称为其他电子对讨论电子的屏蔽效应。由于多电子体系中屏蔽效应的存在，主量子数 n 相同但角量子数 l 不同的原子轨道能量不再简并，l 越大轨道受到的屏蔽效应越大，能量越高。

$$E_{ns} < E_{np} < E_{nd} < E_{nf}$$

n 相同而 l 不同的原子轨道能量不相同，称为能级分裂。

2. 钻穿效应

对于 n 相同而 l 不同的原子轨道发生能级分裂，可归因于电子云径向分布不同。即电子穿过内层而钻穿到核附近回避其他电子屏蔽的能力不同，从而使其能量不同。

从图 5-7 的径向概率分布图可知，3s 有 2 个概率峰钻穿到核附近，3p 有 1 个概率峰钻穿到核附近，而 3d 没有概率峰钻穿到核附近。即各轨道的钻穿能力为 ns>np>nd>nf，因此，轨道的能量大小顺序为 $E_{ns}<E_{np}<E_{nd}<E_{nf}$。

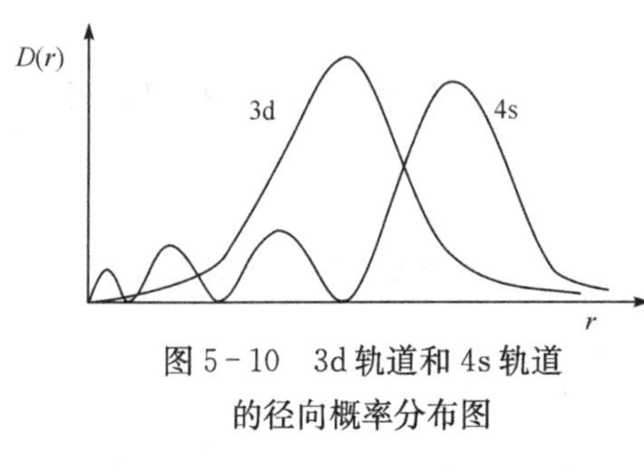

图 5-10　3d 轨道和 4s 轨道的径向概率分布图

电子穿过内层轨道钻穿到核附近而使其能量降低的现象，称为钻穿效应。钻穿效应能够解释能级分裂现象，也能够解释能级交错现象。

在多电子原子中，当主量子数 n 和角量子数 l 均不同时，主量子数 n 大的轨道的能量反而比主量子数 n 小的轨道的能量低，称为能级交错，如 4s 轨道能量低于 3d 轨道。4s 轨道在内层有 3 个概率峰，而 3d 轨道在内层没有概率峰(图 5-10)。即 4s 轨道的钻穿效应较强，而 3d 轨道受到的屏蔽效应较大，故 4s 轨道的能量低于 3d 轨道。

3. 原子轨道近似能级图

美国化学家鲍林(Pauling)根据光谱数据和理论计算结果，提出了多电子原子的原子轨道近似能级图。

鲍林将原子轨道分成 7 个能级组，其中第一能级组只有 1s 轨道，其余能级组均从 ns 开始到 np 结束，能级组内能级的能量由低到高的顺序为 ns、$(n-2)$f、$(n-1)$d、np，如表 5-1 和图 5-11 所示。

表 5-1　能级组的划分

能级组	一	二	三	四	五	六	七
轨道	1s	2s 2p	3s 3p	4s 3d 4p	5s 4d 5p	6s 4f 5d 6p	7s 5f 6d 7p
轨道数	1	4	4	9	9	16	16
最多容纳电子数	2	8	8	18	18	32	32

4. 科顿原子轨道能级图

科顿(Cotton)认为，不同元素的原子轨道的能级次序不同，不是所有元素的原子轨道都产

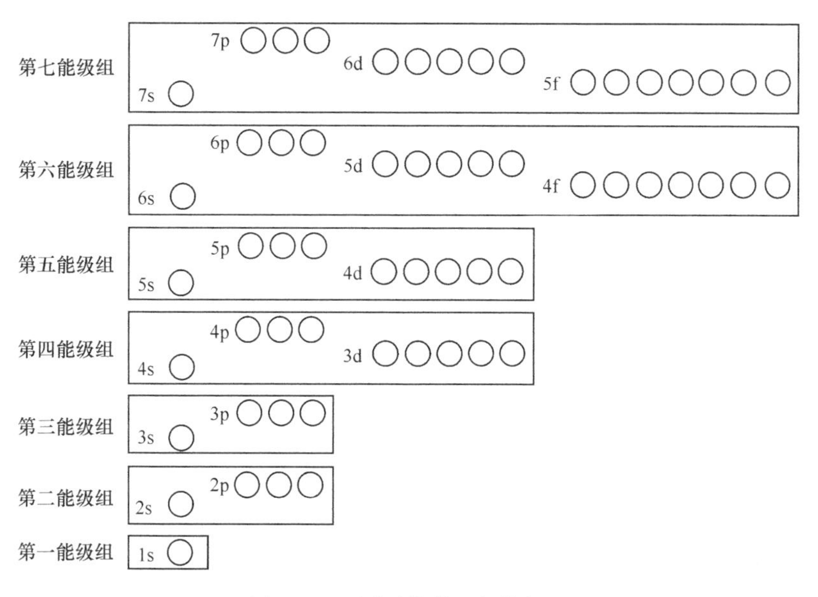

图 5-11　原子轨道近似能级图

生能级交错现象(图 5-12)。

科顿原子轨道能级图反映了轨道的能量与原子序数的关系,随着原子序数的增加,所有轨道的能量都下降,但下降幅度不同,由此产生能级分裂;角量子数 l 值小的下降幅度大,由此产生能级交错。1 号元素轨道能级不发生分裂,主量子数 n 相同的轨道能量相同;从 2 号元素开始,轨道能级均发生分裂,主量子数 n 相同而角量子数 l 不同的轨道能量不相同。

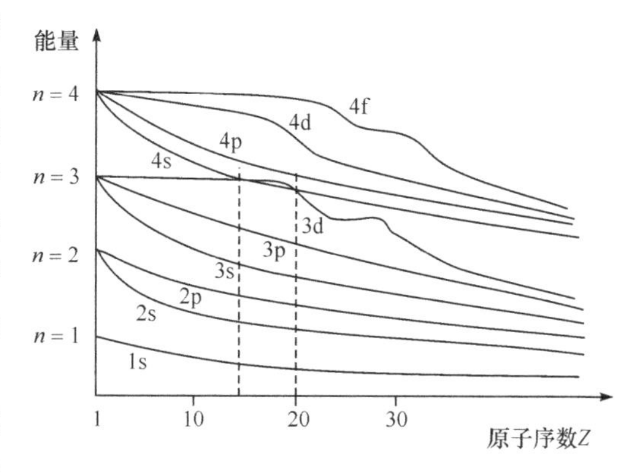

图 5-12　科顿原子轨道能级图(部分)

从图 5-12 可知,1～14 号元素轨道能级不发生交错,$E_{4s}>E_{3d}$;15～20 号元素轨道能级发生交错,$E_{4s}<E_{3d}$;21 号以后元素 4s 与 3d 轨道能级不发生交错,$E_{4s}>E_{3d}$。

科顿原子轨道能级图适用于判断轨道填充电子后的能量高低,能够解释元素失去电子的顺序,即先失去主量子数大的轨道的电子,主量子数相同时,先失去角量子数大的轨道的电子。例如,Fe 元素先失去 4s 轨道电子,而后失去 3d 轨道电子。但科顿原子轨道能级图不能解释电子在轨道中排布顺序。

鲍林原子轨道近似能级图的能量高低是空轨道时的能量,适用于轨道中的电子排布,但不能解释元素失去电子的顺序。

5. 斯莱特规则

斯莱特(Slater)规则提供了一种半定量地计算屏蔽常数 σ 的方法,进而计算轨道和电子的能量,即

$$E=-13.6\times\frac{(Z-\sigma)^2}{n^2}\ \text{eV}$$

斯莱特规则将轨道分组为

$$(1s)\ (2s\ 2p)\ (3s\ 3p)\ (3d)\ (4s\ 4p)\ (4d)\ (4f)\cdots$$

屏蔽常数 σ 计算原则有以下几点：

(1) 外层电子对内层电子无屏蔽，即右侧各组轨道电子对左侧轨道电子屏蔽常数 $\sigma=0$。

(2) 1s 轨道的两个电子之间的屏蔽常数 $\sigma=0.30$，其他同组内电子之间的屏蔽常数 $\sigma=0.35$。

(3) 讨论($ns\ np$)组轨道的电子受到的屏蔽时，($n-1$)层轨道上的每个电子的屏蔽常数 $\sigma=0.85$；($n-2$)层及以内各层轨道的每个电子的屏蔽常数 $\sigma=1.00$。

(4) 讨论(nd)或(nf)组的轨道电子受到的屏蔽时，所有左侧各组轨道电子的屏蔽常数均为 $\sigma=1.00$。

【例 5-2】 用斯莱特规则计算 Ni 的 4s 和 3d 轨道电子能量的高低。

解　Ni 的电子排布式为 $1s^2 2s^2 2p^6 3s^2 3p^6 3d^8 4s^2$，按斯莱特规则，4s 电子受到的屏蔽常数为

$$\sigma_{4s}=0.35+0.85\times16+1.00\times10=23.95$$

Ni 的 4s 电子的能量为

$$E_{4s}=-13.6\times\frac{(28-23.95)^2}{4^2}\,\text{eV}=-13.94\ \text{eV}$$

Ni 的 3d 电子受到的屏蔽常数为

$$\sigma_{3d}=0.35\times7+1\times18=20.45$$

Ni 的 3d 电子的能量为

$$E_{3d}=-13.6\times\frac{(28-20.45)^2}{3^2}\,\text{eV}=-86.1\ \text{eV}$$

计算结果表明，Ni 的 3d 轨道电子的能量比 4s 轨道电子的能量低。

5.3.2　核外电子的排布

1. 核外电子的排布原则

(1) 能量最低原理。在基态时，多电子原子的电子尽可能排布到能量低的轨道，即按照轨道能量由低到高的顺序排布电子。

(2) 泡利(Pauli)不相容原理。在同一个原子中没有四个量子数完全相同的电子，即在同一个原子中没有运动状态完全相同的电子。一个原子轨道最多只能容纳 2 个自旋相反的电子。

(3) 洪德(Hund)规则。电子排布到简并轨道(能量相同的原子轨道)时，优先以自旋方向相同的方式分别占据不同的轨道。因为这种排布体系总能量最低，最稳定。

作为洪德规则的特例，能量简并的等价轨道全空、半充满和全充满的状态是比较稳定的，尤其是简并度高的轨道。例如，d 轨道的稳定状态

d 轨道全空　　d 轨道半充满　　d 轨道全充满

2. 核外电子排布

按核外电子的排布原则和鲍林原子轨道近似能级图，可以写出多数原子的电子结构式（表 5－2），只有少部分元素最高能级组电子排布反常。

为了简化原子的电子结构式，通常把内层电子已达到稀有气体结构的部分写成稀有气体的元素符号外加方括号的形式表示，这部分称为“原子实”。例如，铝的电子结构式可简化为

$$Al \quad [Ne]3s^2 3p^1$$

表 5－2　元素原子的电子排布

原子序数	元素符号	中文名称	英文名称	电子结构式
1	H	氢	hydrogen	$1s^1$
2	He	氦	helium	$1s^2$
3	Li	锂	lithium	$[He]2s^1$
4	Be	铍	beryllium	$[He]2s^2$
5	B	硼	boron	$[He]2s^2 2p^1$
6	C	碳	carbon	$[He]2s^2 2p^2$
7	N	氮	nitrogen	$[He]2s^2 2p^3$
8	O	氧	oxygen	$[He]2s^2 2p^4$
9	F	氟	fluorine	$[He]2s^2 2p^5$
10	Ne	氖	neon	$[He]2s^2 2p^6$
11	Na	钠	sodium	$[Ne]3s^1$
12	Mg	镁	magnesium	$[Ne]3s^2$
13	Al	铝	aluminium	$[Ne]3s^2 3p^1$
14	Si	硅	silicon	$[Ne]3s^2 3p^2$
15	P	磷	phosphorus	$[Ne]3s^2 3p^3$
16	S	硫	sulfur	$[Ne]3s^2 3p^4$
17	Cl	氯	chlorine	$[Ne]3s^2 3p^5$
18	Ar	氩	argon	$[Ne]3s^2 3p^6$
19	K	钾	potassium	$[Ar]4s^1$
20	Ca	钙	calcium	$[Ar]4s^2$
21	Sc	钪	scandium	$[Ar]3d^1 4s^2$
22	Ti	钛	titanium	$[Ar]3d^2 4s^2$
23	V	钒	vanadium	$[Ar]3d^3 4s^2$
24	Cr	铬	chromium	$[Ar]3d^5 4s^1$
25	Mn	锰	manganese	$[Ar]3d^5 4s^2$
26	Fe	铁	iron	$[Ar]3d^6 4s^2$
27	Co	钴	cobalt	$[Ar]3d^7 4s^2$
28	Ni	镍	nickel	$[Ar]3d^8 4s^2$
29	Cu	铜	copper	$[Ar]3d^{10} 4s^1$
30	Zn	锌	zinc	$[Ar]3d^{10} 4s^2$

续表

原子序数	元素符号	中文名称	英文名称	电子结构式
31	Ga	镓	gallium	$[Ar]3d^{10}4s^24p^1$
32	Ge	锗	germanium	$[Ar]3d^{10}4s^24p^2$
33	As	砷	arsenic	$[Ar]3d^{10}4s^24p^3$
34	Se	硒	selenium	$[Ar]3d^{10}4s^24p^4$
35	Br	溴	bromine	$[Ar]3d^{10}4s^24p^5$
36	Kr	氪	krypton	$[Ar]3d^{10}4s^24p^6$
37	Rb	铷	rubidium	$[Kr]5s^1$
38	Sr	锶	strontium	$[Kr]5s^2$
39	Y	钇	yttrium	$[Kr]4d^15s^2$
40	Zr	锆	zirconium	$[Kr]4d^25s^2$
41	Nb	铌	niobium	$[Kr]4d^45s^1$
42	Mo	钼	molybdenum	$[Kr]4d^55s^1$
43	Tc	锝	technetium	$[Kr]4d^55s^2$
44	Ru	钌	ruthenium	$[Kr]4d^75s^1$
45	Rh	铑	rhodium	$[Kr]4d^85s^1$
46	Pd	钯	palladium	$[Kr]4d^{10}$
47	Ag	银	silver	$[Kr]4d^{10}5s^1$
48	Cd	镉	cadmium	$[Kr]4d^{10}5s^2$
49	In	铟	indium	$[Kr]4d^{10}5s^25p^1$
50	Sn	锡	tin	$[Kr]4d^{10}5s^25p^2$
51	Sb	锑	antimony	$[Kr]4d^{10}5s^25p^3$
52	Te	碲	tellurium	$[Kr]4d^{10}5s^25p^4$
53	I	碘	iodine	$[Kr]4d^{10}5s^25p^5$
54	Xe	氙	xenon	$[Kr]4d^{10}5s^25p^6$
55	Cs	铯	cesium	$[Xe]6s^1$
56	Ba	钡	barium	$[Xe]6s^2$
57	La	镧	lanthanum	$[Xe]5d^16s^2$
58	Ce	铈	cerium	$[Xe]4f^15d^16s^2$
59	Pr	镨	praseodymium	$[Xe]4f^36s^2$
60	Nd	钕	neodymium	$[Xe]4f^46s^2$
61	Pm	钷	promethium	$[Xe]4f^56s^2$
62	Sm	钐	samarium	$[Xe]4f^66s^2$
63	Eu	铕	europium	$[Xe]4f^76s^2$
64	Gd	钆	gadolinium	$[Xe]4f^75d^16s^2$
65	Tb	铽	terbium	$[Xe]4f^96s^2$
66	Dy	镝	dysprosium	$[Xe]4f^{10}6s^2$
67	Ho	钬	holmium	$[Xe]4f^{11}6s^2$

续表

原子序数	元素符号	中文名称	英文名称	电子结构式
68	Er	铒	erbium	$[Xe]4f^{12}6s^2$
69	Tm	铥	thulium	$[Xe]4f^{13}6s^2$
70	Yb	镱	ytterbium	$[Xe]4f^{14}6s^2$
71	Lu	镥	lutetium	$[Xe]4f^{14}5d^1 6s^2$
72	Hf	铪	hafnium	$[Xe]4f^{14}5d^2 6s^2$
73	Ta	钽	tantalum	$[Xe]4f^{14}5d^3 6s^2$
74	W	钨	tungsten	$[Xe]4f^{14}5d^4 6s^2$
75	Re	铼	rhenium	$[Xe]4f^{14}5d^5 6s^2$
76	Os	锇	osmium	$[Xe]4f^{14}5d^6 6s^2$
77	Ir	铱	iridium	$[Xe]4f^{14}5d^7 6s^2$
78	Pt	铂	platinum	$[Xe]4f^{14}5d^9 6s^1$
79	Au	金	gold	$[Xe]4f^{14}5d^{10}6s^1$
80	Hg	汞	mercury	$[Xe]4f^{14}5d^{10}6s^2$
81	Tl	铊	thallium	$[Xe]4f^{14}5d^{10}6s^2 6p^1$
82	Pb	铅	lead	$[Xe]4f^{14}5d^{10}6s^2 6p^2$
83	Bi	铋	bismuth	$[Xe]4f^{14}5d^{10}6s^2 6p^3$
84	Po	钋	polonium	$[Xe]4f^{14}5d^{10}6s^2 6p^4$
85	At	砹	astatine	$[Xe]4f^{14}5d^{10}6s^2 6p^5$
86	Rn	氡	radon	$[Xe]4f^{14}5d^{10}6s^2 6p^6$
87	Fr	钫	francium	$[Rn]7s^1$
88	Ra	镭	radium	$[Rn]7s^2$
89	Ac	锕	actinium	$[Rn]6d^1 7s^2$
90	Th	钍	thorium	$[Rn]6d^2 7s^2$
91	Pa	镤	protactinium	$[Rn]5f^2 6d^1 7s^2$
92	U	铀	uranium	$[Rn]5f^3 6d^1 7s^2$
93	Np	镎	neptunium	$[Rn]5f^4 6d^1 7s^2$
94	Pu	钚	plutonium	$[Rn]5f^6 7s^2$
95	Am	镅	americium	$[Rn]5f^7 7s^2$
96	Cm	锔	curium	$[Rn]5f^7 6d^1 7s^2$
97	Bk	锫	berkelium	$[Rn]5f^9 7s^2$
98	Cf	锎	californium	$[Rn]5f^{10}7s^2$
99	Es	锿	einsteinium	$[Rn]5f^{11}7s^2$
100	Fm	镄	fermium	$[Rn]5f^{12}7s^2$
101	Md	钔	mendelevium	$[Rn]5f^{13}7s^2$
102	No	锘	nobelium	$[Rn]5f^{14}7s^2$
103	Lr	铹	lawrencium	$[Rn]5f^{14}6d^1 7s^2$

部分元素在原子轨道中排布电子时，满足能量最低原理和泡利原理的基础上，要遵循洪德规则排布，即电子在能量简并的轨道中尽量以相同自旋方式成单排布并占有更多的轨道。例如，C、N、O 的电子在 2p 轨道排布方式分别为

(↑)(↑)( )　　(↑)(↑)(↑)　　(↑↓)(↑)(↑)

C的2p轨道电子　　N的2p轨道电子　　O的2p轨道电子

此外，Cr($3d^5 4s^1$)和 Mo($4d^5 5s^1$)电子在($n-1$)d 轨道以半充满方式排布，Cu($3d^{10} 4s^1$)、Ag($4d^{10} 5s^1$)和 Au($5d^{10} 6s^1$)在($n-1$)d 轨道则以全充满方式排布，都与洪德规则一致。

电子在轨道中非正常排布的元素电子结构，其特点是将正常应排布在 ns 轨道或($n-2$)f 轨道的 1 或 2 个电子排布到($n-1$)d 轨道上。例如，第四周期的 Cr($3d^5 4s^1$)和 Cu($3d^{10} 4s^1$)；第五周期的 Nb($4d^4 5s^1$)，Mo($4d^5 5s^1$)，Ru($4d^7 5s^1$)，Rh($4d^8 5s^1$)，Pd($4d^{10} 5s^0$)，Ag($4d^{10} 5s^1$)；第六周期的 La($4f^0 5d^1 6s^2$)，Ce($4f^1 5d^1 6s^2$)，Gd($4f^7 5d^1 6s^2$)，Pt($5d^9 6s^1$)，Au($5d^{10} 6s^1$)等。

电子排布过程是按鲍林能级图自能量低向能量高的轨道依次进行的，但书写电子结构式时，要把同一主层(n 相同)的轨道写在一起。例如，Fe 排布电子顺序是[Ar]$4s^2 3d^6$，但书写电子结构是[Ar]$3d^6 4s^2$。

5.3.3 元素周期表

1869 年门捷列夫(D. M. Mendeleev)根据已有 60 多种元素的性质，总结出元素周期表(短式周期表)。此后人们又提出多种不同形式的元素周期表，但目前最通用的是由维尔纳(A. Werner)倡导的长式周期表(表 5-3)。

表 5-3　元素周期表

	ⅠA																	0
1	H	ⅡA											ⅢA	ⅣA	ⅤA	ⅥA	ⅦA	He
2	Li	Be											B	C	N	O	F	Ne
3	Na	Mg	ⅢB	ⅣB	ⅤB	ⅥB	ⅦB	Ⅷ			ⅠB	ⅡB	Al	Si	P	S	Cl	Ar
4	K	Ca	Sc	Ti	V	Cr	Mn	Fe	Co	Ni	Cu	Zn	Ga	Ge	As	Se	Br	Kr
5	Rb	Sr	Y	Zr	Nb	Mo	Tc	Ru	Rh	Pd	Ag	Cd	In	Sn	Sb	Te	I	Xe
6	Cs	Ba	La	Hf	Ta	W	Re	Os	Ir	Pt	Au	Hg	Tl	Pb	Bi	Po	At	Rn
7	Fr	Ra	Ac	Rf	Db	Sg	Bh	Hs	Mt	Ds	Rg	Uub						

La	Ce	Pr	Nd	Pm	Sm	Eu	Gd	Tb	Dy	Ho	Er	Tm	Yb	Lu
Ac	Th	Pa	U	Np	Pu	Am	Cm	Bk	Cf	Es	Fm	Md	No	Lr

1. *元素的周期*

能级组的划分是导致各元素划分为周期的本质原因，每个能级组对应一个周期。到目前为止，周期表中的元素已排到第七周期(其中第七周期为未完成周期)。

周期表的七个周期中，第一周期为特短周期，只有 2 种元素；对应第一能级组只有一个能级(1s)，1 个 1s 轨道最多只能容纳 2 个电子。第二周期和第三周期为短周期，各有 8 种元素；

对应第二、三能级组各有 ns 和 np 两个能级，各有4个轨道最多能容纳8个电子。第四周期和第五周期为长周期，各有18种元素；对应第四、五能级组各有 ns、$(n-1)d$ 和 np 三个能级，各有9个轨道最多能容纳18个电子。第六周期和第七周期为超长周期，第六周期有32种元素，第七周期为未完成周期；对应第六、七能级组各有 ns、$(n-2)f$、$(n-1)d$ 和 np 四个能级，各有16个轨道最多能容纳32个电子。

2. 元素的族

长式周期表中的元素，从左到右一共有18列，其中7列主族(A族)和7列副族(B族)，1列零族，3列Ⅷ族。主族和零族(也可称ⅧA族，稀有气体)元素，最后一个电子填入 ns 或 np 轨道，其族数等于价电子总数。副族元素，最后一个电子一般填入 $(n-1)d$ 轨道；对于ⅢB～ⅦB族元素来说，原子核外价电子数即为其族数；而ⅠB、ⅡB族元素的价电子数与其族数不完全相应，但族数却和最外层 ns 轨道电子数相同。副族元素也称过渡元素(有时不包括ⅠB和ⅡB族元素)。镧系和锕系元素称为内过渡元素，最后一个电子一般填入 $(n-2)f$ 轨道，也可看成ⅢB族元素。Ⅷ族也可称ⅧB族，元素的价电子数为8、9、10。

3. 元素的区

根据原子核外电子排布的特点，人们将周期表中的元素分为五个区(表5-4)。s区元素，ⅠA和ⅡA族元素；p区元素，ⅢA～ⅦA族和零族元素；d区元素，ⅢB～ⅦB族和Ⅷ族元素；ds区元素，ⅠB和ⅡB族元素；f区元素，镧系和锕系元素。

表5-4　元素周期表中元素的分区

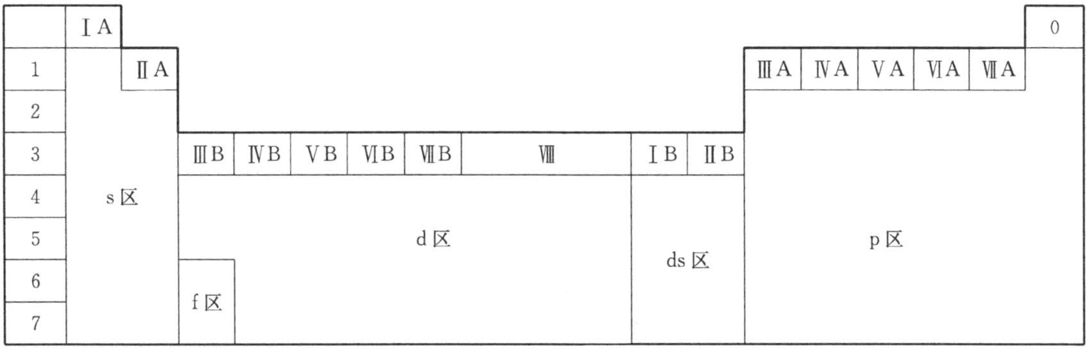

	ⅠA															0
1		ⅡA									ⅢA	ⅣA	ⅤA	ⅥA	ⅦA	
2																
3			ⅢB	ⅣB	ⅤB	ⅥB	ⅦB	Ⅷ	ⅠB	ⅡB						
4	s区															
5						d区			ds区				p区			
6			f区													
7																

一般而言，元素所在的区取决最后一个电子填充的轨道：s区元素，电子结构为 $ns^{1\sim2}$；p区元素，电子结构为 $ns^2np^{1\sim6}$；d区元素，电子结构为 $(n-1)d^{1\sim9}ns^{1\sim2}$(Pd除外，$4d^{10}5s^0$)；ds区元素，电子结构为 $(n-1)d^{10}ns^{1\sim2}$；f区元素，电子结构为 $(n-2)f^{0\sim14}(n-1)d^{0\sim2}ns^2$。

人们通常将第四、五、六周期的过渡元素分别称为第一、第二、第三过渡系列元素。

第一过渡系列元素：Sc，Ti，V，Cr，Mn，Fe，Co，Ni，Cu，Zn；

第二过渡系列元素：Y，Zr，Nb，Mo，Tc，Ru，Rh，Pd，Ag，Cd；

第三过渡系列元素：La，Hf，Ta，W，Re，Os，Ir，Pt，Au，Hg。

5.4 元素基本性质

1. 原子的电子层结构的周期性决定了元素的基本性质，如原子半径、电离能、电子亲和能、电负性等也呈现明显的周期性。

2. 主族元素的基本性质在同周期和同族中变化较为明显，变化规律性较强；副族元素的基本性质在同周期和同族中变化较为缓慢，变化规律性较差。

3. 元素的基本性质周期性变化主要是由同周期元素的有效核电荷增加和同族元素电子层数增加决定的。

5.4.1 原子半径

1. 原子半径的概念

根据原子与原子间作用力的不同，原子半径一般分为三种：共价半径、金属半径和范德华半径。

共价半径是指同种元素两个原子形成共价单键时，两原子核间距离的一半。金属半径是指在金属晶体中，相切的两个原子的核间距的一半。对于单原子分子，原子间只有范德华力(即分子间作用力)，在低温、高压下形成晶体时相邻原子核间距的一半，称为范德华半径。

一般来说，同一元素的共价半径比金属半径小，在形成共价键时轨道重叠程度比形成金属键时大。本书在讨论问题时，主族元素采用共价半径，过渡元素采用金属半径。

2. 原子半径的变化规律

同一周期元素中，随着核电荷数的增加，核对电子的引力增大，原子半径趋于减小；原因在于增加的核电荷不能被增加的电子全部屏蔽而有效核电荷逐渐增加。在同族元素中，从上到下由于电子层数的增加，原子半径趋于增大。

1) 主族元素原子半径的变化规律

在同周期主族元素中，从左到右原子半径的减小较为明显。电子填加到外层轨道，对核的正电荷中和少，有效核电荷 Z^* 增加的多，所以原子半径减小的幅度大。但稀有气体例外，原子半径突然变大，这主要是因为稀有气体的原子半径是范德华半径。见表 5-5。

在同一族主族元素中，原子半径由上到下依次增大，而且增加幅度大。原因是随着电子层数增加，电子所在的轨道离核变远，故原子半径趋于增大。

表 5-5 部分主族元素的原子半径

元素	Li	Be	B	C	N	O	F	Ne
r/pm	123	89	88	77	70	66	58	160
元素	Na	Mg	Al	Si	P	S	Cl	Ar
r/pm	154	136	125	117	110	104	99	191
元素	K	Ca	Ga	Ge	As	Se	Br	Kr
r/pm	203	174	125	122	121	117	114	198

2）副族元素原子半径的变化规律

同一周期副族元素，由左至右原子半径减小幅度较小。原因是新增加电子填入次外层的 d 轨道上，次外层电子对最外层电子的屏蔽作用比最外电子层中的电子间的屏蔽作用大得多。随核电荷增加，有效核电荷增加的比较缓慢。由于 d^{10} 有较大的屏蔽作用，所以 ds 区元素的原子半径又略为增大。见表 5－6。

表 5－6　部分副族元素的原子半径

元素	Sc	Ti	V	Cr	Mn	Fe	Co	Ni	Cu	Zn
r/pm	162	147	134	128	127	126	125	124	128	134
元素	Y	Zr	Nb	Mo	Tc	Ru	Rh	Pd	Ag	Cd
r/pm	180	160	146	139	136	134	134	137	144	149
元素	La	Hf	Ta	W	Re	Os	Ir	Pt	Au	Hg
r/pm	183	159	146	139	137	135	135	139	144	151

同周期的镧系和锕系元素（一般称为内过渡元素）半径减小的幅度更小（表 5－7）。由于最后一个电子一般填入（$n-2$）层 f 轨道，对最外层电子的屏蔽作用大，有效核电荷增加幅度更小。在同一周期的内过渡元素中，当镧系元素或锕系元素的原子呈现 f^7 和 f^{14} 的结构时，也会出现类似于 d^{10} 的原子半径略有增大的情况。

表 5－7　镧系元素的原子半径

元素	La	Ce	Pr	Nd	Pm	Sm	Eu	Gd	Tb	Dy	Ho	Er	Tm	Yb	Lu
r/pm	183	182	182	181	183	180	208	180	177	178	176	176	176	193	174

由表 5－7 可知，镧系 15 种元素的原子半径（按金属半径）总共减小 9 pm，这种现象称为镧系收缩。由于镧系收缩的存在，镧系后面的各过渡元素的原子半径都相应减小，致使同一副族的第五、六周期过渡元素的原子半径非常接近，性质上极为相似，难以分离，如 Zr 与 Hf、Nb 与 Ta、Mo 与 W 等；同时，镧系 15 种元素的原子半径接近，性质相似，难以分离。

同族副族元素，第五周期元素的原子半径大于第四周期元素的原子半径，是电子层数增加的结果。第五周期元素的原子半径与第六周期元素的原子半径非常相近，这主要是镧系收缩造成的结果（表 5－6）。

5.4.2　电离能

1. 电离能的概念

使 1 mol 基态的气态原子 M 均失去一个电子形成气态离子 M^+ 时所需要的能量称为元素的第一电离能（也称电离势），用 I_1 来表示。

$$M(g) \longrightarrow M^+(g) + e^- \qquad \Delta H = I_1$$

电离能的单位为 $kJ \cdot mol^{-1}$（或 eV）。

1 mol 气态离子 M^+ 再各失去一个电子形成气态离子 M^{2+} 时所需要的能量称为元素的第二电离能，用 I_2 表示，同理可以定义第三、第四电离能等。同种元素各电离能的大小有如下规律

$$I_1 < I_2 < I_3 < I_4 < \cdots$$

2. 第一电离能的变化规律

第一电离能的大小，主要取决于原子核电荷、原子半径以及原子的电子层结构。

一般来说，对同一周期的元素，第一电离能逐渐增大，原因是随核电荷数增加，半径逐步减小，原子核对外层电子的引力增大，因此不易失去电子。对同一族的元素，自上而下第一电离能逐渐减小，原因是原子半径增大，原子核对电子的引力减弱，易失去电子。

1）主族元素第一电离能的变化规律

同一周期主族元素第一电离能变化规律性较强，随着核电荷数增加电离能增大幅度较大，如表 5-8 所示。但有两处出现反常

$$I_1(B) < I_1(Be) \qquad I_1(Al) < I_1(Mg)$$
$$I_1(O) < I_1(N) \qquad I_1(S) < I_1(P)$$

B 和 Al 的价层电子构型为 ns^2np^1，失去 np 轨道的一个电子达到 ns^2 稳定结构，所以失去一个电子更容易些。O 和 S 的价层电子构型为 ns^2np^4，易失去 np 轨道的一个电子使 p 轨道达到 np^3 半充满的稳定结构；而 N 和 P 的价层电子构型为 ns^2np^3，p 轨道为半充满的稳定结构，失去一个电子更难些。

表 5-8　部分主族元素的第一电离能

元素	Li	Be	B	C	N	O	F	Ne
$I_1/(kJ \cdot mol^{-1})$	520	900	801	1087	1402	1314	1681	2081
元素	Na	Mg	Al	Si	P	S	Cl	Ar
$I_1/(kJ \cdot mol^{-1})$	496	738	578	787	1012	1000	1251	1521
元素	K	Ca	Ga	Ge	As	Se	Br	Kr
$I_1/(kJ \cdot mol^{-1})$	419	590	579	762	945	941	1140	1170

对同一族的主族元素，自上而下第一电离能减小，而且减小幅度较大，如表 5-8 所示。随着原子半径增大，原子核对电子的引力减弱，越来越容易失去电子。

2）副族元素第一电离能的变化规律

同一周期副族元素，第一电离能总的变化趋势是随着核电荷数增加而增大，但增大幅度较小，变化规律性较差，如表 5-9 所示。

同一族的副族元素中（表 5-9），只有ⅢB 族元素从上到下第一电离能逐渐减小。其他副族元素中，基本上是第五周期元素的第一电离能小于第四周期元素，原因是第五周期元素的原子半径明显大于第四周期元素；第五周期元素的第一电离能小于第六周期元素，镧系收缩导致第六周期元素与同族第五周期元素的原子半径相近，而第六周期元素的核电荷却大于同族第五周期元素的核电荷。

表 5-9　部分副族元素的第一电离能

元素	Sc	Ti	V	Cr	Mn	Fe	Co	Ni	Cu	Zn
$I_1/(kJ \cdot mol^{-1})$	633	659	651	653	717	762	760	737	746	906
元素	Y	Zr	Nb	Mo	Tc	Ru	Rh	Pd	Ag	Cd
$I_1/(kJ \cdot mol^{-1})$	600	640	652	684	702	710	720	804	731	868
元素	La	Hf	Ta	W	Re	Os	Ir	Pt	Au	Hg
$I_1/(kJ \cdot mol^{-1})$	538	659	728	759	756	814	865	864	890	1007

副族元素的电离能变化幅度较小而且规律性差，这是因为新增的电子填入$(n-1)$d 轨道、并且 ns 与$(n-1)$d 轨道能量比较接近的缘故。

5.4.3　电子亲和能

1. 电子亲和能的概念

某元素 1 mol 基态的气态原子 A 均获得一个电子成为气态离子 A^- 时所放出的能量称为元素的第一电子亲和能，用 E_1 表示。电子亲和能通常等于电子亲和反应焓变的负值$(-\Delta H)$。

$$A(g) + e^- \longrightarrow A^-(g) \qquad \Delta H = -E_1$$

同理，1 mol 气态离子 A^- 均获得一个电子成为气态离子 A^{2-} 时所放出的能量称为元素的第二电子亲和能，用 E_2 表示，同样可以定义第三电子亲和能 E_3，第四电子亲和能 E_4 等。

元素的第一电子亲和能一般为正值，表示元素基态的气态原子得到一个电子形成负离子时一般都放出能量。元素的第二电子亲和能一般为负值，说明由气态离子 A^- 生成气态离子 A^{2-} 时一般都要吸收能量。

2. 电子亲和能的变化规律

一般来说，在同一周期中随着核电荷数递增元素的第一电子亲和能增大；在同一族中，由上到下随着原子半径增大第一电子亲和能减小。主族元素第一电子亲和能递变规律明显，而副族元素的第一电子亲和能递变规律较差。如表 5－10 和表 5－11 所示。

表 5－10　部分主族元素第一电子亲和能

元素	Li	Be	B	C	N	O	F
$E_1/(kJ \cdot mol^{-1})$	59.6	—	27.0	121.8	—	141.0	328.2
元素	Na	Mg	Al	Si	P	S	Cl
$E_1/(kJ \cdot mol^{-1})$	52.9	—	41.8	134.1	72.0	200.4	348.6
元素	K	Ca	Ga	Ge	As	Se	Br
$E_1/(kJ \cdot mol^{-1})$	48.4	2.4	41.5	118.9	78.5	195.0	324.5
元素	Rb	Sr	In	Sn	Sb	Te	I
$E_1/(kJ \cdot mol^{-1})$	46.9	4.6	29.0	107.3	100.9	190.2	295.2

表 5－11　部分副族元素第一电子亲和能

元素	Sc	Ti	V	Cr	Mn	Fe	Co	Ni	Cu
$E_1/(kJ \cdot mol^{-1})$	18.1	7.62	50.7	64.3	—	14.6	63.9	111.5	119.2
元素	Y	Zr	Nb	Mo	Tc	Ru	Rh	Pd	Ag
$E_1/(kJ \cdot mol^{-1})$	29.6	41.1	86.2	72.1	—	—	109.7	54.2	125.6
元素	La	Hf	Ta	W	Re	Os	Ir	Pt	Au
$E_1/(kJ \cdot mol^{-1})$	45.4	—	31.1	78.6	—	—	150.9	205.3	222.8

值得注意的是，同族中第二周期元素电子亲和能一般小于第三周期元素电子亲和能，如

O<S，F<Cl。这一反常现象是由于第二周期元素的原子半径小，电子云密集程度大，电子间排斥力很强，以致当原子结合一个电子形成负离子时，放出的能量减少。

5.4.4　电负性

1. 元素电负性的概念

元素的电离能和电子亲和能都只是从一个方面反映了某元素原子得失电子的能力。实际上有的元素在形成化合物时，它的原子既难以失去电子，又难以获得电子，如碳、硅、氮等形成 CO_2、SiF_4、NO_2 时，电子只是在原子间发生偏移。

元素的电负性是指原子在分子中吸引电子的能力，用符号 χ 来表示。元素的电负性数值越大，表示原子在分子中吸引电子的能力越强。

元素电负性的概念是鲍林在 1932 年提出的，鲍林把 F 的电负性指定为 4.0，通过分子键能数据的计算并与 F 的电负性对比，得到其他元素的电负性数值。可见鲍林给出的电负性为相对数值。

1934 年，密立根(Mulliken)利用元素的电离能 I 和电子亲和能 E 计算元素的绝对电负性。

$$\chi = \frac{1}{2}(I + E)$$

但由于电子亲和能数据不全，测定误差较大，密立根绝对电负性的应用受到限制。

1957 年，阿莱(Allred)和罗周(Rochow)以有效核电荷 Z^* 和原子半径 r 为基础给出元素电负性计算方法。

$$\chi = 0.359\frac{Z^*}{r^2} + 0.744$$

利用斜率(0.359)和截距(0.744)的修正使电负性数值与鲍林电负性数值吻合得更好。

本书在讨论问题时，采用经过修正的鲍林电负性。

2. 元素电负性的变化规律

1) 主族元素电负性的变化规律

在同一周期主族元素中，从左到右随着核电荷数递增元素的电负性递增且幅度较大；在同一主族中，从上到下随着原子半径增大元素电负性递减(表 5-12)。

表 5-12　部分主族元素的电负性

元素	Li	Be	B	C	N	O	F
χ	0.98	1.57	2.04	2.55	3.04	3.44	3.98
元素	Na	Mg	Al	Si	P	S	Cl
χ	0.93	1.31	1.61	1.90	2.19	2.58	3.15
元素	K	Ca	Ga	Ge	As	Se	Br
χ	0.82	1.00	1.81	2.01	2.18	2.55	2.96

2) 副族元素电负性的变化规律

在同一周期副族元素中，电负性总的变化趋势是随着核电荷数增加而增大，但增大幅度较小且变化规律性较差。

同一族副族元素的电负性变化规律差(表5－13)。ⅢB～ⅤB族元素,同族从上到下元素电负性减小;ⅠB和ⅡB族恰好相反,同族从上到下元素电负性增大;ⅥB和ⅦB族中,同族中第五周期元素的电负性大于第四、六周期元素的电负性;Ⅷ族元素,同族第五、六周期元素的电负性相近,第四周期元素的电负性最小。

表5－13　部分副族元素的电负性

元素	Sc	Ti	V	Cr	Mn	Fe	Co	Ni	Cu	Zn
χ	1.36	1.54	1.63	1.66	1.55	1.83	1.88	1.91	1.90	1.65
元素	Y	Zr	Nb	Mo	Tc	Ru	Rh	Pd	Ag	Cd
χ	1.22	1.33	1.6	2.16	2.10	2.2	2.28	2.20	1.93	1.69
元素	La	Hf	Ta	W	Re	Os	Ir	Pt	Au	Hg
χ	1.10	1.3	1.5	1.7	1.9	2.2	2.2	2.2	2.4	1.9

一般认为,非金属元素的电负性在2.0以上,金属元素的电负性在2.0以下。Mo、Ru、Rh、Pd等金属元素的电负性在2.0以上,说明元素的金属性和非金属性之间并没有严格的界限,不能仅仅由电负性判断元素是否为金属。

思　考　题

1. 与宏观物体相比,微观粒子的运动有哪些特殊性?
2. 请简述主量子数、角量子数和磁量子数的意义,并给出取值范围。
3. 试画出3种p轨道和5种d轨道的角度分布图。
4. 什么是屏蔽效应?什么是钻穿效应?为什么会有能级分裂和能级交错?
5. 按能量由低到高写出鲍林原子轨道近似能级图中各能级组的能级。
6. 试探讨斯莱特规则的不足之处。
7. 何为"镧系收缩"?
8. 简述元素基本性质的概念和变化规律。

习　　题

1. 给出Na、Cr、Cu、Pt最外层电子的四个量子数。
2. 请写出第一过渡系列、第二过渡系列和第三过渡系列元素的名称、符号和价电子排布式。
3. 如何解释Fe元素电子先排布4s轨道,后排布3d轨道;但失去电子时,先失去4s轨道电子,后失去3d轨道电子?
4. 写出满足下列条件的元素的名称、符号和价电子构型。
   (1) 价层$n=4$、$l=0$的轨道上有2个电子;
   (2) 次外层d轨道全充满,最外层s轨道有1个电子;
   (3) M和M^+的价层d轨道电子数不同;
   (4) 价电子构型为$(n-1)d^{10}ns^1$;
   (5) M^{3+}的3d轨道电子半充满。
5. 计算He的第二电离能和Li的第三电离能。
6. 元素A在$n=5$,$l=0$的轨道上有一个电子,其次外层$l=2$的轨道上电子处于全充满状态,试推出:
   (1) 元素A的电子总数;
   (2) 元素A的名称和核外电子排布式;

(3) 指出元素 A 在周期表中的位置。

7. 请写出电子非正常排布的非放射性元素的名称、符号和在周期表中的位置。

8. 根据斯莱特规则，计算原子序数为 47 的元素的价层 d 轨道和 s 轨道电子的能量，并说明其形成 +1 价离子时先失去哪个轨道上的电子。

9. 给出具有下列电子构型的元素的名称、符号和在周期表中的位置。

(1) $3d^7 4s^2$　(2) $4d^4 5s^1$　(3) $5s^2 5p^1$　(4) $5d^5 6s^2$　(5) $5d^9 6s^1$

10. 试解释：第四周期元素从 Ca 到 Ga 原子半径的减小的幅度比第三周期元素从 Mg 到 Al 原子半径减小的幅度小。

11. 比较下列原子半径大小并简要说明原因。

(1) C 和 O　(2) O 和 P　(3) Li 和 Mg　(4) Sn 和 Pb　(5) Ni 和 Cu

12. 已知 Li、Be、B 元素的原子失去一个电子所需要的能量相差不大。判断这三个元素中

(1) 失去第二个电子最难的元素和最容易的元素；

(2) 失去第三个电子最难的元素和最容易的元素。

13. 将下列原子按指定性质的大小顺序进行排列，并简要说明理由。

(1) 第一电离能：Mg，Al，P，S；

(2) 第一电子亲和能：F，Cl，N，C；

(3) 电负性：P，S，Ge，As。

14. 给出周期表中符合下列要求的元素的符号和名称。

(1) 半径最大和半径最小的金属元素；

(2) 第一电离能最大的元素；

(3) 第一电子亲和能最大的元素；

(4) 与 F 电负性之差最小的元素；

(5) 最活泼的非放射性金属元素和最活泼的非金属元素；

(6) 最不活泼的元素。

15. 请解释下列事实。

(1) 共价半径：Co>Ni，Ni<Cu；

(2) 第一电离能：Fe>Ru，Ru<Os；

(3) 第一电子亲和能：B<C，C<Si；

(4) 电负性：O>Cl，O<F。

16. 在长式周期表中，元素被分成 18 列，假如把每一列看成一族，则周期表中元素共有 18 族。据此，试给出满足下列条件的元素的原子序数、名称和符号。

(1) 原子序数与族数相同；

(2) 同族中所有元素的原子序数是族数的整数倍；

(3) 主族元素中，有一半元素的原子序数是族数的整数倍。

17. 原子序数依次增大的同周期四种元素 W、X、Y 和 Z，其价层电子数依次为 1、2、5、7；已知 W 与 X 的次外层电子数为 8，而 Y、Z 的次外层电子数为 18，试推断：

(1) 元素 W、X、Y、Z 的符号和名称；

(2) 四种元素中原子半径最大和最小的元素；

(3) 四种元素中氢氧化物碱性最强的元素。

18. 回答下列问题，并简要加以说明。

(1) 112 号元素的周期和族，该元素是金属还是非金属，最高氧化态至少是多少；

(2) 118 号元素的周期和族，预测其单质的状态和活泼性；

(3) 根据原子结构理论，预测第八周期有多少种元素，其中有几种是非金属元素；

(4) 166 号元素的周期和族，预测其氢化物的化学式，最高氧化态的氧化物的化学式。

第6章 分子结构与化学键理论

6.1 离子键与离子晶体
- 离子
- 离子键
- 离子晶体

6.2 共价键理论
- 路易斯理论
- 价键理论
- 价层电子对互斥理论
- 杂化轨道理论
- 分子轨道理论
- 离域 π 键和 d-pπ 配键

6.3 分子间作用力和氢键
- 分子的极性与偶极矩
- 分子间作用力
- 氢键

6.4 离子极化作用
- 离子极化现象
- 离子极化对化合物键型和晶体结构的影响
- 离子极化对化合物性质的影响

6.5 金属键与金属晶体
- 金属键理论
- 金属晶体结构

化学键主要分为离子键、共价键和金属键三种类型，键能一般从一百到数百千焦每摩。本章结合各种化学键讨论分子或晶体的结构，进而讨论分子间的作用力及其对化合物性质的影响。离域 π 键和 d-p π 键也属于共价键范畴，也将在本章中进行详细讨论。

6.1 离子键与离子晶体

  内 

1. 可用离子电荷、离子半径、离子电子构型对简单离子加以描述。

2. 正负离子靠静电引力结合形成离子键。离子键无方向性和饱和性，可以用键能和晶格能表示离子键的强度。

3. 按晶体的结构特点可将离子晶体归结为七大晶系。

4. 离子晶体特点是无确定的相对分子质量，水溶液或熔融态导电，熔、沸点较高，硬度高但延展性差。

6.1.1 离子

带正电荷的离子称为正离子或阳离子，带负电荷的离子称为负离子或阴离子。对于简单离子，人们经常用离子电荷、离子电子构型、离子半径加以描述。

1. 离子电荷

离子电荷就是在形成离子化合物过程中原子失去或得到的电子数。例如，在 NaCl 中，Na^+电荷为$+1$，Cl^-电荷为-1；在 MgO 中，Mg^{2+}电荷为$+2$，O^{2-}电荷为-2。

2. 离子电子构型

简单的负离子通常具有稳定的 8 电子构型，如 F^-、Cl^-、O^{2-}、S^{2-}等最外层都有 8 个电子的稀有气体结构。对于正离子，则有如下多种电子构型。

2 电子构型：ns^2，最外层有 2 个电子，如 Li^+、Be^{2+}等。

8 电子构型：ns^2np^6，最外层有 8 个电子，如 Na^+、K^+、Mg^{2+}等。

(9～17)电子构型：$ns^2np^6nd^{1\sim9}$，最外层有 9～17 个电子，如 Fe^{2+}、Mn^{2+}、Cu^{2+}等。

18 电子构型：$ns^2np^6nd^{10}$，最外层有 18 个电子，如 Cu^+、Ag^+、Zn^{2+}、Hg^{2+}等。

(18+2)电子构型：$(n-1)s^2(n-1)p^6(n-1)d^{10}ns^2$，次外层有 18 个电子，最外层有 2 个电子，如 Tl^+、Pb^{2+}、Bi^{3+}等。

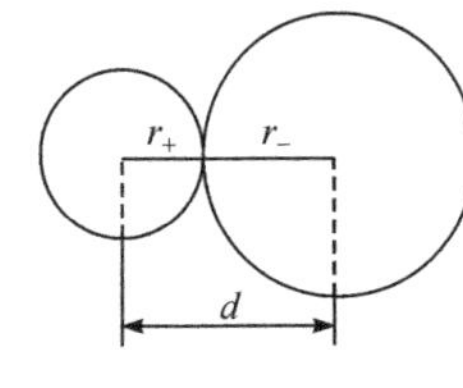

图 6－1　核间距与离子半径的关系

3. 离子半径

如果把离子看成球体，晶体中相切的正负离子的核间距 d 则为正离子半径 r_+ 与负离子半径 r_- 之和(图 6－1)，即 $d=r_++r_-$。

离子晶体的核间距 d 由 X 射线衍射法很容易测得。如果已知一种离子的半径，就可以利用 d 值求出另一种离子的半径。

1926 年，德国的哥德希密特(V. M. Goldchmidt)由光学数据确定了 F^- 和 O^{2-} 半径分别为 133 pm 和 132 pm。以此为基础，利用测得的核间距计算出 80 多种离子的半径，称为哥德希密特半径。按照哥德希密特半径，O^{2-} 的半径小于 F^- 的半径，现在看来显然不合理。

1927 年，鲍林充分考虑核电荷数和屏蔽常数的影响，推算出一套离子半径。鲍林将 O^{2-} 半径确定为 140 pm，F^- 半径确定为 136 pm。此后，又有多人提出离子半径的计算方法，在此不一一列举。离子半径的变化规律总结如下：

(1) 具有相同电荷的同一主族元素随着电子层数依次增多，离子半径也依次增大。例如

$$Li^+ < Na^+ < K^+ < Rb^+ < Cs^+ \qquad F^- < Cl^- < Br^- < I^-$$

(2) 同一周期元素，正离子的电荷数越高，半径越小；负离子的电荷数越高，半径越大。

$$Na^+ > Mg^{2+} > Al^{3+} \qquad P^{3-} > S^{2-} > Cl^-$$

(3) 同一种离子，随着配位数增大半径增大。例如，Co^{2+} 半径，四配位，$r=56$ pm；六配位，$r=65$ pm；八配位，$r=90$ pm。

(4) 同一元素，不同价态的离子，电荷高的半径小。例如

$$Fe^{3+} < Fe^{2+} \qquad Sn^{4+} < Sn^{2+}$$

6.1.2　离子键

1. 离子键的形成

离子键的概念是德国的科赛尔(W. Kossel)于 1916 年提出来的。原子得失电子后形成正负离子，正负离子靠静电引力结合形成离子键。例如，$NaCl$、$CaCl_2$、$FeCl_2$、$MgCl_2$ 等都是通过离子键结合的。

能形成离子键的元素间的电负性差较大(一般 $\Delta\chi > 1.7$)，只转移少数的电子就能达到稀有气体电子构型的稳定结构。例如

$$Na - e^- \longrightarrow Na^+$$

$$Cl + e^- \longrightarrow Cl^-$$

离子晶体稳定，形成离子化合物时放出能量较多。

$$Na + 1/2Cl_2 = NaCl \qquad \Delta_r H_m^{\ominus} = -411.2\ kJ \cdot mol^{-1}$$

2. 离子键的性质

离子键没有方向性和饱和性。离子在任何方向都可以吸引异号电荷的离子，所以离子键没有方向性；在空间条件允许的情况下，每一个离子尽可能吸引更多异号电荷的离子，以降低能量。当然，由于空间条件的限制，每个离子周围排列特定异号电荷的离子数目是有限的。

研究结果表明，离子化合物中也不是纯粹的静电作用，也有部分原子轨道的重叠(共价键成分)。人们用离子性百分数来表示离子键的离子性大小，化合物中离子性百分数超过 50% 则认为形成了离子化合物。

AB 型化合物以单键结合时离子性百分数与电负性差之间的关系如表 6－1 所示。

表 6－1　单键的离子性百分数与电负性差之间的关系

$\Delta\chi$	0.6	0.8	1.0	1.2	1.4	1.6	1.8	2.0	2.2	2.4	2.6	2.8	3.0	3.2
离子性百分数/%	9	15	22	30	39	47	55	63	70	76	82	86	89	92

电负性差大的活泼金属和活泼非金属元素的原子间一般形成离子键。一般认为，两个元

素电负性差 $\Delta\chi>1.7$，形成离子化合物，否则形成共价化合物。但事实上有很多例外，如 $CoCl_2$（$\Delta\chi=1.28$）、$NiCl_2$（$\Delta\chi=1.25$）、$CuCl_2$（$\Delta\chi=1.26$）、$ZnCl_2$（$\Delta\chi=1.51$）等电负性差小于 1.7 的化合物都是离子化合物。Sn 与 Cl 的电负性差为 1.20，$SnCl_2$ 为离子化合物，而 $SnCl_4$ 为共价化合物；Al 与 Cl 的电负性差为 1.55，$AlCl_3$ 晶体为离子化合物，在其熔点（192.4 ℃）温度以上则转化为共价化合物。Si 与 F 电负性差为 2.08（远大于 1.7），但 SiF_4 为共价化合物，这是由于半径小、电荷高的 Si^{4+} 强的极化作用的结果（离子极化相关知识参见本章 6.4）。

3. 离子键强度

1）离子键强度的衡量

人们经常用键能和晶格能来衡量离子键的强度。

键能是指 1 mol 气态分子解离为气态原子时，断开 1 mol 某化学键所需要的能量，用 E 表示。对于双原子分子，键能（E）等于解离能（D），如 Cl_2 分子；对于多原子分子，键能等于平均解离能，如 NH_3 分子（6.2.2 节）。

晶格能是指 1 mol 离子晶体（以离子键结合形成的晶体）解离为气态的正负离子所需要的能量，用 U 表示。离子化合物的整块晶体可看成巨型分子，结合力不只是正负两个离子间的结合，因此用晶格能衡量离子键的强度比用键能更合理。

晶格能不能直接测得，但可由热力学数据计算间接得到。玻恩（Born）和哈伯（Haber）设计了一个热力学循环，由热力学数据求得晶格能，称为玻恩-哈伯循环。例如，为计算 NaCl 的晶格能 U 可设计如下循环：

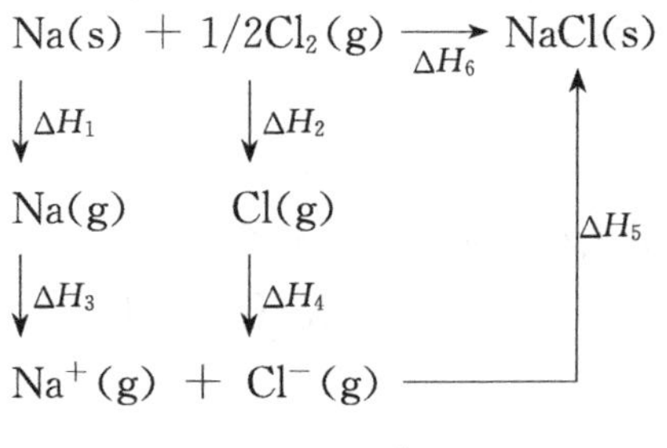

$$\begin{array}{ccccc} Na(s) & + & 1/2Cl_2(g) & \xrightarrow[\Delta H_6]{} & NaCl(s) \\ \downarrow \Delta H_1 & & \downarrow \Delta H_2 & & \uparrow \\ Na(g) & & Cl(g) & & \Delta H_5 \\ \downarrow \Delta H_3 & & \downarrow \Delta H_4 & & \uparrow \\ Na^+(g) & + & Cl^-(g) & \longrightarrow & \end{array}$$

ΔH_1 为 Na 的原子化热，$\Delta H_1=108\ \text{kJ}\cdot\text{mol}^{-1}$；

ΔH_2 为 Cl_2 解离能的 $\frac{1}{2}$，$\Delta H_2=121\ \text{kJ}\cdot\text{mol}^{-1}$；

ΔH_3 为 Na 的第一电离能，$\Delta H_3=496\ \text{kJ}\cdot\text{mol}^{-1}$；

ΔH_4 为 Cl 的电子亲和能的相反数，$\Delta H_4=-349\ \text{kJ}\cdot\text{mol}^{-1}$；

$\Delta H_5=-U$，U 为 NaCl 晶格能；

ΔH_6 为 NaCl 的摩尔生成热，$\Delta H_6=-411\text{kJ}\cdot\text{mol}^{-1}$；

根据赫斯定律

$$\Delta H_6=\Delta H_1+\Delta H_2+\Delta H_3+\Delta H_4+\Delta H_5$$

则 NaCl 的晶格能为

$$U=-\Delta H_5=\Delta H_1+\Delta H_2+\Delta H_3+\Delta H_4-\Delta H_6=787(\text{kJ}\cdot\text{mol}^{-1})$$

2）影响离子键强度的因素

正负离子间的静电引力越大，离子键越强，则离子晶体的沸点和硬度越高，晶格能或键能越大。

若两个离子的距离为 d，正、负离子所带电荷的电量分别为 q^+ 和 q^-，则正、负离子间的势能 V 为

$$V=-\frac{q^+\cdot q^-}{4\pi\varepsilon_0 d}$$

式中，ε_0 为相对介电常数。

离子的电荷影响离子键强度。离子的电荷越高，正、负离子间引力越大，离子键越强。例如，熔点：NaCl 为 801 ℃，MgO 为 2825 ℃；晶格能：NaCl 为 787 kJ · mol^{-1}，MgO 为 3916 kJ · mol^{-1}。

离子的半径影响离子键强度。离子的半径越小，则离子间距离 d 越小，正、负离子间静电引力大，离子键越强。例如，NaI 熔点为 660 ℃，远低于 NaCl，原因在于 I^- 半径比 Cl^- 大得多；同时，NaI 晶格能（686 kJ · mol^{-1}）远小于 NaCl。

离子的电子构型影响离子键强度，这种影响比较复杂。离子的外层电子数越多，有效核电荷越高，则离子键越强；同时，离子的外层电子数越多，离子的极化能力和变形性增加，正负离子间的共价成分增加，离子键强度降低。实验数据表明，后一种因素是主要因素，即离子的外层电子数越多，离子键强度越低。例如，化合物的熔点：$CaCl_2$（775 ℃）＞$MnCl_2$（650 ℃），CaO（2613 ℃）＞MnO（1842 ℃），$CaSO_4$（1460 ℃）＞$MnSO_4$（700 ℃）。

6.1.3　离子晶体

1. 对称性的概念

几何图形有对称性，是指这个图形凭借某个几何要素进行某种操作之后能恢复原状；分子或离子有对称性，是指这个分子或离子凭借某个几何要素进行某种操作之后能恢复原状，即所有的原子或离子能够与同种原子或离子重合。例如，三角形分子 SO_3 绕着底边上的高旋转 180°后，分子复原，即 SO_3 分子对于底边上的高旋转有对称性。

对称操作是指不改变图形中任何两点间距离的操作，包括旋转、反映和反演，如凭借底边上的高所进行的操作即为旋转。对称操作赖以进行的几何要素称为对称元素，包括对称轴、对称面和对称中心，如借以进行旋转操作的底边上的高称为对称轴。

1）旋转和对称轴

三角形分子 SO_3 绕着经过中心（三个高的交点）且垂直于三角形所在平面的直线旋转，每转 120°，则 SO_3 分子复原一次。即每旋转$\frac{360°}{3}$，SO_3 分子复原一次，或者说旋转一周 SO_3 分子复原 3 次。则这条直线是 SO_3 分子的三重对称轴，或称三重轴。

若某分子或图形绕对称轴旋转一周复原 n 次，则称该对称轴为 n 重对称轴或 n 重轴。例如，ICl_4^- 为正方形结构，绕着经过正方形对角线交点且垂直于正方形所在平面的直线旋转，每转 90°离子图形复原一次，则经过正方形 ICl_4^- 对角线交点且垂直于分子所在平面的直线为 ICl_4^- 的四重轴（图 6－2）。

2）反映和对称面

具有八面体结构的 SF_6 分子，经过处在同平面的 4 个 F 原子和 S 原子构成八面体分子的对称面，借助这个平面进行平面镜成像后，SF_6 分子图形复原。平面镜成像操作称为反映，反映操作所凭借的平面为对称面（图 6－2）。平面结构分子的分子平面本身即是一个对称面，如 SO_3 和 ICl_4^- 分子平面。

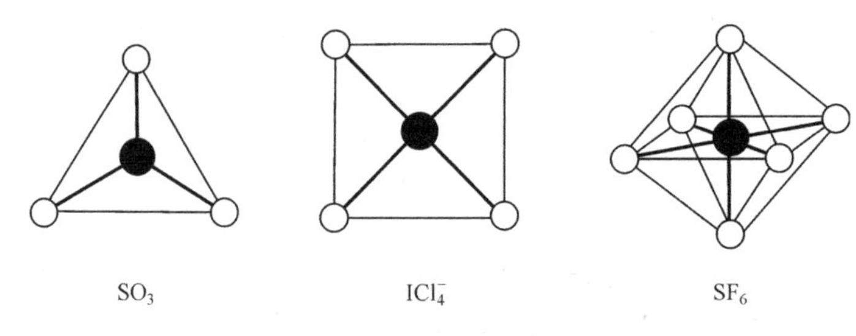

图 6-2　SO_3、ICl_4^- 和 SF_6 结构示意图

3) 反演和对称中心

具有八面体结构的 SF_6 分子，中心原子 S 就是分子的对称中心。即图形中所有的点(原子)与中心连线后再延长至相反方向的等距离处，图形复原。这种操作称为反演，反演操作所凭借的点称为对称中心(图 6-2)。

2. 晶胞的概念

晶胞是指能够代表晶体的化学组成和对称性的体积最小、直角最多的平行六面体。晶胞是晶体的最小结构单元，晶胞可对称平移，晶胞并置则为晶体。

晶胞中，位于平行六面体顶点的原子(或离子)，在晶胞并置时为 8 个晶胞所共有，故其对所在晶胞的贡献为 1/8 个原子(或离子)；同理，位于平行六面体棱上的原子(或离子)，对所在晶胞的贡献为 1/4 个原子(或离子)；位于平行六面体面上的原子(或离子)，对所在晶胞的贡献为 1/2 个原子(或离子)；位于平行六面体内部的原子(或离子)，对所在晶胞的贡献为 1 个原子(或离子)。

【例 6-1】 图 6-3 中(a)和(b)都是由 Na^+ 和 Cl^- 构成的平行六面体，试分析哪种是 NaCl 的晶胞。

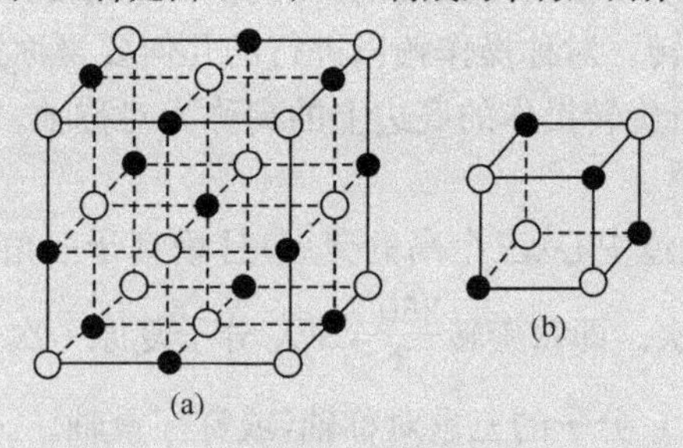

图 6-3　NaCl 晶体中的两种平行六面体
(● Na^+　○ Cl^-)

解　晶胞是指能够代表晶体的化学组成和对称性的体积最小、直角最多的平行六面体。

(1) 分析两个平行六面体的组成是否有代表性。

平行六面体(a)：Cl^- 数为 1/8×8(顶点)+1/2×6(面心)=4；
Na^+ 数为 1/4×12(棱上)+1×1(体心)=4；
离子数比 Na^+ ∶ Cl^- =1∶1，可以代表 NaCl 的组成。

平行六面体(b)：Na^+ 数为 1/8×4(顶点)=1/2；
Cl^- 数为 1/8×4(顶点)=1/2；
离子数比 Na^+ ∶ Cl^- =1∶1，也可以代表 NaCl 的组成。

(2) 分析两个平行六面体的对称性是否有代表性。
平行六面体(a)有四重轴，对称中心等，能够代表晶体的对称性；
平行六面体(b)没有四重轴，没有对称中心，不能代表晶体的对称性。
以上分析表明，平行六面体(a)是 NaCl 的晶胞。

尽管晶体有很多种，根据晶胞参数(平行六面体的三个边长 a、b、c 和由三条边所形成的三个夹角 α、β、γ)的不同可将晶体的结构特点归结为七大类，称为七大晶系，如表 6-2 所示。

表 6-2　七大晶系的晶胞参数

晶系	晶轴	轴间夹角	实例
立方	$a=b=c$	$\alpha=\beta=\gamma=90°$	Ag、Cu、NaCl、ZnS
四方	$a=b\neq c$	$\alpha=\beta=\gamma=90°$	Sn(白)、SnO_2、MgF_2
正交	$a\neq b\neq c$	$\alpha=\beta=\gamma=90°$	I_2、S_8、K_2SO_4、$HgCl_2$
三方	$a=b=c$	$\alpha=\beta=\gamma\neq 90°$	As、Bi、$CaCO_3$、Al_2O_3
六方	$a=b\neq c$	$\alpha=\beta=90°$，$\gamma=120°$	Mg、石英、AgI、CuS
单斜	$a\neq b\neq c$	$\alpha=\gamma=90°$，$\beta\neq 90°$	$Na_2B_4O_7$、$KClO_3$
三斜	$a\neq b\neq c$	$\alpha\neq\beta\neq\gamma\neq 90°$	$K_2Cr_2O_7$、$CuSO_4\cdot 5H_2O$

3. 离子晶体的性质

离子晶体是以离子键结合形成的晶体。在 CsCl 晶体中，每个 Cs^+ 周围最近层等距离排列 8 个 Cl^-，同时每个 Cl^- 周围最近层等距离排列 8 个 Cs^+；但 Cs^+ 周围稍远的位置还有其他 Cl^-，同样 Cl^- 周围稍远的位置也还有其他 Cs^+，只是随着距离变大而静电引力迅速减小。

离子晶体中离子最近层等距离的异号离子数称为配位数。在 CsCl 晶体中，Cs^+ 和 Cl^- 的配位数均为 8；在 NaCl 晶体中，Na^+ 和 Cl^- 的配位数均为 6；在 ZnS 晶体中，Zn^{2+} 和 S^{2-} 的配位数均为 4；在 CaF_2 晶体中，Ca^{2+} 的配位数为 8，但 F^- 的配位数为 4。

离子晶体无确定的相对分子质量，水溶液或熔融态导电。离子晶体导电是因为其水溶液或熔融态时解离出的离子能被电解。离子晶体导电的实质是在外加电压下发生了电解反应，而不仅仅是离子定向迁移，电解反应的发生使外电路有电子的定向流动。

离子晶体熔、沸点较高，硬度高但延展性差。正负离子周围有多个异号离子与其有引力，破坏离子键时需要较多的能量，因而离子晶体熔、沸点和硬度高。离子晶体中，每个离子周围吸引异号离子，若施以外力则发生位错，同种电荷的离子排斥作用使晶体遭到破坏，故延展性差(图 6-4)。

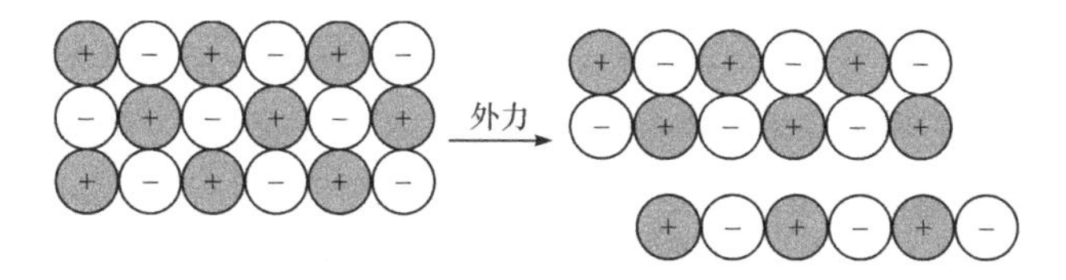

图 6-4　离子晶体的位错

4. AB型立方晶系离子晶体的结构

AB型立方晶系离子晶体典型结构有NaCl型、CsCl型、立方ZnS型(图6-5)。

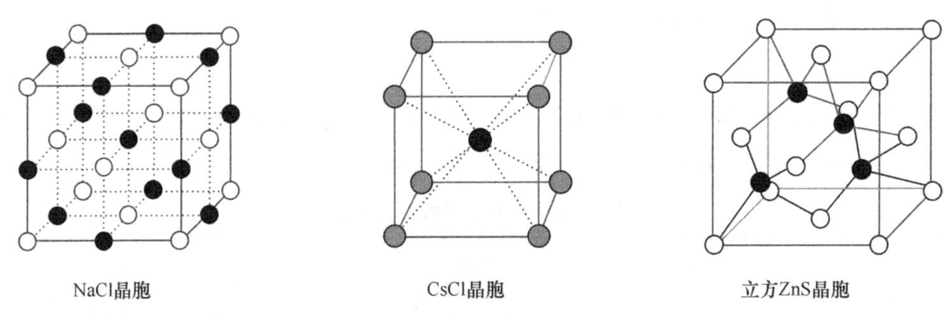

图6-5　立方晶系AB型离子晶体的结构

在NaCl晶胞中,有4个Na^+和4个Cl^-,Na^+和Cl^-的配位数均为6;CsCl晶胞中,有1个Cs^+和1个Cl^-,Cs^+和Cl^-的配位数均为8;立方ZnS晶胞中,有4个Zn^{2+}和4个S^{2-},Zn^{2+}和S^{2-}的配位数均为4。

一般情况下,可以根据正负离子半径比规律判断AB型立方晶系离子晶体配位情况,以确定晶体类型(表6-3)。

表6-3　AB型立方晶系晶体的离子半径比和配位数及晶体类型的关系

半径比(r_+/r_-)	配位数	晶体构型	实例
0.225～0.414	4	ZnS型	ZnS、ZnO、BeS、CuCl、CuBr等
0.414～0.732	6	NaCl型	NaCl、KCl、LiF、MgO、CaS等
0.732～1	8	CsCl型	CsBr、TlCl、NH_4Cl、TlCN等

6.2　共价键理论

核心内容

1. 路易斯理论实质是原子在形成分子时可以通过共用电子达到稀有气体的电子构型。

2. 价键理论的实质是两个有不同自旋方向单电子的原子的轨道互相重叠,电子成对,在两原子间形成共价键。共价键有方向性和饱和性,共价键的键型主要有σ键和π键。

3. 价层电子对互斥理论认为,分子或离子的几何构型取决于中心A的价层中电子对的排斥作用,分子的构型总是采取电子对排斥力平衡的形式。

4. 用杂化轨道理论可以解释多原子分子的空间结构。杂化是指中心原子的若干能量相近的原子轨道的重新组合。

5. 电子在分子轨道中是非定域的,分子轨道由原子轨道线性组合而成。分子轨道有成键轨道、非键轨道和反键轨道。分子轨道理论能够解释分子的磁性和半键的存在。

6. 分子中的端原子形成σ键后成键仍未饱和,还有成键能力,且满足形成离域π键的条件,再形成离域π键能使分子更稳定。

7. 非平面分子的中心与配体间不能形成正常的共价键,则在形成σ配键的基础上,进一步形成π配键。这种π配键称为d-p π配键或反馈π键。

6.2.1　路易斯理论

1916 年美国科学家路易斯(Lewis)提出,原子相互结合时都有形成稀有气体电子构型的倾向,电负性差的元素的原子成键时可以通过共用电子对达到稀有气体的电子构型。共用电子对形成的化学键称为共价键,形成的分子称为共价分子。

在 H_2 分子中,两个 H 原子通过共用一对电子,使每个 H 原子均达到 He 原子的 2 电子稳定结构,2 个 H 原子间形成 1 个共价键;在 H_2O 分子中,O 原子与 2 个 H 原子各共用一对电子,H 原子和 O 原子均达到稀有气体的稳定电子构型,O 原子与 2 个 H 原子各形成 1 个共价键。

在画路易斯结构式时,用小黑点表示电子,如

$$\mathrm{H:H} \quad \mathrm{:\ddot{O}::\ddot{O}:} \quad \mathrm{:N\vdots\vdots N:} \quad [\mathrm{:\ddot{\underset{..}{O}}:H}]^- \quad [\mathrm{:N\vdots\vdots O:}]^+$$

$$\mathrm{H:\underset{H}{\underset{..}{\ddot{O}}}:} \quad \mathrm{H:\underset{H}{\underset{..}{\ddot{N}}}:H} \quad \mathrm{H:\overset{H}{\underset{H}{\underset{..}{\ddot{C}}}}:H} \quad \mathrm{H:\underset{H}{\underset{..}{C}}::\underset{..}{O}:}$$

为了表示方便,通常用一短线代表共用一对电子,即表示形成一个单键;用两条短线表示共用两对电子,形成双键;用三条短线表示共用三对电子,形成叁键。

【例 6-2】 给出下列分子或离子的路易斯结构式,用短线表示共用的电子对。

H_2, O_2, N_2, OH^-, NO^+, H_2O, NH_3, CH_4, HCHO

解　结果如下

$$\mathrm{H{-}H} \quad \mathrm{:\ddot{O}{=}\ddot{O}:} \quad \mathrm{:N{\equiv}N:} \quad [\mathrm{:\underset{..}{\ddot{O}}{-}H}]^- \quad [\mathrm{:N{\equiv}O:}]^+$$

$$\mathrm{H{-}\underset{|\atop H}{\ddot{O}}:} \quad \mathrm{H{-}\underset{|\atop H}{\ddot{N}}{-}H} \quad \mathrm{H{-}\overset{H\atop |}{\underset{|\atop H}{C}}{-}H} \quad \mathrm{H{-}\underset{|\atop H}{C}{=}\ddot{O}:}$$

路易斯理论能够解释电负性差较小的两元素能成键形成稳定的化合物,但不能说明成键的实质,更不能解释某些化合物分子中原子不满足稀有气体电子构型的事实,如 BCl_3(B 周围只有 6 个价电子)、PCl_5(P 周围有 10 个价电子)、SeF_6(Se 周围有 12 个价电子)。

6.2.2　价键理论

德国化学家海特勒(W. Heitler)和伦敦(F. London)于 1927 年用量子力学处理 H_2 分子,成功地解释了 2 个 H 原子间成键问题,后经鲍林等发展建立了现代价键理论。

1. 氢分子中的化学键

量子力学计算表明,两个具有 $1s^1$ 电子构型的 H 原子相互接近时,两个 H 的 1s 电子以相反自旋的方式形成电子对,则体系的能量降低。若两个 H 原子的 1s 电子以相同自旋的方式形成电子对,体系能量升高。

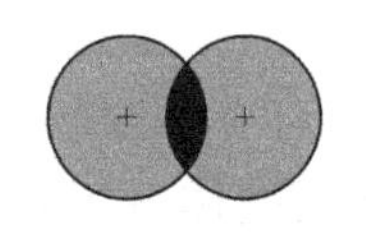

图 6-6　H_2 分子中电子云重叠示意图

H_2 分子中的化学键是电子自旋方向相反的电子成对使体系的能量降低。两个具有相反自旋方向的 H 原子接近时，两个电子所在的原子轨道能够发生部分重叠，电子在两个原子核间出现的概率大，形成负电区，两个原子核同时吸引负电区，使两个 H 原子结合在一起，形成稳定的 H_2 分子(图 6-6)。

2. 价键理论

将对 H_2 分子的处理结果推广到其他分子中，形成了以量子力学为基础的价键理论(valence bond theory)，简称 VB 法。

1) 共价键的形成

如果两个原子各有一个未成对的电子，两个单电子所在轨道对称性一致则可以互相重叠，电子以自旋相反的方式成对，体系的能量降低，形成共价键。一对电子形成一个共价键。

如果原子有更多未成对的电子，则可以形成更多共价键，体系能量更低，分子更稳定。两原子间可以形成双键或叁键。

H_2O 分子中 O 与 2 个 H 形成 2 个共价键。O 的电子构型为 $2s^22p^4$，2p 轨道有 2 个单电子，各与 1 个 H 的单电子成键。

O_2 分子中有双键。因 O 的 2p 轨道有 2 个单电子，两个 O 原子间形成 2 个共价键。

N_2 分子中有叁键。N 的电子构型为 $2s^22p^3$，2p 轨道有 3 个单电子，两个 N 原子间形成 3 个共价键。

形成共价键时，单电子可以由成对电子拆开而得。例如，CH_4 分子中，C 的价电子构型为 $2s^22p^2$，只有 2 个单电子；2s 轨道中一个电子激发到 2p 轨道，则激发后的 C 原子有 4 个单电子($2s^12p^3$)，如图 6-7 所示。激发 1 个电子所需要的能量会因为多形成 2 个共价键得到补偿，体系能量更低。

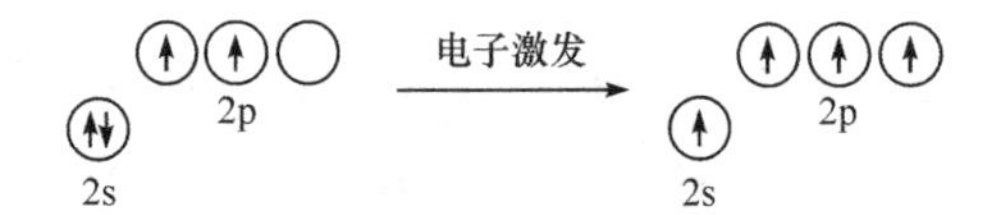

图 6-7　碳原子中电子的激发

形成 PCl_5 分子时，P 的 3s 轨道中一个电子激发到 3d 轨道，使 P 有 5 个单电子，与 5 个 Cl 形成共价键，生成 PCl_5 分子(图 6-8)。

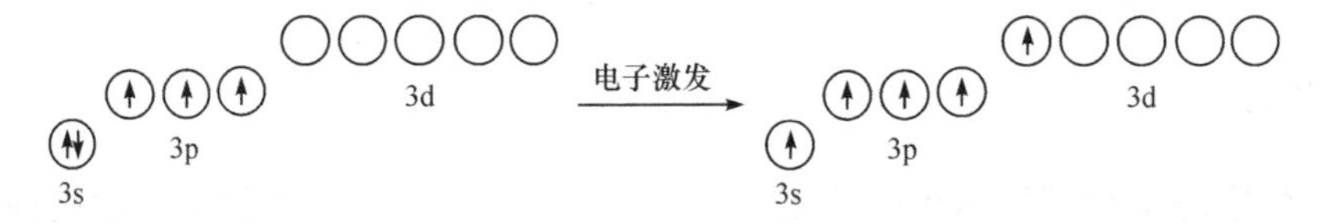

图 6-8　磷原子中电子的激发

2) 共价键有方向性和饱和性

原子轨道分布有方向性，为了使轨道重叠程度大，分子能量低，轨道重叠时只能按特定方向重叠，因而形成的共价键有方向性。

HCl 分子中，H 的 1s 轨道与 Cl 有单电子的 3p 轨道重叠时，H 与 Cl 必须沿着 3p 轨道所在键轴方向接近，才能保证有最大重叠。同时，为保持对称性一致，H 必须从 Cl 的 3p 轨道正方向进行重叠。如图 6－9(a)所示。

Cl_2 分子中，两个 Cl 的 3p 轨道重叠时，必须沿着 3p 轨道所在键轴方向接近，才能保证有最大重叠。同时，为保持对称性相同，两个 Cl 的 3p 轨道必须正方向进行重叠。如图 6－9(b)所示。

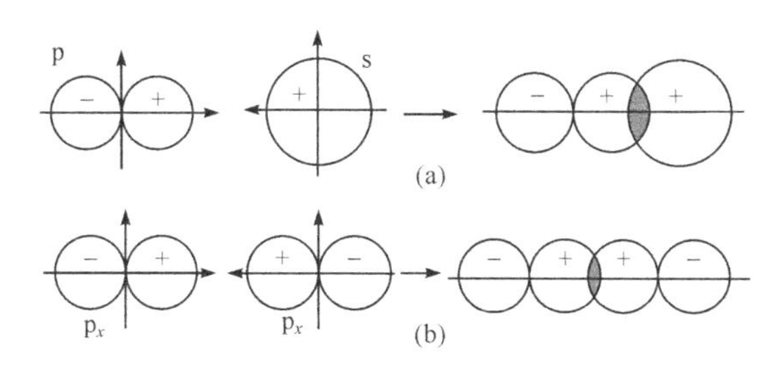

图 6－9　共价键的方向性

由于对称性不相同，图 6－10 所示的重叠是无效的。

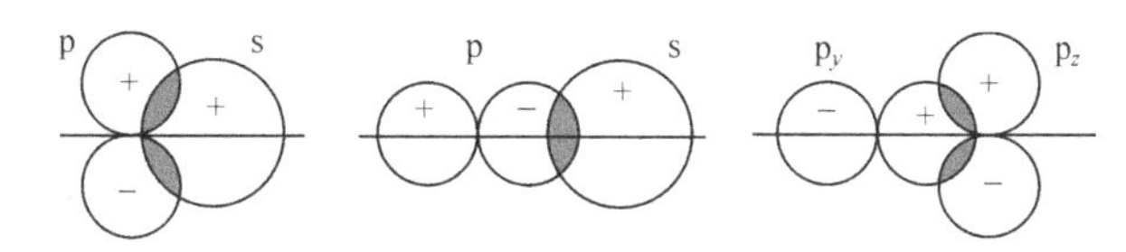

图 6－10　对称性不一致的无效重叠

共价键的数目是由原子的单电子数(包括激发形成的单电子)决定的，由于原子的单电子数限制，形成的共价键数有限。因此，共价键具有饱和性。

例如，N 原子价层电子构型为 $2s^2 2p^3$，价层没有 d 轨道，只有 p 轨道的 3 个单电子，最多只能形成 3 个共价键，如形成 NH_3、NCl_3 等，不能形成 NCl_5。与 N 同族的元素 P，价层电子构型为 $3s^2 3p^3$，价层有 3d 空轨道，既可以用 p 轨道的 3 个单电子形成 3 个共价键的化合物，如 PH_3、PCl_3 等；又可将 3s 的电子激发 1 个到 3d 轨道，形成有 5 个共价键的化合物，如 PCl_5 等。P 原子最多能形成 5 个共价键，因其 2s 和 2p 轨道电子难以激发到 3d 轨道。

共价键共用的电子对也可以由成键的两个原子中的一个原子提供。例如，CO 分子中的叁键，第三个共价键形成是由 O 原子提供电子对，C 原子提供空轨道。这种共价键称为共价配键，简称配键。

3) 共价键的键型

成键的两个原子核间的连线称为键轴，按照键轴与成键轨道之间对称性的关系，共价键主要分为 σ 键和 π 键两种键型(不常见的 δ 键在本章不做介绍)。

将成键轨道通过键轴旋转任意角度，图形及符号均保持不变，则为 σ 键，σ 键的键轴是成键轨道的无限多重轴。可以将 σ 键形象化描述成轨道的“头碰头”重叠，如 HCl 和 Cl_2 分子中都形成 σ 键(图 6－9)。

将成键轨道绕键轴旋转 180°，图形复原但轨道的符号变为相反，则为 π 键。可以将 π 键形象化描述成轨道的“肩并肩”重叠。例如，O_2 分子中两个原子形成 2 个共价键，一个是“头碰头”重叠的 σ 键，而另一个则是“肩并肩”重叠的 π 键(图 6－11)。

在图 6－11 中，通过键轴并垂直于成键轨道的平面是成键轨道的节面，可以将 π 键描述为对通过键轴的节面呈反对称，即 π 键经过节面进行反映操作，图形复原但改变了轨道的符号。

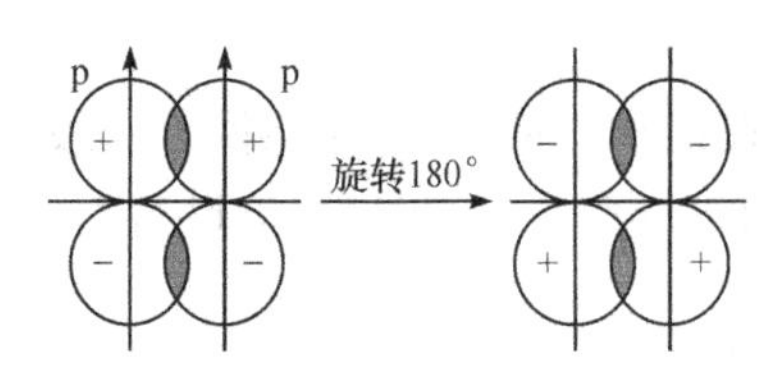

图 6-11 π键重叠方式及与键轴的关系

4）键参数

共价键的特征经常用键能、键长和键角等物理量来描述，这几个物理量称为键参数。其中最重要的是键角，键角决定分子的几何构型。

对于双原子分子，键能为气态分子解离成气态原子所需要的能量，即键能 E 等于分子的解离能 D。

$$AB(g) = A(g) + B(g) \qquad \Delta H = D_{AB} = E_{AB}$$

但对于多原子分子，键能等于分子的平均解离能。例如，H_2O 分子解离

$$H_2O(g) = H(g) + HO(g) \qquad D_1 = \Delta H_1$$

$$HO(g) = H(g) + O(g) \qquad D_2 = \Delta H_2$$

则 H_2O 分子中 O—H 键的键能为

$$E_{O-H} = \frac{D_1 + D_2}{2}$$

【例 6-3】 由以下 NH_3 解离反应计算 NH_3 分子中 N—H 键的键能。

$$NH_3(g) = H(g) + NH_2(g) \qquad D_1 = 435\ kJ \cdot mol^{-1}$$

$$NH_2(g) = H(g) + NH(g) \qquad D_2 = 377\ kJ \cdot mol^{-1}$$

$$NH(g) = H(g) + N(g) \qquad D_3 = 314\ kJ \cdot mol^{-1}$$

解 键能为气态分子断开 1 mol 某种化学键的平均解离能。NH_3 分子中有 3 个 N—H 键，则 N—H 键的键能为分别断开 3 个 N—H 键的解离能的平均值，即

$$E_{N-H} = \frac{D_1 + D_2 + D_3}{3} = \frac{435 + 377 + 314}{3} = 375.3(kJ \cdot mol^{-1})$$

键长为分子中成键两原子核之间的距离。一般来说，键长越短，共价键越强，键能越大。例如，乙烷中 C—C 键键长为 154 pm，键能为 368 $kJ \cdot mol^{-1}$；乙烯中 C═C 键键长为 134 pm，键能为 682 $kJ \cdot mol^{-1}$；乙炔中 C≡C 键键长为 120 pm，键能为 962 $kJ \cdot mol^{-1}$。

应该注意，相同的键在不同的化合物中，键长和键能不相同，如在 CH_4 和 CH_3OH 中 C—H 键的键长、键能都是不同的。

键角是指分子中键轴与键轴之间的夹角。在多原子分子中才涉及键角，键角决定分子的几何构型。例如，CO_2 分子中 O—C—O 键角为 180°，决定了 CO_2 分子构型为直线形；NO_2 分子中 O—N—O 键角为 134°，决定了 NO_2 分子构型为 V 字形；SO_3 分子中 O—S—O 键角为 120°，决定了 SO_3 分子构型为正三角形。

6.2.3 价层电子对互斥理论

1940 年，西奇维克(N. V. Sidgwick)等提出价层电子对互斥理论(VSEPR)，在解释由主族元素形成的 AB_n 型分子或离子的几何构型时非常成功。

1. 理论要点

AB_n 型分子或离子的几何构型取决于中心 A 的价层中电子对的排斥作用，分子的构型总

是采取电子对排斥力平衡的形式。

1）中心原子价层电子总数和电子对数

中心原子价层电子总数等于中心 A 的价电子数加上配体在成键过程中提供的电子数，如 CH_4 价层电子总数为 8，其中 C 提供 4 个价电子，每个 H 提供 1 个价电子。

氧族元素的原子作中心时提供 6 个价电子，作端基配体时提供电子数为 0，作非端基配体时提供电子数为 1。例如，H_2O 中心价层电子总数为 8，其中 O 作为中心提供 6 个价电子；CO_2 中心价层电子总数为 4，其中 O 作为配体提供 0 个价电子；CH_3OH 中心价层电子总数为 8，其中 OH 作为配体提供 1 个价电子。

卤素原子作中心时提供 7 个价电子，作配体时提供 1 个电子。例如，ICl_3 中心价层电子总数为 10，其中 I 原子作为中心提供 7 个价电子，Cl 作配体时每个 Cl 提供 1 个电子。

处理离子体系时，要加减与离子电荷相应的电子数。例如，SO_4^{2-} 中心价层电子总数为 8，其中负电荷提供 2 个价电子；NH_4^+ 中心价层电子总数为 8，由于离子带一个正电荷，在计算中心价层电子总数时，减去了 1 个电子。

价层电子总数除以 2，得电子对数，总数为奇数时，按进位计算。例如，NO_2 中心价层电子总数为 5，则电子对数为 3。

2）电子对和电子对空间构型的关系

电子对相互排斥，根据电子对数不同，电子对在空间达到斥力平衡的取向有直线形、正三角形、正四面体、三角双锥、正八面体（表 6－4）。

表 6－4　中心原子价层电子对数与电子对构型的关系

电子对数	2	3	4	5	6
电子对构型	直线形	正三角形	正四面体	三角双锥	正八面体
电子对构型图示	:—A—:				
电子对夹角	180°	120°	109°28′	180°，120°，90°	180°，90°

3）分子的几何构型与电子对构型的关系

若配体数和电子对数相一致，所有的电子对都为成键电子对，则分子构型和电子对构型一致。若配体数少于电子对数，则一部分电子对为成键电子对，剩余电子对为孤电子对，确定出孤电子对的位置，分子构型即可确定。

中心价层有 5 对电子时，电子对构型为三角双锥，若有 1 个孤电子对，孤电子对放在三角双锥的轴向位置还是放在平面三角形（三角双锥的腰）的位置？

在三角双锥构型中，电子对最小的夹角为 90°，90°夹角的电子对斥力大小决定孤电子对的位置。电子对构型总是采取电子对斥力最小的平衡位置，若夹角相同，电子对排斥作用顺序为

孤电子对-孤电子对＞孤电子对-成键电子对＞成键电子对-成键电子对

电子对构型为三角双锥，若有 1 个孤电子对，孤电子对排布有图 6－12(a)和(b)两种可能，两种结构中均无处于 90°夹角孤电子对-孤电子对排斥作用，则排斥力大小由孤电子对-成键电子对决定。图 6－12(a)中孤电子对在 90°夹角与 2 个成键电子对有排斥，图 6－12(b)中孤电子对在 90°夹角与 3 个成键电子对有排斥，因而采取斥力更小的图 6－12(a)。

电子对构型为三角双锥，若有 2 个孤电子对，孤电子对排布有图 6－12(c)、(d)和(e)三种

可能。图 6－12(c)中 90°夹角有 6 个“孤电子对-成键电子对”排斥作用，图 6－12(d)中 90°夹角有 1 个“孤电子对-孤电子对”排斥作用，图 6－12(e)中 90°夹角有 4 个“孤电子对-成键电子对”排斥作用；可见图 6－12(e)最稳定，图 6－12(d)最不稳定。

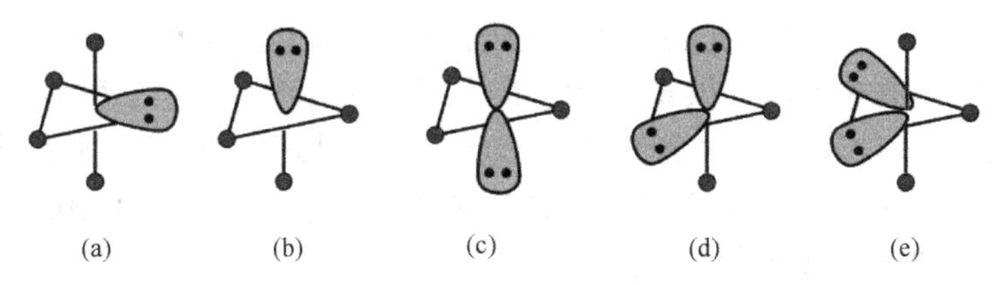

图 6－12　三角双锥构型中的孤电子对

同样的道理，电子对构型为三角双锥时，孤电子对总是位于平面三角形(三角双锥的腰)的位置，以使电子对间斥力最小。

分子的几何构型与电子对构型的关系总结在表 6－5 中。

表 6－5　分子的几何构型与电子对构型的关系

中心价层电子对数	电子对构型	配体数	孤电子对数	分子的几何构型		实例
2	直线形	2	0	直线形		$BeCl_2$，CO_2，NO_2^+
3	正三角形	3	0	三角形		BF_3，SO_3，$COCl_2$
		2	1	V 字形		NO_2，SO_2，NO_2^-
4	正四面体	4	0	四面体		CCl_4，NH_4^+，$POCl_3$
		3	1	三角锥		NH_3，SO_3^{2-}，H_3O^+
		2	2	V 字形		H_2O，SCl_2，I_3^+
5	三角双锥	5	0	三角双锥		PCl_5，$AsCl_5$
		4	1	变形四面体		SF_4，$TeCl_4$
		3	2	T 字形		ICl_3，ClF_3，BrF_3
		2	3	直线形		XeF_2，I_3^-

续表

中心价层电子对数	电子对构型	配体数	孤电子对数	分子的几何构型		实例
6	正八面体	6	0	八面体		SF_6，SiF_6^{2-}，PCl_6^-
		5	1	四角锥形		ClF_5，BrF_5，$XeOF_4$
		4	2	平面四边形		XeF_4，ICl_4^-

2. 多重键的处理

非ⅥA族元素的原子与中心之间有双键或叁键时，价层电子对数分别减1或减2。例如，乙烯 $H_2C{=}CH_2$，以左碳为中心，中心价层有4对电子，由于有C—C双键减去一对电子，电子对数为3，分子为平面三角形。

H
　＼
　　C═CH_2
　／
H

3. 影响键角的因素

1) 孤电子对的影响

孤电子对的负电集中，将排斥其他成键电子对，使键角变小。例如，NH_3 分子中 H—N—H 键角为106°42′，N上的孤电子对排斥成键电子对使键角小于109°28′；H_2O 分子中 H—O—H 键角为104°31′，O有2个孤电子对，使键角更小。

2) 多重键的影响

对于 $H_2C{=}CH_2$ 分子，由于双键的电子云密度大，对C—H键斥力大，H—C—H键角变小，小于120°。

3) 中心电负性的影响

配体相同，中心电负性大，使成键电子对距中心近，成键电子对间相互距离小，斥力大，键角变大。例如

$$NH_3(107°) > PH_3(93°) > AsH_3(92°)$$

4) 配体电负性的影响

中心相同，配体电负性大时，成键电子对距离中心远，成键电子对间相互距离大而斥力小，键角变小。例如

$$PCl_3(100°) < PBr_3(101.5°) < PI_3(102°)$$

价层电子对互斥理论可以预测主族元素形成的 AB_n 型分子或离子的空间构型和键角的变化趋势，但它不能说明共价键的形成，对预测中心价层电子对数超过6的分子的空间构型不适用。例如，价层电子对数为7的 IF_7 和 XeF_6 分子，其分子构型分别为五角双锥和单帽八面体。

4. 应用举例

【例 6-4】 预测气态的 $BeCl_2$、CO_2、SO_2、NO_2、SO_3、$COCl_2$ 分子的构型。

解 结果如下：

分子	价层电子数	价层电子对数	电子对构型	配体数	孤电子对数	分子的几何构型
$BeCl_2$	4	2	直线形	2	0	直线形
CO_2	4	2	直线形	2	0	直线形
SO_2	6	3	三角形	2	1	V 字形
NO_2	5	3	三角形	2	1	V 字形
SO_3	6	3	三角形	3	0	三角形
$COCl_2$	6	3	三角形	3	0	三角形

【例 6-5】 预测 $POCl_3$、I_3^+、NH_4^+、SCl_2、SO_3^{2-}、$SOCl_2$ 分子或离子的构型。

解 结果如下：

分子或离子	价层电子数	价层电子对数	电子对构型	配体数	孤电子对数	分子的几何构型
$POCl_3$	8	4	正四面体	4	0	四面体
I_3^+	8	4	正四面体	2	2	V 字形
NH_4^+	8	4	正四面体	4	0	正四面体
SCl_2	8	4	正四面体	2	2	V 字形
SO_3^{2-}	8	4	正四面体	3	1	三角锥形
$SOCl_2$	8	4	正四面体	3	1	三角锥形

【例 6-6】 预测 PCl_5、SF_4、ClF_3、XeF_2、I_3^- 分子或离子的构型。

解 结果如下：

分子或离子	价层电子数	价层电子对数	电子对构型	配体数	孤电子对数	分子的几何构型
PCl_5	10	5	三角双锥	5	0	三角双锥
SF_4	10	5	三角双锥	4	1	变形四面体
ClF_3	10	5	三角双锥	3	2	T 字形
XeF_2	10	5	三角双锥	2	3	直线形
I_3^-	10	5	三角双锥	2	3	直线形

【例 6-7】 预测 SF_6、SiF_6^{2-}、BrF_5、$XeOF_4$、XeF_4、ICl_4^- 分子或离子的构型。

解 结果如下：

分子或离子	价层电子数	价层电子对数	电子对构型	配体数	孤电子对数	分子的几何构型
SF_6	12	6	正八面体	6	0	正八面体
SiF_6^{2-}	12	6	正八面体	6	0	正八面体
BrF_5	12	6	正八面体	5	1	四角锥形
$XeOF_4$	12	6	正八面体	5	1	四角锥形
XeF_4	12	6	正八面体	4	2	平面四边形
ICl_4^-	12	6	正八面体	4	2	平面四边形

6.2.4 杂化轨道理论

用价键理论能够解释 C 与 1 个 O 形成 CO 分子，与 2 个 O 形成 CO_2 分子，C 激发一个电子后与 4 个 H 形成 CH_4 分子。但价键理论不能解释分子的几何构型，如形成 CH_4 分子时 C 采用的轨道有 1 个 2s 和 3 个 2p 轨道，3 个 2p 轨道间的夹角为 90°，而 CH_4 分子中所有的 H—C—H 键角都是 109°28′，而没有垂直的键角。用价层电子对互斥理论可以预测分子的几何构型，但不能说明成键过程。

1931 年鲍林在价键理论的基础上提出杂化轨道理论，该理论可以解释多原子分子的空间结构，也能够解释共价分子的成键过程。

1. 杂化轨道理论要点

1) 杂化与杂化轨道的概念

在形成多原子分子的过程中，中心原子的若干能量相近的原子轨道重新组合，形成一组新的轨道。轨道重新组合过程称为轨道的杂化，产生的新轨道称为杂化轨道。

C 在与 H 形成 CH_4 分子时，中心 C 原子的 1 个 2s、3 个 2p 共 4 个原子轨道发生杂化，形成一组新的原子轨道，即 4 个 sp^3 杂化轨道。杂化轨道有自己的波函数、能量、形状和空间取向，这些杂化轨道不同于 s 轨道，也不同于 p 轨道。

2) 杂化轨道的数目、成分和能量

杂化轨道的数目等于在杂化过程中参与杂化的轨道的数目。在形成 CH_4 分子时，C 的 2s、$2p_x$、$2p_y$、$2p_z$ 共 4 个原子轨道发生杂化，产生 4 个杂化轨道。

轨道杂化过程中产生新的波函数，则杂化轨道有自身的形状和角度分布，如 1 个 s 轨道与 1 个 p 轨道杂化，产生 2 个 sp 杂化轨道。杂化产生的 2 个轨道，形状即不同于 s 轨道，也不同于 p 轨道，如图 6-13 所示。

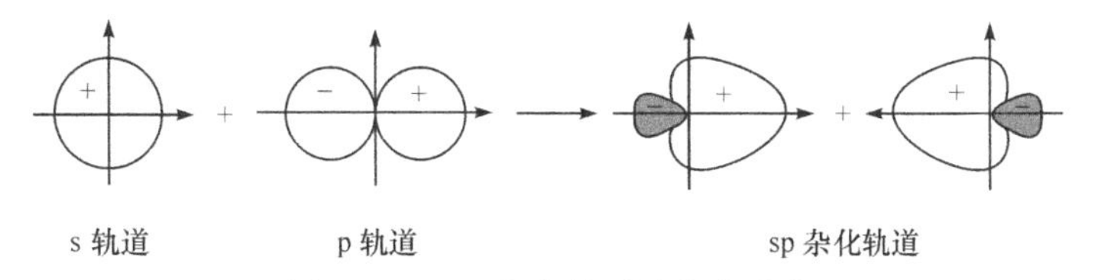

图 6-13　sp 杂化轨道的角度分布

每个 sp 杂化轨道中 s 和 p 轨道成分各占$\frac{1}{2}$；每个 sp^2 杂化轨道中 s 轨道成分占$\frac{1}{3}$，p 轨道成分占$\frac{2}{3}$。s 轨道与 p 轨道杂化，s 轨道成分越多的杂化轨道的能量越低，而 p 轨道成分越多的杂化轨道的能量越高，原因是 s 轨道的能量低于 p 轨道。

杂化轨道的能量介于参与杂化的轨道的能量之间。s 轨道与 p 轨道杂化，则杂化轨道的能量比 s 轨道的能量高，比 p 轨道的能量低。轨道能量顺序为

s 轨道＜sp 杂化轨道＜sp^2 杂化轨道＜sp^3 杂化轨道＜p 轨道

杂化轨道的电子云分布更集中，有利于最大重叠。因此，杂化轨道成键能力比未杂化的各原子轨道的成键能力强，体系能量低，这就是杂化过程的能量因素。

3) 杂化轨道的种类

按参与杂化的轨道类型分类，杂化轨道分为 s-p 型（sp、sp^2、sp^3）和 s-p-d 型（sp^3d、sp^3d^2）。

按杂化轨道能量是否一致分类，可分为等性杂化和不等性杂化。前面讨论杂化轨道的成分都是在等性杂化的基础上进行的。

等性杂化的轨道能量相同，如甲烷中 C 的 4 个 sp^3 杂化轨道[图 6-14(a)]；乙烯中 C 的 3 个 sp^2 杂化轨道[图 6-14(b)]。

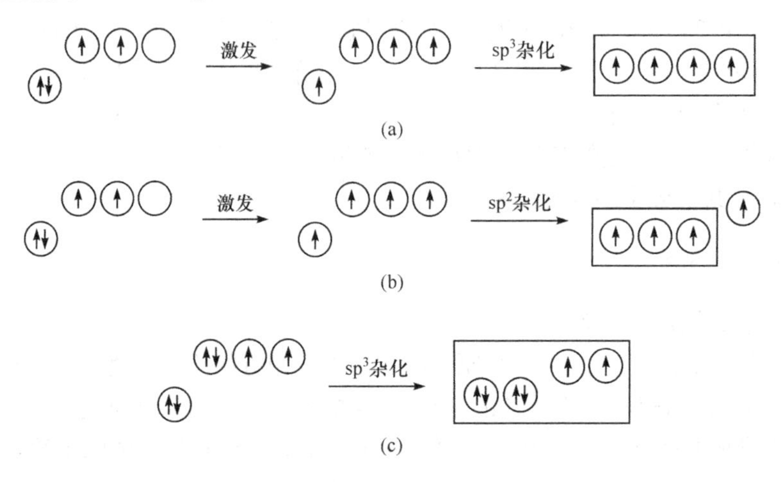

图 6-14　等性杂化与不等性杂化

不等性杂化的轨道能量不相同，如水分子中 O 的 4 个 sp^3 杂化轨道[图 6-14(c)]。不等性杂化轨道中往往有电子对。

一般来说，从轨道的杂化过程和杂化后有无孤电子对可判断是否等性杂化，如形成 CH_4 分子时 C 进行 sp^3 等性杂化，形成 H_2O 分子时 O 进行 sp^3 不等性杂化，无机化学课程基本上要求到这个层次。严格讲，配体的不同造成键能、键长和键角的不同，中心原子与配体成键后轨道的能量不同，虽然没有孤电子对，也应看成不等性杂化，结构化学课程往往要求到这个层次。例如，$CHCl_3$ 分子，按无机化学知识层次，C 采取 sp^3 等性杂化；按结构化学知识层次，C 采取 sp^3 不等性杂化。本书在判断是否等性杂化时，只按中心原子有无孤电子对的原则进行讨论，请读者注意不同的教材或课程要求的区别。

4) 各种杂化轨道在空间的分布

不同的杂化方式导致杂化轨道的空间分布不同，各种杂化轨道在空间的几何分布及实例列于表 6-6。

表 6-6　杂化轨道在空间的几何分布及实例

杂化类型	sp	sp^2	sp^3	sp^3d	sp^3d^2
等性杂化轨道空间分布	直线形	正三角形	正四面体	三角双锥	正八面体
等性杂化分子实例	$BeCl_2$ CO_2	BCl_3 SO_3	CCl_4 NH_4^+	PCl_5 $AsCl_5$	SeF_6 $SnCl_6^{2-}$
不等性杂化分子实例		NO_2　V 字形 SO_2　V 字形 O_3　V 字形	NH_3　三角锥形 H_3O^+　三角锥形 H_2O　V 字形	SCl_4　变形四面体 ICl_3　T 字形 I_3^-　直线形	IF_5　四角锥形 XeF_4　正方形 ICl_4^-　正方形

2. 杂化轨道理论应用举例

1) sp 杂化

气态 $BeCl_2$ 分子为直线形，Be 原子价电子构型为 $2s^2 2p^0$。为形成 2 个共价键，从 2s 轨道激发一个电子进入 2p 轨道使 Be 的价层有 2 个单电子。Be 原子采取 sp 等性杂化，2 个杂化轨道呈直线形分布[图 6 - 15(a)]。2 个杂化轨道分别与 Cl 的 3p 轨道单电子配对成 σ 键，故 $BeCl_2$ 分子为直线形。

CO_2 分子为直线形。C 原子采取 sp 等性杂化[图 6 - 15(b)]。C 的 2 条杂化轨道分别与 2 个 O 的 2p 轨道成 σ 键，故 CO_2 分子为直线形。

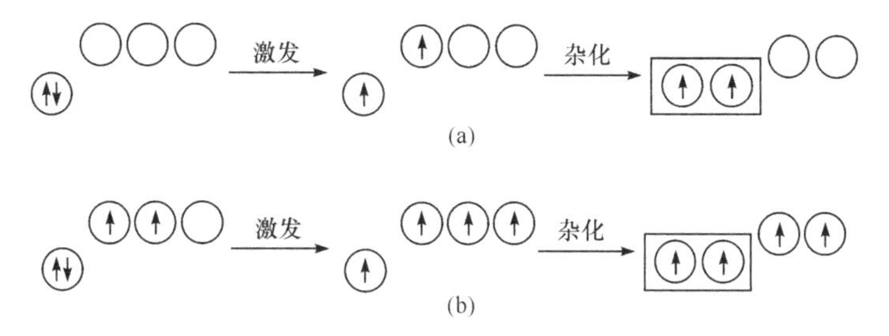

图 6 - 15 铍原子和碳原子的激发和 sp 杂化

CO_2 分子中，C 原子未杂化的 2 个 2p 轨道有单电子，分别与 O 的 2p 轨道成 π 键，即 C 原子与 2 个 O 形成 2 个互相垂直的 π 键(图 6 - 16)。

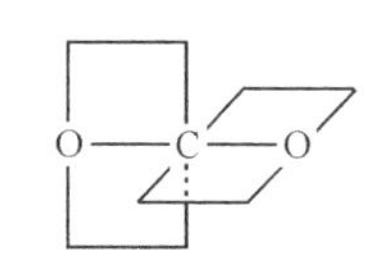

图 6 - 16 CO_2 分子中互相垂直的 π 键

从 $BeCl_2$ 和 CO_2 分子构型和成键情况可知，分子构型由 σ 键决定。

2) sp^2 杂化

BCl_3 分子构型为三角形，可以用杂化轨道理论讨论其成键和分子构型。B 的价电子构型为 $2s^2 2p^1$，为形成 3 个共价键，激发一个电子后采取 sp^2 等性杂化(图 6 - 17)。3 个杂化轨道呈正三角形分布，分别与 Cl 的 3p 轨道单电子配对成 σ 键。故 BCl_3 分子为三角形构型。

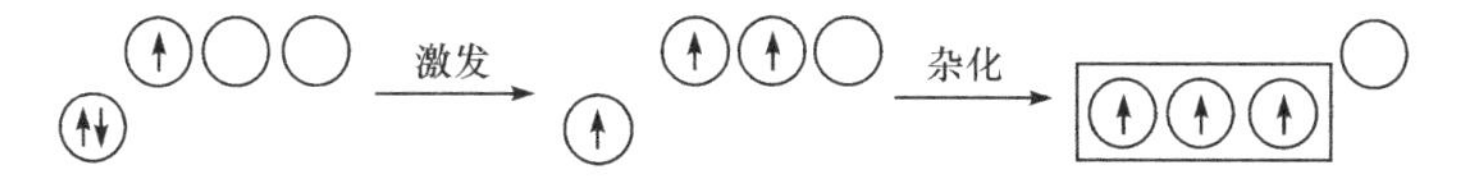

图 6 - 17 硼原子的激发和 sp^2 杂化

乙烯($H_2C{=}CH_2$)分子中 H—C—H 和 H—C—C 键角约为 120°。以一个 C 为中心而另一个 C 构成 CH_2 配体，中心 C 周围的 3 个配体形成三角形结构，说明 C 采取 sp^2 杂化，如图6 - 14(b)所示。C 的 3 个杂化轨道分别与 2 个 H 和另一个 CH_2 形成 σ 键，2 个 C 的未杂化的 p 轨道重叠形成 π 键，π 键垂直于分子平面。

3) sp^3 杂化

CH_4 和 CCl_4 分子为正四面体构型，键角均为 109°28′。分子中 C 原子采取 sp^3 等性杂化，如图 6 - 14(a)所示。4 个杂化轨道呈正四面体分布，分别与配体形成 σ 键，故 CH_4 和 CCl_4 分子为正四面体构型。

4) sp^3d 和 sp^3d^2 杂化

气态的 PF_5 和 PCl_5 分子为三角双锥构型。成键时 P 原子 1 个 3s 电子激发到 3d 轨道，采取 sp^3d 杂化[图 6－18(a)]。5 个杂化轨道呈三角双锥分布，分别与卤素原子形成 σ 键，故 PF_5 和 PCl_5 分子为三角双锥构型。

SeF_6 分子为八面体构型。Se 原子 1 个 4s 轨道电子和 1 个 4p 轨道电子激发到 4d 轨道，共有 6 个单电子。Se 采取 sp^3d^2 杂化，6 个杂化轨道呈八面体分布[图 6－18(b)]。6 条杂化轨道分别与 F 原子形成 σ 键，故 SeF_6 分子为八面体构型。

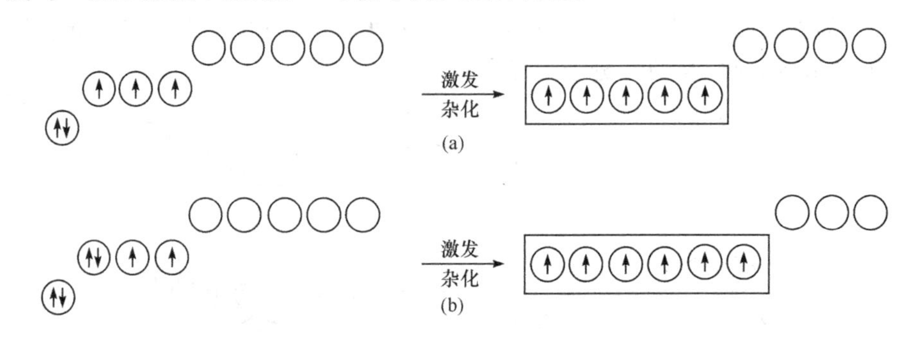

图 6－18　sp^3d 和 sp^3d^2 等性杂化轨道

5) 不等性杂化

NH_3 分子为三角锥形。按照价层电子对互斥理论，N 原子价层有 4 对电子，3 对电子用于形成 N—H 键，还有 1 个孤电子对。

由于 NH_3 分子有 3 个 N—H 键和 1 个孤电子对，N 采取 sp^3 不等性杂化，如图 6－19(a)所示。有单电子的 3 个杂化轨道分别与 H 形成 σ 键，有孤电子对的杂化轨道不成键，如图6－19(c)。

H_2O 分子为 V 字形结构。H_2O 分子有 2 个 O—H键和 2 个孤电子对，O 采取 sp^3 不等性杂化，如图 6－19(b)所示。有单电子的 2 个杂化轨道分别与 H 形成 σ 键，有孤电子对的杂化轨道不成键，如图 6－19(d)所示。

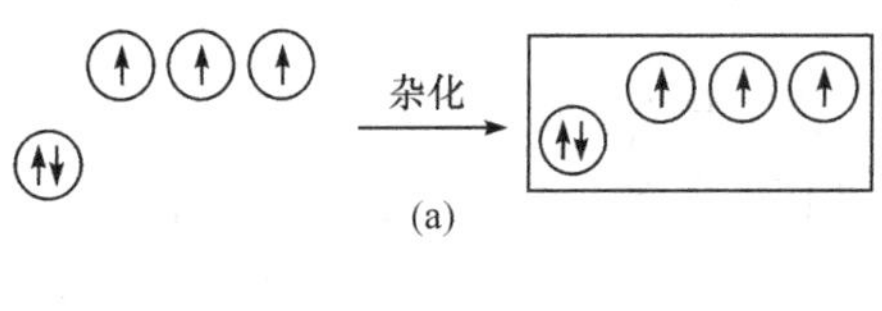

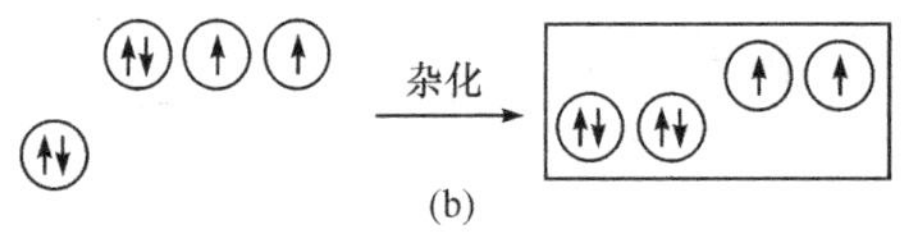

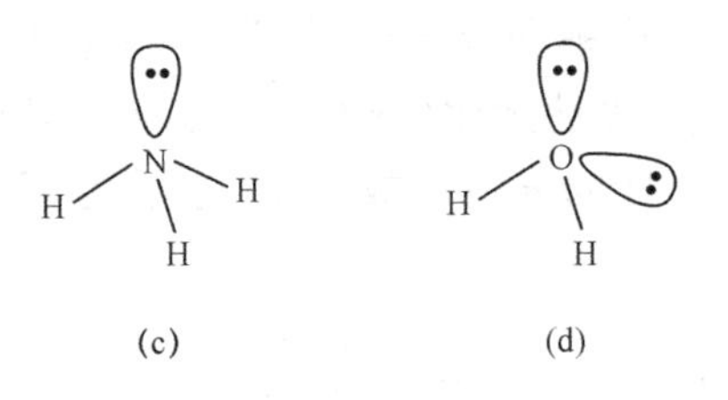

图 6－19　NH_3 和 H_2O 分子中轨道的杂化及分子结构

由于 NH_3 分子的孤电子对对 N—H 成键电子对有斥力，NH_3 分子的键角变小，不是 109°28′，而是 106°42′。同理，孤电子对使 H_2O 分子的键角变小为 104°31′。

3. 杂化轨道理论与价层电子对互斥理论的关系

1) 解释分子几何构型

杂化轨道理论和价层电子对互斥理论都能够解释分子的几何构型。例如，解释 CH_4 的四面体构型，按照杂化轨道理论，C 采取 sp^3 等性杂化，4 个杂化轨道呈四面体分布使 CH_4 具有四面体构型；按照价层电子对互斥理论，C 价层有 4 个电子对，价层电子对呈四面体分布，电子对数与配体数相同使 CH_4 具有四面体构型。

价层电子对互斥理论由电子对数和电子对构型判断分子的几何构型，而杂化轨道理论对分子的几何构型进行解释，说明这种构型的形成过程。

2）轨道杂化类型与电子对构型的对应关系

中心价层电子对数一般与轨道的杂化类型对应，即电子对构型与轨道的杂化类型对应。可先由价层电子对互斥理论判断中心原子的价层电子对数或电子对构型，进而判断中心原子的杂化类型，如 2 对电子，直线形，sp 杂化；3 对电子，正三角形，sp^2 杂化；4 对电子，正四面体，sp^3 杂化；5 对电子，三角双锥，sp^3d 杂化；6 对电子，正八面体，sp^3d^2 杂化。

例外的是，ClO_2 有 4 对电子，但 Cl 采取 sp^2 杂化而不是 sp^3 杂化(在此不做详细讨论)。

3）孤电子对与杂化类型的关系

如果配体数等于价层电子对数，分子中没有孤电子对，则中心原子采取等性杂化，如 BCl_3、SO_3 和 PF_5 分子；如果配体数少于价层电子对数，分子中有孤电子对，则中心原子采取不等性杂化，如 H_2O、NH_3 和 SF_4 分子。

若为等性杂化，则杂化轨道分布与分子构型一致；若为不等性杂化，孤电子对占有杂化轨道但不作为顶点，确定孤电子对位置后，其余杂化轨道与配体成键，即可确定分子的结构。未参与杂化的价层轨道电子，一般形成 π 键或离域 π 键。

6.2.5　分子轨道理论

价键理论、杂化轨道理论、价层电子对互斥理论均属于现代价键理论，认为电子在原子轨道中运动，电子属于定域的。分子轨道理论认为电子不再属于原子，而是在分子轨道中运动，电子属于非定域的。分子轨道理论在解释分子的磁性和稳定性等方面非常成功。

1. 分子轨道理论要点

(1) 分子轨道是由分子中原子的原子轨道线性组合而成，分子轨道的数目等于参与组合的原子轨道数目。例如，在形成 H_2 分子时，2 个 H 原子的 1s 轨道(Ψ_{H1} 和 Ψ_{H2})组合形成 2 个分子轨道。

$$\Psi_{MO} = c_1\Psi_{H1} + c_2\Psi_{H2} \qquad \Psi_{MO}^* = c_1\Psi_{H1} - c_2\Psi_{H2}$$

式中，c_1 和 c_2 为常数。

(2) 原子轨道线性组合形成的分子轨道中，能量高于原来原子轨道者称为反键轨道(Ψ_{MO}^*)，能量低于原来原子轨道者称为成键轨道(Ψ_{MO})，能量等于原来原子轨道者称为非键轨道。

(3) 每个分子轨道都有各自的波函数，有自己的角度分布图。根据线性组合方式的不同，分子轨道可分为 σ 轨道和 π 轨道。分子轨道按照能量由低到高组成分子轨道能级图。

(4) 分子中的所有电子属于整个分子，电子在分子轨道中的排布同样遵循能量最低原理、泡利原理和洪德规则。

s-s 组合：两个原子的 1s 轨道线性组合后形成成键分子轨道 σ_{1s} 和反键分子轨道 σ_{1s}^*；若是 2s 原子轨道线性组合，组合成成键分子轨道 σ_{2s} 和反键分子轨道 σ_{2s}^*。s-s 组合成的分子轨道角度分布如图 6－20 所示。

两个原子轨道线性组合后形成 1 个成键分子轨道和 1 个反键分子轨道。

p-p 组合：两个原子的 p 轨道线性组合有两种方式，即“头碰头”和“肩并肩”方式，前者组合成 σ 轨道，后者组合成 π 轨道。

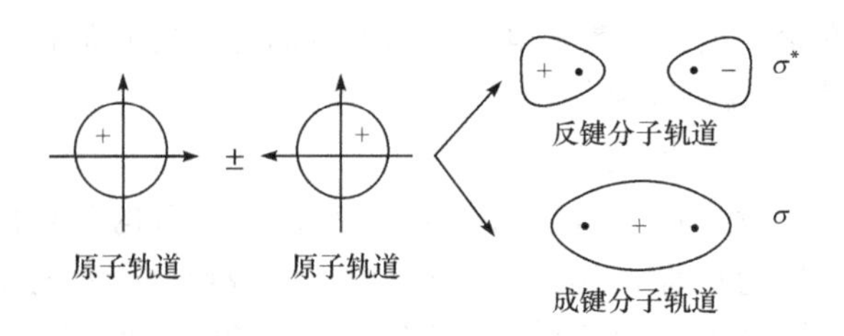

图 6-20 s-s 组合的分子轨道

两个原子沿 x 轴重叠时，两个 p_x 轨道形成“头碰头”的成键分子轨道 σ_{p_x} 和反键分子轨道 $\sigma_{p_x}^*$（图 6-21）；同时，两个原子的 p_y 轨道或 p_z 轨道重叠时分别形成“肩并肩”的成键分子轨道 π_{p_y} 或 π_{p_z} 和反键分子轨道 $\pi_{p_y}^*$ 或 $\pi_{p_z}^*$（图 6-22）。

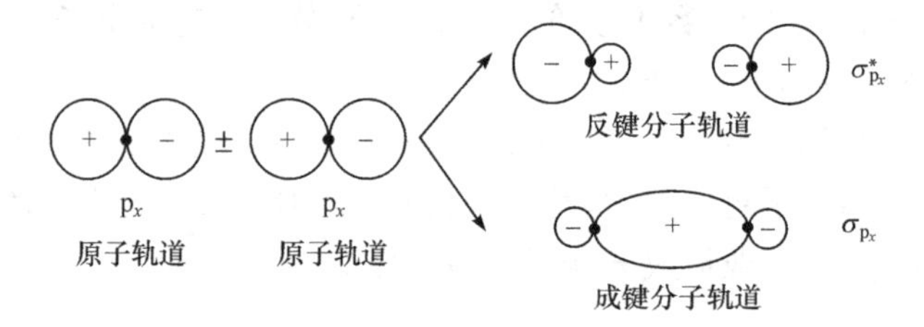

图 6-21 p-p“头碰头”组合的分子轨道

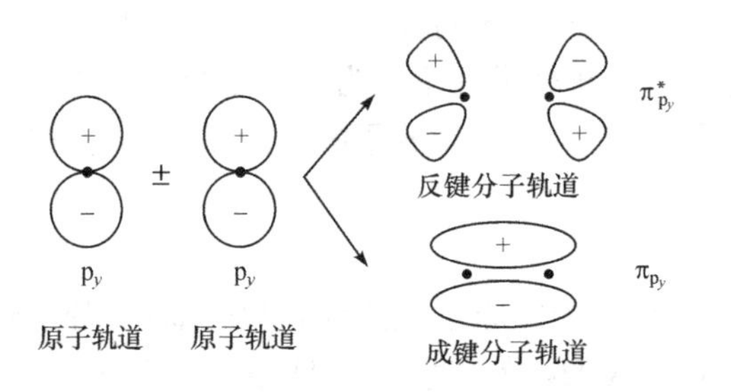

图 6-22 p-p“肩并肩”组合的分子轨道

由图 6-20、图 6-21 和图 6-22 可知，成键分子轨道的两核间无节面，反键分子轨道的两核间有节面；π 分子轨道有通过键轴的节面，σ 分子轨道无通过键轴的节面。

2. 原子轨道线性组合的原则

分子轨道由原子轨道线性组合形成，原子轨道组合成分子轨道时，要满足三原则：对称性匹配原则，能量相近原则，轨道最大重叠原则。

1）对称性匹配原则

按照重叠的轨道与键轴间的关系，只有对称性相同的原子轨道才能组合形成分子轨道。在价键理论中介绍过，沿 x 轴方向接近时，s 轨道与 p_x 轨道对称性相同形成 σ 键，p_y 和 p_y、p_z 和 p_z 形成 π 键。按照分子轨道理论，以 x 轴为键轴组合成分子轨道时，s-s、s-p_x、p_x-p_x 组合成 σ 轨道，p_y-p_y、p_z-p_z、p_y-d_{xy}、p_z-d_{xz} 组合成 π 轨道。

2）能量相近原则

能量相近的原子轨道才能组合成有效的分子轨道，而且原子轨道的能量越接近则组合成的分子轨道的能量越低，形成的化学键越稳定。

H 原子 1s 轨道的能量（$-1312\ kJ \cdot mol^{-1}$）与 O 原子 2p 轨道的能量（$-1251\ kJ \cdot mol^{-1}$）

及Cl原子3p轨道的能量($-1314\ kJ \cdot mol^{-1}$)相近，H、O、Cl之间能组合成有效的分子轨道，如形成HCl、H_2O、ClO_2等共价化合物；而Na原子3s轨道的能量($-496\ kJ \cdot mol^{-1}$)较高，不能与H、O、Cl组合成有效的分子轨道，Na与H、O、Cl间只能形成离子键，如NaCl、NaH、NaO_2等都是离子化合物。

3) 轨道最大重叠原则

在满足对称性匹配和能量相近原则的基础上，原子轨道重叠程度越大，组合成的分子轨道的能量越低，形成的化学键越稳定。如果两个原子轨道沿x轴重叠成分子轨道，p_x-p_x以“头碰头”重叠，p_y-p_y及p_z-p_z以“肩并肩”重叠，一般来说，p轨道间“头碰头”重叠程度比“肩并肩”重叠程度大，即σ键比π键稳定。

3. 同核双原子分子

1) 分子轨道能级图

同核双原子分子的轨道能级图分两种类型：一种适用于O_2、F_2分子或分子离子[图6-23(a)]；另一种适用于B_2、C_2、N_2分子或分子离子[图6-23(b)]。

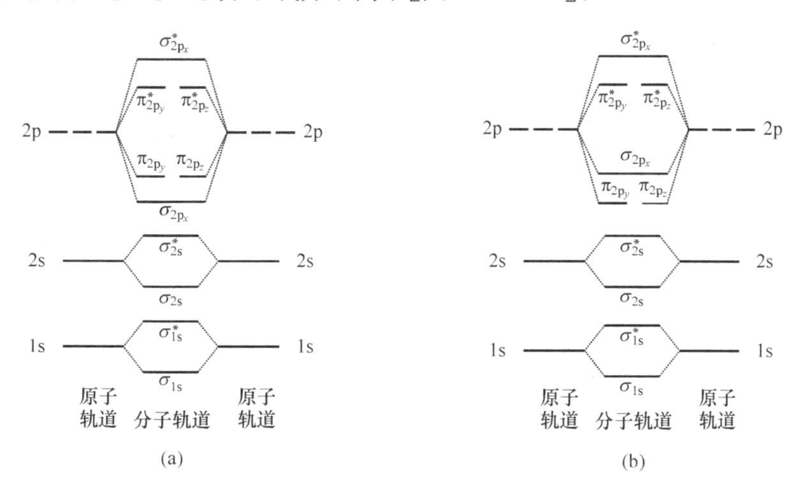

图6-23　同核双原子分子的轨道能级图

对于O_2、F_2分子，由于原子的2s和2p轨道能量相差较大，不考虑2s和2p轨道的组合，故σ_{2p}轨道的能量比π_{2p}轨道低；对于B_2、C_2、N_2分子，由于原子的2s和2p轨道能量相差不大，组合成分子轨道时，不仅有2s-2s重叠和2p-2p重叠，也有2s-2p重叠，故σ_{2p}轨道能量比π_{2p}轨道高。

2) 电子排布和键级

电子在分子轨道中的排布同样遵循能量最低原理、泡利原理和洪德规则。电子在分子轨道中的排布可以用能级图表示，也可以用分子轨道式表示，前者较为直观，后者较为简便。

分子轨道理论经常用键级表示共价键数目，以描述分子或分子离子的稳定性。键级越大则键能越大，键长越短，分子或分子离子越稳定。键级的定义式为

$$键级 = \frac{成键轨道电子数 - 反键轨道电子数}{2}$$

H_2分子：分子共有2个电子，电子在能级图中排布如图6-24(a)所示。

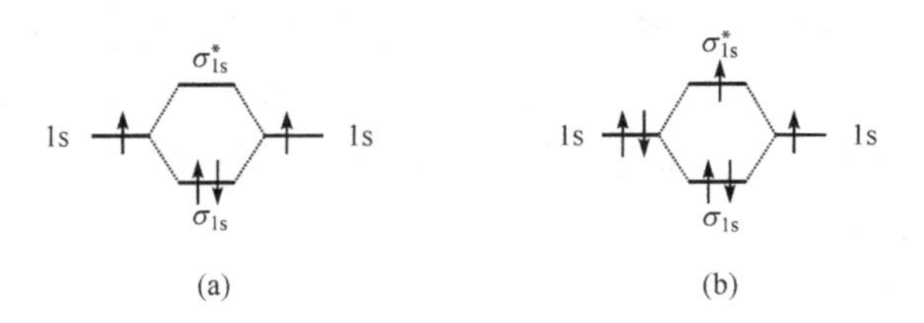

图 6-24 H_2 和 He_2^+ 的分子轨道能级图及电子排布

H_2 分子轨道式为$(\sigma_{1s})^2$，键级为 1，与价键理论一致。H_2 分子的电子填充到成键轨道中，能量比在原子轨道中低，这个能量差正是分子轨道理论中化学键的本质。

He_2^+ 离子：该离子共有 3 个电子，电子在能级图中排布如图 6-24(b)所示。He_2^+ 轨道式为$(\sigma_{1s})^2(\sigma_{1s}^*)^1$，键级为 0.5。$He_2^+$ 只有半个键，虽不稳定，但能够存在。用路易斯理论和价键理论不能解释 He_2^+ 的生成，而用分子轨道理论能够解释。

N_2 分子：分子轨道能级图如图 6-23(b)所示。分子共有 14 个电子，6 个 2p 轨道电子在能级图中排布如图 6-25 所示。

N_2 分子轨道式为$(\sigma_{1s})^2(\sigma_{1s}^*)^2(\sigma_{2s})^2(\sigma_{2s}^*)^2(\pi_{2p_y})^2(\pi_{2p_z})^2(\sigma_{2p_x})^2$，简写为 $KK(\sigma_{2s})^2(\sigma_{2s}^*)^2(\pi_{2p_y})^2(\pi_{2p_z})^2(\sigma_{2p_x})^2$，其中 KK 表示充满电子的 2 个原子的 1s 轨道。N_2 分子的键级为 3，1 个 σ 键，2 个 π 键，与价键理论结果一致。由于 σ_{1s} 和 σ_{1s}^*、σ_{2s} 和 σ_{2s}^* 都填满电子，对分子的成键作用互相抵消，故可由能量高的 π_{2p_y}、π_{2p_z} 和 σ_{2p_x} 轨道电子数计算分子的键级。

O_2 分子：分子轨道能级图如图 6-23(a)所示。分子共有 16 个电子，8 个 2p 轨道电子在能级图中排布如图 6-26 所示。

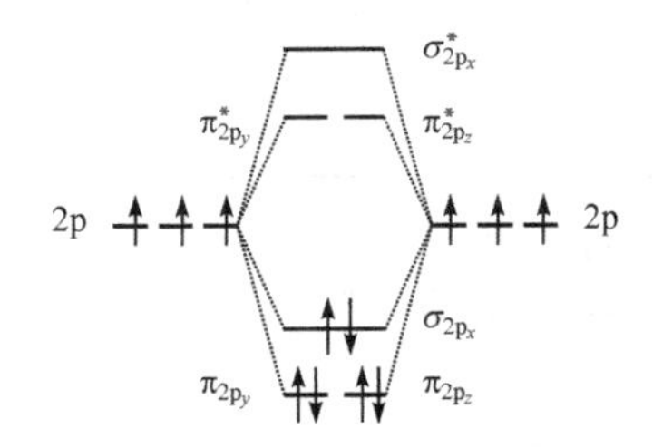

图 6-25 N_2 分子轨道能级图及电子排布

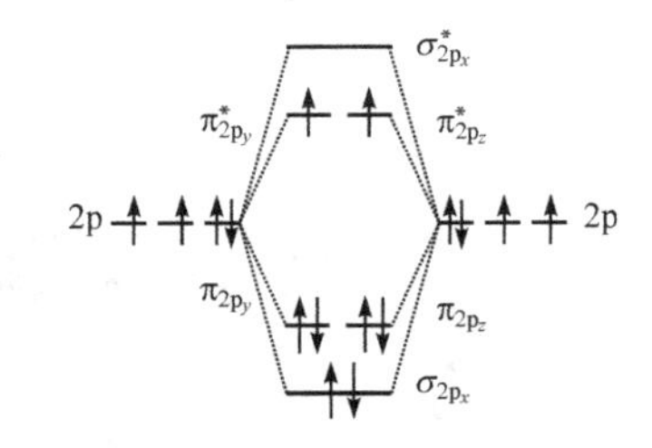

图 6-26 O_2 分子轨道能级图及电子排布

O_2 分子轨道式简写为 $KK(\sigma_{2s})^2(\sigma_{2s}^*)^2(\sigma_{2p_x})^2(\pi_{2p_y})^2(\pi_{2p_z})^2(\pi_{2p_y}^*)^1(\pi_{2p_z}^*)^1$，分子的键级为 2，1 个 σ 键，2 个三电子 π 键，与价键理论结果一致。

O_2 分子轨道式和分子轨道能级图电子排布表明，O_2 分子有 2 个单电子，分子有顺磁性，与实验结果一致。按照分子轨道理论能很好地解释 O_2 分子的顺磁性，而价键理论却不能合理解释。

分子轨道理论能够解释 O_2^+、O_2^- 的顺磁性和 O_2^{2+}、O_2^{2-} 的抗磁性。按照分子轨道理论，根据键级的大小，氧分子及其离子的稳定性顺序为

$$O_2^{2+} > O_2^+ > O_2 > O_2^- > O_2^{2-}$$

4. 异核双原子分子

由于两种元素的电负性和有效核电荷不同，同层原子轨道的能量不相同。例如，C 原子同层原子轨道能量高于 O 原子，H 原子 1s 轨道的能量比 F 原子 2p 轨道的能量还高。

1) CO分子

CO分子的轨道能级图(图6-27)与N_2分子相似[图6-23(a)],成键轨道σ_{2p}能量比π_{2p}高。CO分子轨道式为$KK(\sigma_{2s})^2(\sigma_{2s}^*)^2(\pi_{2p_y})^2(\pi_{2p_z})^2(\sigma_{2p_x})^2$,分子的键级为3,有1个σ键,2个π键。

NO分子轨道能级图与O_2相似。NO分子的键级为2.5,分子中有一个单电子,所以分子有顺磁性。NO失去一个电子后生成的NO^+则为抗磁性的。

2) HF分子

由于H原子1s轨道的能量比F原子2p轨道的能量还高,H原子1s轨道与F原子2p轨道能量相近,可组合成有效的分子轨道(图6-28)。

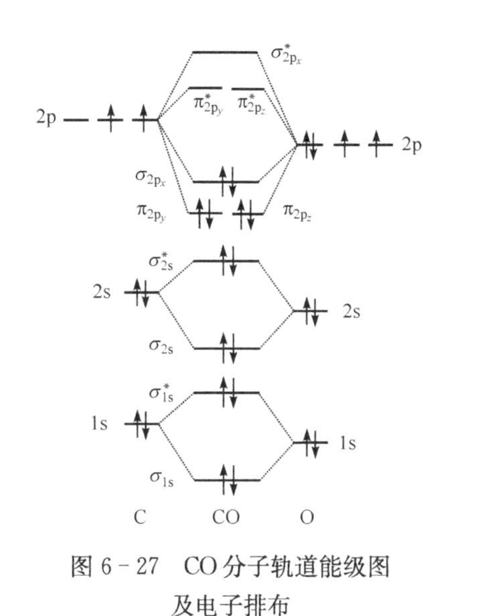

图6-27　CO分子轨道能级图及电子排布

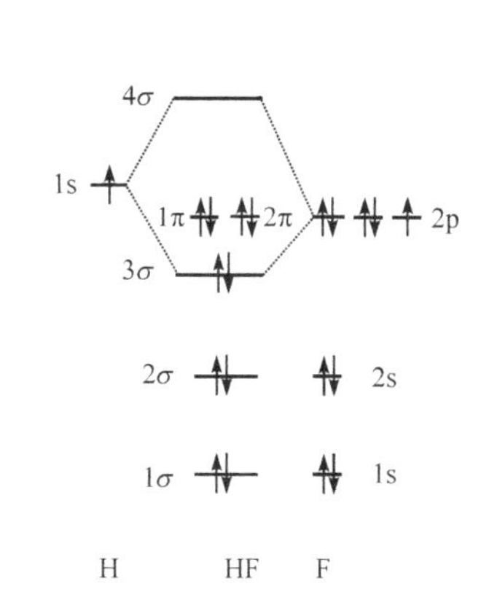

图6-28　HF分子轨道能级图和电子排布

H原子和F原子沿着x轴方向接近时,H原子1s轨道与F原子$2p_x$轨道对称性相同,组合成一个成键轨道3σ和一个反键轨道4σ;F原子的$2p_y$和$2p_z$与H原子的1s轨道对称性不相同,在分子轨道中(1π和2π)的能量与在原子轨道中相同,对HF分子的键级无影响,因而称为非键轨道。虽然F原子的1s轨道和2s轨道与H原子的1s轨道对称性相同,但能量相差较大,不能有效组合,在分子轨道(1σ和2σ)中仍然保持与原子轨道相同的能量,也是非键轨道。

6.2.6 离域π键和d-p π配键

1. 离域π键

1) 离域Π_3^4键

O_3分子中,中心原子采取sp^2杂化,如图6-29(a)所示。中心O原子的sp^2杂化轨道和两个配体O的2p轨道各形成一个σ键,分子结构为V字形,中心原子未杂化的$2p_z$轨道有2个电子,如图6-29(b)所示。

两个配体O的$2p_z$轨道有单电子,成键未饱和,都有成键的能力。但这两个配体O的$2p_z$轨道距离较远,不能重叠成键。中心O原子的$2p_z$轨道与2个配体O的$2p_z$轨道互相平行,对称性相同，可以按“肩并肩”重叠，形成三中心四电子离域 π 键 Π_3^4，如图 6－29(c)所示。

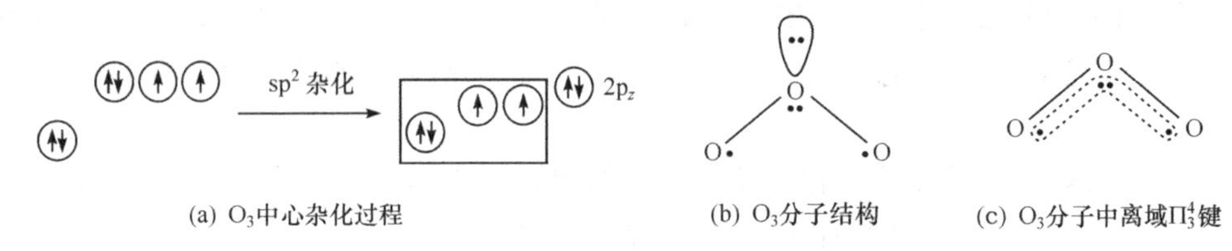

(a) O_3中心杂化过程　(b) O_3分子结构　(c) O_3分子中离域Π_3^4键

图 6－29　O_3 分子中心杂化、分子结构和离域 π 键

O_3 分子中的离域 π 键可以理解为 2 个配体 O 的 p 轨道借助中心原子的 p 轨道相互重叠形成的 π 键。离域 π 键的电子属于整个分子，也称这种键为大 π 键。

SO_2、HNO_3、NO_2^- 都有离域 Π_3^4 键，如图 6－30 所示。SO_2 和 NO_2^- 是 O_3 的等电子体，故三者有相似的结构和成键。

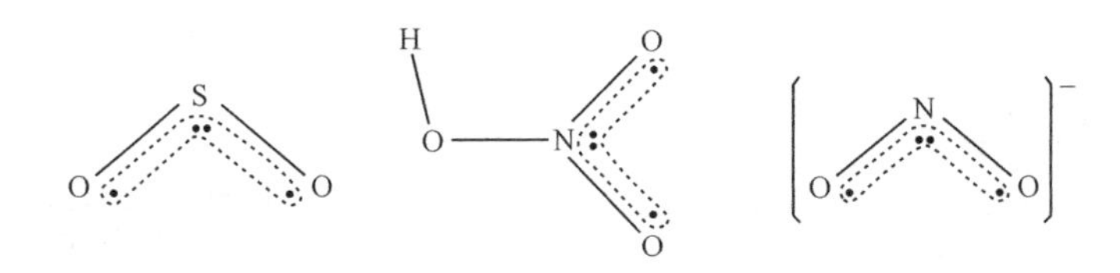

图 6－30　SO_2、HNO_3 和 NO_2^- 形成的离域 Π_3^4 键

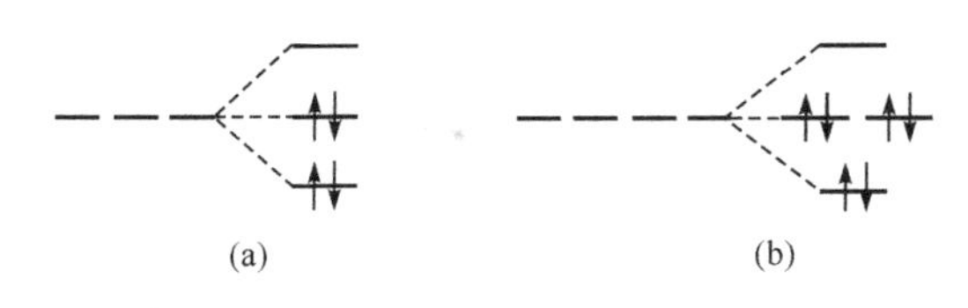

图 6－31　形成 Π_3^4 和 Π_4^6 键的分子轨道能级图及电子排布

O_3 分子中 Π_3^4 的分子轨道能级图如图 6－31(a) 所示，3 个 p_z 轨道组合形成 3 个 π 轨道，1 个成键轨道，1 个反键轨道，1 个非键轨道。Π_3^4 键对分子的键级贡献为 1，对每个 O—O 键贡献$\frac{1}{2}$个键级，即 O_3 分子中 O—O 键的键级为 1.5。可见 O_3 分子不如 O_2(键级为 2)稳定。O_3 分子没有单电子，故 O_3 为抗磁性分子。

由 O_3 分子形成 Π_3^4 的过程，可总结离域 π 键的形成条件如下：

(1) 几个原子尽可能共平面(轨道能按“肩并肩”有效重叠)。

(2) 均有垂直于分子平面的轨道(各轨道参与形成离域 π 键)。

(3) 轨道中电子总数小于轨道数的 2 倍(离域 π 键对键级的贡献不为 0)。

2) 离域 Π_4^6 键

SO_3 分子中，中心原子 S 激发 1 个 3s 轨道电子进入 3d 轨道，以保证 S 的 sp^2 杂化轨道中有 3 个单电子，中心原子未杂化的 $3p_z$ 轨道有 2 个电子；中心 S 原子的 sp^2 杂化轨道和 3 个配体 O 的 2p 轨道各形成一个 σ 键，分子结构为正三角形，如图 6－32 所示。

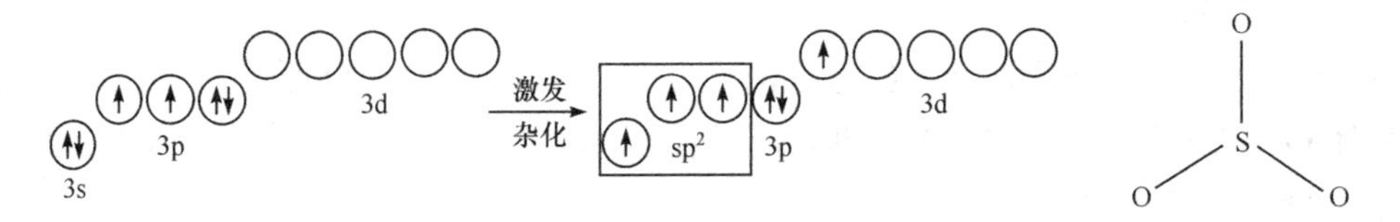

图 6－32　SO_3 分子中心原子的杂化和分子结构

SO_3 分子中3个配体O的 $2p_z$ 轨道有单电子，与中心S原子的 $3p_z$ 轨道互相平行，对称性相同，可以按“肩并肩”重叠，形成离域π键；同时，S原子激发到3d轨道的电子进入离域π键中，SO_3 形成四中心六电子离域π键 Π_4^6，如图6-33(a)所示。SO_3 分子中的离域π键可以理解为3个配体O的p轨道借助中心S原子的p轨道相互重叠形成π键。

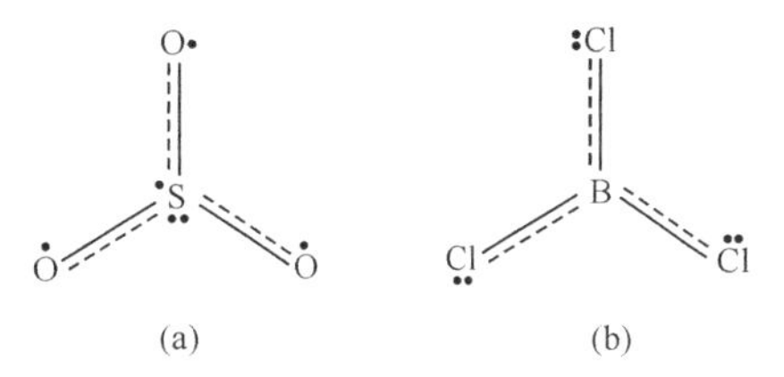

图6-33　SO_3 和 BCl_3 分子中的离域 Π_4^6 键

SO_3 分子中 Π_4^6 的分子轨道能级图如图6-31(b)所示，4个 p_z 轨道组合形成4个π轨道，1个成键轨道，1个反键轨道，2个非键轨道。Π_4^6 键对分子的键级贡献为1，对每个S—O键贡献 $\frac{1}{3}$ 个键级，即 SO_3 分子中S—O键中的键级为 $1\frac{1}{3}$。SO_3 分子没有单电子，故 SO_3 为抗磁性分子。

与 SO_3 相似，BCl_3、NO_3^-、CO_3^{2-} 等都有离域的 Π_4^6 键。而且 SO_3 与 BCl_3、NO_3^- 和 CO_3^{2-} 互为等电子体。

BCl_3 分子中，B采取 sp^2 杂化(图6-17)，3个杂化轨道分别与Cl的3p轨道单电子配对成σ键，余下未杂化的 $2p_z$ 轨道与Cl有电子对的 $3p_z$ 轨道重叠，故 BCl_3 分子中有离域的 Π_4^6 键[图6-33(b)]。Π_4^6 键的形成使 BCl_3 分子中B—Cl键的键级增加，缓解了B的缺电子性，提高了 BCl_3 分子的稳定性。

2. d-p π配键

1) 简单化合物中的d-p π配键

在 H_2SO_4 分子中，中心S原子采取 sp^3 杂化。S的 sp^3 杂化轨道只有2个单电子，如何与4个配体(2个OH，2个端O)成键？可以预测，S与配体间除形成正常共价键外，还有其他成键方式。

S原子2个有单电子的 sp^3 杂化轨道与2个OH配体各形成1个σ键，中心S原子2个有电子对的 sp^3 杂化轨道向2个端O的p轨道配位形成2个σ配键，H_2SO_4 分子为四面体构型，如图6-34(a)所示。H_2SO_4 分子中端O的p轨道为接受S的杂化轨道电子对配位，需进行重排而空出1个p轨道[图6-34(b)]。

H_2SO_4 分子中端O的p轨道的电子对向中心S原子的空d轨道配位，形成π键。如图6-34(c)所示，p轨道与d轨道对称性一致，能进行有效重叠。这种π键是由S原子提供空的d轨道，O原子的p轨道提供电子对，故称d-p π配键，也称反馈键。

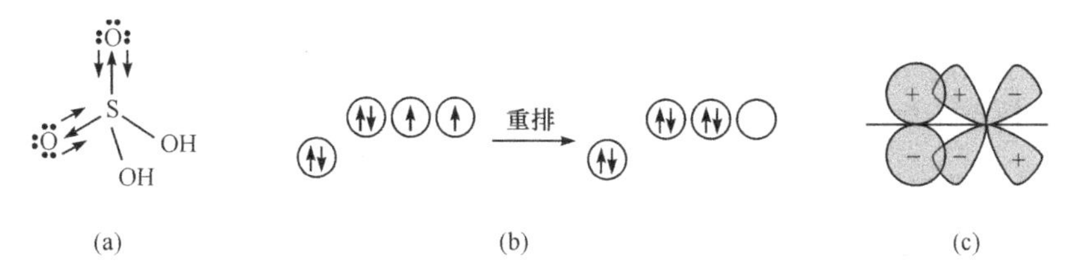

图6-34　(a) H_2SO_4 分子结构和成键；(b)端O原子p轨道电子重排；(c)p轨道与d轨道的重叠

H_3PO_2、H_3PO_3、H_3PO_4、P_4O_{10}、$SOCl_2$、SO_2Cl_2、$HClO_2$、$HClO_3$、$HClO_4$ 等许多分子中都

有 d-p π 配键。即中心原子的电子对向端 O 配位形成 σ 配键，端氧 p 轨道的电子对向中心原子空的 d 轨道配位形成 d-p π 配键。

2) 配位化合物中的 d-p π 配键

在配位化合物中，如果配体中有双键，则中心与配体之间既有配体的电子对向金属的杂化轨道配位形成的 σ 配键，也有金属 d 轨道(未杂化)的电子对向配体的 π^* 轨道配位形成的 d-p π配键。

在 $K[Pt(C_2H_4)Cl_3]$中，乙烯(C_2H_4)成键的 π 电子向中心 Pt^{2+} 空的杂化轨道配位形成 σ 配键，如图 6－35(a)所示；Pt^{2+} 的 d 轨道电子对向乙烯空的 π^* 轨道配位，形成 d-p π 配键(也称反馈 π 键)，如图 6－35(b)。

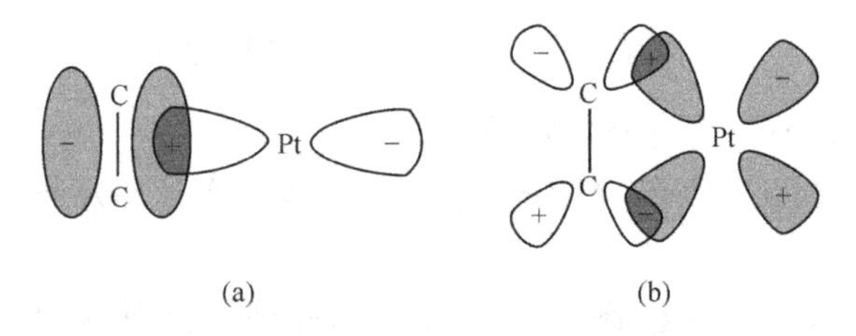

图 6－35　$K[Pt(C_2H_4)Cl_3]$中 Pt 与 C_2H_4 的成键

同样，$K_3[Fe(CN)_6]$中既有 CN^- 的电子对向 Fe^{3+} 的杂化轨道配位形成的 σ 配键，也有 Fe^{3+} 的 d 轨道的电子对向 CN^- 的 π^* 轨道配位形成的 d-p π 配键。$Ni(CO)_4$ 的结构和成键情况将在“配位化合物”一章进行详细讨论。

在金属与有机膦形成的配合物中，金属 M 与 P 原子间有 d-d π 配键(M 的 d 电子向 P 原子空的 d 轨道配位)。

6.3　分子间作用力和氢键

1. 偶极矩分为永久偶极、诱导偶极和瞬间偶极。范德华力包括取向力、诱导力和色散力。

2. 氢键是分子中的 H 与电负性大、半径小的原子产生的一种特殊分子间力，氢键具有饱和性和方向性。氢键分为分子内氢键和分子间氢键。

3. 氢键影响共价化合物的物理性质。分子间存在氢键时，分子间的作用力增大，物质的熔点、沸点将升高。

分子内原子间的结合靠共价键，物质中分子间结合靠分子间的作用力。共价键的结合能一般在一百至数百千焦每摩，而分子间的作用力只有几或几十千焦每摩。

6.3.1　分子的极性与偶极矩

1. 分子的极性

Cl_2 是非极性分子，原因在于组成分子的两个原子属于同一元素，即两个原子的电负性差为 0，形成的共价键是非极性的。HCl 分子是极性分子，原因在于组成分子的两个原子电负性不同，形成的共价键是极性的。那么，组成 CO_2 分子的 C 和 O 电负性不同，C—O 键为极性键，为什么 CO_2 分子却是非极性分子？O_3 分子由 3 个 O 原子组成，为什么由相同元素形成的 O_3 分子却是极性分子？

由 Cl_2、HCl 和 CO_2 分子的例子可知，极性分子肯定源于共价键的极性，而非极性分子中的共价键未必是非极性的。

显然，键的极性与成键两原子的电荷分布有关，分子是否有极性与分子中的电荷分布有关。正电荷重心和负电荷重心重合的分子为非极性分子，如 H_2、Cl_2、CO_2、SO_3、BCl_3、CH_4、PF_5、SF_6；正电荷重心和负电荷重心不重合的分子为极性分子，如 HCl、H_2O、SO_2、O_3、NH_3、$CHCl_3$、SF_4。

2. 偶极矩

极性分子的极性大小可以用偶极矩 μ 来度量。

$$\mu = d \cdot q$$

式中，d 为正电荷重心与负电荷重心的距离；q 为正电荷重心和负电荷重心电荷的电量。偶极矩 μ 的单位以“德拜”(D)表示，$1\ D=3.3\times10^{-30}\ C \cdot m$(库仑·米)。

偶极矩是一种矢量，双原子分子的偶极矩即为共价键的键矩，而多原子分子的偶极矩是分子中各共价键键矩的矢量和。若具有极性键的分子的键矩互相抵消，即键矩的矢量和为 0，则分子的正电荷重心和负电荷重心重合，如 CO_2、SO_3、BCl_3 等，分子为非极性的。O_3 分子是极性分子，原因在于分子中端 O 与中心 O 周围的电子密度不同，使 O—O 键具有极性；O_3 分子为非直线结构，两个 O—O 键的键矩不能相互抵消，分子的正电重心与负电重心不能重合。

孤电子对的存在和离域 π 键的形成有时也影响分子的偶极矩，如 NH_3 分子的偶极矩较大而 NF_3 分子的偶极矩较小。NH_3 分子中，成键电子对靠近 N 原子一侧，N 原子上的孤电子对与 N—H 成键电子对的偶极矩方向一致，使偶极矩增大；NF_3 分子中，成键电子对靠近 F 原子一侧，N 原子上的孤电子对与 N—F 成键电子对的偶极矩方向不一致，使偶极矩减小，如图 6-36 所示。

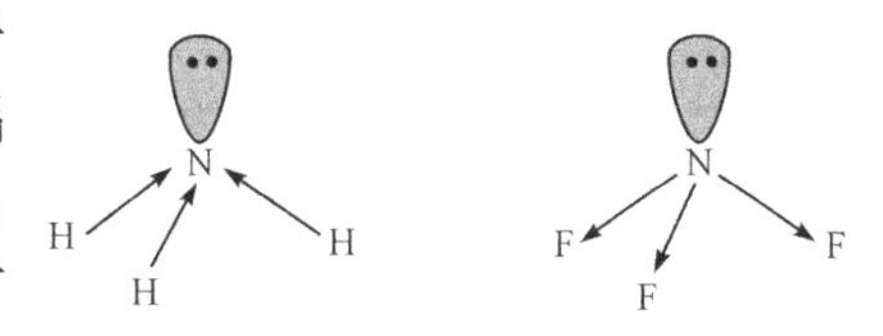

图 6-36　孤电子对对分子偶极矩的影响

极性分子的正电荷重心和负电荷重心不重合，总是存在偶极矩的，故极性分子的偶极矩称为永久偶极，也称固有偶极。

非极性分子在外电场的作用下，正电荷重心和负电荷重心不再重合，产生偶极；同样，极性分子在外电场的作用下，偶极矩会增大。在外电场的作用下产生的偶极称为诱导偶极，用 $\Delta\mu$ 表示，如图 6-37 所示。诱导偶极大小与外电场强度成正比，也与分子本身的变形性成正比。

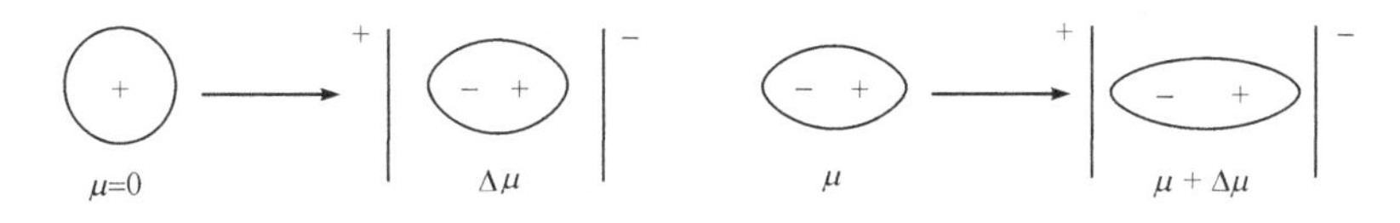

图 6-37　诱导偶极的产生

非极性分子和极性分子，由于运动、碰撞等原因造成的原子核和电子的相对位置瞬间变化，分子瞬间正负电荷重心不重合而产生偶极，称为瞬间偶极。分子的变形性越大，瞬间偶极越大。

6.3.2 分子间作用力

分子间作用力包括取向力、诱导力和色散力，统称为范德华力，一般以色散力为主。取向力是永久偶极和永久偶极之间的作用，仅存在于极性分子之间。

极性分子的正电端与负电端的互相吸引以及同种电荷的排斥作用，使分子定向排列，故取向力也称定向力。取向力是静电引力，分子的永久偶极越大，取向力越大。

诱导力是诱导偶极和永久偶极之间的作用，存在于极性分子和非极性分子之间、极性分子和极性分子之间。

色散力是瞬间偶极和瞬间偶极之间的作用，存在于所有分子之间。用量子力学推导出的色散力计算公式与光散射的计算公式在数学形式上相似，故将这种力称为色散力。

范德华力是一种近程力，随着分子间距离的增大而迅速减小，其作用力只有几到几十千焦每摩，比化学键小 1～2 个数量级。分子间力是静电引力，故没有方向性和饱和性。范德华力中往往以色散力为主。

分子间作用力影响物质的熔、沸点。例如，卤素单质随着分子体积增大，分子间色散力增大，则熔、沸点依次增加；同样，分子间作用力不同使 $SOCl_2$ 的熔、沸点比 SOF_2 高得多(表 6－7)。

表 6－7 色散力对化合物熔、沸点的影响

物质	F_2	Cl_2	Br_2	I_2	SOF_2	$SOCl_2$
熔点/℃	−291.7	−101.5	−7.2	113.7	−129.5	−101
沸点/℃	−188.1	−34.0	58.8	184.4	−43.8	75.6

6.3.3 氢键

氢键是分子中的 H 与分子内或分子间其他原子产生的一种特殊作用力。

1. 氢键的形成

H_2O 的沸点比 H_2S、H_2Se、H_2Te 的沸点高得多，HF 的沸点比 HCl、HBr、HI 的沸点高得多，这种现象用范德华力难以解释。

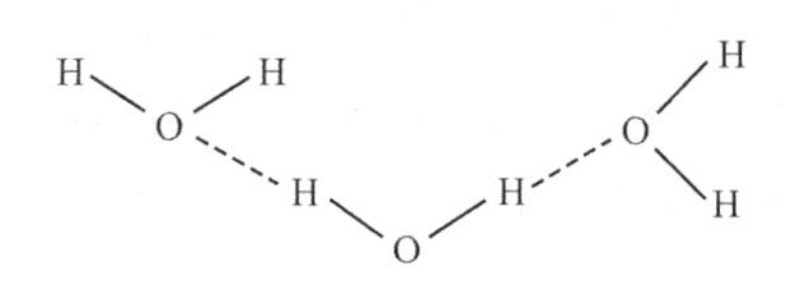

图 6－38 H_2O 分子形成的分子间氢键示意图

H_2O 和 HF 分子中的 O 和 F 均为第二周期元素，半径小，即 H—F 和 H—O 共价键较强；同时，O 和 F 的电负性大，即 H—F 和 H—O 键中的电子对距离 H 较远，分子中的 H 有明显的正电性(缺电子)，而 O 和 F 有明显的负电性(富电子)。缺电子的 H 与附近分子中富电子的原子(如 O 和 F)产生静电作用，这种作用称为氢键。

氢键用“…”表示，如 H—F…H—F 表示 HF 分子间形成了氢键。H_2O 分子间形成的氢键如图 6－38 所示。

从 H_2O 和 HF 例子可知，氢键的形成必须具备两个条件：

(1) 有与半径小、电负性大的原子成键的氢(使得 H 原子带部分正电荷)。

(2) 有电负性大、半径小且有孤电子对的原子(带部分负电荷的电子对给予体)。

符合要求的原子主要是 F、O、N，即与 F、O、N 成键的 H 与 F、O、N 原子能形成氢键。而

Cl—H 和 C—H 提供的氢形成的氢键则很弱。

氢键分为分子内氢键和分子间氢键。分子内氢键是指与氢成共价键的原子和与氢成氢键的原子属于同一个分子，如硝酸、邻硝基苯酚都有分子内氢键，如图 6-39 所示。

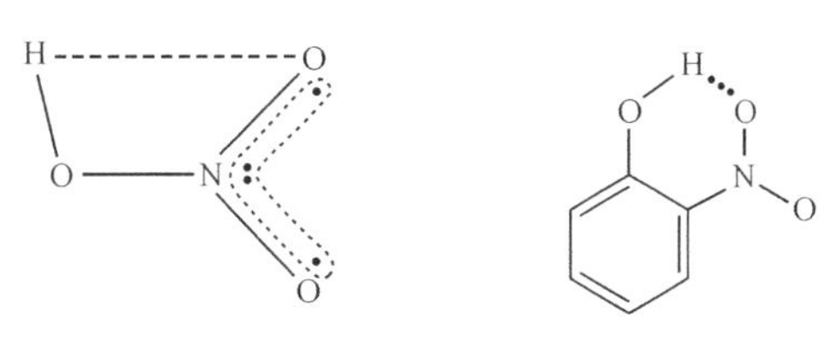

图 6-39　硝酸、邻硝基苯酚形成的分子内氢键

分子间氢键则是指与氢成共价键的原子和与氢成氢键的原子不属于同一个分子，如 H_2O 分子间形成的氢键，NH_3 分子间形成的氢键，NH_3 与 H_2O 分子间形成的氢键等。

氢键具有饱和性和方向性。由于 H 原子的体积小，1 个 H 周围一般只能有 2 个原子，即 1 个 H 形成 1 个氢键，所以氢键有饱和性。由于 H 原子两侧的电负性大的原子相互排斥，两个原子在 H 的两侧尽量呈直线排列，所以氢键有方向性。但氢键的饱和性和方向性与共价键的饱和性和方向性有本质的区别。

氢键的强度和 H 两侧的原子的电负性有关，原子的电负性越大，氢键越强，键能越大（表 6-8）。

表 6-8　几种氢键的键能

氢键类型	F—H···F	O—H···O	N—H···N
氢键键能 $E/(kJ \cdot mol^{-1})$	28.0	18.8	5.4

2. 氢键对化合物性质的影响

氢键影响化合物的物理性质。分子间存在氢键时，分子间的作用力增大，使物质的熔、沸点升高。例如，CH_3CH_2OH 的沸点（78 ℃）比 H_3COCH_3 的沸点（−25 ℃）高得多，就是因为 CH_3CH_2OH 分子间形成了较强的氢键；由于 HF 分子间有氢键，HF 的沸点在卤化氢序列中最高，即 HF＞HI＞HBr＞HCl；同样，H_2O 分子间形成了较强的氢键，使其沸点在同系列氢化物中最高，即 H_2O＞H_2Te＞H_2Se＞H_2S。

由于分子间氢键很强，以至于 H_2O 和 HF 分子发生缔合，室温时经常以 $(H_2O)_2$、$(H_2O)_3$、$(HF)_2$、$(HF)_3$ 等形式存在。水中 $(H_2O)_2$ 的排列最紧密，在 4 ℃时二聚的水比例最大，故 4 ℃时水的密度最大。

当分子能够形成分子内氢键时，势必削弱其分子间氢键的形成。因此，能形成分子内氢键的化合物的沸点和熔点都较低。例如，对硝基苯酚只能形成分子间氢键，其熔点较高（113～114 ℃），而能够成分子内氢键的邻硝基苯酚的熔点较低（44～45 ℃）。

3. 非经典氢键

经典的氢键是 A—H（A 半径小、电负性大）中的氢与半径小、电负性大的原子间形成的较强相互作用，而 A—H（对 A 的半径和电负性无特殊要求）中的氢与其他原子形成的弱相互作用称为非经典氢键。例如，$H_3N \rightarrow BH_3$ 分子间存在的双氢键，三氯甲烷与苯之间的氢键等（图 6-40）。

实验结果表明，氯仿在苯中的溶解度明显比 1，1，1-三氯乙烷的大，说明 $CHCl_3$ 的氢原子与苯环的共轭电子形成氢键。

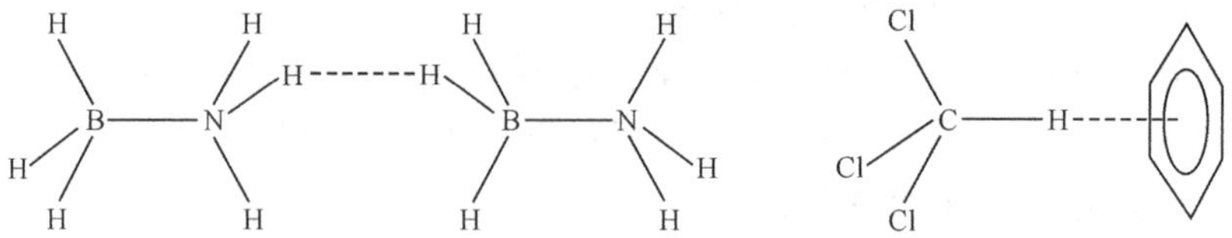

图 6 - 40　$H_3N \rightarrow BH_3$ 分子间及三氯甲烷与苯之间的氢键示意图

6.4　离子极化作用

1. 离子极化现象是指离子在电场中产生诱导偶极的现象。

2. 一般情况下，主要考虑阳离子的极化作用和阴离子的变形性，对半径大且外层电子多的阳离子也要考虑其变形性，考虑相互极化作用。

3. 离子极化对化合物结构和性质有影响，它使化合物的键型由离子键向共价键转化、晶体类型发生转变、溶解度减小、熔沸点降低、热稳定性降低、颜色加深、容易水解等。

一般情况下，可以根据正、负离子半径比判断 AB 型立方晶系离子晶体配位情况，以确定晶体类型。由于离子极化的缘故，晶体的构型就会偏离表 6 - 3 预测的结果。例如，按离子半径比计算，AgI 正、负离子半径比为 0.583，应为 NaCl 型晶体，而实际上为 ZnS 型晶体。

$FeCl_2$ 为离子化合物而 $FeCl_3$ 有明显的共价性，其原因也是离子极化的缘故。

6.4.1　离子极化现象

1. 离子极化

在电场的作用下，离子的正电荷重心和负电荷重心不再重合，产生诱导偶极。离子在电场中产生诱导偶极的现象称为离子极化(图 6 - 41)。

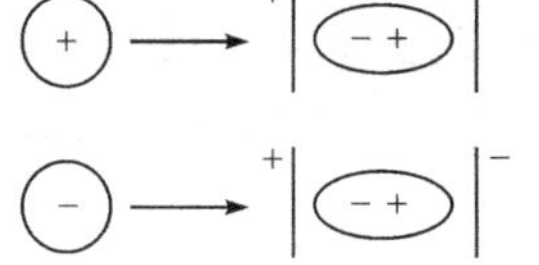

图 6 - 41　离子在电场中的极化

离子作为带电微粒，自身可以起电场作用，使其他离子产生偶极而变形，即离子有极化能力；离子在其他离子的作用下产生偶极而变形，即离子有变形性。故离子有二重性：极化能力和变形性。

2. 影响离子极化能力和变形性的因素

离子极化作用的实质是离子作为电场对其他离子的作用，离子的极化能力大小体现在电场强度的强弱；离子的变形性是离子在电场作用下电子云发生形变，正电荷重心和负电荷重心不再重合。

1) 离子半径

离子电荷相同，半径越小则离子极化能力越强，离子的变形性越小。

极化能力　$H^+ > Li^+ > Na^+ > K^+ > Rb^+ > Cs^+$

变形性　$H^+ < Li^+ < Na^+ < K^+ < Rb^+ < Cs^+$

H^+ 半径最小，极化能力强，变形性小。

2）离子电荷

离子的电荷数越高，则其极化能力越强，变形性越小。

极化能力　$Si^{4+} > Al^{3+} > Mg^{2+} > Na^{+}$

变形性　$Si^{4+} < Al^{3+} < Mg^{2+} < Na^{+}$

3）离子的电子构型

半经相近、电荷相同时，离子的外层电子数越多，极化能力越强，同时变形性越大。

Pb^{2+}, Zn^{2+}　>　Fe^{2+}, Ni^{2+}　>　Ca^{2+}, Mg^{2+}

(18,18+2)e　　(9～17)e　　8e

外层电子数越多，电子云越易变形；同时，外层电子数越多，有效核电荷越高，离子极化能力越强。

4）复杂阴离子对称性的影响

对称性高的复杂阴离子变形性小，如 SO_4^{2-}（正四面体）、ClO_4^-（正四面体）、NO_3^-（正三角形）等；这些离子不仅对称性高，而且中心原子的氧化数高，对负电荷（电子）的束缚能力强，故离子的电子云不易变形。而 SO_3^{2-}、$S_2O_3^{2-}$ 等对称性低的复杂阴离子变形性较大。

3. 相互极化作用

一般情况下，对阳离子主要考虑其极化能力，对阴离子则主要考虑其变形性。但对半径大且外层电子多的阳离子也要考虑其变形性，如 Ag^+、Hg^{2+}、Pb^{2+} 等。

既考虑阳离子对阴离子的极化作用，又考虑阴离子对阳离子的极化，总的结果称为相互极化，也称附加极化。极化能力和变形性都大的阳离子与变形性大的阴离子间有明显的相互极化作用，如 HgI_2、AgI 等。

6.4.2　离子极化对化合物键型和晶体结构的影响

1. 离子极化影响化合物键型

阳离子的极化作用是正离子吸引负离子的电子云，负离子发生形变，化合物中的正、负离子间出现电子云重叠，结果是化合物的共价键成分增加，化合物的键型由离子键向共价键转化。

在 AgF 中 Ag^+ 与 F^- 间主要是离子键，而在 AgI 中 Ag^+ 与 I^- 间主要是共价键；在 $SnCl_2$ 中 Sn^{2+} 与 Cl^- 间主要是离子键，而在 $SnCl_4$ 中 Sn^{4+} 与 Cl^- 主要是共价键。

2. 离子极化影响晶体结构类型

离子极化作用使化合物中的正、负离子间电子云重叠增大，晶体结构从高配位结构形式向低配位结构形式过渡。例如，CuCl 半径比 $r_+/r_- = 0.53$（大于 0.414），应属于 NaCl 型，由于离子极化作用，它的晶体构型变为 ZnS 型结构。

6.4.3　离子极化对化合物性质的影响

1. 离子极化对化合物物理性质的影响

离子极化使化合物的键型由离子键向共价键过渡，必然使化合物的溶解度减小，熔、沸点降低。

1) 使化合物溶解度减小

溶解度 $AgF>AgCl>AgBr>AgI$,其中 AgF 为易溶盐,其余为难溶盐。原因在于从 F^- 到 I^- 的半径依次增大,阴离子的变形性依次增大,与 Ag^+ 间的极化作用增大。

值得注意的是,影响化合物溶解度的因素较多,除化合物的键型外,离子的水合热影响也非常显著。例如,$FeCl_2$ 是离子化合物而 $FeCl_3$ 有明显的共价性,但 $FeCl_2$ 的溶解度比 $FeCl_3$ 略小些,主要原因是 Fe^{3+} 水合放热比 Fe^{2+} 多。

2) 使化合物熔、沸点降低

离子极化作用越强,化合物中共价成分越多,则熔、沸点越低。例如,下列化合物沸点依次降低。

$$CdF_2(1748\ ℃)>CdCl_2(960\ ℃)>CdBr_2(844\ ℃)>CdI_2(742\ ℃)$$

$$ZnF_2(1500\ ℃)>ZnCl_2(732\ ℃)>ZnBr_2(697\ ℃)>ZnI_2(625\ ℃)$$

如果不考虑离子极化作用,可以预测 Al_2O_3 的熔点应比 MgO 高,因为二者都是离子化合物,而 Al^{3+} 与 O^{2-} 间的引力大于 Mg^{2+} 与 O^{2-} 间的引力,即 Al_2O_3 的离子键比 MgO 的离子键强。实测结果是,Al_2O_3 的熔点(2054 ℃)远比 MgO 的熔点(2806 ℃)低,这是离子极化造成的,Al^{3+} 半径极小而电荷高,使难以变形的 O^{2-} 有一定的变形,Al_2O_3 中共价键成分明显比MgO 多。

如果只考虑离子的极化作用,ZnI_2、CdI_2、HgI_2 的溶解度应依次增大,熔点应依次升高,但实验结果恰恰相反,原因在于忽略了相互极化作用。Zn^{2+}、Cd^{2+}、Hg^{2+} 半径依次增大,变形性依次增大,与 I^- 间的相互极化作用依次增强,故 ZnI_2、CdI_2、HgI_2 中键的极性依次减小,熔点依次降低、溶解度依次减小。ZnI_2 为典型的离子化合物而 HgI_2 为典型的共价化合物。

3) 使化合物颜色加深

离子极化作用越强,化合物中的正、负离子间电子云重叠越大,电荷迁移越容易,化合物颜色越深(有关化合物的颜色和电荷迁移内容将在配位化合物一章进行详细讨论)。例如

AgCl	白色	AgBr	浅黄	AgI	黄色
ZnI_2	白色	CdI_2	黄绿	HgI_2	红色
ZnS	白色	CdS	黄色	HgS	黑色

2. 离子极化对化合物稳定性的影响

1) 影响二元化合物的稳定性

对于二元化合物,离子极化的极端形式是电子从阴离子向阳离子转移,发生氧化还原反应,即化合物分解。

阳离子极化能力越强,化合物的热稳定性越低。例如,下列各对化合物的热稳定性。

$$PbCl_4<PbCl_2 \qquad Ag_2O<Cu_2O$$

2) 影响含氧酸盐的稳定性

对于含氧酸盐而言,阳离子与含氧酸根的中心原子同时极化氧原子,阳离子极化能力越强,越容易从含氧酸根中夺取氧生成氧化物而含氧酸根则发生分解反应,这种过程可由图 6-42 表示。

离子极化能力 $H^+>Li^+>Na^+>K^+$,化合物热稳定性 $HNO_3<LiNO_3<NaNO_3<$

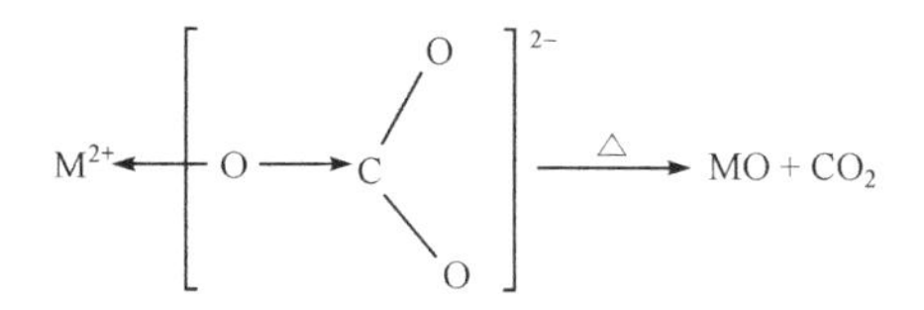

图 6-42　含氧酸盐热分解过程

KNO_3，$H_2CO_3 < Li_2CO_3 < Na_2CO_3 < K_2CO_3$。硝酸盐热分解往往伴随着氧化还原反应发生。

$$2KNO_3 = 2KNO_2 + O_2$$

$$2Mg(NO_3)_2 = 2MgO + 4NO_2 + O_2$$

H^+的极化能力极强，H_2CO_3 常温下即迅速分解，HNO_3 在常温下见光也缓慢分解。

$$H_2CO_3 = CO_2 + H_2O$$

$$4HNO_3 = 4NO_2 + O_2 + 2H_2O$$

相对于含氧酸根的中心原子对配体氧的极化作用，阳离子对含氧酸根的极化作用也称反极化作用。

若阳离子和含氧酸根的中心原子相同，则含氧酸盐的热稳定性取决于含氧酸根的中心原子的氧化数。中心原子的氧化数越高，其对氧的极化能力越强，即含氧酸根抵抗阳离子极化的能力强，含氧酸盐的热稳定性越高。

$AgNO_3$ 分解温度 444 ℃，$AgNO_2$ 分解温度 140 ℃。$AgNO_3$ 比 $AgNO_2$ 稳定的原因在于N(Ⅴ)的极化能力比 N(Ⅲ)的极化能力强，即 N(Ⅴ)抵抗阳离子 Ag^+ 极化的能力比 N(Ⅲ)强。同理，HNO_3 比 HNO_2 稳定，H_2SO_4 比 H_2SO_3 稳定，Na_2SO_4 比 Na_2SO_3 稳定。

3. 离子极化对化合物水解性的影响

极化作用较强的阳离子与易挥发性酸的酸根结合形成的水合盐，受热脱水时容易发生水解而得不到无水盐。例如

$$CuCl_2 \cdot 2H_2O = Cu(OH)Cl + HCl + H_2O$$

$$Cu(OH)Cl = CuO + HCl$$

极化作用较强的阳离子的盐溶于水或在潮湿的空气中发生水解。例如

$$AlCl_3 + 3H_2O = Al(OH)_3 + 3HCl$$

$$SiCl_4 + 4H_2O = H_4SiO_4 + 4HCl$$

$$Cr_2(SO_4)_3 + 6H_2O = 2Cr(OH)_3 + 3H_2SO_4$$

极化作用较强的阳离子的盐与 Na_2CO_3 或 Na_2S 等碱性的盐溶液作用生成氢氧化物而不生成碳酸盐或硫化物等。例如

$$AlCl_3 + 3Na_2CO_3 + 3H_2O = Al(OH)_3 + 3NaHCO_3 + 3NaCl$$

$$AlCl_3 + 3Na_2S + 3H_2O = Al(OH)_3 + 3NaHS + 3NaCl$$

6.5 金属键与金属晶体

1. 金属晶体中原子间的结合力称为金属键。

2. 改性共价键理论认为,失去电子的自由离子通过吸引电子结合在一起,形成金属晶体。

3. 金属能带理论是在分子轨道理论基础上发展起来的,无数个相同的原子轨道线性组合形成能量差很小的分子轨道,即能带。

4. 金属晶体中原子可看成刚性的球,金属晶体堆积方式主要有六方密堆积、立方面心密堆积、立方体心密堆积和金刚石型堆积。

6.5.1 金属键理论

周期表中大部分元素为金属元素,形成金属晶体。金属晶体中原子间的结合力称为金属键。靠金属键结合形成的金属晶体与分子晶体、离子晶体、原子晶体的性质有很大差别,金属晶体有光泽,有良好的导电性、导热性、延展性。

1. 金属键的改性共价键理论

1) 改性共价键理论中的金属键

金属原子的半径大,原子核对价电子的引力小,这些价电子很容易脱离原子核的束缚成为自由电子,自由电子可在金属晶体中自由运动。

失去电子的自由离子通过吸引电子结合在一起,形成金属晶体。这就是金属键的改性共价键理论,与共价键中的原子通过共用电子对结合在一起相似。改性共价键理论对金属键形象化的描述是"失去电子的金属离子浸在自由电子的海洋中"。

金属键实质是静电引力,没有方向性。金属键没有固定的键能。

2) 金属键的强弱

金属键的强弱与自由电子的多少有关,也与离子半径、电子层结构等许多因素有关。一般来说,金属单电子多,金属键强,熔点高,硬度大。例如,W 和 Re 熔点约为 3500 K;Cr 价层有 6 个单电子,使其成为硬度最高的金属;K 和 Na 单电子少,熔点低,硬度小。

金属键强弱可以用金属的原子化热来衡量。金属原子化热是指 1 mol 金属变成气态原子所需要的能量。金属原子化热小,则其熔点低,硬度小;反之则熔点高,硬度大。例如,金属钾的原子化热小(90 $kJ \cdot mol^{-1}$),钾的熔点(64 ℃)和沸点(774 ℃)低,硬度小(莫氏硬度 0.5);金属钙的原子化热较大(177 $kJ \cdot mol^{-1}$),钙的熔点(839 ℃)和沸点(1474 ℃)比钾高得多,钙的硬度(莫氏硬度 1.5)也比钾大得多。

3) 解释金属晶体的性质

金属可以吸收波长范围极广的光,并重新反射出去,故金属晶体不透明,且有金属光泽;在外电压的作用下,自由电子可定向移动,故金属有导电性;金属受热时通过自由电子的碰撞及电子与金属离子之间的碰撞传递能量,故金属有导热性;金属受外力时发生变形或错位,但金属键不被破坏,故金属有很好的延展性。

2. 金属键的能带理论

1) 金属能带理论

金属能带理论是在分子轨道理论基础上发展起来的。根据分子轨道理论,2 个原子轨道可以组合为 2 个分子轨道:1 个成键轨道和 1 个反键轨道。

对于 Li 原子,其电子构型为 $1s^2 2s^1$。Li_2 分子轨道能级图的两种表示法如图 6-43 所示。

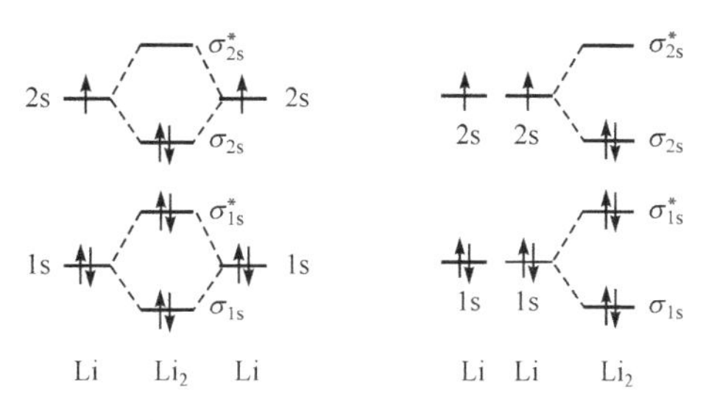

图 6-43　Li_2 分子轨道能级图的两种表示法

Li 金属晶体中 n 个 1s 轨道组成 n 个分子轨道。这些能量相近的能级组成能带,这 n 个分子轨道填满电子,故称满带(图 6-44)。

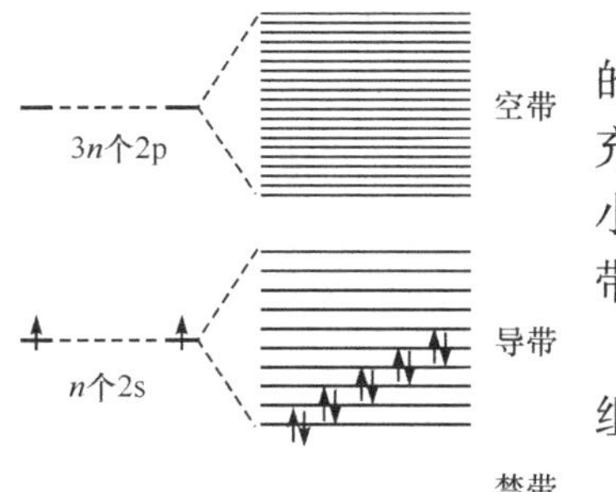

图 6-44　Li 金属晶体中的能带

Li 金属晶体中 n 个 2s 轨道组成 n 个分子轨道,2s 轨道组成的能带中,一半轨道填满电子,另一半轨道未填电子,即轨道半充满。由于能带内分子轨道之间能量差小,电子跃迁所需能量小,电子可以向空轨道跃迁使金属晶体导电,故轨道半充满的能带称为导带。

Li 金属晶体中 $3n$ 个 2p 轨道组成 $3n$ 个分子轨道,2p 轨道组成的能带中没有填充电子,故称为空带。

两种能带之间没有分子轨道,能量间隔较大,电子难以跃迁,称为禁带。

2) 解释金属的性质

导带中电子可以跃迁进入空轨道,故金属导电。有的金属满带和空带有部分重叠(图 6-45),也相当于有导带,能够导电,如金属 Be 和 Ca 等。

若晶体中没有导带,且满带和空带之间的禁带能量 $E>5$ eV,电子难以跃迁,则该晶体为绝缘体;若禁带能量 $E<3$ eV,在外界能量激发下,电子可以穿越禁带从满带进入空带而导电,则该晶体为半导体。

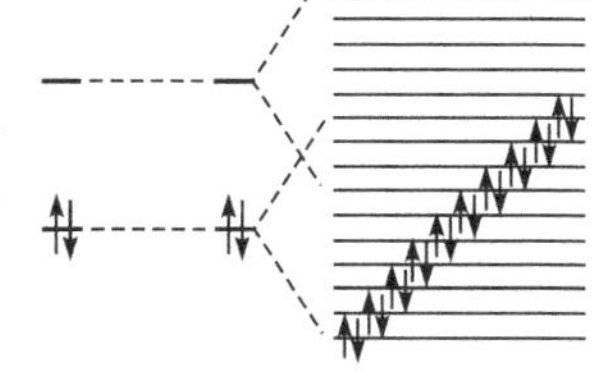

图 6-45　满带和空带的重叠

电子在能带中跃迁,能量变化的覆盖范围相当广泛,放出各种波长的光,故大多数金属呈银白色,有金属光泽。金属晶体受外力时金属能带不被破坏,故有延展性。

6.5.2　金属晶体结构

金属晶体中原子可看成刚性的球,堆积方式主要有六方密堆积、立方面心密堆积、立方体心密堆积和金刚石型堆积。前三者为紧密堆积,而金刚石型堆积为非紧密堆积。

1. 六方密堆积

金属晶体中的原子可以看成刚性的球,在一层内,最紧密的堆积方式是一个球与周围的 6 个球相切,在中心的周围形成 6 个凹位,这是第一层(记为 A 层)。第二层是将球对准 1、3、5 凹位(记为 B 层);第三层则重复第一层。如图 6-46 所示。

每两层形成一个周期,即为 ABAB 堆积方式,堆出六棱柱形的单元。六方密堆积的配位数为 12,晶胞中有 2 个原子,空间利用率为 74.05%。

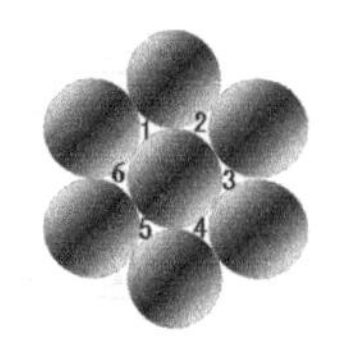

六方密堆积第一层

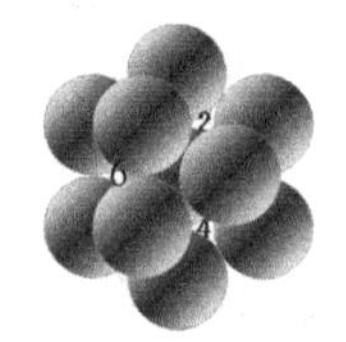

六方密堆积第二层

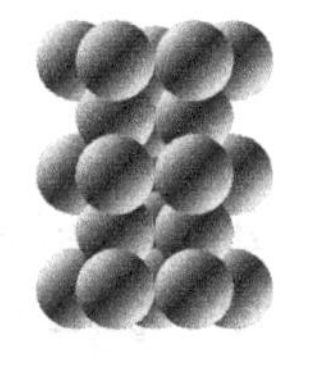

六方密堆积主视图

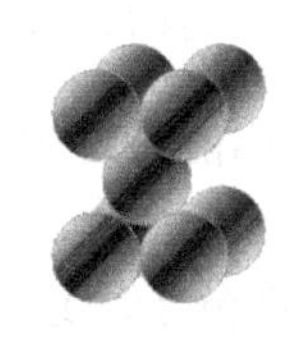

六方密堆积晶胞

图 6－46　金属晶体的六方密堆积

2. 立方面心密堆积

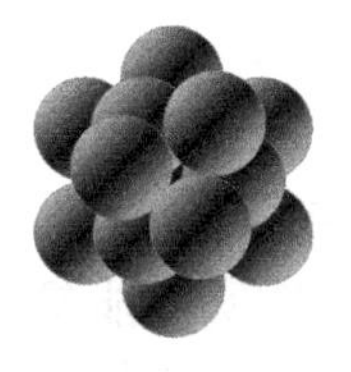

立方面心密堆积

立方面心密堆积主视图

图 6－47　金属晶体的立方面心密堆积

立方面心密堆积第一层和第二层与六方密堆积相同，第三层是将球对准第一层的 2、4、6 凹位（记为 C 层）；第四层重复第一层；立方面心密堆积按 ABCABC 三层形成一个周期（图 6－47）。原子配位数为 12，空间利用率为 74.05％。

从图 6－47 很难确定立方面心密堆积金属晶体的晶胞。若第一层为浅黑色网格的球，第二层为空心球，第三层为深黑色的球（图 6－48），然后将第一层只留下一个原子，则可显示出晶胞的轮廓。

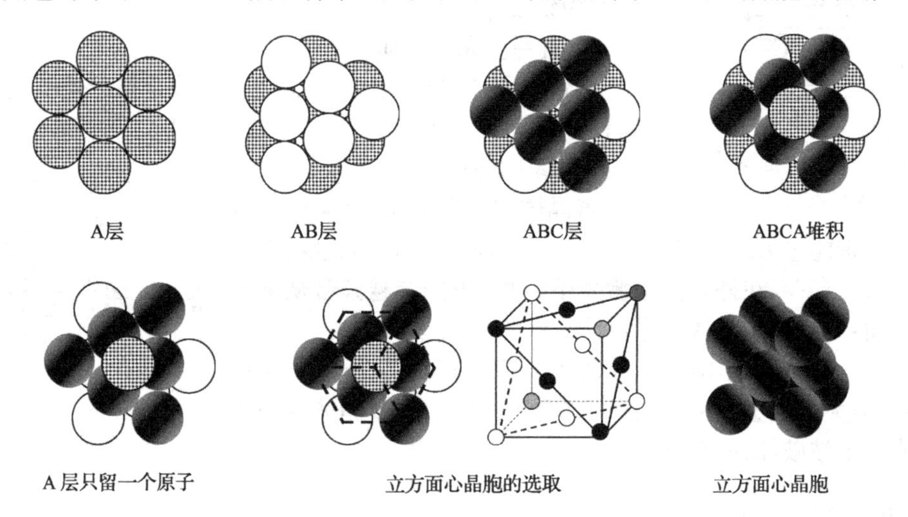

图 6－48　立方面心密堆积金属晶体晶胞的选取

3. 立方体心密堆积和金刚石型堆积

立方体心密堆积中（图 6－49），立方体中心的原子与顶点 8 个原子相切，立方体顶点的原子都不相切，空间利用率比立方面心和六方堆积低。原子配位数为 8，晶胞中有 2 个原子，空间利用率为 68.02％。

将立方硫化锌晶胞中所有离子换成碳原子，则得到金刚石晶胞，灰锡、锗等金属采取金刚石型堆积方式（图 6－49）。原子配位数为 4，晶胞中有 8 个原子，空间利用率仅为 34.01％。

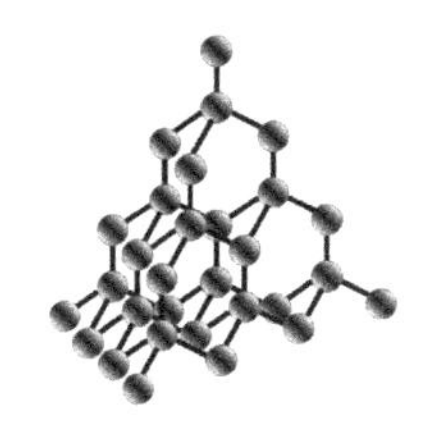
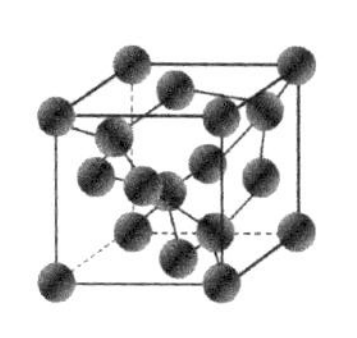

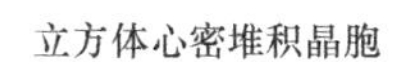
立方体心密堆积晶胞

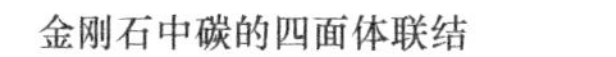
金刚石中碳的四面体联结

金刚石型堆积晶胞

图 6 - 49　立方体心密堆积和金刚石型堆积

思　考　题

1. 总结离子晶体的特点，讨论离子晶体导电的实质。
2. 举例说明离子极化对化合物性质的影响。
3. 试总结价层电子对互斥理论与杂化轨道理论的关系。
4. 举例说明分子轨道理论的要点和优于价键理论之处。
5. 为什么说氢键的方向性与饱和性和共价键的方向性与饱和性有本质的区别？
6. 简述金属晶体的结构类型。

习　　题

1. 给出下列分子的路易斯结构式。
   (1) CCl_4　(2) NH_3　(3) H_2SO_4　(4) SO_3　(5) SO_2Cl_2　(6) HCN
2. 下列分子中，中心原子是否符合路易斯理论的 8 电子结构？
   (1) $BeCl_2$　(2) $SOCl_2$　(3) BCl_3　(4) SCl_4　(5) NO_2　(6) PCl_3
3. 用价键理论解释下列分子的成键过程。
   (1) CCl_4　(2) NH_3　(3) BCl_3　(4) PCl_5　(5) SF_4　(6) CO
4. 用价层电子对互斥理论判断下列分子和离子的几何构型。
   (1) I_3^+　(2) NO_2^+　(3) NO_3^-　(4) PF_5　(5) $XeOF_4$　(6) ICl_3
5. 已知下列分子或离子的几何构型，试用杂化轨道理论予以解释。
   (1) SO_2　V 字形　(2) NO_2　V 字形　(3) NO_3^-　正三角形
   (4) SiF_4　正四面体　(5) IF_5　四角锥形　(6) $POCl_3$　四面体
6. 判断下列分子或离子的几何构型和中心原子的杂化类型。
   (1) PCl_5　(2) IF_5　(3) NO_3^-　(4) SF_4　(5) XeF_4　(6) I_3^-
7. SO_3 和 $SOCl_2$ 的中心原子相同、配体个数也相同，为什么二者的几何构型和中心杂化类型却不同？
8. 用分子轨道理论讨论下列分子或离子是否有顺磁性。
   (1) NO　(2) NO^+　(3) O_2　(4) O_2^{2+}　(5) B_2　(6) N_2^+
9. 用分子轨道理论判断下列各对分子或离子中哪个更稳定。
   (1) NO 和 NO^+　(2) O_2 和 O_2^+　(3) CO 和 NO　(4) N_2^+ 和 N_2
10. 指出下列分子或离子中的特殊键型。
    (1) HNO_3　(2) H_2SO_4　(3) SO_3　(4) BCl_3
    (5) NO_2^-　(6) $SOCl_2$　(7) $HClO_2$　(8) H_3PO_4
11. 比较下列各对物质的熔点高低，并简要说明原因。
    (1) HF，HCl　(2) H_2O，HF　(3) NaCl，KCl

(4) Al_2O_3, MgO　　(5) ZnI_2, HgI_2　　(6) 邻硝基苯酚,对硝基苯酚

(7) HF, NH_3　　(8) O_2, N_2　　(9) HF, HI

12. 比较下列各对物质的热稳定性,并简要说明原因。

(1) ZnO, HgO　　(2) $CuCl_2$, $CuBr_2$　　(3) Na_2CO_3, K_2CO_3

(4) $NaHCO_3$, Na_2CO_3　　(5) $PbCO_3$, $CaCO_3$　　(6) $Na_2S_2O_3$, $Ag_2S_2O_3$

(7) Na_2SO_3, Na_2SO_4　　(8) $AgNO_3$, $Cu(NO_3)_2$　　(9) $PbCl_2$, $PbCl_4$

13. 比较下列各组分子或离子中键角的大小,并说明原因。

(1) XeF_2, NH_3, BCl_3, CH_4　　(2) NO_2^+, NO_2, NO_2^-, NO_3^-

(3) SO_2, SO_3, SO_3^{2-}, SO_4^{2-}　　(4) I_3^+, I_3^-, ICl_4^-, IF_3

(5) CO_2, NO_2, SO_2, ClO_2

14. 指出下列分子或离子中的离域 π 键。

(1) O_3　　(2) SO_3　　(3) HNO_3　　(4) NO_2^-　　(5) NO_3^-　　(6) ClO_2

15. 指出下列化合物中分子间的作用力情况。

(1) ICl_3　　(2) HF　　(3) $SiCl_4$　　(4) H_2O　　(5) HNO_3

16. 比较下列化合物在水中溶解度大小并说明原因。

(1) NH_3, HCl, HF　　(2) $HgCl_2$, $HgBr_2$, HgI_2　　(3) $ZnCl_2$, $CdCl_2$, $HgCl_2$

17. 试解释下列事实。

(1) Si 的电负性和 Sn 的电负性相差不大,但 SiF_4 为气态而 SnF_4 为固态;

(2) PCl_5 稳定,而 NCl_5 和 $BiCl_5$ 不存在;SF_6 稳定,而 OF_6 不存在;

(3) 石墨导电而金刚石不导电;

(4) 键角:NF_3(102.4°)$<$$NH_3$(107.3°),$PF_3$(97.8°)$>$$PH_3$(93.3°);

(5) 常温下 MnO_2 为固体而 Mn_2O_7 为液体;

(6) 常温下 $SnCl_2$ 为固态而 $SnCl_4$ 为液态。

18. 解释:HF 和 HI 的熔点与沸点相对高低的顺序不同。

19. KF 与 NaCl 具有相同的晶体结构,20 ℃时 KF 密度为 2.48 $g \cdot cm^{-3}$,计算 KF 晶胞的边长及晶胞中最相邻离子间的距离(已知 KF 的式量为 58.096)。

20. 利用下列数据由 Born-Haber 循环计算 KCl(s)的晶格能。

		$\Delta_r H_m^\ominus/(kJ \cdot mol^{-1})$
ΔH_1	K(s)的原子化热	89
ΔH_2	K(g)的电离能	425
ΔH_3	Cl_2(g)的解离能	244
ΔH_4	Cl(g)电子亲和能的相反数	−355
ΔH_5	KCl(s)的生成热	−438

21. 简要回答下列问题。

(1) 给出晶体中离子的配位数比:NaCl,立方 ZnS,CsCl;

(2) 给出金属晶体的晶胞中原子数:六方密堆积,立方面心密堆积,立方体心密堆积,金刚石型堆积。

22. 已知金属钒的密度为 5.79 $g \cdot cm^{-3}$,钒的相对原子质量为 50.94,立方晶胞参数 a=308 pm。计算晶胞中钒原子个数,指出钒晶体的晶格类型。

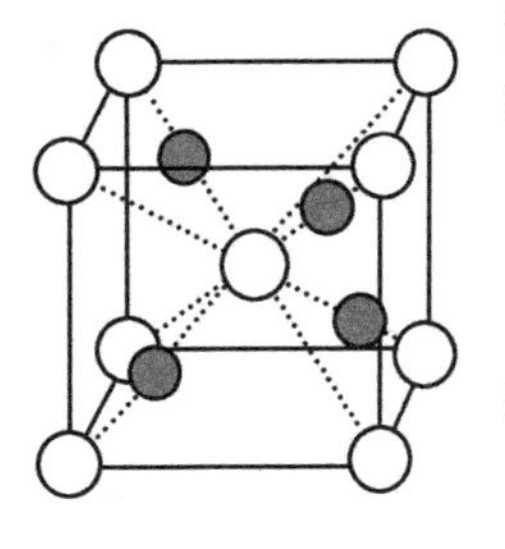

23. 计算金属晶体中下列密堆积方式的空间占有率。

(1) 六方密堆积;

(2) 立方面心密堆积;

(3) 立方体心密堆积。

24. 金属 Cu 在一定温度下与氧作用得到固体 A。A 的晶体属立方晶系,密度为 6.00 $g \cdot cm^{-3}$,其晶胞如左图所示。通过计算给出 A 的化学式和 Cu-O 的距离。

第7章 解离平衡和沉淀溶解平衡

7.1 强电解质的解离
- 离子氛
- 活度和活度系数

7.2 弱电解质的解离平衡
- 水的解离平衡
- 弱酸、弱碱的解离平衡
- 酸碱指示剂
- 同离子效应和盐效应
- 缓冲溶液

7.3 盐的水解
- 水解的概念
- 水解的计算
- 影响水解的因素

7.4 酸碱理论简介
- 酸碱解离理论(阿伦尼乌斯理论)
- 酸碱质子理论(布朗斯台德理论)
- 酸碱电子理论(路易斯理论)

7.5 沉淀溶解平衡
- 溶度积常数
- 溶度积规则
- 分步沉淀
- 沉淀的溶解和转化

7.1　强电解质的解离

1. 强电解质在水溶液中完全解离，不存在分子。离子氛的存在使得每个离子不能发挥全部作用。溶液的浓度越大，离子氛作用就越大。

2. 强电解质溶液中实际发挥作用的离子浓度用有效浓度（又称活度）a 表示。

$$a = f \cdot c$$

活度系数 f 数值小于1，大小与溶液的浓度和离子的电荷有关。

7.1.1　离子氛

溶液的依数性实验结果表明，在 1 dm^3 0.1 $mol \cdot dm^{-3}$ 的非电解质溶液中，能独立发挥作用的溶质的粒子是 0.1 mol，即非电解质稀溶液的依数性与溶液中溶质微粒的数量成正比，而与溶质的性质无关。而对于电解质溶液情况就变得比较复杂，如同样在 1 dm^3 0.1 $mol \cdot dm^{-3}$ KCl 溶液中，实验发现能独立发挥作用的粒子数不是 0.1 mol，也不是 0.2 mol，而是0.192 mol，而且 KCl 溶液浓度越稀，能独立发挥作用的粒子的物质的量越接近浓度的 2 倍。

据此，瑞典化学家阿伦尼乌斯认为，电解质在水溶液中发生了解离，但这种解离是不完全的，存在解离平衡。实验证明，对于乙酸、氨水这些弱电解质，阿伦尼乌斯理论是适用的，它们在水中的确部分解离；但像 KCl 这样的盐类，不论是在水溶液中还是在晶体中，均不以分子状态存在，即这类电解质在水中完全解离。

1923 年，德拜（Debey）和休克尔（Huckel）提出了强电解质溶液理论，认为强电解质在水溶液中完全解离，不存在分子。由于离子间的静电作用，正离子的周围围绕着负离子，负离子的周围围绕着正离子，这种现象称为离子氛。由于离子氛的存在，电解质溶液的依数性实验中每个单独的离子不能发挥独立粒子的作用。

显然，溶液的浓度越大，溶液中离子的浓度越大，离子间的这种离子氛作用就会越强；同理，溶液中离子所带电荷的数目越多，离子氛的作用也会越强，离子的真实浓度就越得不到正常发挥。

通常用离子强度的概念来衡量溶液对存在于其中的离子的影响大小，即

$$I = \frac{1}{2}\sum b_i z_i^2$$

式中，I 为溶液的离子强度；z_i 为溶液中 i 种离子的电荷数；b_i 为 i 种离子的质量摩尔浓度。

7.1.2　活度和活度系数

在强电解质溶液中，由于离子氛的作用使溶液中的离子不能全部发挥粒子的作用，通常将溶液中实际发挥作用的离子的浓度称为离子的有效浓度，也称为活度，常用 a 表示。若强电解质溶液中离子的实际浓度为 c，则有

$$a = f \cdot c$$

式中，f 称为活度系数。显然，实际发挥作用的离子的浓度 a 要小于离子的实际浓度 c，所以活度系数 f 是一个小于 1 的数值。不难看出，活度 a 能够更真实地体现溶液的行为。

影响活度系数 f 大小的因素主要是溶液的浓度和溶液中离子的电荷数。溶液的浓度越大，溶液中离子氛的作用越强，离子就越不能够发挥作用，活度 a 偏离其实际浓度 c 越远，f 越小；相反，溶液的浓度越小，活度系数 f 越接近于 1，a 和 c 越接近。同理，离子的电荷高，离子氛作用大，活度系数 f 就越小，活度 a 与真实浓度 c 偏离越大；而电荷低，离子氛作用小，f 就越接近于 1，a 与 c 越接近。

当溶液的浓度较高时，就要考虑活度系数 f 和活度 a。因为此时溶液中离子浓度较高，离子强度较大，活度 a 与实际浓度 c 的偏差较大。如果不使用活度进行计算，就会使最终的结果与实际情况产生较大的偏差。

然而在多数情况下(如后面要讨论的弱电解质溶液的解离平衡和沉淀溶解平衡的体系)，由于体系中溶液的浓度一般较低，溶液中离子氛的作用较小，活度 a 与实际浓度 c 比较接近。因此，在不加特殊说明时则不考虑离子氛的影响，近似地认为 $f=1, a=c$，用浓度代替活度。但必须明确的是，在后面将遇到的各种平衡的计算中，平衡常数的表达式中的浓度实际应为活度 a，正因为有上面的近似才用浓度来表示。

7.2　弱电解质的解离平衡

1. 水是弱电解质，水溶液中存在着平衡 $H_2O \rightleftharpoons H^+ + OH^-$，$H_2O$、$H^+$ 和 OH^- 三者间满足 $K_w^\ominus=[H^+][OH^-]$。

2. 弱酸和弱碱在水溶液中只有部分发生解离，存在着解离平衡。由解离平衡常数的大小可以判断弱酸弱碱解离度的大小、酸碱的强弱。

3. 酸碱指示剂是通过颜色变化指示溶液的酸碱性的物质(多为有机弱酸)，主要通过有颜色的分子或离子的颜色变化来指示体系的酸碱度。

4. 在弱电解质溶液中，加入与其具有相同离子的强电解质，使弱电解质的解离度降低，这种影响称为同离子效应。同离子效应影响往往较大。

5. 加入少量强酸、强碱或用水稀释，溶液的 pH 基本保持不变，这类溶液称为缓冲溶液。其作用的实质是同离子效应。

7.2.1　水的解离平衡

水是最重要的溶剂，是一种很弱的电解质。水中极少部分的分子发生解离生成 H^+(在水中以水合氢离子 H_3O^+ 的形式存在)和 OH^-，并与未解离的水分子间维持解离平衡。

$$H_2O \rightleftharpoons H^+ + OH^-$$

解离达到平衡时，H_2O、H^+ 和 OH^- 满足关系式

$$K_w^\ominus=[H^+][OH^-]$$

由于 $K_w^\ominus$ 是离子浓度的乘积形式，故其称为水的离子积常数。水的解离度很小，平衡体系中 $[H^+]$ 和 $[OH^-]$ 均非常小。实验表明，22 ℃时 $K_w^\ominus$ 为 1.0×10^{-14}。

水的解离反应是吸热反应，故 $K_w^\ominus$ 将随温度的升高而变大，但由于这种变化并不明显，因此一定温度范围内均认为 $K_w^\ominus=1.0\times10^{-14}$。

还需注意的是 $K_w^\ominus$ 是水的解离反应的标准平衡常数，因此其表达式中的[H^+]和[OH^-]是相对浓度，即 $K_w^\ominus$ 的表达式应为

$$K_w^\ominus = \frac{[H^+]}{c^\ominus} \cdot \frac{[OH^-]}{c^\ominus}$$

为了书写简便，经常将浓度的标准态省略，用浓度代替相对浓度。在本章及后面的一些章节中，均采用了这种以浓度替代相对浓度的方式，但一定要注意标准平衡常数的表达式中应为相对浓度。

对于任何水溶液体系，H_2O、H^+ 和 OH^- 三者总是处于平衡状态，无论体系是酸性的、碱性的还是中性的，总是满足关系式 $K_w^\ominus=[H^+][OH^-]$。酸性溶液中，$[H^+]>[OH^-]$；而碱性溶液中$[OH^-]>[H^+]$；溶液中$[H^+]=[OH^-]$，溶液显中性。常温下，由于 $K_w^\ominus=[H^+][OH^-]$，故$[H^+]=1.0\times10^{-7}$时溶液为中性，但非常温时由于 $K_w^\ominus$ 发生变化，不能把$[H^+]=1.0\times10^{-7}$作为体系中性的标志。

在水溶液中，溶液的酸碱性可以用溶液中 H^+ 和 OH^- 的浓度大小来表示。若温度不变，则 $K_w^\ominus$ 的值不变，故在已知 H^+ 和 OH^- 中一种离子的浓度时就可以求算出另一种离子的浓度，进而来判断溶液的酸碱性强弱。

通常用 pH 表示溶液酸碱性的强弱。这里 p 代表一种运算，即对量纲为 1 的数值取负对数。因此 pH 是溶液中 H^+ 相对浓度的负对数；而 pOH 为 OH^- 相对浓度的负对数，即

$$pH=-\lg[H^+]$$
$$pOH=-\lg[OH^-]$$

常温时

$$K_w^\ominus=[H^+][OH^-]=1.0\times10^{-14}$$

故有

$$pK_w^\ominus=pH+pOH=14$$

常温下，当溶液为中性时，$[H^+]=[OH^-]$，pH=7。由于 $K_w^\ominus$ 受温度影响不是很大，因此一般情况下，当 pH=7 时溶液为中性；pH>7 时溶液为碱性，pH<7 时溶液为酸性。

7.2.2　弱酸、弱碱的解离平衡

弱酸和弱碱属于弱电解质，其在水溶液中只有一小部分发生解离，解离产生的离子与未解离的分子或离子间保持平衡关系。根据弱酸弱碱在解离时产生的氢离子(质子)或氢氧根离子个数的多少可以把弱酸和弱碱划分为一元弱酸弱碱和多元弱酸弱碱(可以给出或接受多个质子的酸或碱)。

1. 一元弱酸弱碱的解离

乙酸为一元弱酸，常简写为 HAc，在水溶液中部分解离

$$HAc+H_2O \rightleftharpoons H_3O^+ + Ac^-$$

常简写为

$$HAc \rightleftharpoons H^+ + Ac^-$$

解离反应达到平衡时，HAc、H^+ 和 Ac^- 的浓度(准确说应为活度)满足关系式

$$K_a^\ominus=\frac{[H^+][Ac^-]}{[HAc]}$$

$K_a^\ominus$ 是弱酸的解离平衡常数，也称酸式解离平衡常数。实验测得乙酸的 $K_a^\ominus = 1.8\times10^{-5}$。

氨水是一个典型的一元弱碱，在水溶液中存在解离平衡

$$NH_3 + H_2O \rightleftharpoons NH_4^+ + OH^-$$

解离反应达到平衡时，NH_3、NH_4^+ 和 OH^- 的浓度（准确说应为活度）满足关系式

$$K_b^\ominus = \frac{[NH_4^+][OH^-]}{[NH_3]}$$

$K_b^\ominus$ 称为碱式解离平衡常数，氨水的 $K_b^\ominus = 1.8\times10^{-5}$。

在水溶液中，当乙酸的解离达到平衡时，由解离反应式可知生成等物质量的 H^+ 和 Ac^-，因此，由乙酸溶液的初始浓度就可以根据解离反应式及平衡常数求算体系中的 H^+ 或 Ac^- 的浓度，进一步求得溶液的 pH。

【例 7-1】 计算 0.10 mol·dm^{-3} HAc 溶液中$[H^+]$、$[Ac^-]$和$[HAc]$。已知 HAc 的 $K_a^\ominus = 1.8\times10^{-5}$。

解 设解离达到平衡时溶液中$[H^+]$为 x mol·dm^{-3}。

	$HAc \rightleftharpoons$	Ac^- +	H^+
初始浓度/(mol·dm^{-3})	0.10	0	0
平衡浓度/(mol·dm^{-3})	$0.10-x$	x	x

平衡常数表达式为

$$K_a^\ominus = \frac{[H^+][Ac^-]}{[HAc]}$$

将平衡时各物质的浓度代入 $K_a^\ominus$ 的表达式中，有

$$K_a^\ominus = \frac{x^2}{0.10-x} = 1.8\times10^{-5}$$

解方程得

$$x = 1.34\times10^{-3}$$

故

$$[H^+] = 1.34\times10^{-3}\ \text{mol}\cdot\text{dm}^{-3},\ [Ac^-] = [H^+] = 1.34\times10^{-3}\ \text{mol}\cdot\text{dm}^{-3}$$

$$[HAc] = 0.10 - 1.34\times10^{-3} = 98.76\times10^{-3}(\text{mol}\cdot\text{dm}^{-3}) \approx 0.10(\text{mol}\cdot\text{dm}^{-3})$$

由计算结果可知，体系中 HAc 分子解离的很少，生成$[H^+]$也很小，体系中未解离的 HAc 浓度与初始浓度 c_0 基本相同。所以，在解方程求$[H^+]$时，可以采用近似的方法来计算。

由于 $c_0 \gg [H^+]$，则$[HAc] \approx c_0$，故

$$K_a^\ominus = \frac{[H^+][Ac^-]}{[HAc]} = \frac{[H^+]^2}{c_0 - [H^+]} \approx \frac{[H^+]^2}{c_0}$$

$$[H^+] = \sqrt{K_a^\ominus c_0}$$

利用这种近似的方法来求算$[H^+]$则无需解方程。但是这种近似的条件是弱酸的 $K_a^\ominus$ 值很小且 HAc 初始浓度 c_0 较大，否则计算的结果会产生较大的误差。一般来说，当 $c_0 \geqslant 400K_a^\ominus$ 时，可由最简式（$[H^+] = \sqrt{K_a^\ominus c_0}$）近似计算溶液的$[H^+]$。

同样对于一元弱碱也可以采用相同的近似方法，当 $c_0 \geqslant 400K_b^\ominus$ 时，近似有

$$[OH^-] = \sqrt{K_b^\ominus c_0}$$

解离度是指某物质已解离的量占其初始量的百分数，用 α 表示。与化学平衡的转化率相

似，弱酸的解离度为

$$\alpha = \frac{[H^+]}{c_0} \times 100\%$$

将$[H^+]=\sqrt{K_a^\ominus c_0}$代入解离度计算式，有

$$\alpha = \frac{[H^+]}{c_0} \times 100\% = \frac{\sqrt{K_a^\ominus c_0}}{c_0} \times 100\% = \sqrt{\frac{K_a^\ominus}{c_0}} \times 100\%$$

【例 7-2】 计算 0.10 $mol \cdot dm^{-3}$ $NH_3 \cdot H_2O$ 溶液中$[OH^-]$和 $NH_3 \cdot H_2O$ 的解离度。

解 在 0.10 $mol \cdot dm^{-3}$ $NH_3 \cdot H_2O$ 溶液中

	$NH_3 \cdot H_2O \rightleftharpoons$	NH_4^+	$+ OH^-$
初始浓度/($mol \cdot dm^{-3}$)	0.10	0	0
平衡浓度/($mol \cdot dm^{-3}$)	$0.10-[OH^-]$	$[OH^-]$	$[OH^-]$

由于

$$c_0 \geqslant 400K_b^\ominus$$

可以近似计算

$$[OH^-] = \sqrt{K_b^\ominus c_0} = 1.34 \times 10^{-3}(mol \cdot dm^{-3})$$

解离度为

$$\alpha = \frac{[OH^-]}{c_0} \times 100\% = \frac{1.34 \times 10^{-3}}{0.10} = 1.34\%$$

若 $NH_3 \cdot H_2O$ 浓度为 1.0×10^{-3} $mol \cdot dm^{-3}$，计算表明其解离度 $\alpha=13.4\%$。说明弱电解质浓度越小，其解离度 α 越大。

弱电解质解离度 α 与解离常数的关系为

$$K^\ominus = \frac{c_0\alpha^2}{1-\alpha}$$

$K_a^\ominus$、$K_b^\ominus$ 都是平衡常数，平衡常数的大小能表示弱酸、弱碱解离趋势的大小，平衡常数越大，表示弱酸或弱碱解离的趋势越大。故 $K_a^\ominus$、$K_b^\ominus$ 的大小可以表示弱酸、弱碱的相对强弱。一般将 $K_a^\ominus$ 大于 10^{-1}的酸称为强酸，$K_a^\ominus$ 在 $10^{-1} \sim 10^{-3}$的酸称为中强酸，$K_a^\ominus$ 小于 10^{-3}的酸称为弱酸。同样，碱也可以按 $K_b^\ominus$ 值大小进行分类。

2. 多元弱酸的解离

H_2S、H_2CO_3 和 H_3PO_4 等能解离出两个或多个 H^+ 的弱酸称为多元弱酸。多元弱酸的解离是分步完成的，且每一步解离都存在解离平衡。

例如，H_2S 为二元弱酸，分两步解离

第一步 $H_2S \rightleftharpoons H^+ + HS^-$ $K_{a1}^\ominus = \frac{[H^+][HS^-]}{[H_2S]} = 1.1 \times 10^{-7}$

第二步 $HS^- \rightleftharpoons H^+ + S^{2-}$ $K_{a2}^\ominus = \frac{[H^+][S^{2-}]}{[HS^-]} = 1.3 \times 10^{-13}$

H_2S 总的解离反应式为

$$H_2S \rightleftharpoons 2H^+ + S^{2-}$$

总的解离反应的平衡常数为

$$K^{\ominus}=K_{a1}^{\ominus}K_{a2}^{\ominus}=\frac{[H^+]^2[S^{2-}]}{[H_2S]}=1.4\times10^{-20}$$

应当注意的是，总解离平衡关系式表示平衡体系中$[H^+]$、$[S^{2-}]$、$[H_2S]$三者浓度间的关系，只要三者共存于平衡体系中，则各物质的平衡浓度之间一定满足上述平衡常数表达式所代表的关系，S^{2-}是第二步解离产物，因而$[H^+]\neq2[S^{2-}]$。当解离达到平衡时$[H^+]$与$[S^{2-}]$的关系为

$$[S^{2-}]=\frac{K_{a1}^{\ominus}\cdot K_{a2}^{\ominus}\cdot[H_2S]}{[H^+]^2}$$

在常温常压下，饱和 H_2S 水溶液中 $c_0=0.1\ mol\cdot dm^{-3}$，因此可通过调节酸度控制溶液中 S^{2-} 和 HS^- 的浓度。

对于多元弱酸，一般有

$$K_{a1}^{\ominus}\gg K_{a2}^{\ominus}\gg K_{a3}^{\ominus}$$

这可以从离子之间的静电引力和平衡的角度理解。第一步解离出的离子的电荷低，离子间静电引力小，故易解离；同时，第一步解离出的 H^+ 对第二步的解离平衡有抑制作用。因此，多元弱酸的解离平衡常数逐级减小。

由于 $K_{a1}^{\ominus}\gg K_{a2}^{\ominus}$，故在多元弱酸解离中，溶液中的$[H^+]$一般由第一级解离平衡决定；－1 价酸根离子浓度近似等于溶液中的$[H^+]$；－2 价酸根离子浓度近似等于 $K_{a2}^{\ominus}$。必须注意的是，对于混合酸溶液，以上结论一般不适用。

【例 7-3】 求 $0.010\ mol\cdot dm^{-3}$ H_2CO_3 溶液中 H^+、HCO_3^-、CO_3^{2-} 及 H_2CO_3 的浓度。已知 H_2CO_3 的 $K_{a1}^{\ominus}=4.5\times10^{-7}$，$K_{a2}^{\ominus}=4.7\times10^{-11}$。

解 因为 H_2CO_3 的 $K_{a1}^{\ominus}\gg K_{a2}^{\ominus}$，故体系中 H^+ 的浓度主要由第一步解离决定

$$H_2CO_3 \rightleftharpoons H^+ + HCO_3^-$$

	H_2CO_3	H^+	HCO_3^-
初始浓度/$(mol\cdot dm^{-3})$	0.010	0	0
平衡浓度/$(mol\cdot dm^{-3})$	$0.010-x$	x	x

由于 $c_0>400K_{a1}^{\ominus}$，故可以近似计算

$$K_{a1}^{\ominus}=\frac{[H^+][HCO_3^-]}{[H_2CO_3]}=\frac{x^2}{0.010}=4.5\times10^{-7}$$

解得

$$x=6.71\times10^{-5}(mol\cdot dm^{-3})$$

$$[H^+]=[HCO_3^-]=6.71\times10^{-5}\ mol\cdot dm^{-3}$$

第二步解离平衡

$$HCO_3^- \rightleftharpoons H^+ + CO_3^{2-}$$

$$K_{a2}^{\ominus}=\frac{[H^+][CO_3^{2-}]}{[HCO_3^-]}=[CO_3^{2-}]$$

$$[CO_3^{2-}]=4.7\times10^{-11}\ mol\cdot dm^{-3}$$

$$[H_2CO_3]=0.010-6.71\times10^{-5}\approx0.010(mol\cdot dm^{-3})$$

计算结果表明，第二步解离出的 H^+ 的浓度(等于 CO_3^{2-} 的浓度)远远小于第一步解离出的 H^+ 的浓度，故前面“多元弱酸解离中，溶液中的$[H^+]$一般由第一级解离平衡决定”的结论是正确的，在计算中可直接使用此结论。

对多元弱酸如 H_3PO_4 溶液，离子浓度的计算与二元弱酸相似，即溶液中 $[H^+]$ 由第一步解离决定的；-1 价酸根离子的浓度等于体系中的 $[H^+]$；-2 价酸根离子的浓度等于第二级解离常数 $K_{a2}^{\ominus}$。再由三元酸体系的 $[H^+]$ 和三元酸初始浓度 c_0，利用各级平衡常数、$[H^+]$ 和 c_0 的关系可求出各种酸根离子的浓度。

7.2.3 酸碱指示剂

1. 指示剂的变色原理

能通过颜色变化指示溶液酸碱性的物质称为酸碱指示剂，如石蕊、酚酞和甲基橙等，在酸中和碱中显示出不同的颜色从而指示溶液的酸碱性。

酸碱指示剂一般是弱的有机酸，其能够指示溶液的酸碱性是因为溶液的酸碱性不同时指示剂分子的解离平衡发生移动，未解离的分子和解离产物具有不同的颜色，从而使溶液因指示剂解离程度不同而具有不同的颜色。

若用 HIn 表示有机弱酸指示剂分子，其解离平衡为

$$HIn \rightleftharpoons H^+ + In^-$$

分子 HIn 和酸根 In^- 显示不同的颜色。当体系中 H^+ 的浓度大时，指示剂以 HIn 形态居多，这时显分子的颜色，例如甲基橙分子显红色；当体系中 OH^- 的浓度大时，指示剂以 In^- 形态居多，这时显酸根的颜色，例如甲基橙的酸根显黄色。

2. 指示剂变色点和变色范围

不同的指示剂指示的 pH 范围不同。例如，甲基橙的变色范围是 pH 3.2～4.4，酚酞的变色范围是 pH 8.2～10。指示剂的变色范围是由指示剂的解离平衡常数决定的。例如

$$HIn \rightleftharpoons H^+ + In^-$$

平衡常数

$$K_a^{\ominus} = \frac{[H^+][In^-]}{[HIn]}$$

若溶液中分子和酸根的量相等，$[HIn]=[In^-]$，溶液显二者的混合颜色。此时溶液中 $K_a^{\ominus}=[H^+]$，指示剂的理论变色点为

$$pH = pK_a^{\ominus}$$

当 $\dfrac{[In^-]}{[HIn]} \geqslant 10$ 时，指示剂主要以酸根 In^- 的形式存在，溶液显酸根的颜色；

当 $\dfrac{[In^-]}{[HIn]} \leqslant 10$ 时，指示剂主要以分子 HIn 的形式存在，溶液显分子的颜色。

因此，指示剂的理论变色范围为

$$pH = pK_a^{\ominus} \pm 1$$

由于颜色的掩盖能力和人眼对不同颜色的敏感程度不同，实际的变色范围要有一点偏差。例如，甲基橙的理论变色范围为 pH 2.4～4.4，由于红色（分子的颜色）掩盖能力远强于黄色（酸根的颜色），故实际变色范围是 pH 3.2～4.4。

选用指示剂时应当根据实际情况，仔细查找手册选用变色范围合适的指示剂。

7.2.4 同离子效应和盐效应

1. 同离子效应

解离平衡也属于化学平衡，因此当平衡体系中的某种物质的浓度发生改变时，平衡就要发生移动，并在新的条件下重新建立平衡。

例如，弱电解质氨水的解离平衡

$$NH_3 \cdot H_2O \rightleftharpoons NH_4^+ + OH^-$$

若向氨水中加入少量的强电解质 NH_4Cl，NH_4^+ 的引入使原体系的平衡被破坏，平衡向生成 $NH_3 \cdot H_2O$ 的方向移动，从而降低了 $NH_3 \cdot H_2O$ 的解离度。

同样，在弱酸 HAc 溶液中加入强电解质 NaAc，也会产生类似的结果。

在弱电解质溶液中，加入与其解离反应具有相同离子的强电解质，使弱电解质的解离度降低，这种现象称为同离子效应。

【例 7-4】 向 0.10 mol · dm^{-3} 的 $NH_3 \cdot H_2O$ 溶液中加入固体 NH_4Cl，使 NH_4Cl 的浓度达 0.10 mol · dm^{-3}，求溶液的 $[OH^-]$ 和 $NH_3 \cdot H_2O$ 的解离度 α。

解 设平衡时解离的 $NH_3 \cdot H_2O$ 的浓度为 x mol · dm^{-3}，有

	$NH_3 \cdot H_2O$ $\rightleftharpoons$	NH_4^+ +	OH^-
初始浓度/(mol · dm^{-3})	0.10	0.10	0
平衡浓度/(mol · dm^{-3})	$0.10-x$	$0.10+x$	x

将各物质的平衡浓度代入平衡常数表达式，得

$$K_b^\ominus = \frac{x(0.10+x)}{0.10-x}$$

由于 $c_0 \gg 400K_b^\ominus$，且 NH_4Cl 的引入使解离度降低，故可近似计算

$$0.10+x \approx 0.10 \qquad 0.10-x \approx 0.10$$

代入平衡常数表达式，得

$$K_b^\ominus = \frac{0.10x}{0.10}$$

所以

$$x = K_b^\ominus = 1.8\times10^{-5}(\text{mol}\cdot\text{dm}^{-3})$$

$$[OH^-] = 1.8\times10^{-5}\ \text{mol}\cdot\text{dm}^{-3}$$

氨的解离度

$$\alpha = \frac{[OH^-]}{c_0} = \frac{1.8\times10^{-5}}{0.1} = 1.8\times10^{-2}\%$$

该结果与例 7-2 中 0.10 mol · dm^{-3} 的 $NH_3 \cdot H_2O$ 在纯水中的解离度相比明显减小，可见，同离子效应影响较大。

2. 盐效应

向氨水中加入 NH_4Cl，NH_4^+ 对弱电解质的平衡有影响，同时体系中引入的 Cl^- 也对平衡有一定的影响。

前面几个弱酸弱碱的例题中，计算过程中均是使用体系中各物质的浓度来求算的，近似地

认为 $f=1, a\approx c$。但这种计算是近似的，严格来讲应该使用溶液中各物质的活度 a，即

$$K_b^{\ominus}=\frac{a_{NH_4^+}\cdot a_{OH^-}}{a_{NH_3}}=\frac{f_{NH_4^+}[NH_4^+]\cdot f_{OH^-}[OH^-]}{[NH_3]}$$

若溶液中离子的浓度增大，离子氛作用不能忽略，此时 f 值较小，活度 a 与浓度 c 相差较大，则应考虑 f 的影响，即

$$[OH^-]=\sqrt{\frac{K_b^{\ominus}c_0}{f_{NH_4^+}f_{OH^-}}}$$

由于 f 值小于 1，故溶液中离子浓度较大时，$[OH^-]$的浓度将增大，即氨的解离度增大；而且 f 值越小，弱电解质解离度增大得越多。

在弱电解质溶液中，加入不与弱电解质解离反应具有相同离子的强电解质，从而使弱电解质解离度增大的现象称为盐效应。

盐效应的实质是溶液中离子浓度的增加使离子氛作用增大，弱电解质解离出的离子的活度系数 f 减小，活度 a 明显小于浓度 c，使弱电解质在溶液中向解离的方向移动。

盐效应一般影响较小。产生同离子效应的同时也伴随盐效应，但同离子效应远大于盐效应。同样，对稀溶液可不考虑盐效应，因此在后面将遇到的解离平衡中，仍直接使用浓度而不是活度进行计算。

7.2.5 缓冲溶液

1. 缓冲溶液的概念

许多在水溶液中进行的化学反应都需要在一定的 pH 范围内才能顺利进行。例如，$[Fe(C_2O_4)_3]^{3-}$的生成反应，pH 过小则 $C_2O_4^{2-}$ 易与 H^+ 结合使其配位能力降低而不利于配离子的生成，pH 过大则 Fe^{3+} 生成溶解度很小的 $Fe(OH)_3$ 也不利于配离子的生成。因此，许多反应需要使用能够控制体系 pH 的溶液，使反应顺利进行。

加入少量强酸、强碱或用大量水稀释而保持体系 pH 变化不大的溶液称为缓冲溶液。

【例 7-5】 计算 0.1 $mol\cdot dm^{-3}$ HAc 和 0.1 $mol\cdot dm^{-3}$ NaAc 的混合溶液中$[H^+]$和 pH。向 1 dm^3 此混合溶液中分别加入 0.01 mol HCl 和 0.01 mol NaOH 时，pH 各变成多少？

解

	HAc ⇌	H^+ +	Ac^-
初始浓度/($mol\cdot dm^{-3}$)	0.1		0.1
平衡浓度/($mol\cdot dm^{-3}$)	$0.1-[H^+]$	$[H^+]$	$0.1+[H^+]$

由于 $K_a^{\ominus}$ 值较小，且有 Ac^- 的同离子作用，故 HAc 解离度降低，可以近似计算

$$0.1-[H^+]\approx 0.1,\quad 0.1+[H^+]\approx 0.1$$

$$K_a^{\ominus}=\frac{[H^+][Ac^-]}{[HAc]}\approx\frac{0.1\times[H^+]}{0.1}=[H^+]$$

因此

$$[H^+]=1.8\times10^{-5}\ mol\cdot dm^{-3}\qquad pH=4.74$$

向体系中加入 0.01 mol HCl 时，HCl 与 Ac^- 反应生成 HAc

	HAc ⇌	H^+ +	Ac^-
平衡浓度/($mol\cdot dm^{-3}$)	$0.1+0.01$	$[H^+]$	$0.1-0.01$

$$K_a^{\ominus}=\frac{[H^+][Ac^-]}{[HAc]}=\frac{0.09\times[H^+]}{0.11}$$

$$[H^+]=2.2\times10^{-5}\ \text{mol}\cdot\text{dm}^{-3}\qquad \text{pH}=4.66$$

同理可计算，向体系中加入 0.01 mol NaOH 时

$$[H^+]=1.5\times10^{-5}\ \text{mol}\cdot\text{dm}^{-3}\qquad \text{pH}=4.82$$

然而，向 1 dm^3 纯水中加入 0.01 mol HCl，体系的 pH 由 7 变为 2，明显减小；向纯水中加入 0.01 mol NaOH 后体系的 pH 由 7 变为 12，明显增大。而在 HAc-NaAc 溶液中加入少量强酸或强碱其 pH 变化并不明显，所以 HAc-NaAc 混合溶液就是一种缓冲溶液。

缓冲溶液之所以具有缓冲作用，保持体系的 pH 基本不变，其实质是同离子效应。

在 HAc-NaAc 溶液中存在着 HAc 的解离平衡

$$HAc \rightleftharpoons H^+ + Ac^-$$

平衡常数

$$K_a^{\ominus}=\frac{[H^+][Ac^-]}{[HAc]}$$

$$[H^+]=K_a^{\ominus}\frac{[HAc]}{[Ac^-]}=K_a^{\ominus}\frac{c_{酸}}{c_{盐}}$$

故

$$\text{pH}=\text{p}K_a^{\ominus}-\lg\frac{c_{酸}}{c_{盐}}$$

体系 pH 的变化主要取决于体系中[HAc]与[Ac^-]的浓度比。由于 HAc 的 $K_a^{\ominus}$ 值很小，[HAc]与[Ac^-]的浓度近似等于溶液中 HAc 和 NaAc 的初始浓度。向溶液中加入少量强碱时，OH^- 将与体系中的 HAc 作用生成少量的 Ac^-，由于加入的 OH^- 量较少，因此，HAc 和 Ac^- 浓度比变化不大，体系的 pH 基本保持不变；同样，向体系中加入少量强酸，H^+ 与体系中的 Ac^- 作用生成少量的 HAc，而 HAc 和 Ac^- 浓度比基本不变，pH 基本保持不变。当向体系中加入大量水稀释时，[HAc]与[Ac^-]均成倍变化，而浓度比仍保持不变，故体系的 pH 不变。

2. 缓冲溶液的组成

缓冲溶液 HAc-NaAc 是由弱酸及其盐组成的。除了 HAc-NaAc 外，其他弱酸与其盐也可以组成缓冲溶液，如 HCN-NaCN 缓冲溶液。缓冲溶液中的弱酸和弱酸盐称为缓冲对。

由弱酸和弱酸盐组成的缓冲溶液的 pH 计算公式为

$$\text{pH}=\text{p}K_a^{\ominus}-\lg\frac{c_{酸}}{c_{盐}}$$

同样，弱碱及其盐也可以组成缓冲溶液，如 NH_3-NH_4Cl 溶液。向该体系中加入少量的强酸，体系中的 NH_3 分子将与 H^+ 作用生成 NH_4^+；而向体系中加入少量的强碱，OH^- 将与 NH_4^+ 作用生成 NH_3。由于 NH_4^+ 和 NH_3 浓度比变化不大，体系的 pH 基本不变。

$$NH_3\cdot H_2O \rightleftharpoons NH_4^+ + OH^-$$

平衡常数

$$K_b^{\ominus}=\frac{[NH_4^+][OH^-]}{[NH_3]}$$

$$[OH^-] = K_b^\ominus \frac{[NH_3]}{[NH_4^+]}$$

故

$$pOH = pK_b^\ominus - \lg \frac{c_{碱}}{c_{盐}}$$

利用缓冲对的浓度可以求出弱碱与弱碱盐构成的缓冲溶液的 pOH，进而求出 pH。

除了弱酸和弱碱与它们相应的盐可以组成缓冲溶液外，酸式盐及其次一级盐也可构成缓冲溶液，如 NaH_2PO_4-Na_2HPO_4、$NaHCO_3$-Na_2CO_3 等。体系的 pH 可以通过下式计算

$$pH = pK_a^\ominus - \lg \frac{c_{酸式盐}}{c_{次一级盐}}$$

同时，酸式盐溶液本身也是缓冲溶液，如 $NaHCO_3$、Na_2HPO_4、NaH_2PO_4 等，它们既能与强酸作用，也可以与强碱作用而保持体系的 pH 基本不变。硼砂溶于水生成等物质的量的 H_3BO_3 和 $[B(OH)_4]^-$，其溶液也是很好的缓冲溶液。

3. 缓冲范围

由

$$pH = pK_a^\ominus - \lg \frac{c_{酸}}{c_{盐}} \qquad pOH = pK_b^\ominus - \lg \frac{c_{碱}}{c_{盐}}$$

可知，弱酸或弱碱与其盐的浓度比决定了缓冲溶液 pH 的变化。缓冲对的浓度越大，弱酸或弱碱及其盐的浓度比变化越小，缓冲溶液的 pH 变化越小，即溶液的缓冲容量越大。缓冲容量大，则可以抵抗较多的酸、碱的影响及水的稀释的影响。

缓冲对的两种物质的浓度相同时，抵抗强酸、强碱的能力较为均衡，缓冲溶液的缓冲效果最好。一般认为，缓冲对的浓度比应控制在 10 以内。由此，溶液的缓冲范围为

弱酸-弱酸盐　　$pH = pK_a^\ominus \pm 1$

弱碱-弱碱盐　　$pOH = pK_b^\ominus \pm 1$

根据各种缓冲溶液的缓冲范围和需要配制溶液的 pH，就可选择相应的弱酸或弱碱并适当调节浓度比来配制所需的缓冲溶液。

【例 7-6】 现有甲酸（HCOOH，$K_a^\ominus = 1.8 \times 10^{-4}$）和乙酸（$CH_3COOH$，$K_a^\ominus = 1.8 \times 10^{-5}$）。

(1) 欲配制 pH=3.00 缓冲溶液，选用哪一缓冲对最好？

(2) 缓冲对的浓度比值为多少？

解　(1) 两种酸的 $pK_a^\ominus$ 值

HCOOH　　$pK_a^\ominus = 3.74$

CH_3COOH　　$pK_a^\ominus = 4.74$

按照缓冲溶液的缓冲范围（$pH = pK_a^\ominus \pm 1$），应选用 HCOOH-HCOONa 配制 pH=3.00 的缓冲溶液。

(2) 由 $[H^+] = K_a^\ominus \frac{c_{酸}}{c_{盐}}$ 得

$$\frac{c_{酸}}{c_{盐}} = \frac{[H^+]}{K_a^\ominus}$$

$$\frac{[HCOOH]}{[HCOO^-]} = \frac{1.0 \times 10^{-3}}{1.8 \times 10^{-4}} = 5.56$$

7.3 盐的水解

1. 盐解离出的离子与水解离出的离子结合成弱电解质使溶液的 pH 发生变化的现象称为盐的水解。

2. 弱酸强碱盐水解，溶液显碱性

$$[OH^-] = \sqrt{K_h^\ominus c_0}$$

3. 弱碱强酸盐水解，溶液显酸性

$$[H^+] = \sqrt{K_h^\ominus c_0}$$

4. 弱酸弱碱盐水解（双水解），溶液的酸碱性要根据盐解离出的两种离子与 OH^- 和 H^+ 的结合能力和结合程度来决定。

7.3.1 水解的概念

盐是强电解质，在水中完全解离。盐的水溶液有些显中性，有些却显酸性或碱性，这种现象与盐的水解有关。盐解离出的离子与水解离出的离子结合成弱电解质使溶液的 pH 发生变化的现象称为盐的水解。

例如，乙酸钠 NaAc 在水中完全解离生成 Na^+ 和 Ac^-，Ac^- 与溶液中的 H^+ 结合生成弱电解质 HAc，并维持平衡

$$HAc \rightleftharpoons Ac^- + H^+$$

溶液中 H^+、Ac^- 和 HAc 的浓度与平衡常数的关系为

$$K_a^\ominus = \frac{[H^+][Ac^-]}{[HAc]} = 1.8 \times 10^{-5}$$

在 NaAc 溶液中，H^+ 来源于 H_2O 的解离平衡

$$H_2O \rightleftharpoons H^+ + OH^-$$

溶液中 H^+ 的浓度因生成 HAc 而减小，H_2O 的解离平衡向生成 H^+ 的方向移动，使体系中 OH^- 的浓度增大。因此，溶液中 OH^- 浓度高于 H^+ 浓度，显碱性。

NaAc 是由弱酸和强碱生成的盐，这类盐称为弱酸强碱盐，其水溶液显碱性；由弱碱和强酸作用得到的盐称为弱碱强酸盐，如 NH_4Cl，其水溶液由于 NH_4^+ 水解生成弱电解质 NH_3 和 H^+ 使溶液显酸性；NH_4Ac 和 NH_4HCO_3 为弱酸弱碱盐，水溶液中盐解离出的正离子和负离子均发生水解（双水解），此时溶液的酸碱性由盐解离出的两种离子与 OH^- 和 H^+ 的结合能力和结合程度来决定。

强酸强碱盐解离生成的正离子和负离子不与体系中的 H^+ 和 OH^- 作用生成弱电解质，不发生水解，故水溶液显中性。

7.3.2 水解的计算

1. 弱酸强碱盐

NaCN 为弱酸强碱盐，在水中完全解离

$$NaCN = Na^+ + CN^-$$

CN^-与H_2O解离产生的H^+结合生成弱电解质HCN

$$H_2O \rightleftharpoons H^+ + OH^-$$

$$H^+ + CN^- \rightleftharpoons HCN$$

H^+与CN^-结合生成弱电解质HCN，使体系中的OH^-浓度大于H^+浓度，溶液显碱性。两式相加得CN^-的水解反应

$$H_2O + CN^- \rightleftharpoons HCN + OH^-$$

水解反应的平衡常数为

$$K_h^\ominus = \frac{[HCN][OH^-]}{[CN^-]} = \frac{[HCN][OH^-]}{[CN^-]} \cdot \frac{[H^+]}{[H^+]} = \frac{K_w^\ominus}{K_a^\ominus}$$

若NaCN的初始浓度为c_0，当水解达到平衡时，有

$$H_2O \quad + \quad CN^- \quad \rightleftharpoons \quad HCN \quad + \quad OH^-$$

平衡浓度　　$c_0-[OH^-]$　　$[OH^-]$　　$[OH^-]$

$$K_h^\ominus = \frac{[HCN][OH^-]}{[CN^-]} = \frac{[OH^-]^2}{c_0-[OH^-]} = \frac{K_w^\ominus}{K_a^\ominus}$$

$K_h^\ominus$一般都很小。当$c_0 \geqslant 400K_h^\ominus$时，可近似计算，即$c_0-[OH^-] \approx c_0$，则有

$$K_h^\ominus = \frac{[OH^-]^2}{c_0}$$

所以

$$[OH^-] = \sqrt{K_h^\ominus c_0} = \sqrt{\frac{K_w^\ominus c_0}{K_a}}$$

同解离度相似，水解度是指已水解的CN^-占NaCN初始浓度的分数，常用h表示

$$h = \frac{[OH^-]}{c_0} = \sqrt{\frac{K_w^\ominus}{K_a^\ominus c_0}}$$

多元弱酸的盐，如Na_2S、Na_2CO_3、Na_3PO_4等发生水解反应，溶液显碱性。多元弱酸的酸根水解是分步进行的，如S^{2-}的水解

$$S^{2-} + H_2O \rightleftharpoons HS^- + OH^- \qquad K_{h1}^\ominus = \frac{[HS^-][OH^-]}{[S^{2-}]} = \frac{K_w^\ominus}{K_{a2}^\ominus}$$

$$HS^- + H_2O \rightleftharpoons H_2S + OH^- \qquad K_{h2}^\ominus = \frac{[H_2S][OH^-]}{[HS^-]} = \frac{K_w^\ominus}{K_{a1}^\ominus}$$

由于$K_{h1}^\ominus \gg K_{h2}^\ominus$，故体系中的$OH^-$浓度主要由第一步水解平衡决定。

【例7-7】 计算0.10 $mol \cdot dm^{-3}$ Na_2S溶液中的OH^-、HS^-和H_2S浓度。已知H_2S的$K_{a1}^\ominus = 1.07 \times 10^{-7}$，$K_{a2}^\ominus = 1.26 \times 10^{-13}$。

解　Na_2S在溶液中的水解分两步进行

$$S^{2-} + H_2O \rightleftharpoons HS^- + OH^-$$

$$K_{h1}^\ominus = \frac{K_w^\ominus}{K_{a2}^\ominus} = \frac{1.0 \times 10^{-14}}{1.26 \times 10^{-13}} = 7.94 \times 10^{-2}$$

$$HS^- + H_2O \rightleftharpoons H_2S + OH^-$$

$$K_{h2}^\ominus = \frac{K_w^\ominus}{K_{a1}^\ominus} = \frac{1.0 \times 10^{-14}}{1.07 \times 10^{-7}} = 9.35 \times 10^{-8}$$

由于 $K_{h1}^{\ominus} \gg K_{h2}^{\ominus}$，故溶液中$[OH^-]$可由第一步水解计算。

第一步水解平衡　　$S^{2-} + H_2O \rightleftharpoons HS^- + OH^-$

平衡浓度/$(mol \cdot dm^{-3})$　　$0.10 - x$　　x　　x

$$K_{h1}^{\ominus} = \frac{[HS^-][OH^-]}{[S^{2-}]}$$

$$\frac{x^2}{0.10 - x} = 7.94 \times 10^{-2}$$

由于 $K_{h1}^{\ominus}$ 较大，不能近似计算。解方程得

$$x = 5.78 \times 10^{-2}\ mol \cdot dm^{-3}$$

$$[OH^-] = 5.78 \times 10^{-2}\ mol \cdot dm^{-3}$$

由于 $K_{h2}^{\ominus}$ 很小，故 HS^- 的第二步水解程度极小而可以忽略，即$[HS^-] \approx [OH^-]$

$$HS^- + H_2O \rightleftharpoons H_2S + OH^-$$

$$K_{h2}^{\ominus} = \frac{[H_2S][OH^-]}{[HS^-]}$$

由于$[OH^-] \approx [HS^-]$则

$$[H_2S] = K_{h2}^{\ominus} = 9.35 \times 10^{-8}\ mol \cdot dm^{-3}$$

2. 弱碱强酸盐

NH_4Cl 为弱碱强酸盐，在水中完全解离生成 NH_4^+ 和 Cl^-。NH_4^+ 与 H_2O 发生水解反应，水溶液显酸性。

$$NH_4^+ + H_2O \rightleftharpoons NH_3 \cdot H_2O + H^+$$

平衡浓度　　$c_0 - [H^+]$　　$[H^+]$　　$[H^+]$

水解平衡常数

$$K_h^{\ominus} = \frac{[NH_3 \cdot H_2O][H^+]}{[NH_4^+]} = \frac{[NH_3 \cdot H_2O][H^+] \cdot [OH^-]}{[NH_4^+] \cdot [OH^-]} = \frac{K_w^{\ominus}}{K_b^{\ominus}}$$

当 $c_0 \geqslant 400 K_h^{\ominus}$ 时，可近似求解

$$[H^+] = \sqrt{K_h^{\ominus} c_0} = \sqrt{\frac{K_w^{\ominus} c_0}{K_b^{\ominus}}}$$

水解度为

$$h = \frac{[H^+]}{c_0} = \sqrt{\frac{K_w^{\ominus}}{K_b^{\ominus} c_0}}$$

3. 酸式盐的水解

多元弱酸的酸式盐水解过程一般较为复杂，在此以 $NaHCO_3$ 为例进行讨论。溶液中 $NaHCO_3$ 完全解离生成 Na^+ 和 HCO_3^-，而 HCO_3^- 的水解反应和解离反应同时存在。

$$HCO_3^- + H_2O \rightleftharpoons H_2CO_3 + OH^-$$

$$HCO_3^- \rightleftharpoons H^+ + CO_3^{2-}$$

则中和 H^+ 后

$$[OH^-] = [H_2CO_3] - [CO_3^{2-}]$$

由 HCO_3^- 解离反应得

$$[CO_3^{2-}]=\frac{K_{a2}^{\ominus}[HCO_3^-]}{[H^+]}$$

又因为

$$H_2CO_3 \rightleftharpoons HCO_3^- + H^+$$

$$[H_2CO_3]=\frac{[H^+][HCO_3^-]}{K_{a1}^{\ominus}}$$

将$[CO_3^{2-}]$和$[H_2CO_3]$代入式$[OH^-]=[H_2CO_3]-[CO_3^{2-}]$中，有

$$\frac{K_w^{\ominus}}{[H^+]}=\frac{[H^+][HCO_3^-]}{K_{a1}^{\ominus}}-\frac{K_{a2}^{\ominus}[HCO_3^-]}{[H^+]}$$

整理，得

$$K_{a1}^{\ominus}K_w^{\ominus}=[H^+]^2[HCO_3^-]-K_{a1}^{\ominus}K_{a2}^{\ominus}[HCO_3^-]$$

$$[H^+]=\sqrt{\frac{K_{a1}^{\ominus}K_w^{\ominus}+K_{a1}^{\ominus}K_{a2}^{\ominus}[HCO_3^-]}{[HCO_3^-]}}$$

由于 $K_{a2}^{\ominus}$和 $K_{h2}^{\ominus}$均很小，即$[HCO_3^-]\approx c_0$，则有

$$[H^+]=\sqrt{\frac{K_{a1}^{\ominus}(K_w^{\ominus}+c_0K_{a2}^{\ominus})}{c_0}}$$

当 $c_0K_{a2}^{\ominus}\gg K_w^{\ominus}$ 时

$$[H^+]=\sqrt{K_{a1}^{\ominus}K_{a2}^{\ominus}}$$

则水解度为

$$h=\frac{H_2CO_3}{c_0}$$

例如，在 0.10 mol · dm^{-3} $NaHCO_3$ 溶液中

$$[H^+]=\sqrt{4.5\times10^{-7}\times4.7\times10^{-11}}=4.60\times10^{-9}(\text{mol}\cdot\text{dm}^{-3})$$

$$pH=8.34$$

4. 弱酸弱碱盐的水解

弱酸弱碱盐水解的特点是正离子和负离子在水中同时水解并相互促进使水解度增大。下面以 NH_4Ac 为例讨论弱酸弱碱盐的水解。NH_4^+ 和 Ac^-在水溶液中都发生水解反应。

$$NH_4^+ + H_2O \rightleftharpoons NH_3\cdot H_2O + H^+$$

$$H_2O + Ac^- \rightleftharpoons HAc + OH^-$$

$$H^+ + OH^- \rightleftharpoons H_2O$$

以上三式相加得 NH_4Ac 的水解反应式

$$NH_4^+ + Ac^- + H_2O \rightleftharpoons NH_3\cdot H_2O + HAc$$

NH_4Ac 水解平衡常数为三个反应的平衡常数的乘积，即

$$K_h^{\ominus}=\frac{K_w^{\ominus}}{K_a^{\ominus}K_b^{\ominus}}$$

由 $K_h^{\ominus}$ 的表达式可以看出，双水解进行的趋势比单水解的趋势大，水解度增大。弱酸弱碱盐溶液的$[H^+]$和 pH 可按以下方法求得。

由 NH_4^+ 和 Ac^-水解反应可得

$$[H^+]=[NH_3]-[HAc]$$

由 NH_4^+ 的水解反应得

$$[NH_3]=\frac{K_w^\ominus[NH_4^+]}{K_b^\ominus[H^+]}$$

由 Ac^- 的水解反应得

$$[HAc]=\frac{K_w^\ominus[Ac^-]}{K_a^\ominus[OH^-]}$$

由于 $K_w^\ominus=[H^+][OH^-]$，因此

$$[HAc]=\frac{[Ac^-][H^+]}{K_a^\ominus}$$

将$[NH_3]$和$[HAc]$代入式$[H^+]=[NH_3]-[HAc]$中

$$[H^+]=\frac{K_w^\ominus[NH_4^+]}{K_b^\ominus[H^+]}-\frac{[Ac^-][H^+]}{K_a^\ominus}$$

整理，得

$$[H^+]=\sqrt{\frac{K_w^\ominus K_a^\ominus[NH_4^+]}{K_b^\ominus(K_a^\ominus+[Ac^-])}}$$

当 $c_0 \gg K_h^\ominus$ 时，$[NH_4^+]$和$[Ac^-]$的水解程度较小，有$[NH_4^+]\approx[Ac^-]\approx c_0$

故 H^+ 浓度为

$$[H^+]=\sqrt{\frac{K_a^\ominus K_w^\ominus c_0}{K_b^\ominus(K_a^\ominus+c_0)}}$$

当 $c_0 \gg K_a^\ominus$ 时

$$[H^+]=\sqrt{\frac{K_a^\ominus K_w^\ominus}{K_b^\ominus}}$$

表达式中$[H^+]$与盐溶液的浓度 c_0 无直接关系，但要注意$[H^+]$的表达式是在与 c_0 有关的近似条件下得到的，即 c_0 不能太小。

利用弱酸弱碱盐水解的$[H^+]$表达式，可以得到以下结论：

若 $K_a^\ominus > K_b^\ominus$，弱酸弱碱盐正离子水解度比负离子大，水解后溶液显酸性，$pH<7$；

若 $K_a^\ominus < K_b^\ominus$，弱酸弱碱盐正离子水解度比负离子小，水解后溶液显碱性，$pH>7$；

若 $K_a^\ominus \approx K_b^\ominus$，弱酸弱碱盐的两种离子水解度接近，水解后溶液显中性，$pH\approx7$。

7.3.3 影响水解的因素

盐的水解平衡也是化学平衡的一种，故影响水解平衡的因素可以从平衡常数 $K_h^\ominus$ 和改变反应商两个方面讨论。

首先，弱酸弱碱解离常数的影响。解离常数 $K_a^\ominus$ 或 $K_b^\ominus$ 大小决定盐的水解平衡常数 $K_h^\ominus$ 的大小，解离常数 $K_a^\ominus$ 或 $K_b^\ominus$ 越大，则 $K_h^\ominus$ 越小，水解进行得越不彻底。

其次，温度的影响。盐的水解一般是吸热过程，$\Delta H>0$，由公式

$$\ln\frac{K_{h2}^\ominus}{K_{h1}^\ominus}=\frac{\Delta H}{R}\left(\frac{1}{T_1}-\frac{1}{T_2}\right)$$

当温度升高时，平衡常数 $K_h^\ominus$ 增大。因此，升高温度可以促进水解的进行。

改变反应商可以体现在浓度和酸度上。按照平衡移动原理，稀释有利于水解进行，所以溶

液越稀，水解越彻底。加酸可抑制正离子水解，如实验室用盐酸来配制 $SnCl_2$ 溶液以抑制 Sn^{2+} 的水解；加碱可抑制负离子水解，如 S^{2-} 和 CN^- 等离子只能在碱性介质中存在，在中性或酸性条件下这些离子会水解生成相应的酸或酸式盐。

7.4 酸碱理论简介

1. 酸碱解离理论认为，在水溶液中解离产生的正离子全部是 H^+ 的物质为酸；产生的负离子全部是 OH^- 的物质为碱。酸碱反应的实质是 H^+ 和 OH^- 反应生成水。

2. 酸碱质子理论认为，在反应中给出质子的物质为酸；在反应中接受质子的物质为碱。酸碱反应的实质是共轭酸碱对之间的质子转移过程。

3. 酸碱电子理论认为，在反应中能接受电子对的物质为酸；在反应中能给出电子对的物质为碱。酸碱反应的实质是生成酸碱配合物的过程。

7.4.1 酸碱解离理论(阿伦尼乌斯理论)

人们对酸碱的认识经历了一个逐渐深入的过程，1884 年阿伦尼乌斯(Arrhenius)在解离学说的基础上定义了酸和碱并定量地讨论酸和碱的强度。

阿伦尼乌斯认为在水溶液中解离产生的正离子全部是 H^+ 的物质为酸，如 HCl、H_2SO_4、HNO_3；在水溶液中解离产生的负离子全部是 OH^- 的物质为碱，如 NaOH、$Ba(OH)_2$、$Ca(OH)_2$。

酸碱的强弱可由解离常数的大小进行衡量，$K_a^\ominus$、$K_b^\ominus$ 值越大，则相应的酸或碱越强。而酸碱反应的实质是 H^+ 和 OH^- 反应生成水。

阿伦尼乌斯解离理论的提出使人们对酸碱的认识有了飞跃性的发展，对化学科学的发展起了巨大的作用。然而，这一理论也有一定的局限性，它把酸碱仅限于水溶液中，而对于非水体系中物质表现的酸碱性却无法解释。

7.4.2 酸碱质子理论(布朗斯台德理论)

20 世纪 20 年代，布朗斯台德(J. N. Brönsted)和劳莱(T. M. Lowry)分别独立提出了酸碱质子理论。

按照酸碱质子理论，反应中给出质子的物质称为酸，如 HCl、NH_4^+、HCO_3^- 等均可以给出质子，所以它们都是质子酸；在反应中接受质子的物质称为碱，如 NH_3、Cl^-、NO_3^- 等均可以与质子结合，故均为质子碱；而 HCO_3^- 和 H_2O 等在反应中既能给出质子又能接受质子，称为两性物质。

酸碱质子理论认为，酸和碱不是彼此孤立的，而是有一定的依赖关系。当酸失去质子后就生成具有接受质子能力的质子碱，而碱结合质子后就变成了酸，即

$$\text{酸} = \text{碱} + \text{质子}$$

将满足上述关系式的一对酸碱称为共轭酸碱对，如

$$HNO_3 \Longrightarrow NO_3^- + H^+$$

反应式中 NO_3^- 是 HNO_3 的共轭碱，而 HNO_3 则为 NO_3^- 的共轭酸。对于 H_2O 这样的物质而

言，其共轭酸是 H_3O^+，而其共轭碱则为 OH^-。

酸碱反应的实质是共轭酸碱对之间的质子转移过程。例如

$$HAc + H_2O \rightleftharpoons H_3O^+ + Ac^-$$

反应中 HAc(酸Ⅰ)给出质子，生成相应的共轭碱 Ac^-(碱Ⅰ)，而 H_2O(碱Ⅱ)作为碱接受质子生成共轭酸 H_3O^+(酸Ⅱ)，整个过程中质子从酸转移到了碱上。

酸碱解离反应、盐的水解反应等，都是共轭酸碱对之间的质子转移过程。例如

$$HCl + H_2O \rightleftharpoons H_3O^+ + Cl^-$$

$$H_2O + H_2O \rightleftharpoons H_3O^+ + OH^-$$

$$H_2O + NH_3 \rightleftharpoons NH_4^+ + OH^-$$

$$\underset{\text{酸Ⅰ}}{NH_4^+} + \underset{\text{碱Ⅱ}}{H_2O} \rightleftharpoons \underset{\text{酸Ⅱ}}{H_3O^+} + \underset{\text{碱Ⅰ}}{NH_3}$$

酸碱质子理论不仅适用于水体系，对于非水体系也适用。例如

$$\underset{\text{酸Ⅰ}}{NH_3} + \underset{\text{碱Ⅱ}}{NH_3} \rightleftharpoons \underset{\text{酸Ⅱ}}{NH_4^+} + \underset{\text{碱Ⅰ}}{NH_2^-}$$

反应中 NH_3 分子(酸Ⅰ)给出质子生成 NH_2^-(碱Ⅰ)，而 NH_3(碱Ⅱ)接受质子后生成 NH_4^+(酸Ⅱ)。反应的实质仍为质子的转移。

酸碱质子理论中，酸碱的强弱可由物质给出或接受质子的能力来判断。酸给出质子的能力越强，酸性越强。而碱接受质子的能力越强，碱性越强。在水体系中，HCl 完全解离出 H^+，HCl 为强酸；而 HAc 部分解离出 H^+，HAc 为弱酸。酸碱的强度可以由解离反应的平衡常数 $K_a^\ominus$、$K_b^\ominus$ 的大小表示。

在水体系中，HCl、HNO_3、H_2SO_4、$HClO_4$ 均完全解离，都是强酸，无法区分四种酸的强弱，将水的这种作用称为拉平效应。而将它们溶于酸性比水更强的 HAc 中，它们给出质子的能力则不同。

在 HAc 中的酸性	$HClO_4$	>	H_2SO_4	>	HCl	>	HNO_3
解离平衡常数 $K_a^\ominus$	1.6×10^{-6}		6.3×10^{-9}		1.6×10^{-9}		4.0×10^{-10}

根据在乙酸中的解离平衡常数 $K_a^\ominus$ 值的大小可区分出这几种强酸的酸性强弱，乙酸的这种作用称为区分效应，HAc 是几种强酸的区分试剂。

在质子酸碱反应中，反应进行的方向是由强酸强碱生成弱酸弱碱。例如

$$\underset{\text{强酸}}{HCl} + \underset{\text{强碱}}{H_2O} \rightleftharpoons \underset{\text{弱酸}}{H_3O^+} + \underset{\text{弱碱}}{Cl^-}$$

酸碱质子理论扩大了酸碱的范围，但其也有局限性，对于无质子的体系则不适用。

7.4.3 酸碱电子理论(路易斯理论)

在酸碱质子理论提出的同时，1923 年路易斯(G. N. Lewis)提出了酸碱的电子理论，也称为路易斯理论。

在反应中能接受电子对的物质称为酸，如 H^+、Na^+、BF_3 等均含有空轨道可以接受电子对，都是路易斯酸；在反应中能给出电子对的物质称为碱，如 OH^-、CN^-、NH_3 等均可以给出电子对，故为路易斯碱。

酸是电子对的接受体，接受电子对的能力越强，酸性越强。碱是电子对的给予体，给出电子对的能力越强，碱性越强。

酸碱电子理论可以把反应分成两种类型，一种是酸和碱生成酸碱配合物的反应。例如

$$H^+ + OH^- \xlongequal{} H_2O$$

$$BF_3 + NH_3 \xlongequal{} F_3B:NH_3$$

$$Na^+ + CN^- \xlongequal{} NaCN$$

$$\underset{\text{酸}}{Cu^{2+}} + \underset{\text{碱}}{4NH_3} \xlongequal{} \underset{\text{酸碱配合物}}{[Cu(NH_3)_4]^{2+}}$$

另一种是取代反应，包括酸取代反应，碱取代反应和双取代反应。例如

$$[Cu(NH_3)_4]^{2+} + 4H^+ \xlongequal{} 4NH_4^+ + Cu^{2+} \qquad \text{酸取代反应}$$

$$Cu(OH)_2 + 4NH_3 \xlongequal{} [Cu(NH_3)_4]^{2+} + 2OH^- \qquad \text{碱取代反应}$$

$$NaOH + HCl \xlongequal{} NaCl + H_2O \qquad \text{双取代反应}$$

酸碱电子理论的优点在于其适用范围比较广泛，而局限性在于酸碱的特征不明，且无法比较酸碱的相对强弱。

7.5 沉淀溶解平衡

1. 难溶性强电解质 A_aB_b 在溶液中存在沉淀溶解平衡

$$A_aB_b(s) \rightleftharpoons aA^{b+} + bB^{a-}$$

溶度积常数为

$$K_{sp}^{\ominus} = [A^{b+}]^a \cdot [B^{a-}]^b$$

2. 某时刻沉淀溶解反应的浓度商为 $Q^{\ominus}$，则有

当 $Q^{\ominus} > K_{sp}^{\ominus}$ 时，过饱和溶液，反应方向为从溶液中析出沉淀；

当 $Q^{\ominus} = K_{sp}^{\ominus}$ 时，饱和溶液，反应处于平衡状态；

当 $Q^{\ominus} < K_{sp}^{\ominus}$ 时，不饱和溶液，反应方向为沉淀物的溶解。

3. 根据溶度积规则可进行离子的分步沉淀及沉淀的溶解和转化。

7.5.1 溶度积常数

溶解性是物质的一种重要性质，难溶性物质通常是指在 100 g 水中溶解的质量少于 0.01 g 的物质。

沉淀溶解平衡主要讨论的是难溶性强电解质的饱和溶液与其解离产生的离子间的平衡。例如，向 $BaCl_2$ 溶液中加入 H_2SO_4 溶液会产生 $BaSO_4$ 白色沉淀；$CaCO_3$ 固体溶于过量的稀 HCl 中，这些过程中都涉及难溶电解质与其离子间的平衡关系。

$$BaSO_4 \xlongequal{} Ba^{2+} + SO_4^{2-}$$

平衡常数为

$$K_{sp}^{\ominus} = [Ba^{2+}][SO_4^{2-}]$$

由于溶解反应的平衡常数表达式是离子浓度乘积的形式，故该平衡常数称为溶度积常数。

对任意难溶性强电解质 A_aB_b，有

$$A_aB_b(s) \rightleftharpoons aA^{b+} + bB^{a-}$$

溶度积常数为

$$K_{sp}^{\ominus} = [A^{b+}]^a[B^{a-}]^b$$

沉淀溶解平衡是化学平衡的一种，故化学平衡常数的规则均适用于沉淀溶解平衡，且 $K_{sp}^{\ominus}$ 随温度的变化而改变。

溶解度是指物质饱和溶液的浓度，它和溶度积常数都可以用来表示难溶物的溶解性。因为表示的是同一种物质的同一性质，故两者之间有一定的关系，可以进行换算。

【例 7-8】 分别计算 AgCl、Ag_2CrO_4 在水溶液中溶解度。已知 $K_{sp,AgCl}^{\ominus}=1.8\times10^{-10}$，$K_{sp,Ag_2CrO_4}^{\ominus}=1.1\times10^{-12}$。

解 (1) 设 AgCl 在纯水中的溶解度为 s_1。

$$\begin{array}{ccc} AgCl \rightleftharpoons & Ag^+ & + Cl^- \\ & s_1 & s_1 \end{array}$$

$$K_{sp,AgCl}^{\ominus}=[Ag^+][Cl^-]=s_1^2$$

$$s_1=\sqrt{K_{sp,AgCl}^{\ominus}}=\sqrt{1.8\times10^{-10}}=1.3\times10^{-5}(mol\cdot dm^{-3})$$

(2) 设 Ag_2CrO_4 在纯水中的溶解度 s_2。

$$\begin{array}{ccc} Ag_2CrO_4 \rightleftharpoons & 2Ag^+ & + CrO_4^{2-} \\ & 2s_2 & s_2 \end{array}$$

$$K_{sp,Ag_2CrO_4}^{\ominus}=[Ag^+]^2[CrO_4^{2-}]=(2s_2)^2\times s_2=4s_2^3$$

$$s_2=\sqrt[3]{\frac{K_{sp,Ag_2CrO_4}^{\ominus}}{4}}=\sqrt[3]{\frac{1.1\times10^{-12}}{4}}=6.5\times10^{-5}(mol\cdot dm^{-3})$$

对于同类型难溶盐（正、负离子数比值相同），可以由 $K_{sp}^{\ominus}$ 大小直接比较溶解度大小，即 $K_{sp}^{\ominus}$ 值大的物质，其溶解度也大。但对于不同类型难溶盐，不能由 $K_{sp}^{\ominus}$ 大小直接比较溶解度大小，而必须通过计算结果比较溶解度大小，如 AgCl 和 Ag_2CrO_4。

7.5.2 溶度积规则

比较反应商 $Q^{\ominus}$ 和溶度积常数 $K_{sp}^{\ominus}$ 的大小可判断难溶性强电解质溶液中反应进行的方向。对于某溶液中的沉淀溶解平衡

$$A_aB_b(s) \rightleftharpoons aA^{b+} + bB^{a-}$$

某时刻沉淀溶解反应的反应商 $Q^{\ominus}$ 为

$$Q^{\ominus} = [A^{b+}]^a[B^{a-}]^b$$

当 $Q^{\ominus}>K_{sp}^{\ominus}$ 时，过饱和溶液，反应方向为沉淀从溶液中析出；

当 $Q^{\ominus}=K_{sp}^{\ominus}$ 时，饱和溶液，反应处于平衡状态；

当 $Q^{\ominus}<K_{sp}^{\ominus}$ 时，不饱和溶液，反应方向为沉淀物的溶解。

这就是溶度积规则，常用它来判断沉淀的生成和溶解。

【例 7-9】 在 0.50 mol·dm^{-3} $MgCl_2$ 溶液中，加入等体积 0.10 mol·dm^{-3}氨水，此氨水中同时含有 0.020 mol·dm^{-3}的 NH_4Cl，$Mg(OH)_2$ 能否沉淀？如果有沉淀产生，需要在每升氨水中再加入多少克固体 NH_4Cl 才能使 $Mg(OH)_2$ 恰好不沉淀？已知 $K^{\ominus}_{sp,Mg(OH)_2}=5.6\times10^{-12}$，$K^{\ominus}_{b,NH_3\cdot H_2O}=1.8\times10^{-5}$。

解 两种溶液等体积混合后各物质的浓度为

$[Mg^{2+}]=0.25$ mol·dm^{-3}，$[NH_3]=0.050$ mol·dm^{-3}，$[NH_4Cl]=0.010$ mol·dm^{-3}

在 $NH_3\cdot H_2O$-NH_4^+ 混合溶液中

$$[OH^-]=K_b^{\ominus}\frac{c_{碱}}{c_{盐}}=1.8\times10^{-5}\times\frac{0.050}{0.010}=9.0\times10^{-5}(mol\cdot dm^{-3})$$

$$Q^{\ominus}=[Mg^{2+}][OH^-]^2=0.25\times(9.0\times10^{-5})^2=2.0\times10^{-10}$$

由于 $Q^{\ominus}>K^{\ominus}_{sp}$，因此能够生成 $Mg(OH)_2$ 沉淀。

要使 $Mg(OH)_2$ 沉淀恰好不生成或者刚有沉淀生成，由 $[Mg^{2+}][OH^-]^2=K^{\ominus}_{sp,Mg(OH)_2}$ 得

$$[OH^-]=\sqrt{\frac{5.6\times10^{-12}}{0.25}}=4.7\times10^{-6}(mol\cdot dm^{-3})$$

根据 $[OH^-]=K_b^{\ominus}\frac{c_{碱}}{c_{盐}}$ 得

$$[NH_4^+]=K_b^{\ominus}\frac{[NH_3\cdot H_2O]}{[OH^-]}=1.8\times10^{-5}\times\frac{0.050}{4.7\times10^{-6}}$$

$$=0.19(mol\cdot dm^{-3})$$

求得的 $[NH_4^+]$ 是混合体系中恰好不生成 $Mg(OH)_2$ 沉淀时的溶液中 $[NH_4Cl]$。而原氨水中

$$[NH_4Cl]=0.19\ mol\cdot dm^{-3}\times2=0.38\ mol\cdot dm^{-3}$$

每升溶液中应再加入的固体 NH_4Cl 质量为

$$53.5\ g\cdot mol^{-1}\times(0.38-0.020)mol=19.26\ g$$

影响沉淀溶解平衡的因素很多，其中同离子效应的影响十分明显，即向平衡体系中加入与体系具有相同离子的易溶强电解质，使平衡向生成沉淀的方向移动，难溶性强电解质的溶解度降低。此外，盐效应对沉淀溶解平衡也有影响，它将使难溶物的溶解度略有增大，但这种影响一般较小。

7.5.3 分步沉淀

当溶液中有几种离子都能与同一沉淀剂生成沉淀时，由于生成沉淀的溶度积不同，析出沉淀的先后顺序也不同。沉淀生成的先后顺序遵循 $Q^{\ominus}>K^{\ominus}_{sp}$ 的原则，$Q^{\ominus}$ 先达到溶度积的物质先沉淀，这就是分步沉淀。

利用分步沉淀可对离子进行分离。一般认为，溶液中被沉淀离子的浓度低于 10^{-5} mol·dm^{-3}时，该离子沉淀完全。

【例 7-10】 混合溶液中含有 2.5×10^{-2} mol·dm^{-3} Pb^{2+} 和 1.0×10^{-2} mol·dm^{-3} Fe^{3+}，若向其中逐滴加入浓 NaOH 溶液（忽略体积的变化），能否将 Pb^{2+} 和 Fe^{3+} 分离？若能分离试求分离的 pH 范围。

已知 $K^{\ominus}_{sp,Pb(OH)_2}=1.43\times10^{-15}$，$K^{\ominus}_{sp,Fe(OH)_3}=2.79\times10^{-39}$。

解 首先确定 Pb^{2+} 和 Fe^{3+} 在逐渐加入 NaOH 溶液时产生沉淀的先后顺序。

Pb^{2+} 开始沉淀时

$$[OH^-]=\sqrt{\frac{K^{\ominus}_{sp,Pb(OH)_2}}{[Pb^{2+}]}}=\sqrt{\frac{1.43\times10^{-15}}{2.5\times10^{-2}}}=2.39\times10^{-7}(mol\cdot dm^{-3})$$

Fe^{3+}开始沉淀时

$$[OH^-]=\sqrt[3]{\frac{K^{\ominus}_{sp,Fe(OH)_3}}{[Fe^{3+}]}}=\sqrt[3]{\frac{2.79\times10^{-39}}{1.0\times10^{-2}}}=6.53\times10^{-13}(mol\cdot dm^{-3})$$

所以加入NaOH溶液时，Fe^{3+}先沉淀，Pb^{2+}后沉淀。

当Fe^{3+}沉淀完全时，$[Fe^{3+}]$为10^{-5} $mol\cdot dm^{-3}$，则溶液中$[OH^-]$为

$$[OH^-]=\sqrt[3]{\frac{K^{\ominus}_{sp,Fe(OH)_3}}{[Fe^{3+}]}}=\sqrt[3]{\frac{2.79\times10^{-39}}{10^{-5}}}=6.53\times10^{-12}(mol\cdot dm^{-3})$$

而此时，对于$Pb(OH)_2$

$$Q^{\ominus}=[Pb^{2+}][OH^-]^2=2.5\times10^{-2}\times(6.53\times10^{-12})^2=1.1\times10^{-24}$$

$Q^{\ominus}<K^{\ominus}_{sp,Pb(OH)_2}$，则不生成$Pb(OH)_2$沉淀。

即当Fe^{3+}沉淀完全时Pb^{2+}还未产生沉淀，所以Fe^{3+}和Pb^{2+}可以用NaOH溶液加以分离。

Fe^{3+}沉淀完全时

$$[OH^-]=6.53\times10^{-12},pH=2.81。$$

Pb^{2+}开始沉淀时

$$[OH^-]=2.39\times10^{-7},pH=7.38。$$

使2.5×10^{-2} $mol\cdot dm^{-3}$的Pb^{2+}和1.0×10^{-2} $mol\cdot dm^{-3}$的Fe^{3+}分离的pH范围是2.81～7.38。

7.5.4　沉淀的溶解和转化

根据溶度积规则，当溶液中$Q^{\ominus}<K^{\ominus}_{sp}$时，沉淀将会溶解。故要使沉淀溶解就要设法使溶液中的$Q^{\ominus}<K^{\ominus}_{sp}$，一般采取的方法有：使相关离子被氧化或还原，使有关离子生成配位化合物，使有关离子生成弱电解质等。

ZnS难溶于水，要使其溶解可以加入强酸，H^+和S^{2-}结合形成弱电解质HS^-和H_2S，S^{2-}浓度降低，平衡向ZnS溶解的方向移动。当强酸的量足够时，ZnS可以完全溶解。

$$ZnS+2H^+ = Zn^{2+}+H_2S$$

AgCl不溶于水，但能溶于氨水，就是利用Ag^+能够与NH_3形成稳定的配位化合物而使反应向沉淀溶解的方向移动。同理CuS难溶于水，也不溶于浓盐酸中，但可溶于HNO_3中，就是利用HNO_3的氧化性将S^{2-}氧化使CuS溶解。反应方程式为

$$AgCl+2NH_3 = [Ag(NH_3)_2]^++Cl^-$$

$$3CuS+2NO_3^-+8H^+ = 3Cu^{2+}+2NO+3S+4H_2O$$

【例7-11】　将0.010 mol的SnS溶于1.0 dm^3盐酸中，求所需的盐酸的最低浓度。已知$K^{\ominus}_{sp,SnS}=1.0\times10^{-25}$。

解　当0.010 mol的SnS全部溶解于1 dm^3盐酸时，$[Sn^{2+}]=0.010$ $mol\cdot dm^{-3}$，则

$$[S^{2-}]=\frac{K^{\ominus}_{sp}}{[Sn^{2+}]}=\frac{1.0\times10^{-25}}{0.010}=1.0\times10^{-23}(mol\cdot dm^{-3})$$

当0.010 mol SnS全部溶解时，产生的S^{2-}与盐酸中的H^+结合生成H_2S，则

$$[H_2S]=0.010\ mol\cdot dm^{-3}$$

根据 H_2S 的解离平衡

$$H_2S \rightleftharpoons 2H^+ + S^{2-}$$

$$K_{a1}K_{a2} = \frac{[H^+]^2[S^{2-}]}{[H_2S]}$$

故

$$[H^+] = \sqrt{\frac{K_{a1}K_{a2}[H_2S]}{[S^{2-}]}} = \sqrt{\frac{1.1\times10^{-7}\times1.3\times10^{-13}\times0.010}{1.0\times10^{-23}}} = 3.78(\text{mol}\cdot\text{dm}^{-3})$$

这是平衡时溶液中的$[H^+]$,原盐酸中 H^+ 与 0.010 mol 的 S^{2-} 结合生成 H_2S 时消耗 0.020 mol H^+。故所需的盐酸的初始浓度为

$$3.78\ \text{mol}\cdot\text{dm}^{-3} + 0.020\ \text{mol}\cdot\text{dm}^{-3} = 3.80\ \text{mol}\cdot\text{dm}^{-3}$$

上述计算可以通过总的反应方程式进行

$$SnS \quad + \quad 2H^+ \quad \rightleftharpoons \quad H_2S \quad + \quad Sn^{2+}$$

平衡时相对浓度 $\qquad [H^+]_0 - 0.020 \qquad 0.010 \qquad 0.010$

平衡常数

$$K = \frac{[H_2S][Sn^{2+}]}{[H^+]^2} = \frac{[H_2S][Sn^{2+}][S^{2-}]}{[H^+]^2[S^{2-}]} = \frac{K_{sp}^{\ominus}}{K_{a1}K_{a2}}$$

$$= \frac{1.0\times10^{-25}}{1.1\times10^{-7}\times1.3\times10^{-13}} = 5.34\times10^{-6}$$

即

$$\frac{[H_2S][Sn^{2+}]}{([H^+]_0 - 0.020)^2} = 5.34\times10^{-6}$$

代入相关数据,解得

$$[H^+]_0 = 3.80\ \text{mol}\cdot\text{dm}^{-3}$$

由一种沉淀转化为另一种沉淀的过程称为沉淀的转化。例如,向白色的 AgCl 沉淀和其饱和溶液共存的试管中加入 NaI 溶液并搅拌,可以得到黄色的 AgI 沉淀。这就是一种沉淀的转化过程。

$$AgCl + I^- \rightleftharpoons AgI + Cl^-$$

通常情况下,由溶解度大的沉淀转化为溶解度小的沉淀较为容易;相反由溶解度较小的沉淀转化为溶解度较大的沉淀比较困难;也可以利用沉淀中的一种离子转化为弱电解质或发生氧化还原反应等来实现沉淀的转化。例如

$$BaCO_3 + H_2SO_4 = BaSO_4 + CO_2 + H_2O$$

$$PbS + 4O_3 = PbSO_4 + 4O_2$$

【例 7-12】 用 KBr 溶液将 AgCl 沉淀转化为 AgBr。试求 KBr 的最低浓度。已知 AgCl 的 $K_{sp}^{\ominus} = 1.8\times10^{-10}$,AgBr 的 $K_{sp}^{\ominus} = 5.4\times10^{-13}$。

解 AgCl 转化为 AgBr 的反应式

$$AgCl + Br^- \rightleftharpoons AgBr + Cl^-$$

$$K^{\ominus}=\frac{K_{sp}^{\ominus}(AgCl)}{K_{sp}^{\ominus}(AgBr)}=\frac{1.8\times10^{-10}}{5.4\times10^{-13}}=3.3\times10^{2}$$

即

$$K^{\ominus}=\frac{[Cl^-]}{[Br^-]}=3.3\times10^{2}$$

$$[Br^-]=\frac{1}{K^{\ominus}}[Cl^-]=\frac{1}{3.3\times10^{2}}[Cl^-]=3.0\times10^{-3}[Cl^-]$$

故溶液中 KBr 的最低浓度满足$[Br^-]\geqslant3.0\times10^{-3}[Cl^-]$，可使 AgCl 沉淀转化为 AgBr。

思 考 题

1. 简述离子氛的概念和活度与浓度的关系。
2. 何为酸碱指示剂？其能够指示溶液酸碱性的原理是什么？
3. 什么是同离子效应？什么是盐效应？缓冲溶液的作用原理是什么？
4. 盐的水解都有哪些类型？哪些因素影响盐的水解？
5. 举例说明酸碱质子理论的概念，讨论质子酸和质子碱的共轭关系。
6. 简述酸碱解离理论和酸碱电子理论的基本内容。
7. 举例说明什么是拉平效应，什么是区分效应。
8. 简述溶度积规则的基本内容，溶度积和溶解度的区别和联系。

习　　题

1. 计算溶液的 pH。
   (1) 0.10 $mol\cdot dm^{-3}$ $KHSO_4$ 溶液，已知 $K_{a2}^{\ominus}(H_2SO_4)=1.0\times10^{-2}$；
   (2) 将 pH=5.00 和 pH=8.20 的两种强电解质溶液等体积混合。
2. 计算下列混合溶液的 pH。
   (1) 30 cm^3 0.25 $mol\cdot dm^{-3}$ HNO_2 溶液和 20 cm^3 0.50 $mol\cdot dm^{-3}$ HAc 溶液混合；
   (2) 0.20 $mol\cdot dm^{-3}$ H_2SO_4 溶液与等体积 0.40 $mol\cdot dm^{-3}$ Na_2SO_4 溶液混合；
   (3) 0.20 $mol\cdot dm^{-3}$ H_3PO_4 溶液与等体积 0.20 $mol\cdot dm^{-3}$ Na_3PO_4 溶液混合；
   (4) 0.20 $mol\cdot dm^{-3}$ HAc 溶液与等体积 0.20 $mol\cdot dm^{-3}$ NaOH 溶液混合。
   已知 $K_a^{\ominus}(HAc)=1.8\times10^{-5}$，$K_a^{\ominus}(HNO_2)=7.2\times10^{-4}$，$K_{a2}^{\ominus}(H_2SO_4)=1.0\times10^{-2}$，$K_{a1}^{\ominus}(H_3PO_4)=7.1\times10^{-3}$，$K_{a2}^{\ominus}(H_3PO_4)=6.3\times10^{-8}$，$K_{a3}^{\ominus}(H_3PO_4)=4.8\times10^{-13}$。
3. 欲配制 pH=5 的缓冲溶液，现有下列物质，选择哪种合适？
   (1) HCOOH，$K_a^{\ominus}=1.8\times10^{-4}$；
   (2) HAc，$K_a^{\ominus}=1.8\times10^{-5}$；
   (3) NH_3，$K_b^{\ominus}=1.8\times10^{-5}$。
4. 向 0.10 $mol\cdot dm^{-3}$草酸溶液中滴加 NaOH 溶液使 pH=7.00，则溶液中 $H_2C_2O_4$、$HC_2O_4^-$ 和 $C_2O_4^{2-}$ 哪种物质的浓度最大？已知 $H_2C_2O_4$ 的 $K_{a1}^{\ominus}=5.4\times10^{-2}$，$K_{a2}^{\ominus}=5.4\times10^{-5}$。
5. 已知 0.50 $mol\cdot dm^{-3}$钠盐 NaX 溶液的 pH 为 8.45，试计算弱酸 HX 的解离平衡常数 $K_a^{\ominus}$。
6. 计算 0.10 $mol\cdot dm^{-3}$ H_3PO_4 溶液中 H^+、$H_2PO_4^-$、HPO_4^{2-} 和 PO_4^{3-} 的浓度。已知 H_3PO_4 的 $K_{a1}^{\ominus}=7.1\times10^{-3}$，$K_{a2}^{\ominus}=6.3\times10^{-8}$，$K_{a3}^{\ominus}=4.8\times10^{-13}$。

7. 试指出溶液中的下列物质哪些属于质子酸、哪些属于质子碱、哪些既是质子酸又是质子碱。请写出各自的共轭酸碱形式。

$$HOCN, HClO_3, ClNH_2, OBr^-, CH_3NH_3^+, HSO_4^-, HONH_2, H_2PO_4^-$$

8. 将下列反应中的物质分别按照酸和碱强度减小的顺序排列。

$$H_3O^+ + NH_3 \rightleftharpoons NH_4^+ + H_2O$$

$$H_2S + S^{2-} \rightleftharpoons HS^- + HS^-$$

$$NH_4^+ + HS^- \rightleftharpoons H_2S + NH_3$$

$$H_2O + O^{2-} \rightleftharpoons OH^- + OH^-$$

9. 三元酸 H_3AsO_4 的解离常数为 $K_{a1}^{\ominus}=5.5\times10^{-4}$，$K_{a2}^{\ominus}=1.7\times10^{-7}$，$K_{a3}^{\ominus}=5.1\times10^{-12}$。当溶液的 pH=10 时，试判断 H_3AsO_4 在溶液中存在的主要形式。

10. 已知室温下各盐的溶解度，求各盐的溶度积常数 $K_{sp}^{\ominus}$。

(1) AgCl：1.92×10^{-3} g·dm^{-3}；

(2) $Mg(NH_4)PO_4$：6.3×10^{-5} mol·dm^{-3}；

(3) $Pb(IO_3)_2$：4.5×10^{-5} mol·dm^{-3}。

11. 计算 0.20 mol·dm^{-3} Na_2CO_3 溶液中 Na^+、CO_3^{2-}、HCO_3^-、H_2CO_3、H^+ 和 OH^- 的浓度。已知 H_2CO_3 的 $K_{a1}^{\ominus}=4.5\times10^{-7}$，$K_{a2}^{\ominus}=4.7\times10^{-11}$。

12. 硼砂在水中溶解反应

$$Na_2B_4O_7\cdot10H_2O(s) \rightleftharpoons 2Na^+(aq)+2B(OH)_4^-(aq)+3H_2O+2H_3BO_3$$

硼酸在水中的解离反应

$$B(OH)_3(aq)+2H_2O(l) \rightleftharpoons B(OH)_4^-(aq)+H_3O^+(aq)$$

(1) 将 28.6 g 硼砂溶解在水中，配制成 1.0 dm^3 溶液，计算溶液的 pH；

(2) 在上述溶液中加入 100 cm^3 的 0.10 mol·dm^{-3} HCl 溶液，其 pH 又为多少？

已知硼酸的 $K_a^{\ominus}=5.8\times10^{-10}$。

13. 已知 $Ag_2C_2O_4$ 的溶度积为 5.40×10^{-12}，若 $Ag_2C_2O_4$ 在饱和溶液中完全解离，试计算：

(1) $Ag_2C_2O_4$ 在水中的溶解度；

(2) $Ag_2C_2O_4$ 在 0.01 mol·dm^{-3}的 $Na_2C_2O_4$ 溶液中的溶解度(忽略 $Na_2C_2O_4$ 的水解)；

(3) $Ag_2C_2O_4$ 在 0.01 mol·dm^{-3}的 $AgNO_3$ 溶液中的溶解度。

14. 在 1.00 dm^3 HAc 溶液中溶解 0.100 mol MnS(全部生成 Mn^{2+} 和 H_2S)，问 HAc 的初始浓度至少应是多少。已知 $K_{sp}^{\ominus}(MnS)=2.5\times10^{-13}$，$K_a^{\ominus}(HAc)=1.8\times10^{-5}$，$H_2S$：$K_{a1}^{\ominus}=1.1\times10^{-7}$，$K_{a2}^{\ominus}=1.3\times10^{-13}$。

15. 0.10 dm^3 0.10 mol·dm^{-3} 的 Na_2CrO_4 溶液，可以使多少克 $BaCO_3$ 固体转化成 $BaCrO_4$？已知 $K_{sp}^{\ominus}(BaCO_3)=2.6\times10^{-9}$，$K_{sp}^{\ominus}(BaCrO_4)=1.2\times10^{-10}$。

16. 向 0.10 mol·dm^{-3} $ZnCl_2$ 溶液中通入 H_2S，当 H_2S 饱和时(饱和 H_2S 的浓度约为 0.10 mol·dm^{-3})，刚好有 ZnS 沉淀产生，求生成沉淀时溶液的$[H^+]$。已知 $K_{sp}^{\ominus}(ZnS)=2.5\times10^{-22}$，$K_{a1}^{\ominus}(H_2S)=1.1\times10^{-7}$，$K_{a2}^{\ominus}(H_2S)=1.3\times10^{-13}$。

17. 实验证明，$Ba(IO_3)_2$ 溶于 1.0 dm^3 0.0020 mol·dm^{-3} KIO_3 溶液中的质量恰好与它溶于 1.0 dm^3 0.040 mol·dm^{-3} $Ba(NO_3)_2$ 溶液中的质量相同。计算：

(1) $Ba(IO_3)_2$ 在上述两种溶液中的溶解度；

(2) $Ba(IO_3)_2$ 的溶度积。

18. 已知

$Al(OH)_3 \rightleftharpoons Al^{3+}+3OH^-$　　　　$K_{sp}^{\ominus}=1.3\times10^{-33}$

$Al(OH)_3 \rightleftharpoons AlO_2^- + H^+ + H_2O$　　　　$K_{sp}^{\ominus}=2.0\times10^{-13}$

计算:(1)Al^{3+}完全沉淀为$Al(OH)_3$时溶液的 pH;

(2)现有 0.50 $mol \cdot dm^{-3}$的 $Al_2(SO_4)_3$溶液 100 cm^3,向其中加入同体积的 NaOH 溶液使生成的沉淀刚好完全溶解,计算 NaOH 溶液的浓度(忽略 AlO_2^- 的水解)。

19. 将浓度为均为 2.0 $mol \cdot dm^{-3}$的 Sn^{2+} 和 Pb^{2+} 各 50 cm^3 等体积混合,通入过量的 H_2S,计算反应达到平衡后生成硫化物沉淀的质量。已知:$K_{sp}^{\ominus}(SnS)=1.0\times10^{-25}$,$K_{sp}^{\ominus}(PbS)=8.0\times10^{-28}$,$K_{a1}^{\ominus}(H_2S)=1.1\times10^{-7}$,$K_{a2}^{\ominus}(H_2S)=1.3\times10^{-13}$。

20. 混合溶液中 Ba^{2+} 和 Ca^{2+} 浓度均为 0.10 $mol \cdot dm^{-3}$,通过计算说明能否用 Na_2SO_4 分离 Ba^{2+} 和 Ca^{2+},如何控制沉淀剂的浓度?已知 $K_{sp}^{\ominus}(BaSO_4)=1.1\times10^{-10}$,$K_{sp}^{\ominus}(CaSO_4)=4.9\times10^{-5}$。

第8章 氧化还原反应

8.1 基本概念
- 氧化还原反应
- 原电池
- 常见电极和电极符号

8.2 氧化还原反应方程式的配平
- 电极反应方程式的配平
- 氧化还原反应方程式的配平

8.3 电池反应热力学
- 标准电动势 $E^{\ominus}$ 与标准平衡常数 $K^{\ominus}$ 的关系
- 能斯特方程

8.4 化学电源与电解
- 化学电源简介
- 电解与超电势

8.5 图解法讨论电极电势
- 元素电势图
- 自由能-氧化数图
- E-pH 图

8.1 基本概念

1. 氧化还原反应是指有电子得失或反应中物质的氧化数发生变化的化学反应。

2. 化合价是指元素原子能够结合或置换氢原子的个数。对于共价化合物,化合价可理解为形成共价键数;对于离子化合物,化合价可理解为离子所带的电荷数。氧化数是指由化学式计算得到的元素原子的平均化合价,氧化数可以是分数。

3. 电极电势是电极中极板与溶液之间的电势差;电池的电动势为构成原电池的两电极的电极电势之差。

4. 常见的电极主要有金属-金属离子电极、气体-离子电极、金属-难溶盐(或氧化物)-离子电极、氧化还原电极等。

8.1.1 氧化还原反应

1. 化合价

为了描述元素的原子与其他元素的原子化合的性质,人们引入了化合价的概念。化合价是指元素的原子能够结合或置换氢原子的个数,如 H_2O 中 H 为+1 价,O 为−2 价。

化合价有正价和负价。对于离子化合物,化合价可理解为离子所带的电荷数,带正电荷的元素化合价为正,带负电荷的化合价为负,如 NaCl 中 Na^+ 为+1 价,Cl^- 为−1 价。对于共价化合物,化合价可理解为某种元素的一个原子与其他元素的原子形成的共用电子对的数目,或者说该元素的一个原子形成的共价键的数目。共价化合物中化合价的正负由电子对的偏移来决定,电子对偏向的原子为负价,电子对偏离的原子则为正价。例如,NH_3 分子中,N 为−3 价,H 为+1 价;H_2O 分子中,H 为+1 价,则 O 为−2 价。

由于化合价是元素的原子与其他元素原子化合时所表现出的行为,因此在单质分子中元素的化合价为 0,而不论哪种化合物中,正负化合价的代数和都等于 0。

2. 氧化数

1970 年,国际纯粹与应用化学联合会给出的氧化数的定义是某元素的一个原子的荷电数。而这个荷电数是假设把每个化学键中的电子指定给电负性大的原子而求得的。氧化数的确定规则如下:

(1) 单质的氧化数为 0。

(2) 中性分子中所有元素的氧化数的代数和为 0;在多原子离子中,各元素的氧化数的和等于离子所带的电荷数。

(3) 在一般的化合物中 H 的氧化数为+1,而在金属氢化物(如 NaH、CaH_2)中 H 的氧化数为−1。

(4) O 在化合物中的氧化数一般为−2;在过氧化物(如 H_2O_2、BaO_2)中 O 的氧化数为−1;在超氧化物中(如 KO_2)中 O 的氧化数为$-\frac{1}{2}$;在 OF_2 中 O 的氧化数为+2。

氧化数和化合价之间有一定的联系,也有不同之处。不难看出氧化数是指由化学式计算得到的元素原子的平均化合价，它是一个宏观的数值，可以是整数，也可以是分数。而化合价是从分子和离子微观结构的角度上，形成的化学键的数目或离子的电荷数，它只能是整数。

如图 8－1 所示，对于 CrO_5 分子，从形成化学键数目判断，Cr 化合价为＋6 价；而将 O 的氧化数看成－2，计算出 CrO_5 中 Cr 的氧化数为＋10。在 H_3PO_4、H_3PO_3 和 H_3PO_2 分子中，P 原子的化合价均为＋5 价，而计算得到 P 的氧化数分别为＋5、＋3、＋1。

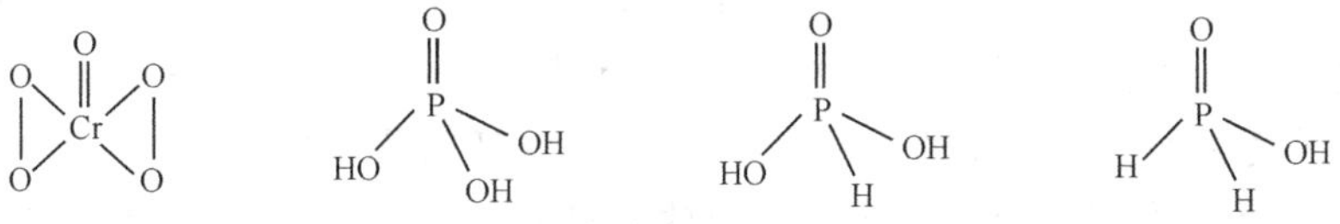

CrO_5　　H_3PO_4　　H_3PO_3　　H_3PO_2

图 8－1　CrO_5、H_3PO_4、H_3PO_3、H_3PO_2 分子成键示意图

3. 氧化还原反应

从反应过程中是否有电子发生转移或氧化数发生变化的角度上，化学反应可以被分为两大类，一类是氧化还原反应，另一类是非氧化还原反应。

氧化还原反应是一种极其重要的化学反应。取暖所进行的“燃烧”反应，金属的冶炼，工业上生产硫酸、硝酸过程中涉及的部分反应，由含氧酸盐制取氧气的反应等，都属于氧化还原反应。

$$C + O_2 = CO_2$$

$$S + O_2 = SO_2$$

$$3NO_2 + H_2O = 2HNO_3 + NO$$

$$2KClO_3 = 2KCl + 3O_2$$

在氧化还原反应中，失去电子、氧化数升高的过程称为氧化过程，得到电子、氧化数降低的过程称为还原过程。氧化还原反应在原电池中自发地进行，将实现化学能向电能的转化；而在电解池中则利用电能使非自发的氧化还原反应得以进行，实现电能向化学能的转化。

8.1.2　原电池

原电池是利用氧化还原反应将化学能转化为电能的装置。图 8－2 就是 Cu-Zn 原电池的装置示意图，它是由英国人丹尼尔(J. F. Daniell)设计的，又称为丹尼尔电池。在盛有 $ZnSO_4$ 溶液的烧杯中插入 Zn 片，在盛有 $CuSO_4$ 溶液的烧杯中插入 Cu 片，构成原电池的两极。两个烧杯之间倒置的 U 形管称为盐桥，它是将饱和的 KCl 溶液灌入 U 形管中并用琼脂封口。一般情况下，U 形管中的溶液不会流出，而 K^+ 和 Cl^- 又可以在其中做定向的迁移，用来平衡两池中因电池反应而产生的过剩的正负电荷，保持溶液的电中性，使电池反应能够持续进行。Zn 片和 Cu 片用导线与检流计相连，形成回路。

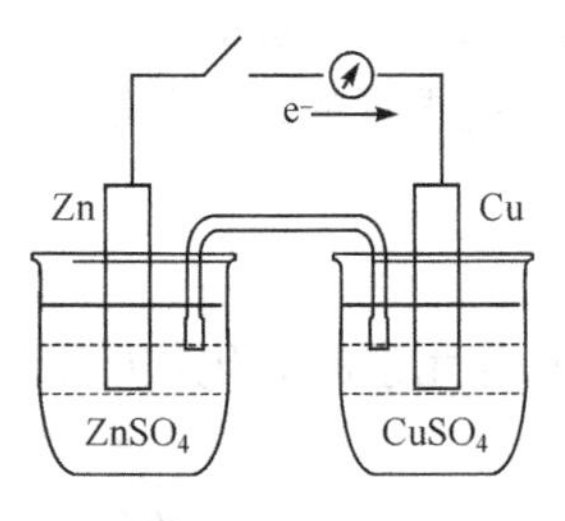

图 8－2　Cu-Zn 原电池的装置示意图

电路接通以后，检流计的指针发生偏转，说明有电子流过。根据检流计指针偏转的方向可知，Zn 片为负极，Cu 片为正极。随着反应的进行，Zn 片逐渐溶解，而 Cu 片上不断有单质 Cu 析出。

1. 电极反应

在 Cu-Zn 原电池中，Zn 片和 Cu 片上发生的反应分别为

$$Zn = Zn^{2+} + 2e^- \quad (1)$$

$$Cu^{2+} + 2e^- = Cu \quad (2)$$

反应(1)和反应(2)是发生在原电池负极和正极的反应，这种在电极上发生的反应称为电极反应或半反应、半电池反应。

电极反应中，氧化数高的物质为氧化型，氧化数低的物质为还原型；氧化数升高的反应称为氧化反应，氧化数降低的反应称为还原反应。

发生氧化反应的电极称为阳极，发生还原反应的电极称为阴极。对于原电池，阳极为负极，阴极为正极。

电极反应(1)和(2)相加得电池反应，即

$$Cu^{2+} + Zn = Cu + Zn^{2+} \quad (3)$$

这是一个由单质 Zn 置换 Cu^{2+} 的典型的氧化还原反应，只不过在电池反应中，电子的转移不是在氧化剂和还原剂之间直接进行，而是通过外电路以电流的方式进行转移，完成由化学能向电能的转化。

电极反应的通式一般写成

$$氧化型 + ze^- = 还原型$$

例如

$$Cu^{2+} + 2e^- = Cu$$

$$Zn^{2+} + 2e^- = Zn$$

2. 氧化还原电对

氧化型物质写在左侧，还原型物质写在右侧，二者之间用斜线隔开，则构成氧化还原电对，简称电对，如 Cu^{2+}/Cu、Zn^{2+}/Zn、Cl_2/Cl^-、PbO_2/Pb^{2+} 等。

在电对中只写氧化数发生变化的物质，而其他氧化数不发生变化的物质，虽然在电极反应中出现，但在电对中不写出，如电极反应

$$PbO_2 + 4H^+ + 2e^- = Pb^{2+} + 2H_2O$$

在电对中只写出 PbO_2 和 Pb^{2+}，而电极反应中的 H^+ 和 H_2O 等氧化数不变的物质不写出。

在电对中只写出物质而不写化学计量数，如电极反应

$$Cl_2 + 2e^- = 2Cl^-$$

电对表示成 Cl_2/Cl^-，而不是 $Cl_2/2Cl^-$。

由电对可以写出电极反应，故电对也能反映出电极反应的实质。用电对表示电极或电极反应会更为方便。

3. 原电池的表示方法

原电池可以用电池符号来表示，如 Zn-Cu 电池可以表示为

$$(-)Zn \mid Zn^{2+}(c_1) \parallel Cu^{2+}(c_2) \mid Cu(+)$$

在电池符号的表示中：

(1) 电池的负极写在左侧，正极写在右侧，并用(－)和(＋)表示。

(2) 两边的 Zn、Cu 表示极板材料，若电对中的物质不能构成极板材料(如非金属单质，相应的离子或同种元素不同氧化数的离子等)，则要写上惰性极板，如 Pt、石墨等。例如

$$(-)\mathrm{Pt} \mid \mathrm{Fe^{2+}}(c_1), \mathrm{Fe^{3+}}(c_2) \parallel \mathrm{Cl^-}(c_2) \mid \mathrm{Cl_2}(p_1) \mid \mathrm{Pt}(+)$$

(3) “|”代表两相的界面，“‖”代表两极之间的盐桥。

(4) 处于同一相中同种元素的不同氧化数的离子用逗号分开。

(5) 离子的浓度、气体的分压要在括号内标明。例如

$$(-)\mathrm{Pt} \mid \mathrm{H_2}(p^\ominus) \mid \mathrm{H^+}(10^{-3}\ \mathrm{mol \cdot dm^{-3}}) \parallel \mathrm{H^+}(10^{-2}\ \mathrm{mol \cdot dm^{-3}}) \mid \mathrm{H_2}(p^\ominus) \mid \mathrm{Pt}(+)$$

其中 $p^\ominus$表示标准大气压。

4. 电极电势与电池的电动势

在 Cu-Zn 原电池中，电子从 Zn 片流向 Cu 片，说明 Cu 片的电势比 Zn 片高。要衡量电极之间的电势高低，就要用到电极电势的概念。

当金属 M 与其离子 M^{n+} 接触时，将有以下 2 种不同的过程。

(1) 金属失去电子，以离子的形式溶入溶液中

$$\mathrm{M} = \mathrm{M}^{n+} + n\mathrm{e}^-$$

(2) 溶液中的金属离子结合电子以金属原子的形式沉积在极板上

$$\mathrm{M}^{n+} + n\mathrm{e}^- = \mathrm{M}$$

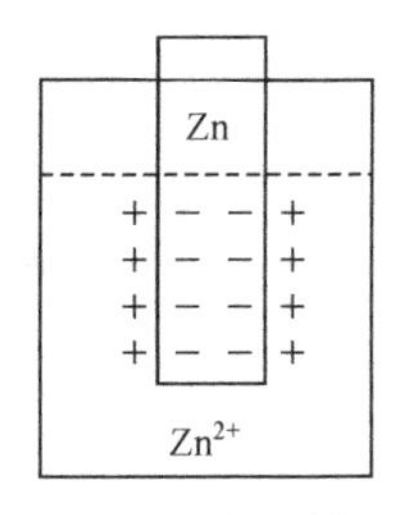

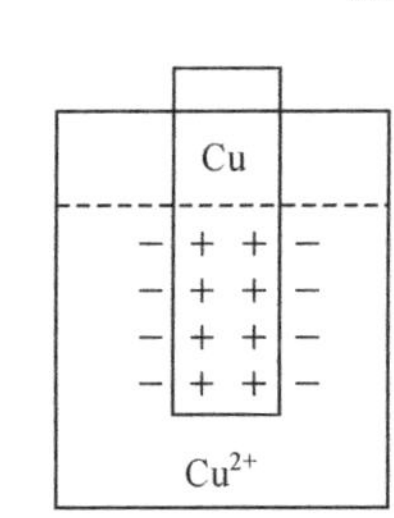

图 8-3　极板表面的双电层

金属的活性不同，两个过程进行的程度则不同，当各过程达到平衡时，金属与溶液的界面处会形成双电层，就会产生电势差(图 8-3)。

电极电势就是指电极中极板与溶液之间的电势差，即双电层的电势差。电极电势常用 $E_{氧化型/还原型}$ 或 E(氧化型/还原型)表示，如 $E_{\mathrm{Cu^{2+}/Cu}}$ 或 $E(\mathrm{Cu^{2+}/Cu})$。若电极中各物质均处于标准状态，则极板与溶液之间的电势差就是标准电极电势。标准电极电势表示为 $E^\ominus_{氧化型/还原型}$ 或 $E^\ominus$(氧化型/还原型)，如 Zn^{2+}/Zn 电极的标准电极电势可表示为 $E^\ominus_{\mathrm{Zn^{2+}/Zn}} = -0.763\ \mathrm{V}$。

Zn 的活性较强，极板带负电荷，极板的电势低于溶液，所以电极电势为负值。而 Cu 的活性低，极板带正电荷，极板的电势高于溶液，所以电极电势为正值。有时，电极电势和标准电极电势也可以简化用 E 和 $E^\ominus$表示，如

$$\mathrm{Zn^{2+}} + 2\mathrm{e^-} = \mathrm{Zn} \qquad E^\ominus = -0.763\ \mathrm{V}$$

$$\mathrm{Cu^{2+}} + 2\mathrm{e^-} = \mathrm{Cu} \qquad E^\ominus = +0.337\ \mathrm{V}$$

原电池中两个电极的电极电势之差为电池的电动势。原电池的电动势可以利用电位差计测量。当用盐桥将电池的两极溶液相连时，两溶液之间的电势差被消除，故原电池的电动势就是构成原电池的两电极的极板间电势之差。

用 $E_池$ 表示原电池的电动势，有

$$E_池 = E_+ - E_-\ (或\ E = E_+ - E_-)$$

当构成电极的各种物质均处于标准状态时，原电池的电动势为

$$E^\ominus_池 = E^\ominus_+ - E^\ominus_-\ (或\ E^\ominus = E^\ominus_+ - E^\ominus_-)$$

原电池的电动势的绝对值可以测量，但电极电势的绝对值却无法测得。目前使用的电极

电势数据都是以标准氢电极为参比电极，将其与其他待测电极组成原电池测定的。

热力学规定：标准氢电极的电极电势为 0，即

$$2H^+ + 2e^- = H_2 \qquad E^\ominus = 0$$

标准氢电极是以铂丝连接着涂满铂黑的铂片作为极板，将其浸入到 1 mol · dm^{-3}的 H^+溶液中，并向其中不断通入压力为 100 kPa（标准态）的氢气，其结构如图 8－4 所示。

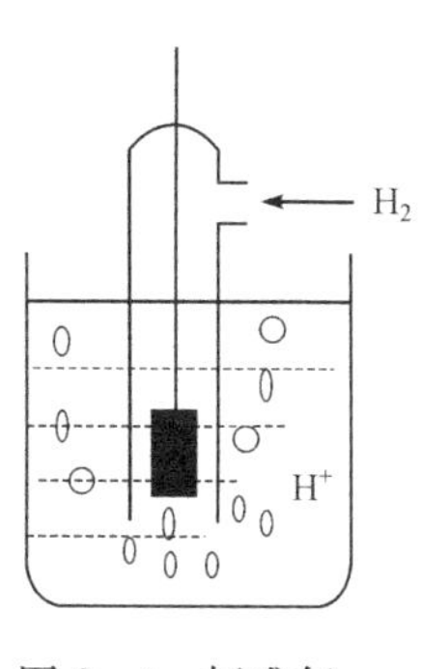

图 8－4　标准氢电极示意图

常用电极的标准电极电势值有表可查。

5. 标准电极电势表

把各种电极反应及其标准电极电势按照其值增大的顺序从上到下排列，得标准电极电势表。表 8－1 是标准电极电势表的一部分。

表 8－1　部分标准电极电势（298 K，酸性介质）

电对	电极反应	$E^\ominus$/V
Zn^{2+}/Zn	$Zn^{2+} + 2e^- = Zn$	−0.76
Fe^{2+}/Fe	$Fe^{2+} + 2e^- = Fe$	−0.44
H^+/H_2	$2H^+ + 2e^- = H_2$	0
Cu^{2+}/Cu	$Cu^{2+} + 2e^- = Cu$	+0.34
Fe^{3+}/Fe^{2+}	$Fe^{3+} + e^- = Fe^{2+}$	+0.77
IO_3^-/I_2	$2IO_3^- + 12H^+ + 10e^- = I_2 + 6H_2O$	+1.20
Cl_2/Cl^-	$Cl_2 + 2e^- = 2Cl^-$	+1.36
MnO_4^-/Mn^{2+}	$MnO_4^- + 8H^+ + 5e^- = Mn^{2+} + 4H_2O$	+1.51

理论上任何两个电极都可以组成原电池，电极电势小的电极为负极，电极电势大的电极为正极。

在电池反应中，电极电势高的电极的氧化型将电极电势低的电极的还原型氧化。在 Cu-Zn 原电池中，正极的 Cu^{2+}将负极的 Zn 氧化，生成 Cu 和 Zn^{2+}。

根据标准电极电势的大小，可以判断物质氧化或还原的能力。电极电势越大，氧化型的氧化能力越强，如 Cu^{2+} 的氧化能力比 Zn^{2+} 强；电极电势越小，还原型的还原能力就越强，如 Zn 的还原能力比 Cu 强。

8.1.3　常见电极和电极符号

将电极作为原电池的负极，可以写出电极符号。例如，标准氢电极的电极反应为

$$2H^+ + 2e^- = H_2$$

标准氢电极的电极符号可以表示为

$$Pt \mid H_2(100\ kPa) \mid H^+(1\ mol \cdot dm^{-3})$$

1. 金属-金属离子电极

金属极板浸入其阳离子的溶液中构成金属-金属离子电极。Cu-Zn 原电池中的铜电极和锌电极，都属于这类电极。

将电极作为原电池的负极，可以写出电极符号，由电极符号可以写出电极反应。例如，铜电极和锌电极的电极符号和电极反应为

$$Cu \mid Cu^{2+}(c) \qquad Cu^{2+} + 2e^- \!=\!=\!= Cu$$

$$Zn \mid Zn^{2+}(c) \qquad Zn^{2+} + 2e^- \!=\!=\!= Zn$$

2. 气体-离子电极

将惰性金属浸入气体与其离子的溶液中则构成气体-离子电极。例如，标准氢电极就是这类电极，电极符号为 $Pt \mid H_2(p) \mid H^+(c)$，电极反应

$$2H^+ + 2e^- \!=\!=\!= H_2$$

电对 Cl_2/Cl^- 也能设计成气体-离子电极，电极符号为 $Pt \mid Cl_2(p) \mid Cl^-(c)$，电极反应

$$Cl_2 + 2e^- \!=\!=\!= 2Cl^-$$

3. 金属-难溶盐(或氧化物)-离子电极

金属表面覆盖一层该金属的难溶盐(或氧化物)，将其浸在含有该难溶盐负离子的溶液(或酸、碱)中，则构成金属-难溶盐(或氧化物)-离子电极。这类电极中最重要的是氯化银电极和饱和甘汞电极。

氯化银电极是在银丝表面覆盖一层 AgCl 后浸在盐酸溶液中构成的。

电极反应　$AgCl + e^- \!=\!=\!= Ag + Cl^-$

电极符号　$Ag \mid AgCl \mid Cl^-(c)$

饱和甘汞电极是最常用的参比电极(图 8－5)。标准氢电极使用条件比较严格，氢气不易纯化，且铂黑易中毒，所以在实际测量中并不常使用。饱和甘汞电极的优点在于电极电势易控制，使用方便。

电极反应　$Hg_2Cl_2 + 2e^- \!=\!=\!= 2Hg + 2Cl^-$

电极符号　$Pt \mid Hg \mid Hg_2Cl_2 \mid Cl^-(c)$

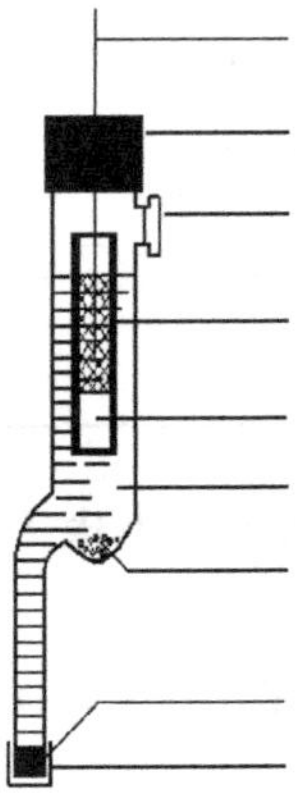

铂丝引线
胶木帽
胶塞
甘汞
汞
KCl 饱和溶液
KCl 晶体
多孔物质
胶套

图 8－5　饱和甘汞电极示意图

4. 氧化还原电极

将惰性金属浸入某元素的两种不同价态离子的混合溶液中，构成氧化还原电极。氧化还原电极的特点是没有单质参与电极反应。

例如，将铂丝浸入 Fe^{2+} 和 Fe^{3+} 的混合溶液中，就构成一种氧化还原电极。

电极符号　$Pt \mid Fe^{3+}(c_1), Fe^{2+}(c_2)$

电极反应　$Fe^{3+} + e^- \!=\!=\!= Fe^{2+}$

将铂丝浸入 $Cr_2O_7^{2-}$ 和 Cr^{3+} 的酸性溶液中，也构成一种氧化还原电极。

电极符号　$Pt \mid Cr_2O_7^{2-}(c_1), Cr^{3+}(c_2)$

电极反应　$Cr_2O_7^{2-} + 14H^+ + 6e^- \!=\!=\!= 2Cr^{3+} + 7H_2O$

8.2 氧化还原反应方程式的配平

核心内容

1. 离子-电子法配平反应的核心是反应物和生成物的原子数相同,电荷数相等。电极反应配平的关键是在原子数配平后以电子配平电荷。

2. 配平酸性介质中的电极反应时,在缺少 n 个氧原子的一侧加上 n 个 H_2O,将氧原子配平;在缺少 n 个氢原子的一侧加上 n 个 H^+,将氢原子配平。

3. 配平碱性介质中的电极反应时,在缺少 n 个氧原子的一侧加上 n 个 H_2O,将氧原子配平;在缺少 n 个氢原子的一侧加 n 个 H_2O,同时在另一侧加 n 个 OH^-,将氢原子配平。

4. 在电极反应方程式书写和配平的基础上配平氧化还原反应方程式,关键是调整计量数使两个电极反应式的电子数相等,再合并两个电极反应。

氧化还原反应方程式的配平常用氧化数法和离子-电子法,前者属于中学化学教学内容。在此,介绍离子-电子法配平氧化还原反应方程式。离子-电子法的关键是反应物和生成物的原子数相同,电荷数相等。

8.2.1 电极反应方程式的配平

利用离子-电子法配平电极反应的实质是在原子数配平后以电子配平电荷。

1. 酸性介质中电极反应方程式的配平

以电对 $Cr_2O_7^{2-}/Cr^{3+}$ 为例,讨论酸性介质中电极反应的配平,可分为以下五步:

(1) 将氧化型物质写在左侧,还原型物质写在右侧

$$Cr_2O_7^{2-} —— Cr^{3+}$$

(2) 将非氢、氧元素的原子配平

$$Cr_2O_7^{2-} —— 2Cr^{3+}$$

(3) 在缺少 n 个氧原子的一侧加上 n 个 H_2O,将氧原子配平

$$Cr_2O_7^{2-} —— 2Cr^{3+} + 7H_2O$$

(4) 在缺少 n 个氢原子的一侧加上 n 个 H^+,将氢原子配平

$$Cr_2O_7^{2-} + 14H^+ —— 2Cr^{3+} + 7H_2O$$

(5) 以电子平衡电荷,完成电极反应的配平

$$Cr_2O_7^{2-} + 14H^+ + 6e^- = 2Cr^{3+} + 7H_2O$$

2. 碱性介质中电极反应方程式的配平

以电对 Ag_2O/Ag 为例,讨论碱性介质中电极反应方程式的配平,仍分为以下五步:

(1) 将氧化型物质写在左侧,还原型物质写在右侧

$$Ag_2O —— Ag$$

(2) 将非氢、氧元素的原子配平

$$Ag_2O \text{——} 2Ag$$

(3) 在缺少 n 个氧原子的一侧加 n 个 H_2O,将氧原子配平

$$Ag_2O \text{——} 2Ag + H_2O$$

(4) 在缺少 n 个氢原子的一侧加 n 个 H_2O,同时在另一侧加 n 个 OH^-,将氢原子配平

$$Ag_2O + 2H_2O \text{——} 2Ag + H_2O + 2OH^-$$

合并得

$$Ag_2O + H_2O \text{——} 2Ag + 2OH^-$$

(5) 以电子平衡电荷,完成电极反应的配平

$$Ag_2O + H_2O + 2e^- = 2Ag + 2OH^-$$

在电极反应的配平过程中,要注意介质条件。在酸性介质中不应出现碱性物质,如 OH^-、S^{2-}、CrO_4^{2-} 等;在碱性介质中则不应出现酸性物质,如 H^+、Zn^{2+}、$Cr_2O_7^{2-}$ 等。有时没有明确指出反应的介质条件,但通过电对(或物质)的存在形式可以判断介质条件。

熟练地掌握从氧化还原电对出发写出并配平电极反应方程式,对于后面的电极电势和电池电动势的计算是十分重要的。

8.2.2 氧化还原反应方程式的配平

在电极反应方程式书写和配平的基础上,可以进一步完成氧化还原反应方程式的配平。配平氧化还原反应方程式一般分为以下四个步骤。

(1) 将氧化还原反应分别表示成两个电对。

(2) 分别配平两个电对的电极反应。

(3) 调整化学计量数,使两个电极反应中得失的电子数相等。

(4) 合并两个电极反应,消去电子,完成氧化还原反应方程式的配平。

最后,通过检查反应式两边的原子数和电荷数确认所配平的方程式是否正确。

【例 8-1】 用离子-电子法配平氧化还原方程式

$$Mn^{2+} + NaBiO_3 \longrightarrow MnO_4^- + Bi^{3+}$$

解 从 Mn^{2+}、Bi^{3+} 的存在形式,可以判断出此反应是在酸性条件下进行的。

(1) 将此反应写成两个氧化还原电对

$$MnO_4^-/Mn^{2+} \qquad NaBiO_3/Bi^{3+}$$

(2) 分别配平这两个电对的电极反应

$$MnO_4^- + 8H^+ + 5e^- = Mn^{2+} + 4H_2O \quad ①$$

$$NaBiO_3 + 6H^+ + 2e^- = Bi^{3+} + Na^+ + 3H_2O \quad ②$$

(3) 调整两式中的化学计量数,使两式中 e^- 的计量数相等

①×2 得 $$2MnO_4^- + 16H^+ + 10e^- = 2Mn^{2+} + 8H_2O \quad ③$$

②×5 得 $$5NaBiO_3 + 30H^+ + 10e^- = 5Bi^{3+} + 5Na^+ + 15H_2O \quad ④$$

(4) 用④减去③,将两个电极反应合并,得到配平的方程式

$$5NaBiO_3 + 2Mn^{2+} + 14H^+ = 5Bi^{3+} + 2MnO_4^- + 5Na^+ + 7H_2O$$

从这个氧化还原反应式的配平中可以看出,这是一个反应物和产物都不完全的离子反应式,利用离子-电子法配平离子反应式的同时,也将不完全的反应物和产物都找到并补充完全。

因此，这种方法很适用于这类反应式的配平。

【例 8 - 2】 配平下面的反应式

$$CuS+CN^- \longrightarrow [Cu(CN)_4]^{3-}+S^{2-}+NCO^-$$

解 从反应式中 CN^-、S^{2-} 的存在形式，可以判断出此反应是在碱性介质中进行的。

(1) 将此反应写成两个氧化还原电对

$$CuS/[Cu(CN)_4]^{3-} \qquad CN^-/NCO^-$$

(2) 分别配平这两个电对的电极反应

$$CuS+4CN^-+e^- = [Cu(CN)_4]^{3-}+S^{2-} \quad ①$$

$$CN^-+2OH^- = NCO^-+H_2O+2e^- \quad ②$$

(3) 调整电极反应式中的化学计量数，使两式中 e^- 的计量数相等

$$2CuS+8CN^-+2e^- = 2[Cu(CN)_4]^{3-}+2S^{2-} \quad ③$$

$$CN^-+2OH^- = NCO^-+H_2O+2e^- \quad ②$$

(4) ③+②，消去电子，得到配平的方程式

$$2CuS+9CN^-+2OH^- = 2[Cu(CN)_4]^{3-}+2S^{2-}+NCO^-+H_2O$$

在此反应式的配平中，不必考虑 CN^- 和 NCO^- 中 C、N 的氧化数，甚至不必分清 CN^- 和 NCO^- 中哪一个是氧化型，哪一个是还原型，只要原子数平了，用电子配平电荷即可。

离子-电子法配平氧化还原反应方程式的优点表现在适用于反应物和生成物不完全的反应式的配平，适用于某些离子反应式的配平，可以配平电对的氧化数不清楚的反应式。

8.3　电池反应热力学

1. 电池的电动势和电池反应的吉布斯自由能变的关系

   标准状态时　$\Delta_r G_m^\ominus = -zFE^\ominus$

   非标准状态时　$\Delta_r G_m = -zFE$

2. 298 K 时，电池标准电动势($E^\ominus$)与电池反应的标准平衡常数($K^\ominus$)的关系

$$E^\ominus = \frac{0.059\ \text{V}}{z}\lg K^\ominus$$

3. 对于电池反应

$$a\text{A(aq)}+b\text{B(aq)} = g\text{G(aq)}+h\text{H(aq)}$$

   298 K 时，电池电动势的能斯特方程为

$$E=E^\ominus - \frac{0.059\ \text{V}}{z}\lg\frac{[\text{G}]^g[\text{H}]^h}{[\text{A}]^a[\text{B}]^b}$$

4. 电极电势的能斯特方程为

$$E=E^\ominus + \frac{0.059\ \text{V}}{z}\lg\frac{[\text{氧化型}]}{[\text{还原型}]}$$

8.3.1 标准电动势 $E^{\ominus}$ 与标准平衡常数 $K^{\ominus}$ 的关系

1. 电动势 E 和电池反应自由能变 $\Delta_r G$ 的关系

对于电池反应

$$aA(aq)+bB(aq) = gG(aq)+hH(aq)$$

如果此反应在恒温恒压下同一溶液中进行，反应物之间虽然有电子转移，但是不产生电流，无非体积功。因此，该过程自发进行的判据为

$$\Delta_r G<0$$

如果上述反应以原电池的方式来完成，过程中就有电流产生，则属于恒温、恒压、有非体积功(电功)的过程。此过程自发进行的判据为

$$-\Delta_r G \geqslant -W_{非}$$

第 2 章中已经对以上判据进行过详细的讨论。

根据物理学原理，电流所做的电功等于电量与电势差的乘积(体系对环境做功，取负值)，即

$$W_{非}=-W_{电功}=-qE$$

若有 n mol 的电子转移，则电量 $q=nF$，所以

$$W_{非}=-nFE$$

式中，F 为法拉第常量($F=96500\ \mathrm{C \cdot mol^{-1}}$)。

将 $W_{非}=-nFE$ 代入式 $-\Delta_r G \geqslant -W_{非}$ 中，得

$$-\Delta_r G \geqslant nFE$$

$$\Delta_r G \leqslant -nFE$$

原电池反应基本上以可逆的方式进行，故有

$$\Delta_r G=-nFE$$

两侧同时除以反应进度 ξ，得

$$\Delta_r G_m=-zFE$$

式中，z 为电池反应过程中转移电子的计量数。上式表达了热力学函数吉布斯自由能的改变量与电池反应的电动势之间的关系。电池电动势 E 可作为电池反应能否自发进行的判据，即

$E>0$，则 $\Delta_r G_m<0$，电池反应能自发进行；

$E<0$，则 $\Delta_r G_m>0$，电池反应非自发进行。

2. 标准电动势 $E^{\ominus}$ 与标准平衡常数 $K^{\ominus}$ 的关系

当所有参与反应的物质都处于标准状态时，有

$$\Delta_r G_m^{\ominus}=-zFE^{\ominus}$$

在化学平衡一章中，有关系式

$$\Delta_r G_m^{\ominus}=-RT\ln K^{\ominus}$$

联立，得

$$-zFE^{\ominus}=-RT\ln K^{\ominus}$$

$$E^{\ominus}=\frac{RT}{zF}\ln K^{\ominus}$$

换底，得

$$E^{\ominus}=\frac{2.303RT}{zF}\lg K^{\ominus}$$

298 K时
$$E^{\ominus}=\frac{0.059\ \text{V}}{z}\lg K^{\ominus}$$

上式将电池反应的标准电动势$E^{\ominus}$与氧化还原反应的标准平衡常数$K^{\ominus}$之间建立起了联系，从而可以利用氧化还原反应的$E^{\ominus}$求得该反应的标准平衡常数，并进一步讨论此反应的限度问题。

【例8-3】 求298 K时反应$Cl_2+2Fe^{2+}=\!=\!=2Cl^-+2Fe^{3+}$的标准平衡常数$K^{\ominus}$。

解 先将该反应设计成两个电极反应，由电极电势求电池电动势$E^{\ominus}$，进一步求出$K^{\ominus}$。

将该反应分解为两个电极反应，并查出其标准电极电势。

正极反应 $Cl_2+2e^-=\!=\!=2Cl^-$ $E^{\ominus}=1.358\ \text{V}$

负极反应 $Fe^{3+}+e^-=\!=\!=Fe^{2+}$ $E^{\ominus}=0.771\ \text{V}$

电池的电动势

$$E^{\ominus}=E^{\ominus}_{+}-E^{\ominus}_{-}=1.358\ \text{V}-0.771\ \text{V}=0.587\ \text{V}$$

$$E^{\ominus}=\frac{0.059\ \text{V}}{2}\lg K^{\ominus}$$

$$\lg K^{\ominus}=\frac{2\times0.587\ \text{V}}{0.059\ \text{V}}=19.9$$

$$K^{\ominus}=7.9\times10^{19}$$

反应的$K^{\ominus}$值很大，所以反应进行得很彻底。实际上当$E^{\ominus}=0.2\ \text{V}$时，$K^{\ominus}$就可以达到$10^3$数量级了，反应进行的程度相当大。

对于非氧化还原反应，可以设计成氧化还原反应，进而求算有关反应的标准平衡常数，如弱电解质的解离平衡常数($K_a^{\ominus}$、$K_w^{\ominus}$)、难溶物质的溶度积常数($K_{sp}^{\ominus}$)、配合物的稳定常数($K_{稳}^{\ominus}$)等。

【例8-4】 设计原电池反应，计算298 K时$[Cu(NH_3)_2]^+$的稳定常数。

解 $[Cu(NH_3)_2]^+$的生成反应为

$$Cu^++2NH_3=\!=\!=[Cu(NH_3)_2]^+$$

这不是氧化还原反应。在反应式两侧同时加上单质Cu

$$Cu^++2NH_3+Cu=\!=\!=[Cu(NH_3)_2]^++Cu$$

将此反应分成两个电极反应，则有

正极反应 $Cu^++e^-=\!=\!=Cu$ $E^{\ominus}_{+}=0.52\ \text{V}$

负极反应 $[Cu(NH_3)_2]^++e^-=\!=\!=2NH_3+Cu$ $E^{\ominus}_{-}=-0.10\ \text{V}$

$$E^{\ominus}=E^{\ominus}_{+}-E^{\ominus}_{-}=0.52\ \text{V}-(-0.10\ \text{V})=0.62\ \text{V}$$

所以

$$\lg K^{\ominus}=\frac{zE^{\ominus}}{0.059\ \text{V}}=\frac{0.62\ \text{V}}{0.059\ \text{V}}=10.51$$

$$K^{\ominus}=3.24\times10^{10}$$

这个$K^{\ominus}$就是$[Cu(NH_3)_2]^+$的稳定常数。

8.3.2　能斯特方程

电极电势或电池电动势的值不仅由构成电极的物质的性质决定，还与电极或电池中各物质的浓度、气体的压力、介质的酸碱度以及反应的温度等因素有关。标准电极电势或标准电动势是在构成电极的各种物质均处于标准状态下测得的，当各物质不都处于标准态时，电池的电动势及电极电势都将发生变化。

1. 电池电动势的能斯特方程

对于电池反应

$$a\mathrm{A(aq)}+b\mathrm{B(aq)}=\!=\!=g\mathrm{G(aq)}+h\mathrm{H(aq)}$$

满足化学反应等温式

$$\Delta_r G_m=\Delta_r G_m^{\ominus}+RT\ln Q^{\ominus}$$

将 $\Delta_r G_m=-zFE$ 和 $\Delta_r G_m^{\ominus}=-zFE^{\ominus}$代入化学反应等温式，有

$$-zFE=-zFE^{\ominus}+RT\ln Q^{\ominus}$$

整理，得

$$E=E^{\ominus}-\frac{RT}{zF}\ln Q^{\ominus}$$

换底，得

$$E=E^{\ominus}-\frac{2.303RT}{zF}\lg Q^{\ominus}$$

298 K 时

$$E=E^{\ominus}-\frac{0.059\ \mathrm{V}}{z}\lg\frac{[\mathrm{G}]^g[\mathrm{H}]^h}{[\mathrm{A}]^a[\mathrm{B}]^b}$$

这就是电池电动势的能斯特方程。它反映了在一定温度(298 K)下，电池非标准电动势和标准电动势的关系，即在非标准浓度(或压力)时电动势偏离标准电动势的情况。

2. 电极电势的能斯特方程

将电池反应

$$a\mathrm{A(aq)}+b\mathrm{B(aq)}=\!=\!=g\mathrm{G(aq)}+h\mathrm{H(aq)}$$

分解为两个电极反应，正极 A 为氧化型、G 为还原型，则电极反应为

$$a\mathrm{A}+z\mathrm{e}^-=\!=\!=g\mathrm{G}$$

负极 H 为氧化型、B 为还原型，则电极反应为

$$h\mathrm{H}+z\mathrm{e}^-=\!=\!=b\mathrm{B}$$

该电池反应的电池电动势的能斯特方程为

$$E=E^{\ominus}-\frac{0.059\ \mathrm{V}}{z}\lg\frac{[\mathrm{G}]^g[\mathrm{H}]^h}{[\mathrm{A}]^a[\mathrm{B}]^b}$$

将上式改写为

$$E_+-E_-=(E_+^{\ominus}-E_-^{\ominus})-\frac{0.059\ \mathrm{V}}{z}\lg\frac{[\mathrm{G}]^g[\mathrm{H}]^h}{[\mathrm{A}]^a[\mathrm{B}]^b}$$

分别将正极和负极的数据归整一起，得

$$E_+-E_-=\left(E_+^{\ominus}+\frac{0.059\ \mathrm{V}}{z}\lg\frac{[\mathrm{A}]^a}{[\mathrm{G}]^g}\right)-\left(E_-^{\ominus}+\frac{0.059\ \mathrm{V}}{z}\lg\frac{[\mathrm{H}]^h}{[\mathrm{B}]^b}\right)$$

两个电极是独立的，对应有

$$E_+ = E_+^\ominus + \frac{0.059\ \text{V}}{z}\lg\frac{[\text{A}]^a}{[\text{G}]^g} \qquad E_- = E_-^\ominus + \frac{0.059\ \text{V}}{z}\lg\frac{[\text{H}]^h}{[\text{B}]^b}$$

所以，对于任意电极反应，有一般关系式

$$E = E^\ominus + \frac{0.059\ \text{V}}{z}\lg\frac{[\text{氧化型}]}{[\text{还原型}]}$$

这就是电极电势的能斯特方程，它反映了一定温度时非标准电极电势和标准电极电势的关系，即反映了浓度对电极电势的影响。

利用电极电势的能斯特方程，可以从标准电极电势值出发，求算任意状态下的电极电势值，也可以根据某一状态下的电极电势值来计算标准电极电势值。

在使用电极电势的能斯特方程时要注意，式中的氧化型是指该电极反应中氧化型一侧的所有物质，而还原型是指电极反应中还原型一侧的所有物质。例如

$$MnO_4^- + 8H^+ + 5e^- = Mn^{2+} + 4H_2O$$

能斯特方程为

$$E = E^\ominus + \frac{0.059\ \text{V}}{5}\lg\frac{[MnO_4^-][H^+]^8}{[Mn^{2+}]}$$

在这个电极反应中，氧化型除了 MnO_4^-，还有 H^+，所以它们都要在能斯特方程中出现。而还原型中的 H_2O 是反应体系中大量存在的物质，所以不用写入方程中。还应当了解能斯特方程中氧化型和还原型的浓度都是相对浓度。

又如，298 K 时电极反应

$$Cl_2 + 2e^- = 2Cl^-$$

能斯特方程为

$$E = E^\ominus + \frac{0.059\ \text{V}}{2}\lg\frac{p_{Cl_2}/p^\ominus}{[Cl^-]^2}$$

3. 影响电极电势的因素

从电极电势的能斯特方程中可知，凡是能够影响氧化型或还原型物质浓度的因素都将影响电极电势的大小，如浓度的改变、酸度的改变、弱电解质的生成、沉淀的生成和配合物的生成等，一般可以通过定量计算判断电极电势的改变量。

1) 酸度对电极电势的影响

由电极电势的能斯特方程可知，如果电极反应中出现 H^+ 或 OH^-，酸度的改变将会影响电极电势的大小。

【例 8－5】 计算下面原电池的电动势

$$(-)Pt|H_2(p^\ominus)|H^+(10^{-3}\ mol\cdot dm^{-3})\ \|\ H^+(10^{-2}\ mol\cdot dm^{-3})|H_2(p^\ominus)|Pt(+)$$

解　该电池的正极和负极都是氢电极，两极之间的不同仅在于溶液的浓度有差别，这种原电池称为浓差电池。

正极和负极的电极反应式均为

$$2H^+ + 2e^- = H_2$$

电极电势的能斯特方程为

$$E = E_{H^+/H_2}^\ominus + \frac{0.059\ \text{V}}{2}\lg\frac{[H^+]^2}{p_{H_2}/p^\ominus}$$

故

$$E_+ = E^\ominus_{H^+/H_2} + \frac{0.059\ V}{2}\lg(10^{-2})^2 \qquad E_- = E^\ominus_{H^+/H_2} + \frac{0.059\ V}{2}\lg(10^{-3})^2$$

该原电池的电动势为

$$E = E_+ - E_- = \frac{0.059\ V}{2}\lg\left(\frac{10^{-2}}{10^{-3}}\right)^2 = 0.059\ V$$

对于例 8-5 的浓差电池，正极和负极反应的实质相同，但反应方向不同。

正极反应 $2H^+(10^{-2}\ mol\cdot dm^{-3}) + 2e^- = H_2$

负极反应　$H_2 = 2H^+(10^{-3}\ mol\cdot dm^{-3}) + 2e^-$

电池反应　$H^+(10^{-2} mol\cdot dm^{-3}) = H^+(10^{-3} mol\cdot dm^{-3})$

H^+(浓溶液)$=$$H^+$(稀溶液)

显然，当两电极的溶液浓度相等时，浓度差消失，则 $E=0$，反应达到平衡态。

2) 沉淀的生成对电极电势的影响

由电极电势的能斯特方程可知，在电极反应中若氧化型生成沉淀，则氧化型的浓度减小，电极电势减小；若还原型生成沉淀，还原型的浓度变小，电极电势增大；若氧化型和还原型同时生成沉淀，但氧化型的 $K^\ominus_{sp}$ 比还原型 $K^\ominus_{sp}$ 小，则电极电势减小，反之氧化型的 $K^\ominus_{sp}$ 比还原型 $K^\ominus_{sp}$ 大，则电极电势增大。

【例 8-6】 已知 $K^\ominus_{sp,AgI} = 8.52\times10^{-17}$，电极反应

$$Ag^+ + e^- = Ag \qquad E^\ominus = 0.799\ V$$

求电对 AgI/Ag 的标准电极电势。

解 由电对 Ag^+/Ag 和 AgI/Ag 构成电极的实质相同，均为 Ag(I)和 Ag 间的电势差，只不过两个电极的 Ag^+浓度不同。

AgI/Ag 构成电极的反应 $AgI + e^- = Ag + I^-$，其标准态是$[I^-] = 1\ mol\cdot dm^{-3}$，它的 $E^\ominus$ 相当于 Ag^+/Ag 电极的一种特殊的非标准态的电极电势 E。

由反应 $AgI = Ag^+ + I^-$ 得

$$K^\ominus_{sp}(AgI) = [Ag^+][I^-] = 8.52\times10^{-17}$$

$$[Ag^+] = \frac{K^\ominus_{sp}}{[I^-]} = 8.52\times10^{-17}(mol\cdot dm^{-3})$$

代入 Ag^+/Ag 电极的能斯特方程

$$E^\ominus_{AgI/Ag} = E^\ominus_{Ag^+/Ag} + \frac{0.059\ V}{1}\lg[Ag^+]$$

$$= 0.799\ V + 0.059\ V\lg(8.52\times10^{-17})$$

$$= -0.149\ V$$

【例 8-7】 已知电极反应

$$Fe^{3+} + e^- = Fe^{2+} \qquad E^\ominus = 0.769\ V$$

$$K^\ominus_{sp}[Fe(OH)_3] = 2.79\times10^{-39} \qquad K^\ominus_{sp}[Fe(OH)_2] = 4.87\times10^{-17}$$

计算电对 $Fe(OH)_3/Fe(OH)_2$ 的 $E^\ominus$。

解　电对 $Fe(OH)_3/Fe(OH)_2$ 的电极反应为

$$Fe(OH)_3 + e^- \longrightarrow Fe(OH)_2 + OH^-$$

可以将其视为电极反应 $Fe^{3+} + e^- \longrightarrow Fe^{2+}$ 在 OH^- 浓度为 1 mol · dm^{-3}时的一个非标准态。

则

$$[Fe^{3+}] = K_{sp}^{\ominus}[Fe(OH)_3] \qquad [Fe^{2+}] = K_{sp}^{\ominus}[Fe(OH)_2]$$

所以

$$\begin{aligned} E^{\ominus}_{Fe(OH)_3/Fe(OH)_2} &= E^{\ominus}_{Fe^{3+}/Fe^{2+}} + \frac{0.059\ V}{z}\lg\frac{[Fe^{3+}]}{[Fe^{2+}]} \\ &= E^{\ominus}_{Fe^{3+}/Fe^{2+}} + \frac{0.059\ V}{1}\lg\frac{K_{sp}^{\ominus}[Fe(OH)_3]}{K_{sp}^{\ominus}[Fe(OH)_2]} \\ &= 0.769\ V + \frac{0.059\ V}{1}\lg\frac{2.79\times10^{-39}}{4.87\times10^{-17}} \\ &= -0.51\ V \end{aligned}$$

3）配位化合物的生成对电极电势的影响

在电极反应中，若氧化型生成配位化合物，则氧化型的浓度减小，电极电势减小；若还原型生成配位化合物，则还原型的浓度变小，电极电势增大；若氧化型和还原型同时生成配位化合物，但氧化型的 $K^{\ominus}_{稳}$ 比还原型 $K^{\ominus}_{稳}$ 大，则电极电势减小，反之氧化型的 $K^{\ominus}_{稳}$ 比还原型 $K^{\ominus}_{稳}$ 小则电极电势增大。

【例 8-8】　已知 $E^{\ominus}_{Co^{3+}/Co^{2+}} = 1.84\ V$，$K^{\ominus}_{稳,[Co(NH_3)_6]^{3+}} = 2.0\times10^{35}$，$K^{\ominus}_{稳,[Co(NH_3)_6]^{2+}} = 1.3\times10^{5}$。计算反应 $[Co(NH_3)_6]^{3+} + e^- \longrightarrow [Co(NH_3)_6]^{2+}$ 的标准电极电势 $E^{\ominus}_{[Co(NH_3)_6]^{3+}/[Co(NH_3)_6]^{2+}}$。

解　反应 $[Co(NH_3)_6]^{3+} + e^- \longrightarrow [Co(NH_3)_6]^{2+}$ 的标准状态是 $[Co(NH_3)_6]^{3+}$ 和 $[Co(NH_3)_6]^{2+}$ 浓度均为 1 mol · dm^{-3}。

由 $K^{\ominus}_{稳,[Co(NH_3)_6]^{3+}} = \frac{[Co(NH_3)_6^{3+}]}{[Co^{3+}][NH_3]^6}$ 得

$$[Co^{3+}] = \frac{[Co(NH_3)_6^{3+}]}{K^{\ominus}_{稳,[Co(NH_3)_6]^{3+}}[NH_3]^6} = \frac{1}{K^{\ominus}_{稳,[Co(NH_3)_6]^{3+}}[NH_3]^6}$$

同理

$$[Co^{2+}] = \frac{1}{K^{\ominus}_{稳,[Co(NH_3)_6]^{2+}}[NH_3]^6}$$

根据能斯特方程

$$\begin{aligned} E^{\ominus}_{[Co(NH_3)_6]^{3+}/[Co(NH_3)_6]^{2+}} &= E^{\ominus}_{Co^{3+}/Co^{2+}} + 0.059\ V\lg\frac{[Co^{3+}]}{[Co^{2+}]} \\ &= 1.84\ V + 0.059\ V\lg\frac{K^{\ominus}_{稳,[Co(NH_3)_6]^{2+}}}{K^{\ominus}_{稳,[Co(NH_3)_6]^{3+}}} \\ &= 0.06\ V \end{aligned}$$

8.4 化学电源与电解

1. 常用化学电源有锌锰电池、银锌电池、铅蓄电池、燃料电池、镍氢电池等。

2. 电解池的两极经常用阳极和阴极表示，发生氧化反应的电极为阳极，发生还原反应的电极为阴极。电解池的正极为阳极，负极为阴极。

3. 理论电解电势与电解电势之差称为超电势。电解过程中的超电势与电极反应的超电势有关。电极反应的超电势大小与电极材料和析出物质的种类有关。一般来说，析出金属时超电势很小，析出非金属时超电势较大。

8.4.1 化学电源简介

电池作为化学电源，已经成为人们日常生活的必需品。手持式移动电话机(手机)、遥控器、电子表等都离不开电池。

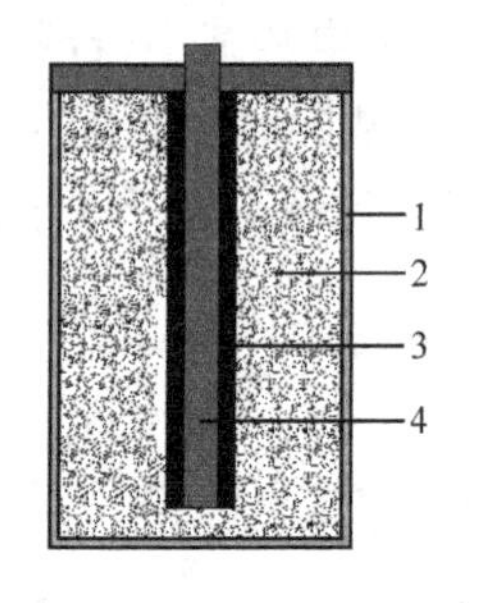

图 8-6 锌锰电池示意图

1. 锌皮；2. NH_4Cl、$ZnCl_2$ 和淀粉；3. MnO_2；4. 石墨棒

1. 锌锰电池

锌锰电池是人们应用较早的电池。如图 8-6 所示，中央为正极石墨棒，其周围是 MnO_2；外侧负极为锌皮，两极间是糊状的 NH_4Cl、$ZnCl_2$ 和淀粉混合物。

锌锰电池的电极反应为

正极 $$2NH_4^+ + 2e^- = 2NH_3 + H_2$$

负极 $$Zn = Zn^{2+} + 2e^-$$

MnO_2 的作用是除掉生成的 H_2

$$H_2 + 2MnO_2 = Mn_2O_3 + H_2O$$

产物 Mn_2O_3 可以写成 $MnO(OH)$。随着反应的进行，生成的 NH_3 溶于体系中，使酸性体系的 pH 逐渐增大。

2. 银锌电池

银锌电池为单液电池，因质量轻、体积小，常用做电子表、计算器的电源，称为纽扣电池。电池的正极为 Ag_2O，负极为金属 Zn，电解质为 KOH。电极反应为

正极 $$Ag_2O + H_2O + 2e^- = 2Ag + 2OH^-$$

负极 $$Zn + 2OH^- = Zn(OH)_2 + 2e^-$$

3. 铅蓄电池

铅蓄电池是可充电电池，很笨重，常用于汽车的电源。铅板上涂有 PbO_2 作为正极，负极为金属 Pb，两极同时与 H_2SO_4 接触。电极反应

正极 $$PbO_2 + SO_4^{2-} + 4H^+ + 2e^- = PbSO_4 + 2H_2O$$

负极 $$Pb + SO_4^{2-} = PbSO_4 + 2e^-$$

铅蓄电池为单液电池，其符号为

$$(-)Pb \mid H_2SO_4(c) \mid PbO_2(+)$$

电池放电反应有 $PbSO_4$ 生成，故铅蓄电池的符号也可以写成

$$(-)Pb \mid PbSO_4 \mid H_2SO_4(c) \mid PbSO_4 \mid PbO_2 \mid Pb(+)$$

4. 燃料电池

燃料电池是将燃烧反应以原电池的方式进行的一种新型电源，比燃烧放热再发电的能源利用率高得多。例如，将 H_2 和 O_2 燃烧反应在碱性介质中设计成电池，电极反应

正极　$O_2+2H_2O+4e^- = 4OH^-$

负极　$H_2+2OH^- = 2H_2O+2e^-$

5. 镍氢电池

镍氢电池是单液可充电电池，寿命较长。正极为镍的含氧化合物，负极是高压 H_2，两极间是 KOH 或 NaOH 溶液。电极反应

正极　$NiO(OH)+H_2O+e^- = Ni(OH)_2+OH^-$

负极　$H_2+2OH^- = 2H_2O+2e^-$

电池符号为

$$(-)Pt \mid H_2 \mid KOH \mid Ni(OH)_2 \mid NiO(OH)(+)$$

8.4.2　电解与超电势

工业上将冶炼制得的粗铜通过电解得到纯度较高的精铜。电解池中盛有 $CuSO_4$ 溶液，以粗铜为正极、纯铜为负极进行电解，电解反应

正极　$Cu = Cu^{2+}+2e^-$

负极　$Cu^{2+}+2e^- = Cu$

电解池的两极经常用阳极和阴极表示，发生氧化反应的电极为阳极，发生还原反应的电极为阴极。电解池的正极为阳极，负极为阴极。

对于电解水时的反应

阳极　$2H_2O = O_2+4H^++4e^-$　　$E^\ominus=1.23\ V$

阴极　$2H^++2e^- = H_2$　　$E^\ominus=0$

理论上外加 1.23 V 电压即可实现水的电解，1.23 V 为 H_2O 的理论电解电势。实际电解时，需外加 1.70 V 以上的电压电解反应才明显进行。1.70 V 为 H_2O 的电解电势。理论电解电势与电解电势之差称为超电势，也称超电压。

电解过程中的超电势与电极反应的超电势有关。电极反应的超电势大小与电极材料和析出物质的种类有关。一般来说，析出金属时超电势很小，析出非金属时超电势较大。

电解 $CuSO_4$ 溶液时，阴极析出 Cu 而不是 H_2，与电极电势大小一致。

$Cu^{2+}+2e^- = Cu$　　$E^\ominus=0.34\ V$

$2H^++2e^- = H_2$　　$E^\ominus=0$

以 Zn 为电极电解 $ZnSO_4$ 溶液时，在阴极析出 Zn 而未析出 H_2，因为 H_2 在 Zn 极板上析出有较大的超电势。实际反应与电极电势大小不一致。

$Zn^{2+}+2e^- = Zn$　　$E^\ominus=-0.76\ V$

$2H^++2e^- = H_2$　　$E^\ominus=0$

超电势的产生属于动力学问题，将在后续的物理化学课程中进一步讨论。

8.5　图解法讨论电极电势

1. 利用元素电势图中各种氧化数的存在形式可以判断一些酸的强弱；根据图中已知电对的电极电势值可以求算出相关电对的电极电势值，判断某氧化态的稳定性。

2. 利用自由能-氧化数图可以判断同一元素的不同氧化态的氧化还原能力、某氧化态的稳定性或歧化反应发生的可能性。

3. 由 E-pH 图能够反映出 pH 对电极电势 E 的影响。E-pH 线的上方，是该电极反应中氧化型的稳定区；E-pH 线的下方，是该电极反应中还原型的稳定区。将几个电对的 E-pH线画在同一个坐标系中，可以讨论几种物质间的氧化还原反应。

8.5.1　元素电势图

1. 作图

在特定的 pH 条件下，将元素各种氧化数的存在形式依氧化数降低的顺序从左向右排列，用线段将各种氧化态连接起来，在线段上方写出其两端的氧化态所组成的电对的 $E^{\ominus}$，得到该 pH 条件下的元素电势图。

经常以 pH＝0 和 pH＝14 两种条件作元素电势图，则横线上的 $E^{\ominus}$分别表示为 $E_A^{\ominus}$ 和 $E_B^{\ominus}$。例如，碘元素在 pH＝0 和 pH＝14 时的元素电势图分别为

$E_A^{\ominus}/V$　　$H_5IO_6 \xrightarrow{+1.60} IO_3^- \xrightarrow{+1.13} HIO \xrightarrow{+1.44} I_2 \xrightarrow{+0.54} I^-$

$E_B^{\ominus}/V$　　$H_3IO_6^{2-} \xrightarrow{+0.7} IO_3^- \xrightarrow{+0.15} HIO \xrightarrow{+0.43} I_2 \xrightarrow{+0.54} I^-$

2. 元素电势图的应用

1) 判断酸性的强弱

从元素电势图可以判断元素各化合物酸性的强弱，弱酸在给定的 pH 条件下的解离方式。例如，上面碘的元素电势图中，pH＝0，＋1 价碘以 HIO 形式存在，不发生解离，所以 HIO 为弱酸；而＋5 价碘以 IO_3^- 形式存在，说明 HIO_3 为强酸，完全解离。同样可以判断出 H_5IO_6 为弱酸，因为其在 pH＝0 条件下以分子形式存在，而在 pH＝14 条件下也只解离出 2 个 H^+，以 $H_3IO_6^{2-}$ 形式存在。

2) 求电对的电极电势

有些电对的标准电极电势在元素电势图上可以直接读出，而有些电对的标准电极电势不能从图上直接读出，如一些不相邻的氧化态构成的电对。利用元素电势图中已知电对的电极电势，可以求出这些未知电对的电极电势。

【例 8-9】 根据下面酸性介质中锰元素电势图，求电对 MnO_4^-/Mn^{2+} 的标准电极电势。

$$MnO_4^- \xrightarrow{1.68\ V} MnO_2 \xrightarrow{1.224\ V} Mn^{2+}$$

解　由元素电势图可写出相关电对的电极反应

$$MnO_4^- + 4H^+ + 3e^- \rightleftharpoons MnO_2 + 2H_2O \qquad E_1^\ominus = 1.68\ V \qquad ①$$

$$MnO_2 + 4H^+ + 2e^- \rightleftharpoons Mn^{2+} + 2H_2O \qquad E_2^\ominus = 1.224\ V \qquad ②$$

$$MnO_4^- + 8H^+ + 5e^- \rightleftharpoons Mn^{2+} + 4H_2O \qquad E_3^\ominus = ? \qquad ③$$

电对 MnO_4^-/Mn^{2+} 的标准电极电势为 $E_3^\ominus$。显然，电极反应③为电极反应①和电极反应②的加和，因此有

$$\Delta_r G_m^\ominus ③ = \Delta_r G_m^\ominus ① + \Delta_r G_m^\ominus ②$$

对于电极反应，有

$$\Delta_r G_m^\ominus = -zFE^\ominus$$

故

$$-5FE_3^\ominus = (-3FE_1^\ominus) + (-2FE_2^\ominus)$$

$$E_3^\ominus = \frac{3\times E_1^\ominus + 2\times E_2^\ominus}{5} = \frac{3\times 1.68\ V + 2\times 1.224\ V}{5} = 1.50\ V$$

推广之，对于下面任意氧化态之间的关系式有

$$A \xrightarrow[z_1]{E_1^\ominus} B \xrightarrow[z_2]{E_2^\ominus} \cdots \xrightarrow[z_n]{E_n^\ominus} D \quad (A \to D:\ E^\ominus,\ z)$$

$$E^\ominus = \frac{z_1E_1^\ominus + z_2E_2^\ominus + \cdots + z_nE_n^\ominus}{z_1 + z_2 + \cdots + z_n}$$

由各 $E_i^\ominus$ 可以求出总的 $E^\ominus$，也可以根据总的 $E^\ominus$ 和 $(n-1)$ 个 $E_i^\ominus$，求出另外一个未知的 $E_i^\ominus$。

由例 8-9 的结果可以得出结论：$E^\ominus$ 的求算不能通过电对电极电势的简单相加而得到，$E^\ominus$ 不具有简单加和性，而要利用 $\Delta_r G_m^\ominus$ 进行转换求算。

又如

$$Br_2 + 2e^- \rightleftharpoons 2Br^- \qquad E^\ominus = 1.07\ V$$

$$1/2Br_2 + e^- \rightleftharpoons Br^- \qquad E^\ominus = 1.07\ V$$

不论电极反应的化学计量数如何变化倍数关系，其电极电势 $E^\ominus$ 的值不变，而这种倍数关系可以由 $\Delta_r G_m^\ominus = -zFE^\ominus$ 中 z 值的不同来确定。

3）判断某种氧化态的稳定性

【例 8-10】 在酸介质中铜的元素电势图如下，分析在酸介质中 Cu^+ 是否稳定。

$$E_A^\ominus \qquad Cu^{2+} \xrightarrow{0.15\ V} Cu^+ \xrightarrow{0.52\ V} Cu$$

解　由铜的元素电势图可以写出两个电极反应

$$Cu^{2+} + e^- \rightleftharpoons Cu^+ \qquad E_1^\ominus = 0.15\ V \qquad ①$$

$$Cu^+ + e^- \rightleftharpoons Cu \qquad E_2^\ominus = 0.52\ V \qquad ②$$

这两个电极反应所表示的电极可以组成一个原电池，由于 $E_2^\ominus > E_1^\ominus$，故反应②为原电池的正极，反应①为原电池的负极。电池反应为②－①，即

$$2Cu^+ \longrightarrow Cu^{2+} + Cu$$

$$E_{池}^\ominus = E_2^\ominus - E_1^\ominus = 0.52\ V - 0.15\ V = 0.37\ V$$

$E_{池}^\ominus > 0$，说明此原电池反应能自发进行，即 Cu^+ 在酸性介质中不能稳定存在。

在例 8 - 10 中，Cu^+ 不稳定要发生分解，一部分生成氧化数高的 Cu^{2+}，另一部分生成氧化数低的 Cu。这类处于中间氧化数的形态不稳定，一部分转变为高氧化数形态，另一部分转变为低氧化数形态，这种反应称为歧化反应。歧化反应是一种自身氧化还原反应。

在上例中，Cu^+ 能够发生歧化反应的条件是 Cu^+ 作为氧化型的电对的电极电势（$E_2^\ominus$）要大于 Cu^+ 作为还原型的电对的电极电势（$E_1^\ominus$）。将这一反应条件直观地体现在元素电势图上，则有

$$Cu^{2+} \xrightarrow{0.15\ V} Cu^+ \xrightarrow{0.52\ V} Cu$$

若 $E_{右}^\ominus > E_{左}^\ominus$，则中间氧化数的物质不稳定，发生歧化反应。

下面是氯元素在碱介质中元素电势图的一部分

$$ClO^- \xrightarrow{0.40\ V} Cl_2 \xrightarrow{1.36\ V} Cl^-$$

$E_{右}^\ominus > E_{左}^\ominus$，故 Cl_2 不稳定，将发生歧化反应

$$Cl_2 + 2OH^- \longrightarrow Cl^- + ClO^- + H_2O$$

反之，若 $E_{右}^\ominus < E_{左}^\ominus$，中间氧化数的物质稳定，不发生歧化反应。与中间氧化数相邻的两种氧化数的物质相遇，发生逆歧化反应生成中间氧化数的物质。例如，在 Fe 的元素电势图中

$$E_A^\ominus \qquad Fe^{3+} \xrightarrow{+0.77\ V} Fe^{2+} \xrightarrow{-0.45\ V} Fe$$

$E_{右}^\ominus < E_{左}^\ominus$，将发生逆歧化反应

$$2Fe^{3+} + Fe \longrightarrow 3Fe^{2+}$$

8.5.2 自由能-氧化数图

元素电势图为元素的单质和化合物的氧化还原性质提供了大量的信息，但它虽为图，实质上是数据信息，其缺点在于不够直观。自由能-氧化数图则比元素电势图更为直观，但其没有元素电势图数据精确。

1. 作图

在某 pH（通常是 pH＝0 或 pH＝14）下，以某元素的各种氧化数为横坐标，以各氧化态与单质组成电对的电极反应的标准自由能变 $\Delta_r G_m^\ominus$ 为纵坐标作图，即得到该元素的自由能-氧化数图。

下面，以碱介质中（pH＝14）碘元素的自由能-氧化数图为例，说明作图的步骤。

(1) 将元素各氧化态（包括单质）与单质组成电对。

$$H_3IO_6^{2-}/I_2,\ IO_3^-/I_2,\ IO^-/I_2,\ I_2/I_2,\ I_2/I^-$$

(2) 给出各电对的电极反应对应的标准电极电势 $E^\ominus$。

$H_3IO_6^{2-}/I_2$　　$E^\ominus = 0.34\ V$

IO_3^-/I_2　　$E^\ominus = 0.20\ V$

IO^-/I_2　　$E^\ominus=0.45\ V$

I_2/I_2　　$E^\ominus=0$

I_2/I^-　　$E^\ominus=0.54\ V$

(3) 给出各电对的电极反应，利用公式 $\Delta_r G_m^\ominus=-zFE^\ominus$ 求出各电极反应的 $\Delta_r G_m^\ominus$。

$H_3IO_6^{2-}/I_2$　　$H_3IO_6^{2-}+3H_2O+7e^-=\!=\!=1/2I_2+9OH^-$　　①

$$\Delta_r G_m^\ominus ①=-230\ kJ\cdot mol^{-1}$$

IO_3^-/I_2　　$IO_3^-+3H_2O+5e^-=\!=\!=1/2I_2+6OH^-$　　②

$$\Delta_r G_m^\ominus ②=-97\ kJ\cdot mol^{-1}$$

IO^-/I_2　　$IO^-+H_2O+e^-=\!=\!=1/2I_2+2OH^-$　　③

$$\Delta_r G_m^\ominus ③=-43\ kJ\cdot mol^{-1}$$

I_2/I_2　　$1/2I_2=\!=\!=1/2I_2$　　④

$$\Delta_r G_m^\ominus ④=0\ kJ\cdot mol^{-1}$$

I_2/I^-　　$1/2I_2+e^-=\!=\!=I^-$　　⑤

$$\Delta_r G_m^\ominus ⑤=-52\ kJ\cdot mol^{-1}$$

(4) 确定坐标点。

横坐标为氧化数。电极反应中单质为氧化型的则纵坐标为 $\Delta_r G_m^\ominus$，单质为还原型的则纵坐标为 $-\Delta_r G_m^\ominus$，单质/单质为电对的则 $\Delta_r G_m^\ominus$ 为 0，此为纵坐标的零点。于是，得到 5 个坐标点

$$(-1,-52),(0,0),(1,43),(5,97),(7,230)$$

(5) 在直角坐标系中，将各相邻坐标点用直线连接，各氧化态标于各点上，即得到元素的自由能-氧化数图(图 8-7)。

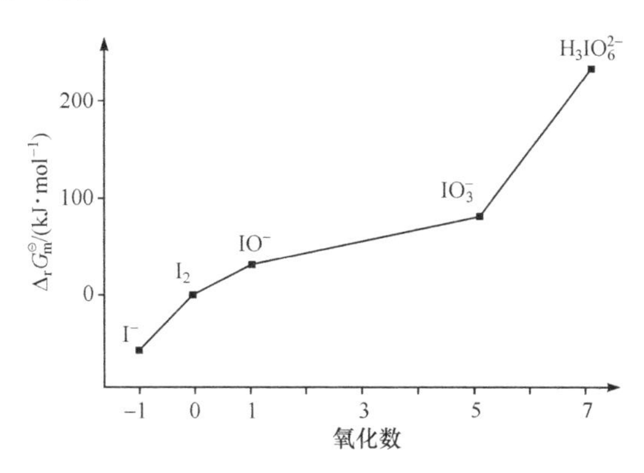

图 8-7　碱介质中碘元素的自由能-氧化数图

2. 自由能-氧化数图的应用

1) 判断不同氧化态的氧化还原能力

在自由能-氧化数图中，各线段的斜率不同。考察线段 IO_3^--IO^-，其斜率为

$$k=\frac{[-\Delta_r G_m^\ominus ②]-[-\Delta_r G_m^\ominus ③]}{5-1}=\frac{-[\Delta_r G_m^\ominus ②-\Delta_r G_m^\ominus ③]}{5-1}$$

对应的电极反应为

$$IO_3^-+3H_2O+5e^-=\!=\!=1/2I_2+6OH^-\qquad \Delta_r G_m^\ominus ②$$

$$IO^-+H_2O+e^-=\!=\!=1/2I_2+2OH^-\qquad \Delta_r G_m^\ominus ③$$

由②－③，得

$$IO_3^- + 2H_2O + 4e^- \xlongequal{} IO^- + 4OH^- \qquad \Delta_r G_m^{\ominus}ⓐ \qquad ⓐ$$

显然

$$\Delta_r G_m^{\ominus}ⓐ = \Delta_r G_m^{\ominus}② - \Delta_r G_m^{\ominus}③$$

所以，线段 IO_3^--IO^- 斜率的分子为电对 IO_3^-/IO^- 的电极反应的标准自由能变 $\Delta_r G_m^{\ominus}$ⓐ的负数，斜率的分母为电对 IO_3^-/IO^- 电极反应的电子转移数 z。故线段 IO_3^--IO^- 的斜率可以表示为

$$k = -\frac{[\Delta_r G_m^{\ominus}ⓐ]}{z}$$

将 $\Delta_r G_m^{\ominus} = -zFE^{\ominus}$ 代入上式，得

$$k = FE^{\ominus}$$

上式说明，在自由能氧化数图中线段的斜率 k 与线段两端的氧化态组成电对的标准电极电势 $E^{\ominus}$ 成正比关系。因此，图中线段的斜率越大，电对的氧化型的氧化能力越强；线段的斜率越小，电对的还原型的还原能力越强。

上述碘在碱性介质的自由能-氧化数图中，$H_3IO_6^{2-}$-IO_3^- 连线的斜率最大，所以 $H_3IO_6^{2-}$ 的氧化性最强；线段 IO_3^--IO^- 的斜率最小，所以 IO^- 的还原性最强。

2) 判断歧化反应发生的可能性

在碘的自由能-氧化数图中，I_2 单质两侧的线段斜率不同，I_2-I^- 的斜率大于 IO^--I_2 的斜率，说明电对 I_2/I^- 的电极电势大于电对 IO^-/I_2 的电极电势。即 I_2 作氧化型的电对的电极电势比其作为还原型的电对的电极电势大，故 I_2 在该介质中不稳定，将发生歧化反应。

$$I_2 + 2OH^- \xlongequal{} I^- + IO^- + H_2O$$

将这一讨论直观地反应在自由能-氧化数图中，若某一个氧化态位于两侧两个氧化态的连线上方（$k_{左} > k_{右}$），该氧化态不稳定，将发生歧化反应；相反，若某一个氧化态位于两侧两氧化态的连线的下方（$k_{左} < k_{右}$），则该氧化态稳定，位于两侧的两氧化态相遇将发生逆歧化反应。

根据上面的讨论，在碱介质中 IO^- 和 I_2 不稳定，发生歧化反应；IO_3^- 稳定，不发生歧化反应。

8.5.3　*E*-pH 图

在电极反应式中有 H^+ 或 OH^- 时，体系 pH 的变化将对电极电势 E 产生影响。以 pH 为横坐标，以电极电势 E 为纵坐标作图，可以得到该电极反应的 E-pH 图。

例如，电对 H_3AsO_4/H_3AsO_3 的电极反应为

$$H_3AsO_4 + 2H^+ + 2e^- \xlongequal{} H_3AsO_3 + H_2O \qquad E^{\ominus} = 0.56\ V$$

电极反应的能斯特方程为

$$E = E^{\ominus} + \frac{0.059\ V}{2}\lg\frac{[H_3AsO_4][H^+]^2}{[H_3AsO_3]}$$

当 H_3AsO_4 和 H_3AsO_3 均处于标准态时，有

$$E = E^{\ominus} + 0.059\ V\ \lg[H^+]$$

即

$$E = 0.56\ V - 0.059\ V\ pH$$

显然，该电极反应的 E-pH 图为一直线。图 8-8 是将 H_3AsO_4/H_3AsO_3 和 I_2/I^- 两个电对电极反应的 E-pH 图表示在同一个直角坐标系中的结果，分别用 As 线和 I 线表示。

在图8-8所示的E-pH图中，若某电对的E在As线的上方，即电极电势高于电对H_3AsO_4/H_3AsO_3的电极电势，则该电对的氧化型能够将H_3AsO_3氧化为H_3AsO_4，所以As线的上方是H_3AsO_4的稳定区；反之，若某电对的E在As线的下方，即电极电势低于电对H_3AsO_4/H_3AsO_3的电极电势，则该电对的还原型能够将H_3AsO_4还原为H_3AsO_3，所以As线的下方是H_3AsO_3的稳定区。

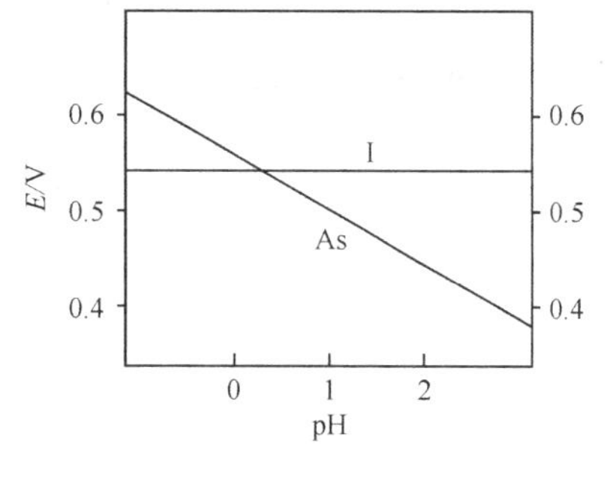

图8-8 E-pH图

由上述讨论可以得出结论：E-pH线的上方，是电极反应中氧化型的稳定区；E-pH线的下方，是电极反应中还原型的稳定区。

电对I_2/I^-的电极反应为

$$I_2+2e^- = 2I^- \qquad E^{\ominus}=0.54\ V$$

反应式中没有H^+或OH^-，因此该电对的电极电势不受体系pH的影响，E-pH图是一条与横坐标轴平行的直线，如图8-8中的I线。

由图8-8可知，在pH较小的强酸性介质中，H_3AsO_4能够将I^-氧化

$$H_3AsO_4+2I^-+2H^+ = H_3AsO_3+I_2+H_2O$$

在pH较大的弱酸性或碱性介质中，I_2能够将H_3AsO_3氧化

$$H_3AsO_3+I_2+H_2O = H_3AsO_4+2I^-+2H^+$$

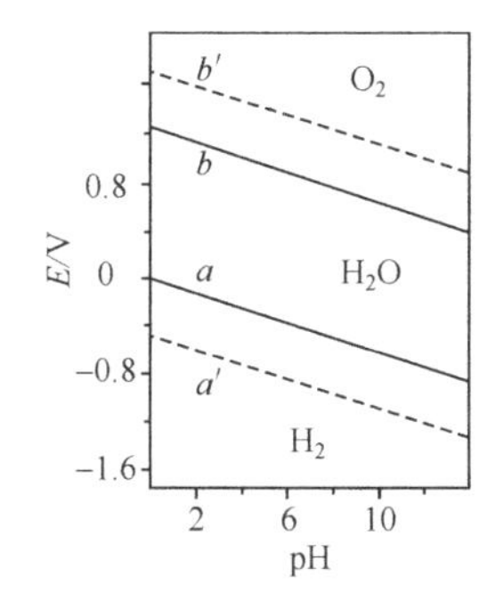

图8-9 水的E-pH

水是化学反应中最重要、最常用的介质，因此，水的E-pH图尤为重要。水可以作为氧化型构成电对H_2O/H_2，水也可以作为还原型构成电对O_2/H_2O。将两电对的E-pH图画在同一个坐标系中就得到了关于H_2O的较为全面的E-pH图，如图8-9所示。

H_2O作为氧化型，其还原型为H_2，电极反应的实质是水中或由水解离的H^+被还原

$$2H^++2e^- = H_2 \qquad E^{\ominus}=0$$

设H_2的分压为标准大气压，则电极反应的能斯特方程为

$$E=E^{\ominus}+\frac{0.059\ V}{2}\lg[H^+]^2=E^{\ominus}+0.059\ V\lg[H^+]$$

即

$$E=-0.059\ V\ pH$$

作图，得图8-9中的a线。在a线下方是H_2的稳定区，故a线也称为氢线。

H_2O作为还原型，其氧化型为O_2，电极反应的实质是水中的氧被氧化

$$O_2+4H^++4e^- = 2H_2O \qquad E^{\ominus}=1.23\ V$$

设O_2的分压为标准大气压，则电极反应的能斯特方程为

$$E=E^{\ominus}+\frac{0.059\ V}{4}\lg[H^+]^4=E^{\ominus}+0.059\ V\lg[H^+]$$

即

$$E=1.23\ V-0.059\ V\ pH$$

作图，得图8-9中的b线（与a线平行）。在b线上方是O_2的稳定区，故b线也称为氧线。

水的 E-pH 图中，a 和 b 两条线将图分成三个区域，b 线上方为 O_2 的稳定区，a 线下方为 H_2 的稳定区，两条线之间为 H_2O 的稳定区。

由于动力学的原因，H_2O 的实际稳定区比氢线和氧线所限定的区域大，即 b 线和 a 线向上和向下各扩大 0.5 V 左右，如图 8-9 中 b'线和 a'线所示。显然，图中 b 线和 b'线、a 线和 a'线之间的区域为 H_2O 的介稳区域。

利用 E-pH 图，可以讨论相关物质的氧化还原性和在水中的稳定性：

若某电极反应的 E-pH 线落在 H_2O 的稳定区内，则该电极反应的氧化型不能将 H_2O 氧化，其还原型也不能被 H_2O 氧化，即该氧化型和还原型在水中稳定，如电对 IO_3^-/I_2 的氧化型和还原型在水中稳定。

若某电极反应的 E-pH 线落在 H_2O 的介稳定区内（a 与 a'之间或 b 与 b'之间），则该电极反应的氧化型或还原型与 H_2O 缓慢反应，如在水中电对 MnO_4^-/Mn^{2+} 中的 MnO_4^- 缓慢氧化 H_2O。

若某电极反应的 E-pH 线落在 H_2O 的介稳区外，说明该电极反应的氧化型或还原型物质可以和水发生反应。例如，电对 Ca^{2+}/Ca 中的 Ca 可被 H_2O 氧化，Ca 在水中不稳定；电对 F_2/F^- 中的 F_2 能够氧化 H_2O，F_2 在水中不稳定。

思　考　题

1. 什么是氧化数和化合价？两者有什么相同点和不同点？
2. 电极电势和标准电极电势是如何定义和测得的？
3. 列出几类常见的电极。氧化还原电极有什么特点？
4. 电池反应的吉布斯自由能改变量 $\Delta_r G_m^\ominus$ 与电池反应的电动势 $E^\ominus$ 之间有什么联系？
5. 举例说明电极电势的大小与哪些因素有关。
6. 简要说明元素电势图的作用。什么是自由能-氧化数图、E-pH 图？
7. 一个化学反应可以设计成几种不同的原电池来完成，这几种原电池的电动势 $E^\ominus$ 是否相同？由它们的电动势分别求得的电池反应的 $\Delta_r G_m^\ominus$ 是否相同？为什么？
8. 标准状态下，下列反应均自发进行

$$2Fe^{3+} + 2I^- = 2Fe^{2+} + I_2$$

$$5Cr_2O_7^{2-} + 3I_2 + 34H^+ = 10Cr^{3+} + 6IO_3^- + 17H_2O$$

$$6MnO_4^- + 10Cr^{3+} + 11H_2O = 6Mn^{2+} + 5Cr_2O_7^{2-} + 22H^+$$

$$2IO_3^- + 10Fe^{2+} + 12H^+ = I_2 + 10Fe^{3+} + 6H_2O$$

$$I_2 + 2S_2O_3^{2-} = S_4O_6^{2-} + 2I^-$$

试比较以上各物质的氧化能力和还原能力并指出氧化性和还原性最强的分别是哪种物质。

习　　题

1. 写出下列电对在酸性介质中的电极反应及各电极反应的能斯特方程表达式。

PbO_2/Pb，NO_3^-/NO，$C_3H_6O_2/C_3H_8O$，O_2/H_2O_2，H_2O_2/H_2O，SO_4^{2-}/H_2SO_3

2. 写出下列电对在碱性介质中的电极反应及各电极反应的能斯特方程表达式。

$Cr(OH)_3/Cr$，CrO_4^{2-}/CrO_2^-，NCO^-/CN^-，HO_2^-/OH^-，H_2O/H_2，O_2/HO_2^-，N_2/NH_2OH

3. 配平下列酸性介质中反应的方程式。

(1) $I^- + HClO \longrightarrow IO_3^- + Cl^-$

(2) $PbO_2+Mn^{2+}+SO_4^{2-}\longrightarrow PbSO_4+MnO_4^-$

(3) $ClO_3^-+Fe^{2+}\longrightarrow Cl^-+Fe^{3+}$

(4) $MnO_4^-+C_3H_7OH\longrightarrow Mn^{2+}+C_2H_5COOH$

(5) $XeF_4+H_2O\longrightarrow XeO_3+Xe+O_2+HF$

4. 配平下列碱性介质中反应的方程式。

(1) $Br_2+OH^-\longrightarrow Br^-+BrO_3^-+H_2O$

(2) $[Cr(OH)_4]^-+H_2O_2\longrightarrow CrO_4^{2-}+H_2O$

(3) $N_2H_4+Cu(OH)_2\longrightarrow N_2+Cu$

(4) $Ag_2S+CN^-+O_2\longrightarrow SO_2+[Ag(CN)_2]^-$

(5) $MnO_2(s)+KOH(s)+KClO_3\xrightarrow{\triangle}K_2MnO_4+KCl+H_2O$

5. 写出下列电池反应的电池符号,并计算电池的标准电动势。

(1) $2Fe^{2+}(aq)+Br_2(l)=\!=\!=2Fe^{3+}(aq)+2Br^-(aq)$

(2) $2Co^{3+}(aq)+Sn^{2+}(aq)=\!=\!=2Co^{2+}(aq)+Sn^{4+}(aq)$

已知 $E^\ominus(Fe^{3+}/Fe^{2+})=0.77\ V$,$E^\ominus(Br_2/Br^-)=1.07\ V$,$E^\ominus(Co^{3+}/Co^{2+})=1.92\ V$,$E^\ominus(Sn^{4+}/Sn^{2+})=0.151\ V$。

6. 氧化还原反应

$$Cu^{2+}+Cu+2Cl^-=\!=\!=2CuCl$$

能够设计成几个原电池?写出电极反应和电池符号。

7. 已知

$$Co(OH)_3+e^-=\!=\!=Co(OH)_2+OH^-\qquad E^\ominus=0.17\ V$$
$$Co^{3+}+e^-=\!=\!=Co^{2+}\qquad E^\ominus=1.92\ V$$

试判断 $Co(OH)_3$ 的 $K_{sp}^\ominus$和 $Co(OH)_2$ 的 $K_{sp}^\ominus$哪个大,简述理由。

8. 已知在 298 K、101.3 kPa 时,电极反应 $O_2+4H^++4e=\!=\!=2H_2O$ 的 $E^\ominus=1.229\ V$。计算电极反应 $O_2+2H_2O+4e^-=\!=\!=4OH^-$ 的 $E^\ominus$值。

9. 已知反应$\frac{1}{2}H_2+AgCl=\!=\!=H^++Cl^-+Ag$ 的 $\Delta_rH_m^\ominus=-40.44\ kJ\cdot mol^{-1}$,$\Delta_rS_m^\ominus=-63.6\ J\cdot mol\cdot K^{-1}$,求 298 K 时 $AgCl+e^-=\!=\!=Ag+Cl^-$ 的 $E^\ominus$。

10. 已知

$$Mg(OH)_2+2e^-=\!=\!=Mg+2OH^-\qquad E^\ominus=-2.69\ V$$
$$Mg^{2+}+2e^-=\!=\!=Mg\qquad E^\ominus=-2.37\ V$$

求 $Mg(OH)_2$ 的 $K_{sp}^\ominus$。

11. 有一原电池(−) A | A^{2+} ‖ B^{2+} | B(+),当$[A^{2+}]=[B^{2+}]$时,电池的电动势为 0.360 V,当$[A^{2+}]=0.100\ mol\cdot dm^{-3}$,电池的电动势为 0.272 V,此时$[B^{2+}]$为多少?

12. 已知

$$Cu^{2+}+2e^-=\!=\!=Cu\qquad E^\ominus=0.342\ V$$
$$Cu^{2+}+e^-=\!=\!=Cu^+\qquad E^\ominus=0.153\ V$$

$K_{sp}^\ominus(CuCl)=1.72\times10^{-7}$。

(1) 计算反应 $Cu+Cu^{2+}=\!=\!=2Cu^+$ 的平衡常数;

(2) 计算反应 $Cu+Cu^{2+}+2Cl^-=\!=\!=2CuCl$ 的平衡常数。

13. 已知

$$Zn^{2+}+2e^-=\!=\!=Zn\qquad E_1^\ominus=-0.762\ V$$
$$ZnO_2^{2-}+2H_2O+2e^-=\!=\!=Zn+4OH^-\qquad E_2^\ominus=-1.215\ V$$

试通过计算说明锌在标准状况下,既能从酸中又能从碱中置换放出氢气。

14. 计算电极反应 $Ag_2S+2e^-=\!=\!=2Ag(s)+S^{2-}$ 在 pH=3.00 的缓冲溶液中的 E。

已知 $E^\ominus(Ag^+/Ag)=0.80$ V，$K_{sp}^\ominus(Ag_2S)=6.3\times10^{-50}$，溶液中$[H_2S]=0.10\ mol\cdot dm^{-3}$，$H_2S$ 的 $K_{a1}^\ominus\times K_{a2}^\ominus=1.35\times10^{-20}$。

15. 饱和甘汞电极为正极，与氢电极组成原电池。氢电极溶液为 HA-A^- 的缓冲溶液，已知$[HA]=1.0\ mol\cdot dm^{-3}$，$[A^-]=0.10\ mol\cdot dm^{-3}$，测得电池的电动势为 0.478 V。

(1) 写出电池符号及电池反应方程式；

(2) 求弱酸 HA 的解离常数(已知 $E^\ominus(Hg_2Cl_2/Hg$，饱和$)=0.268$ V)。

16. 从金矿石中提取金的传统方法之一是氰化法，试写出氰化法提取金的化学反应式，并简要解释反应能够进行的原因。

已知

$Au^++e^-=\!=\!=Au$　　$E^\ominus=1.69$ V

$O_2+2H_2O+4e^-=\!=\!=4OH^-$　　$E^\ominus=0.40$ V

$[Zn(CN)_4]^{2-}+2e^-=\!=\!=Zn+4CN^-$　　$E^\ominus=-1.26$ V

$Au^++2CN^-=\!=\!=[Au(CN)_2]^-$　　$K_{稳}^\ominus=2.0\times10^{38}$

17. 测得下面电池的电动势为 0.67 V。

$(-)Pb|Pb^{2+}(10^{-2}\ mol\cdot dm^{-3})\parallel VO^{2+}(10^{-1}\ mol\cdot dm^{-3}),V^{3+}(10^{-5}\ mol\cdot dm^{-3}),H^+(10^{-1}\ mol\cdot dm^{-3})|Pt(+)$

已知 $E^\ominus(Pb^{2+}/Pb)=-0.126$ V，计算：

(1) 电对 VO^{2+}/V^{3+} 的 $E^\ominus$；

(2) 298 K 时，反应 $Pb+2VO^{2+}+4H^+=\!=\!=Pb^{2+}+2V^{3+}+2H_2O$ 的平衡常数 $K^\ominus$。

18. 已知 $E^\ominus(MnO_2/Mn^{2+})=1.23$ V；$E^\ominus(Cl_2/Cl^-)=1.36$ V。通过计算说明：

(1) MnO_2 能否与 $1.0\ mol\cdot dm^{-3}$ HCl 反应以制备 Cl_2？

(2) 若使反应进行，盐酸的最低浓度应是多少？

19. 已知 Tl 的元素电势图

$$E_A^\ominus/V\qquad Tl^{3+}\xrightarrow{+1.252}Tl^+\xrightarrow{-0.336}Tl$$

写出下列每一个电池的电池反应方程式，反应的电子数，计算下列各原电池的电动势 $E^\ominus$。

(1) $Tl|Tl^+\parallel Tl^{3+},Tl^+|Pt$

(2) $Tl|Tl^{3+}\parallel Tl^{3+},Tl^+|Pt$

(3) $Tl|Tl^+\parallel Tl^{3+}|Tl$

20. 通过计算说明 Cu^+ 在氨水中能否稳定存在。

已知 $E^\ominus(Cu^{2+}/Cu)=0.342$ V，$E^\ominus(Cu^+/Cu)=0.521$ V，$\lg K_{稳}^\ominus\{[Cu(NH_3)_4]^{2+}\}=13.32$，$\lg K_{稳}^\ominus\{[Cu(NH_3)_2]^+\}=10.86$

第9章 配位化合物

9.1 配位化合物的基本概念

- 配位化合物的组成与分类
- 配位化合物的命名
- 配位化合物的异构现象

9.2 配位化合物的价键理论

- 配位化合物的构型
- 中心价层轨道的杂化
- 价键理论中的能量问题
- 配位化合物的磁性
- 配位化合物中的 d-p π 配键(反馈键)

9.3 配位化合物的晶体场理论

- 晶体场中的 d 轨道
- 晶体场稳定化能(CFSE)
- 过渡金属化合物的颜色
- 姜-泰勒效应

9.4 配位化合物的稳定性

- 配位-解离平衡
- 酸碱的软硬分类
- 影响配位化合物稳定性的因素

配位化学是无机化学最重要的一门分支学科，它所研究的主要对象为配位化合物(简称配合物，也称络合物)。一个多世纪以来，配位化学的研究得到迅猛的发展，已从最初的简单无机加合物发展到有机金属配合物、金属簇合物、有机配体与金属形成的大环配合物以及生物体内的金属酶等生物大分子配合物。配位化学的发展也推动了分析化学、有机化学、物理化学和生物化学等学科分支的发展，配位化合物广泛地应用于分析化学、生物化学、医学、催化反应，以及染料、电镀、湿法冶金、半导体、原子能等工业中。本章主要介绍配位化合物的基本概念、基础结构理论和配合解离平衡的计算。

9.1　配位化合物的基本概念

1. 含有配位单元的化合物称为配位化合物，一般由内界和外界两部分构成，内界与外界之间以离子键相结合。

2. 简单配位化合物是指中心原子或离子与单基配体形成的配合物；螯合物是指中心原子或离子与多基配体形成的配合物。

3. 配位化合物命名时，在内外界之间，先阴离子后阳离子；在配位单元内，先配体后中心。

4. 配位化合物的异构包括结构异构和立体异构两大类。结构异构的特点是配位化合物的组成相同，但键连关系不同；立体异构的特点是键连关系相同，但配体相互位置不同。

9.1.1　配位化合物的组成与分类

1. 配位化合物的概念

由中心原子(或离子)和几个配体分子(或离子)以配位键相结合而形成的复杂分子或离子，通常称为配位单元或配合单元。含有配位单元的化合物称为配位化合物，简称配合物。

配位单元可以是阳离子，如$[Co(NH_3)_6]^{3+}$和$[Cu(NH_3)_4]^{2+}$；可以是阴离子，如$[Cr(CN)_6]^{3-}$和$[Co(SCN)_4]^{2-}$；也可以是中性分子，如$[Ni(CO)_4]$和$[Cu(NH_2CH_2COO)_2]$。

配位单元与异号电荷的离子结合即形成配合物，如$[Co(NH_3)_6]Cl_3$、$K_3[Cr(CN)_6]$、$[Co(NH_3)_6][Cr(CN)_6]$，而中性的配位单元即是配合物，如$[Ni(CO)_4]$和$[Cu(NH_2CH_2COO)_2]$。

按照配位化合物的定义，SO_4^{2-} 也是配位单元，K_2SO_4 也应算是配合物，但是习惯上不把它看成配合物。再如，莫尔盐$(NH_4)_2SO_4 \cdot FeSO_4 \cdot 6H_2O$中有$[Fe(H_2O)_6]^{2+}$单元，但人们称莫尔盐为复盐，而不将其看成配合物。水分子作配体形成的水合离子也经常不看成配离子。

2. 配位化合物的组成

配位化合物一般由内界和外界两部分构成。配位单元为内界，而带有与内界异号电荷的离子为外界，如在配合物$[Co(NH_3)_6]Cl_3$中，内界为$[Co(NH_3)_6]^{3+}$，外界为Cl^-；在配合物$K_3[Co(CN)_6]$中，内界为$[Co(CN)_6]^{3-}$，外界为K^+。而中性配位单元作为配合物的则无外界，如$[Ni(CO)_4]$；在配合物$[Co(NH_3)_6][Cr(CN)_6]$中，可以认为$[Co(NH_3)_6]^{3+}$和$[Cr(CN)_6]^{3-}$均为内界，或者认为二者互为内外界。

在水溶液中，配位化合物的内外界之间全部解离，而配位单元即内界较稳定，解离程度较小，在水溶液中存在着配位单元与中心、配体之间的配位-解离平衡。

配位化合物的内界由中心和配体构成。中心又称配位化合物的形成体，多为金属。中心可以是正离子(多为金属离子)，如$[FeF_6]^{3-}$中的Fe^{3+}和$[Co(NH_3)_6]^{3+}$中的Co^{3+}；也可以是原子，如$[Ni(CO)_4]$中的 Ni 和$[Fe(CO)_5]$中的 Fe；中心的氧化数也可以是负值，如$Na[Co(CO)_4]$中的 Co。

配体可以是分子，如NH_3、H_2O、CO、N_2、有机胺等；也可以是阴离子，如F^-、I^-、OH^-、CN^-、SCN^-、$C_2O_4^{2-}$、CH_3COO^-等。

3. 配位原子和配位数

配位原子是配体中提供电子对与中心直接形成配位键的原子，如NH_3中的 N、H_2O中的 O、CO 中的 C、$NH_2CH_2COO^-$中的 O 和 N 等。

配位数是中心原子周围与中心直接成键的配位原子的个数。注意不要将配位数与配体个数混淆。例如，$[Co(NH_3)_6]Cl_3$中配位数与配体个数相等；$[Cu(NH_2CH_2COO)_2]$中配位数与配体个数不相等。配位数多为偶数(2、4、6、8)，其中最多的是 4 和 6；配位数为奇数(3、5、7)的配位单元则较少。

配位数的多少与中心的电荷、半径以及配体的电荷、半径等有关。中心离子的电荷高，半径大，则有利于形成高配位数的配位单元。氧化数为+1 的中心易形成二配位的配位单元，如$[Ag(CN)_2]^-$、$[Ag(S_2O_3)_2]^{3-}$等；氧化数为+2 的中心易形成四配位或六配位的配位单元，如$[Cu(NH_3)_4]^{2+}$、$[Zn(NH_3)_4]^{2+}$、$[Co(NH_3)_6]^{2+}$、$[Fe(CN)_6]^{4-}$等；氧化数为+3 的中心易形成六配位的配位单元，如$[Co(NH_3)_6]^{3+}$、$[Fe(CN)_6]^{3-}$、$[Cr(CN)_6]^{3-}$等。

配体的半径越大，在中心周围能容纳的配体就越少，不利于形成高配位数的配位单元；配体的负电荷多，虽然增大了与中心的引力，但配体间的斥力增大，总的结果是配位数减少。例如，Fe^{3+}与半径小的F^-可以形成六配位的$[FeF_6]^{3-}$，但与半径较大的Cl^-主要形成四配位的$[FeCl_4]^-$；Fe^{3+}与$C_2O_4^{2-}$形成六配位的$[Fe(C_2O_4)_3]^{3-}$，但与PO_4^{3-}只能形成$[Fe(PO_4)_2]^{3-}$。

配位数的多少也与温度、配体的浓度等因素有关。温度升高，热振动加剧，使配位数减少；配体的浓度增大，有利于形成高配位数的配位单元。例如，随着CN^-浓度的变化，其与Cu^+可形成配位数为 1～4 的配位单元。

4. 简单配合物与螯合物

中心与单基(齿)配体形成的配合物称为简单配合物。单基配体是指只有一个配位原子的配体。

中心与多基配体形成的配合物，由于形成稳定的五、六元环，故称螯合物，如Cu^{2+}与乙二胺(en)形成的配离子$[Cu(en)_2]^{2+}$[图 9－1(a)]。多基配体是指有两个或两个以上配位原子的配体，如乙二胺、乙二胺四乙酸(EDTA)。

负离子多基配体和正离子中心形成的中性配位单元称为内盐，如Cu^{2+}与氨基乙酸根形成内盐[图 9－1(b)]。

9.1.2　配位化合物的命名

1. 配体的名称

一些常见配体的化学式、代号和名称如下：

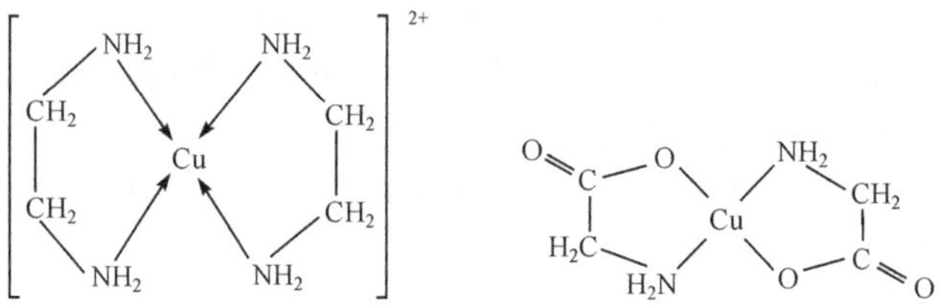

NH_2 NH_2 CH_2 CH_2 Cu CH_2 CH_2 NH_2 NH_2 $2+$

O C O NH_2 CH_2 Cu H_2C H_2N O C O

(a) (b)

图 9-1 $[Cu(en)_2]^{2+}$和$[Cu(NH_2CH_2COO)_2]$的结构

F^- 氟，Cl^- 氯，Br^- 溴，I^- 碘，O^{2-} 氧，N^{3-} 氮，S^{2-} 硫，OH^- 羟，CN^- 氰，H^- 氢，$—NO_2^-$ 硝基，$—ONO^-$ 亚硝酸根，SO_4^{2-} 硫酸根，$C_2O_4^{2-}$ 草酸根，SCN^- 硫氰酸根，NCS^- 异硫氰酸根，N_3^- 叠氮，O_2^{2-} 过氧根，N_2 双氮，O_2 双氧，NH_3 氨，CO 羰，NO 亚硝酰，H_2O 水，en 乙二胺，Ph_3P 三苯基膦，py(N)吡啶。

2. 配位化合物的命名

(1) 在配位化合物的内外界之间：先阴离子，后阳离子。

若内界为阳离子，阴离子为简单离子，则内外界之间缀以“化”字；阴离子为复杂的酸根，则在内外界之间缀以“酸”字。若内界为阴离子，内外界之间缀以“酸”字。例如

$[Co(NH_3)_6]Cl_3$　　三氯化六氨合钴(Ⅲ)

$K_2[SiF_6]$　　六氟合硅(Ⅳ)酸钾

(2) 在配位单元内：先配体后中心。

配体前面用二、三、四、……表示该配体的个数；几种不同配体之间加“·”号隔开；配体与中心之间加“合”字；中心后面加括号，内用罗马数字表示中心的氧化数。例如

$[Cu(NH_3)_4]SO_4$　　硫酸四氨合铜(Ⅱ)

(3) 配体的先后顺序遵循以下原则：

① 先无机配体，后有机配体，如

$[PtCl_2(Ph_3P)_2]$　　二氯·二(三苯基膦)合铂(Ⅱ)

② 先阴离子配体，后分子类配体，如

$K[PtCl_3(NH_3)]$　　三氯·氨合铂(Ⅱ)酸钾

③ 同类配体中，先后顺序按配位原子的元素符号在英文字母表中的次序，如

$[Co(NH_3)_5H_2O]Cl_3$　　三氯化五氨·水合钴(Ⅲ)

④ 配体中配位原子相同时，配体中原子个数少的在前，如

$[Pt(py)(NH_3)(NH_2OH)(NO_2)]Cl$　　氯化硝基·氨·羟胺·吡啶合铂(Ⅱ)

⑤ 配体中原子个数也相同时，则按与配位原子直接相连的其他原子的元素符号在英文字母表次序排序，如

$[Pt(NH_3)_2(NO_2)(NH_2)]$　　氨基·硝基·二氨合铂(Ⅱ)

一些常见的配位化合物，也可用简称或俗名，如赤血盐 $K_3[Fe(CN)_6]$、顺铂$[Pt(NH_3)_2Cl_2]$。

9.1.3 配位化合物的异构现象

配位化合物的组成相同但结构不同的现象，称为配位化合物的异构现象，分为结构异构

(或称构造异构)和立体异构(或称空间异构)两大类。

配位化合物的组成相同,但配体与中心的键连关系不同,将产生结构异构;配位单元的组成相同,配体与中心的键连关系也相同,但在中心的周围各配体之间的相对位置不同或在空间的排列次序不同,则产生立体异构。

1. 结构异构

结构异构包括解离异构、配位异构和键合异构。

1) 解离异构

在水中,配位化合物内外界之间是完全解离的。内外界之间交换成分得到的配位化合物与原配位化合物之间的结构异构称为解离异构。

互为解离异构的两种配位化合物,解离出的离子种类不同。例如,$[CoBr(NH_3)_5]SO_4$(紫色)和$[CoSO_4(NH_3)_5]Br$(红色),前者能使 Ba^{2+} 沉淀,而后者能使 Ag^+ 沉淀。

H_2O 经常作为配体处于内界,而结晶水则存在于外界。由于 H_2O 分子在内界或外界不同造成的解离异构也称水合异构,如$[Cr(H_2O)_6]Cl_3$(紫色)和$[CrCl(H_2O)_5]Cl_2 \cdot H_2O$(浅绿色)互为水合异构体。

2) 配位异构

由配阴离子和配阳离子构成的配位化合物中,阴离子和阳离子都是配位单元。配位单元之间交换配体,得配位异构体,如$[Co(NH_3)_6][Cr(CN)_6]$和$[Cr(NH_3)_6][Co(CN)_6]$互为配位异构体。

3) 键合异构

配体中有两个配位原子,但这两个配位原子并不同时配位,这样的配体称两可配体。例如,NO_2^- 可以用氧原子配位,形成以亚硝酸根($—ONO^-$)为配体的配位化合物;也可以用氮原子配位,形成以硝基($—NO_2^-$)为配体的配位化合物。同样,SCN^- 和 CN^- 也是两可配体。

两可配体导致配位化合物有键合异构体,如$[Co(NO_2)(NH_3)_5]Cl_2$ 和$[Co(ONO)(NH_3)_5]Cl_2$。

2. 立体异构

立体异构包括几何异构(也称顺反异构)和旋光异构(或对映异构)。

1) 几何异构

配位数为 4 的正四面体结构的配位单元,不论 4 个配体是否相同,都不会有几何异构体。

配位数为 4 的平面四边形结构的配位单元,Mab_3 不存在几何异构,Ma_2b_2 有 2 种几何异构体,$Mabc_2$ 有 2 种几何异构体。例如,平面四边形结构的$[PtCl_2(NH_3)_2]$有顺式(*cis*-$[PtCl_2(NH_3)_2]$)和反式(*trans*-$[PtCl_2(NH_3)_2]$)两种几何异构体(图 9-2)。

图 9-2　$[PtCl_2(NH_3)_2]$的顺反异构体

配位数为 6 的八面体配位化合物几何异构现象更加复杂,Ma_2b_4、Ma_3b_3 和 $Mabc_4$ 各有 2

种几何异构体，Mab_2c_3 有 3 种几何异构体，$Ma_2b_2c_2$ 有 5 种几何异构体(图 9－3)。

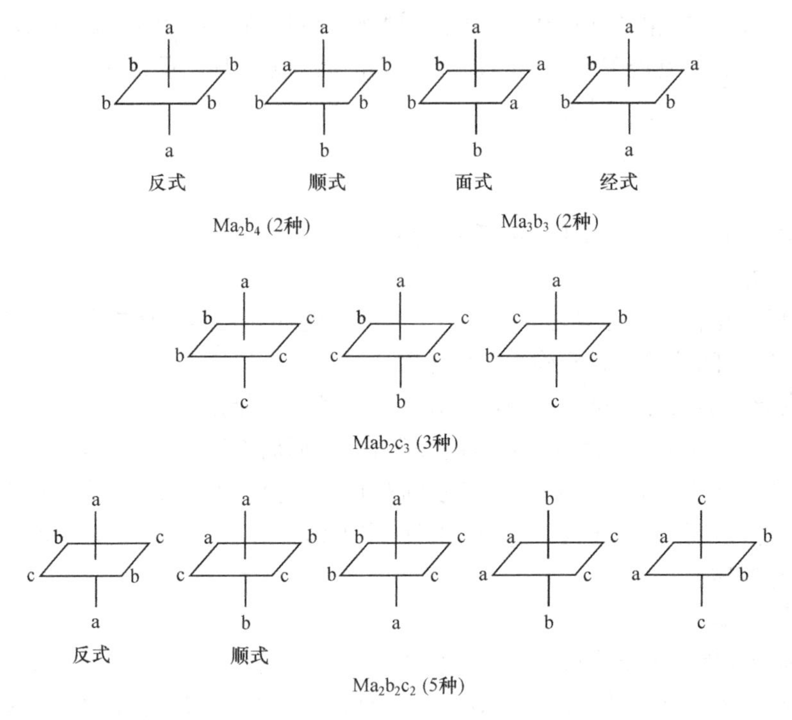

图 9－3　八面体配位化合物的几何异构体

总之，配体数目越多，配体种类越多，几何异构现象则越复杂。

2) 旋光异构

两个互为镜像的配位单元称为旋光异构体，其配体或配位原子的相互位置一致，但因配体在空间的取向不同，两者是不能重合的异构体。旋光异构体熔点相同，但光学性质不同。

判断配位化合物(或配离子)的某种几何构型是否有旋光异构体存在，通常是看配位单元的几何构型中有没有对称面或对称中心，若有，则不存在旋光异构体；若没有，则存在旋光异构体。

六配位的八面体配位单元中，顺式的 $Ma_2b_2c_2$ 有旋光异构体，*cis*-$[Cr(en)_2Cl_2]^+$(图 9－4)、$[Co(en)_3]^{3+}$、$[Fe(C_2O_4)_3]^{3-}$ 也有旋光异构体。

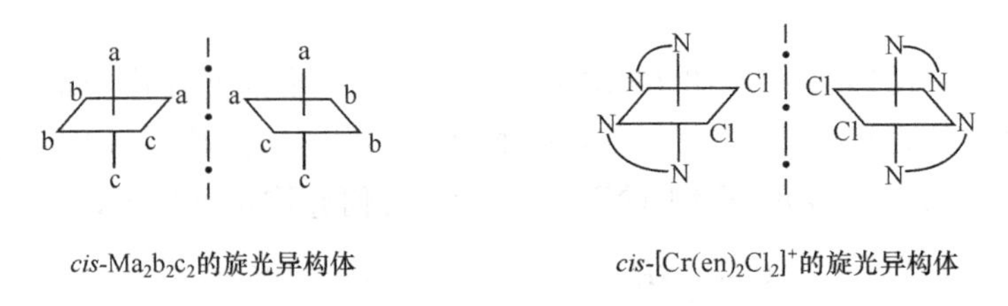

cis-Ma2b2c2的旋光异构体
cis-[Cr(en)2Cl2]+的旋光异构体

图 9－4　八面体旋光异构体示意图

理论上四配位的四面体配位化合物中，若 4 个配体不同(Mabcd)则有旋光异构体，但实验室很难得到。

9.2　配位化合物的价键理论

1. 配位单元的构型由中心原子(或离子)的轨道杂化方式决定。中心原子或离子能量相近的空轨道杂化后形成具有特征空间结构的简并轨道,配体的电子对向这些空的杂化轨道配位,形成具有特征空间结构的配位单元。

2. 中心原子(或离子)参与杂化的价层轨道属于同一主层,形成外轨型配合物;若中心参与杂化的价层轨道不属于同一主层,形成内轨型配合物。

3. 强场配体易形成内轨型配合物,弱场配体易形成外轨型配合物。由配合物的磁性大小,可判断是外轨型配合物还是内轨型配合物。

4. 过渡金属与羰基、氰基、烯烃等含有 π 电子的配体形成的配合物都含有 d-p π 配键(反馈键)。

配位化合物的价键理论是应用杂化轨道理论研究配位化合物的成键和结构,也称配位化合物的杂化轨道理论,其实质是配体中配位原子的电子对向中心空的杂化轨道配位形成配位键。因此,配位单元的几何构型由中心的轨道杂化方式决定。

9.2.1　配位化合物的构型

配位化合物的构型即是配位单元的构型。在配位单元中,由于配体之间的排斥作用,配体之间尽可能远离,保持能量最低。

按价键理论,中心原子(或离子)能量相近的价层空轨道经杂化后,形成特征空间构型的简并轨道,配体的电子对向这些简并轨道配位,形成具有特定空间结构的配位单元。配位单元的构型由中心空轨道的杂化方式决定。配位单元常见的构型有直线形、三角形、四面体、正方形(不是同种配体时为平面四边形)、三角双锥、八面体。常见配位单元的几何构型与中心轨道杂化的方式之间的关系列于表 9-1。

表 9-1　配位单元的几何构型与中心轨道杂化的关系

配位数	轨道杂化类型	空间构型	实例	配位数	轨道杂化类型	空间构型	实例
2	sp	直线形	$[Ag(NH_3)_2]^+$	5	sp^3d	三角双锥	$[Fe(SCN)_5]^{2-}$
3	sp^2	三角形	$[Cu(CN)_3]^{2-}$		dsp^3	三角双锥	$[Fe(CO)_5]$
4	sp^3	四面体	$[Zn(NH_3)_4]^{2+}$	6	sp^3d^2	正八面体	$[FeF_6]^{3-}$
	dsp^2	正方形	$[Ni(CN)_4]^{2-}$		d^2sp^3	正八面体	$[Fe(CN)_6]^{3-}$

9.2.2　中心价层轨道的杂化

若中心原子(或离子)参与杂化的价层轨道属于同一主层,即 $ns\ np\ nd$ 杂化,形成的配合物称为外轨型配合物;若中心参与杂化的价层轨道不属于同一主层,即 $(n-1)d\ ns\ np$ 杂化,形成的配合物称为内轨型配合物。

1. $ns\ np\ nd$ 杂化

【例 9-1】 讨论$[FeF_6]^{3-}$的成键与构型情况。

解 Fe^{3+}电子构型为 $3d^5$，在形成$[FeF_6]^{3-}$过程中进行如下杂化

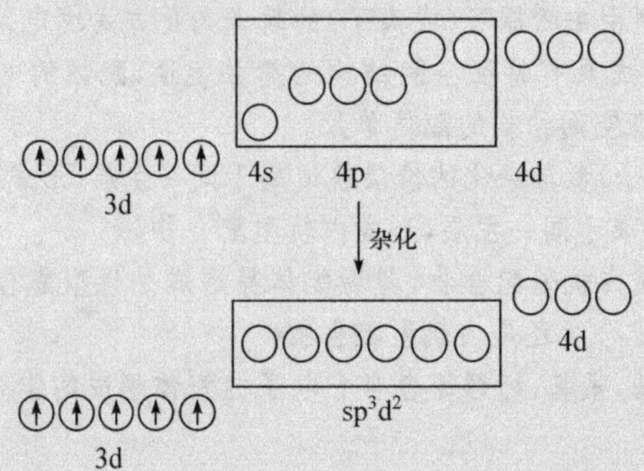

中心采取 sp^3d^2 杂化，6 个杂化轨道指向正八面体顶点。每个 F^- 的电子对向空的杂化轨道配位，故形成$[FeF_6]^{3-}$正八面体构型的配位单元。

【例 9-2】 讨论$[Ni(CO)_4]$中心原子的杂化与配位单元的几何构型。

解 Ni 电子构型 $3d^8 4s^2$

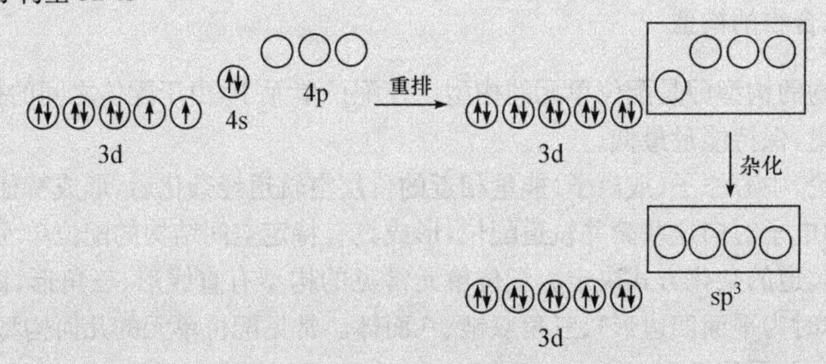

在配体 CO 的作用下，Ni 的价层电子重排成 $3d^{10}4s^0$，1 个 4s 轨道和 3 个 4p 轨道进行 sp^3 杂化，4 个杂化轨道指向正四面体的顶点，因而$[Ni(CO)_4]$为正四面体结构。

$[FeF_6]^{3-}$和$[Ni(CO)_4]$的共同点是配体的电子对配入中心的外层空轨道，即 $ns\ np\ nd$ 杂化轨道，形成外轨型配合物。所成的配位键称为电价配键，电价配键较弱。

$[FeF_6]^{3-}$和$[Ni(CO)_4]$的不同点是 CO 配体能使中心的价电子发生重排，这样的配体称为强配体。常见的强配体有 CO、CN^-、NO_2^- 等。

F^- 等配体不能使中心的价电子重排，称为弱配体。大多数配体都为弱配体，如 F^-、Cl^-、H_2O、$C_2O_4^{2-}$ 等。

NH_3、en 等为中强配体。对于不同的中心，配体的强度是不同的。

2. $(n-1)$d ns np 杂化

【例 9-3】 讨论$[Fe(CN)_6]^{3-}$中心离子的杂化与配离子的几何构型。

解　Fe^{3+}电子构型为 $3d^5$。CN^-为强配体，能使 Fe^{3+}的 5 个 d 电子重排，空出的 2 个 3d 轨道参与杂化，中心采取 d^2sp^3 杂化，故$[Fe(CN)_6]^{3-}$为正八面体构型。

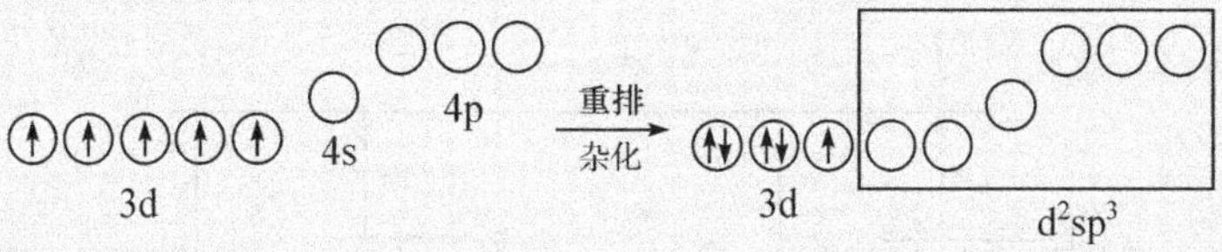

【例 9-4】 讨论$[Ni(CN)_4]^{2-}$中心离子的杂化与配离子的几何构型。

解　Ni^{2+}电子构型为 $3d^8$。CN^-为强配体，使 Ni^{2+}的 d 电子重排，空出的 1 个 3d 轨道参与杂化，中心采取 dsp^2 杂化，配离子$[Ni(CN)_4]^{2-}$为正方形构型。

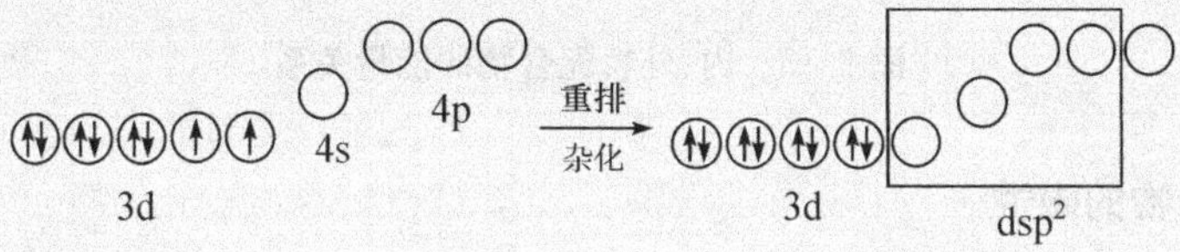

$[Fe(CN)_6]^{3-}$和$[Ni(CN)_4]^{2-}$的杂化轨道均用到了内层$(n-1)$d 轨道，配体的电子对配入中心的内层，能量低，形成内轨型配合物。所成的配位键称为共价配键，共价配键较强。

内轨型配合物较外轨型配合物稳定，共价配键比电价配键强。

形成外轨型配合物还是内轨型配合物，与配体的强弱、中心原子或离子的价层电子构型和电荷数有关。强配体，如 CN^-、NO_2^-、CO 等易形成内轨型配合物；弱配体，如 H_2O、X^-等易形成外轨型配合物。NH_3 和 en 对于 Co^{3+}为强配体，而对于 Co^{2+}和其他金属离子一般为弱配体。

具有$(n-1)d^{10}$构型的中心原子或离子，只能用外层轨道形成外轨型配合物；$(n-1)d^{1\sim3}$构型的中心通常形成内轨型配合物；$(n-1)d^{4\sim7}$构型的中心可形成内轨或外轨型配合物；$(n-1)d^8$构型的中心离子 Au^{3+}、Pt^{2+}、Pd^{2+}形成内轨型配合物，Ni^{2+}与强配体形成内轨型配合物。

中心离子的电荷数越高，对配位原子的吸引力越强，越容易形成内轨型配合物；而电负性较大的配位原子容易形成外轨型配合物。

9.2.3　价键理论中的能量问题

内轨型配合物一般较外轨型配合物稳定，说明其键能 $E_{内}$大，大于外轨型配合物的键能 $E_{外}$，那么怎样解释有时却形成了外轨型配合物呢？

形成内轨型配合物时电子发生重排，使原来平行自旋的 d 电子进入成对状态，增加电子成对能 P，能量升高。究竟形成内轨型配合物还是外轨型配合物，要看总的能量变化，配合物总是采取能量最低的形式。

例如，$[Fe(CN)_6]^{3-}$中心的 d 电子发生重排时，成 2 个电子对，能量要升高 $2P$

(↑)(↑)(↑)(↑)(↑) —d 电子重排→ (↑↓)(↑↓)(↑)( )( )

这时只有 $E_{内}-E_{外}>2P$ 时，才能形成内轨型配合物。

当 $E_{内}-E_{外}>\sum P$ 时，形成内轨型配合物，如图 9-5(a)所示；当 $E_{内}-E_{外}<\sum P$ 时，形成内轨型配合物时总能量要比形成外轨型配合物时还高，于是形成外轨型配合物，如图 9-5(b)所示。

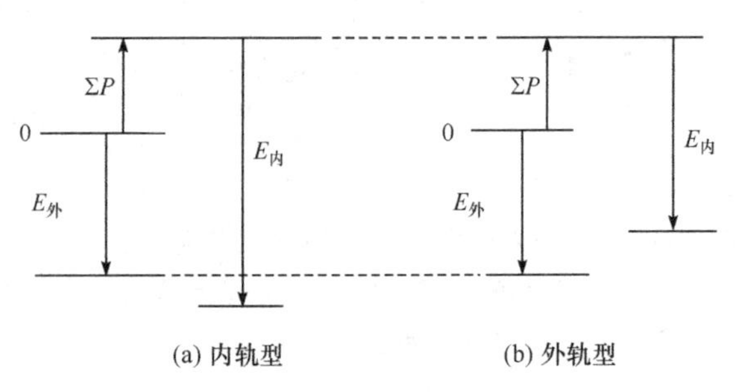

图 9-5　内、外轨配合物的能量关系

9.2.4　配位化合物的磁性

化合物中成单电子数和宏观实验现象中的磁性有关。在磁天平上可以测出物质的磁矩 μ，磁矩 μ 和单电子数 n 有如下关系

$$\mu=\sqrt{n(n+2)}\mu_B$$

式中，μ_B 为磁矩单位，称为玻尔磁子。测出磁矩 μ，可推算出单电子数 n，对于分析和讨论配位化合物的成键情况有重要意义。

例如，NH_3 是中强配体，在$[Co(NH_3)_6]^{3+}$中 d 电子是否发生重排，可以从磁矩数据进行分析。实验测得$[Co(NH_3)_6]^{3+}$的磁矩 $\mu=0$，得出 $n=0$，无单电子。说明 Co^{3+} 的 $3d^6$ 电子发生重排；若不重排，Co^{3+}将有 4 个单电子，只有发生重排时，才有 $n=0$。故 NH_3 对 Co^{3+}是强配体，形成内轨型配合物。

(↑↓)(↑)(↑)(↑)(↑) —d 电子重排→ (↑↓)(↑↓)(↑↓)( )( )

又如，测得$[FeF_6]^{3-}$磁矩 $\mu=5.88\ \mu_B$，则单电子数 $n=5$。因此，F^-是弱配体，不能使 Fe^{3+} 的 d 电子重排。

9.2.5　配位化合物中的 d-p π 配键(反馈键)

过渡金属与羰、氰、烯烃等含有 π 电子的配体形成的配合物往往含有 d-p π 配键(反馈键)。

例如，羰配合物$[Ni(CO)_4]$中，Ni 的电子构型为 $3d^8 4s^2 4p^0$，经重排成为 $3d^{10} 4s^0 4p^0$，中心采取 sp^3 杂化，CO 中 C 上的孤电子对向中心的 sp^3 杂化空轨道配位，形成 σ 配键，配合物构型为正四面体。但进一步实验和理论计算都证明，$[Ni(CO)_4]$较稳定，配体与中心之间除有 σ 配键外肯定还有其他成键作用。

过渡金属 Ni 的 d 轨道与 CO 的 π^*（π 反键轨道）能量相近，对称性一致，可以成键。按重叠后的轨道的对称性，金属的 d 轨道与 CO 的 π^* 轨道重叠形成的是 π 键；而且成键时由金属的 d 轨道提供电子而 CO 的 π^* 轨道接受电子，所以形成的是配位键。我们称这种键为 d-p π

配键，也称反馈键，如图 9 - 6 所示。

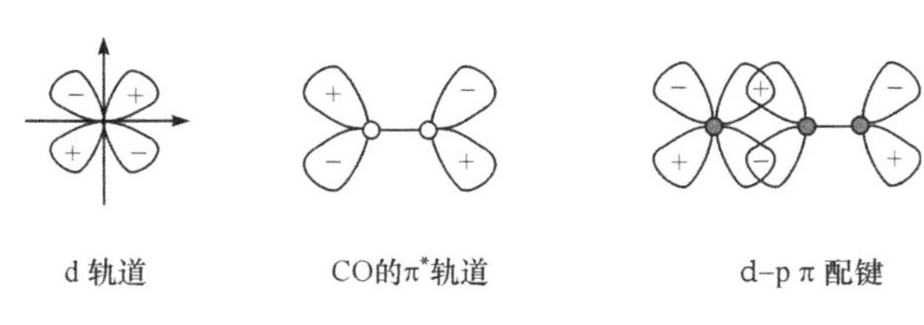

图 9 - 6　$[Ni(CO)_4]$中 d-p π 配键示意图

配体 CN^- 与 CO 相似，既有可配位的孤电子对，又有与 d 轨道对称性一致的 π^* 轨道可接受 d 电子的配位。在氰与过渡金属形成的配合物中，CN^- 中 C 上的孤电子对向金属的杂化空轨道配位，形成 σ 配键；金属的 d 电子向 CN^- 的 π^* 轨道配位，形成 d-p π 配键。

蔡斯(Zeise)盐 $K[PtCl_3(C_2H_4)]\cdot H_2O$ 中配位单元$[PtCl_3(C_2H_4)]^-$ 的成键可以描述为乙烯的成键 π 电子向铂的杂化轨道配位形成 σ 配键；Pt^{2+} 的 d 轨道的电子向乙烯的 π^* 轨道配位，形成 d-p π 配键，如图 9 - 7 所示。

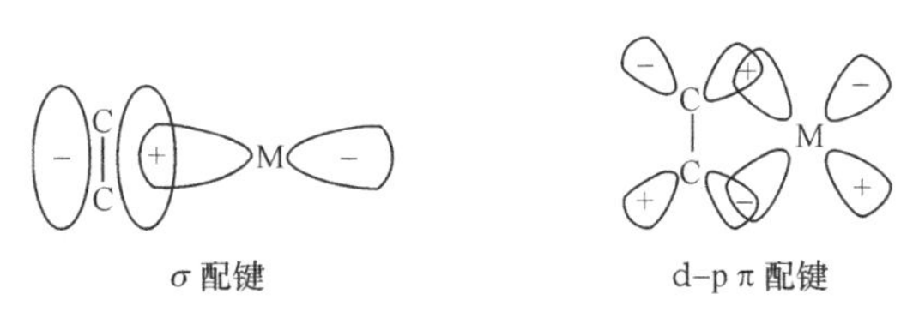

图 9 - 7　铂与乙烯之间的成键示意图

9.3　配位化合物的晶体场理论

1. 晶体场中的 d 轨道发生分裂，分裂后 d 轨道的能量差 Δ 称为分裂能。Δ_o 为八面体场的分裂能，Δ_t 为四面体场的分裂能，Δ_p 为正方形场的分裂能。$\Delta_p > \Delta_o > \Delta_t$。

2. 中心离子的电荷高，分裂能大；中心的周期高，分裂能大；配体中的配位原子的电负性越小，给电子能力强，配体的配位能力强，分裂能大。

3. 因晶体场的存在，体系总能量的降低值称为晶体场稳定化能(CFSE)。由于 $E_{球}=0$，则 $CFSE = E_{球} - E_{晶} = 0 - E_{晶} = -E_{晶}$。

4. 过渡金属配位化合物的颜色是由 d-d 跃迁和电荷迁移造成的。各波长可见光的互补关系为红-蓝绿、黄-蓝、绿-紫红、紫-黄绿。

5. 可以用姜-泰勒(Jahn-Teller)效应解释$[Cu(NH_3)_4]^{2+}$ 为正方形结构，溶液中$[Cu(NH_3)_4(H_2O)_2]^{2+}$ 为拉长的八面体结构。

配位化合物的价键理论在解释配合物的几何构型、磁性、稳定性和反馈键等方面都很成功，但不能定量地讨论配位化合物的能量问题，也不能解释配位化合物的颜色等光谱学现象，而且在解释$[Cu(H_2O)_4]^{2+}$ 的正方形构型时更显得无能为力。配位化合物的晶体场理论却能弥补这些不足，在解释配位化合物的颜色和某些配位化合物的特殊构型时非常成功。

9.3.1　晶体场中的 d 轨道

晶体场理论认为，配位化合物的中心离子(或原子)与配体之间靠静电作用结合在一起，配体的负电荷或电子对可以看成负电场。在配体形成的电场中，中心离子或原子能量相同的 5 个简并 d 轨道发生能级分裂，有些 d 轨道能量比球形场时高，有些 d 轨道能量比球形场时低。d 电子优先排布到分裂后能量低的 d 轨道，体系能量降低，给配位化合物带来额外的稳定化能。

1. 晶体场中 d 轨道的分裂

中心离子或原子处在球形对称的电场中，5 个 d 轨道虽然能量都升高，但升高的幅度相同，故 5 个 d 轨道在球形场中仍然是简并的。

在配位化合物中，6 个配体形成正八面体对称性的电场，四配位时形成正四面体场或正方形场。尽管这些电场对称性很高，但均不如球形场的对称性高。中心的 d 轨道的能量在这些电场中将不再简并。

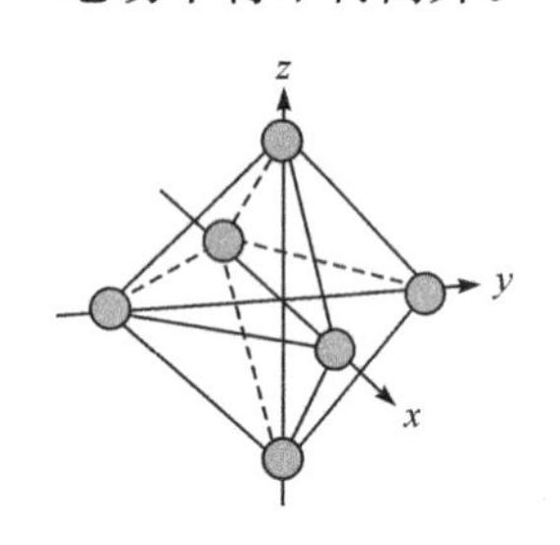

图 9－8　八面体场中的坐标

1）八面体场

在八面体场中，6 个配体分布在 x、y、z 三个坐标轴的正负 6 个方向(图 9－8)。各 d 轨道的能量比自由原子的 d 轨道均有所升高，但各 d 轨道受电场作用不同，能量升高程度不同。因此，有的轨道能量比球形场中高，有的比球形场中低，5 个 d 轨道不再简并。

$d_{x^2-y^2}$ 和 d_{z^2} 轨道的波瓣与 6 个配体正相对，受电场作用大，能量升高的多——高于球形场。分裂后 $d_{x^2-y^2}$ 和 d_{z^2} 轨道的能量简并，二重简并的 d 轨道可用光谱学符号记为 d_γ 轨道，或用群论符号记为 e_g 轨道。

d_{xy}、d_{xz} 和 d_{yz} 轨道的波瓣不与配体相对，能量升高的少——低于球形场。分裂后这三个轨道的能量简并，三重简并的 d 轨道可用光谱学符号记为 d_ε 轨道，或用群论符号记为 t_{2g} 轨道。

分裂后两组 d 轨道 d_γ 和 d_ε 能量差为 Δ，称为分裂能。八面体场的分裂能记为 Δ_o，如图 9－9 所示。

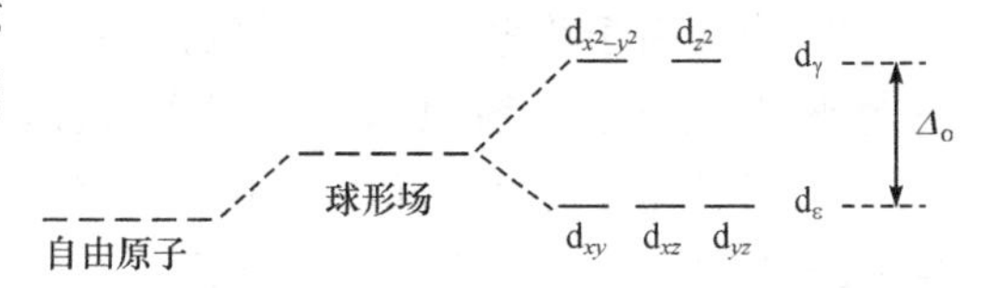

图 9－9　八面体场中 d 轨道的分裂

2）四面体场

在正四面体场中，配体在坐标系中的分布如图 9－10(a)所示。d_{xy}、d_{xz}、d_{yz} 三个轨道的波瓣指向正六面体各棱的中心，距配体较近，其能量高于球形场[图 9－10(b)]。三重简并的 d_{xy}、d_{xz}、d_{yz} 轨道可用光谱学符号记为 d_ε 轨道，或用群论符号记为 t_2 轨道。$d_{x^2-y^2}$ 和 d_{z^2} 轨道的波瓣指向正六面体的面心，距配体较远，其能量低于球形场。分裂后这两个轨道的能量简并，记为 d_γ 轨道或 e 轨道。

由于 d_ε 和 d_γ 两组轨道与配体电场作用的大小远不如在八面体场中明显，因此四面体场的分裂能 Δ_t 较小，远小于八面体场分裂能 Δ_o。

3）正方形场

将八面体场的 z 轴上 2 个配体去掉，即为正方形场，如图 9－11 所示。在正方形场中，按与电场作用的大小，各轨道的能量相对高低是 $d_{x^2-y^2} > d_{xy} > d_{z^2} > d_{xz} \sim d_{yz}$。正方形场的分裂

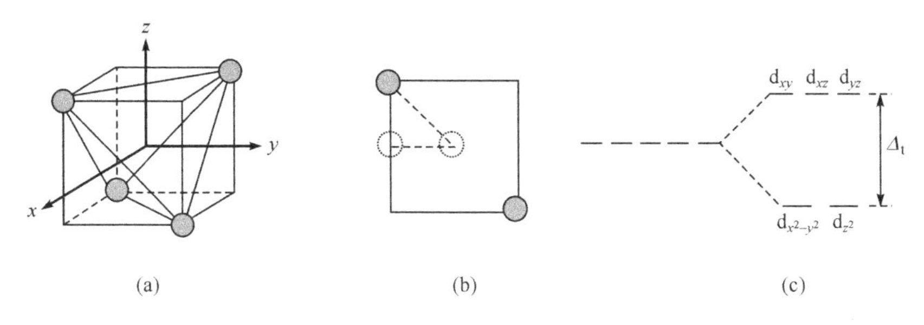

图 9-10 四面体场中的坐标和 d 轨道的分裂

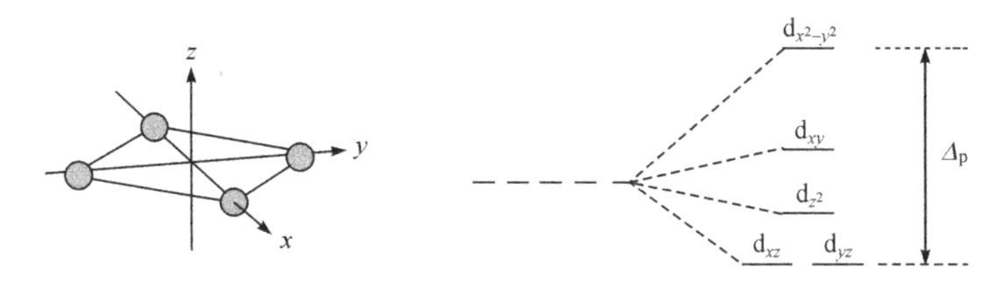

图 9-11 正方形场中坐标的选取和 d 轨道的分裂

能 Δ_p 很大，远大于八面体场分裂能 Δ_o。

2. 影响分裂能大小的因素

(1) 晶体场对称性的影响

$$\Delta_p > \Delta_o > \Delta_t$$

(2) 中心所带电荷的影响。中心的电荷高，与配体作用强，分裂能大。例如

分裂能 $[Fe(CN)_6]^{3-} > [Fe(CN)_6]^{4-}$

(3) 中心所在周期数的影响。对于相同的配体，中心的周期高，分裂能大些。因为高周期的过渡元素的 d 轨道较伸展，与配体的斥力大，分裂能大。例如

分裂能 $[Hg(CN)_4]^{2-} > [Zn(CN)_4]^{2-}$

(4) 配体的影响。配体中的配位原子的电负性越小，给电子能力强，配体的配位能力强，分裂能越大。按配体分裂能递增次序排列为

$I^- < Br^- < SCN^- < Cl^- < F^- < OH^- < -ONO^- < C_2O_4^{2-} < H_2O < NCS^- < NH_3 < en < -NO_2^- < CN^- \approx CO$

这一顺序称为光化学序列，因为 Δ 的大小直接影响配位化合物的光谱。

按配位原子配位能力，分裂能变化的一般规律是

卤素<氧<氮<碳

以上讨论的只是一般规律，实际上经常有些不符合这些规律甚至反常的例子。例如，$[HgCl_4]^{2-}$ 的分裂能小于 $[HgI_4]^{2-}$ 的分裂能。

3. 分裂后的 d 轨道中电子的排布

在分裂后的 d 轨道中排布电子时，仍须遵守电子排布三原则，即能量最低原理、泡利(Pauli)不相容原理和洪德(Hund)规则。

例如，某过渡金属 d^4 电子构型，在八面体场中电子排布有两种可能，一种是低自旋方式，电子全部排在 d_ε 轨道，电子成对要克服成对能 P；另一种是高自旋方式，有 1 个电子排布在高

能量 d_γ 轨道上，要克服分裂能 Δ。

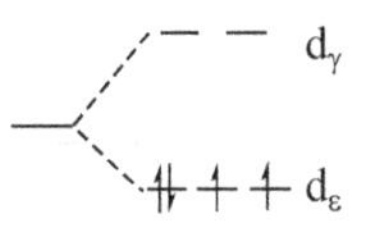

$\Delta>P$ 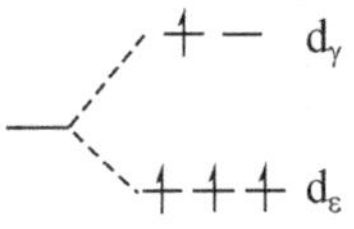　　　　$\Delta<P$

因此，若 $\Delta>P$，则电子排布采取低自旋方式；若 $\Delta<P$，电子排布采取高自旋方式。

Δ 和 P 的值常用波数的形式给出。波数是指 1 cm 的长度相当于多少个波长。可见波数越大，波长越短，频率越高。由 $E=h\nu$，波数大，则能量高。

例如，在$[Fe(H_2O)_6]^{2+}$中，$\Delta=10\ 400\ cm^{-1}$，$P=15\ 000\ cm^{-1}$；$\Delta<P$，d 电子在分裂后的 d 轨道中采取高自旋排布 $(d_\varepsilon)^4(d_\gamma)^2$。而在 $[Fe(CN)_6]^{4-}$ 中，$\Delta=338\ 000\ cm^{-1}$，$P=15\ 000\ cm^{-1}$；$\Delta>P$，d 电子在分裂后的 d 轨道中采取低自旋排布 $(d_\varepsilon)^6(d_\gamma)^0$。

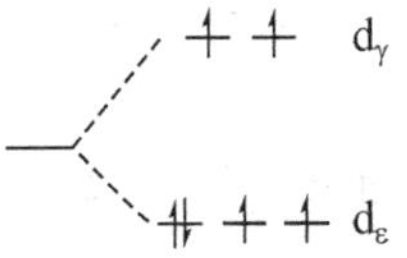

$[Fe(H_2O)_6]^{2+}$ 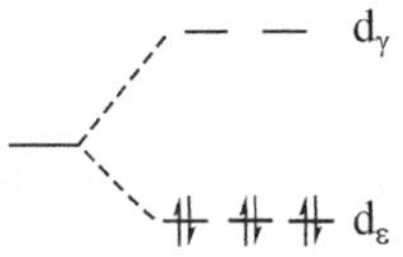　　　　$[Fe(CN)_6]^{4-}$

9.3.2　晶体场稳定化能(CFSE)

1. 分裂后的 d 轨道的能量

规定球形场时 5 个简并的 d 轨道的能量为零，讨论分裂后的 d 轨道的能量。电场对称性的改变不影响 d 轨道的总能量，d 轨道分裂后，总的能量仍与球形场的总能量一致。

1) 八面体场

如图 9－9 所示，八面体场分裂能为 Δ_o，分裂后两组 d 轨道能量分别为 E_{d_γ} 和 E_{d_ε}，列方程组

$$E_{d_\gamma}-E_{d_\varepsilon}=\Delta_o$$
$$3E_{d_\varepsilon}+2E_{d_\gamma}=0$$

解方程组，得

$$E_{d_\gamma}=3/5\Delta_o \qquad E_{d_\varepsilon}=-2/5\Delta_o$$

若设分裂能 $\Delta_o=10$ Dq，则

$$E_{d_\varepsilon}=-4\ \text{Dq}$$
$$E_{d_\gamma}=6\ \text{Dq}$$

Dq 值不定，随着晶体场、中心和配体的不同而改变。

2) 四面体场

如图 9－10(c)所示，四面体场分裂能为 Δ_t，分裂后两组 d 轨道能量分别为 E_{d_γ} 和 E_{d_ε}，列方程组

$$E_{d_\varepsilon}-E_{d_\gamma}=\Delta_t$$
$$3E_{d_\varepsilon}+2E_{d_\gamma}=0$$

解方程组得

$$E_{d_\varepsilon}=2/5\Delta_t \qquad E_{d_\gamma}=-3/5\Delta_t$$

若设 $\Delta_t=10\ \text{Dq}$ 则

$$E_{d_\varepsilon}=4\ \text{Dq} \qquad E_{d_\gamma}=-6\ \text{Dq}$$

对于相同的中心和配体

$$\Delta_t=\frac{4}{9}\Delta_o$$

2. 晶体场稳定化能

因晶体场的存在，体系总能量的降低值称为晶体场稳定化能，用 CFSE 表示。d 电子在分裂后的 d 轨道中排布，其能量用 $E_{晶}$ 表示，在球形场中的能量用 $E_{球}$ 表示。由于 $E_{球}=0$，则晶体场稳定化能为

$$\text{CFSE}=E_{球}-E_{晶}=0-E_{晶}=-E_{晶}$$

晶体场中，d 轨道电子一般有两种排布方式：当 $\Delta>P$ 时，电子往往按低自旋排布，形成低自旋配合物；当 $\Delta<P$ 时，电子往往按高自旋排布，形成高自旋配合物。

【例 9-5】 已知$[Fe(CN)_6]^{4-}$的 $\Delta=33\ 800\ \text{cm}^{-1}$，$P=15\ 000\ \text{cm}^{-1}$，求 CFSE。

解 Fe^{2+} 电子构型为 $3d^6$，由于 $\Delta>P$，d 轨道电子采取低自旋排布。

d 轨道电子在球形场中以及八面体强场中排布为

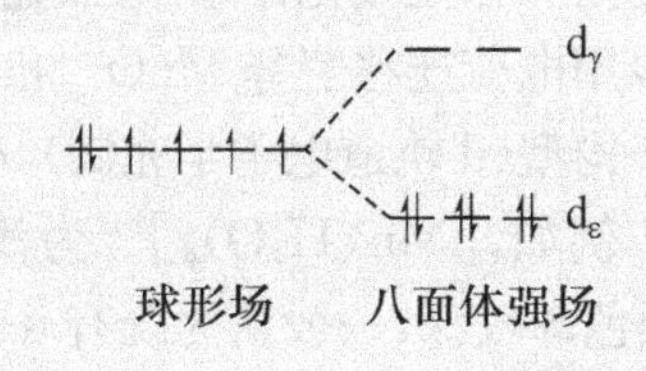

$$\begin{aligned}\text{CFSE}&=0-[(-2/5\Delta_o)\times 6+2P]\\&=12/5\Delta_o-2P\\&=12/5\times 33\ 800\ \text{cm}^{-1}-2\times 15\ 000\ \text{cm}^{-1}\\&=51\ 120\ \text{cm}^{-1}\end{aligned}$$

9.3.3 过渡金属化合物的颜色

自然光照射物质上，可见光全部通过则物质无色；可见光全部反射，则物质为白色；可见光全被吸收，则物质显黑色。当部分波长的可见光被物质吸收，物质显示被吸收可见光的互补色，这就是吸收光谱的显色原理。

各波长可见光的互补关系为：红-蓝绿、黄-蓝、绿-紫红、紫-黄绿。

1. d-d 跃迁

在光照下，晶体场中 d 轨道的电子吸收了能量相当于分裂能 Δ 的光能后从低能级 d 轨道跃迁到高能级 d 轨道，称之为 d-d 跃迁。若 d-d 跃迁的能量恰好在可见光能量范围内，即 d 电子在跃迁时吸收了可见光波长的光子，则化合物显示颜色。若 d-d 跃迁吸收的是紫外光或红外光，则化合物为无色或白色。

【例 9-6】 讨论$[Ti(H_2O)_6]^{3+}$的颜色。

解 Ti^{3+}电子构型为$3d^1$，只有 1 个 d 电子。

Ti^{3+}的$3d^1$电子在自然光的照射下，电子吸收了能量相当于Δ_o的可见光波长部分，d 电子发生跃迁。

由于Ti^{3+}的 3d 电子跃迁主要吸收绿色可见光，故$[Ti(H_2O)_6]^{3+}$显紫红色。

显然，中心电子构型(也称电子组态)为$d^1 \sim d^9$的配位化合物都可能发生 d-d 跃迁，可能有颜色；电子组态为d^0和d^{10}的化合物，不发生 d-d 跃迁，化合物一般应无色，如 Cu(Ⅰ)、Zn(Ⅱ)、La(Ⅲ)、Ti(Ⅳ)等的化合物一般为无色或白色。

2. 电荷迁移

电荷迁移是指电荷由配体跃迁到中心离子的过程。当电荷迁移吸收可见光时，会使化合物显示颜色，如HgI_2(Hg^{2+}，$5d^{10}$)，红色；MnO_4^-(Mn^{7+}，$3d^0$)，紫色；CrO_4^{2-}(Cr^{6+}，$3d^0$)，黄色。它们虽没有 d-d 跃迁，但因电荷迁移而产生颜色。

Hg^{2+}与I^-间有较强的极化作用和相互极化作用，吸收蓝绿色可见光使I^-负电荷向Hg^{2+}迁移，故HgI_2显红色。同样，可以用电荷迁移解释MnO_4^-和CrO_4^{2-}等的颜色。

Mn^{2+}和Fe^{3+}均具有$3d^5$电子构型(d 轨道电子半充满)，d-d 跃迁时电子需改变自旋方向，使电子跃迁概率减小，颜色较浅。例如，$[Mn(H_2O)_6]^{2+}$为浅红色，$[Fe(H_2O)_6]^{3+}$为淡紫色(近无色)。但$[Fe(SCN)_6]^{3-}$的颜色却较深，一般认为既有 d-d 跃迁又有电荷迁移的作用。

温度对极化和电荷迁移有影响，有时影响化合物的颜色。例如，AgI 常温显黄色，吸收蓝色可见光；高温显红色，因高温下极化作用强，电荷迁移更容易，吸收比蓝色光能量更低的蓝绿光；低温显白色，因为低温下电荷迁移变难，需吸收紫外光。

9.3.4 姜-泰勒效应

Cu^{2+}形成的四配位的配位化合物具有正方形结构，如$[CuCl_4]^{2-}$、$[Cu(CN)_4]^{2-}$和$[Cu(NH_3)_4]^{2+}$等。研究结果表明，溶液中$[Cu(NH_3)_4]^{2+}$还有 2 个距离较远的H_2O配位体，即$[Cu(NH_3)_4(H_2O)_2]^{2+}$为拉长的八面体结构。

按配位化合物的价键理论解释$[Cu(NH_3)_4]^{2+}$的正方形结构，则中心Cu^{2+}应为dsp^2杂化。杂化过程应为

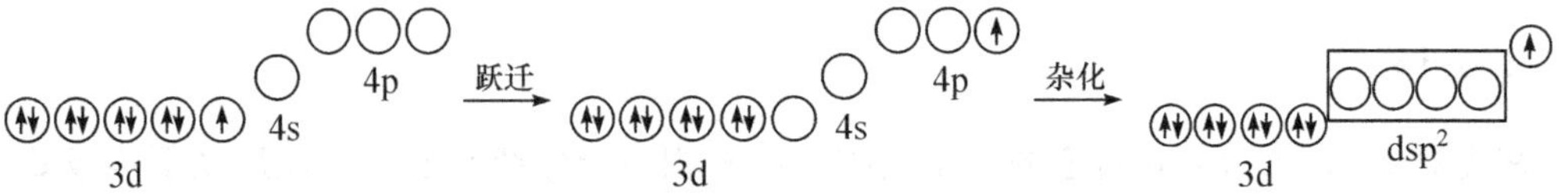

3d 4s 4p 跃迁 3d 4s 4p 杂化 3d dsp^2

如果Cu^{2+}采取dsp^2杂化，必有 1 个电子跃迁到 4p 轨道。在高能级 4p 轨道有 1 个电子，则这个高能级轨道上的电子很容易失去。因此，按配位化合物的价键理论，$[Cu(NH_3)_4]^{2+}$不稳定，易被氧化。这个结论显然与$[Cu(NH_3)_4]^{2+}$稳定而不易被氧化的事实不符。可见，不能

用价键理论解释$[Cu(NH_3)_4]^{2+}$的正方形构型。

按晶体场理论，Cu^{2+}为 d^9 电子构型。在八面体场中，若最后一个电子排布到 $d_{x^2-y^2}$ 轨道，则 xy 平面上的 4 个配体受到的斥力大，距离中心较远，形成压扁的八面体。

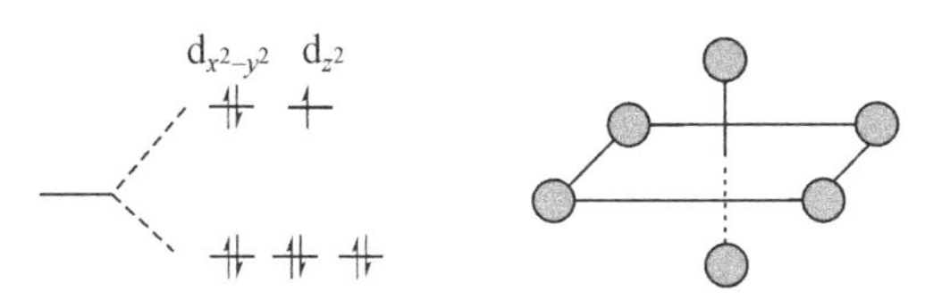

若最后一个电子排布到 d_{z^2} 轨道，则 z 轴上的 2 个配体受到的斥力大，距离核较远，形成拉长的八面体。

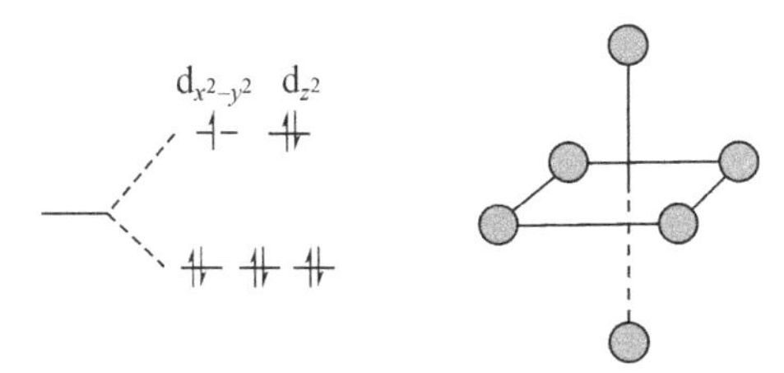

若轴向的 2 个配体拉得太远，则失去轴向 2 个配体，变成$[Cu(NH_3)_4]^{2+}$正方形结构。这种拉长的八面体或转化为正方形结构的现象称为姜-泰勒(Jahn-Teller)效应。

用姜-泰勒效应也能合理解释为什么$[PtCl_4]^{2-}$为正方形结构而不是四面体结构。Pt^{2+}为 d^8 电子构型，在八面体场中的排布为$(d_\varepsilon)^6(d_\gamma)^2$，由于铂所处的周期数较高，晶体场的分裂能较大，$d_{x^2-y^2}$ 和 d_{z^2} 轨道的单电子的能量较高。在这 2 个较高能量的电子作用下 d 轨道经重排后转化成正方形场。在正方形场中最高能量轨道 $d_{x^2-y^2}$ 中未填充电子，体系总的能量降低，正方形配合物有较大的晶体场稳定化能。

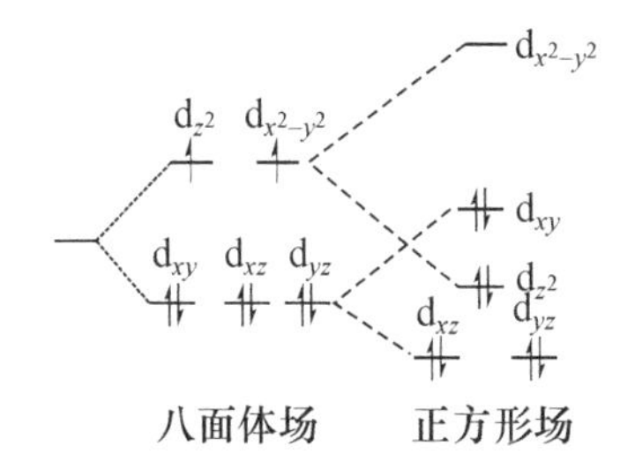

9.4 配位化合物的稳定性

1. 配位化合物的稳定性可由稳定常数 $K^\ominus_{稳}$ 的大小来衡量，$K^\ominus_{稳}$ 越大则配位化合物越稳定。由 $K^\ominus_{稳}$ 可计算溶液中相关离子的浓度，计算配位-沉淀溶解平衡，计算配离子的形成对电极电势的影响等。

2. 配位化合物的稳定性受中心与配体的软硬关系影响。软硬酸碱结合的原则是软亲软，硬亲硬；软和硬，不稳定。

3. 乙二胺和乙二胺四乙酸(EDTA)等多基配体与金属形成的螯合物较稳定。中心的正电荷越高，配位化合物越稳定；中心所在周期高，其 d 轨道较伸展，配位化合物稳定。一般来说，配体中配位原子的电负性越小，给电子能力越强，配位化合物越稳定。

9.4.1 配位-解离平衡

1. 配位-解离平衡与配合物的稳定常数

配合物的内外界之间在水中全部解离，而内界则只部分解离，存在配位-解离平衡。配位单元的生成反应达到平衡时，溶液中各物质的浓度关系表示的平衡常数称为配离子的稳定常数，用 $K_{稳}^{\ominus}$ 表示，有时简写成 $K_{稳}$。

例如，向硝酸银溶液中加入过量的氨水，则有下列平衡

$$Ag^{+}+2NH_3 \rightleftharpoons [Ag(NH_3)_2]^{+} \qquad K_{稳}^{\ominus}=1.1\times10^{7}$$

$$K_{稳}^{\ominus}=\frac{[Ag(NH_3)_2^{+}]}{[Ag^{+}][NH_3]^{2}}$$

$K_{稳}^{\ominus}$ 越大表示配位单元越稳定。$[Ag(CN)_2]^{-}$ 的稳定常数为 1.3×10^{21}，说明 $[Ag(CN)_2]^{-}$ 比 $[Ag(NH_3)_2]^{+}$ 稳定得多。有时，用配合物的不稳定常数来表示配位—解离平衡。例如

$$Ag(NH_3)_2^{+} \rightleftharpoons Ag^{+}+2NH_3$$

$$K_{不稳}=\frac{[Ag^{+}][NH_3]^{2}}{[Ag(NH_3)_2^{+}]}$$

平衡常数 $K_{不稳}$ 越大，解离反应越彻底，配位单元越不稳定。

【例 9-7】 将 $0.20\ mol\cdot dm^{-3}$ $AgNO_3$ 溶液与 $2.0\ mol\cdot dm^{-3}$ $NH_3\cdot H_2O$ 等体积混合，试计算平衡时溶液中 Ag^{+} 的浓度。已知 $[Ag(NH_3)_2]^{+}$ 的 $K_{稳}^{\ominus}=1.1\times10^{7}$。

解 混合后 $AgNO_3$ 溶液与 $NH_3\cdot H_2O$ 的浓度均减半；由于 $NH_3\cdot H_2O$ 大大过量且 $[Ag(NH_3)_2]^{+}$ 的稳定常数很大，可以认为配合反应进行得非常完全，即平衡时 $[Ag(NH_3)_2^{+}]=0.10\ mol\cdot dm^{-3}$。因而，消耗 NH_3 的浓度为 $0.10\times2=0.20\ mol\cdot dm^{-3}$，平衡时 $[NH_3]=(1.0-0.20)\ mol\cdot dm^{-3}$。

设平衡时 $[Ag^{+}]=x\ mol\cdot dm^{-3}$，则

	Ag^{+}	$+2NH_3 \rightleftharpoons$	$[Ag(NH_3)_2]^{+}$
起始浓度/$(mol\cdot dm^{-3})$	0.10	1.0	0
平衡浓度/$(mol\cdot dm^{-3})$	x	1.0−0.20	0.10

$$K_{稳}^{\ominus}=\frac{[Ag(NH_3)_2^{+}]}{[Ag^{+}][NH_3]^{2}}=\frac{0.10}{x(0.80)^{2}}=1.1\times10^{7}$$

解得

$$x=1.4\times10^{-8}$$

即平衡时

$$[Ag^{+}]=1.4\times10^{-8}\ mol\cdot dm^{-3}$$

2. 配位平衡的移动

1）配位平衡与酸碱解离平衡

向 $FeCl_3$ 溶液中加入 $K_2C_2O_4$ 溶液，生成绿色的 $K_3[Fe(C_2O_4)_3]$。若再加入盐酸，溶液变黄，说明 $K_3[Fe(C_2O_4)_3]$ 被破坏，生成了 $[FeCl_4]^{-}$。

$$FeCl_3+3K_2C_2O_4 = K_3[Fe(C_2O_4)_3]+3KCl$$

$$K_3[Fe(C_2O_4)_3]+4HCl = K[FeCl_4]+2KHC_2O_4+H_2C_2O_4$$

配合物 $K_3[Fe(C_2O_4)_3]$在酸中被破坏，原因在于 $H_2C_2O_4$ 不是强酸，$C_2O_4^{2-}$ 遇强酸则与 H^+ 结合而降低了配位能力。

再如，向 $CuSO_4$ 溶液中加入适量氨水有淡蓝色沉淀生成，氨水过量则沉淀溶解生成深蓝色的配合物。

$$2CuSO_4 + 2NH_3 + 2H_2O = Cu(OH)_2 \cdot CuSO_4 \downarrow + (NH_4)_2SO_4$$

$$Cu(OH)_2 \cdot CuSO_4 + (NH_4)_2SO_4 + 6NH_3 = 2[Cu(NH_3)_4]SO_4 + 2H_2O$$

若向该配合物溶液中逐滴加入稀硫酸，则先有淡蓝色沉淀生成，硫酸过量后沉淀溶解得到蓝色溶液。

$$2[Cu(NH_3)_4]SO_4 + 3H_2SO_4 + 2H_2O = Cu(OH)_2 \cdot CuSO_4 \downarrow + 4(NH_4)_2SO_4$$

$$Cu(OH)_2 \cdot CuSO_4 + H_2SO_4 = 2CuSO_4 + 2H_2O$$

以上实验说明，溶液的酸度即介质的 pH 可能影响配合物的稳定性，即酸碱解离平衡影响配位平衡。

2）配位平衡和沉淀溶解平衡

若配体、沉淀剂都可以和 M^{n+} 结合，生成配合物或沉淀物，故两种平衡的关系实质是配体与沉淀剂争夺 M^{n+}，平衡与 $K_{sp}^{\ominus}$、$K_{稳}^{\ominus}$ 的值有关。

【例 9-8】 计算 AgCl 在 6 $mol \cdot dm^{-3}$ $NH_3 \cdot H_2O$ 中的溶解度。

已知 AgCl 的 $K_{sp}^{\ominus} = 1.8 \times 10^{-10}$，$[Ag(NH_3)_2]^+$ 的 $K_{稳}^{\ominus} = 1.1 \times 10^7$。

解

$$AgCl \rightleftharpoons Ag^+ + Cl^- \qquad K_{sp}^{\ominus}$$

$$Ag^+ + 2NH_3 \rightleftharpoons [Ag(NH_3)_2]^+ \qquad K_{稳}^{\ominus}$$

总反应

$$AgCl + 2NH_3 \rightleftharpoons [Ag(NH_3)_2]^+ + Cl^-$$

$$K = K_{sp}^{\ominus} \cdot K_{稳}^{\ominus} = 1.8 \times 10^{-10} \times 1.1 \times 10^7 = 1.98 \times 10^{-3}$$

设平衡时$[Cl^-] = [Ag(NH_3)_2^+] = x$，则

$$[NH_3]_{平} = 6 - 2x$$

$$K = \frac{[Ag(NH_3)_2^+][Cl^-]}{[NH_3]^2} = \frac{x^2}{(6-2x)^2} = 1.98 \times 10^{-3}$$

解得

$$x = 0.24 (mol \cdot dm^{-3})$$

即 AgCl 在 6 $mol \cdot dm^{-3}$ $NH_3 \cdot H_2O$ 中的溶解度为 0.24 $mol \cdot dm^{-3}$。

3）配位平衡和氧化还原平衡

配位平衡和氧化还原平衡关系，主要体现在配合物的生成对电极反应的电极电势 E 的影响上。

$$氧化型 + ze = 还原型$$

根据能斯特方程

$$E = E^{\ominus} + \frac{0.059\ V}{z} \lg \frac{[氧化型]}{[还原型]}$$

若氧化型生成配合物，E 值减小；还原型生成配合物，E 值增大；若氧化型和还原型都生成配合物，则要比较氧化型配合物与还原型配合物的 $K_{稳}^{\ominus}$ 的大小：$K_{稳}^{\ominus}$(氧化型)$>K_{稳}^{\ominus}$(还原型)，则 E

值减小；$K^{\ominus}_{稳}$(氧化型)<$K^{\ominus}_{稳}$(还原型)，则 E 值增大。

【例 9-9】 已知

$$Cu^{2+} + 2e^- \longrightarrow Cu \quad E^{\ominus} = 0.34\ V$$

试求电对$[Cu(NH_3)_4]^{2+}/Cu$ 的 $E^{\ominus}$ 值。已知$[Cu(NH_3)_4]^{2+}$ 的 $K^{\ominus}_{稳} = 2.1\times10^{13}$。

解 电对$[Cu(NH_3)_4]^{2+}/Cu$ 的电极反应式为

$$[Cu(NH_3)_4]^{2+} + 2e^- \rightleftharpoons Cu + 4NH_3$$

将其标准电极电势作为 $Cu^{2+} + 2e^- \longrightarrow Cu$ 的非标准电极电势来求。

$$Cu^{2+} + 4NH_3 \rightleftharpoons [Cu(NH_3)_4]^{2+}$$

因为 $K^{\ominus}_{稳} = \dfrac{[Cu(NH_3)_4^{2+}]}{[Cu^{2+}][NH_3]^4}$，所以当$[Cu(NH_3)_4^{2+}] = [NH_3] = 1\ mol\cdot dm^{-3}$时，有

$$[Cu^{2+}] = \frac{1}{K^{\ominus}_{稳}} = \frac{1}{2.1\times10^{13}} = 4.8\times10^{-14}(mol\cdot dm^{-3})$$

将其代入 $Cu^{2+} + 2e \longrightarrow Cu$ 的能斯特方程中

$$E = E^{\ominus} + \frac{0.059\ V}{2}\lg[Cu^{2+}] = 0.34\ V + \frac{0.059\ V}{2}\lg(4.8\times10^{-14}) = -0.053\ V$$

故电对$[Cu(NH_3)_4]^{2+}/Cu$ 的 $E^{\ominus} = -0.053\ V$。

4) 配位平衡与配合物的取代反应

向红色的$[Fe(SCN)_n]^{3-n}$$(n=1\sim6)$溶液中滴加 NH_4F 溶液，红色逐渐褪去，最终溶液变为无色。以上过程说明发生了配合物取代反应。

$$[Fe(SCN)_n]^{3-n} + m\ F^- \longrightarrow [FeF_m]^{3-m} + n\ SCN^-\ (m=1\sim6)$$

以上反应能够发生，说明 Fe^{3+} 与 F^- 生成的配合物稳定性远大于 Fe^{3+} 与 SCN^- 生成的配合物稳定性。

向蓝色的$[Co(SCN)_4]^{2-}$溶液中加入 $FeCl_3$ 溶液后，溶液变为红色，说明 Fe^{3+} 与 SCN^- 生成的配合物稳定性远大于 Co^{2+} 与 SCN^- 生成的配合物稳定性。

9.4.2 酸碱的软硬分类

1. 酸碱的软硬分类

在酸碱电子理论的基础上，对酸碱进行软硬分类。

硬酸：电子云的变形性小的酸。一般半径小，正电荷高，如 H^+、Na^+、Mg^{2+}、Al^{3+}、Si^{4+}、Cr^{3+}、Mn^{2+}、Fe^{3+} 等。

软酸：电子云的变形性大的酸。一般半径大，电荷低，如 Cu^+、Ag^+、Cd^{2+}、Hg^{2+}、Hg_2^{2+}、Tl^+、Pt^{2+} 等。

交界酸：电子云的变形性介于硬酸和软酸之间，如 Cr^{2+}、Fe^{2+}、Co^{2+}、Ni^{2+}、Cu^{2+}、Zn^{2+}、Sn^{2+}、Sb^{3+}、Bi^{3+} 等。

硬碱：电子云的变形性小的碱。给电子原子的电负性大，不易失去电子，如 F^-、Cl^-、H_2O、OH^-、O^{2-}、SO_4^{2-}、NO_3^-、ClO_4^-、CH_3COO^-、NH_3 等。

软碱：电子云的变形性大的碱。给电原子的电负性小，易失去电子，如 I^-、S^{2-}、CN^-、

SCN^-、CO、$S_2O_3^{2-}$ 等。

交界碱：其变形性介于硬碱和软碱之间，如 Br^-、SO_3^{2-}、N_2、NO_2^- 等。

2. 软硬酸碱结合原则

软硬酸碱结合的原则是：软亲软，硬亲硬；软和硬，不稳定。

软硬酸碱结合原则在解释某些配合物的稳定性和元素在自然界的存在状态等方面很成功。例如，配合物的稳定性顺序为

$$[HgI_4]^{2-} > [HgBr_4]^{2-} > [HgCl_4]^{2-} > [HgF_4]^{2-}$$

$$[AlF_6]^{3-} > [AlCl_6]^{3-} > [AlBr_6]^{3-} > [AlI_6]^{3-}$$

原因是 Hg^{2+} 为软酸，与软碱 I^- 结合的配合物更稳定；而 Al^{3+} 为硬酸，与硬碱 F^- 结合的配合物更稳定。

用氨水可以溶解 AgCl，用 $Na_2S_2O_3$ 溶液可以溶解 AgBr，用 NaCN 溶液可以溶解 AgI，也可以用软硬酸碱关系解释。因此，稳定性的顺序为

$$Ag_2S > AgI > AgBr > AgCl > AgF$$

$$[Ag(CN)_2]^- > [Ag(S_2O_3)_2]^{3-} > [Ag(NH_3)_2]^+$$

9.4.3 影响配位化合物稳定性的因素

配位化合物的稳定性的实质就是配位单元的稳定性。

1. 中心与配体关系的影响

【例 9-10】 向 AgF 溶液中顺次加入 NaCl、氨水等溶液，反应如下

$$AgF \xrightarrow{Cl^-} AgCl \xrightarrow{NH_3} [Ag(NH_3)_2]^+ \xrightarrow{Br^-} AgBr \xrightarrow{S_2O_3^{2-}}$$

$$[Ag(S_2O_3)_2]^{3-} \xrightarrow{I^-} AgI \xrightarrow{CN^-} [Ag(CN)_2]^- \xrightarrow{S^{2-}} Ag_2S$$

请说明原因。

解 Ag^+ 为软酸，与软碱结合更稳定。有关碱的软硬变化趋势为

$$F^- \quad Cl^- \quad NH_3 \quad Br^- \quad S_2O_3^{2-} \quad I^- \quad CN^- \quad S^{2-}$$

硬 ——————→ 软

与 Ag^+ 结合力 ——————→ 大

2. 中心的影响

中心的正电荷越高，配合物越稳定。例如，配合物稳定性

$$[Co(NH_3)_6]^{3+} > [Co(NH_3)_6]^{2+} \qquad [Fe(CN)_6]^{3-} > [Fe(CN)_6]^{4-}$$

中心所在周期数高，其 d 轨道较伸展，配合物稳定。例如，配合物的稳定性

$$[Pt(NH_3)_6]^{2+} > [Ni(NH_3)_6]^{2+} \qquad [Hg(CN)_4]^{2-} > [Zn(CN)_4]^{2-}$$

3. 配体的影响

一般来说，配体中配位原子的电负性越小，给电子能力越强，配合物越稳定。例如，配合物的稳定性

$$[Co(NH_3)_6]^{3+} > [Co(H_2O)_6]^{3+} \qquad [Cu(CN)_2]^- > [Cu(NH_3)_2]^+$$

4. 配合物对称性的影响

四配位的配合物中，正方形配合物的稳定性高于四面体配合物。例如

$$[Ni(CN)_4]^{2-} > [Zn(CN)_4]^{2-} \qquad [Cu(NH_3)_4]^{2+} > [Zn(NH_3)_4]^{2+}$$

5. 螯合效应的影响

乙二胺(en)和乙二胺四乙酸(EDTA)等多基配体与金属离子形成的配合物都含有封闭的多元环，这种含有多元环的配合物称为螯合物。螯合物较稳定，以五元环、六元环螯合物最为稳定。Ca^{2+}、Mg^{2+}、Al^{3+}等主族金属的离子一般不易形成配合物，但与 EDTA 等形成稳定的螯合物。

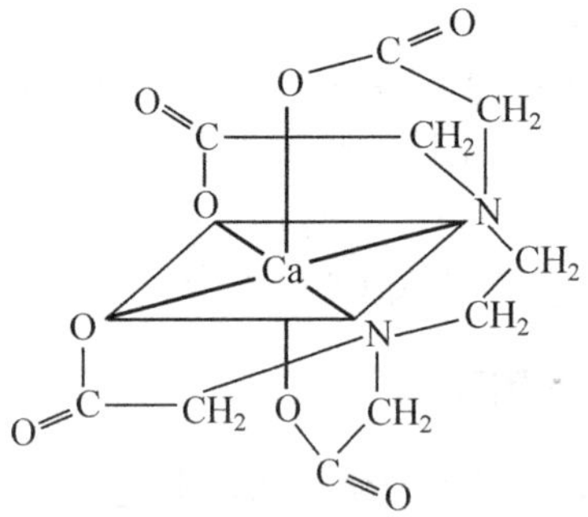

螯合物的稳定性高，如$[Ni(en)_3]^{2+}$($K^{\ominus}_{稳}=2.1\times10^{18}$)比$[Ni(NH_3)_6]^{2+}$($K^{\ominus}_{稳}=5.5\times10^{8}$)稳定得多。

6. 18 电子规则

过渡金属价层达到 18 个电子时，配合物一般较稳定，称为 18 电子规则，也称有效原子序(EAN)规则。

过渡金属与配体成键时倾向于 9 个价轨道(5 个 d 轨道，1 个 s 轨道，3 个 p 轨道)全部充满电子状态。18 电子规则为经验规则，在解释过渡金属配合物和低核金属的羰配合物时较为成功。

例如，$[Fe(CO)_5]$、$[Ni(CO)_4]$、$[Co_2(CO)_8]$、$[Fe_2(CO)_9]$等符合 18 电子规则的配合物都较稳定，符合 18 电子规则的$[HMn(CO)_4]$和$[Mn_2(CO)_{10}]$都已经合成出来。而$[Mn(CO)_5]$或$[Co(CO)_4]$不符合 18 电子规则，都不存在。二茂铁$[Fe(C_5H_5)_2]$符合 18 电子规则，较稳定；而$[Ni(C_5H_5)_2]$和$[Co(C_5H_5)_2]$等不符合 18 电子规则，稳定性差，容易被氧化。

有些配合物不符合 18 电子规则，但也能稳定存在，如$[Ni(\eta\text{-}C_3H_5)_2]$。说明 18 电子规则有很多例外。

7. 反位效应的影响

反位效应是指平面四边形配合物反位配体配位能力对取代反应的影响。实验结果表明，在平面四边形配合物的取代反应中，配体对其反位配体被取代的促进能力排序为

$$H_2O, NH_3 < Cl^-, Br^- < -SCN^-, NO_2^- < PR_3 < CN^-, CO$$

反位效应对于设计合成特殊的几何构型的异构体非常有意义。例如，用 NH_3 处理

$[PtCl_4]^{2-}$合成顺铂就是利用了Cl^-比NH_3反位效应强的特点。已被取代 1 个NH_3后生成的配合物$[PtNH_3Cl_3]^-$，再用NH_3取代，第二个NH_3取代反位效应强的Cl^-的对位的配体，得到顺铂。

$$\left[\begin{array}{ccc} Cl & & Cl \\ & Pt & \\ Cl & & Cl \end{array}\right]^{2-} \xrightarrow{NH_3} \left[\begin{array}{ccc} Cl & & Cl \\ & Pt & \\ Cl & & NH_3 \end{array}\right]^{-} \xrightarrow{NH_3} \left[\begin{array}{ccc} Cl & & NH_3 \\ & Pt & \\ Cl & & NH_3 \end{array}\right]$$

配位化合物不仅种类繁多，而且在分析化学、生物化学、医学、催化反应，以及染料、电镀、湿法冶金、半导体、原子能等工业中都得到广泛应用。因此，研究配位化合物既具有重要的理论意义，又具有实际应用价值。

氰化法提金的步骤中，生成稳定的$[Au(CN)_2]^-$使得不活泼的金进入溶液中

$$4Au + 8CN^- + 2H_2O + O_2 \rightleftharpoons 4[Au(CN)_2]^- + 4OH^-$$

利用很多羰基配合物的热分解提纯金属，如蒙德(Mond)法中，镍的纯化利用了四羰合镍生成与分解的可逆反应。

$$[Ni(CO)_4] \rightleftharpoons Ni + 4CO$$

催化反应的机理常会涉及配位化合物中间体，如合成氨工业中用乙酸二氨合铜除去 CO，有机金属催化剂催化烯烃的聚合反应，不对称催化用于药物的制备等。

元素或化合物的分离，经常涉及配位化学。例如，某些稀土元素的萃取分离，先生成冠醚配合物，再用有机溶剂进行萃取。

在医药领域中，配位化合物已成为药物治疗的一个重要方面。例如，EDTA 已用作Pb^{2+}、Hg^{2+}等中毒的解毒剂；顺式$[Pt(NH_3)_2Cl_2]$(又称顺铂)具有抗癌作用而用作治癌药物。

生命的许多过程都与配位化学有关。生命体中许多酶是以金属为活性中心的；生命体内的各种代谢作用、能量的转换以及O_2的输送，也与金属配合物有密切关系。例如，人体生长和代谢必需的维生素B_{12}是 Co 的配合物，起免疫等作用的血清蛋白是 Cu 和 Zn 的配合物；植物固氮菌中的固氮酶含 Fe，Mo 的配合物等。

思　考　题

1. 试举例说明什么是配位单元、配位化合物、内界、外界、中心和配体。
2. 试举例说明配位化合物的命名需注意哪些原则。
3. 举例说明配位化合物都有哪些异构现象。
4. 试叙述配位化合物的价键理论，并说明用杂化轨道理论讨论配位化合物的几何构型和讨论简单共价分子或离子的几何构型的不同之处。
5. 举例说明影响配位化合物稳定性的因素。
6. 试叙述晶体场理论的主要内容，并举例说明晶体场理论较配位化合物的价键理论的成功之处。
7. 举例说明什么是姜-泰勒效应。

习　　题

1. 命名下列配位化合物。

(1) $K[PtCl_3(NH_3)]$　　(2) $K_3[Fe(C_2O_4)_3]$　　(3) $[Co(en)_3]Cl_3$

(4) $[Cr(H_2O)_5Cl]Cl_2 \cdot H_2O$　(5) $K_2[Ni(CN)_4]$　(6) $[Cu(NH_3)_4][PtCl_4]$

2. 给出下列配位化合物的化学式。

(1) 硫酸四氨・二水合铜(Ⅱ)　(2) 二水合二草酸根合铜(Ⅱ)酸钾

(3) 四氰合铜(Ⅰ)酸钾　(4) 二氯化二(乙二胺)合铜(Ⅱ)

(5) 氯化二异硫氰酸根・四氨合铬(Ⅲ)　(6) 三氯・氨合铂(Ⅱ)酸钾

(7) 氯・水・草酸根・乙二胺合铬(Ⅲ)　(8) 四氯・二氨合铂(Ⅳ)

3. 试画出下列各配合物的所有几何异构体。

(1) $[Pt(en)_2Cl(NH_3)]^{3+}$　(2) $[Pt(NH_2CH_2COO)_2Cl_2]$

4. 指出下列各对配合物属于哪种异构现象。

(1) $[CoBr(NH_3)_5]SO_4$ 与 $[Co(SO_4)(NH_3)_5]Br$

(2) $[Cu(NH_3)_4][PtCl_4]$ 与 $[Pt(NH_3)_4][CuCl_4]$

(3) $[Fe(SCN)(H_2O)_5]^{2+}$ 与 $[Fe(NCS)(H_2O)_5]^{2+}$

(4) $[CrCl(H_2O)(NH_3)_4]Cl_2$ 与 $[CrCl_2(NH_3)_4]Cl \cdot H_2O$

(5) *trans*-$[Co(en)_2(NH_3)_2]Cl_3$ 与 *cis*-$[Co(en)_2(NH_3)_2]Cl_3$

5. 指出下列配合物中哪些有旋光异构体,并请画出各旋光异构体。

(1) $K_3[Fe(C_2O_4)_3]$　(2) $[Co(NH_3)_2(en)_2]Cl_3$

(3) $[Pt(NH_3)_2Cl_3(OH)]$　(4) $[Pt(NH_3)_2BrCl]$

(5) $[Co(NH_3)(en)Cl_3]$　(6) $[Pt(NH_3)_2(OH)_2Cl_2]$

6. 计算下列配合物的磁矩,并指出其是内轨型配合物还是外轨型配合物。

(1) $[Fe(H_2O)_6]^{2+}$　(2) $[Co(SCN)_4]^{2-}$　(3) $[Mn(CN)_6]^{4-}$

(4) $[Ni(NH_3)_6]^{2+}$　(5) $[Cr(H_2O)_6]^{3+}$　(6) $[AuCl_4]^-$

7. 比较下列各对配合物的稳定性,并简要说明原因。

(1) $[Ag(NH_3)_2]^+$ 与 $[Ag(S_2O_3)_2]^{3-}$　(2) $[Cu(NH_3)_4]^{2+}$ 与 $[Zn(NH_3)_4]^{2+}$

(3) $[Cu(NH_3)_4]^{2+}$ 与 $[Cu(en)_2]^{2+}$　(4) $[HgI_4]^{2-}$ 与 $[HgCl_4]^{2-}$

(5) $[AlF_6]^{3-}$ 与 $[AlCl_6]^{3-}$　(6) $[Fe(CN)_6]^{3-}$ 与 $[Fe(CN)_6]^{4-}$

(7) $[Co(NH_3)_6]^{2+}$ 与 $[Co(CN)_6]^{3-}$　(8) $[Cu(NH_3)_2]^+$ 与 $[Ag(NH_3)_2]^+$

(9) $[Co(NH_3)_6]^{3+}$ 与 $[Ni(NH_3)_6]^{2+}$　(10) $[Pt(NH_3)_4]^{2+}$ 与 $[Cu(NH_3)_4]^{2+}$

8. 通过计算判断下列配合物是否符合 18 电子规则。

(1) $[Fe(CO)_5]$　(2) $[Co_2(CO)_8]$　(3) $[Fe_3(CO)_{12}]$

(4) $[Pt(C_2H_4)Cl_3]^-$　(5) $[Cr(C_6H_6)_2]$　(6) $[Ni(C_5H_5)_2]$

(7) $[Ru(CO)_5]$　(8) $[Os_2(CO)_9]$

9. 已知：

$$Fe^{3+} + e^- \rightleftharpoons Fe^{2+} \qquad E^\ominus = 0.77\ V$$

$$[Fe(CN)_6]^{3-} + e^- \rightleftharpoons [Fe(CN)_6]^{4-} \qquad E^\ominus = 0.36\ V$$

$$Fe^{2+} + 6CN^- \rightleftharpoons [Fe(CN)_6]^{4-} \qquad K^\ominus_{稳} = 1.0\times10^{35}$$

计算 $[Fe(CN)_6]^{3-}$ 的 $K^\ominus_{稳}$。

10. 计算 0.0010 mol AgBr 能否溶于 100 cm^3 0.025 $mol \cdot dm^{-3}$ 的 $Na_2S_2O_3$ 溶液中(假设溶解后溶液体积不变)。已知 $E^\ominus(Ag^+/Ag) = 0.7996\ V$,$E^\ominus(AgBr/Ag) = 0.0713\ V$,$E^\ominus([Ag(S_2O_3)_2]^{3-}/Ag) = 0.010\ V$。

11. 向 1 cm^3 含 0.2 mg Ni^{2+} 溶液中加入 1 cm^3 1.0 $mol \cdot dm^{-3}$ KCN 溶液,求平衡时溶液中 $[Ni(CN)_4]^{2-}$、Ni^{2+}、CN^- 的浓度。已知 $[Ni(CN)_4]^{2-}$ 稳定常数为 2.00×10^{31}。

12. 比较配合物的分裂能大小并简要说明原因。

(1) $[Zn(CN)_4]^{2-}$ 与 $[Cu(CN)_4]^{2-}$　(2) $[Au(CN)_2]^-$ 与 $[Cu(CN)_2]^-$

(3) $[FeF_6]^{3-}$ 与 $[Fe(SCN)_6]^{3-}$　(4) $[Cu(en)_2]^{2+}$ 与 $[Cu(NH_2CH_2COO)_2]$

(5) $[Ni(NH_3)_6]^{2+}$ 与 $[Co(NH_3)_6]^{2+}$　(6) $[Zn(SCN)_4]^{2-}$ 与 $[Hg(SCN)_4]^{2-}$

13. 指出下列配合物中配位单元的结构和中心离子的杂化类型。

(1) $[Pt(NH_3)_2Cl_4]$　　(2) $[Pt(NH_3)_2Cl_3(OH)]$

(3) $[Pt(NH_3)_2Cl_2(OH)_2]$　　(4) $[Pt(NH_3)_2Cl_2]$

(5) $K[Pt(NH_3)Cl_2(NO_2)]$　　(6) $K[Pt(NH_3)Cl(NO_2)(OH)]$

14. 分别用价键理论和晶体场理论解释：Ni^{2+} 与 NH_3 形成六配位的八面体配合物$[Ni(NH_3)_6]^{2+}$，而与 CN^- 形成平面正方形配合物$[Ni(CN)_4]^{2-}$。

15. 已知 CO 和 CN^- 都是强配体，为什么配位数相同的$[Ni(CO)_4]$和$[Ni(CN)_4]^{2-}$的几何构型和中心的杂化方式不同？

16. 已知$[Co(NO_2)_6]^{4-}$磁矩为 1.8 B. M.，试讨论中心离子的杂化方式，预测其稳定性。

17. 用姜-泰勒效应讨论$[PtCl_4]^{2-}$的正方形结构和抗磁性。

18. 试解释：$[Co(en)_3]^{3+}$和$[Co(NO_2)_6]^{3-}$是反磁性的，溶液颜色为橙黄色；而$[CoF_6]^{3-}$是顺磁性的，且溶液颜色为蓝色。

19. 已知 Co^{3+} 的 $P=21000\ cm^{-1}$，Co^{3+} 与下列配体形成配离子的 Δ_o 为

	F^-	H_2O	NH_3
$\Delta_o/\ cm^{-1}$	13000	18600	23000

(1) 给出 Co^{3+} 与这些配离子形成的配位化合物中 d 电子的排布情况，并指出是高自旋还是低自旋；

(2) 计算这些配位化合物的 CFSE。

20. 请解释原因：

(1) $[CoCl_4]^{2-}$和$[NiCl_4]^{2-}$为四面体结构，而$[CuCl_4]^{2-}$和$[PtCl_4]^{2-}$却为正方形结构；

(2) $[Fe(CN)_6]^{3-}$比$[Fe(CN)_6]^{4-}$稳定，但与邻二氮菲(phen)生成的配合物却是$[Fe(phen)_3]^{3+}$不如$[Fe(phen)_3]^{2+}$稳定；

(3) $[Co(NH_3)_6]^{3+}$的稳定常数是$[Co(NH_3)_6]^{2+}$的 10^{30} 倍，而$[Fe(CN)_6]^{3-}$稳定常数仅是$[Fe(CN)_6]^{4-}$的 10^7 倍。

第10章 卤 素

10.1 卤素单质
- 物理性质
- 化学性质
- 制备

10.2 氢化物
- 性质
- 制备

10.3 卤化物、卤素互化物和拟卤素
- 金属卤化物
- 卤素互化物与多卤化物
- 拟卤素

10.4 卤素的含氧化合物
- 卤素的氧化物
- 次卤酸及其盐
- 亚卤酸及其盐
- 卤酸及其盐
- 高卤酸及其盐

卤素是指周期表中ⅦA族元素，包括氟(F)、氯(Cl)、溴(Br)、碘(I)和砹(At)5种元素，因它们均易形成盐，故称为卤素。卤素原子的价电子层结构是ns^2np^5，含有7个价电子，均易获得1个电子形成稀有气体的稳定结构，从而生成氧化数为−1的阴离子。5种元素中砹为放射性元素，在本章中不加以讨论。除了氟以外，其他卤素的价电子层都有空的d轨道可以参与成键。当与电负性较大的元素作用时，氯、溴、碘可以形成+1、+3、+5和+7的氧化态。

在自然界中，氟主要以萤石CaF_2、冰晶石Na_3AlF_6和氟磷灰石$Ca_5F(PO_4)_3$等矿物形式存在，在地壳中的质量分数约为$9.5\times10^{-2}\%$(列第13位)。氯在自然界中主要以NaCl形式存在于海洋、盐湖、盐井中，还以KCl和光卤石$KCl\cdot MgCl_2\cdot 6H_2O$等形式存在于矿物中。地壳中氯的质量分数约为$1.3\times10^{-2}\%$(列第20位)。溴主要存在于海水中。海水中碘的含量极少，又常以碘化物的形式被海藻类植物所吸收而富集；南美洲智利硝石中有少许的碘酸钠。

卤素是典型的非金属元素，氟、氯、溴、碘的单质都具有氧化性，其中氟是氧化性最强的单质。卤素的含氧酸稳定性都不高，而且具有氧化性。

卤素中，F、Cl、I三种元素为生命必需元素。Cl在人体内质量分数为$1.8\times10^{-1}\%$(体内宏量元素)，F和I在人体内质量分数分别为$3.7\times10^{-3}\%$和$1\times10^{-4}\%$(体内微量元素)。

Cl提供细胞外液阴离子以调节渗透压和电荷平衡，是胃液中HCl的阴离子；F为骨骼和牙齿的正常生长的必需元素；I为甲状腺素合成的必需元素。

10.1　卤素单质

  内 

1. 卤素单质均为双原子分子，熔、沸点随周期数的增大而依次升高，颜色逐渐加深。

2. F_2可与水剧烈反应生成氧气，其他卤素单质在水中的溶解度都不大。Br_2、I_2在有机溶剂中的溶解度较大。I_2能形成多碘化物KI_3，在KI溶液中有较大的溶解度。随着I_3^-浓度的增大，溶液颜色加深。

3. 卤素单质的氧化性从F_2到I_2依次减弱。氯、溴、碘与水主要发生歧化反应，歧化反应与介质的酸度相关。在碱性溶液中，歧化反应比较彻底。

4. 卤素单质均可采用氧化卤离子的方法来制备。

卤素单质均是重要的化工原料。F_2在核工业中用于制备UF_6以进行铀的分离提纯，Cl_2主要用于有机化合物的氯化，也是重要的漂白、消毒试剂。Br_2主要用作燃料添加剂和生产杀虫剂、阻燃剂、染料等。I_2用于制备合成橡胶的催化剂和颜料，且可作为药用和人工降雨。

10.1.1　物理性质

卤素单质均为非极性的双原子分子，从F_2到I_2随着原子序数的增大，原子半径依次增大，分子间作用力自上而下依次增强，故卤素单质的熔点、沸点依次升高。

在通常情况下，F_2为浅黄色气体，Cl_2为黄绿色气体，Br_2为红棕色液体，I_2为紫黑色晶体。卤素单质的颜色随着原子序数的增大而逐渐加深，这是因为随原子序数增大，最高占有轨道和最低空轨道之间的能级差逐渐变小，电子跃迁时吸收光的频率降低，物质显示吸收光的互补光的颜色从黄到紫逐渐加深。

单质 F_2 可与水发生剧烈反应，使水分解产生氧气。氯、溴、碘的单质在水中的溶解度都较小。1 体积 H_2O 可以溶解 2.3 体积 Cl_2；溴在水中的溶解度是卤素单质中最大的一种，100 g H_2O 可以溶解 3.58 g Br_2；而 I_2 在水中的溶解度是卤素中最小的，100 g H_2O 能溶解 0.029 g 的 I_2。Cl_2、Br_2 和 I_2 的水溶液分别称为氯水、溴水和碘水。

Br_2 和 I_2 在有机溶剂中的溶解度较大。例如，碘在 CCl_4 中的溶解度是在水中的 86 倍，在 CS_2 等有机溶剂中的溶解度更大。I_2 在 KI 溶液中溶解度较大，其原因是 I_2 与溶液中的 I^- 发生如下反应

$$I_2 + I^- = I_3^-$$

I_3^- 浓度较小时，溶液呈黄色，随着浓度的增大，溶液的颜色加深直至棕红色。

卤素单质均对健康有害，如空气中 Cl_2 的质量分数达到 1×10^{-3} 会使人迅速致死。

10.1.2 化学性质

1. 与水的作用

卤素单质都具有氧化性，相关电极反应和标准电极电势如下

$$F_2 + 2e^- = 2F^- \qquad E^\ominus = 2.87\ V$$
$$Cl_2 + 2e^- = 2Cl^- \qquad E^\ominus = 1.36\ V$$
$$Br_2 + 2e^- = 2Br^- \qquad E^\ominus = 1.07\ V$$
$$I_2 + 2e^- = 2I^- \qquad E^\ominus = 0.54\ V$$

氟单质是目前已知的最强的氧化剂。由标准电极电势可知，卤素单质的氧化能力

$$F_2 > Cl_2 > Br_2 > I_2$$

卤素溶于水后将发生两类反应，氧化水反应和自身歧化反应。与 O_2/H_2O 有关的电极电势

$$O_2 + 4H^+ + 4e^- = 2H_2O \qquad E^\ominus = 1.23\ V$$

中性条件下，电极电势为 0.815 V。可见，I_2 不能氧化水，Br_2 和 Cl_2 氧化水生成 O_2 的超电势大，反应速率极慢。反应

$$2X_2 + 2H_2O = 4HX + O_2$$

只对 F_2 有意义。F_2 氧化性极强，遇到水后发生剧烈的反应放出 O_2。

$$2F_2 + 2H_2O = 4HF + O_2$$

Br_2 和 Cl_2 在水中主要发生歧化反应

$$Cl_2 + H_2O = HCl + HClO$$

常温下，Cl_2 歧化生成氧化数分别为 +1、−1；而 Br_2 和 I_2 的歧化产物是氧化数分别为 +5、−1。

$$3Br_2 + 3H_2O = 5HBr + HBrO_3$$

卤素的歧化反应受温度和溶液的 pH 影响较大，升高温度 Cl_2 歧化生成 Cl^- 和 ClO_3^-。碱性条件下，歧化反应进行得比较彻底，而中性和酸性条件下则发生逆歧化反应。

2. 与金属的反应

F_2 由于反应活性极高，在任何温度下都可以与金属直接反应，生成高价的氟化物。但 F_2 与 Cu、Ni、Mg 反应时，由于生成致密的氟化物保护膜而阻止了反应的进行。故 F_2 可以用 Cu、Ni、Mg 及相应的合金制的容器来储存。

Cl_2 可以与多数金属直接反应，生成相应的氯化物，但反应活性不如 F_2。干燥的 Cl_2 不与

Fe反应，故干燥的Cl_2可以储存在铁质容器中。Br_2、I_2只能与活泼的金属作用，与不活泼的金属作用时需要加热。

3. 与非金属的反应

F_2可以与除O_2、N_2、He、Ne外的所有非金属直接反应，生成高价氟化物。Cl_2也可以与多数的非金属单质反应，但不如F_2剧烈。例如

$$2P(s)+3Cl_2(g)═══2PCl_3(l)$$

$$2P(s)+5Cl_2(g)(过量)═══2PCl_5(s)$$

$$2S(s)+Cl_2(g)═══S_2Cl_2(l)$$

Br_2、I_2与许多非金属单质可以反应，但活性不如F_2和Cl_2，且一般多形成低价的化合物。

$$2P+3Br_2═══2PBr_3 \quad (无色发烟液体)$$

$$2P+3I_2═══2PI_3 \quad (红色固体)$$

4. 与H_2的反应

低温黑暗的条件下，F_2可以与H_2发生爆炸性的反应。

$$F_2+H_2═══2HF$$

常温下，Cl_2与H_2反应缓慢，但在加热或光照的条件下，可以发生爆炸性的链反应。

$$Cl_2+H_2═══2HCl$$

Br_2、I_2与H_2的反应不彻底，需要在催化剂及加热的情况下才能发生反应，而生成的HBr、HI在高温下不稳定，又要分解为卤素单质和H_2。

$$Br_2(g)+H_2(g)\rightleftharpoons 2HBr(g)$$

$$I_2(g)+H_2(g)\rightleftharpoons 2HI(g)$$

10.1.3 制备

卤素在自然界中主要以X^-的形式存在，故卤素单质的制备都可以采用氧化卤离子的方法。

1. F_2的制备

氟的氧化性很强，一般不采用化学法氧化F^-来制取F_2，而是采用电解的方法制取F_2。一般采用电解HF和KF的混合物来制备单质氟。电解反应为

$$2KHF_2═══2KF+F_2+H_2$$

电解池的阳极得到F_2，阴极得到H_2。电解产生的两种气体要严格分开并及时导出，以防爆炸。电解过程中不断消耗HF，故须经常补充HF。电解得到的F_2压入镍制的特种钢瓶中储存。

1986年，化学家克里斯特(K. Christe)成功地以化学方法合成了单质氟。他以$KMnO_4$、HF、KF、H_2O_2、$SbCl_5$为原料，先制备K_2MnF_6和SbF_5。

$$2KMnO_4+2KF+10HF+3H_2O_2═══2K_2MnF_6+8H_2O+3O_2$$

$$SbCl_5+5HF═══SbF_5+5HCl$$

再用K_2MnF_6和SbF_5制备MnF_4。MnF_4不稳定，分解得到F_2。

$$K_2MnF_6+2SbF_5═══2KSbF_6+MnF_4$$

$$2MnF_4═══2MnF_3+F_2$$

在实验室中，常用加热分解含氟化合物来制取单质氟，如

$$BrF_5 \longrightarrow BrF_3 + F_2$$

这实际上是将储存的氟释放出来。

2. Cl_2 的制备

工业上制备 Cl_2 主要是电解饱和食盐水。

$$2NaCl + 2H_2O \xlongequal{电解} 2NaOH + Cl_2 + H_2$$

电解熔融氯化物制备活泼金属时，也可以得到纯度较高的氯气。例如，电解熔融 $MgCl_2$ 可以得到 Mg 和 Cl_2。

$$MgCl_2 \xlongequal{} Mg + Cl_2$$

实验室中常用二氧化锰与浓盐酸在加热条件下制备少量氯气。

$$MnO_2 + 4HCl(浓) \xlongequal{\triangle} MnCl_2 + Cl_2 + 2H_2O$$

最简便的方法是用高锰酸钾氧化浓盐酸。其优点是无需加热，缺点是反应不易控制和价格较高。

$$2KMnO_4 + 16HCl(浓) \xlongequal{} 2KCl + 2MnCl_2 + 5Cl_2 + 8H_2O$$

3. Br_2 的制备

在酸性条件下，用 Cl_2 氧化浓缩后的海水生成单质溴。

$$Cl_2 + 2Br^- \xlongequal{} Br_2 + 2Cl^-$$

利用空气将生成的 Br_2 吹出，并用 Na_2CO_3 溶液吸收。

$$3Br_2 + 3Na_2CO_3 \xlongequal{} 5NaBr + NaBrO_3 + 3CO_2$$

再将吸收液酸化则释放出溴单质。

$$5HBr + HBrO_3 \xlongequal{} 3Br_2 + 3H_2O$$

在实验室中，用氧化剂在酸性条件下氧化溴化物制备单质溴。

$$MnO_2 + 2NaBr + 3H_2SO_4 \xlongequal{} Br_2 + MnSO_4 + 2NaHSO_4 + 2H_2O$$

$$2NaBr + 3H_2SO_4(浓) \xlongequal{} Br_2 + 2NaHSO_4 + SO_2 + 2H_2O$$

4. I_2 的制备

海水中碘的含量少，但在海藻类植物中得到富集。在酸性条件下，用水浸取海藻灰溶出其中的 I^-，再氧化可制备单质碘。

$$2I^- + MnO_2 + 4H^+ \xlongequal{} I_2 + Mn^{2+} + 2H_2O$$

经过蒸发浓缩、过滤、升华和凝华等步骤，得到较纯净的单质碘。

浓缩的 $NaIO_3$ 溶液用 $NaHSO_3$ 还原，得到单质碘。

$$2IO_3^- + 5HSO_3^- \xlongequal{} I_2 + 3HSO_4^- + 2SO_4^{2-} + H_2O$$

实验室中制备少量单质碘的方法与制备单质溴相似。

$$2NaI + MnO_2 + 3H_2SO_4 \xlongequal{} I_2 + MnSO_4 + 2NaHSO_4 + 2H_2O$$

$$8NaI + 9H_2SO_4(浓) \xlongequal{} 4I_2 + 8NaHSO_4 + H_2S + 4H_2O$$

10.2 氢 化 物

1. 卤化氢均是具有强烈刺激性气味的无色气体，在水中的溶解度较大，生成氢卤酸。

2. 氢卤酸的酸性：HF≪HCl＜HBr＜HI；

热稳定性：HF＞HCl＞HBr＞HI；

还原性：HF＜HCl＜HBr＜HI。

3. 同族氢化物中 HF 的沸点最高；HF 为弱酸，浓溶液时酸性增强；HF 的盐多为难溶盐；HF 可以与 SiO_2 反应，腐蚀玻璃。

4. 浓硫酸与固体卤化物反应，可制取 HF 和 HCl；浓磷酸与固体卤化物反应可制备 HBr 和 HI。工业上采用 H_2 与 Cl_2 直接化合制备 HCl；实验室用卤化物水解法制备 HBr 和 HI。

10.2.1 性质

常温常压下，卤化氢均是具有强刺激性气味的无色气体。从 HCl 到 HBr 到 HI，随着相对分子质量的增大，分子体积增大，分子间的作用依次增强，HCl、HBr、HI 的熔、沸点依次升高。HF 沸点却是本族氢化物中最高的，原因是 HF 分子间可以形成较强的分子间氢键。

HF 分子间的氢键作用最强，但它的沸点却低于 H_2O。这主要是由于气态的 HF 主要以 $(HF)_2$ 及 $(HF)_3$ 的缔合形式存在。而 H_2O 分子间的氢键强度虽然比 HF 分子间弱，但 H_2O 分子间氢键数是 HF 分子的 2 倍。此外，H_2O 气体是以单分子形式存在，故 H_2O 气化时要断开所有的氢键，而 HF 气化时只需断开部分氢键。

卤化氢在水中的溶解度都较大，溶于水后生成相应的氢卤酸。其中，HF 与 H_2O 可以形成分子间氢键并与 H_2O 任意比例互溶。

HF 能灼伤皮肤，引起难以忍受的伤痛，故使用 HF 溶液时应戴胶手套。

1. 恒沸现象

常压下蒸馏氢卤酸，溶液的沸点随着溶液组成的变化而不断地发生改变。至某一时刻，溶液的组成和沸点都不再变化，这种现象称为溶液的恒沸现象。此时的溶液称为恒沸溶液，溶液的沸点称为恒沸点。

达到恒沸点时，氢卤酸溶液和蒸出的气相组成相同。因此，溶液的组成将不再发生变化。溶液的沸点也不再发生变化。

常压下，HCl 溶液恒沸点为 110℃，HF 溶液恒沸点为 120℃。恒沸现象很普遍，许多有机化合物的混合物都可以形成恒沸溶液。

2. 酸性

卤化氢溶于水后得到氢卤酸，HF 为弱酸，其他氢卤酸均为强酸，酸性强弱的次序为

$$HF \ll HCl < HBr < HI$$

$$HF(aq) \rightleftharpoons H^+(aq) + F^-(aq) \qquad K_a^\ominus(1) = 6.3 \times 10^{-4}$$

HF 分子的极性很强，化学键的离子性约占 50%，但其在水中的解离度却很小。原因是形

成较强的氢键，在溶液中存在着大量的 $H_3O^+ \cdots F^-$ 离子对，这种离子对的存在使得溶液中 H^+ 的浓度下降，故 HF 溶液的酸性较弱。

研究表明，当 HF 溶液浓度增大时，其酸性增强。原因是体系中除了 HF 的解离平衡外，还存在着这样一个平衡

$$HF(aq) + F^-(aq) \rightleftharpoons HF_2^-(aq) \qquad K_a^{\ominus}(2) = 5.2$$

这个平衡的存在降低了体系中 F^- 的浓度，有利于 HF 解离平衡的进行，故当 HF 的浓度增大时体系中的 HF_2^- 浓度增大，HF 的解离度增大，体系的酸性增强。

HF_2^- 也可以写成$[F\cdots HF]^-$的表示形式，而氟化氢在性质上的反常现象都与它存在着较强的分子间氢键有关。

HF 另外一个特殊性是它能够与 SiO_2 或硅酸盐反应

$$SiO_2 + 4HF = SiF_4\uparrow + 2H_2O$$

$$SiF_4 + 2HF = H_2SiF_4$$

$$Na_2SiO_3 + 6HF = Na_2SiF_6 + 3H_2O$$

因此，氢氟酸可以腐蚀玻璃。

3. 还原性

由电对 X_2/X^- 电极电势可知，卤化氢的还原性顺序为

$$HF < HCl < HBr < HI$$

由于 F_2 为最强的氧化剂，故 F^- 几乎不具有还原性。HI 或 KI 溶液可以被空气中的氧气氧化，形成碘单质。

$$4HI(aq) + O_2 = 2I_2 + 2H_2O$$

HBr 和 HCl 水溶液不被空气中的氧气氧化。KBr、KI 可以将浓硫酸分别还原为 SO_2 和 H_2S，NaCl 不能被浓硫酸氧化，只能发生简单的置换反应。

$$2KBr + 3H_2SO_4(浓) = SO_2 + Br_2 + 2KHSO_4 + 2H_2O$$

$$8KI + 9H_2SO_4(浓) = H_2S + 4I_2 + 8KHSO_4 + 4H_2O$$

$$NaCl + H_2SO_4(浓) = NaHSO_4 + HCl$$

4. 热稳定性

卤化氢的热稳定性与其还原性相关，还原性越强则其热稳定性越差。HI 在 300 ℃时已经明显地发生分解，而 HF 在 1000 ℃时仍能够稳定存在。

卤化氢生成热的大小也能够说明它们的热稳定性

	HF	HCl	HBr	HI
$\Delta_f H_m^{\ominus}/(kJ \cdot mol^{-1})$	−273.3	−92.3	−36.3	+26.5

生成反应放热越多，化合物越稳定。故卤化氢的热稳定性顺序为

$$HF > HCl > HBr > HI$$

10.2.2　制备

一般以卤化物或卤素为原料制备卤化氢，可以采取以下几种方法。

1. 卤化物与难挥发浓酸反应

浓硫酸与固体卤化物直接反应，可用来制取 HF 和 HCl。

$$CaF_2(s)+H_2SO_4(浓) = CaSO_4+2HF$$
$$NaCl(s)+H_2SO_4(浓) = NaHSO_4+HCl$$

利用浓硫酸的重要原因是硫酸难挥发，生成的卤化氢气体产物比较纯净；卤化氢易溶于水，而浓硫酸含水量低，生成的氢卤酸尽可能挥发出来。

浓硫酸具有氧化性，不能用来制备具有还原性的 HBr 和 HI，可用无氧化性的浓磷酸代替浓硫酸制备 HBr 和 HI。

$$KBr(s)+H_3PO_4(浓) = HBr+KH_2PO_4$$
$$KI(s)+H_3PO_4(浓) = HI+KH_2PO_4$$

2. 卤素与氢直接化合

工业上采用 Cl_2 和 H_2 直接化合制备 HCl。具体操作是让 H_2 在 Cl_2 中燃烧，用水吸收生成的 HCl 得到盐酸。

$$H_2+Cl_2 = 2HCl$$

F_2 和 H_2 直接反应虽然十分完全，但反应过于剧烈，不易控制，故不采用直接法制备 HF。而 Br_2 或 I_2 与 H_2 反应缓慢，而且反应不完全，因此也不能用此方法来制备 HBr 和 HI。

3. 卤化物水解

实验室常用卤化物水解法制备 HBr 和 HI。PBr_3 和 PI_3 强烈水解生成亚磷酸和相应的卤化氢。实验室有时采用现制备的 PX_3 水解的方法。具体的操作是把溴水滴加到磷与少许水的混合物上制备 HBr，将水滴加到磷与碘的混合物上制备 HI。

$$2P+3X_2 = 2PX_3$$
$$PX_3+3H_2O = H_3PO_3+3HX$$

总反应为

$$2P+3X_2+6H_2O = 2H_3PO_3+6HX$$

10.3 卤化物、卤素互化物和拟卤素

1. 金属卤化物是指金属与卤素所形成的二元化合物。重金属的卤化物溶解度一般都较小，卤离子与某些金属离子可形成配位化合物。

2. 卤素互化物是指由两种或两种以上卤素形成的化合物。卤素互化物不稳定，易水解。

3. 多卤阴离子与半径较大的碱金属阳离子结合，可形成多卤化物。多卤化物不稳定，受热分解。

4. 拟卤素主要包括氰 $(CN)_2$、硫氰 $(SCN)_2$、氧氰 $(OCN)_2$ 等。拟卤素氢化物的水溶液呈酸性。拟卤素的难溶盐与重金属卤化物相似，拟卤离子易形成配位化合物。

10.3.1 金属卤化物

卤化物分为金属卤化物和非金属卤化物。非金属卤化物一般为共价化合物，熔点较低，如 PF_5、CCl_4 等。

金属卤化物是指金属与卤素所形成的二元化合物。由于F_2的氧化能力最强，金属形成氟化物时往往表现最高价，如SbF_5、TeF_6、OsF_8。而I_2氧化能力弱得多，形成的金属碘化物时往往表现较低的氧化态，如CuI、Hg_2I_2等。

金属卤化物中化学键的类型，主要与金属离子极化能力和卤离子的变形性相关。F^-变形性小，多数金属氟化物为离子化合物；碱金属离子极化能力弱，其卤化物多为离子化合物。Cl^-和Br^-与高价态金属离子形成的化合物往往是共价化合物，如$PbCl_4$、$SnCl_4$、$TiCl_4$等；与极化能力不强的低价态金属离子形成的化合物往往是离子化合物，如$FeCl_2$、$SnCl_2$、$NiCl_2$等。I^-半径较大，与极化能力强的金属之间有明显的相互极化作用，更易形成共价化合物，如HgI_2、AgI、PbI_2等。

碘化物(KI、NaI)可用于治疗、预防甲状腺肿大。

1. 金属卤化物的生成

1) 与卤化氢作用

卤化氢或氢卤酸与一些金属、金属氧化物、碱、盐等作用可制备金属卤化物，如

$$Fe + 2HCl = FeCl_2 + H_2$$

$$CoO + 2HCl = CoCl_2 + H_2O$$

$$CaCO_3 + 2HCl = CaCl_2 + CO_2 + H_2O$$

$$KOH + HCl = KCl + H_2O$$

2) 金属与卤素直接化合

一些高价的金属的卤化物，由于阳离子极化作用较强，极易发生水解反应，不能从溶液中获得无水的金属卤化物。一般要在高温干燥的条件下采用金属与卤素单质直接化合的方法制取无水的金属卤化物。例如

$$Sn + 2Cl_2 = SnCl_4$$

$$2Al + 3Cl_2 = 2AlCl_3$$

3) 氧化物的卤化

金属氧化物与卤素单质反应可以制取金属卤化物，但有些金属氧化物的生成自由能$\Delta_f G_m^\ominus$比其相应的卤化物要小，反应在热力学上是不利的。例如

$$TiO_2 + 2Cl_2 = TiCl_4 + O_2 \qquad \Delta_r G_m^\ominus = 161.9\ kJ \cdot mol^{-1}$$

要想完成上述反应，可以采用热力学偶合的办法。碳燃烧放出大量的热

$$C + O_2 = CO_2 \qquad \Delta_r G_m^\ominus = -394.4\ kJ \cdot mol^{-1}$$

将2个反应耦合(相加)，使其能够自发进行

$$TiO_2 + C + 2Cl_2 = TiCl_4 + CO_2 \qquad \Delta_r G_m^\ominus = -232.5\ kJ \cdot mol^{-1}$$

4) 卤化物的转化

一些可溶性的金属卤化物可以转变成难溶的金属卤化物。例如

$$AgNO_3 + KBr = AgBr + KNO_3$$

$$Hg(NO_3)_2 + 2KI = HgI_2 + 2KNO_3$$

2. 难溶金属卤化物

重要的难溶金属卤化物有

氟化物：LiF，MgF_2，CaF_2，BaF_2，AlF_3，PbF_2，ZnF_2；

氯化物：$CuCl$，$AgCl$，Hg_2Cl_2，$PbCl_2$，$TlCl$；

溴化物：$CuBr$，$AgBr$（淡黄），Hg_2Br_2，$PbBr_2$，$TlBr$；

碘化物：CuI，AgI（黄），Hg_2I_2（黄），HgI_2（红），PbI_2（黄）。

铅的卤化物 $PbCl_2$、$PbBr_2$ 和 PbI_2 溶解度不是很小，能够溶于热水。故不能用生成卤化铅沉淀来分离 Pb^{2+}。

由于 F^- 的半径很小，LiF、碱土金属氟化物（除 BeF_2 外）、二价和高价金属氟化物的晶格能很高，难溶于水。F^- 变形性小，与软酸 Hg（Ⅰ）和 Ag（Ⅰ）形成的氟化物易溶于水。

3. 配位化合物

卤离子能够与许多金属离子形成配离子，如

$$Fe^{3+} + 6F^- \xlongequal{} [FeF_6]^{3-}$$

$$Hg^{2+} + 4I^- \xlongequal{} [HgI_4]^{2-}$$

$$Cu^{2+} + 4Cl^- \xlongequal{} [CuCl_4]^{2-}$$

F^- 与高价态金属离子易形成配位化合物，如 $[AlF_6]^{3-}$、$[FeF_6]^{3-}$ 等。Cl^- 也能与某些高价态金属离子形成稳定的配位化合物，如 $[AuCl_4]^-$、$[PtCl_6]^{2-}$ 等。I^- 与变形性大的 Hg^{2+} 形成稳定的配合物 $[HgI_4]^{2-}$。

向 $Hg(NO_3)_2$ 溶液中滴加 KI 溶液，首先可以看到红色的 HgI_2 沉淀形成

$$Hg^{2+} + 2I^- \xlongequal{} HgI_2\downarrow（红色）$$

继续加入 KI 溶液至过量时，红色 HgI_2 沉淀逐渐消失，得到无色溶液。

$$HgI_2 + 2I^- \xlongequal{} [HgI_4]^{2-}（无色）$$

除 HgI_2 外，其他一些卤化物的难溶盐与卤离子也可以形成配离子而溶解，如 $[PbCl_4]^{2-}$、$[CuCl_2]^-$ 等。

10.3.2　卤素互化物与多卤化物

1. 卤素互化物

卤素互化物是指由两种或两种以上卤素形成的化合物，如 IF_5、ICl_3。多数卤素互化物是由 2 种卤素形成的，3 种卤素原子形成的卤素互化物较少。

在卤素互化物中，中心原子是电负性较小而半径较大的卤素，如 I、Br；配位原子是电负性较大而半径较小的卤素，如 Cl、F。卤素互化物中配位原子的个数通常为奇数，如 IF_7、BrF_5、ClF_5、IBr_3 等。

卤素互化物的摩尔质量越大，其熔沸点越高。ClF 为无色气体，BrF 为红棕色气体，ICl 为棕色固体，IBr 为黑色固体；ClF_3 为无色气体，BrF_3 为绿色液体，IF_3 为黄色固体。

卤素互化物一般由卤素单质直接化合得到。例如

$$F_2 + Cl_2 \xlongequal{} 2ClF$$

$$Br_2 + F_2 \xlongequal{} 2BrF_3$$

$$I_2 + F_2 \xlongequal{} 2IF$$

卤素互化物在水中易水解，生成两种酸，氧化数高的中心与 H_2O 中的—OH 结合生成含氧酸，氧化数低的卤素配体与 H_2O 中的 H 结合生成氢卤酸。

$$ICl + H_2O \xlongequal{} HIO + HCl$$

$$BrF_5 + 3H_2O \xlongequal{} HBrO_3 + 5HF$$

2. 多卤化物

一些半径较大的碱金属卤化物与卤素单质结合，可形成多卤化物，如单质碘溶解于 KI 溶液中形成 KI_3。

$$I_2 + I^- \xlongequal{} I_3^-$$

由于 I_3^- 的形成，I_2 在水中的溶解度增大；随着溶液中 I_3^- 浓度的增加，溶液的颜色由黄色逐渐加深，直至棕红色。

多卤化物也可以用金属卤化物与卤素互化物反应得到。例如

$$CsBr + IBr \xlongequal{} CsIBr_2$$

多卤化物不稳定，受热分解

$$CsBr_3 \xlongequal{\triangle} CsBr + Br_2$$

$$CsICl_2 \xlongequal{\triangle} CsCl + ICl$$

分解产物倾向于得到由电负性较大的卤素形成的金属卤化物，该金属卤化物的晶格能大，稳定性高。不难看出，由于氟化物的晶格能特别大，含氟的多卤化物易发生分解，因此很难生成含氟的多卤化物。

中心原子半径大、对称性高的多卤阴离子趋于稳定，故稳定性有

$$I_3^- > IBr_2^- > ICl_2^- > I_2Br^- > Br_3^- > BrCl_2^- > Br_2Cl^-$$

10.3.3 拟卤素

某些由两个或多个非金属元素原子形成的－1 价的离子，在形成化合物时表现出与卤素离子相似的性质；当它们以和卤素单质相同的形式组成中性分子时，其性质也和卤素单质相似，故称这些中性分子为拟卤素，其－1 价的离子为拟卤离子。拟卤素主要包括氰 $(CN)_2$、硫氰 $(SCN)_2$、氧氰 $(OCN)_2$ 等。

1. 拟卤素的制备

$(CN)_2$ 的制备一般采用加热分解氰化物的方法，如

$$2AgCN \xlongequal{\triangle} 2Ag + (CN)_2$$

利用卤素单质氧化 SCN^- 可以制备 $(SCN)_2$，如

$$2AgSCN + Br_2 \xlongequal{} 2AgBr + (SCN)_2$$

电解氰酸钾 KOCN 溶液可以得到 $(OCN)_2$。

$$2OCN^- + 2H_2O \xlongequal{} (OCN)_2 + H_2 + 2OH^-$$

2. 拟卤素的性质

$(CN)_2$ 为有苦杏仁气味的无色气体，有剧毒。$(SCN)_2$ 为黄色油状液体，不稳定，易聚合生成砖红色难溶性固体。

1) 氢化物的酸性

拟卤素氢化物的水溶液呈酸性。HSCN 为强酸，HOCN 为弱酸，HCN 酸性极弱。

$$HSCN \rightleftharpoons H^+ + SCN^- \qquad K_a^\ominus = 63$$

$$HOCN \rightleftharpoons H^+ + OCN^- \qquad K_a^\ominus = 3.5 \times 10^{-4}$$

$$HCN \rightleftharpoons H^+ + CN^- \qquad K_a^\ominus = 6.2 \times 10^{-10}$$

2）歧化反应

与卤素相似，拟卤素与水作用发生歧化反应，碱性条件有利于歧化反应进行。

$$(CN)_2 + H_2O \longrightarrow HCN + HOCN$$

$$(CN)_2 + 2OH^- \longrightarrow CN^- + OCN^- + H_2O$$

3）难溶盐与配位化合物

拟卤素与 Ag^+、Hg^+ 和 Pb^{2+} 等形成的拟卤化物为难溶盐，如 AgCN、AgSCN、$Hg_2(CN)_2$、$Pb(CN)_2$、$Pb(SCN)_2$、$Hg(SCN)_2$。

其中，过渡金属难溶盐在 KCN 或 NaSCN 溶液中易形成稳定的配位化合物，如

$$AgCN + CN^- \longrightarrow [Ag(CN)_2]^-$$

$$AgI + 2CN^- \longrightarrow [Ag(CN)_2]^- + I^-$$

$$Hg(SCN)_2 + 2SCN^- \longrightarrow [Hg(SCN)_4]^{2-}$$

CN^- 是强配体，与多数过渡金属离子形成稳定的配合物，如 $[Cu(CN)_2]^-$、$[Au(CN)_2]^-$、$[Zn(CN)_4]^{2-}$、$[Fe(CN)_6]^{4-}$ 等。

SCN^- 与很多金属离子形成配合物，如 $Co[Hg(SCN)_4]$（蓝色，微溶）、$Zn[Hg(SCN)_4]$（白色，微溶）、$[Fe(SCN)_n]^{3-n}$（红色）、$[Co(SCN)_4]^{2-}$（蓝色）。

4）氧化还原性

卤素和拟卤素的有关电极反应和标准电极电势如下

$$(CN)_2 + 2H^+ + 2e^- \longrightarrow 2HCN \qquad E^\ominus = 0.37\ V$$

$$I_2 + 2e^- \longrightarrow 2I^- \qquad E^\ominus = 0.54\ V$$

$$(SCN)_2 + 2e^- \longrightarrow 2SCN^- \qquad E^\ominus = 0.77\ V$$

$$Br_2 + 2e^- \longrightarrow 2Br^- \qquad E^\ominus = 1.07\ V$$

$$Cl_2 + 2e^- \longrightarrow 2Cl^- \qquad E^\ominus = 1.36\ V$$

由电极电势数据可知，Cl_2、Br_2 可以氧化 SCN^- 和 CN^-；$(SCN)_2$ 可以氧化 I^- 和 CN^-；I_2 可以氧化 CN^-。例如，以 Br_2 为氧化剂氧化 $Pb(SCN)_2$ 可制备 $(SCN)_2$。

$$Pb(SCN)_2 + Br_2 \longrightarrow PbBr_2 + (SCN)_2$$

$$I_2 + 2CN^- \longrightarrow (CN)_2 + 2I^-$$

10.4 卤素的含氧化合物

核   

1. 卤素的氧化物都具有较强的氧化性，大多数不稳定，受热、振动或遇到还原剂易发生爆炸。I_2O_5 是最稳定的卤素氧化物。

2. Cl、Br、I 都可以形成氧化数为＋1、＋3、＋5、＋7 的含氧酸。它们空间结构分别为：HXO V 字形，HXO_2 V 字形，HXO_3 三角锥形，HXO_4 四面体，H_5IO_6 八面体。

3. 含氧酸中卤素的氧化数相同时，卤素电负性越大，酸性越强；含氧酸中卤素的氧化数越高，酸性越强。

$$HClO < HClO_2 < HClO_3 < HClO_4$$

4. 卤素含氧酸的热稳定性较差，稳定性差的含氧酸氧化性一般较强，如氧化性

$$HClO > HClO_3 > HClO_4$$

10.4.1　卤素的氧化物

卤素的氧化物种类繁多，性质差异较大。氟的电负性比氧大，与氧形成的 OF_2 中氟的氧化数为－1，而与其他卤素的氧化物有所不同。

1. 卤素氧化物的制备

OF_2 可以利用单质 F_2 与 2%的 NaOH 水溶液反应来制取。

$$2F_2 + 2NaOH = OF_2\uparrow + 2NaF + H_2O$$

O_2 与 F_2 的混合物在低压放电的条件下反应可以生成 O_2F_2。

$$O_2 + F_2 = O_2F_2$$

Cl_2O 是次氯酸的酸酐，向新制出的氧化汞表面通 Cl_2 可以制备 Cl_2O。

$$2Cl_2 + 2HgO = HgCl_2 \cdot HgO + Cl_2O$$

HgO 的作用是除去 Cl^-。

大量制取 Cl_2O 的方法是将 Cl_2 和湿润的 Na_2CO_3 反应。

$$2Cl_2 + 2Na_2CO_3 + H_2O = Cl_2O + 2NaHCO_3 + 2NaCl$$

实验室中利用草酸还原 $KClO_3$ 得到 ClO_2。

$$2ClO_3^- + C_2O_4^{2-} + 4H^+ = 2ClO_2\uparrow + 2CO_2\uparrow + 2H_2O$$

在低温下用脱水剂小心地使 $HClO_4$ 脱水后，在更低的温度下减压蒸馏可制得 Cl_2O_7。

$$2HClO_4 = Cl_2O_7 + H_2O$$

由 HIO_3 干燥脱水可制备 I_2O_5，这是最稳定的卤素氧化物。

$$2HIO_3 = I_2O_5 + H_2O$$

2. 卤素氧化物的性质

卤素的氧化物都具有较强的氧化性，大多数不稳定，受热、震动或遇到还原剂易发生爆炸。

OF_2 的氧化性比单质 F_2 弱，但仍可与许多金属、非金属单质反应生成氟化物和氟氧化物。O_2F_2 极不稳定，173 K 时就迅速分解为 O_2 和 F_2。

Cl_2O 为黄棕色气体，溶于水生成次氯酸。

$$Cl_2O + H_2O = 2\ HClO$$

Cl_2O 不稳定，低温下可与许多单质和化合物反应。

$$Cl_2O + 3\ F_2 = OClF_3 + ClF_3$$

$$Cl_2O + N_2O_5 = 2ClONO_2$$

ClO_2 为黄色气体，具有顺磁性；不稳定，浓度大时易爆炸；在碱中发生歧化反应：

$$2ClO_2 + 2NaOH = NaClO_3 + NaClO_2 + H_2O$$

ClO_2 常用于漂白纸浆和水处理。

Cl_2O_7 为无色液体，是高氯酸的酸酐，不稳定，受热发生爆炸分解，生成 ClO_3 和 ClO_4。

$$Cl_2O_7 = ClO_3 + ClO_4$$

I_2O_5 为白色固体，最典型的反应是可将空气中的一氧化碳完全氧化成二氧化碳。

$$I_2O_5 + 5CO = I_2 + 5CO_2$$

此反应可用来检测体系中 CO 的含量。

10.4.2 次卤酸及其盐

次卤酸 HXO,分子的中心原子是 O 而不是卤素 X,HXO 为 V 字形结构。

1. 制备

次卤酸主要通过卤素的歧化反应来制备。反应过程中加入 HgO 除去歧化反应的另一个产物卤化氢,以利于次卤酸的生成和纯化。

$$2HgO + 2Cl_2 + H_2O = HgO \cdot HgCl_2 + 2HClO$$

向 $CaCO_3$ 饱和溶液中通入 Cl_2,也可以得到较高浓度的 HClO。

$$CaCO_3 + 2Cl_2 + H_2O = CaCl_2 + CO_2 + 2HClO$$

工业上采用电解冷的稀 NaCl 溶液的方法制备次氯酸钠,即电解生成的 Cl_2 和 NaOH 直接在溶液中发生歧化反应。

在低温下将 F_2 通过冰的表面,可得到微量的次氟酸 HOF,除去 HF 和 H_2O 后在−183℃可得纯的 HOF。HOF 为白色固体,极不稳定,常温常压下发生分解。

$$2HOF(g) = 2HF(g) + O_2(g)$$

2. 性质

HClO、HBrO、HIO 均为弱酸,且酸性依次减弱。

	HClO	HBrO	HIO
$K_a^{\ominus}$	4.0×10^{-8}	2.8×0^{-9}	3.2×10^{-11}

HClO、HBrO、HIO 均不稳定,仅存在于水溶液中。从 HClO 到 HIO 稳定性依次减弱。

在碱性条件下,HXO 发生歧化分解反应,即

$$3XO^- = 2X^- + XO_3^-$$

分解反应的速率与反应温度有关。在室温时 ClO^- 的歧化很慢;BrO^- 在低于 0 ℃时相对稳定,室温时则迅速歧化;而 IO^- 在 0 ℃时即迅速歧化分解。

光照也会促进 HXO 的分解,分解方式如下:

$$2HClO \xlongequal{h\nu} 2HCl + O_2$$

在脱水剂的作用下,HClO 脱水分解得到酸酐 Cl_2O。

$$2HClO = Cl_2O + H_2O$$

HXO 都具有较强的氧化性,酸性介质中氧化性更强。其氧化性按 HClO、HBrO、HIO 顺序依次降低。

$$HClO + HCl = Cl_2 + H_2O$$

$$3HClO + S + H_2O = H_2SO_4 + 3HCl$$

HClO 过量时,还原产物会有 Cl_2 生成。

$$6HClO + S = H_2SO_4 + 3Cl_2 + 2H_2O$$

次卤酸盐的稳定性比次卤酸高,次卤酸盐也有一定的氧化性。次卤酸盐中最常见的是次氯酸盐。次氯酸钙是漂白粉的主要成分,将 Cl_2 通入 $Ca(OH)_2$ 溶液即得到次氯酸钙。

$$2Cl_2 + 2Ca(OH)_2 = Ca(ClO)_2 + CaCl_2 + 2H_2O$$

漂白粉的主要成分是 $Ca(ClO)_2$、$CaCl_2$、$Ca(OH)_2$,其具有漂白作用是由于产生的次氯酸

有氧化性。$Ca(ClO)_2$ 和 $CaCl_2$ 的混合溶液为漂白液。Cl_2 具有漂白性也是由于与 H_2O 作用可生成次氯酸。漂白粉在空气中长期放置时会失去漂白作用，是因为空气中的 CO_2 和 H_2O 等与漂白粉作用生成 HClO，HClO 易分解且与 $CaCl_2$ 反应放出 Cl_2 使漂白粉失去了氧化性。

$$4HClO + CaCl_2 \longrightarrow 2Cl_2 + Ca(ClO)_2 + 2H_2O$$

$$2HClO \longrightarrow O_2 + 2HCl$$

10.4.3 亚卤酸及其盐

亚卤酸 HXO_2，卤素作为中心原子采取 sp^3 杂化，分子构型为 V 字形。

1. 制备

$HClO_2$ 可以利用亚卤酸盐与酸反应来制备。

$$Ba(ClO_2)_2 + H_2SO_4 \longrightarrow 2HClO_2 + BaSO_4$$

利用 ClO_2 与过氧化物反应也可以制得亚氯酸盐

$$2ClO_2 + BaO_2 \longrightarrow Ba(ClO_2)_2 + O_2$$

2. 性质

在亚卤酸中，只有亚氯酸 $HClO_2$ 能够以稀溶液的形式存在，但也极不稳定，很快分解生成 ClO_2，使溶液变黄。

$$8HClO_2 \longrightarrow 6ClO_2 + Cl_2 + 4H_2O$$

亚氯酸盐虽然比亚氯酸稳定，但受热或碰撞时易发生歧化反应。

$$3NaClO_2 \longrightarrow 2NaClO_3 + NaCl$$

亚氯酸盐的水溶液具有较强的氧化性，主要用途是漂白织物。

10.4.4 卤酸及其盐

卤酸 HXO_3，卤素作为中心原子采取 sp^3 杂化，分子构型为三角锥形。

1. 制备

卤素单质在碱性水溶液中歧化可以制备卤酸盐。

$$3X_2 + 6OH^- \longrightarrow 5X^- + XO_3^- + 3H_2O$$

此方法的缺点是反应物的利用率过低。

利用强氧化剂氧化单质可以制备溴酸盐和碘酸盐。

$$Br_2 + 3Cl_2 + 6OH^- \longrightarrow BrO_3^- + 6Cl^- + 3H_2O$$

$$I_2 + 10HNO_3(\text{浓}) \longrightarrow 2HIO_3 + 10NO_2 + 4H_2O$$

实验室中采用卤酸盐和硫酸作用制备卤酸的水溶液，反应中硫酸的浓度不宜太高，否则产物 HXO_3 浓度过大易发生爆炸性分解。

$$Ba(XO_3)_2 + H_2SO_4 \longrightarrow 2HXO_3 + BaSO_4$$

2. 性质

卤酸均为强酸，酸性按 $HClO_3$、$HBrO_3$、HIO_3 顺序依次减弱。

卤酸的稳定性高于次卤酸，其中 HIO_3 稳定性最高，以固体的形式存在。而 $HClO_3$ 和

$HBrO_3$ 仅存在于水溶液中,溶液浓度过高时则爆炸分解。

$$8HClO_3 = 4HClO_4 + 2Cl_2 + 3O_2 + 2H_2O$$

$$4HBrO_3 = 2Br_2 + 5O_2 + 2H_2O$$

卤酸盐的热稳定性高于相应的酸,但受热时也要发生分解。常见的卤酸盐有 $KClO_3$、$NaIO_3$ 等。

$$4KClO_3 = 3KClO_4 + KCl$$

在催化剂的作用下,加热分解 $KClO_3$ 生成 KCl 和 O_2。

$$2KClO_3 = 2KCl + 3O_2$$

含氧酸及其盐的热稳定性可以用离子极化理论解释。由于 H^+ 的极化能力极强,故含氧酸比其盐的热稳定性低。同一卤素的含氧酸或其盐,卤素的氧化数高的稳定性高,因为卤素的氧化数高,抵抗阳离子极化的能力强。阳离子的极化能力越强,含氧酸盐越不稳定。

卤酸及其盐都具有较强的氧化性。

$$5HClO_3 + 6P + 9H_2O = 6H_3PO_4 + 5HCl$$

$$HClO_3 + S + H_2O = H_2SO_4 + HCl$$

$$5HClO_3 + 3I_2 + 3H_2O = 6HIO_3 + 5HCl$$

若 $HClO_3$ 过量则产物中有 Cl_2 生成。

$KClO_3$ 固体与浓盐酸混合,有特征黄色的 ClO_2 生成。

$$8KClO_3 + 24HCl(浓) = 9Cl_2 + 8KCl + 6ClO_2 + 12H_2O$$

三种卤酸中氧化性最强的是 $HBrO_3$,最弱的是 HIO_3。卤素含氧酸的氧化性与稳定性有关,稳定性差的含氧酸的氧化性一般较强,如氧化性顺序:

$$HClO > HClO_3 > HClO_4$$

在碱性条件下,KClO 能将 KI 氧化,而 $KClO_3$ 在酸性条件下方能将 KI 氧化。

10.4.5　高卤酸及其盐

高卤酸 HXO_4,卤素作为中心原子采取 sp^3 杂化,分子构型为四面体。其中高碘酸的形式比较特殊,其化学式为 H_5IO_6,分子构型为八面体,因为碘的半径大则周围可容纳更多配体。HIO_4 称为偏高碘酸。

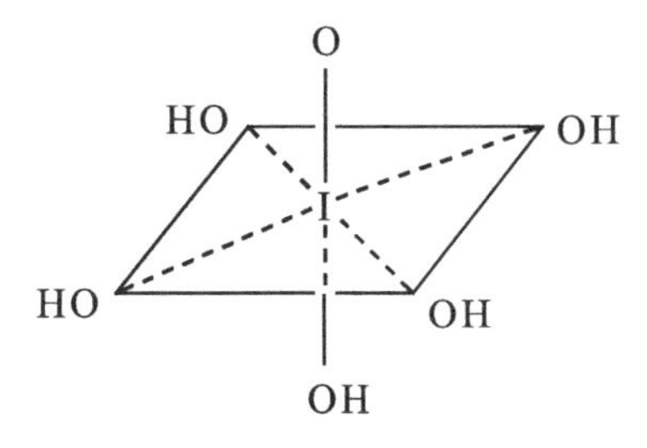

1. 制备

高氯酸钾和浓 H_2SO_4 反应,可以制备高氯酸,减压蒸馏可得到浓度较高的 $HClO_4$ 溶液。

$$KClO_4 + H_2SO_4(浓) = KHSO_4 + HClO_4$$

工业上采用电解氧化 $NaClO_3$ 溶液制备高氯酸盐。

$$NaClO_3 + H_2O \xlongequal{电解} NaClO_4 + H_2$$

利用强氧化剂氧化碘酸盐的碱性溶液可以得到高碘酸盐。

$$Cl_2 + IO_3^- + 3OH^- \longrightarrow H_3IO_6^{2-} + 2Cl^-$$

实验室中，可用高碘酸钡与硫酸反应，制备高碘酸。

$$Ba_5(IO_6)_2 + 5H_2SO_4 \longrightarrow 2H_5IO_6 + 5BaSO_4$$

2. 性质

高卤酸的酸性按 $HClO_4$，$HBrO_4$，H_5IO_6 顺序依次减弱。$HClO_4$ 是无机酸中的最强酸，$HBrO_4$ 也是强酸，而 H_5IO_6 为中强酸。

在卤素的含氧酸中卤素的氧化数相同时，卤素电负性越大，酸性越强。

$$HClO_4 > HBrO_4 > H_5IO_6$$

含氧酸中卤素的氧化数越高，酸性越强。

$$HClO < HClO_2 < HClO_3 < HClO_4$$

含氧酸在水中的强弱，主要取决于中心原子 X 吸引电子的能力。若 X 的氧化数高，半径小，电负性大，它将使与之相连的氧原子的电子密度降低，于是 O—H 键电子对明显偏向于 O 原子；O 吸引电子能力强，O—H 基团易释放出 H^+ 而表现出较强的酸性。

$HClO_4$ 的稀溶液比较稳定，而浓的 $HClO_4$ 由于多以分子状态存在，H^+ 的反极化作用使得浓的 $HClO_4$ 不稳定，极易爆炸分解。

$$4HClO_4(\text{浓}) \longrightarrow 2Cl_2 + 7O_2 + 2H_2O$$

浓 $HClO_4$ 表现出较强的氧化性，而稀的 $HClO_4$ 则无氧化性，不能将 Zn 等活泼金属氧化。

$$Zn + 2HClO_4 \longrightarrow Zn(ClO_4)_2 + H_2$$

这是因为稀 $HClO_4$ 完全解离，对称性高的正四面体 ClO_4^- 比较稳定，氧化能力弱。

高卤酸中高溴酸的氧化性最强，氧化性顺序为

$$HBrO_4 > H_5IO_6 > HClO_4$$

酸性条件下 H_5IO_6 可以将 Mn^{2+} 氧化成 MnO_4^-

$$5H_5IO_6 + 2Mn^{2+} \longrightarrow 2MnO_4^- + 5IO_3^- + 11H^+ + 7H_2O$$

高卤酸盐的溶解性与其他盐类有很大差别。高氯酸和高溴酸的碱金属和铵盐的溶解度较小，而他们的重金属盐的溶解度较大。高碘酸盐一般都难溶。

高氯酸盐最重要的是 NH_4ClO_4，可用作火箭和航天飞机燃料。NH_4ClO_4 稳定性差，200 ℃爆炸。

$$2NH_4ClO_4 \longrightarrow N_2 + Cl_2 + 2O_2 + 4H_2O$$

$Mg(ClO_4)_2$ 可用作电池的电解质，$KClO_4$ 可用于制作烟火、闪光粉等。

思 考 题

1. 总结卤素单质化学性质的变化规律。
2. 说明卤素单质与水反应的类型及其影响因素。
3. 说明卤素氢化物的酸性、还原性及热稳定性的变化规律，简要归纳卤素氢化物的实验室制法。
4. 什么是卤素互化物？什么是多卤化物？说明氟不易形成多卤化物的原因。
5. 归纳卤素含氧酸在酸性、热稳定性及氧化性上的变化规律。
6. 氟化氢在物理和化学性质上与其他卤化氢有哪些不同之处？简要说明原因。

习　　题

1. 写出下列化合物的化学式。

　(1) 萤石　(2) 冰晶石　(3) 光卤石　(4) 正高碘酸　(5) 漂白粉

2. 完成 Cl_2 与下列物质反应的化学方程式。

　(1) P　(2) S　(3) Cr　(4) H_2　(5) I_2

3. 完成并配平下列反应的方程式(必要时可加热)。

　(1) MnO_2+HCl(浓)$=\!=\!=$

　(2) $KBr+H_3PO_4$(浓)$=\!=\!=$

　(3) $MnO_2+KBr+H_2SO_4=\!=\!=$

　(4) $NaClO+PbAc_2=\!=\!=$

　(5) $H_5IO_6+Mn^{2+}=\!=\!=$

　(6) $Cl_2+HgO+H_2O=\!=\!=$

　(7) $Pb(SCN)_2+Br_2=\!=\!=$

　(8) $BrF_5+H_2O=\!=\!=$

　(9) $ClO_3^-+C_2O_4^{2-}=\!=\!=$

　(10) $Na_2SiO_3+HF=\!=\!=$

4. 用化学反应方程式表示下列过程。

　(1) 加热分解氯酸钾;

　(2) 将 I_2 与酸性 $KClO_3$ 混合后加热;

　(3) 将 $(CN)_2$ 通入 NaOH 溶液中;

　(4) 将液态溴滴在红磷和少量水的混合物上;

　(5) 将水滴在红磷与单质碘的混合物上;

　(6) 向 FeI_2 溶液中通入过量的氯气;

　(7) 将 CO 通入装有 I_2O_5 的容器中;

　(8) 向 KI 固体滴加浓硫酸。

5. 碘为什么能形成六配位的高碘酸 H_5IO_6? 比较 HIO_4 与 H_5IO_6 的酸性强弱并定性解释。

6. 如何理解 ClO_2 的键角大于 Cl_2O 键角?

7. 比较下列各对化合物的溶解度大小,并简要说明理由。

　(1) NaF 和 LiF　(2) $KClO_4$ 和 $NaClO_4$　(3) HgF_2 和 $HgCl_2$　(4) CuF_2 和 $CuCl_2$

8. 比较下列各组物质的酸性强弱,并说明原因。

　(1) HF、HCl、HBr 和 HI;

　(2) HClO、$HClO_2$、$HClO_3$ 和 $HClO_4$;

　(3) $HClO_3$、$HBrO_3$ 和 HIO_3。

9. 解释以下事实。

　(1) 漂白粉长期暴露于空气中会失去效用;

　(2) I_2 在水中溶解度很小,但能溶于 CCl_4 或 KI 的水溶液中;

　(3) 向 $FeSO_4$ 溶液中加入碘水,碘水不褪色;再加入 NH_4F 溶液,碘水褪色;

　(4) 可以用 Fe^{2+} 和 Zn^{2+} 等处理含氰化物的废液,但不能用 Cu^{2+} 处理含氰化物的废液;

　(5) NH_4F 要用塑料瓶盛装。

10. 解释下列实验现象。

　(1) 将少量 Na_2SO_3(强还原剂)溶液加入酸性淀粉—KIO_3 溶液中,溶液变蓝;Na_2SO_3 溶液过量时,溶液变为无色;

(2) 将 $KClO_3$ 溶液与 KI 溶液混合后溶液不变色，再加入少量稀硫酸则溶液变黄。

11. 用反应方程式表示下列制备过程。

(1) 工业上从浓缩的海水制取溴；

(2) 以盐酸为主要原料制备次氯酸溶液；

(3) 以 KCl 为原料制备氯酸钾；

(4) 由含 KI 溶液为原料制备碘。

12. 将氯气缓慢通入到 KBr 和 KI 的混合溶液中，会观察到什么现象？此实验可说明什么问题？

13. 卤素分子 F_2、Cl_2、Br_2 和 I_2 的解离能分别为 155、240、190 和 149 $kJ \cdot mol^{-1}$，简要说明为什么 F_2 的解离能小于 Cl_2，Br_2，而和 I_2 相近？

14. 卤素离子能与许多金属离子形成配离子。试比较 F^-、Cl^-、Br^-、I^- 与 Al^{3+}、Co^{3+}、Fe^{3+} 等金属离子形成配离子时的稳定性顺序；当 F^-、Cl^-、Br^-、I^- 与 Hg^{2+}、Pt^{2+} 等金属离子形成配离子时，稳定性大小又是如何？试说明原因。

15. 指出下列分子或离子的中心原子轨道杂化类型、分子或离子的几何构型。

IO_3^-，I_3^+，ICl_2^-，ICl_4^-，IF_3，IF_5，IF_7，$FBrO_3$，F_5IO

16. 有三瓶白色固体，分别为 NaCl、NaBr 和 NaI。试用三种方法加以鉴别。

17. 有三瓶固体试剂，分别是次氯酸钠、氯酸钠和高氯酸钠，试设计鉴别他们的步骤，写出主要反应的方程式。

18. 在酸性溶液中，$KBrO_3$ 能把 KI 氧化成 I_2 和 KIO_3，本身可被还原为 Br_2 和 Br^-；而 KIO_3 和 KBr 反应生成 I_2 和 Br_2，KIO_3 和 KI 反应生成 I_2。现于酸性溶液中混合等物质的量的 $KBrO_3$ 和 KI，生成哪些氧化还原产物？它们的物质的量的比是多少？

19. 钠盐 A 易溶于水，A 与浓 H_2SO_4 混合有气体 B 生成。将气体 B 通入酸化的 $KMnO_4$ 溶液生成气体 C。气体 C 通入钠盐 D 中，生成红棕色物质 E。E 溶于碱则颜色立即褪去，用硫酸酸化溶液时红棕色又呈现。试推测 A、B、C、D 和 E 各为何物，写出各步反应的方程式。

20. 有一白色钾盐 A，溶于水后与 KI 混合作用，溶液无颜色变化。将 A 与 KI 溶液混合后加入稀硫酸，则溶液变黄，说明有 B 生成。固体 A 与浓盐酸混合，溶液变黄，说明有 C 生成。C 与 NaOH 溶液作用得到无色溶液 D。试写出 A、B、C 和 D 物质的化学式，并写出有关方程式。

第11章 氧族元素

氧族元素包括氧、硫、硒、碲和钋 5 种元素，处于周期表中ⅥA 族的位置。其中钋是放射性的稀有金属元素。氧族元素的价电子层构型为 ns^2np^4，都有 6 个价电子，所以它们都可以再结合 2 个电子形成－2 氧化态的阴离子。除氧元素外，其他元素都有价层 d 轨道，可以达到＋6 氧化态，也可以形成＋2、＋4 等氧化态。

氧族元素中，氧是地壳中分布最广、含量最高的元素，其质量约占地壳总质量的 47.4%。在大气中 O_2 约占大气体积的 21%。氧以 H_2O 的形式为水圈中的主要成分。二氧化硅、硅酸盐以及其他各种含氧化合物和含氧酸盐是氧在岩石层中的存在形式。

硫在自然界中的分布也很广，如以单质的形式存在于火山岩或沉积岩中，以硫化物形式的矿物如黄铁矿(FeS_2)、方铅矿(PbS)、闪锌矿(ZnS)、黄铜矿($CuFeS_2$)、朱砂矿(HgS)等，以硫酸盐形式的矿物如石膏($CaSO_4 \cdot 2H_2O$)、芒硝($Na_2SO_4 \cdot 10H_2O$)、重晶石($BaSO_4$)、天青石($SrSO_4$)等。硫在地壳中的质量分数为 2.6×10^{-2}%(列第 17 位)。

硒和碲是稀有分散元素，常与硫化物矿共生。它们在地壳中的含量都很低。

氧族元素中，O、S、Se 三种元素为生命必需元素。O 是人体内质量分数最高的元素(约 63%)，在体内主要以水和碳水化合物的形式存在，水既可以保持身体具有一定的容积，又是热缓冲剂(减少细胞受环境温度的影响，通过蒸发水降低温度)。S 也是人体内宏量元素(质量分数为 6.4×10^{-1}%)，是人体内许多蛋白的组分。Se 的生物功能和它在体内的浓度有关，适量浓度的 Se 是有益的，浓度升高则会致癌。

11.1 氧及其化合物

1. 氧的单质有 O_2 和 O_3。O_2 具有顺磁性，在水中溶解度很小；O_3 为 V 字形极性分子，有离域 Π_3^4 键。O_3 无论在酸性还是碱性溶液中都有很强的氧化性。

2. 氧化物可分为酸性氧化物、碱性氧化物、两性氧化物和非酸碱性氧化物。

3. H_2O_2 为二元弱酸。H_2O_2 在酸性和碱性介质中都是较强的氧化剂，易歧化分解；H_2O_2 能发生过氧链转移反应，与过渡金属生成有特征颜色的产物。

4. 氧能够形成离子键、正常的共价键、共价配键，还可以形成离域 π 键和 d-p π 配键，以 O_2 和 O_3 分子为基础的化学键。

11.1.1 氧的单质

氧在大气中的主要存在形式为氧单质。氧有两种同素异形体：氧气 O_2 和臭氧 O_3。

1. 氧气

O_2 为双原子分子，常温常压下是一种无色无味的气体；90 K 时液化为淡蓝色液体，54 K 时凝固为蓝色固体。O_2 为非极性分子，分子中有 2 个单电子，所以分子具有顺磁性。

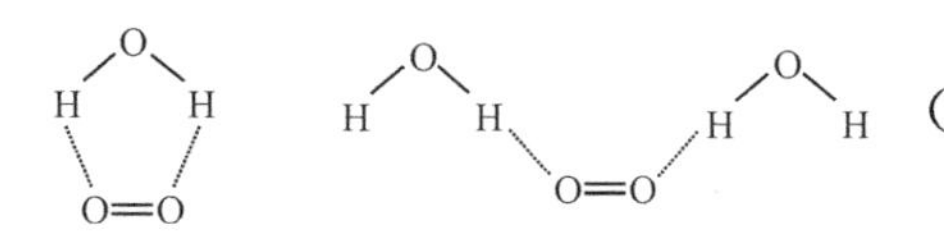

图 11-1 水合氧分子示意图

O_2 在水中溶解度很小，在水中以水合氧分子($O_2 \cdot H_2O$ 和 $O_2 \cdot 2H_2O$)存在(图 11-1)。

氧在酸性和碱性介质中氧化能力都比较强

$$O_2 + 4H^+ + 4e^- = 2H_2O \qquad E^\ominus = 1.23\ V$$

$$O_2+2H_2O+4e^- = 4OH^- \qquad E^\ominus=0.40\ V$$

常温下，O_2 的化学性质并不活泼；但在高温下能够与大多数元素直接化合，也可以与一些具有还原性的化合物反应。例如

$$S+O_2 = SO_2$$

$$2CO+O_2 = 2CO_2$$

$$3Fe+2O_2 = Fe_3O_4$$

$$4NH_3+3O_2 = 2N_2+6H_2O$$

$$2Sb_2S_3+9O_2 = 2Sb_2O_3+6SO_2$$

工业上主要采用分馏液化空气来制备 O_2。实验室最常用的制备方法是用 MnO_2 催化分解 $KClO_3$，或加热分解含氧化合物。制备更纯净的 O_2 则是分解过氧化物。

$$2KClO_3 = 2KCl+3O_2$$

$$2NaNO_3 = 2NaNO_2+O_2$$

$$2BaO_2 = 2BaO+O_2$$

2. 臭氧

臭氧 O_3 是一种浅蓝色的气体，具有鱼腥臭味，并因此而得名。

在 O_3 分子中，采取 sp^2 杂化的中心氧原子分别与 2 个配体氧原子各形成 1 个 σ 键，确定了分子的 V 字形构型(键角 117.47°)。中心氧原子未参加杂化的 p 轨道与配体氧原子中含有单电子的 p 轨道相互重叠形成一个离域 π 键 Π_3^4，如图 11－2(a)所示。

利用分子轨道理论讨论 O_3 分子中 Π_3^4 的键级。如图 11－2(b)所示，3 个原子轨道组合形成 3 个分子轨道，其中一个是成键轨道(能量比原子轨道低)，一个是反键轨道(能量比原子轨道高)，还有一个非键轨道(能量与原子轨道的能量相同)。4 个电子分别填入成键轨道和非键轨道中，则 Π_3^4 键的键级为 1。故 O_3 分子中 O—O 键的键级为 1.5。由此也可判断 O_3 的稳定性比 O_2 差，而氧化能力比 O_2 强。

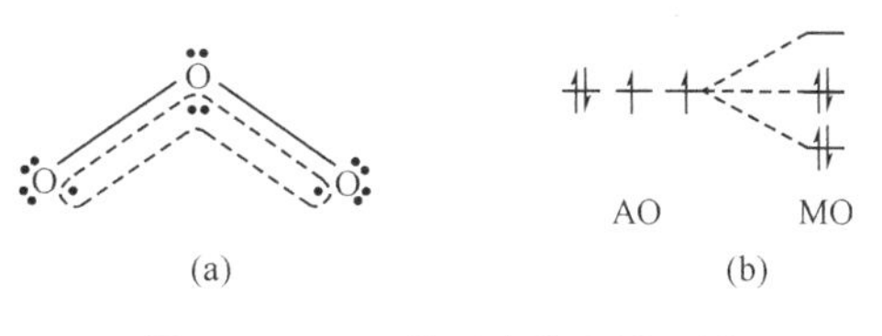

图 11－2 O_3 分子中的离域 π 键及轨道能级图

由 O_3 分子的构型可知，O_3 为极性分子，不具有顺磁性。O_3 的熔、沸点比 O_2 高，在水中的溶解度比 O_2 大。

臭氧的氧化性很强

$$O_3+2H^++2e^- = O_2+H_2O \qquad E^\ominus=2.08\ V$$

$$O_3+H_2O+2e^- = O_2+2OH^- \qquad E^\ominus=1.24\ V$$

无论在酸性或碱性溶液中，臭氧都有很强的氧化性。

$$PbS+4O_3 = PbSO_4+4O_2$$

$$2HI+O_3 = I_2+H_2O+O_2$$

$$I_2+5O_3+H_2O = 2HIO_3+5O_2$$

在距离地面 25～40 km 的大气层中有稀薄的臭氧层。臭氧能够吸收阳光中的紫外线辐射，发生如下反应而保护地面上的动植物不被伤害

$$O_3 = O_2+O$$

生成的氧原子可以与 O_2 分子作用再生成 O_3，从而完成 O_3 的循环。雷雨天气的放电作用也会

使少量的 O_2 转化为 O_3。实验室中主要是采用高压放电使 O_2 转变为 O_3。复印机和打印机因高压放电也会产生少量 O_3。

臭氧很容易被一些具有还原性的气体还原，大气中的污染使臭氧层越来越薄，并能导致臭氧层出现空洞。

11.1.2 氧化物

氧能够与大多数元素生成氧化物，除了氟以外往往都能够生成最高氧化态的氧化物。按氧化物表现出的酸碱性的不同可以把氧化物分为酸性氧化物、碱性氧化物、两性氧化物和非酸碱性氧化物。

酸性氧化物与水反应生成含氧酸，或与碱作用生成盐和水。非金属氧化物多数为酸性氧化物，如 CO_2、SO_2、NO_2、B_2O_3、SiO_2 等；有些高价金属的氧化物也为酸性氧化物，如 Mn_2O_7、CrO_3、V_2O_5 等。

$$SO_3 + H_2O \xlongequal{} H_2SO_4$$

$$SiO_2 + 2NaOH \xlongequal{} Na_2SiO_3 + H_2O$$

碱性氧化物与水反应生成碱，或与酸反应生成相应的盐和水。多数金属氧化物属于碱性氧化物，如 Na_2O、MgO、MnO、FeO 等。

$$Na_2O + H_2O \xlongequal{} 2NaOH$$

$$FeO + 2HCl \xlongequal{} FeCl_2 + H_2O$$

两性氧化物既能与酸反应又能与碱反应。例如，Al_2O_3、ZnO、BeO、Ga_2O_3、CuO、Cr_2O_3 等金属氧化物为两性氧化物。

$$Cr_2O_3 + 6H^+ \xlongequal{} 2Cr^{3+} + 3H_2O$$

$$Cr_2O_3 + 2OH^- \xlongequal{} 2CrO_2^- + H_2O$$

少数非金属氧化物也属两性氧化物，如 I_2O、TeO_2 等。

非酸碱性氧化物是指既不与酸反应也不与碱反应的氧化物，如 CO、NO、N_2O 等，也称不成盐氧化物。将它们通入水中，水的酸碱性无明显变化。

同周期元素最高氧化态的氧化物，从左向右酸性逐渐增强。例如，Na_2O 碱性，MgO 碱性，Al_2O_3 两性，SiO_2 酸性，P_2O_5 酸性，SO_3 酸性，Cl_2O_7 酸性。

同主族的相同氧化数的氧化物，从上至下碱性增强。例如，N_2O_3 酸性，P_2O_3 酸性，As_2O_3 两性偏酸，Sb_2O_3 两性，Bi_2O_3 碱性。

同一元素的氧化物，氧化数升高则酸性增强。例如，MnO 碱性，MnO_2 两性，MnO_3 酸性，Mn_2O_7 酸性。其中 MnO_3 是锰酸的酸酐，Mn_2O_7 是高锰酸的酸酐。

11.1.3 过氧化氢

过氧化氢 H_2O_2 俗称双氧水，市售试剂一般是 30%的水溶液。工业上使用 H_2O_2 作漂白剂，医药上用 3%的水溶液作杀菌剂。

1. 过氧化氢的制备

实验室中多采用将过氧化物与冷的稀硫酸作用制备 H_2O_2，即

$$BaO_2 + H_2SO_4 \xlongequal{} BaSO_4 + H_2O_2$$

工业上生产过氧化氢主要采用电化学氧化法、乙基蒽醌法和异丙醇氧化法。

1）电化学氧化法

利用电解-水解法制取过氧化氢。以铂作电极，电解饱和的 NH_4HSO_4 溶液，得到 $(NH_4)_2S_2O_8$。

阳极反应 $$2SO_4^{2-} = S_2O_8^{2-} + 2e^-$$

阴极反应 $$2H^+ + 2e^- = H_2$$

电解反应 $$2NH_4HSO_4 \xrightarrow{\text{电解}} H_2 + (NH_4)_2S_2O_8$$

电解生成的 $(NH_4)_2S_2O_8$ 在稀硫酸中水解，即得到 H_2O_2，生成的 NH_4HSO_4 可以循环使用。

$$(NH_4)_2S_2O_8 + 2H_2O = 2NH_4HSO_4 + H_2O_2$$

2）乙基蒽醌法

在催化剂作用下，以醇为溶剂用氢气还原 2-乙基蒽醌，得到 2-乙基蒽酚。用空气中的氧气氧化乙基蒽酚得到 H_2O_2 和乙基蒽醌。产物乙基蒽醌可以循环使用。反复交替通入空气和 H_2 即可制得 H_2O_2。整个过程相当于在乙基蒽醌的作用下，使 H_2 和 O_2 反应生成 H_2O_2。

$$H_2 + O_2 = H_2O_2$$

3）异丙醇氧化法

在加热和加压条件下，异丙醇经多步空气氧化生成丙酮和过氧化氢。

$$CH_3CH(OH)CH_3 + O_2 = CH_3COCH_3 + H_2O_2$$

2. 过氧化氢的结构

过氧化氢分子中有过氧链—O—O—，每个氧原子键连一个氢原子。4 个原子不在同一条直线上，也不共平面。其构型就像一本张开的书，过氧链位于书的中缝上，而两个 H 原子分别位于张开的书面上（图 11－3）。

H_2O_2 分子中的 O 采取 sp^3 不等性杂化，含有单电子的杂化轨道分别与 H 原子和另一个 O 原子形成 σ 键，孤电子对的排斥作用使得 HO—O 键角为 94.8°，远小于 109°28′。

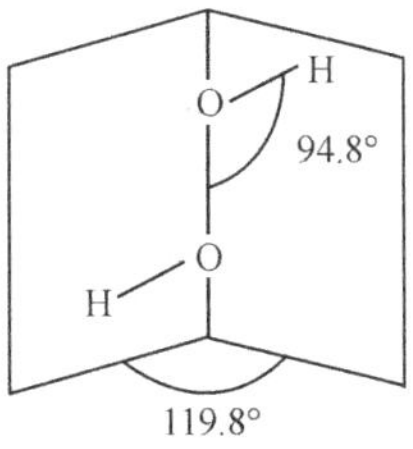

图 11－3 H_2O_2 分子结构示意图

3. 过氧化氢的性质

纯 H_2O_2 为淡蓝色的黏稠状液体，极性（偶极矩 1.57 D）与 H_2O（偶极矩 1.85 D）接近。H_2O_2 分子间存在着比水强的缔合作用，H_2O_2 沸点（150.2 ℃）比 H_2O 高，熔点与 H_2O 相近。H_2O_2 与 H_2O 可以以任意比例互溶。

1）酸性

H_2O_2 为二元弱酸

$$H_2O_2 \rightleftharpoons H^+ + HO_2^- \qquad K_{a1}^{\ominus} = 2.4 \times 10^{-12}$$

酸性比 HCN 还弱。但其浓溶液可与强碱作用生成过氧化物，如 Na_2O_2、CaO_2、BaO_2 等。

$$H_2O_2 + Ba(OH)_2 = BaO_2 + 2H_2O$$

2）氧化还原性

在 H_2O_2 分子中 O 的氧化数为－1，因此，H_2O_2 即具有氧化性又具有还原性。

$$E_A^{\ominus}/V \qquad O_2 \xrightarrow{0.695} H_2O_2 \xrightarrow{1.78} H_2O$$

$$E_B^{\ominus}/V \qquad O_2 \xrightarrow{-0.076} H_2O_2 \xrightarrow{0.88} OH^-$$

H_2O_2 在酸性和碱性溶液中都是较强的氧化剂。

$$H_2O_2 + 2I^- + 2H^+ = I_2 + 2H_2O$$

$$H_2O_2 + Mn(OH)_2 = MnO_2 + 2H_2O$$

$$3H_2O_2 + 2NaCrO_2 + 2NaOH = 2Na_2CrO_4 + 4H_2O$$

油画的颜料中含有白色 $PbSO_4$，长期放置会与空气中的 H_2S 作用生成黑色的 PbS 而使油画发暗。可以用稀 H_2O_2 小心涂刷使之变白。

$$PbS + 4H_2O_2 = PbSO_4 + 4H_2O$$

由元素电势图可知，H_2O_2 与较强氧化剂作用时表现出还原性。碱性条件下还原性更强

$$2MnO_4^- + 5H_2O_2 + 6H^+ = 2Mn^{2+} + 5O_2 + 8H_2O$$

$$H_2O_2 + Ag_2O = 2Ag + O_2 + H_2O$$

在反应中 H_2O_2 的氧化产物和还原产物只有 H_2O 和 O_2，所以 H_2O_2 是一种较理想的绿色氧化还原试剂，只是成本较高。

从元素电势图还可以看出，H_2O_2 在酸性和碱性介质中均不稳定，易歧化分解。

$$2H_2O_2 = O_2 + 2H_2O$$

常温下，纯的 H_2O_2 的分解速率并不快，但是在升高温度和有杂质的情况下分解反应将加快。例如，H_2O_2 中含有少量的 Mn^{2+} 时

$$MnO_2 + 4H^+ + 2e^- = Mn^{2+} + H_2O \qquad E_A^\ominus = 1.23\ V$$

体系中的 Mn^{2+} 将被 H_2O_2 氧化，生成 MnO_2

$$H_2O_2 + Mn^{2+} = MnO_2 + 2H^+ \qquad ①$$

生成的 MnO_2 又能被 H_2O_2 还原为 Mn^{2+}

$$MnO_2 + H_2O_2 + 2H^+ = Mn^{2+} + O_2 + 2H_2O \qquad ②$$

显然，①和②两个反应总的结果是 H_2O_2 歧化分解。

$$2H_2O_2 = O_2 + 2H_2O$$

许多物质都是 H_2O_2 歧化分解的催化剂，如 Mn^{2+}、MnO_2、Fe^{2+}、Fe^{3+}、I_2 等，光照、酸、碱也能加快 H_2O_2 的分解速率。为防止 H_2O_2 分解，一般将 H_2O_2 装在棕色塑料瓶(玻璃表面的碱性能促进 H_2O_2 分解)或用黑纸进行包装以防止光对分解的促进作用，有时加入一些 Na_2SnO_3(水解产生的胶体可吸附金属杂质)或配合剂以抑制杂质对 H_2O_2 分解的催化作用。

3) 过氧链转移反应

向酸性的 $K_2Cr_2O_7$ 溶液中加入 H_2O_2，有蓝色的 CrO_5 生成。

$$Cr_2O_7^{2-} + 4H_2O_2 + 2H^+ = 2CrO_5 + 5H_2O$$

这是典型的过氧链转移反应。CrO_5 不稳定，很快发生分解。

$$4CrO_5 + 12H^+ = 4Cr^{3+} + 6H_2O + 7O_2$$

加入乙醚或戊醇等有机溶剂，CrO_5 进入有机层后分解反应较慢。

钒酸根的单键氧也能被过氧链取代，发生过氧链转移反应。

$$VO_4^{3-} + 2H_2O_2 = VO_2(O_2)_2^{3-} + 2H_2O$$

强酸性介质中 TiO^{2+} 与 H_2O_2 反应，也可以看成是 H_2O_2 的配位反应。

$$TiO^{2+} + 2H_2O_2 = [TiO(H_2O_2)_2]^{2+}$$

这些反应产物都有特定的颜色，可用于相关离子的定性、定量分析。

11.1.4　氧的成键特征

1. 一般键型

形成离子键。氧原子可以得到 2 个电子形成 O^{2-}，与活泼金属以离子键结合，形成离子型

氧化物，如碱金属氧化物和大部分碱土金属氧化物。

形成共价键。氧原子和电负性不是很小的原子共用电子对，形成共价键。与电负性比氧大的氟化合生成 OF_2 时，氧呈+2 氧化态；与电负性比氧小的元素化合时，氧一般呈−2 氧化态；在过氧化物中氧呈−1 氧化态。

2. 离域π键

氧原子未杂化的 p 轨道电子与多个原子形成多中心离域π键，如 Π_3^4（O_3、SO_2、NO_2、NO_2^-）、Π_3^5（ClO_2）、Π_4^6（SO_3、NO_3^-、CO_3^{2-}）等。

3. d-p π配键

氧原子未杂化 p 轨道的电子对可以向分子的中心原子的 d 轨道配位，形成 d-p π 配键。在 H_2SO_4、H_3PO_3、H_3PO_4、$HClO_3$、P_4O_{10}、$SOCl_2$ 等分子中，端氧与中心原子间都有 d-p π配键。

4. 以分子为基础的化学键

O_2 分子结合 1 个电子，形成超氧化物，如 KO_2、RbO_2 等；O_2 分子结合 2 个电子，形成过氧化物，如 Na_2O_2、BaO_2、H_2O_2、$K_2S_2O_8$ 等；O_2 分子失去 1 个电子，生成二氧基阳离子 O_2^+ 的化合物，如 $O_2^+[PtF_6]^-$ 等；O_2 分子可以用孤电子对向金属离子配位，形成 O_2 分子配合物，如 O_2 分子向血红素的中心离子 Fe^{2+} 配位。

臭氧分子 O_3 可以结合 1 个电子，形成臭氧化物，如 KO_3、CsO_3 等。

11.2 硫及硫化物

1. 单质硫有正交硫和单斜硫两种常见的同素异形体，分子式为 S_8。硫的常见氧化态有−2、0、+2、+4、+6。

2. H_2S 的水溶液为二元弱酸，无论在酸性或碱性溶液中 H_2S 都具有较强的还原性。

3. 金属硫化物包括轻金属硫化物和重金属硫化物；轻金属硫化物易溶于水，易水解，易形成多硫化物。重金属硫化物难溶于水，多具有较深的颜色。

4. 硫化物可分成酸性硫化物、碱性硫化物和两性硫化物。硫化物的酸碱性对其溶解性有很大影响。

11.2.1 单质硫

单质硫有多种同素异形体，其中较为常见的两种是正交硫（斜方硫、菱形硫）和单斜硫。正交硫为指定单质，即 $\Delta_f H_m^\ominus=0$，$\Delta_f G_m^\ominus=0$。

加热正交硫到相变点温度（368.6 K）时，可以不经过熔化而转变为单斜硫。当温度低于相变点温度时单斜硫又可以缓慢地转变为正交硫。

$$S_8(\text{正交}) \rightleftharpoons S_8(\text{单斜})$$

单质硫的分子式为 S_8，具有环状结构（图 11-4），其中每个 S 原子均采取 sp^3 不等性杂化。

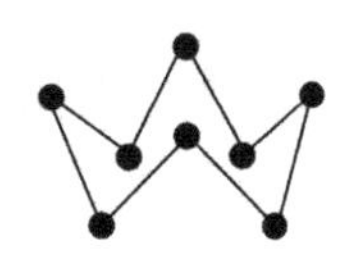
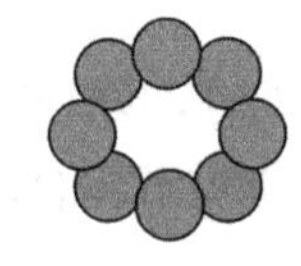

图 11-4 硫单质的 S_8 环状分子结构

单质硫固体加热熔化后、气化前 S_8 打开环，形成长链，再迅速冷却得到具有长链结构、拉伸性的弹性硫。具有环状结构的正交硫和单斜硫易溶于非极性的有机溶剂，如 CS_2、C_6H_6 等，而具有长链结构的弹性硫在非极性的有机溶剂中不溶。

单质硫的性质较为活泼，加热或高温时几乎能与所有的金属反应生成金属硫化物，也能与大多数非金属化合。

$$S+Zn = ZnS$$

$$S+Hg = HgS$$

$$S+O_2 = SO_2$$

$$2S+C = CS_2$$

利用硫与汞作用生成 HgS，可以除去实验室中洒落地面的少量单质汞。

硫可以被硝酸氧化

$$S+2HNO_3 = H_2SO_4+2NO$$

加热条件下，硫在碱中歧化

$$3S+6NaOH = 2Na_2S+Na_2SO_3+3H_2O$$

11.2.2 硫化氢

硫化氢 H_2S 是一种具有臭鸡蛋气味的无色有毒气体，大量吸入会使人昏迷或死亡。H_2S 在水中的溶解度较小，饱和浓度约为 $0.1\ mol \cdot dm^{-3}$。

硫蒸气和氢气可以直接化合生成 H_2S。在实验室中由金属硫化物与非氧化性酸作用制备 H_2S。

$$FeS+H_2SO_4(稀) = H_2S+FeSO_4$$

H_2S 的水溶液称为氢硫酸，为二元弱酸。

$$H_2S \rightleftharpoons H^++HS^- \qquad K_{a1}^{\ominus}=1.07\times10^{-7}$$

$$HS^- \rightleftharpoons H^++S^{2-} \qquad K_{a2}^{\ominus}=1.26\times10^{-13}$$

H_2S 的化学性质主要是还原性。由标准电极电势可知，无论在酸性或碱性溶液中，H_2S 都具有较强的还原性。

$$S+2H^++2e^- = H_2S \qquad E_A^{\ominus}=0.14\ V$$

$$S+2e^- = S^{2-} \qquad E_B^{\ominus}=-0.48\ V$$

在如下反应中 H_2S 表现出还原性

$$2H_2S+O_2 = 2S+2H_2O$$

$$2H_2S+3O_2 = 2SO_2+2H_2O$$

$$H_2S+2Fe^{3+} = 2Fe^{2+}+S+2H^+$$

$$H_2S+Br_2 = S+2HBr$$

$$H_2S+4Br_2+4H_2O = H_2SO_4+8HBr$$

11.2.3 硫化物和多硫化物

硫化物基本上可以分为非金属硫化物和金属硫化物。其中非金属硫化物的种类不多，而金属硫化物种类较多。自然界中许多金属都是以金属硫化物矿的形式存在，如方铅矿(PbS)、闪锌矿(ZnS)、黄铁矿(FeS_2)、辉锑矿(Sb_2S_3)等。

根据硫化物的性质可以分为易溶硫化物和难溶硫化物,可将砷、锑的硫化物都归入难溶硫化物中。若将金属硫化物分为轻金属硫化物和重金属硫化物,则砷的硫化物归入金属硫化物则不合适。

1. 可溶性硫化物

可溶性硫化物包括硫氢化铵,碱金属、碱土金属及铝等轻金属硫化物。这类硫化物易溶于水,易水解。

$$Na_2S + H_2O \xlongequal{} NaOH + NaHS$$

$$2CaS + 2H_2O \xlongequal{} Ca(OH)_2 + Ca(HS)_2$$

加热煮沸溶液,可以使水解反应进行的更彻底。

$$Ca(HS)_2 + 2H_2O \xlongequal{} Ca(OH)_2 + 2H_2S$$

轻金属硫化物易形成多硫化物,如

$$Na_2S + S \xlongequal{} Na_2S_2$$

$$Na_2S + (x-1)\ S \xlongequal{} Na_2S_x (x = 2 \sim 6)$$

Na_2S 和 Na_2S_2 溶液均无色,随着 S 的数目增加颜色加深,逐渐变黄、变红。

多硫化物不稳定,遇酸易分解,析出 S 使溶液浑浊甚至生成乳白色沉淀。

$$S_2^{2-} + 2H^+ \xlongequal{} S + H_2S$$

长时间暴露在空气中的 Na_2S 溶液由于被空气中的氧所氧化,有 Na_2S_2 和多硫化物生成,遇酸则有单质 S 析出。

多硫化物有氧化性,如 Na_2S_2 有过硫链—S—S—,类似于过氧链—O—O—,故有一定的氧化性

$$SnS + Na_2S_2 \xlongequal{} SnS_2 + Na_2S$$

$$Sb_2S_3 + 2Na_2S_2 \xlongequal{} Sb_2S_5 + 2Na_2S$$

$(NH_4)_2S$ 稳定性差,0 ℃即分解。

$$(NH_4)_2S \xlongequal{} NH_4HS + NH_3\uparrow$$

$(NH_4)_2S$ 水解反应进行的较为彻底,在溶液中 S^{2-} 浓度远低于 HS^- 的浓度。由水溶液中平衡的简单计算可知,S^{2-} 浓度比 HS^- 浓度小得多:

$$S^{2-} + NH_4^+ \rightleftharpoons HS^- + NH_3$$

$$K^\ominus = \frac{[HS^-][NH_3]}{[NH_4^+][S^{2-}]} = \frac{[HS^-][NH_3]}{[NH_4^+][S^{2-}]} \cdot \frac{[H^+][OH^-]}{[H^+][OH^-]}$$

$$= \frac{K_w^\ominus}{K_{a2}^\ominus(H_2S) \cdot K_b^\ominus(NH_3)} = \frac{1.0 \times 10^{-14}}{1.3 \times 10^{-13} \times 1.8 \times 10^{-5}}$$

$$= 4.3 \times 10^3$$

所以,实验室没有 $(NH_4)_2S$ 溶液,利用 $(NH_4)_2S$ 溶液进行的相关反应很难实现。向 NH_3 水溶液中通入 H_2S,经蒸发浓缩析出 NH_4HS 而不是析出 $(NH_4)_2S$。

2. 难溶性硫化物

难溶性硫化物的主要特性是难溶性和具有特征的颜色。

ZnS 白色,MnS 浅粉色,CdS、SnS_2、As_2S_3 和 As_2S_5 均为黄色,Sb_2S_3 和 Sb_2S_5 橙色,SnS

褐色，HgS红色或黑色。其他多数重金属硫化物为黑色，如 FeS、CoS、NiS、Ag_2S、CuS、PbS 等。

难溶性的硫化物溶解度小，根据溶解度不同，适当控制溶液的酸度或采取适当措施，可以使难溶硫化物溶解。

(1) 溶于稀盐酸的硫化物有 Cr_2S_3、MnS、FeS、Fe_2S_3、CoS、NiS、ZnS 等，在稀盐酸($0.3\ mol \cdot dm^{-3}$)中能够溶解，显然，这些硫化物在稀酸介质中不能生成。

$$MnS + 2HCl(稀) = MnCl_2 + H_2S$$

(2) 不溶于稀盐酸但可以溶于浓盐酸的硫化物有 PbS、SnS、SnS_2、Bi_2S_3、CdS 等。

$$SnS + 2HCl(浓) = SnCl_2 + H_2S$$

(3) CuS 和 Ag_2S 不溶于盐酸，但可被硝酸氧化而溶解。

$$3CuS + 8HNO_3 = 3Cu(NO_3)_2 + 3S + 2NO + 4H_2O$$

(4) HgS 不溶于硝酸，但溶于王水。

$$3HgS + 2HNO_3 + 12HCl = 3H_2[HgCl_4] + 3S + 2NO + 4H_2O$$

(5) 溶于可溶性硫化物溶液的硫化物有 Sb_2S_3、Sb_2S_5、As_2S_3、As_2S_3、SnS_2、HgS 等。

$$SnS_2 + Na_2S = Na_2SnS_3 \text{（硫代锡酸钠）}$$

$$As_2S_3 + 3Na_2S = 2Na_3AsS_3 \text{（硫代亚砷酸钠）}$$

这些为酸性或两性硫化物，可溶于碱性的 Na_2S 或 K_2S 溶液中，也溶于 NaOH 溶液中。HgS 溶于 Na_2S 溶液是因为生成了稳定的配离子$[HgS_2]^{2-}$。

$$HgS + Na_2S = Na_2[HgS_2]$$

(6) 具有还原性的金属硫化物可溶于过硫化物溶液。例如

$$SnS + Na_2S_2 = SnS_2 + Na_2S \quad \text{氧化反应}$$

$$SnS_2 + Na_2S = Na_2SnS_3 \quad \text{中和反应}$$

11.2.4 硫的卤化物

1. S_2X_2

S_2X_2 的结构与 H_2O_2 相似。S—X 键能随着卤素原子半径的增大而减小，化合物的稳定性降低。

S_2F_2 为无色气体(沸点 15℃)，二面角为 108.3°，F—S—S 键角为 87.9°。

S_2Cl_2 为金黄色液体，二面角为 85.2°，Cl—S—S 键角为 107.7°，有毒，有恶臭味；S_2Cl_2 是重要的化工原料，主要用于某些橡胶的硫化、氯代乙醇的氯化等。

S_2Br_2 为红色油状液体，二面角与 S_2Cl_2 相近，Br—S—S 键角为 105°。

S_2I_2 为红棕色固体。

2. 硫的其他卤化物

SF_2 为无色气体，极不稳定，分子为 V 字形结构，键角为 98.3°。SCl_2 为红色液体，有毒，有恶臭味，不稳定。

SF_4 为无色气体，易水解为 HF 和 SO_2。SF_4 既是路易斯酸，又是路易斯碱。作为路易斯酸，SF_4 与 CsF 作用生成 $CsSF_5$，SF_5^- 具有四角锥形结构；作为路易斯碱，SF_4 能与许多路易斯酸形成加合物，如 $F_4S : BF_3$(组成主要是$[SF_3]^+[BF_4]^-$)、OSF_4(具有近于三角双锥的结构，O 占有三角形上的一个位置)。

SF_6 为无色气体，无味、无毒。化学性质稳定，加热至 500 ℃也不分解，500 ℃下与 HCl 和 KOH 均不反应。SF_6 是很好的绝缘气体，可用于变压器中做绝缘介质。

11.3　硫的含氧化合物

1. SO_2 分子为 V 字形，分子中有离域 Π_3^4 键。SO_2 和 H_2SO_3 既有氧化性又有还原性，但以还原性为主。H_2SO_3 为二元中强酸。

2. SO_3 常温下为液体，气态时为单分子，液态时有单分子和环状的三聚分子两种结构，固态时有环状的三聚体和链状结构。H_2SO_4 为高沸点的二元强酸，分子间氢键较强，有很强的吸水性和脱水性。浓 H_2SO_4 有较强的氧化性，稀硫酸基本没有氧化性。

3. 硫酸盐结晶时常带有结晶水，易形成复盐。硫酸盐热分解一般生成金属氧化物和 SO_3，分解温度与阳离子的极化作用有关，生成的金属氧化物若有还原性则被 SO_3 氧化。

4. $H_2S_2O_3$ 不稳定，易分解为 SO_2 和 S；其盐 $Na_2S_2O_3$ 较稳定，但还原性较强。$H_2S_2O_8$ 不稳定，其盐 $(NH_4)_2S_2O_8$ 等较稳定，酸性条件下是强氧化剂。$Na_2S_2O_4$ 还原性很强。

11.3.1　四价硫的含氧化合物

1. 二氧化硫、亚硫酸及其盐

二氧化硫 SO_2 和 O_3 是等电子体，其成键方式与 O_3 分子相似，分子呈 V 字形(图 11-5)。中心 S 原子采取 sp^2 不等性杂化，分别与两侧的氧原子形成 σ 键，未参与杂化的 p 轨道上的电子对与两侧的氧原子 p 轨道上的单电子形成一个离域 π 键 Π_3^4。

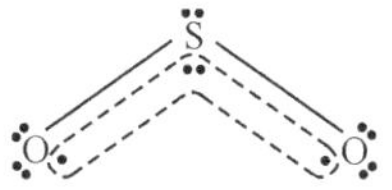

SO_2 为无色、有刺激性气味气体，极性分子，沸点 −10 ℃，容易液化。1 体积水可溶解 40 体积 SO_2，溶于水生成亚硫酸 H_2SO_3，H_2SO_3 不稳定，只存在于溶液中。

图 11-5　SO_2 的分子结构

制备 SO_2 常采用还原法、氧化法和置换法。

(1) 还原法是由高氧化态的硫还原为低氧化态的 SO_2，这种方法无实用价值。例如

$$2H_2SO_4(浓)+Zn = ZnSO_4+SO_2+2H_2O$$

(2) 氧化法是由低氧化态的硫氧化生成 SO_2，工业生产主要利用这种方法，如

$$S+O_2 = SO_2$$

$$4FeS_2+11O_2 = 2Fe_2O_3+8SO_2$$

(3) 置换法是由亚硫酸盐与稀酸反应来制备 SO_2，反应过程中硫的氧化数不发生变化。实验室主要采用置换法制备 SO_2。

$$SO_3^{2-}+2H^+ = SO_2+H_2O$$

SO_2 分子中 S 的氧化数为 +4，所以它既有氧化性也有还原性，但以还原性为主。

$$SO_2(g)+Cl_2(g) = SO_2Cl_2(l)$$

SO_2 气体被氧化为 SO_3 的过程极慢，在 V_2O_5 等催化下更易被 O_2 氧化为 SO_3。

$$2SO_2(g)+O_2(g) \xlongequal[\triangle]{V_2O_5} 2SO_3$$

遇到强还原剂时 SO_2 也可以表现出氧化性，在铝矾土催化作用下 SO_2 可以氧化 CO，利用此反应可以在烟道中回收硫单质。

$$SO_2 + 2CO \xlongequal{\quad} 2CO_2 + S$$

H_2SO_3 为二元中强酸（$K_{a1}^{\ominus}=1.3\times10^{-2}$，$K_{a2}^{\ominus}=6.2\times10^{-8}$），所以其盐有正盐和酸式盐两种，其酸式盐溶液的酸性比 NH_4Cl 强。

亚硫酸及其盐的还原性较强

$$2Na_2SO_3 + O_2 \xlongequal{\quad} 2Na_2SO_4$$

$$H_2SO_3 + I_2 + H_2O \xlongequal{\quad} H_2SO_4 + 2HI$$

亚硫酸及其盐遇到更强的还原剂时，也表现出氧化性。稀 H_2SO_3 氧化性比稀 H_2SO_4 强。

$$H_2SO_3 + 2H_2S \xlongequal{\quad} 3S + 3H_2O$$

亚硫酸及其盐都不稳定，在酸中或碱中都能歧化分解，Na_2SO_3 固体高温时也会歧化分解。

$$4Na_2SO_3(s) \xlongequal{\triangle} 3Na_2SO_4(s) + Na_2S(s)$$

$$3H_2SO_3 \xlongequal{\triangle} 2H_2SO_4 + S + H_2O$$

H_2SO_3 或 SO_2 与有机显色基团作用使有机色素褪色，因此有漂白作用。但这种漂白作用是暂时的，当 SO_2 基团被氧化或脱去时，有色物质又恢复颜色，所以它不同于漂白粉的氧化漂白作用。

2. 焦亚硫酸盐

$NaHSO_3$ 受热时分子间脱水得到焦亚硫酸钠 $Na_2S_2O_5$，脱水过程中硫的氧化数不变。2 个 $NaHSO_3$ 分子脱 1 个 H_2O，故 $Na_2S_2O_5$ 也称一缩二亚硫酸钠。由于 $NaHSO_3$ 受热易脱水缩合，所以不能用加热浓缩的方法从溶液中制备 $NaHSO_3$ 固体。

$$2NaHSO_3 \xlongequal{\quad} Na_2S_2O_5 + H_2O$$

对于 $Na_2S_2O_5$ 中的阴离子，可能有 2 种结构，一种是 O 与 2 个 SO_2 基键连，另一种是 2 个 S 键连（图 11-6）。

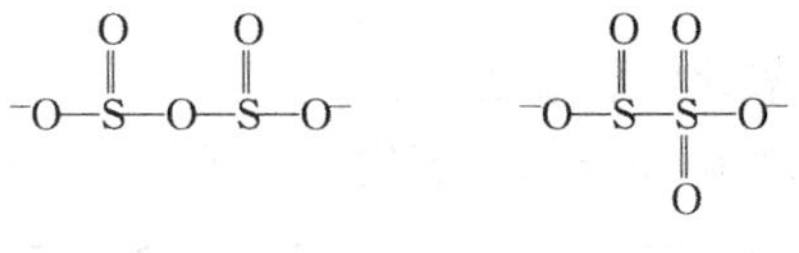

```
      O     O              O  O
      ‖     ‖              ‖  ‖
 ⁻O—S—O—S—O⁻         ⁻O—S—S—O⁻
                              ‖
                              O
```

图 11-6　$Na_2S_2O_5$ 中阴离子的 2 种可能结构

11.3.2　六价硫的含氧化合物

1. 三氧化硫

三氧化硫 SO_3 常温下为液态，熔点 16.6 ℃，沸点 44.6 ℃。

气态 SO_3 为单分子，呈平面三角形结构，中心 S 原子采取 sp^2 等性杂化，与 3 个 O 原子形成 3 个 σ 键，分子中有一个离域 π 键 Π_4^6。

液态 SO_3 有两种结构，单分子（平面三角形）和环状的三聚分子 $(SO_3)_3$，如图 11-7(a) 所示；固态 SO_3 中有环状的三聚体和链状 $(SO_3)_n$，如图 11-7(b) 所示。在环状和链状结构中，中心 S 均采取 sp^3 杂化，分子中有 2 种不同化学环境的 O 原子（端氧和桥氧）。

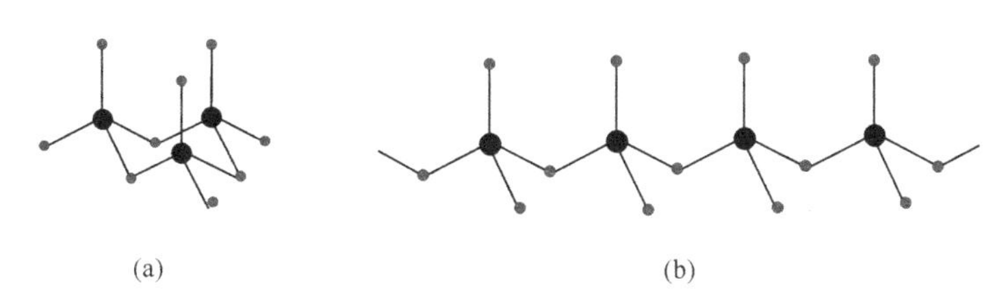

图 11-7 SO_3 的三聚和链状结构

2. 硫酸及其衍生物

硫酸 H_2SO_4，无色油状液体，分子间氢键较强，沸点高(337 ℃)。H_2SO_4 与水分子间可以形成强的氢键，所以有很强的吸水性(可作干燥剂)和脱水性。

H_2SO_4 分子为四面体结构(图 11-8)。中心 S 原子采取 sp^3 不等性杂化，杂化轨道中的单电子与—OH 中的氧形成 σ 键，S 原子杂化轨道中的电子对向端 O 原子空的 p 轨道配位，形成 σ 配键，同时 S 原子空的 3d 轨道接受端 O 原子 p 轨道中的电子对，形成 d-p π 配键。因此，S 与端 O 之间的键级约为 2，可以看成 S═O 键。

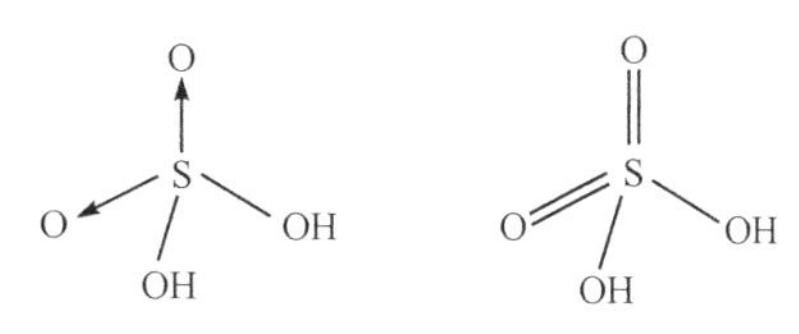

图 11-8 H_2SO_4 分子结构示意图

硫酸为二元强酸，第一级完全解离，第二级解离常数 $K_{a2}^{\ominus}=1.0\times10^{-2}$。

浓硫酸主要以分子态存在，H^+ 的强极化作用造成 S—O 键易断开，氧化性强，可以氧化许多金属及非金属单质，也可氧化 KI 和 KBr 等。

$$Cu+2H_2SO_4 \xlongequal{} CuSO_4+SO_2+2H_2O$$

$$2NaBr+3H_2SO_4 \xlongequal{} SO_2+Br_2+2NaHSO_4+2H_2O$$

稀硫酸基本无氧化性，与 Zn 作用实质上是 Zn 将 H^+ 还原。

$$Zn+H_2SO_4(稀) \xlongequal{} ZnSO_4+H_2$$

硫酸分子中的—OH 被其他基团取代后得到硫酸的衍生物。将 H_2SO_4 分子中 1 个—OH 被氯取代后得到的衍生物 HSO_3Cl 称为氯磺酸；H_2SO_4 分子的 2 个—OH 全部被氯取代后的衍生物 SO_2Cl_2 称为硫酰氯(也称氯化硫酰)。

干燥的 HCl 和 SO_3 作用得到 HSO_3Cl。

$$SO_3+HCl \xlongequal{} HSO_3Cl$$

以活性炭为催化剂，由 SO_2 和 Cl_2 反应生成 SO_2Cl_2。

$$SO_2+Cl_2 \xlongequal{} SO_2Cl_2$$

SO_2Cl_2 和 HSO_3Cl 均为无色发烟液体，遇水剧烈水解生成两种强酸。

$$SO_2Cl_2+2H_2O \xlongequal{} H_2SO_4+2HCl$$

$$HSO_3Cl+H_2O \xlongequal{} H_2SO_4+HCl$$

3. 硫酸盐

硫酸为强酸，多数硫酸盐易溶于水。难溶的硫酸盐主要有 $CaSO_4$、$SrSO_4$、$BaSO_4$、$PbSO_4$、Ag_2SO_4、Hg_2SO_4 等。

硫酸盐结晶时带有结晶水，如石膏 $CaSO_4\cdot2H_2O$、胆矾 $CuSO_4\cdot5H_2O$，绿矾 $FeSO_4\cdot$

$7H_2O$、皓矾 $ZnSO_4 \cdot 7H_2O$、芒硝 $Na_2SO_4 \cdot 10H_2O$、泻盐 $MgSO_4 \cdot 7H_2O$ 等。有些结晶水是"阴离子结晶水",有些是"配位水",如 $FeSO_4 \cdot 7H_2O$ 的组成可以写成$[Fe(H_2O)_6][SO_4(H_2O)]$。

硫酸盐易形成复盐。常见的硫酸盐复盐组成有两类。一类是+1价阳离子(NH_4^+、Na^+、K^+、Rb^+、Cs^+等)和+2价阳离子(Fe^{2+}、Co^{2+}、Ni^{2+}、Zn^{2+}、Cu^{2+}、Hg^{2+}等)形成的硫酸盐复盐,通式为 $M_2^{I}SO_4 \cdot M^{II}SO_4 \cdot 6H_2O$,如莫尔盐$(NH_4)_2SO_4 \cdot FeSO_4 \cdot 6H_2O$。

另一类复盐是+1价阳离子和+3价阳离子(V^{3+}、Cr^{3+}、Fe^{3+}、Co^{3+}、Al^{3+}等)形成的硫酸盐复盐,通式为 $M_2^{I}SO_4 \cdot M_2^{III}(SO_4)_3 \cdot 24H_2O$[或写成 $M^{I}M^{III}(SO_4)_2 \cdot 12H_2O$],如明矾 $K_2SO_4 \cdot Al_2(SO_4)_3 \cdot 24H_2O$、铬钾矾 $K_2SO_4 \cdot Cr_2(SO_4)_3 \cdot 24H_2O$ 等。

硫酸盐受热发生分解,一般生成金属氧化物和 SO_3。例如

$$MgSO_4 = MgO + SO_3$$

若温度较高,SO_3 和金属氧化物均可能分解。例如

$$4Ag_2SO_4 = 8Ag + 2SO_3 + 2SO_2 + 3O_2$$

若阳离子有还原性,可能被 SO_3 氧化。

$$2FeSO_4 = Fe_2O_3 + SO_3 + SO_2$$

硫酸盐的热稳定性可以用离子极化理论解释,与阳离子的电荷、半径以及阳离子的电子构型有关。金属离子半径增大,极化能力弱,硫酸盐趋于稳定,分解温度升高,如分解温度 $MgSO_4 < CaSO_4 < SrSO_4$;金属氧化数越高,极化能力越强,盐不稳定,分解温度降低,如分解温度 $Mn_2(SO_4)_3 < MnSO_4$;18e 或(18+2)e 构型的阳离子比 8e 构型的阳离子极化能力强,盐的分解温度低,如分解温度 $CdSO_4 < CaSO_4$。

4. 焦硫酸及其盐

纯 H_2SO_4 吸收 SO_3 后得到发烟硫酸,发烟硫酸的化学式可以写成 $H_2SO_4 \cdot xSO_3$。当 $x=1$ 时,$H_2S_2O_7$ 称为焦硫酸。$H_2S_2O_7$ 可看成是2个 H_2SO_4 脱去1个 H_2O 的产物,故也称一缩二硫酸。

最重要的焦硫酸盐是 $K_2S_2O_7$,由 $KHSO_4$ 强热脱水得到。

$$2KHSO_4 = K_2S_2O_7 + H_2O$$

$K_2S_2O_7$ 与 Al_2O_3 和 Cr_2O_3 等难溶氧化物共熔生成两种易溶于水的硫酸盐,由于 $K_2S_2O_7$ 具有熔矿作用而称为熔矿剂。显然,$KHSO_4$ 也具有熔矿作用。

$$3K_2S_2O_7 + Al_2O_3 = Al_2(SO_4)_3 + 3K_2SO_4$$

焦硫酸盐在溶液中与水作用,缓慢生成硫酸氢盐。

$$K_2S_2O_7 + H_2O = 2KHSO_4$$

因此,焦硫酸盐溶液不宜长时间放置,应现用现配制。

11.3.3 硫的其他含氧化合物

1. 硫代硫酸及其盐

硫代硫酸 $H_2S_2O_3$ 可以看成 H_2SO_4 分子中的一个端氧被硫取代的产物。

O
↑
O←S—OH
 |
 OH

S
↑
O←S—OH
 |
 OH

$H_2S_2O_3$ 极不稳定，至今尚未制得纯的 $H_2S_2O_3$。而其盐较稳定，其中最重要的是它的钠盐，市售的五水合硫代硫酸钠($Na_2S_2O_3 \cdot 5H_2O$)，俗称大苏打或海波。

亚硫酸钠溶液与硫粉在煮沸的条件下可以生成 $Na_2S_2O_3$。

$$Na_2SO_3 + S = Na_2S_2O_3$$

$Na_2S_2O_3$ 在中性或碱性的条件下稳定，遇到酸则因生成硫代硫酸而分解。

$$S_2O_3^{2-} + 2H^+ = S\downarrow + SO_2\uparrow + H_2O$$

由该反应的产物，可将 $S_2O_3^{2-}$ 中心硫看成氧化数为+4，端硫看成氧化数为0。

$S_2O_3^{2-}$ 有较强的还原性。

$$S_4O_6^{2-} + 2e^- = 2S_2O_3^{2-} \qquad E_A^\ominus = 0.08\ V$$

I_2 可快速而定量地将 $Na_2S_2O_3$ 氧化，产物 $Na_2S_4O_6$(连四硫酸钠)是连硫酸盐中的一种。分析化学利用此反应来测定碘，称为"碘量法"。

$$2Na_2S_2O_3 + I_2 = Na_2S_4O_6 + 2NaI$$

强氧化剂可将 $S_2O_3^{2-}$ 氧化为 SO_4^{2-}。例如

$$S_2O_3^{2-} + 4Cl_2 + 5H_2O = 2SO_4^{2-} + 8Cl^- + 10H^+$$

重金属的硫代硫酸盐难溶且不稳定，如白色的 $Ag_2S_2O_3$ 和 PbS_2O_3。$Ag_2S_2O_3$ 因不稳定而很快分解。Ag^+ 与 $S_2O_3^{2-}$ 所生成的白色 $Ag_2S_2O_3$ 经黄色、棕色，最后生成黑色的 Ag_2S。

$$2Ag^+ + S_2O_3^{2-} = Ag_2S_2O_3$$

$$Ag_2S_2O_3 + H_2O = Ag_2S + H_2SO_4$$

由该反应的产物，可将 $S_2O_3^{2-}$ 中心硫看成氧化数为+6，端硫看成氧化数为−2。

$S_2O_3^{2-}$ 的配位能力较强，可与 Ag^+、Cu^+ 等离子形成稳定的配离子。例如，AgBr 在氨水中溶解度较小，但易溶于 $Na_2S_2O_3$ 溶液中。

$$AgBr + 2Na_2S_2O_3 = Na_3[Ag(S_2O_3)_2] + NaBr$$

同样，$Ag_2S_2O_3$ 也溶于 $Na_2S_2O_3$ 溶液中。

$$Ag_2S_2O_3 + 3Na_2S_2O_3 = 2Na_3[Ag(S_2O_3)_2]$$

这类配合物一般不稳定，遇酸则发生分解反应。

$$2[Ag(S_2O_3)_2]^{3-} + 4H^+ = Ag_2S + SO_4^{2-} + 3S\downarrow + 3SO_2\uparrow + 2H_2O$$

2. 过二硫酸及其盐

过硫酸 H_2SO_5 可以看成 H_2O_2 的1个H被磺酸基—SO_3H 取代的产物，也可以看成 H_2SO_4 分子中的1个—OH被—O—OH取代的产物。过二硫酸 $H_2S_2O_8$ 则可以看成 H_2O_2 的2个H被磺酸基—SO_3H 取代的产物，也可以看成2个磺酸基—SO_3H 由双氧链—O—O—键连的产物。如图11-9所示。

```
     O                    O         O
     ‖                    ‖         ‖
HO—S—O—OH        HO—S—O—O—S—OH
     ‖                    ‖         ‖
     O                    O         O
```

图11-9 H_2SO_5 和 $H_2S_2O_8$ 分子的结构示意图

$H_2S_2O_8$ 不稳定，易分解为 H_2O_2 和 H_2SO_4。其盐比相应的酸稳定，但受热也要发生分解反应。

$$2K_2S_2O_8 \xlongequal{\triangle} 2K_2SO_4 + 2SO_3\uparrow + O_2\uparrow$$

过二硫酸盐主要的性质是氧化性，酸性介质中 $S_2O_8^{2-}$ 是强氧化剂。

$$S_2O_8^{2-}+2e^-=\!=\!=2SO_4^{2-} \qquad E_A^\ominus=2.01\ \text{V}$$

在加热和 Ag^+ 催化作用下，$S_2O_8^{2-}$ 能迅速将 Mn^{2+} 氧化成 MnO_4^-。

$$2Mn^{2+}+5S_2O_8^{2-}+8H_2O=\!=\!=2MnO_4^-+10SO_4^{2-}+16H^+$$

如果不加 Ag^+，则 Mn^{2+} 转化为 MnO_2 而很难生成 MnO_4^-。

3. 连多硫酸及其盐

连多硫酸的通式为 $H_2S_xO_6$，如连三硫酸 $H_2S_3O_6$、连四硫酸 $H_2S_4O_6$。连多硫酸结构的特点是两端为磺酸基，磺酸基之间为 S 原子或连 S 链(图 11 - 10)，连多硫酸稳定性远不如其盐。

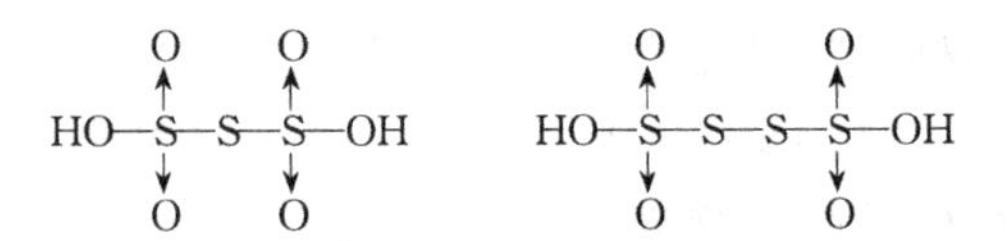

图 11 - 10　连三硫酸和连四硫酸的结构示意图

4. 连二亚硫酸盐

用 Zn 粉还原 $NaHSO_3$ 得到连二亚硫酸钠 $Na_2S_2O_4$，其阴离子结构如下

O　O
‖　‖
$^-$O—S—S—O$^-$

$Na_2S_2O_4$ 还原能力极强，$Na_2S_2O_4 \cdot 2H_2O$ 称为保险粉，吸收空气中的氧后自身被氧化，以保护其他物质不被氧化。

$$2Na_2S_2O_4+O_2+2H_2O=\!=\!=4NaHSO_3$$

11.4　硒、碲及其化合物

核心内容

1. 硒和碲为稀有分散元素，单质均为半导体。

2. H_2Se 和 H_2Te 毒性比 H_2S 大，水溶液的酸性比 H_2S 强，稳定性不如 H_2S。

3. SeO_2 白色固体，易溶于水，生成 H_2SeO_3。TeO_2 白色固体，难溶于水，溶于 NaOH 溶液，再加酸可生成 H_2TeO_3。SeO_2 和 TeO_2 都具有较强的氧化性。

4. SeO_3 易溶于水生成 H_2SeO_4，H_2SeO_4 为二元强酸，具有较强的氧化性。TeO_3 难溶于水、稀酸和稀的强碱，可溶于浓的强碱。H_6TeO_6 酸性极弱，氧化能力比 H_2SeO_4 稍弱。

11.4.1　硒和碲的单质

硒和碲都存在几种同素异形体，硒有灰硒、红硒及无定形硒等，其中灰硒最稳定。硒是典型的半导体，在光照下导电性可提高上千倍。碲为银白色晶体，也是半导体。

硒和碲均有毒，它们的化学性质与 S 相似，但不如 S 活泼。

11.4.2 硒和碲的化合物

1. 氢化物

H_2Se 和 H_2Te 均为无色、有极难闻气味的气体，毒性都比 H_2S 大。

H_2Se 和 H_2Te 不稳定，且该族元素氢化物稳定性按 H_2O、H_2S、H_2Se、H_2Te 顺序依次递减。H_2Se 和 H_2Te 的标准生成自由能均为正值。H_2S、H_2Se 和 H_2Te 的还原性依次增强。

H_2Se 和 H_2Te 溶于水生成氢硒酸和氢碲酸，它们的酸性都比 H_2S 强。

金属硒化物和碲化物水解或与稀酸作用可以生成 H_2Se 和 H_2Te。

$$Al_2Se_3 + 6H_2O = 2Al(OH)_3 + 3H_2Se$$
$$Al_2Te_3 + 6H^+ = 2Al^{3+} + 3H_2Te$$

2. 二氧化物及含氧酸

SeO_2 和 TeO_2 都是白色固体，二者可以由单质在空气中燃烧得到，也可以由氢化物在空气中燃烧得到。

$$Se + O_2 = SeO_2$$
$$Te + O_2 = TeO_2$$
$$2H_2Se + 3O_2 = 2SeO_2 + 2H_2O$$
$$2H_2Te + 3O_2 = 2TeO_2 + 2H_2O$$

SeO_2 和 TeO_2 氧化性比 SO_2 强，是中等强度的氧化剂，可以氧化 H_2S、HI 等生成单质 S 和 I_2 等。当它们遇到强氧化剂时，也可以被氧化到最高价。

$$SeO_2 + 2H_2S = Se + 2S + 2H_2O$$
$$SeO_2 + 4HI = Se + 2I_2 + 2H_2O$$
$$3TeO_2 + H_2Cr_2O_7 + 6HNO_3 + 5H_2O = 3H_6TeO_6 + 2Cr(NO_3)_3$$

SeO_2 溶于水生成亚硒酸 H_2SeO_3，H_2SeO_3 为二元弱酸（$K_{a1}^{\ominus} = 2.40 \times 10^{-3}$，$K_{a2}^{\ominus} = 5.01 \times 10^{-9}$）。$TeO_2$ 不溶于水，因此要得到亚碲酸 H_2TeO_3，需要将 TeO_2 溶于碱中再加酸酸化、结晶得到。H_2TeO_3 也是二元弱酸（$K_{a1}^{\ominus} = 5.4 \times 10^{-7}$，$K_{a2}^{\ominus} = 3.0 \times 10^{-9}$）。

3. 三氧化物及含氧酸

SeO_3 为白色固体，极易吸水而生成硒酸 H_2SeO_4。

TeO_3 为橙色固体，难溶于水、稀酸及稀的强碱，但可溶于浓的强碱而生成碲酸盐。

$$TeO_3 + 2KOH(浓) = K_2TeO_4 + H_2O$$

H_2SeO_4 与 H_2SO_4 相似，为二元强酸，第一步完全解离，第二步解离常数 $K_{a2}^{\ominus} = 2.2 \times 10^{-2}$。而 H_6TeO_6 酸性很弱（$K_{a1}^{\ominus} = 2.19 \times 10^{-8}$，$K_{a2}^{\ominus} = 9.77 \times 10^{-12}$）。

最高氧化数含氧酸的氧化性顺序为 $H_2SeO_4 > H_6TeO_6 > H_2SO_4$，$H_2SeO_4$ 可以将 Cl^- 氧化。

$$H_2SeO_4 + 2HCl = H_2SeO_3 + Cl_2 + H_2O$$

思 考 题

1. 总结氧气和臭氧在结构和性质上有什么不同，试说明原因。

2. 比较 H_2S、H_2Se、H_2Te 在酸性、还原性、热稳定性方面的变化规律。
3. 总结轻金属硫化物、重金属硫化物、多硫化物的特点。
4. 总结氧族元素氧化物酸碱性的变化规律。
5. 简述过氧化氢的结构、性质和制备方法。
6. 氧族元素单质有哪些同素异形体?
7. 试解释:$SOCl_2$ 既可以作路易斯酸又可以作路易斯碱。
8. 总结硫酸盐热分解的规律。

习　　题

1. 写出下列物质的化学式。
   (1) 黄铁矿　(2) 黄铜矿　(3) 闪锌矿　(4) 重晶石
   (5) 芒硝　(6) 绿矾　(7) 莫尔盐　(8) 铬钾矾
2. 写出下列物质热分解反应的方程式。
   (1) Na_2SO_4　(2) $K_2S_2O_8$　(3) Ag_2SO_4　(4) $FeSO_4$
3. 完成并配平下列化学反应方程式。
   (1) $BaO_2 + H_2SO_4 =\!=\!=$
   (2) $S + NaOH =\!=\!=$
   (3) $H_2S + ClO_3^- + H^+ =\!=\!=$
   (4) $HSO_3Cl + H_2O =\!=\!=$
   (5) $H_2O_2 + Mn(OH)_2 =\!=\!=$
   (6) $NaHSO_3 + Zn =\!=\!=$
   (7) $I_2 + Na_2S_2O_3 =\!=\!=$
   (8) $AgBr + Na_2S_2O_3 =\!=\!=$
   (9) $TeO_2 + H_2Cr_2O_7 + HNO_3 =\!=\!=$
   (10) $TeO_3 + KOH$(浓)$=\!=\!=$
4. 完成下列各反应的方程式,并叙述实验现象。
   (1) 将 O_3 通入淀粉-KI 酸性溶液中;
   (2) PbS 与 H_2O_2 作用;
   (3) 向酸性的 $K_2Cr_2O_7$ 溶液中加入有机溶剂,再加入 H_2O_2 溶液;
   (4) 用盐酸酸化多硫化钠溶液;
   (5) 向酸化的 $(NH_4)_2S_2O_8$ 溶液中加入 $MnSO_4$ 和几滴 $AgNO_3$ 溶液;
   (6) KI 溶液中缓慢加 H_2O_2 溶液。
5. 已知 O_2^{2-}、O_2^-、O_2 和 O_2^+ 的键距依次为 149 pm、126 pm、121 pm 和 112 pm,它们对应的键级各是多少?
6. 用化学反应方程式表示下列制备过程。
   (1) 以 Na_2CO_3、Na_2S 和 SO_2 为原料制备硫代硫酸钠;
   (2) 以 FeS 为原料制备硫酸;
   (3) 工业上电解 NH_4HSO_4 制备过氧化氢;
   (4) 以单质 S 为原料制备 $Na_2S_2O_5$。
7. 比较下列各组物质的酸碱性及氧化性的强弱。
   (1) H_2O,Na_2O,Na_2O_2　(2) H_2S,Na_2S,Na_2S_2
8. 鉴别下列各对物质。
   (1) PbS 和 CuS　(2) O_3 和 SO_2　(3) SeO_2 和 TeO_2
9. 分别指出下列分子的空间构型,并说明它们的成键情况及中心原子的杂化轨道类型。

H_2S,$SOCl_2$,SF_6,SOF_4,SF_4

10. O_2F_2与H_2O_2有类似的结构。在O_2F_2中O—O键长为121 pm,在H_2O_2中O—O键长为148 pm,试说明O—O键长相差较大的原因。

11. 简要回答下列各题:

(1) 为什么不能采取高温浓缩的办法制得$NaHSO_3$晶体?

(2) 为什么浓H_2SO_4具有较强的氧化能力,而稀H_2SO_4基本无氧化能力?

(3) 正交硫的熔点为112.8℃,而正交硫与单斜硫的相变点为95.6℃,为什么能够测定出正交硫的熔点?

(4) Fe^{3+}和Mn^{2+}对H_2O_2的分解都有催化作用。

12. 用化学反应方程式表示下列各步转化过程。

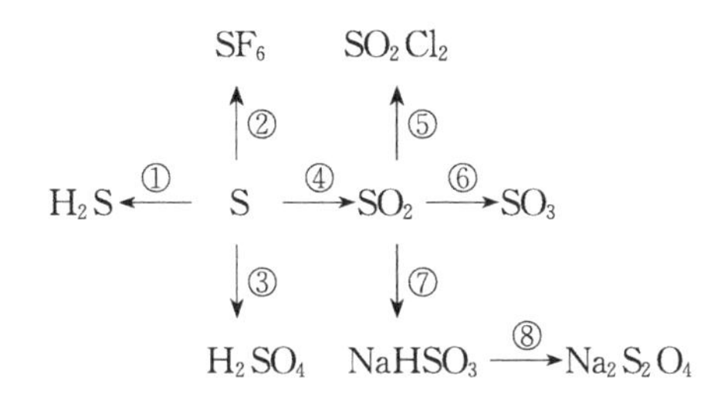

13. 现有四瓶失落标签的无色溶液,可能是Na_2S、Na_2SO_3、$Na_2S_2O_3$和Na_2SO_4,试加以鉴别并确证,写出有关化学反应方程式。

14. 解释下列事实。

(1) 有人做实验时发现少量的SnS可以溶于Na_2S溶液,说明可能的原因;

(2) 少量$Na_2S_2O_3$溶液和$AgNO_3$溶液反应生成白色沉淀,沉淀逐渐变黄变棕色,最后变成黑色。白色沉淀溶于过量$Na_2S_2O_3$溶液,而黑色沉淀不溶于过量$Na_2S_2O_3$溶液;

(3) 将少量酸性$MnSO_4$溶液与$(NH_4)_2S_2O_8$溶液混合后水浴加热,很快生成棕黑色沉淀;但在加热前加入几滴$AgNO_3$溶液,混合溶液逐渐变红;

(4) 将SO_2通入稀的品红溶液,溶液的红色消失;过一段时间后,溶液的红色又逐渐恢复;

(5) SF_4易水解而SF_6不水解。

15. 如何除去KCl溶液中含有的少量的K_2SO_4杂质?写出相关的反应方程式。

16. 某溶液中可能含Cl^-、S^{2-}、SO_3^{2-}、$S_2O_3^{2-}$、SO_4^{2-}中的一种或几种。通过下列实验现象判断哪几种离子存在?哪几种离子不存在?哪几种离子可能存在?

(1) 向一份试液中加过量$AgNO_3$溶液产生白色沉淀;

(2) 向另一份试液中加入$BaCl_2$溶液也产生白色沉淀;

(3) 取第三份试液,用H_2SO_4酸化后加入溴水,溴水不褪色。

17. 白色固体钾盐A与无色油状液体B反应有紫黑色固体C和无色气体D生成,C微溶于水,但易溶于A的溶液中得到棕黄色溶液。将气体D通入$Pb(NO_3)_2$溶液得黑色沉淀E,E经H_2O_2处理后转变为白色沉淀F。若将D通入$NaHSO_3$溶液则有乳白色沉淀G析出。试给出A~G的化学式,写出相关反应的方程式。

18. 将白色固体化合物A加热,生成B和C。白色固体B溶于稀盐酸生成D的溶液,向其中滴加适量氢氧化钠溶液生成白色沉淀E,氢氧化钠过量时沉淀消失。E易溶于氨水。C是F的酸酐,浓酸F与单质硫作用生成有刺激性气味的气体G和水。A可由稀酸F与金属作用生成。试给出A~G的化学式,并写出相关反应的方程式。

19. 化合物A溶于水得无色溶液,向该溶液中加入稀硫酸有无色气体B生成。将B通入到碘水溶液中则碘水褪色,再加入稀$BaCl_2$溶液生成不溶于硝酸的白色沉淀C。将适量B通入到Na_2S溶液中则有黄色沉淀D析出。向NaOH溶液中通入适量的B,经蒸发、冷却后析出E的水合晶体。固体E在煤气灯上加热生成F。将F加入到$SbCl_3$溶液中则有橙色沉淀G生成,G不溶于稀盐酸;若用$BaCl_2$溶液代替$SbCl_3$溶液与 F 作用，则生成 C。向 E 的溶液中通入过量 B，又得到 A 的溶液。试给出 A～G 的化学式和相关的反应方程式。

20. 在一种含有配离子 A 的溶液中加入稀酸，有刺激性气体 B 和沉淀生成。气体 B 能使 $KMnO_4$ 溶液褪色。若通氯气于溶液 A 中，得到白色沉淀 C 和含有 D 的溶液。D 与 $BaCl_2$ 作用，有不溶于酸的白色沉淀 E 产生。若在溶液 A 中加入 KI 溶液，产生黄色沉淀 F，再加入 NaCN 溶液，黄色沉淀 F 溶解，形成无色溶液 G，向 G 中通入 H_2S 气体，得到黑色沉淀 H。根据上述实验结果，写出各步反应的方程式，并确定 A～H 各为何物质。

第12章 氮族元素

12.1 氮的单质和氢化物
- 氮的单质
- 氨
- 联氨
- 羟胺
- 叠氮酸

12.2 氮的卤化物和硫化物
- 氮的卤化物
- 氮的硫化物

12.3 氮的含氧化合物
- 氮的氧化物
- 亚硝酸及其盐
- 硝酸及其盐
- 氮的其他含氧酸

12.4 磷及其化合物
- 磷的单质
- 磷的氢化物
- 磷的氧化物
- 磷的含氧酸及其盐
- 磷的卤化物和硫化物

12.5 砷、锑、铋
- 单质
- 氢化物
- 含氧化合物
- 卤化物
- 硫化物

氮族为ⅤA族元素，包括氮、磷、砷、锑和铋5种元素，原子的价电子构型为ns^2np^3，都有5个价电子，元素的最高氧化态可以达到+5。第二周期元素中，氮没有价层d轨道，不能形成5个共价键；Bi的4f和5d轨道电子对原子核的屏蔽作用较小，同时6s电子又具有较强的钻穿作用使6s电子能量显著降低，成为“惰性电子对”而不易参与成键。

氮族元素在地壳中的质量分数分别为氮$2.5\times10^{-3}\%$（列第30位），磷0.1%（列第11位），砷$1.5\times10^{-4}\%$，锑$2\times10^{-5}\%$，铋$4.8\times10^{-6}\%$。氮绝大部分以单质的形式存在于大气中，占大气体积的78.1%；动植物体中的蛋白质都含有氮，土壤中含有硝酸盐。磷在自然界以磷酸盐的形式存在，如磷酸钙矿$Ca_3(PO_4)_2\cdot H_2O$和氟磷灰石矿$Ca_5F(PO_4)_3$等。砷、锑、铋主要是以硫化物矿存在，如雌黄As_2S_3、雄黄As_4S_4、砷硫铁矿FeAsS、辉锑矿Sb_2S_3、辉铋矿Bi_2S_3等。砷、锑、铋还有少量的氧化物矿，如砷华As_2O_3、锑华Sb_2O_3和铋华Bi_2O_3。

氮族元素单质的熔点，从N_2到Bi先升高后降低。As的熔点突然升高，说明发生晶体类型的转变，氮和磷为分子晶体而砷为原子晶体（不是金属晶体）。金属键随半径的增大而减弱，故锑、铋的熔点依次降低，铋为低熔点金属。

除磷外，在酸性溶液中氧化数为+5的氮族化合物都有氧化性。在酸性溶液中除HNO_2具有氧化性外，其他元素的+3氧化数的化合物都没有氧化性。

氮、磷和砷都是最重要的生命必需元素，氮和磷也是植物生长的必需元素。氮在人体内质量分数约为5.1%，是组成氨基酸和蛋白质等的主要元素；磷在人体内质量分数约为$6.3\times10^{-1}\%$（体内宏量元素），是牙齿、骨骼、核苷酸、核酸的组分，为生物合成和能量代谢所必需；砷化合物虽然有剧毒，但砷却是生命必需元素，为血红蛋白的合成所必需，可能与繁殖能力有关。

12.1　氮的单质和氢化物

核心内容

1. N_2常温下很稳定，高温下才能参与反应。
2. NH_3能进行配位反应、氧化反应、取代反应（包括氨解反应）。
3. NH_3、N_2H_4、NH_2OH呈碱性，碱性依次减弱；HN_3为酸性。
4. N_2H_4和NH_2OH为强还原剂。
5. HN_3及其盐稳定性差，N_3^-为类卤离子。

氮的单质以双原子分子N_2形式存在。氮的氢化物主要有氨NH_3、联氨N_2H_4、羟胺NH_2OH、叠氮酸HN_3。

12.1.1　氮的单质

N_2分子中2个原子以叁键结合，常温下很稳定。N_2是一种无色无味的气体，熔、沸点低（熔点−210.00℃，沸点−195.79℃）。由于氮气在常温下呈化学惰性，常被用来作保护气体；液氮可以作制冷剂。

工业上分馏液态空气制N_2，实验室由铵盐热分解制N_2。

$$NH_4Cl+NaNO_2 = NaCl+2H_2O+N_2$$

高温下N_2活性提高，可以与金属反应。

$$3Ca+N_2 = Ca_3N_2$$

在高温高压并有催化剂存在的条件下，氮气可以和氢气反应生产氨。

$$N_2 + 3H_2 \xrightarrow[\text{催化剂}]{\text{高温高压}} 2NH_3$$

氮气在放电条件下也可以直接和氧化合。

$$N_2 + O_2 \xrightarrow{\text{放电}} 2NO$$

12.1.2　氨

工业上利用氢气和氮气反应生产氨。实验室由铵盐与强碱共热或金属氮化物水解制备氨。

$$2NH_4Cl(s) + Ca(OH)_2(s) \xrightarrow{\triangle} CaCl_2(s) + 2NH_3\uparrow + 2H_2O$$

$$Mg_3N_2 + 6H_2O = 3Mg(OH)_2 + 2NH_3\uparrow$$

常温常压下氨为无色气体，具有刺激性气味。NH_3 有较大的极性且与水能形成氢键，所以氨极易溶于水（20 ℃时 1 体积水可溶解 775 体积氨）。氨在水中部分解离，显弱碱性。

$$NH_3 + H_2O \rightleftharpoons NH_4^+ + OH^- \qquad K_b^\ominus = 1.8\times10^{-5}$$

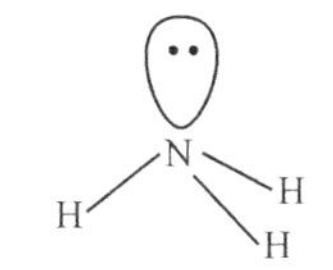

图 12-1　氨分子结构示意图

氨分子结构如图 12-1 所示。从氨分子的结构和组成可知，氨分子能进行配位反应、氧化反应、取代反应（包括氨解反应）。

1. 配位反应（加合反应）

氨分子中 N 的孤电子对与有空轨道的化合物或离子加合，形成加合物或配合物，如 $H_3N\rightarrow BF_3$、$[Ag(NH_3)_2]^+$、$[Cu(NH_3)_4]^{2+}$ 等。由于生成易溶的配合物，故 AgCl 和 $Cu(OH)_2$ 等能溶解在氨水中。

2. 取代反应

氨分子中的氢可以依次被取代，生成相应的衍生物。氨分子中的 1 个氢被取代，生成氨基化合物。

$$2NH_3 + HgCl_2 = Hg(NH_2)Cl\downarrow + NH_4Cl$$

$$2Na + 2NH_3 = 2NaNH_2 + H_2\uparrow$$

氨分子中的 2 个氢被取代则生成亚氨基化合物，如 CaNH；氨分子中的 3 个氢被取代则生成氮化物，如 NCl_3 等。

活泼的碱金属可以溶解在液氨中得到一种蓝色溶液，其导电能力极强，一般认为其颜色是由于生成了氨合电子，即

$$Na = Na^+ + e^-$$

$$n\,NH_3 + e^- = e(NH_3)_n^-$$

金属钠的液氨溶液缓慢地分解放出氢气，得到白色氨基钠（$NaNH_2$）固体。

3. 氨解反应

氨的自偶解离常数虽比水小得多，但也能发生类似于水解反应的氨解反应，NH_3 解离产生的 NH_2^- 与阳离子结合。从反应产物看，氨解反应可以看成取代反应。

$$4NH_3+COCl_2 = CO(NH_2)_2+2NH_4Cl$$
$$4NH_3+SOCl_2 = SO(NH_2)_2+2NH_4Cl$$
$$2NH_3+HgCl_2 = Hg(NH_2)Cl\downarrow+NH_4Cl$$

4. 氧化反应

NH_3 分子中 N 的氧化数为−3，N 在一定条件下能失去电子而被氧化。

$$2NH_3+3Br_2 = 6HBr+N_2\uparrow$$
$$2NH_3+3CuO = N_2+3Cu+3H_2O$$
$$4NH_3+3O_2 = 2N_2+6H_2O$$

在铂催化剂的作用下氨可被氧化成一氧化氮，这是生产硝酸的重要反应。

$$4NH_3+5O_2 \xlongequal{Pt} 4NO+6H_2O$$

5. 铵盐

(1) 铵盐的生成。氨和酸作用生成铵盐。例如

$$NH_3+HCl = NH_4Cl$$
$$NH_3+HNO_3 = NH_4NO_3$$

铵盐易溶于水，而且是强电解质。氨为弱碱，铵盐溶于水发生水解反应。强酸根的铵盐的水溶液显酸性，如 NH_4Cl、NH_4NO_3；而乙酸铵(NH_4Ac)水溶液近于中性。

有些酸根水解后碱性强，其铵盐往往不能由水溶液的蒸发、浓缩后析出，如 $(NH_4)_2S$、$(NH_4)_2CO_3$、$(NH_4)_3PO_4$ 等，这些铵盐没有市售的试剂，实验室也没有这些铵盐的溶液。

简单计算结果表明，溶液中 NH_4^+ 和 NH_3浓度相同时，HCO_3^- 浓度比 CO_3^{2-} 浓度高 10 倍以上，HS^-浓度比 S^{2-}浓度高 100 倍以上。实验结果也表明，从水溶液中不能析出$(NH_4)_2S$ 和 $(NH_4)_2CO_3$，而只能得到 NH_4HS 和 NH_4HCO_3 晶体。

(2) 铵盐的分解。铵盐的热稳定性差，多元弱酸的铵盐其正盐的分解温度往往比酸式盐的分解温度低。例如，$(NH_4)_2S$ 分解温度为 0 ℃，NH_4HS 分解温度为 25 ℃，$(NH_4)_2CO_3$ 分解温度为 58 ℃，NH_4HCO_3 分解温度为 107 ℃，$(NH_4)_2HPO_4$ 分解温度为 155 ℃，$(NH_4)_2SO_4$ 分解温度为 280 ℃，NH_4Cl 分解温度为 520 ℃。

易挥发的非氧化性酸的铵盐，受热分解后氨和酸挥发逸出。例如

$$NH_4HS = NH_3\uparrow+H_2S\uparrow$$
$$NH_4HCO_3 = NH_3\uparrow+CO_2\uparrow+H_2O$$
$$NH_4Cl = NH_3\uparrow+HCl\uparrow$$

非挥发的非氧化性酸的铵盐，受热分解后氨挥发逸出。例如

$$(NH_4)_2SO_4 = NH_3\uparrow+NH_4HSO_4$$
$$NH_4H_2PO_4 = NH_3\uparrow+H_3PO_4$$

氧化性酸的铵盐受热分解过程中铵离子被氧化。分解产物是气体且放出大量的热，往往发生爆炸。例如

$$NH_4NO_2 = N_2\uparrow+2H_2O$$
$$NH_4NO_3 = N_2O\uparrow+2H_2O$$
$$(NH_4)_2Cr_2O_7 = N_2\uparrow+Cr_2O_3+4H_2O$$

12.1.3 联氨

联氨又称"肼",可以看成 NH_3 的一个 H 被—NH_2(氨基)取代后的产物。NH_3 被 NaClO 溶液氧化得到 N_2H_4。

$$2NH_3 + ClO^- \longrightarrow N_2H_4 + Cl^- + H_2O$$

联氨分子的极性比较大(偶极距 μ=1.75 D),说明它是顺式结构,如图 12-2 所示。

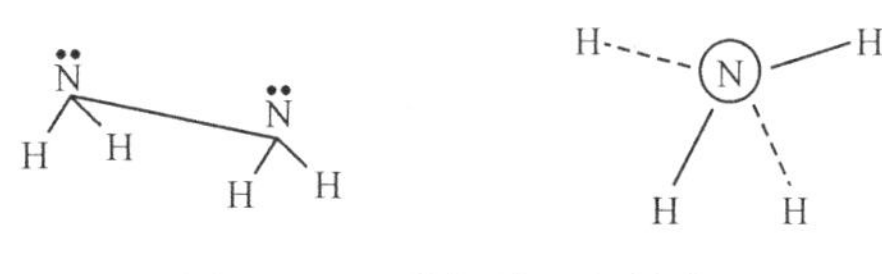

图 12-2 联氨分子的结构

联氨在常温下为无色的液体,熔点(1.54 ℃)和沸点(113.55 ℃)比氨和水都高。N_2H_4 为二元弱碱,N 原子上的孤电子对配位能力较弱,其碱性($K_{b1}^{\ominus}$=8.7×10^{-7})不如 NH_3 强。

联氨中 N 的氧化数为−2,因而既有氧化性又有还原性。

$$3H^+ + N_2H_5^+ + 2e^- \longrightarrow 2NH_4^+ \qquad E^{\ominus}=1.28\ V$$

$$N_2 + 5H^+ + 4e^- \longrightarrow N_2H_5^+ \qquad E^{\ominus}=-0.23\ V$$

$$N_2H_4 + 2H_2O + 2e^- \longrightarrow 2NH_3 + 2OH^- \qquad E^{\ominus}=0.1\ V$$

$$N_2 + 4H_2O + 4e^- \longrightarrow N_2H_4 + 4OH^- \qquad E^{\ominus}=-1.15\ V$$

但是联氨作为氧化剂的反应速度都很慢,因此,联氨只是一个强还原剂。

$$N_2H_4(aq) + 2Br_2 \longrightarrow 4HBr + N_2\uparrow$$

$$4AgBr + N_2H_4 \longrightarrow 4Ag + N_2\uparrow + 4HBr$$

$$N_2H_4 + HNO_2 \longrightarrow HN_3\uparrow + 2H_2O$$

联氨与氧、二氧化氮、过氧化氢反应,生成 N_2 和 H_2O,并放出大量的热。

$$N_2H_4 + O_2 \longrightarrow N_2 + 2H_2O$$

$$2N_2H_4 + 2NO_2 \longrightarrow 3N_2 + 4H_2O$$

$$N_2H_4 + 2H_2O_2 \longrightarrow N_2\uparrow + 4H_2O$$

联氨不如其盐稳定,常以盐的形式保存,如 $N_2H_4\cdot H_2SO_4$、$N_2H_4\cdot 2HCl$ 等。

12.1.4 羟胺

羟胺可以看成是 NH_3 中的一个 H 被—OH 基取代的衍生物,其结构如图 12-3 所示。

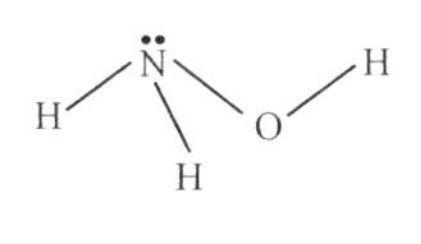

图 12-3 羟胺分子的结构

NH_2OH 为白色固体(熔点 32 ℃),不稳定,但盐较稳定,如 $[NH_3OH]Cl$ 和 $[NH_3OH]_2SO_4$。分子中的—OH 基吸电子能力比—NH_2 基强,因此,羟胺的碱性($K_b^{\ominus}$=8.7×10^{-9})和配位能力比联氨弱。

与联氨相似,羟胺作为氧化剂的反应速度很慢,无实际意义,但羟胺在酸性或碱性溶液中都是好的还原剂。

$$2NH_2OH + 2AgBr \longrightarrow 2Ag + N_2 + 2HBr + 2H_2O$$

$$2NH_2OH + 4AgBr \longrightarrow 4Ag + N_2O + 4HBr + H_2O$$

12.1.5 叠氮酸

叠氮酸 HN_3,分子结构如图 12-4 所示。分子中 3 个 N 原子连接成直线,H—N 和 N—N—N 间的夹角是 111°。3 个 N 原子间有离域的 Π_3^4 键,中间的 N 与未连接 H 的端 N 间

有正常的 π 键；与 H 键连的 N 原子是 sp^2 杂化的，中间的 N 原子是 sp 杂化。

图 12－4　HN_3 和 N_3^- 结构、离域 π 键

HN_3 为无色液体（熔点－80℃，沸点35.7℃），毒性大且易爆炸，酸性（$K_a^\ominus = 2.5\times10^{-5}$）与乙酸相近。

叠氮酸可由亚硝酸氧化联氨生成

$$N_2H_4 + HNO_2 \xlongequal{} HN_3 + 2H_2O$$

N_3^- 性质类似于卤离子，如白色的 AgN_3 和 $Pb(N_3)_2$ 难溶于水。碱金属的叠氮化物稍稳定，而其他金属叠氮化物受热或受撞击易爆炸。

$$Pb(N_3)_2 \xlongequal{} Pb + 3N_2\uparrow$$

12.2　氮的卤化物和硫化物

1. 氮的常见卤化物为三卤化物 NF_3、NCl_3 和 NBr_3 及其卤氧化物，还有其他低价氮的卤化物。

2. 氮的硫化物主要是 S_4N_4 和 S_2N_2。

12.2.1　氮的卤化物

低价氮的卤化物主要有 N_2F_4、N_2F_2、N_3F。氮的混合卤化物则很不稳定，难以得到纯态，如 $NClF_2$、NCl_2F、$NBrF_2$、NF_2H 等。

1. 氮的三卤化物

早在 1811 年杜龙（P. L. Dulong）制得了第一个氮的三卤化物 NCl_3，但不幸的是在研究其性质时发生爆炸，杜龙失去了三只手指和一只眼睛。而氮最稳定的三卤化物 NF_3 却在 1928 年（相隔 115 年）才被合成出来。

氮的三卤化物中，NF_3（无色气体）可由 Cu 催化下氨与氟单质反应制备，NCl_3（无色液体）可由电解 NH_4Cl 的酸性溶液制备，NBr_3（红棕色固体）可用 BrCl 低温溴化 $(Me_3Si)_2NBr$（$Me = CH_3$）制备，而最不稳定的 NI_3 尚未得到纯品。

$$4NH_3 + 3F_2 \xlongequal{} NF_3 + 3NH_4F$$

$$3NH_4Cl \xlongequal{} NCl_3 + 3H_2 + 2NH_3$$

$$(Me_3Si)_2NBr + 2BrCl \xlongequal{} NBr_3 + 2Me_3SiCl$$

氮的三卤化物中，只有 NF_3 标准生成热为负值。稳定的 NF_3 不水解，与稀酸、稀碱不反应，高温时是很好的氟化剂。

NCl_3 稳定性差，易爆炸生成两种单质，易水解生成弱酸 HClO 和弱碱 NH_3。

$$NCl_3 + 3H_2O \xlongequal{} NH_3 + 3HClO$$

生成的 HClO 有氧化性，故 NCl_3 可用于漂白、杀菌等。

2. 氮的其他卤化物

N_2F_4(标准生成热为正值)为无色气体,稳定性远不如 NF_3。150 ℃时,N_2F_4 能够发生解离反应,与 N_2O_4 解离反应相似,但解离程度不如 N_2O_4。

$$N_2F_4 \rightleftharpoons 2NF_2$$

有趣的是,采取不同的降温方式可得到无色和蓝色两种固体 N_2F_4。

N_2F_2为无色气体,有顺式、反式两种构型,顺式比反式稳定。反式 N_2F_2 没有极性,顺式 N_2F_2 有极性(μ=0.18 D)。

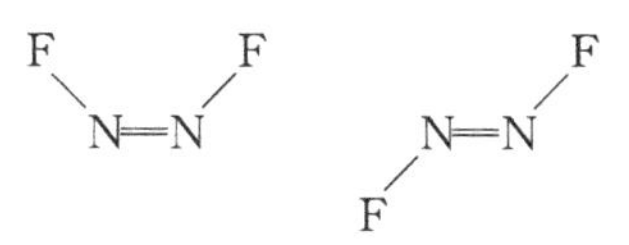

N_2F_2的顺式和反式结构

3. 氮的卤氧化物

氮的卤氧化物主要有 XNO 和 XNO_2 类型,均为气态。

XNO 是 NO 被卤素 X_2 氧化的产物,可以看成 NO^+ 与 X^- 结合的产物,故可写成 NOX。

$$2NO + X_2 = 2XNO$$

FNO 为无色气体,ClNO 为橙黄色气体,BrNO 为红色气体。N 采取 sp^2 杂化,分子为 V 字形。XNO 均易水解,生成的 HNO_2进一步歧化分解。

$$XNO + H_2O = HNO_2 + HX$$

$$3HNO_2 = HNO_3 + 2NO + H_2O$$

XNO_2 只有 FNO_2 和 $ClNO_2$,均为无色气体,N 采取 sp^2 杂化。XNO_2 可以看成 NO_2^+ 与 X^- 结合的产物,故可写成 NO_2X,制备反应也可证实这一点。

$$F_2 + 2NO_2 = 2FNO_2$$

$$HNO_3 + HSO_3Cl = ClNO_2 + H_2SO_4$$

FNO_2 常用于做氟化剂,XNO_2 易发生水解反应和氨解反应。

$$ClNO_2 + H_2O = HNO_3 + HCl$$

$$ClNO_2 + 2NH_3 = ClNH_2 + NH_4NO_2$$

12.2.2 氮的硫化物

氮的硫化物很多,以 S_nN_n居多。

S_4N_4 为橙黄色固体,熔点为 178.2 ℃,空气中稳定,是制备其他氮硫化合物的原料。S_4N_4 分子结构如图 12-5(a)所示,分子中 S—N 键长为 162 pm,S—S 距离为 258 pm(介于共价键和范德华距离之间),说明 S—S 间有弱的相互作用。

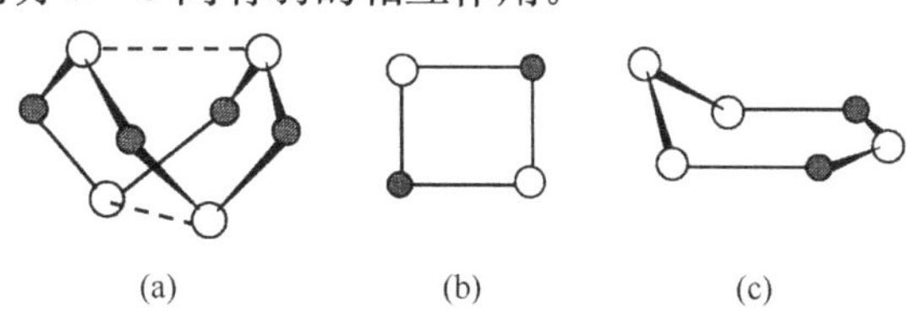

图 12-5 一些氮的硫化物结构

○ S; ● N

S_4N_4 受到撞击或迅速加热时发生爆炸反应：

$$S_4N_4 = 4S + 2N_2$$

S_4N_4 不溶于水也不水解。但遇稀强碱溶液时水解生成硫代硫酸盐、连三硫酸盐和氨：

$$2S_4N_4 + 6NaOH + 9H_2O = Na_2S_2O_3 + 2Na_2S_3O_6 + 8NH_3$$

S_4N_4 遇浓强碱溶液时水解生成硫代硫酸盐、亚硫酸盐和氨：

$$S_4N_4 + 6NaOH + 3H_2O = Na_2S_2O_3 + 2Na_2SO_3 + 4NH_3$$

S_2N_2 常温下为无色晶体，不溶于水，溶于许多有机溶剂。S_2N_2 分子为平面四边形环状结构，如图 12-5(b)所示。分子中两种 S—N 键长不相同。S_2N_2 不稳定，受撞击或加热至 30 ℃以上则爆炸分解。S_2N_2 固体在室温下缓慢聚合，生成 $(SN)_n$ 晶体。

$(SN)_n$ 称为聚氮化硫或聚噻唑基，青铜色，有金属光泽和低温超导性。$(SN)_n$ 比 S_2N_2 稳定，温度在 240 ℃以下不发生爆炸分解反应。

S_4N_2 为红色晶体，25 ℃熔化为深红色液体，温度达到 100 ℃即剧烈分解。S_4N_2 分子为船式构型，如图 12-5(c)所示。

12.3　氮的含氧化合物

1. 氮的氧化物主要有 N_2O、NO、N_2O_3、NO_2、N_2O_4、N_2O_5，这些氮的氧化物多数都有离域 π 键。常温下 N_2O_5 为固体，离子化合物；其他氮的氧化物都是气体，共价化合物。

2. 亚硝酸是不稳定的弱酸，易分解，既有氧化性又有还原性。亚硝酸盐一般易溶于水，但其重金属盐难溶。NO_2^- 配位能力较强。

3. 硝酸形成分子内氢键，熔、沸点低，易挥发，不稳定，氧化性较强。NO_2 对硝酸作氧化剂的反应有催化作用。硝酸作氧化剂，随着浓度降低其还原产物氧化数减小。

4. 王水能够溶解金和铂，是 HNO_3 氧化性强和 Cl^- 配位能力强共同作用的结果。

5. 硝酸盐的热稳定性和分解产物与阳离子的极化能力有关。

12.3.1　氮的氧化物

氮的氧化物主要有氧化二氮(N_2O)、一氧化氮(NO)、三氧化二氮(N_2O_3)、二氧化氮(NO_2，其二聚体为 N_2O_4)和五氧化二氮(N_2O_5)，这些氮的氧化物多数都有离域 π 键(图 12-6)。常温下 N_2O_5 为固体，其他氮的氧化物都是气体。

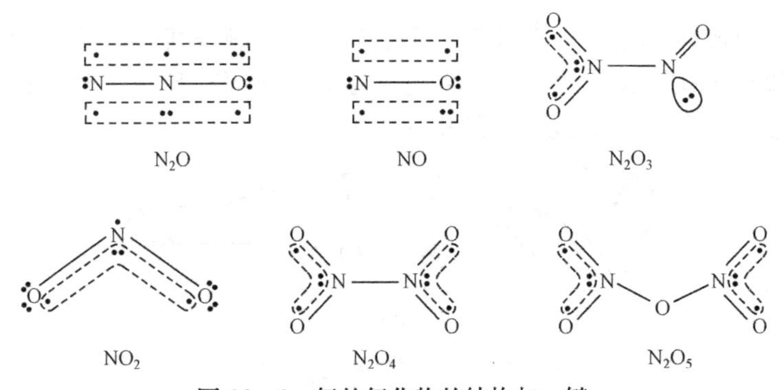

图 12-6　氮的氧化物的结构与 π 键

1. 氧化二氮

N_2O 在常温下为无色气体(沸点-88.46 ℃)。N_2O 为极性分子,但在水中的溶解度较小(1 体积水能溶解 0.5 体积气体)。N_2O 不稳定,受热分解为 N_2 和 O_2,是助燃气体。

在约 250 ℃小心加热分解硝酸铵,得到 N_2O 。

$$NH_4NO_3 \xlongequal{} N_2O\uparrow + 2H_2O$$

N_2O 分子为直线形结构,与 N_3^- 为等电子体。一般认为分子中有 2 个离域 Π_3^4 键。键长数据表明,N—N 键长(112.8 pm)明显比 N—O 键长(118.4 pm)短;理论计算结果表明 N—N 键级约为 2.5,而 N—O 键级约为 1.5。据此,更合理的解释是,N_2O 分子中只有 1 个离域 Π_3^4 键,N—N 之间还有一个正常 π 键,如图 12-7 所示。

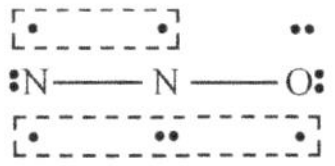

图 12-7 N_2O 分子的结构与 π 键

2. 一氧化氮

NO 为无色气体(沸点-151.8 ℃)。NO 分子中 N 原子上有孤电子对,具有一定的配位能力,如与 Fe^{2+} 生成$[Fe(NO)]^{2+}$或$[Fe(NO)(H_2O)_5]^{2+}$。NO 分子中有单电子,具有顺磁性,在低温时部分聚合为$(NO)_2$ 使顺磁性降低。NO 有还原性,在空气中被迅速氧化为 NO_2。

NO 在高压并加热时歧化:

$$3NO \rightleftharpoons N_2O+NO_2$$

工业上由氨的催化氧化制备 NO,实验室用稀硝酸与惰性金属反应制备 NO。

$$3Cu+8HNO_3 \xlongequal{} 3Cu(NO_3)_2+2NO\uparrow+4H_2O$$

3. 三氧化二氮

N_2O_3 为平面分子,可以看成 NO_2 与 NO 通过 2 个 N 原子键连形成的。由于 N—N 键长(186 pm)比单键(145 pm)还长,说明分子中不形成五中心的离域 π 键。—NO_2 一侧形成离域 Π_3^4 键(N—O 距离为 120 pm),∠ONO 为 130°;—NO 一侧的 N 与 O 形成正常的 π 键(N—O 距离为 114 pm)。

低温下 NO 与 NO_2 作用生成 N_2O_3。

$$NO+NO_2 \xlongequal{} N_2O_3$$

N_2O_3 熔点为-100.7 ℃,沸点约为 3.5 ℃。固态 N_2O_3 为蓝色,液态为淡蓝色。气态的 N_2O_3 不稳定而迅速分解为 NO 和 NO_2。

$$N_2O_3 \xlongequal{} NO+NO_2$$

4. 二氧化氮和四氧化二氮

NO 在空气中迅速被 O_2 氧化生成 NO_2,某些硝酸盐热分解的气体中含有 NO_2。

$$2NO+O_2 \xlongequal{} 2NO_2$$

$$2Cu(NO_3)_2 \xlongequal{} 2CuO+4NO_2+O_2$$

NO_2 为红棕色气体,分子中有离域 Π_3^4 键,∠ONO=134°。NO_2 易聚合,键角大(远大于 120°),表明分子中有单电子,也支持了分子中有 Π_3^4 键而不是 Π_3^3 键的观点。

NO_2 有较强的氧化性。NO_2 与水作用歧化生成 HNO_3 和 NO,在碱中则歧化生成 NO_3^-

和 NO_2^-。

$$3NO_2 + H_2O \longrightarrow 2HNO_3 + NO$$

$$2NO_2 + 2NaOH \longrightarrow NaNO_2 + NaNO_3 + H_2O$$

NO_2 聚合后得无色 N_2O_4 气体，NO_2 与 N_2O_4 迅速达到平衡。

$$2NO_2 \rightleftharpoons N_2O_4$$

在 N_2O_4 分子中 N—N 键长为 175 pm(比单键还长)，说明分子中不能形成六中心的离域 π 键，而是形成 2 个三中心的离域 Π_3^4 键。

N_2O_4 的熔点为－9.3 ℃，沸点 21.15 ℃。在低于熔点温度时，固体中全部是 N_2O_4。沸点温度时，液体中含有 1% NO_2，气体中含有 15.9% NO_2；温度升高至 135 ℃时，NO_2 的比例占 99%。

5. 五氧化二氮

N_2O_5 是强氧化剂，常温下为固态(熔点 30 ℃，沸点 47 ℃)，常压下 32.4 ℃升华。N_2O_5 是硝酸的酸酐，HNO_3 脱水或用强氧化剂氧化 NO_2 都能得到 N_2O_5。

$$6HNO_3 + P_2O_5 \longrightarrow 3N_2O_5 + 2H_3PO_4$$

$$2NO_2 + O_3 \longrightarrow N_2O_5 + O_2$$

气态 N_2O_5 分子中有 2 个离域 Π_3^4 键。固态的 N_2O_5 为离子晶体，组成为$[NO_2]^+[NO_3]^-$。温度高于室温时固态和气态都不稳定，分解为 NO_2 和 O_2。

$$2N_2O_5 \longrightarrow 4NO_2 + O_2$$

12.3.2 亚硝酸及其盐

1. 制备

在低温下将强酸与亚硝酸盐溶液混合得到亚硝酸的溶液。

$$NaNO_2 + H_2SO_4 \longrightarrow HNO_2 + NaHSO_4$$

将 NO 和 NO_2 混合气体通入冰水中，也生成亚硝酸的水溶液。

$$NO_2 + NO + H_2O \longrightarrow 2HNO_2$$

亚硝酸盐可由硝酸盐分解或还原得到。

$$2KNO_3 \longrightarrow 2KNO_2 + O_2$$

$$Pb + KNO_3 \longrightarrow PbO + KNO_2$$

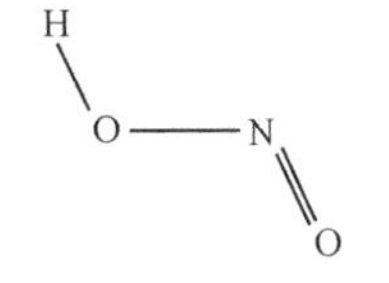

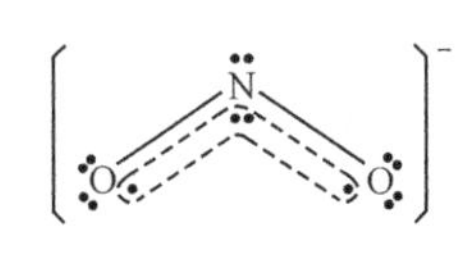

图 12-8　HNO_2 和 NO_2^- 的结构与 π 键

2. 结构和性质

亚硝酸(HNO_2)反式结构更稳定(图 12-8)，N 与端 O 之间为双键(一个 σ 键，一个 π 键)。NO_2^- 与 O_3 为等电子体，有离域 Π_3^4 键。

HNO_2 为弱酸($K_a^\ominus = 7.2 \times 10^{-4}$)，相关元素电势图如下

$$E_A^\ominus/V \qquad NO_3^- \xrightarrow{0.93} HNO_2 \xrightarrow{0.98} NO$$

$$E_B^\ominus/V \qquad NO_3^- \xrightarrow{0.01} NO_2^- \xrightarrow{-0.46} NO$$

可见，亚硝酸盐基本无氧化性，而亚硝酸既有氧化性又有还原性。

$$2HNO_2+2I^-+2H^+ = 2NO+I_2+2H_2O$$
$$HNO_2+Fe^{2+}+H^+ = NO+Fe^{3+}+H_2O$$
$$5HNO_2+2MnO_4^-+H^+ = 5NO_3^-+2Mn^{2+}+3H_2O$$
$$HNO_2+HNO_3 = 2NO_2+H_2O$$

亚硝酸氧化 I^- 速度快，一般认为 HNO_2 在酸性溶液中生成 NO^+ 易与 I^- 接近进而发生电子转移，即得到氧化还原的产物。

$$H^++HNO_2 = NO^++H_2O$$
$$2NO^++2I^- = 2NO+I_2$$

亚硝酸不稳定，在温度接近 0 ℃时很快分解。

$$2HNO_2 = N_2O_3+H_2O$$
$$N_2O_3 = NO+NO_2$$

KNO_2 和 $NaNO_2$ 较稳定，易溶于水；但重金属盐稳定性差，难溶于水。例如，浅黄色的 $AgNO_2$ 微溶，高于 140 ℃即分解。亚硝酸盐有毒，并且是致癌物质。

$$AgNO_2 = Ag+NO_2$$

NO_2^- 配位能力较强，能与许多过渡金属离子生成配离子，如易溶的 $Na_3[Co(NO_2)_6]$为无色配合物，微溶的 $K_3[Co(NO_2)_6]$为黄色配合物。

12.3.3 硝酸及其盐

1. 硝酸的制备

工业制造硝酸的主要方法是氨的催化氧化法。在高温和有催化剂时氨被空气氧化成 NO，NO 进一步被氧气氧化成 NO_2，NO_2 被水吸收就成为硝酸。

$$4NH_3+5O_2 = 4NO+6H_2O$$
$$2NO+O_2 = 2NO_2$$
$$3NO_2+H_2O = 2HNO_3+NO$$

实验室中用硝酸盐与浓硫酸反应制备硝酸。

$$NaNO_3+H_2SO_4 = NaHSO_4+HNO_3$$

利用 HNO_3 的挥发性将其从混合物中蒸馏出来。此法只能利用 H_2SO_4 的一个氢离子，因为第二步反应需要在 500 ℃左右进行，高温下硝酸会发生分解。

$$NaNO_3+NaHSO_4 = Na_2SO_4+HNO_3$$

2. 结构和性质

硝酸为平面分子(图 12-9)，N 采取 sp^2 杂化，H—O—N 键角为 102°，分子中 N 与 2 个端 O 之间有离域 Π_3^4 键。HNO_3 形成分子内氢键，故其熔、沸点低，易挥发。

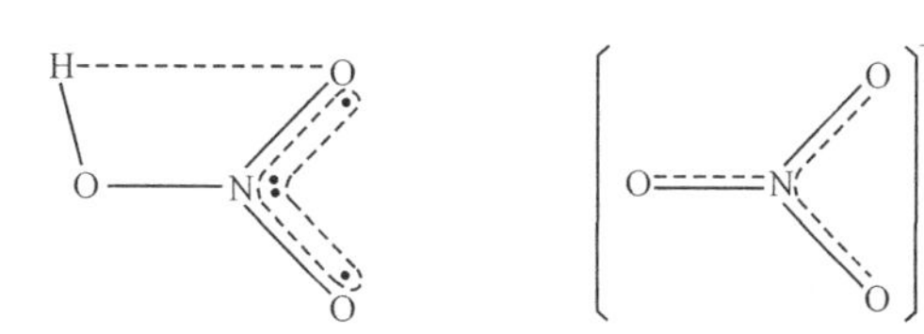

图 12-9 HNO_3 和 NO_3^- 的结构与 π 键

HNO_3 不稳定，加热或光照分解为 NO_2 和 O_2。浓硝酸能使铁、铝、铬钝化。HNO_3 氧化性较强，随着浓度降低其还原产物氧化数减小。浓硝酸的还原产物主要是 NO_2，稀硝酸的还原产物主要是 NO。稀硝酸与活泼金属作用，可以生成 NO、N_2O、N_2，更稀时还可以有 NH_4^+。

$$4HNO_3(浓)+Cu = Cu(NO_3)_2+2NO_2\uparrow+2H_2O$$

$$8HNO_3(稀)+3Cu = 3Cu(NO_3)_2+2NO\uparrow+4H_2O$$

$$2HNO_3+S = H_2SO_4+2NO\uparrow$$

$$10HNO_3(较稀)+4Zn = 4Zn(NO_3)_2+N_2O\uparrow+5H_2O$$

$$10HNO_3(极稀)+4Zn = 4Zn(NO_3)_2+NH_4NO_3+3H_2O$$

由于动力学因素,稀硝酸不能将 KI 氧化,而稀亚硝酸能将 KI 氧化。

NO_2 对硝酸作氧化剂的反应有催化作用,一般认为是 NO_2 起着如下传递电子的作用

$$NO_2+e^- = NO_2^-$$

$$NO_2^-+H^+ = HNO_2$$

$$HNO_3+HNO_2 = H_2O+2NO_2$$

反应总的结果为

$$HNO_3+H^++e^- = H_2O+NO_2$$

发烟硝酸有强氧化性,原因为在发烟硝酸中溶解较多的 NO_2。下面两个实验可说明 NO_2 对硝酸的氧化反应有催化作用:铜和浓硝酸反应,开始反应速度很慢而随后逐渐加快;若向浓硝酸中加入少量 $NaNO_2$ 可加速铜和硝酸的反应。

HNO_3 为重要的化工原料,用于做氧化剂、有机合成试剂。

3. 王水

王水是浓硝酸和浓盐酸按体积比约 1∶3 的混合物,能够溶解金和铂等惰性金属。

$$Au+HNO_3+4HCl = HAuCl_4+NO+2H_2O$$

$$3Pt+4HNO_3+18HCl = 3H_2PtCl_6+4NO+8H_2O$$

王水能够溶解金和铂,主要是由于 Cl^- 浓度大,与金属形成稳定的配离子使金属的还原能力增强。

4. 硝酸盐

硝酸盐为离子化合物,多数易溶于水,如 $AgNO_3$、$Pb(NO_3)_2$。硝酸盐中的离子键越强,盐的熔、沸点越高,部分一价金属硝酸盐的熔点列于表 12-1。

表 12-1 部分一价金属硝酸盐的熔点

化合物	$LiNO_3$	$NaNO_3$	KNO_3	$RbNO_3$	$CsNO_3$	$AgNO_3$	$TlNO_3$
熔点/℃	255	307	333	310	414	212	206

硝酸盐的热稳定性和分解产物与阳离子的极化能力有关。阳离子的极化能力越强,硝酸盐越不稳定,分解反应越容易进行。

(1) 碱金属和碱土金属(不包括锂、铍和镁)硝酸盐,阳离子极化能力弱,盐受热分解生成亚硝酸盐和氧气。例如

$$2KNO_3 = 2KNO_2+O_2$$

(2) 活泼性在镁与铜之间的金属(包括锂、铍、镁和铜)硝酸盐,热分解时生成金属氧化物、二氧化氮和氧气。例如

$$2Cu(NO_3)_2 = 2CuO+4NO_2+O_2$$

(3) 活泼性比铜差的金属的硝酸盐，热分解时生成金属单质、二氧化氮和氧气。例如

$$2AgNO_3 = 2Ag + 2NO_2 + O_2$$

(4) 具有还原性阳离子的硝酸盐，在分解过程中阳离子被氧化。例如

$$Mn(NO_3)_2 = MnO_2 + 2NO_2$$

$$NH_4NO_3 = N_2O + 2H_2O \text{(温度较低)}$$

$$2NH_4NO_3 = 2N_2 + O_2 + 4H_2O \text{(温度更高)}$$

(5) 有结晶水的硝酸盐，若金属离子的极化能力较强，受热分解时将发生水解反应，可能还伴随有硝酸的分解反应。例如

$$Cu(NO_3)_2 \cdot 2H_2O = Cu(OH)NO_3 + HNO_3 + H_2O$$

$$Cu(OH)NO_3 = CuO + HNO_3$$

$$4HNO_3 = 4NO_2 + O_2 + 2H_2O$$

12.3.4　氮的其他含氧酸

氮的其他含氧酸稳定性都很差，下面进行简单介绍。

连二次硝酸 $H_2N_2O_2$，键连关系 HO—N═N—OH，为二元弱酸 ($K_{a1}^{\ominus} = 1.2 \times 10^{-7}$)，稳定性差，受热易爆炸。

氧化连二次硝酸 $H_2N_2O_3$，键连关系 HO—N═N—O—OH，稳定性差，只在水溶液中存在。

过氧亚硝酸 HNO_3，键连关系 H—O—O—N═O，稳定性差，在碱性溶液中稍稳定，但未分离出纯的盐。

过氧硝酸 HNO_4，键连关系 H—O—O—NO_2，稳定性差，易爆炸。

12.4　磷及其化合物

1. 磷有白磷、红磷、黑磷三种同素异形体。白磷稳定性差，易自燃，在碱中歧化。

2. 磷的氢化物主要是 PH_3 和 P_2H_4，都有剧毒，还原能力强，空气中能自燃，碱性弱。

3. 磷的氧化物是以 P_4 四面体为基础形成的；P_4O_6 与热水作用发生歧化反应；P_4O_{10} 吸水性和脱水性强，在空气中易潮解。

4. 磷的含氧酸中羟基的数目决定其是几元酸，磷的含氧酸均为中强酸。H_3PO_2 和 H_3PO_3 还原能力强。

5. PO_4^{3-} 水溶液显碱性，HPO_4^{2-} 水溶液显弱碱性，$H_2PO_4^-$ 水溶液显弱酸性。盐的溶解度顺序：磷酸盐＜磷酸氢盐＜磷酸二氢盐。极化能力强的阳离子的磷酸盐溶解度小。

6. PX_3 和 PF_5 为共价化合物；PCl_5 和 PBr_5 为离子化合物。

磷的化合物主要有磷的氧化物、含氧酸及其盐、卤化物、硫化物等，其中最重要的是磷的含氧酸及其盐。

12.4.1 磷的单质

磷主要有 3 种同素异形体：白磷、红磷和黑磷。白磷分子式为 P_4，四面体结构，略带黄色，也称为黄磷；红磷具有链状结构；黑磷具有片状结构(图 12-10)。

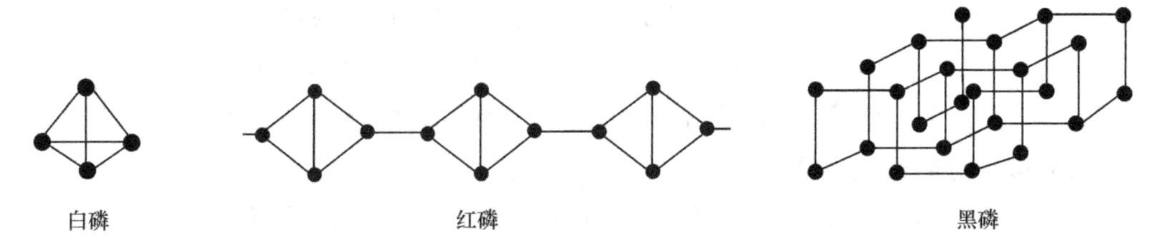

图 12-10　磷单质同素异形体的结构

白磷中∠PPP 为 60°，磷的 p 轨道重叠少，张力大，键能很小(仅为 201 kJ · mol^{-1})，不稳定。白磷有很高的反应活性，在空气中缓慢氧化变热后自燃，与氧反应生成 P_4O_6、P_4O_{10}，与卤素反应生成 PX_3、PX_5，与金属作用生成磷化物。

白磷在碱中歧化，生成次磷酸盐和磷化氢。

$$P_4+3NaOH+3H_2O \longrightarrow PH_3+3NaH_2PO_2$$

12.4.2 磷的氢化物

磷的氢化物主要有磷化氢(PH_3，又称膦)、联膦(P_2H_4)。磷的氢化物有剧毒，还原能力强，空气中能自燃。常温下 PH_3 为气体，P_2H_4 为液体。

PH_3 为无色、有大蒜气味的剧毒气体(沸点－87.78 ℃)，在水中的溶解度比 NH_3 小得多，溶液的酸碱性对 PH_3 的溶解度影响很小。

因为 P 有空的 d 轨道，可与过渡金属形成 d-d π 配键，如 $Cu(PH_3)_2Cl$、$Cr(CO)_3(PH_3)_3$ 等。PH_3 与过渡金属配位能力比 NH_3 强，但与 H^+ 配位能力不如 NH_3，故 PH_3 碱性极弱。

12.4.3 磷的氧化物

1. 三氧化二磷

磷的氧化物是以 P_4 四面体为基础形成的。P_4 分子中的 P—P 键断裂而在每两个 P 原子间嵌入一个氧原子便形成了 P_4O_6 分子(图 12-11)，化学简式为 P_2O_3，简称三氧化二磷。

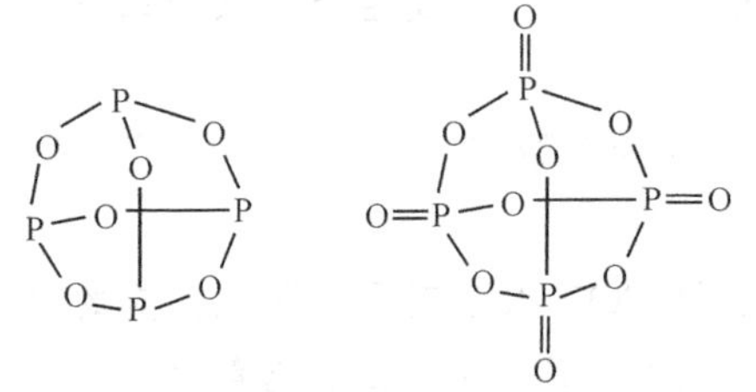

图 12-11　P_4O_6 和 P_4O_{10} 的结构

P_2O_3 是有滑腻感的白色固体(熔点 23.8 ℃，沸点 173 ℃)，有毒，易溶于有机溶剂中，溶于冷水时缓慢地生成亚磷酸，与热水作用发生歧化反应。

$$P_4O_6+6H_2O(冷) \longrightarrow 4H_3PO_3$$

$$P_4O_6+6H_2O(热) \longrightarrow PH_3+3H_3PO_4$$

2. 五氧化二磷

P_4O_{10} 的化学简式为 P_2O_5，简称五氧化二磷，分子中 P 与端 O 之间通过 σ 配键(P 的杂化轨道电子对向 O 的 p 轨道配位)和 d-p π 配键(O 的 p 轨道电子对向 P 的空 d 轨道配位)结合，故可认为P与端O形成双键(图12-11)。

P_4O_{10}是白色粉末(熔点562℃),易升华,有很强的吸水性和脱水性,在空气中易潮解,它是干燥能力最强的一种干燥剂。P_4O_{10}与水作用生成各种含氧酸。

$$P_4O_{10}+2H_2O \xlongequal{} 4HPO_3$$
$$P_4O_{10}+4H_2O \xlongequal{} 2H_4P_2O_7$$
$$P_4O_{10}+6H_2O \xlongequal{} 4H_3PO_4$$

P_4O_{10}与过量水作用转化为H_3PO_4的速率慢,有HNO_3作为催化剂时可加快转化速率。

12.4.4 磷的含氧酸及其盐

磷的含氧酸主要有次磷酸(H_3PO_2)、亚磷酸(H_3PO_3)、磷酸(H_3PO_4,正磷酸)及其缩合产物(图12-12)。

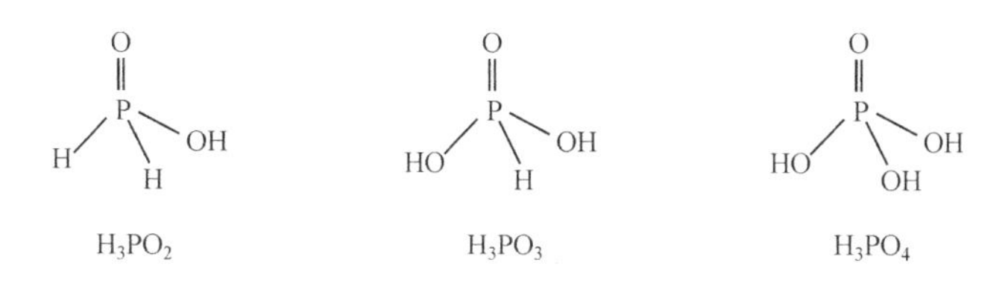

图12-12 次磷酸、亚磷酸和磷酸的结构

磷的含氧酸中羟基的数目决定其是几元酸,$H_4P_2O_7$、H_3PO_4、H_3PO_3、H_3PO_2分别为四元酸、三元酸、二元酸、一元酸。

常见磷的含氧酸酸性次序为

$$HPO_3>H_4P_2O_7>H_3PO_3\approx H_3PO_2>H_3PO_4$$

一般来说,中心的氧化数越高,含氧酸的酸性越强。但亚磷酸和次磷酸的酸性强于正磷酸,这不符合一般的酸性强弱规律。

1. 次磷酸及其盐

单质磷和热浓碱液作用生成次磷酸盐,即

$$P_4+3NaOH+3H_2O \xlongequal{} 3NaH_2PO_2+PH_3\uparrow$$

纯的次磷酸为白色固体(熔点26.5℃),易潮解。次磷酸为一元中强酸($K_a^\ominus=5.89\times10^{-2}$)。次磷酸和它的盐都是强还原剂,特别是在碱性溶液中,还原能力更强。

$$H_3PO_2+4Ag^++2H_2O \xlongequal{} H_3PO_4+4Ag+4H^+$$

因还原能力强,次磷酸盐常用于化学镀。

$$H_2PO_2^-+2Ni^{2+}+6OH^- \xlongequal{} PO_4^{3-}+2Ni+4H_2O$$

2. 亚磷酸及其盐

亚磷酸H_3PO_3常温下为固体(熔点74.4℃)。亚磷酸及其盐都是强的还原剂,易被氧化到磷的最高氧化态。

$$H_3PO_3+2Ag^++H_2O \xlongequal{} H_3PO_4+2Ag+2H^+$$

次磷酸和亚磷酸及其盐容易发生歧化反应,生成PH_3、H_3PO_4或其盐。

$$4H_3PO_3 \xlongequal{} 3H_3PO_4+PH_3$$

亚磷酸为二元中强酸（$K_{a1}^{\ominus}=3.72\times10^{-2}$，$K_{a2}^{\ominus}=2.09\times10^{-7}$），可以形成 $H_2PO_3^-$ 和 HPO_3^{2-} 两类盐。

3. 磷酸及其盐

用硝酸氧化白磷或 P_4O_{10} 与水完全反应能得到磷酸。工业上生产的纯度不高的磷酸是用硫酸和磷酸钙作用而制得。

$$Ca_3(PO_4)_2+3H_2SO_4 = 3CaSO_4+2H_3PO_4$$

H_3PO_4 的熔点为 42.4℃，与水互溶。市售磷酸是含 85% H_3PO_4 的浓溶液，因分子间形成较多氢键使磷酸溶液黏度较大。

H_3PO_4 为三元中强酸，逐级解离常数分别为 7.11×10^{-3}、6.34×10^{-8}、4.79×10^{-13}。H_3PO_4 有配位能力，与 Fe^{3+} 生成无色配离子。

$$Fe^{3+}+2PO_4^{3-} = [Fe(PO_4)_2]^{3-}$$

H_3PO_4 脱水聚合得到焦磷酸（$H_4P_2O_7$）、链状多磷酸（$H_{n+2}P_nO_{3n+1}$）、环状多磷酸 $(HPO_3)_n$ 等（图 12－13），环状多磷酸也称偏磷酸，简写为 HPO_3。

$$2H_3PO_4 = H_2O+H_4P_2O_7 \qquad （焦磷酸）$$

$$3H_3PO_4 = 2H_2O+H_5P_3O_{10} \qquad （三磷酸）$$

$$n\ H_3PO_4 = (n-1)H_2O+H_{n+2}P_nO_{3n+1} \qquad （链状多磷酸）$$

$$n\ H_3PO_4 = n\ H_2O+(HPO_3)_n \qquad （环状多磷酸）$$

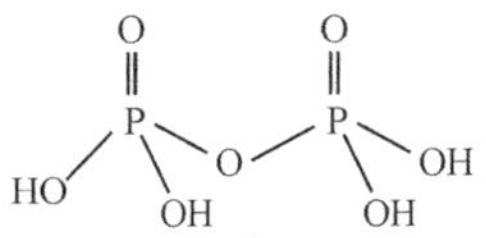

$H_4P_2O_7$ 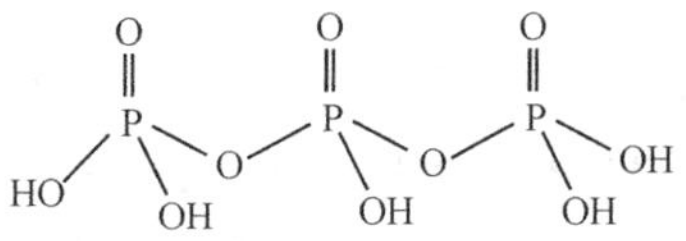　　$H_5P_3O_{10}$ 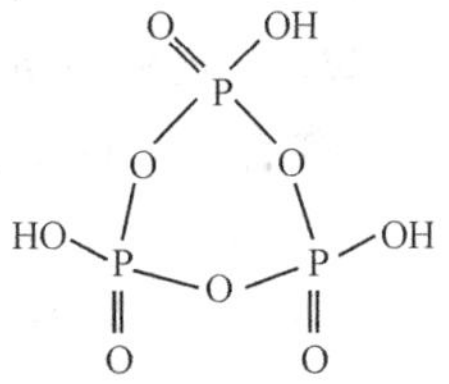　　$(HPO_3)_3$

图 12－13　几个磷酸聚合脱水产物的结构

磷酸盐的种类很多，有正磷酸盐（PO_4^{3-}）、磷酸氢盐（HPO_4^{2-}）、磷酸二氢盐（$H_2PO_4^-$）、焦磷酸盐（$P_2O_7^{4-}$）、链聚磷酸盐、环多聚偏磷酸盐。

PO_4^{3-} 盐的溶液水解显碱性（pH＞12），HPO_4^{2-} 盐的溶液水解显弱碱性（pH＝9～10），$H_2PO_4^-$ 盐的溶液水解显弱酸性（pH＝4～5）。向含有 PO_4^{3-}、HPO_4^{2-}、$H_2PO_4^-$ 溶液中加入硝酸银溶液均生成 Ag_3PO_4 黄色沉淀；向 H_3PO_4 溶液中加入硝酸银溶液不生成沉淀。$AgPO_3$ 和 $Ag_4P_2O_7$ 均为白色难溶盐。Ag_3PO_4、$AgPO_3$ 和 $Ag_4P_2O_7$ 均易溶于强酸。

向 $P_2O_7^{4-}$ 和 PO_3^- 溶液中分别加入少许稀 HAc 酸化，再分别滴入稀的蛋清溶液，能使蛋清溶液凝聚的是 PO_3^- 溶液，以此可鉴别 $P_2O_7^{4-}$ 和 PO_3^-。

PO_4^{3-} 和 HPO_4^{2-} 与 Na^+、K^+、Rb^+、Cs^+、NH_4^+ 形成的盐易溶；金属与 $H_2PO_4^-$ 形成的盐多易溶；PO_4^{3-} 与 Li^+ 和＋2 价及以上金属形成的盐多为难溶盐。

4. 磷的其他含氧酸

除次磷酸、亚磷酸、磷酸及磷酸的缩合产物外，磷还有很多其他含氧酸，现选择几个重要的简要介绍，见表 12－2，磷的更多的含氧酸信息，可阅读相关的专著和文献。

表 12－2　磷的各种氧化数的含氧酸

名称	连二亚磷酸	焦亚磷酸	连二磷酸	过二磷酸	过一磷酸
化学式	$H_4P_2O_4$	$H_4P_2O_5$	$H_4P_2O_6$	$H_4P_2O_8$	H_3PO_5
P 的氧化数	+2	+3	+4	+6	+7
分子结构	H(HO)P(=O)—P(=O)(OH)H	H(HO)P(=O)—O—P(=O)(OH)H	(HO)₂P(=O)—P(=O)(OH)₂	(HO)₂P(=O)—O—O—P(=O)(OH)₂	(HO)₂P(=O)OOH

12.4.5　磷的卤化物和硫化物

1. 磷的卤化物

磷的卤化物有 PX_3 和 PX_5 两种类型。常温下，PX_3 均为共价化合物，PF_5 为共价化合物，而 PCl_5 和 PBr_5 为离子化合物。

PF_3 为无色气体，PCl_3 和 PBr_3 为无色液体，PI_3 为红色固体。PF_5 为无色气体；PCl_5 为白色固体，离子化合物，组成为 $[PCl_4]^+[PCl_6]^-$；PBr_5 为黄色固体，离子化合物，组成为 $[PBr_4]^+Br^-$；PI_5 为棕黑色固体，极不稳定。

三卤化磷易发生水解反应和醇解反应，也容易被氧化。

$$PCl_3 + 3H_2O \xlongequal{} H_3PO_3 + 3HCl$$

$$PCl_3 + 3C_2H_5OH \xlongequal{} P(C_2H_5O)_3 + 3HCl$$

$$2PCl_3 + O_2 \xlongequal{} 2POCl_3$$

PCl_3 水解反应进行得非常彻底，即使在浓盐酸中也不能抑制其水解。

五卤化磷更易水解，如

$$PCl_5 + H_2O \xlongequal{} POCl_3 + 2HCl$$

$$PCl_5 + 4H_2O \xlongequal{} H_3PO_4 + 5HCl$$

2. 磷的硫化物

磷的硫化物很多，都是以 P_4 四面体为结构基础，如图 12－14 所示。S 联结在 P—P 之间和 P 的顶端。其中 P_4S_{10} 结构与 P_4O_{10} 相似，但没有类似于 P_4O_6 的 P_4S_6 化合物。

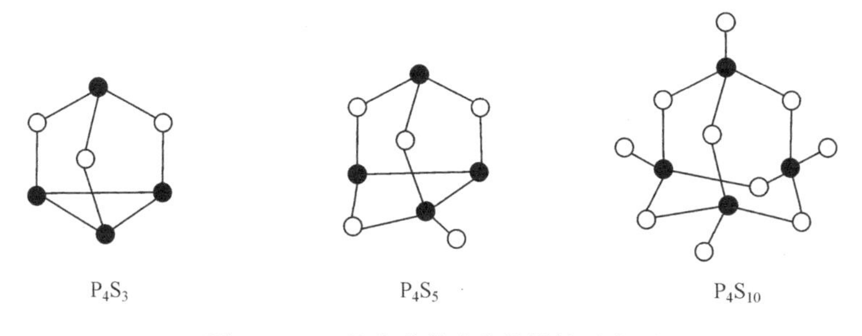

图 12－14　几个磷的硫化物结构示意图

12.5 砷、锑、铋

核 心 内 容

1. 砷、锑与硝酸反应而被氧化成+5 价，铋只能被氧化成+3 价。

2. AsH_3、SbH_3 和 BiH_3 常温下均为气体，还原能力强，受热容易分解为单质。

3. $AsCl_3$ 的水解产物为 H_3AsO_3；$SbCl_3$ 和 $BiCl_3$ 水解不完全，分别生成白色碱式盐沉淀。

4. 由于惰性电子对效应，Bi(Ⅴ)氧化能力很强。

5. As_2S_3 和 As_2S_5 黄色，Sb_2S_3 和 Sb_2S_5 橙色，Bi_2S_3 黑色。As_2S_3、As_2S_5 和 Sb_2S_5 酸性，Sb_2S_3 两性，Bi_2S_3 碱性。

12.5.1 单质

砷、锑、铋都有多种同素异形体。室温下最稳定的砷是金属型灰砷(α-As)，具有褶皱形的层状结构。最稳定的锑是银白色金属型锑(α-Sb)，与灰砷具有相似的结构。砷、锑、铋的熔点较低，且随着半径的增大，原子间成键作用减弱，熔点依次降低。

常温下砷、锑、铋在水和空气中都比较稳定，不与非氧化性稀酸作用，但能和硝酸、王水等反应。硝酸不过量时，砷和锑被氧化成+3 价化合物，硝酸过量时则被氧化成+5 价化合物；而铋与硝酸反应只能生成+3 价化合物。

$$As + HNO_3 + H_2O \xlongequal{} H_3AsO_3 + NO$$

$$Sb + 4HNO_3 \xlongequal{} Sb(NO_3)_3 + NO + 2H_2O$$

$$3H_3AsO_3 + 2HNO_3 \xlongequal{} 3H_3AsO_4 + 2NO + H_2O$$

$$3Sb + 5HNO_3 + 2H_2O \xlongequal{} 3H_3SbO_4 + 5NO$$

$$Bi + 4HNO_3 \xlongequal{} Bi(NO_3)_3 + NO + 2H_2O$$

12.5.2 氢化物

AsH_3、SbH_3 和 BiH_3 常温下均为气体，熔沸点依次升高，但稳定性依次降低。

用强还原剂还原砷的氧化物可制得 AsH_3。

$$As_2O_3 + 6Zn + 12HCl \xlongequal{} 2AsH_3 + 6ZnCl_2 + 3H_2O$$

将生成的气体导入玻璃管并加热，AsH_3 受热分解为单质 As。

$$2AsH_3 \xlongequal{} 2As + 3H_2$$

单质 As 在玻璃管壁形成黑亮的“砷镜”。该反应是法医学上鉴定砷的马氏(Marsh)试砷法的依据。

可以用类似的方法生成 SbH_3 气体，SbH_3 不稳定，在室温下分解得到“锑镜”。

$$SbO_3^{3-} + 3Zn + 9H^+ \xlongequal{} SbH_3 + 3Zn^{2+} + 3H_2O$$

$$2SbH_3 \xlongequal{} 2Sb + 3H_2$$

砷、锑、铋的氢化物都是很强的还原剂，在空气中能自燃。

$$2AsH_3 + 3O_2 \xlongequal{} As_2O_3 + 3H_2O$$

AsH_3 能还原重金属盐类，得到重金属单质。古氏(Gutzeit)试砷法就是利用 AsH_3 还原硝酸银生成 Ag 沉淀的反应。

$$2AsH_3+12AgNO_3+3H_2O \xlongequal{} As_2O_3+12HNO_3+12Ag\downarrow$$

12.5.3　含氧化合物

1. 氧化数+3 的化合物

碱性的 Bi_2O_3 只溶于酸，不溶于水和碱；两性的 Sb_2O_3 难溶于水，但却易溶于酸和碱；两性偏酸的 As_2O_3 在碱中的溶解度更大。

As_2O_3 俗称砒霜，是剧毒物质。As_2O_3 在水中的溶解度与溶液中酸的浓度有关。在稀酸中的溶解产物为 H_3AsO_3，稀酸抑制 H_3AsO_3 的溶解，在酸的浓度较低时，随着盐酸的浓度增大 As_2O_3 的溶解度减小；当酸的浓度较大时，As_2O_3 体现出弱碱性，生成 As^{3+} 或 $AsCl_4^-$ 等配离子，随着酸的浓度增大，As_2O_3 的溶解度增大。

氧化数为+3 的砷和锑是较强的还原剂。在弱碱性介质中 As(Ⅲ)可以被碘定量氧化。

$$NaH_2AsO_3+4NaOH+I_2 \xlongequal{} Na_3AsO_4+2NaI+3H_2O$$

Bi^{3+} 在酸性条件下很难被氧化，在碱性条件下有还原性。碱性条件下 Bi^{3+} 也有一定的氧化性，能够被 Sn^{2+} 还原。

$$2Bi^{3+}+3Sn^{2+}+18OH^- \xlongequal{} 2Bi\downarrow+3[Sn(OH)_6]^{2-}$$

2. 氧化数+5 的化合物

氧化数为+5 的砷、锑、铋的氧化物都是酸性氧化物，与水反应生成含氧酸或氧化物的水合物，其酸性依砷、锑、铋的顺序减弱。

锑(Ⅴ)的含氧酸的分子式可能为 $HSb(OH)_6$，是一元弱酸。相应的盐 $KSb(OH)_6$ 和 $NaSb(OH)_6$ 已经制得，溶解度都很小。

惰性电子对效应使 Bi(Ⅴ)氧化性很强，Bi(Ⅴ)含氧酸尚未制得。最重要的 Bi(Ⅴ)的含氧酸盐是 $NaBiO_3$，棕黄色，微溶，可在碱性介质中用 Cl_2 或 NaClO 将 Bi(Ⅲ)氧化得到。

$$Bi(OH)_3+Cl_2+3NaOH \xlongequal{} NaBiO_3\downarrow+2NaCl+3H_2O$$

在酸性介质中，砷(Ⅴ)、锑(Ⅴ)、铋(Ⅴ)含氧酸及其盐都有氧化性。砷酸和锑酸可把 HI 氧化成 I_2。

$$H_3AsO_4+2HI \xlongequal{} H_3AsO_3+I_2+H_2O$$

但在中性或碱性介质中 I_2 却能把亚砷酸根氧化成砷酸根。

Bi(Ⅴ)的化合物氧化能力很强，在酸性条件下能把 Mn^{2+} 氧化成 MnO_4^-。

$$2Mn^{2+}+5NaBiO_3+14H^+ \xlongequal{} 2MnO_4^-+5Bi^{3+}+5Na^++7H_2O$$

利用此反应可定性鉴定溶液中有无 Mn^{2+}。

12.5.4　卤化物

砷、锑、铋的三卤化物都易水解，水解能力 $AsCl_3>SbCl_3>BiCl_3$，随着 M(Ⅲ)的半径依次增大，结合 OH^- 能力降低。$AsCl_3$ 的水解产物为 H_3AsO_3，水解能力比 PCl_3 弱，在浓盐酸中有 As^{3+} 存在。$SbCl_3$、$BiCl_3$ 水解不完全，生成白色碱式盐沉淀。

$$AsCl_3+3H_2O \xlongequal{} H_3AsO_3+3HCl$$

$$SbCl_3+H_2O \xlongequal{} SbOCl\downarrow+2HCl$$

$$BiCl_3+H_2O = BiOCl\downarrow+2HCl$$

为抑制水解，在配制 Sb(Ⅲ)、Bi(Ⅲ)盐的溶液时需加入强酸。例如，配制 $SbCl_3$ 溶液时加入盐酸，配制 $Bi(NO_3)_3$ 时加入硝酸。

12.5.5 硫化物

砷、锑、铋的硫化物主要有黄色的 As_2S_3 和 As_2S_5，橙色的 Sb_2S_3 和 Sb_2S_5，黑色的 Bi_2S_3。由于 Bi(Ⅴ)的氧化性很强，所以很难与－2 价的硫形成＋5 价的硫化物。

酸性硫化物 As_2S_3、As_2S_5、Sb_2S_5 和两性硫化物 Sb_2S_3 都溶于 Na_2S 和 NaOH 溶液，而碱性硫化物 Bi_2S_3 则不溶于上述溶液。

$$As_2S_3+6NaOH = Na_3AsO_3+Na_3AsS_3+3H_2O$$

$$Sb_2S_3+6NaOH = Na_3SbO_3+Na_3SbS_3+3H_2O$$

$$As_2S_3+3Na_2S = 2Na_3AsS_3$$

$$Sb_2S_3+3Na_2S = 2Na_3SbS_3$$

$$As_2S_5+3Na_2S = 2Na_3AsS_4$$

$$Sb_2S_5+3Na_2S = 2Na_3SbS_4$$

生成物 Na_3AsS_4 称硫代砷酸钠，Na_3SbS_3 称硫代亚锑酸钠，可看成是含氧酸盐中的氧被硫取代的产物。

具有还原性的 As_2S_3 和 Sb_2S_3 可以被氧化而溶于 Na_2S_2 和$(NH_4)_2S_2$ 溶液中。例如

$$As_2S_3+2Na_2S_2 = As_2S_5+2Na_2S$$

$$As_2S_5+3Na_2S = 2Na_3AsS_4$$

两性硫化物 Sb_2S_3 溶于浓盐酸，酸性硫化物 As_2S_3 和 As_2S_5 不溶于浓盐酸，而碱性硫化物 Bi_2S_3 则能溶于约 4 $mol \cdot dm^{-3}$的盐酸。

$$Sb_2S_3+12HCl = 2H_3SbCl_6+3H_2S$$

$$Bi_2S_3+6HCl = 2BiCl_3+3H_2S$$

所有的硫代酸盐只能在中性或碱性介质中存在，遇酸则发生反应放出 H_2S。

$$2Na_3AsS_3+6HCl = As_2S_3+3H_2S+6NaCl$$

$$2(NH_4)_3SbS_4+6HCl = Sb_2S_5+3H_2S+6NH_4Cl$$

思 考 题

1. 试总结氮族元素的成键特征。
2. 试讨论氮族元素单质的反应活性。
3. 总结氮族元素单质熔点变化规律并说明原因。
4. 比较 NH_3 和 PH_3 性质的差异。
5. 比较 KNO_2 和 KNO_3 性质的差异。
6. 比较氮族元素三氯化物的水解性。
7. 总结铵盐的热分解规律。
8. 比较氮的氢化物的酸碱性并说明原因。
9. 为什么能够生成 PCl_5、$AsCl_5$ 和 $SbCl_5$ 而未能得到 NCl_5 和 $BiCl_5$？

习　题

1. 写出下列物质的化学式。
   (1) 磷酸钙矿　(2)氟磷灰石　(3)雌黄　(4)雄黄
   (5) 辉锑矿　(6)辉铋矿　(7)砷华　(8)锑华
2. 完成过量稀硝酸与下列物质反应的方程式。
   (1) P_4　(2) As　(3) Sb　(4) Bi　(5) S
3. 完成过量 NaOH 溶液与下列物质反应的方程式。
   (1) P_4　(2) H_3PO_3　(3) NO_2　(4) N_2O_3　(5) $SbCl_3$
4. 完成 $AgNO_3$ 与下列物质反应的方程式。
   (1) N_2H_4　(2) NH_2OH　(3) H_3PO_2　(4) $NaNO_2$　(5) N_2O_3
5. 完成碘水与下列物质反应的方程式。
   (1) NH_3　(2) P_4　(3) H_3PO_2　(4) Na_3AsO_3　(5) AsH_3
6. 完成下列硝酸盐的热分解反应。
   (1) $LiNO_3$　(2) $NaNO_3$　(3) $Cu(NO_3)_2$　(4) $AgNO_3$　(5) NH_4NO_3
7. 完成下列反应的方程式。
   (1) 金溶于王水；
   (2) 铂溶于王水；
   (3) 砷化氢受热分解；
   (4) 三氯化氮水解；
   (5) 叠氮酸银受热分解；
   (6) $MnSO_4$ 溶液与 $NaBiO_3$ 混合后加入稀硫酸；
   (7) 金属 Zn 在盐酸介质中还原 As_2O_3；
   (8) NO_2 在碱中歧化；
   (9) 向 $KMnO_4$ 溶液中滴加亚硝酸；
   (10) 金属 Zn 与极稀的硝酸反应。
8. 解释下列实验现象
   (1) 向 $NaNO_2$ 溶液中加入浓硝酸或浓硫酸均有棕色气体生成；
   (2) $LiNO_3$ 受热分解生成的气体为棕色，NH_4NO_3 受热分解生成的气体为无色；
   (3) KI 与 $NaNO_2$ 混合溶液加入稀硫酸后溶液立即变黄，KI 与 $NaNO_3$ 混合溶液加入稀硫酸后溶液不变色。
9. 用三种方法鉴别下列各对物质。
   (1) $NaNO_3$ 和 $NaPO_3$　(2) $NaNO_3$ 和 $NaNO_2$
   (3) Na_2HPO_3 和 NaH_2PO_4　(4) $SbCl_3$ 和 $BiCl_3$
10. 完成下列物质的制备。
    (1) 由 NH_3 制备 NH_4NO_3；
    (2) 由 $NaNO_3$ 制备 HNO_2；
    (3) 由 $BiCl_3$ 制备 $NaBiO_3$。
11. 解释下列事实。
    (1) NH_3 为碱性而 HN_3 为酸性；
    (2) 熔点 $NH_3<N_2H_4<NH_2OH$；
    (3) NCl_3 和 PCl_3 水解产物不同；
    (4) 常温下 N_2 很不活泼而 P_4 却具有高反应活性。

12. 如何除去下列物质中的杂质？写出相关的反应方程式。
    (1) 氮中的微量氧；
    (2) NO 中的微量 NO_2；
    (3) $Cu(NO_3)_2$ 中少量的 $AgNO_3$。
13. 比较下列各组物质的碱性强弱，并说明理由。
    (1) NH_3、N_2H_4、NH_2OH　　(2) NH_3、PH_3、AsH_3
14. 简要回答下列问题。
    (1) 为什么用浓氨水可以检查管道是否有氯气泄漏？
    (2) N_2 与 CO 为等电子体，为什么 N_2 配位能力远不如 CO？
    (3) 为什么久置的浓 HNO_3 会变黄？
    (4) 为什么 As_2O_3 在盐酸中的溶解度随酸的浓度增大先减小而后又增大？
15. 四瓶标签已经脱落的白色固体试剂：磷酸氢二钠、亚磷酸钠、偏磷酸钠、焦磷酸钠，试通过实验加以鉴别，写出简单步骤、实验现象和反应方程式。
16. NH_3 和 NF_3 的空间几何构型和中心原子的杂化类型都相同，但很多性质却相差较大。
    (1) 为什么 NF_3 的沸点(－129℃)比 NH_3 的沸点(－33℃)低得多？
    (2) 为什么 NH_3 能和许多过渡金属形成配合物，而 NF_3 不能与过渡金属生成稳定的配合物？
17. 用反应方程式表示下列物质间的转化。
    (1) $P_4 \rightarrow P_4O_6 \rightarrow H_3PO_3 \rightarrow H_3PO_4 \rightarrow Ag_3PO_4$
    (2) $Sb \rightarrow SbCl_3 \rightarrow Na_3SbS_4 \rightarrow Sb_2S_5$
18. 无色的气体 A 与灼热的 CuO 反应生成无色气体 B 和水。液态 A 溶解金属钠生成蓝色溶液，该溶液放置则可逸出可燃性气体 C 并生成白色固体 D。将气体 B 与热的金属钙反应生成固体 E，固体 E 遇水又有 A 生成。A 与 Cl_2 反应最后得到一种易爆炸的液体 F，F 遇水又有 A 生成。试确定 A～F 所代表物质的化学式，写出各步反应方程式。
19. 将少量白色固体 A 与 NaOH 混合后加热，有气体 B 生成。向硝酸银溶液中通入 B，先有棕黑色沉淀 C 生成，B 过量则沉淀 C 消失，得到无色溶液。向 A 的溶液中滴加氯水，则溶液变黄，说明有 D 生成，再加入 NaOH 溶液则黄色消失。向 A 的溶液中滴加 $AgNO_3$ 溶液，有黄色沉淀 E 生成。试确定各字母所代表物质的化学式，给出相关反应的方程式。
20. 化合物 A 溶于稀盐酸得无色溶液，加入大量的水则有白色沉淀 B 生成。B 溶于过量 NaOH 溶液得到无色溶液 C。将 B 溶于盐酸后加入溴水，则溴水褪色，再加入 Na_2S 溶液有橙色沉淀 D 生成。D 溶于 NaOH 溶液得到无色溶液 E。给出 A、B、C、D、E 和 F 的化学式，用反应的方程式表示各步转化过程。
21. 钠盐 A 易溶于水。A 的水溶液与酸性 KI 溶液混合，无明显反应。用煤气灯将固体 A 加热一段时间后，与酸性 KI 溶液混合则溶液变黄，说明 A 受热生成了 B。B 溶于水与硝酸银溶液作用有黄色沉淀 C 生成。C 与盐酸作用得到白色沉淀 D。C 和 D 都溶于氨水。向 A 和 B 固体混合物加浓硫酸，生成有颜色的气体 E。E 通入 NaOH 溶液得到无色溶液。试确定 A～E 所代表物质的化学式，给出相关反应的方程式。
22. 通过下列实验判断白色粉末 A 为何种物质，给出各实验的反应方程式。
    (1) 将 A 放入水中有白色沉淀生成；
    (2) 用煤气灯加热粉末 A，有棕色气体生成；
    (3) 用 NaClO 和 NaOH 混合溶液处理 A，有土黄色沉淀生成；土黄色沉淀与酸性 $MnSO_4$ 溶液混合，溶液变为红色；
    (4) 将 A 与 $SnCl_2$ 混合后加入 NaOH 溶液，有黑色沉淀生成；
    (5) A 不溶于 NaOH 溶液，但溶于硝酸。

第13章 碳族元素和硼族元素

13.1 碳及其化合物

- 碳单质
- 碳的氧化物
- 碳酸及其盐
- 碳的卤化物和硫化物

13.2 硅及其化合物

- 硅单质
- 硅的氢化物
- 硅的卤化物
- 二氧化硅
- 碳化硅和氮化硅
- 硅酸和硅酸盐

13.3 锗、锡、铅

- 单质
- 含氧化合物
- 卤化物和硫化物

13.4 硼及其化合物

- 硼单质
- 硼的氢化物
- 硼的含氧化合物
- 硼的卤化物
- 硼的其他化合物
- 硼与硅的相似性

13.5 铝、镓、铟、铊

- 铝单质及其化合物
- 镓、铟、铊单质及化合物

碳族元素为周期表中ⅣA族元素，包括碳、硅、锗、锡、铅5种元素，其中碳和硅为非金属元素，锗、锡和铅为金属元素。碳族元素基态原子的价层电子结构为ns^2np^2，碳和硅主要是+4氧化态的化合物，随着原子序数的增加，+2氧化态化合物稳定性逐渐提高，铅的+4氧化态具有较强的氧化性。

碳在自然界中的分布很广，在地壳中质量分数为$4.8\times10^{-2}\%$，列第15位；包括大气中的二氧化碳、以有机化合物存在的石油和天然气，矿物煤以碳为主要成分，石灰石、方解石和大理石的主要成分是$CaCO_3$，白云石的主要成分是$CaCO_3$和$MgCO_3$；动植物体内的有机化合物都含有碳；近年来在海底发现储量可观的“固态可燃冰”是甲烷的水合物。硅主要以硅酸盐矿物的形式存在，水晶和石英的主要成分是SiO_2；硅的丰度相当高，地壳中的质量分数为27.7%，位列第二位。锗、锡和铅主要以矿物的形式存在，如锗石矿$Cu_2S\cdot FeS\cdot GeS_2$、锡石矿$SnO_2$、方铅矿PbS等。

硼族元素位于元素周期表中ⅢA族，包括硼、铝、镓、铟、铊5种元素；其中硼是唯一的非金属元素，有些反常的是铝为本族元素中金属性最强的元素。硼族元素基态原子的价层电子结构为ns^2np^1，通常氧化态为+3。但随着原子序数的增加，ns^2电子对趋于稳定，+1氧化态的倾向逐渐增强。因此，硼和铝基本是+3氧化态，镓和铟仅在一定的条件下显+1氧化态，而铊的常见氧化态为+1，+3氧化态的铊具有强氧化性。

硼族元素的价电子层有4个原子轨道，但只有3个价电子，成键时价电子层未被充满，所以硼族元素许多化合物为“缺电子化合物”。也正是因为硼族元素的缺电子性质，硼族化合物的结构丰富多彩，尤其是含硼的化合物。

自然界中，硼的矿物主要有硼砂($Na_2B_4O_7\cdot10H_2O$)、硼镁矿($Mg_2B_2O_5\cdot H_2O$)等。铝在地壳中的质量分数为8.2%，仅次于氧和硅，列第3位；铝的矿物主要有铝矾土(水合Al_2O_3)、冰晶石(Na_3AlF_6)以及含铝成分较少的尖晶石($MgAl_2O_4$)和与硅酸盐共生的矿物如石榴石等。镓在地壳中的质量分数与硼相当，但分布较分散，常与锌、铁等矿共生。铟和铊在地壳中的质量分数很低，通常与闪锌矿共生。

13.1　碳及其化合物

1. 碳最重要的同素异形体有金刚石、石墨和碳簇。金刚石具有三维结构，石墨具有层状结构，碳簇具有笼状结构。

2. 利用碳的还原性可将一些非金属氧化物和金属氧化物还原为单质。

3. 碳的氧化物主要是CO和CO_2。CO是具有还原性、配位能力的有毒气体，CO_2为H_2CO_3的酸酐。

4. H_2CO_3为二元弱酸。金属碳酸盐的水溶液显强碱性。

13.1.1　碳单质

1. 碳和碳的同素异形体

碳最重要的同素异形体是金刚石、石墨和碳簇。

1）焦炭、碳黑和活性炭

焦炭主要由烟煤在隔绝空气的条件下高温炭化得到，其石墨化程度差，主要用于冶金工业，如高炉炼钢。

碳黑粉末由烃或天然气不完全燃烧制得，主要用于橡胶工业以及墨水、油漆、纸张等的颜料。

活性炭是由锯屑等经过处理和活化得到，其比表面积非常大，广泛用于蔗糖工业做脱色剂以及化学制品的纯化、空气净化、废水处理、化学反应的催化剂等。

2）碳的同素异形体

金刚石俗称钻石，是硬度最大（莫氏硬度为 10）、熔点最高的单质。金刚石具有三维结构，如图 13－1(a)所示。C 原子均采取 sp^3 杂化，且同邻近的 4 个 C 原子形成 σ 键。由于所有价电子都形成了 σ 键，所以金刚石不导电。

天然金刚石嵌在碱性岩石中，已发现的最大天然金刚石重达 621.2 g，人工合成最大的金刚石约 1 克拉（1 克拉为 0.200 g）。结晶完美的金刚石有耀眼的光泽、晶莹透明，光折射指数大，若其颗粒较大则成为珍贵的宝石。大多数天然或人造金刚石只是工业级的而非宝石级的，主要用于做磨料、钻头、抛光材料等。

石墨具有层状结构，如图 13－1(b)所示，硬度小，熔点也极高；石墨中的 C 原子均采取 sp^2 杂化，且同邻近的 3 个 C 原子形成 σ 键。每个 C 原子中未参与杂化的有单电子的 p 轨道彼此重叠，形成了层内离域 π 键 Π_n^n，因此石墨层内可导电。层与层之间以分子间的作用力结合，平行排列。

石墨在世界各地分布广泛，但大部分没有经济价值，大量的石墨晶体碎片沉积在硅酸盐岩石中。人工合成石墨可由 SiO_2 与 C 制备的 SiC 在 2500℃高温分解得到：

$$SiC = Si(g) + C(\text{石墨})$$

1985 年首次合成 C_{60}，这是碳簇（由三个或三个以上有限原子直接键合组成的多面体或缺顶点多面体骨架为特征的分子或离子称为原子簇）中最重要的分子，其结构见图 13－1(c)。在 C_{60} 中，60 个 C 原子形成了足球形状的三十二面体（由 12 个五边形和 20 个六边形组成），C 原子均采取 sp^2 杂化，与相邻的 3 个 C 原子形成 σ 键。C_{60} 分子中存在离域 π 键 Π_{60}^{60}。C_{60} 的结构可以看成正二十面体截去 12 个顶角后形成 12 个五边形、20 个六边形得到的，故称截角二十面体。二十面体的结构见图 13－1(d)。

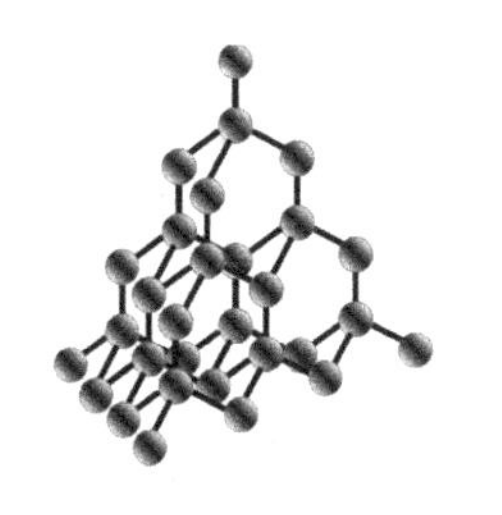

(a) 金刚石的三维结构

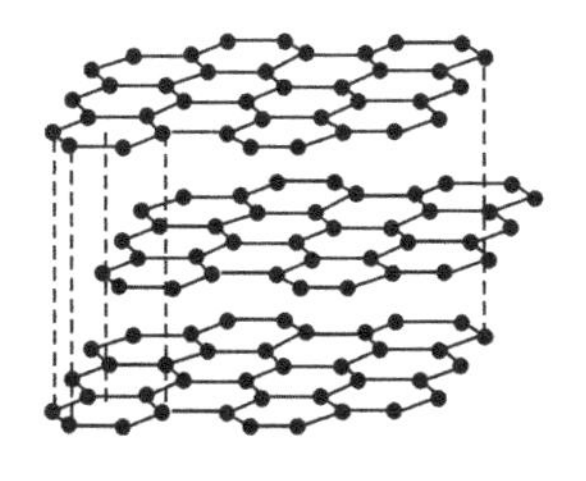

(b) 石墨层状结构

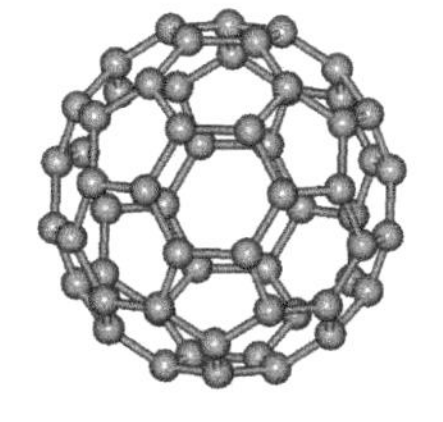

(c) C_{60} 分子

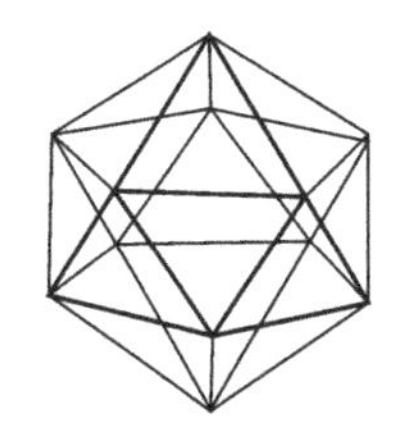

(d) 二十面体结构

图 13－1　碳的同素异形体的结构

2. 碳单质的还原性

碳单质能够还原非金属氧化物和金属氧化物。碳及 CO 作为还原剂，有如下三个反应

$$2CO+O_2 \xlongequal{} 2CO_2 \qquad \Delta_r S_m^\ominus = -173\ \text{J}\cdot\text{mol}^{-1}\cdot\text{K}^{-1} \qquad (a)$$

$$C+O_2 \xlongequal{} CO_2 \qquad \Delta_r S_m^\ominus = 3\ \text{J}\cdot\text{mol}^{-1}\cdot\text{K}^{-1} \qquad (b)$$

$$2C+O_2 \xlongequal{} 2CO \qquad \Delta_r S_m^\ominus = 179\ \text{J}\cdot\text{mol}^{-1}\cdot\text{K}^{-1} \qquad (c)$$

由吉布斯公式 $\Delta_r G_m^\ominus = \Delta_r H_m^\ominus - T\Delta_r S_m^\ominus$ 可知，将反应的 $\Delta_r G_m^\ominus$ 对温度 T 作图(图 13-2)，得到 3 条直线，线段的斜率为 $-\Delta_r S_m^\ominus$。

金属与氧的反应，以锰为例

$$2Mn+O_2 \xlongequal{} 2MnO \qquad (d)$$

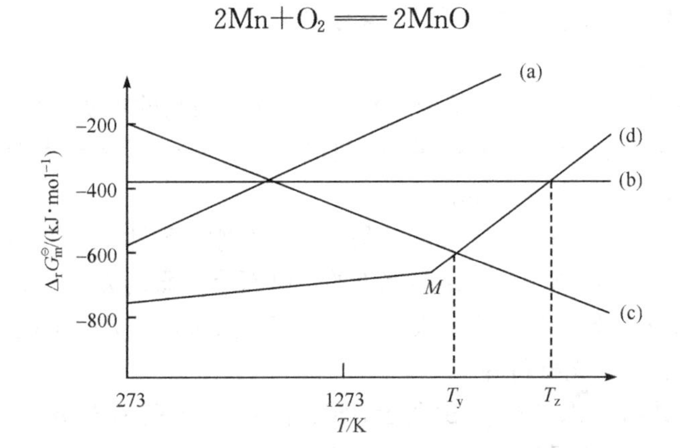

图 13-2 碳作还原剂及锰与氧反应的 $\Delta_r G_m^\ominus$-T 线

从图 13-2 可知，对于熵增加的反应直线的斜率为负，对于熵减小的反应直线的斜率为正。反应(d)在拐点 M 之后斜率变大，说明熵变小，即 M 点为 Mn 的熔点而不是 MnO 的熔点。当温度为 T_y 时，(c)与(d)两线相交，此时两个反应的 $\Delta_r G_m^\ominus$ 相等，反应(c)与(d)相减，得反应(e)

$$MnO+C \xlongequal{} Mn+CO \qquad (e)$$

说明温度 $T>T_y$ 时，反应(e)的 $\Delta_r G_m^\ominus<0$，C 能够将 MnO 还原并生成 CO。

当温度为 T_z 时，(b)与(d)两线相交，此时两个反应的 $\Delta_r G_m^\ominus$ 相等，反应(b)与(d)相减，得反应(f)

$$2MnO+C \xlongequal{} 2Mn+CO_2 \qquad (f)$$

说明温度 $T>T_z$ 时，反应(f)的 $\Delta_r G_m^\ominus<0$，C 能够将 MnO 还原并生成 CO_2。由于温度 T_z 远高于 T_y，故用 C 还原 MnO 时主要生成 CO 而不是 CO_2。

如果金属与氧反应的 $\Delta_r G_m^\ominus$-T 线不与(c)或(b)线相交，则不能用 C 还原法冶炼金属。如果金属与氧反应的 $\Delta_r G_m^\ominus$-T 线在很高的温度与(c)或(b)线相交，也不宜用 C 还原法冶炼金属。此时，应该用电解或其他方法得到金属。

由于反应(c)是放热反应，又是熵增加过程，因此，反应的自由能不仅为负，而且随着温度的升高逐渐减小，所以该反应可与某些非自发的反应结合，总反应自发进行。例如

$$SiO_2+2Cl_2 \xlongequal{} SiCl_4+O_2$$

由于 SiO_2 比 $SiCl_4$ 稳定，因此该反应非自发，但是将之与反应(c)结合，即

$$SiO_2+2C+2Cl_2 \xlongequal{} SiCl_4+2CO$$

相当于在 SiO_2 的氯化反应中添加了些焦炭，总反应的 $\Delta_r G_m^\ominus<0$ 而自发进行。

这种做法就是热力学上的反应耦合。由 B_2O_3 转化为 BCl_3，以及由 TiO_2 转化为 $TiCl_4$，都需要进行耦合。

$$B_2O_3 + 3C + 3Cl_2 \xlongequal{} 2BCl_3 + 3CO$$

$$TiO_2 + 2C + 2Cl_2 \xlongequal{} TiCl_4 + 2CO$$

13.1.2　碳的氧化物

碳的稳定氧化物是一氧化碳(CO)和二氧化碳(CO_2),碳的其他氧化物如 C_2O_3、C_5O_2、$C_{12}O_9$ 等稳定性较差。

1. 一氧化碳

CO 是单质 C 不完全燃烧的产物。将 CO 和 CO_2 的混合物通过碱吸收 CO_2 后即得到 CO。实验室将草酸与浓硫酸共热,用固体 NaOH 吸收 CO_2 和 H_2O 则得 CO。制高纯的 CO 可用加热分解羰基化合物的方法。

$$H_2C_2O_4(s) \xlongequal{} CO + CO_2 + H_2O$$

$$Ni(CO)_4(l) \xlongequal{} Ni + 4CO$$

在 CO 分子中,C 与 O 间存在着叁键,并且有一个是 O 向 C 的配位键,因此 CO 具有强的配位能力。CO 与生物体内血红素中的 Fe^{2+} 配位使血液失去输氧作用,因此 CO 具有较大毒性。

在高温下,CO 能与许多过渡金属配位生成金属羰配合物,如 $Fe(CO)_5$、$Ni(CO)_4$ 等,这些化合物多是剧毒物。

CO 具有强还原性,能够还原许多金属氧化物。与 Cl_2 反应生成有毒的光气 $COCl_2$,通入 $PdCl_2$ 使溶液变黑可作为 CO 的检验反应。

$$CO + Cl_2 \xlongequal{} COCl_2$$

$$CO + PdCl_2 + H_2O \xlongequal{} CO_2 + Pd + 2HCl$$

用 CuCl 的酸性溶液基本可以定量吸收 CO。

$$CO + CuCl + 2H_2O \xlongequal{} Cu(CO)Cl \cdot 2H_2O$$

工业上将空气和水蒸气交替通入红热碳层,制取的燃料气含有 CO。通入空气时反应得到含有 CO、N_2 和少量 CO_2 的混合气体(即发生炉煤气):

$$2C + O_2 \xlongequal{} 2CO \qquad \Delta H < 0$$

通入水蒸气时得到含有 CO、H_2、少量 CO_2 和水蒸气的混合气体(即水煤气):

$$C + H_2O \xlongequal{} CO + H_2 \qquad \Delta H > 0$$

发生炉煤气和水煤气都是燃料气。放热反应和吸热反应交替进行,维持反应体系在一定温度范围内持续运行。

2. 二氧化碳

CO_2 是单质 C 完全燃烧的产物。温室效应主要是大气中 CO_2 的浓度增大造成的。CO_2 是人体内代谢的产物,也是植物进行光合作用的原料。

CO_2 为非极性分子,具有直线形结构,分子中 C—O 间呈双键,分子具有很高的热稳定性。按价键理论,CO_2 分子中有 2 个互相垂直的 π 键;按照分子轨道理论,CO_2 分子中有 2 个互相垂直的离域 Π_3^4 键(图 13-3)。

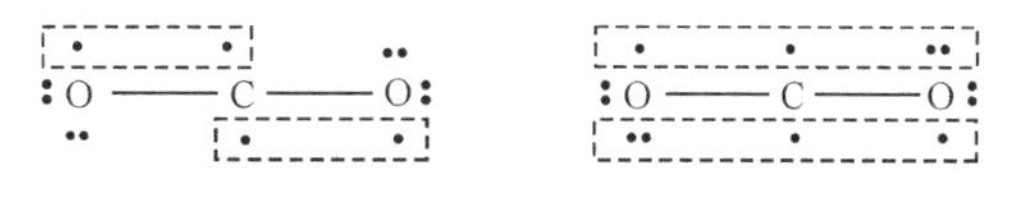

价键理论结果　　分子轨道理论结果

图 13-3　CO_2 分子的成键情况

实验室利用碳酸钙和稀盐酸反应制备 CO_2。

$$CaCO_3+2HCl \xlongequal{} CaCl_2+CO_2+H_2O$$

将气体通入饱和 $Ca(OH)_2$ 溶液产生白色 $CaCO_3$ 沉淀，这可用来鉴定 CO_2。

$$CO_2+Ca(OH)_2 \xlongequal{} CaCO_3+H_2O$$

CO_2 主要用途是作制冷剂、生产饮料和尿素等。在 $-56.6\sim31$ ℃间通过加压可使之液化，以 CO_2 为临界溶剂可合成许多新的化合物。

13.1.3　碳酸及其盐

碳酸 H_2CO_3 为 CO_2 溶于水的产物（CO_2 在水中的溶解度约 0.04 $mol\cdot dm^{-3}$），中心原子 C 采取 sp^2 等性杂化。其中，3 个含单电子的杂化轨道与 2 个 OH 的氧原子的单电子轨道和 1 个端氧原子的 1 个含单电子轨道形成 3 个 σ 键。C 的未参与杂化的含单电子的轨道与端氧原子中的另一个含单电子的轨道“肩并肩”形成了 π 键。如图 13-4(a)所示。

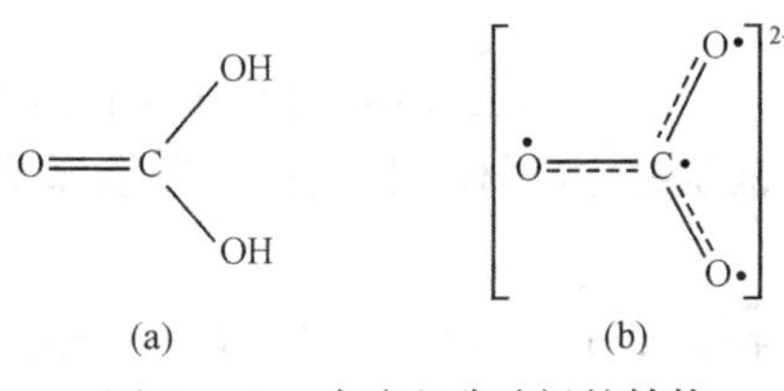

图 13-4　碳酸和碳酸根的结构

碳酸与强碱作用生成碳酸盐。碳酸根 CO_3^{2-} 的结构如图 13-4(b)所示，中心原子 C 采取 sp^2 等性杂化，每个含单电子的杂化轨道与氧的一个含单电子的 p 轨道形成 σ 键，C 未参加杂化的含单电子的 p 轨道与 3 个氧余下的单电子的 p 轨道形成离域 π 键，加上离子所带的 2 个负电荷，共有 6 个电子形成离域 Π_4^6 键。

碳酸为二元弱酸（$K_{a1}^{\ominus}=4.45\times10^{-7}$，$K_{a2}^{\ominus}=4.69\times10^{-11}$），可以形成碳酸盐和碳酸氢盐。

铵和碱金属（除 Li 外）的碳酸盐易溶于水，其他金属碳酸盐多数难溶于水。

对于难溶的碳酸盐，其对应的碳酸氢盐的溶解度较大。主要是解离时克服+2 价离子与−1 价离子间的作用力较克服+2 价离子与−2 价离子间的作用力容易。而对于易溶于水的碳酸盐，其对应的碳酸氢盐通过氢键形成二聚体（图 13-5）使其溶解度减小。故有如下溶解度顺序

$$CaCO_3<Ca(HCO_3)_2<NaHCO_3<Na_2CO_3$$

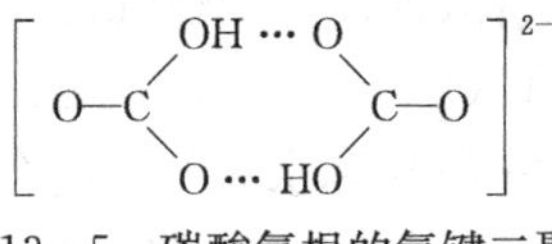

$$\left[\begin{array}{c} \quad OH\cdots O \\ O{-}C \qquad\qquad C{-}O \\ \quad O\cdots HO \end{array}\right]^{2-}$$

图 13-5　碳酸氢根的氢键二聚体

碳酸钠的水溶液显强碱性，溶液中存在着 CO_3^{2-} 和 OH^- 两种沉淀剂，与金属离子可能生成碳酸盐、碱式碳酸盐或氢氧化物沉淀。

(1) Ca^{2+}、Sr^{2+}、Ba^{2+} 等，其碳酸盐的溶解度远小于其氢氧化物的溶解度，与碳酸钠溶液混合时生成碳酸盐沉淀。

(2) Al^{3+}、Fe^{3+}、Cr^{3+} 等高价金属离子，其氢氧化物的溶解度远小于其碳酸盐的溶解度，与碳酸钠溶液混合时生成氢氧化物沉淀。

(3) Mg^{2+}、Mn^{2+}、Co^{2+}、Ni^{2+}、Cu^{2+}、Zn^{2+}、Ag^+ 等，其氢氧化物的溶解度与碳酸盐的溶解度相差不大，与碳酸钠溶液混合时将生成碱式碳酸盐沉淀，如 $Mg_2(OH)_2CO_3$。为了得到正盐 $MgCO_3$，可以使沉淀剂的碱性降低，即不用碳酸钠而用碳酸氢钠溶液作沉淀剂。

$$Mg^{2+}+HCO_3^- \xlongequal{} MgCO_3\downarrow+H^+$$

碳酸盐、碳酸氢盐、碳酸的热稳定性顺序依次降低，这可以用 H^+ 强反极化能力来解释。

13.1.4 碳的卤化物和硫化物

1. 碳的卤化物与卤氧化物

碳的卤化物主要有 CF_4(无色液气体)、CCl_4(无色液体)、CBr_4(浅黄色固体)、CI_4(红色固体),其中最为重要的是四氯化碳 CCl_4。碳的四卤化物随着卤素半径的增大稳定性降低。

CF_4 热稳定性高,化学惰性。与其他基团结合后用于纸张、织物、纤维的憎水性和抗染色性。

CCl_4 是重要非质子、非极性的非水溶剂。可由 CH_4 与 Cl_2 在 440℃ 反应得到。

$$CH_4 + 4Cl_2 = CCl_4 + 4HCl$$

CCl_4 的沸点(76.8℃)较低,有毒,容易挥发,能使燃烧物与空气隔绝但不与氧反应,因此,CCl_4 可作为灭火剂和阻燃剂。CCl_4 是重要的氯化试剂。

COF_2 为无色气体,遇水迅速水解生成 CO_2 和 HF。COF_2 主要用途是制备含氟的有机化合物。

$COCl_2$ 为无色气体,剧毒。最初由 CO 和 Cl_2 在光照下合成,故称为光气。主要用于生产聚氨酯的中间产物异腈酸酯,也是重要的氯化试剂,与 NH_3 反应生成尿素 $CO(NH_2)_2$、胍 $C(NH)(NH_2)_2$ 等。

2. 碳的硫化物

碳最重要的硫化物是二硫化碳 CS_2,可用于生产黏液丝、四氯化碳等。碳的其他硫化物稳定性较差,如 CS(无色气体)和 C_3S_2(红色液体,90℃ 分解)。

CS_2 为无色液体,是非质子、非极性的非水溶剂。将硫蒸气通过红热木炭或由天然气高温与硫蒸气反应等均可制备 CS_2。

$$C + 2S = CS_2$$

$$CH_4 + 4S = CS_2 + 2H_2S$$

CS_2 沸点(46.25℃)较低,易挥发,剧毒,对人神经系统和大脑能造成严重损害。纯的 CS_2 有一种令人愉快的幽香气味。CS_2 具有还原性,能将 MnO_4^- 还原,100℃ 自燃。

$$5CS_2 + 4MnO_4^- + 12H^+ = 5CO_2 + 10S + 4Mn^{2+} + 6H_2O$$

$$CS_2 + 3O_2 = CO_2 + 2SO_2$$

CS_2 为酸性硫化物,可与 K_2S 等碱性物质反应。

$$CS_2 + K_2S = K_2CS_3 \text{(硫代碳酸钾)}$$

13.2 硅及其化合物

核 心 内 容

1. 单质硅具有金刚石型结构,硬度和熔点较高,是重要的电子工业材料。硅在常温下不活泼,硅化学属高温化学。

2. 硅的氢化物稳定性差,种类少,只能形成硅烷。

3. 常温下 SiF_4 为无色气体,$SiCl_4$ 和 $SiBr_4$ 为无色液体,SiI_4 为白色固体,都易水解。

4. SiO_2 属原子晶体,不溶于水,熔点高,硬度大。硅酸盐有一维链状结构、二维片状结构和三维网络状结构。

13.2.1 硅单质

1. 单质硅的性质

单质硅晶体具有金刚石型结构，呈灰黑色，硬度、熔点较高，是重要的电子工业材料。

硅化学属高温化学，在常温下不活泼，单质中只有氟可与硅反应。

$$Si + 2F_2 = SiF_4$$

在常温下，硅和强碱溶液作用极其缓慢。

$$Si + 4OH^- = SiO_4^{4-} + 2H_2$$

在常温下，Si 溶于 HF-HNO_3 的混酸中生成 H_2SiF_6。

$$3Si + 18HF + 4HNO_3 = 3H_2SiF_6 + 4NO + 8H_2O$$

在高温下，硅较活泼，可以与许多单质化合，加热也能促使氢氟酸溶解硅单质。

2. 单质硅的制取

在高温下用 C 还原 SiO_2 可以获得粗单质硅。

$$SiO_2 + 2C = Si + 2CO$$

粗单质硅与 Cl_2 反应转化成液态 $SiCl_4$。

$$Si + 2Cl_2 = SiCl_4$$

经精馏后的 $SiCl_4$ 用活泼金属或 H_2 还原即可获得高纯度单质硅。

$$SiCl_4 + 2Zn = Si + 2ZnCl_2$$

$$SiCl_4 + 2H_2 = Si + 4HCl$$

13.2.2 硅的氢化物

由于 Si 的原子半径比 C 大，硅原子间形成 σ 键时原子轨道重叠程度小，形成 π 键时重叠程度更小，因此 Si—Si 键不如 C—C 键强，尤其是 Si═Si 的 π 键更弱。硅的氢化物只有硅烷且种类比烷烃少得多。

1. 硅烷的制取

高纯度的 SiH_4 可用 $LiAlH_4$ 在乙醚的介质中还原 $SiCl_4$ 而获得。

$$SiCl_4 + LiAlH_4 = SiH_4 + LiCl + AlCl_3$$

Mg_2Si 与盐酸反应，获得的是含有乙硅烷等杂质的 SiH_4。

$$Mg_2Si + 4HCl = SiH_4 + 2MgCl_2$$

原料 Mg_2Si 可用金属 Mg 在高温下还原 SiO_2 而获得。

$$SiO_2 + 4Mg = Mg_2Si + 2MgO$$

2. 硅烷的性质

硅烷中最典型、最稳定的是 SiH_4，为无色、无臭气体。SiH_4 室温稳定，其他硅烷室温下分解，随聚合度升高稳定性降低。SiH_4 和 Si_2H_6 为气体，其他硅烷则为液体。

SiH_4 不稳定，加热到 500 ℃时分解（而 CH_4 在 1000 ℃以上分解）。

$$SiH_4 = Si + 2H_2$$

SiH_4 具有较强的还原性，在空气中自燃。

$$SiH_4 + 8AgNO_3 + 2H_2O = SiO_2 + 8HNO_3 + 8Ag$$

$$SiH_4 + 2KMnO_4 = 2MnO_2 + K_2SiO_3 + H_2O + H_2$$

$$SiH_4 + 2O_2 = SiO_2 + 2H_2O$$

SiH_4 容易水解，实质与水发生了氧化还原反应，Si 的氧化数不变。

$$SiH_4 + (n+2)H_2O = SiO_2 \cdot nH_2O + 4H_2$$

13.2.3　硅的卤化物

常温下 SiF_4 为无色气体，$SiCl_4$ 和 $SiBr_4$ 为无色液体，SiI_4 为白色固体。熔、沸点依次升高，源于分子的半径依次增大使分子间的色散力增大。硅有空的价层 d 轨道，能够接受水分子的配位，所以硅的卤化物都易水解。

SiF_4 水解反应生成的 HF 可进一步与 SiF_4 反应生成 H_2SiF_6。

$$SiF_4 + 4H_2O = H_4SiO_4 + 4HF$$

$$SiF_4 + 2HF = H_2SiF_6$$

$SiCl_4$ 是硅的最重要的卤化物，可用来制备高纯硅，遇到潮湿的空气强烈水解而冒白雾，生成的 HCl 不能进一步与 $SiCl_4$ 反应。

$$SiCl_4 + 4H_2O = H_4SiO_4 + 4HCl$$

H_2SiF_6 为强酸，与 H_2SO_4 的酸性相当。H_2SiF_6 与软碱形成的盐易溶，如 $PbSiF_6$；但与半径大的硬碱形成的盐难溶，如 K_2SiF_6 的溶解度很小。

13.2.4　二氧化硅

二氧化硅 SiO_2 晶体无色，不溶于水，熔点高，硬度大。自然界中的石英就是二氧化硅，属原子晶体。

二氧化硅的结构都以硅氧四面体作为基本结构单元，硅氧四面体的不同联结方式则形成了不同的晶型，如 α-石英和 β-石英。硅氧四面体也有混乱排列的，如在石英玻璃和硅胶中。石英在 1700 ℃左右熔化，冷却即变成石英玻璃。石英玻璃已应用于制造光学仪器。

多孔硅胶可用作干燥剂。以 Na_2SiO_3 溶液为原料，酸化使 SiO_3^{2-} 逐步缩合，并形成硅酸胶体。胶体经静置、老化进一步缩聚则形成凝胶。用热水洗去可溶盐，将凝胶烘干、脱水，即得到多孔硅胶。在 300 ℃下活化后，得到硅胶干燥剂。将多孔硅胶用 $CoCl_2$ 溶液浸泡，干燥、活化后加工成型，得变色硅胶。无水 $CoCl_2$ 为蓝色，而水合 $CoCl_2 \cdot 6H_2O$ 为粉红色，因此根据硅胶的颜色可以判断硅胶的吸水程度。吸水的硅胶干燥剂在 300 ℃脱水后即可重复使用。

常温下 SiO_2 较为惰性，但可以与氢氟酸反应生成 SiF_4 或 H_2SiF_6。

$$SiO_2 + 4HF = SiF_4 + 2H_2O$$

$$SiO_2 + 6HF = H_2SiF_6 + 2H_2O$$

SiO_2 可与热的强碱溶液及熔融的碳酸钠等反应，生成可溶性硅酸盐。

$$SiO_2 + 2NaOH = Na_2SiO_3 + H_2O$$

$$SiO_2 + Na_2CO_3 = Na_2SiO_3 + CO_2$$

13.2.5　碳化硅和氮化硅

1. 碳化硅

碳化硅 SiC 俗称金刚砂，纯晶体为无色，含有不同杂质则颜色不同。SiC 为原子晶体，C

和 Si 均以四面体键连，有几十种变体。

SiC 有许多优异的性能，如硬度高(介于金刚石和刚玉之间)、耐高温(1500 ℃以上)、稳定性高(2700 ℃以上分解)、抗氧化、抗腐蚀、高热导率等，广泛用于磨料、耐火材料、电热元件、密封件等。

工业上由高纯石英砂与焦炭等在电阻炉内于 1900～2400 ℃反应得到碳化硅：

$$SiO_2 + 3C \xlongequal{} SiC + 2CO$$

2. 氮化硅

氮化硅 Si_3N_4，纯晶体为无色(粉末为白色)，含有杂质时为灰色。Si_3N_4 硬度高(介于金刚石和刚玉之间)、耐高温、抗氧化能力强，室温时为绝缘体。利用它来制造轴承、气轮机叶片、机械密封环、永久性模具等机械构件。

在 1300～1400 ℃ 条件下用单质硅和氮气直接进行化合反应得到氮化硅：

$$3Si + 2N_2 \xlongequal{} Si_3N_4$$

13.2.6 硅酸和硅酸盐

硅酸为二元弱酸($K_{a1}^{\ominus}=2.51\times10^{-10}$，$K_{a2}^{\ominus}=1.59\times10^{-12}$)，$SiO_2$ 为硅酸的酸酐。硅酸的种类相当多，都可看成是 SiO_2 的水合物，可表示为 $xSiO_2 \cdot yH_2O$ 的形式。例如，硅酸(正硅酸) H_2SiO_3，$x=1$，$y=1$；原硅酸 H_4SiO_4，$x=1$，$y=2$；焦硅酸 $H_6Si_2O_7$，$x=2$，$y=3$。

可溶性硅酸盐与酸作用可生成原硅酸 H_4SiO_4。

$$SiO_3^{2-} + 2H^+ + H_2O \xlongequal{} H_4SiO_4$$

最常见的可溶性硅酸盐是硅酸钠 Na_2SiO_3，其浓的水溶液呈黏稠状，称为水玻璃。Na_2SiO_3 水解，溶液为碱性。向 Na_2SiO_3 溶液中加入 NH_4Cl 溶液则有硅胶析出。

$$Na_2SiO_3 + 2NH_4Cl + H_2O \xlongequal{} H_4SiO_4 + 2NH_3 + 2NaCl$$

向 Na_2SiO_3 溶液中通入 CO_2 析出硅酸凝胶，表明硅酸的酸性弱于碳酸。

$$Na_2SiO_3 + CO_2 + 2H_2O \xlongequal{} H_4SiO_4 + Na_2CO_3$$

硅酸盐和二氧化硅一样，都是以硅氧四面体(SiO_4)作为基本结构单元通过共用氧原子联结成各种不同的硅酸根阴离子，硅酸根阴离子通过阳离子约束在一起，得到各种硅酸盐。

硅氧四面体间共用 2 个氧原子则形成链状聚硅酸根，自然界中的石棉就具有这种链状结构，如图 13-6(a)所示。如果不考虑边界，其结构通式为$[Si_nO_{3n}]^{2n-}$。

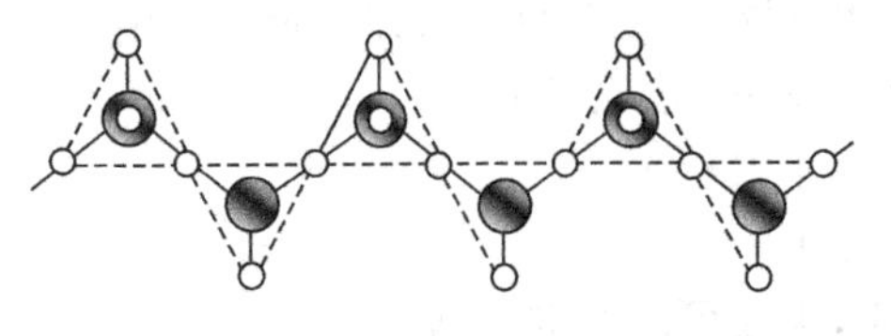

(a) 一维链状结构

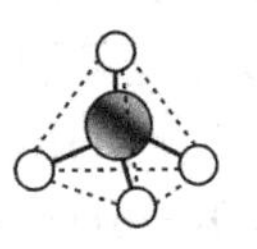

(b) 硅氧四面体

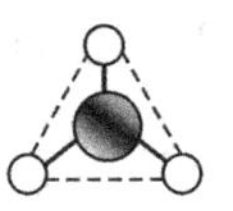

(c) 顶角向内

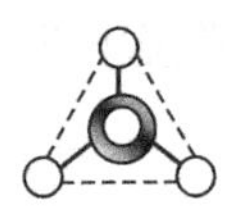

(d) 顶角向外

图 13-6 链状聚硅酸根和硅氧四面体结构

硅氧四面体间共用 3 个氧原子则形成二维片状聚硅酸根，自然界中的云母就具有这种片状结构(图 13-7)。如果不考虑边界，其结构通式为$[Si_nO_{2.5n}]^{n-}$。

硅氧四面体间也可共用 4 个氧原子形成三维网络状的聚硅酸根，如果不考虑边界，其结构通式为$[SiO_2]_n$。自然界或人工合成的沸石就具有这种三维的网状结构，只不过某些硅的位置

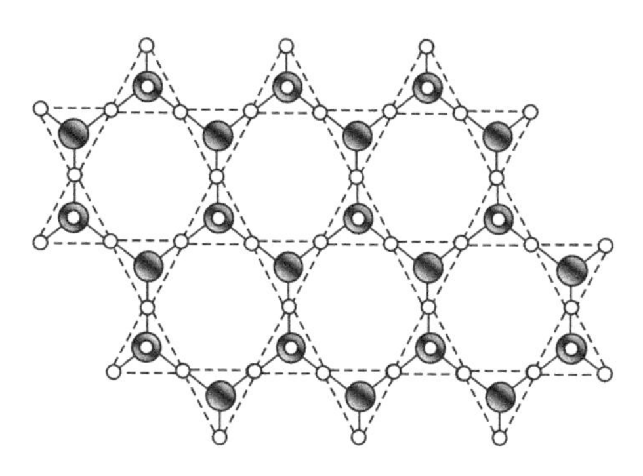

图 13-7　片状聚硅酸根结构

被铝所取代。硅氧四面体不同联结形成不同的孔道和笼而得到不同类型的沸石。

13.3　锗、锡、铅

1. 锗为银白色金属；锡有白锡、灰锡和脆锡；铅为暗灰色软金属。

2. 锗、锡、铅都有两种氧化物，MO 偏碱性，MO_2 偏酸性。PbO 黄色，黑色的 PbO_2 有强氧化性。橙色的 Pb_2O_3 和红色的 Pb_3O_4 组成中都有 PbO_2 而具有强氧化性。

3. $Sn(OH)_2$ 和 $Pb(OH)_2$ 为两性物质；$Sn(OH)_2$ 和 Sn^{2+} 具有强还原性；$Sn(OH)_4$ 为两性偏酸性物质。

4. $SnCl_2$ 和 $PbCl_2$ 为白色固体。$PbCl_2$ 微溶于水，$SnCl_2$ 易水解但易溶于酸中。$SnCl_4$ 和 $PbCl_4$ 为无色液体，后者不稳定而极易爆炸分解。

5. SnS 棕褐色，SnS_2 黄色，PbS 黑色，均属难溶性硫化物。

13.3.1　单质

锗为银白色金属。锡有 3 种同素异形体：白锡、灰锡和脆锡；白锡为热力学指定单质，延展性好，可以制成器皿；灰锡呈灰色粉末状。铅为暗灰色软金属，密度较大。

Ge 不与非氧化性的酸反应。Sn 和 Pb 可与非氧化性的酸反应，但 Sn 与稀盐酸的反应较慢，Pb 与稀盐酸反应生成的 $PbCl_2$ 因覆盖金属表面使反应不能进行下去。

$$Sn + 2HCl = SnCl_2 + H_2 \qquad E^\ominus(Sn^{2+}/Sn) = -0.14\ V$$

$$Pb + 2HCl = PbCl_2 + H_2 \qquad E^\ominus(Pb^{2+}/Pb) = -0.13\ V$$

Ge、Sn、Pb 都能与氧化性的酸反应。Ge、Sn 与浓硝酸反应生成最高价的含氧酸，而 Pb 与浓硝酸反应生成 $Pb(NO_3)_2$。

$$Ge + 4HNO_3 = GeO_2 \cdot H_2O + 4NO_2 + H_2O$$

$$Sn + 4HNO_3 = \beta\text{-}H_2SnO_3 + 4NO_2 + H_2O$$

$$Pb + 4HNO_3 = Pb(NO_3)_2 + 2NO_2 + 2H_2O$$

极稀的硝酸与 Sn 反应生成低价态的锡盐。

$$3Sn + 8HNO_3 = 3Sn(NO_3)_2 + 2NO + 4H_2O$$

Ge 难溶于碱，但 Sn、Pb 能与强碱反应并释放出 H_2。

$$Sn+2OH^- +2H_2O = [Sn(OH)_4]^{2-} +H_2$$
$$Pb+OH^- +2H_2O = [Pb(OH)_3]^- +H_2$$

13.3.2 含氧化合物

1. 氧化物

锗、锡、铅都有两种氧化物，MO 两性偏碱性，MO_2 两性偏酸性。

SnO 呈蓝黑色，是 $SnO \cdot nH_2O$ 高温脱水的产物。SnO_2 呈灰色，是单质 Sn 在空气中燃烧的产物。

PbO 呈黄色，俗名密陀僧或铅黄，是铅在空气中加热的产物，也可以由 $PbCO_3$ 或 $Pb(NO_3)_2$ 等受热分解得到。PbO_2 呈黑色，具有相当强的氧化性，在酸性介质中可以将 Mn^{2+} 和 Cl^- 氧化。

$$5PbO_2 +2Mn^{2+} +4H^+ = 5Pb^{2+} +2MnO_4^- +2H_2O$$
$$PbO_2 +6HCl = H_2PbCl_4 +Cl_2 +2H_2O$$

PbO_2 的强氧化性与惰性电子对效应有关。

碱性条件下 NaClO 氧化 Pb(Ⅱ)盐可获得 PbO_2。

$$[Pb(OH)_3]^- +ClO^- = PbO_2 +Cl^- +OH^- +H_2O$$

铅还有两种重要的氧化物，Pb_3O_4 和 Pb_2O_3。Pb_3O_4 呈红色，称红铅或铅丹，组成为 $2PbO \cdot PbO_2$ 或写成 $Pb_2[PbO_4]$。Pb_2O_3 呈橙色，组成为 $PbO \cdot PbO_2$ 或写成 $Pb[PbO_3]$。

通过简单的实验可验证 Pb_3O_4 和 Pb_2O_3 两种氧化物中均含有两种价态的铅。将氧化物溶于硝酸，生成的黑色沉淀物在酸性条件下能够将 Mn^{2+} 氧化为 MnO_4^-，与 HCl 反应有 Cl_2 生成，表明沉淀物为 PbO_2。滤去沉淀物的滤液，调节 pH=5，加入 K_2CrO_4 生成黄色的 $PbCrO_4$ 沉淀，表明滤液中含 Pb^{2+}。

$$CrO_4^{2-} +Pb^{2+} = PbCrO_4$$

将黑色 PbO_2 加热到 374 ℃可转化为红色的 Pb_3O_4，加热到 605 ℃可转化为黄色的 PbO。

2. 氢氧化物和含氧酸

在 Sn^{2+} 和 Pb^{2+} 的溶液中滴加适量的碱可生成白色沉淀物 $Sn(OH)_2$ 和 $Pb(OH)_2$。

$$Sn^{2+} +2OH^- = Sn(OH)_2$$
$$Pb^{2+} +2OH^- = Pb(OH)_2$$

$Sn(OH)_2$ 和 $Pb(OH)_2$ 两性偏碱，可溶于过量的强碱。

$$Sn(OH)_2 +2OH^- = [Sn(OH)_4]^{2-}$$
$$Pb(OH)_2 +OH^- = [Pb(OH)_3]^-$$

$[Sn(OH)_4]^{2-}$ 具有很强的还原性，可还原 Bi^{3+} 为黑色的单质 Bi 粉末。

$$3[Sn(OH)_4]^{2-} +2Bi^{3+} +6OH^- = 3[Sn(OH)_6]^{2-} +2Bi$$

该反应可用来鉴定 Bi^{3+}。

锡酸 H_2SnO_3 有两种构型：α-H_2SnO_3 和 β-H_2SnO_3。α-H_2SnO_3 化学性质活泼，易溶于浓盐酸，也溶于碱。Sn^{4+} 在氨水中水解得到的白色沉淀物即为 α-H_2SnO_3。

$$Sn^{4+} +4NH_3 \cdot H_2O = \alpha\text{-}H_2SnO_3 +4NH_4^+ +H_2O$$

β-H_2SnO_3 化学性质表现为惰性，既不溶于浓酸，也不溶于浓碱。金属 Sn 溶于浓硝酸的

产物就是 β-H_2SnO_3。

通过加热或在溶液中静置，α-H_2SnO_3 可转变为 β-H_2SnO_3。

13.3.3 卤化物和硫化物

1. 卤化物

Sn、Pb 的卤化物有两种，离子型为主的 MX_2 和共价型为主的 MX_4。由于 Pb(Ⅳ)的氧化性很强，因此 $PbBr_4$ 和 PbI_4 不能稳定存在。

$SnCl_2$ 和 $PbCl_2$ 为白色固体。$PbCl_2$ 微溶于水。$SnCl_2$ 极易水解而生成白色的碱式盐 Sn(OH)Cl沉淀，因此在配制 $SnCl_2$ 溶液时要用盐酸抑制水解。

$$SnCl_2 + H_2O \rightleftharpoons Sn(OH)Cl + HCl$$

$SnCl_4$ 为无色液体，金属的氧化数高而更容易水解，在潮湿的空气中发烟，因此在制备 $SnCl_4$ 时要严防体系与水接触。$PbCl_4$ 为无色液体，受热易爆炸。

Sn、Pb 的卤化物在过量的含 X^- 溶液中，易形成配合物，如$[SnCl_6]^{2-}$、$[SnCl_4]^{2-}$、$[PbCl_3]^-$、$[PbCl_4]^{2-}$。常温下 PbX_2 在水中溶解度较小，但 X^- 浓度增加或加热水溶液时，可提高 PbX_2 的溶解度，生成无色的配离子。

$$PbCl_2 + 2Cl^- = [PbCl_4]^{2-}$$

$$PbI_2 + 2I^- = [PbI_4]^{2-}$$

因此，用 X^- 沉淀 Pb^{2+} 达不到分离的目的。

向 $Pb(NO_3)_2$ 溶液中加入 KI 溶液，生成黄色 PbI_2 沉淀，体系不经分离而直接加热，则沉淀溶解为无色溶液，自然缓慢冷却至室温，析出黄色针状 PbI_2 晶体。

Sn^{2+} 具有较强的还原性，$SnCl_2$ 在空气中易被氧化，因此在配置 $SnCl_2$ 溶液时，应加入 Sn 粒以防止 Sn^{2+} 被氧化。

$$2Sn^{2+} + O_2 + 4H^+ = 2Sn^{4+} + 2H_2O$$

$$Sn + Sn^{4+} = 2Sn^{2+}$$

$SnCl_2$ 的还原性还体现在与 $HgCl_2$ 的反应中。$SnCl_2$ 与 $HgCl_2$ 反应生成白色的 Hg_2Cl_2 沉淀，过量的 $SnCl_2$ 可将 Hg_2Cl_2 进一步还原为单质 Hg，沉淀的颜色由白变灰最后变为黑色。

$$2HgCl_2 + SnCl_2 + 2HCl = Hg_2Cl_2(\text{白}) + H_2SnCl_6$$

$$Hg_2Cl_2 + SnCl_2 + 2HCl = 2Hg(\text{黑}) + H_2SnCl_6$$

将 $SnCl_2$ 投到 Fe^{3+} 的 KSCN 溶液中，因 Fe^{3+} 被还原使溶液的红色褪去。

$$Sn^{2+} + 2[Fe(SCN)]^{2+} = Sn^{4+} + 2Fe^{2+} + 2SCN^-$$

2. 硫化物

Ge、Sn、Pb 的硫化物中，PbS_2 因 Pb(Ⅳ)的强氧化性而不存在。GeS、GeS_2 在水中有一定的溶解度，而 SnS、SnS_2、PbS 属难溶性硫化物。SnS、SnS_2 可溶于浓盐酸；PbS 溶于硝酸，与盐酸作用转化为白色 $PbCl_2$。

SnS 棕褐色，SnS_2 黄色，PbS 黑色。SnS_2 可作为金粉涂料。

低价态硫化物可被过硫化物氧化而转化成高价态硫化物。例如

$$GeS + S_2^{2-} = GeS_2 + S^{2-}$$

$$SnS + S_2^{2-} = SnS_2 + S^{2-}$$

生成的高价态硫化物显酸性，溶于碱性硫化物生成硫代酸盐。

$$GeS_2 + S^{2-} = GeS_3^{2-}$$

$$SnS_2 + S^{2-} = SnS_3^{2-}$$

SnS 两性偏碱性，不溶于 Na_2S 溶液但溶于 Na_2S_2 溶液。

硫代酸盐不稳定，遇酸则分解。

$$GeS_3^{2-} + 2H^+ = GeS_2 + H_2S$$

$$SnS_3^{2-} + 2H^+ = SnS_2 + H_2S$$

高价态金属的硫化物显酸性，可溶于强碱溶液。

$$3GeS_2 + 6NaOH = Na_2GeO_3 + 2Na_2GeS_3 + 3H_2O$$

$$3SnS_2 + 6NaOH = Na_2SnO_3 + 2Na_2SnS_3 + 3H_2O$$

13.4 硼及其化合物

核心内容

1. 晶体硼熔点和硬度高，基本结构单元为 B_{12} 二十面体，常温下不活泼而高温下较活泼。

2. 硼烷主要有三种类型，笼状结构的 $B_nH_n^{2-}$、巢形结构的 B_nH_{n+4} 和网形结构的 B_nH_{n+6}。硼烷稳定性差，还原能力强，易水解。

3. 由乙硼烷制得的 $B_3N_3H_6$ 是苯分子的等电子体，六方 $(BN)_n$ 具有类似于石墨的层状结构。

4. H_3BO_3 与水作用生成 $[B(OH)_4]^-$ 和 H^+，故为一元弱酸。加入多元醇可使硼酸的酸性增强。硼砂 $Na_2[B_4O_5(OH)_4]\cdot 8H_2O$ 为二元弱碱，可作缓冲溶液。

5. 常温下 BF_3 和 BCl_3 为气体，BBr_3 为液体，BI_3 为固体。BX_3 为路易斯酸，易水解。硼能够生成许多低卤化物，如 B_2X_4 和 B_nX_n 等。

13.4.1 硼单质

硼单质有两种类型，晶体硼和无定形硼粉末。晶体硼呈黑灰色，熔点高，硬度接近金刚石，化学活性较差。无定形硼粉末呈黄棕色，具有较高的化学活性。

1. 单质硼的结构

晶体硼的基本结构单元为正二十面体，12 个硼原子占据着多面体的顶点形成 B_{12} 结构单元，如图 13－8(a) 所示。如图 13－8(b)所示，中间的 6 个 B 原子(深色)构成了 1 个六元环，该六元环并非是平面形的；六元环上下各有 1 个三元环，彼此平行。B_{12} 单元在空间采取不同的联结方式，则形成晶体硼的不同晶形。

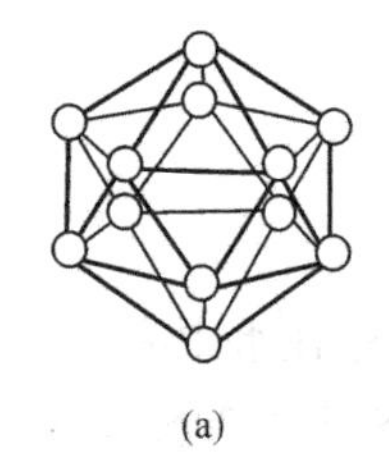

(a)

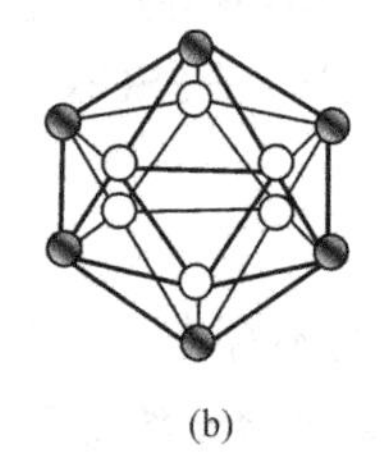

(b)

图 13－8 晶体硼的基本结构单元

2. 单质硼的制备

高温条件下，金属 Mg 还原 B_2O_3 可制得粗硼。

$$B_2O_3+3Mg = 2B+3MgO$$

高温条件下，用 H_2 还原 BBr_3 可获得高纯度的单质硼。

$$2BBr_3+3H_2 = 2B+6HBr$$

高温分解 BI_3 也可获得高纯度的单质硼（α-菱形 B）。

$$2BI_3 = 2B+3I_2$$

3. 单质硼的性质

单质 B 在常温下不活泼，与其他单质基本不反应，仅与 F_2 反应生成 BF_3。

$$2B+3F_2 = 2BF_3$$

高温下单质 B 较活泼，可与许多单质发生反应。

$$4B+3O_2 = 2B_2O_3$$

$$2B+3Cl_2 = 2BCl_3$$

$$2B+N_2 = 2BN$$

$$Cr+nB \xlongequal{1150℃} CrB_n$$

B 不与非氧化性的酸反应，但可以溶于热的浓 HNO_3 或浓 H_2SO_4。

$$B+3HNO_3 = H_3BO_3+3NO_2$$

$$2B+3H_2SO_4 = 2H_3BO_3+3SO_2$$

在有氧化剂存在时，B 与强碱共融能被氧化。

$$2B+3KNO_3+2NaOH = 2NaBO_2+3KNO_2+H_2O$$

13.4.2 硼的氢化物

硼与氢可以形成一系列氢化物，即硼烷，这是一类极其重要的含硼化合物。自 20 世纪初合成第一例硼烷以来，迄今已合成出 20 多种硼烷。由于 B 缺电子，并且 H 的半径太小，因此甲硼烷 BH_3 并不存在，最小的硼烷是其二聚体 B_2H_6，即乙硼烷。

1. 乙硼烷的制备

硼的氢化物中最重要的是乙硼烷，其他高级硼烷大多是以乙硼烷为原料制得的。多种方法可以制备乙硼烷，由于乙硼烷易水解、在空气中自燃，故制备反应在无水无氧条件下进行。

（1）稀酸与金属硼化物作用制备乙硼烷。

$$Mg_3B_2+6HCl = B_2H_6+3MgCl_2$$

$$Mn_3B_2+6H^+ = 3Mn^{2+}+B_2H_6$$

早期制备硼烷就是由 Mg_3B_2 与盐酸作用而实现的。

（2）在乙醚介质中，$LiAlH_4$ 还原 BCl_3 可制备高纯度的乙硼烷。

$$3LiAlH_4+4BCl_3 = 2B_2H_6+3AlCl_3+3LiCl$$

（3）在放电条件下用氢气还原 BCl_3 也能够生成乙硼烷。

$$2BCl_3+6H_2 = B_2H_6+6HCl$$

2. 乙硼烷的性质

（1）乙硼烷的稳定性差，室温即分解（实际上是发生聚合反应）并生成高级硼烷的混合物。

$$2B_2H_6 = B_4H_{10} + H_2$$

(2) 乙硼烷的还原能力强,空气中可自燃,易被氧化剂氧化。

$$B_2H_6 + 3O_2 = B_2O_3 + 3H_2O$$

$$B_2H_6 + 6Cl_2 = 2BCl_3 + 6HCl$$

(3) 乙硼烷极易水解,实质发生了氧化还原反应(B 的氧化数不变)。

$$B_2H_6 + 6H_2O = 2H_3BO_3 + 6H_2$$

(4) 乙硼烷作为路易斯酸,可与多种路易斯碱发生反应。例如,乙硼烷可与氢化锂反应生成 $LiBH_4$,LiH 中的 H^- 提供电子对。

$$B_2H_6 + 2LiH = 2LiBH_4$$

(5) 乙硼烷在高温下可与氨反应生成 $B_3N_3H_6$。

$$3B_2H_6 + 6NH_3 = 2B_3N_3H_6 + 12H_2$$

$B_3N_3H_6$ 分子结构如图 13 - 9 所示。

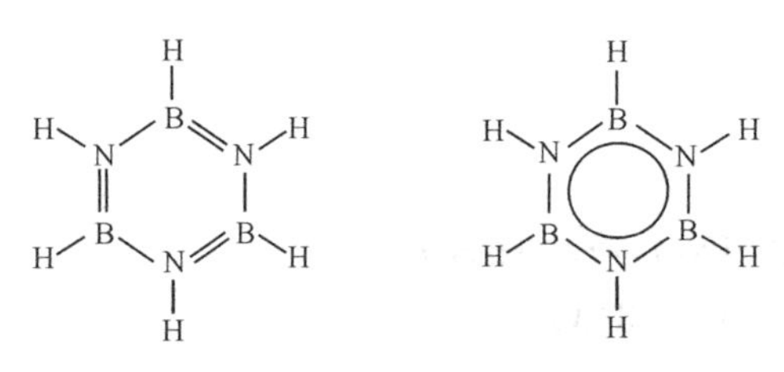

图 13 - 9　无机苯分子的结构示意图

由于 $B_3N_3H_6$ 分子结构与苯相似,且与苯是等电子体,因此被称为无机苯。分子中的 B 与 N 交替排列,B 与 N 均采取 sp^2 等性杂化。B 与相邻的 2 个 N 和 H 形成 σ 键,同样,N 与相邻的 B 和 H 形成 σ 键;B 未参加杂化的空 p 轨道和 N 未参加杂化的带有 2 个电子的 p 轨道彼此重叠,形成离域 π 键 Π_6^6。

(6) 乙硼烷和氨气在 873 K 下反应,可得到具有层状结构的氮化硼。

$$n\,B_2H_6 + 2n\,NH_3 = 2(BN)_n + 6n\,H_2$$

3. 硼烷的结构

硼有 4 个价层轨道(1 个 2s,3 个 2p),但只有 3 个价电子,故形成的硼烷是“缺电子”化合物。因此,与烷烃相比在结构方面有着较大的差别,其结构更具多样性,除了形成普通的二中心二电子键(如 B—H 和 B—B 键)外,还形成三中心键和多中心键。

硼氢化物主要有三种结构类型,$B_nH_n^{2-}$ 具有笼状结构(封闭的三角多面体),B_nH_{n+4} 具有巢形结构(三角多面体缺一个顶点),B_nH_{n+6} 具有网形结构(三角多面体缺两个相邻的顶点)。在硼烷结构中,H 不看作多面体顶点。例如,$B_6H_6^{2-}$ 具有正八面体结构,B_5H_9 具有四角锥形结构(八面体缺一个顶点)。

乙硼烷 B_2H_6 是 BH_3 的二聚体,每个 B 周围的 2 个桥氢和 2 个端氢形成四面体配位。B_2H_6 分子中 2 个 B 和 4 个端氢的平面与 2 个 B 和 2 个桥氢的平面垂直,即 2 个 B 和 4 个端氢在同一平面,2 个桥氢分别位于平面的上下两侧,如图 13 - 10 所示。

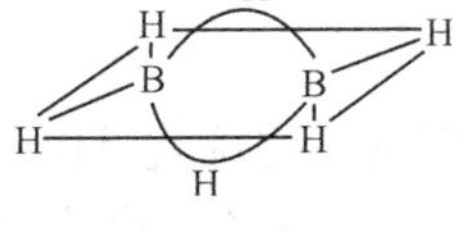

图 13 - 10　乙硼烷的结构

B_2H_6 分子中,B 原子采取了 sp^3 杂化,4 个杂化轨道中用 2 个有单电子的轨道和 2 个端 H 的 1s 轨道成 σ 键;每个 B 原子还有 2 个杂化轨道(只有一个电子),2 个桥氢各一个电子,2 个 B 原子与 2 个桥氢形成 2 个三中心二电子氢桥键。

在各种硼烷中主要存在着以下 5 种键型

B—H	B—B	B(H)B	B(B)B	B(B)B
硼氢键	硼硼键	氢桥键	硼桥键	闭合式硼键

硼氢键和硼硼键属于经典的二中心二电子 σ 键，而氢桥键是一种新键型。氢桥键由 H 的 1s 轨道与 2 个 B 的 sp^3 杂化轨道相互重叠形成，因 H 位于 2 个 B 的中间而得名。其中 H 提供一个电子，一个 B 提供一个电子，另一个 B 仅提供一个空轨道，因此氢桥键是一种三中心二电子键。

硼桥键也是一种新键。不同于氢桥键的是，一个 B 取代了桥 H，位于 2 个 B 的中间，硼桥键也是三中心二电子键。

闭合式硼键也是一种三中心二电子键。不同于硼桥键的是，3 个 B 原子彼此等效，没有哪个 B 位于桥上。

在 $B_{10}H_{14}$(癸硼烷-14)分子中就存在着这五种键型。$B_{10}H_{14}$ 分子的成键情况如图 13-11(a)所示，分子的空间结构如图 13-11(b)所示。分子中每个 B 都与 H 间形成硼氢键，其他键型和成键数如下：

硼硼键(2 个)　　B_1-B_2、B_3-B_4

氢桥键(4 个)　　B_1-B_5、B_1-B_8、B_4-B_7、B_4-B_{10}

硼桥键(2 个)　　$B_5B_2B_8$、$B_7B_3B_{10}$

闭合式硼键(4 个)　　$B_2B_6B_9$、$B_3B_6B_9$、$B_5B_6B_7$、$B_8B_9B_{10}$

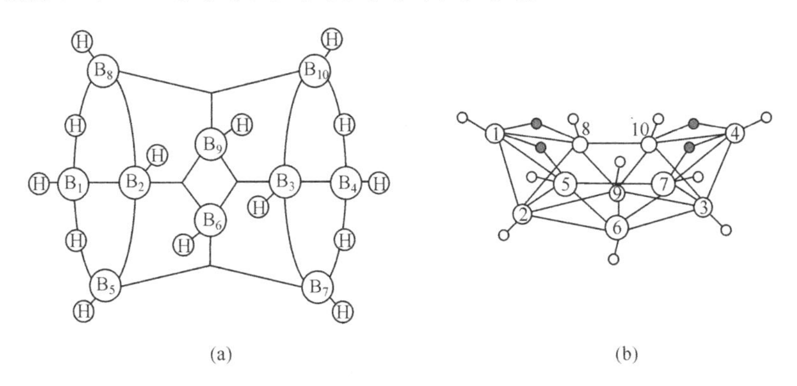

图 13-11　$B_{10}H_{14}$ 分子的成键和结构示意图

13.4.3　硼的含氧化合物

1. 三氧化二硼和硼酸

晶体 B_2O_3 为无色，是最难结晶的物质之一，粉末状为白色。

单质 B 在空气中燃烧可获得 B_2O_3，硼酸在加热的条件下脱水也可得到 B_2O_3，但产物均呈玻璃状。硼酸只有在较低的温度下极其缓慢地脱水才能获得 B_2O_3 晶体。

B_2O_3 为硼酸的酸酐，易溶于水生成硼酸。

$$B_2O_3 + 3H_2O = 2H_3BO_3$$

因此，粉末状 B_2O_3 可用作吸水剂。

B_2O_3 为酸性氧化物，与金属氧化物在高温下作用得到有特征颜色的偏硼酸盐，称为硼珠

实验。例如

$$CuO + B_2O_3 = Cu(BO_2)_2$$

$$Fe_2O_3 + 3B_2O_3 = 2Fe(BO_2)_3$$

偏硼酸盐中，$Cu(BO_2)_2$ 为蓝色，$Fe(BO_2)_3$ 为黄色，$Cr(BO_2)_3$ 为绿色，$Mn(BO_2)_2$ 为紫色，$Ni(BO_2)_2$ 为绿色。

以硼砂为原料，用硫酸调节硼砂溶液的酸度，可从母液中析出硼酸晶体。

$$Na_2B_4O_7 + H_2SO_4 + 5H_2O = 4H_3BO_3 + Na_2SO_4$$

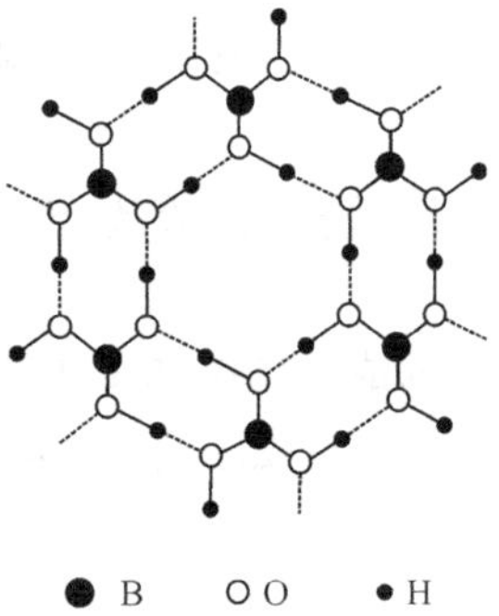

天然的硼镁矿和硫酸直接反应也可制备硼酸。

$$Mg_2B_2O_5 \cdot H_2O + 2H_2SO_4 = 2H_3BO_3 + 2MgSO_4$$

H_3BO_3 晶体为无色，具有片层状结构。中心 B 原子采取 sp^2 杂化，每个 $B(OH)_3$ 分子通过分子间的氢键形成片层状结构，如图 13－12 所示。

图 13－12　硼酸的片层状结构

H_3BO_3 是一元弱酸。其呈酸性的机理归因于中心 B 的缺电子性。中心 B 原子未参加杂化的空 p 轨道可以接受 H_2O 解离出的 OH^- 中氧的电子对，形成 $[B(OH)_4]^-$，从而破坏了水的解离平衡，使溶液中的 H^+ 的浓度大于 OH^- 的浓度而显酸性。

$$B(OH)_3 + H_2O = [B(OH)_4]^- + H^+ \qquad K_a^{\ominus} = 5.4 \times 10^{-10}$$

$[B(OH)_4]^-$ 呈正四面体结构，如图 13－13(a)所示。

H_3BO_3 在 100 ℃脱水生成偏硼酸 HBO_2。

在硼酸中加入多元醇(如甘油)，可使硼酸的酸性增强。这主要因为硼酸与甘油等多元醇结合形成较稳定的硼酸酯[图 13－13(b)]，硼酸更容易解离出 H^+，因而增加了硼酸的酸性。

$$B(OH)_3 + 2C_3H_5(OH)_3 = [B(OCH_2CHOHCH_2O)_2]^- + H^+ + 3H_2O$$

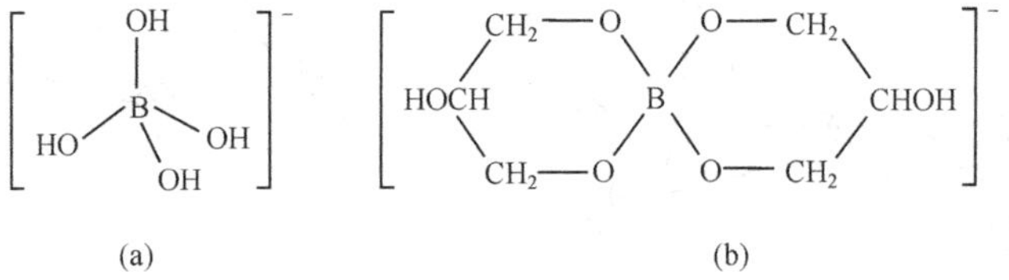

(a)　　(b)

图 13－13　$[B(OH)_4]^-$ 和硼酸酯的结构式

硼酸溶液与乙醇混合后加入硫酸，生成易挥发的硼酸乙酯 $(C_2H_5O)_3B$，点燃后可观察到绿色火焰，这一性质可用来鉴定硼酸。

$$B(OH)_3 + 3C_2H_5OH = B(C_2H_5O)_3 + 3H_2O$$

2. *硼砂*

硼砂为白色的、具有玻璃光泽的晶体。化学组成为 $Na_2[B_4O_5(OH)_4] \cdot 8H_2O$，其阴离子结构如图 13－14(a)所示，由 2 个 BO_3 三角形与 2 个 BO_4 四面体交替联结而成。硼砂易风化失去结晶水，加热时最终可失去 8 个结晶水以及羟基脱去 2 个水，因此，硼砂化学组成也可以写成 $Na_2B_4O_7 \cdot 10H_2O$，其阴离子结构如图 13－14(b)所示。

$[B_4O_7]^{2-}$ 由 2 个 $[BO_2]^-$ 和 1 个 B_2O_3 组成，因而实验室可用硼砂代替 B_2O_3 进行硼珠实验。

$$Na_2B_4O_7 \cdot 10H_2O + CuO = Cu(BO_2)_2 + 2NaBO_2 + 10H_2O$$

硼砂为二元碱，可作为酸碱滴定的基准物。硼砂水解生成等物质的量的弱酸 H_3BO_3 和它的盐$[B(OH)_4]^-$，形成了 pH＝9.24 的缓冲体系，因此，硼砂溶液可作为缓冲溶液。

$$[B_4O_5(OH)_4]^{2-}+5H_2O = 2H_3BO_3+2[B(OH)_4]^-$$

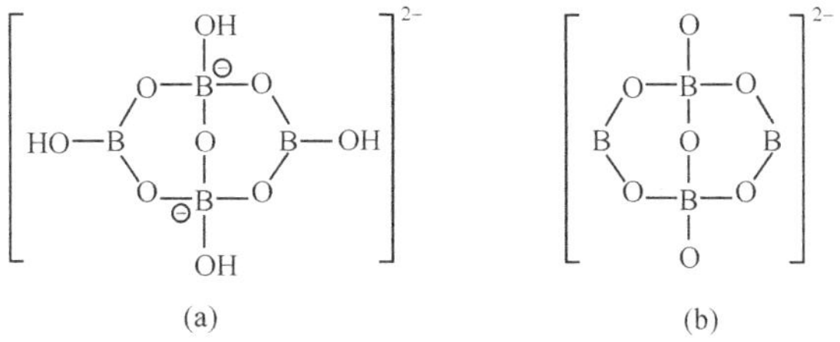

(a)　　(b)

图 13-14　$[B_4O_5(OH)_4]^{2-}$和$[B_4O_7]^{2-}$结构

工业上以天然硼镁矿为原料生产硼砂。

$$Mg_2B_2O_5 \cdot H_2O+2NaOH = 2NaBO_2+2Mg(OH)_2$$

$$4NaBO_2+CO_2+10H_2O = Na_2B_4O_7 \cdot 10H_2O+Na_2CO_3$$

$NaBO_2$ 称为偏硼酸钠，可与 H_2O_2 反应生成过硼酸钠，该反应的实质是过氧链的转移反应，即偏硼酸钠的一个 O 原子被过氧链—O—O—取代。

硼砂是重要的化工原料，广泛用于制备瓷釉、硬质玻璃（硼硅酸盐）、泡沫保温材料、洗涤产品、化妆品及阻燃剂等。

13.4.4　硼的卤化物

1. 三卤化硼

硼与 4 种卤素均能形成三卤化物 BX_3。常温下，BF_3 和 BCl_3 为气体，BBr_3 为液体，BI_3 为固体。这与卤素原子因半径不同而导致的分子间的作用力不同有关。

气态的三卤化硼分子构型为平面三角形，中心 B 原子采取 sp^2 等性杂化，每个杂化轨道与 X 有单电子的 p 轨道形成 σ 键。B 未杂化的 2p 空轨道与 3 个 X 的一个价层 p 轨道（提供一对电子）平行，互相重叠形成离域 π 键 Π_4^6。由于分子内离域 π 键的形成，降低了 B 的缺电子性，故 BX_3 可以以单分子形式存在。BX_3 分子中的 B—X 键级大于 1，键长比单键的键长要短一些，B—X 键能也比单键键能大。

BX_3 是典型的路易斯酸，它可以与氨等路易斯碱结合，生成酸碱配合物。

$$BF_3+NH_3 = H_3N \rightarrow BF_3$$

$$BF_3+HF = H[BF_4]$$

$H[BF_4]$为强酸，其盐相当稳定，如 $K[BF_4]$和 $Na[BF_4]$等是稳定的化学试剂。

在 1000 K 以上高温下 BCl_3 与 NH_3 反应可生成 BN。

$$BCl_3+NH_3 = BN+3HCl$$

BX_3 分子极易水解。BX_3 为缺电子化合物，B 未杂化的 2p 空轨道可以接受 H_2O 分子中 O 的电子对使其易发生水解反应。

BF_3 与其他 BX_3 的水解产物并不相同。由于 F 的半径较小，利于向缺电子的 B 配位，故生成的 HF 可进一步与 BF_3 反应。

$$BF_3+3H_2O = B(OH)_3+3HF$$

$$BF_3+HF = H[BF_4]$$

因此，BF_3 水解生成两种产物：$B(OH)_3$ 和 $H[BF_4]$。

$$4BF_3+3H_2O \longrightarrow B(OH)_3+3H[BF_4]$$

将 BCl_3 通入水中时，同样发生水解反应，但生成的 HCl 不能进一步与 BCl_3 反应。

$$BCl_3+3H_2O \longrightarrow B(OH)_3+3HCl$$

2. 硼的其他价态卤化硼

硼和卤素还可形成许多不同价态的硼卤化物，硼的氧化数都低于 BX_3 中硼的氧化数，称为硼的低卤化物。

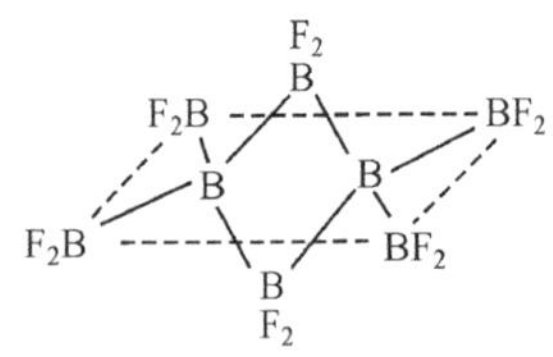

图 13-15　B_8F_{12}的结构

B_2F_4 常温下为气态(熔点 −56℃，沸点 −34℃)，B—B 键较长(类似于 N_2O_4)，具有平面结构。B_2Cl_4 常温下为固态(熔点 −92.6℃，沸点 65.5℃)，低温下 B_2Cl_4 晶体具有平面结构，而气态的 B_2Cl_4 具有非平面结构，2 个 BCl_2 平面互相垂直。

B_8F_{12}为黄色固体，晶体中 8 个 B 原子形成类似于乙硼烷的结构，如图 13-15 所示。

由 B_2X_4 可获得多种类型的硼卤化物，其中较重要的是 B_nX_n(一卤化硼多聚物)。对于 B_nCl_n，$n=4$，8～12；对于 B_nBr_n，$n=7$～10。其中，相对较稳定的是 B_4Cl_4、B_8Cl_8 和 B_9Cl_9。B_nX_n 都形成笼状的 B_n 结构，每个 B 端连一个 X。

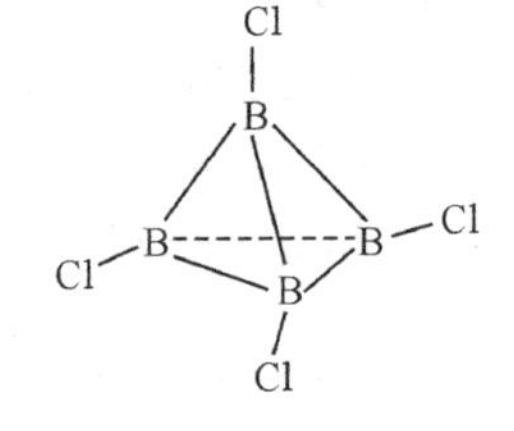

图 13-16　B_4Cl_4 的结构

B_4Cl_4 为淡黄绿色固体，晶体中 B 具有规则的四面体结构(图 13-16)。B_8Cl_8 为暗红色或紫色固体，晶体中 B_8 构成十二面体。B_9Cl_9 为橙黄色固体，晶体中 B_9 构成三帽三角棱柱体(6 个 B 组成的正三棱柱的 3 个四边形上各有一个 B 帽)。

13.4.5　硼的其他化合物

1. 氮化硼

乙硼烷和氨气在 873 K 下反应，可得到具有层状结构的六方氮化硼。

$$nB_2H_6+2nNH_3 \longrightarrow 2(BN)_n+6nH_2$$

六方氮化硼$(BN)_n$化学式为 BN，有类似于石墨的层状结构(图 13-17)，只不过在层内的 B 原子与 N 原子交替排列。与石墨相同，层与层之间靠分子间作用力平行堆积。不同的是，石墨各层中的六元环与相邻层之间是互相错开的，而 BN 各层之间的六元环是重叠的，并且邻层的 B 和 N 重叠，相同原子并不重叠。

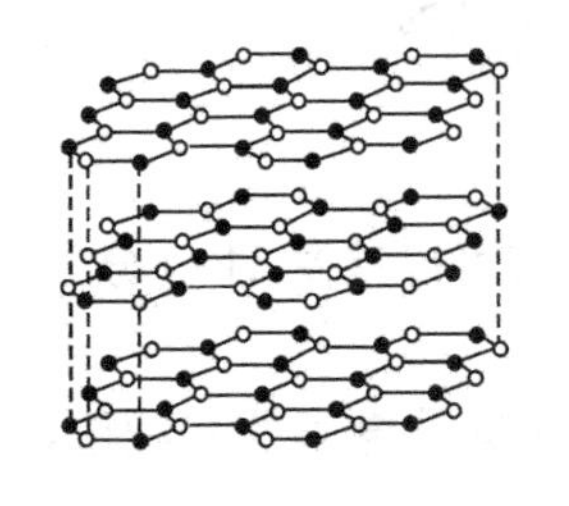

$(BN)_n$ 的层状结构

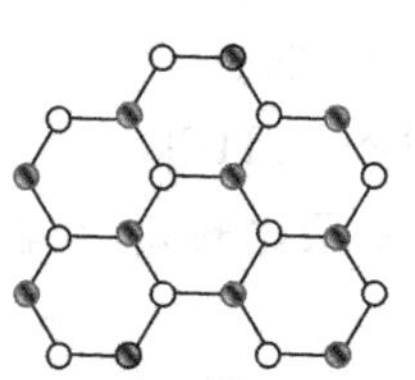

$(BN)_n$ 层间重叠排布

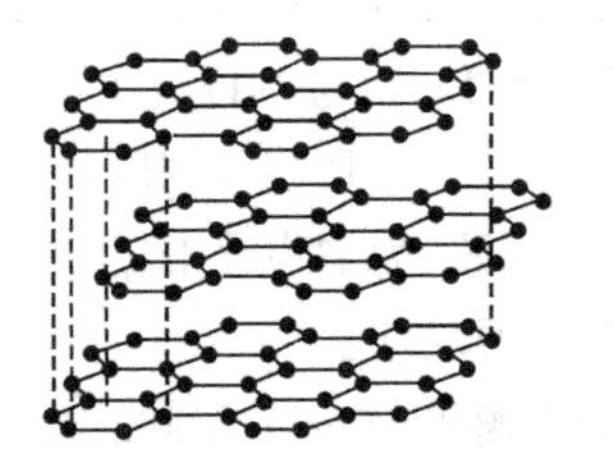

石墨的层状结构

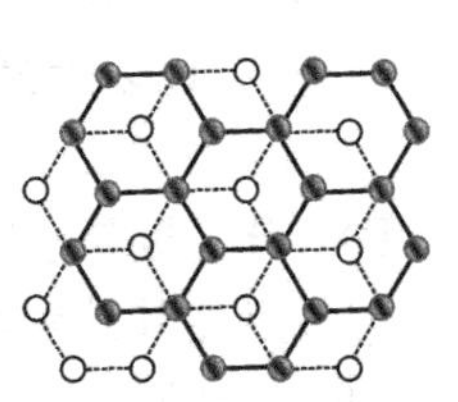

石墨层间交错排布

图 13-17　氮化硼和石墨的层状结构

纯的氮化硼为白色粉末，所以又称“白色石墨”。六方氮化硼具有导热性、化学稳定性、良好的电绝缘性等；膨胀系数相当于石英，但导热率是石英的 10 倍。在高温时也具有良好的润滑性，是一种优良的高温固体润滑剂，有很强的中子吸收能力。

高纯氮化硼无毒，可用作化妆品的填料、航天航空业中的热屏蔽材料、做各种电容器薄膜镀铝、显像管镀铝，氮化硼制品可用做高温、高压、绝缘、散热部件等。

2. 碳化硼

碳化硼 B_4C 硬度高(莫氏硬度为 9.3)、熔点高(超过 2300 ℃)。它在 19 世纪作为金属硼化物研究的副产品被发现。碳化硼可由高温电炉中用碳还原三氧化二硼制得

$$7C + 2B_2O_3 \xlongequal{} B_4C + 6CO$$

碳化硼硬度高，可用于硬质合金、宝石等材料的磨削、研磨、钻孔及抛光材料。碳化硼耐高温性能好，可以作为军舰和直升机的陶瓷涂层。碳化硼可以吸收大量的中子而不会形成任何放射性同位素，是很理想的中子吸收剂控制核分裂的速率。1986 年苏联切尔诺贝利核事故时，用直升机投下大量碳化硼和沙子以阻止反应堆内的链式反应进行。

3. 金属硼化物

许多金属硼化物具有阻燃、高硬度、耐高温、抗磨损等优异的性能，已经成为重要的新型材料，广泛用于雷达、航天航空、仪器仪表、医疗器械、家电、冶金以及复合材料。随着科技进步，其用途将不断得到扩展。

金属硼化物组成范围宽，如一硼化物 Mn_4B、Co_3B 等，二硼化物 ZrB_2、TiB_2、Ta_3B_2 等，三硼化物 Cr_5B_3、Rh_7B_3 等，多硼化物 Ti_3B_4、CaB_6、LaB_6、$Ru_{11}B_8$ 等。

金属硼化物制备方法很多，如高温下由单质直接化合、用氢还原混合卤化物、用碳还原金属混合氧化物等。

$$Cr + B \xlongequal{} CrB$$

$$2TiO_2 + 4BCl_3 + 10H_2 \xlongequal{} 2TiB_2 + 4H_2O + 12HCl$$

$$V_2O_5 + B_2O_3 + 8C \xlongequal{} 2VB + 8CO$$

13.4.6 硼与硅的相似性

1. 斜线规则

在元素周期表第二和第三周期元素中，处于左上右下斜线位置的几对元素的单质及化合物的性质相似，人们将这种现象称为斜线规则或对角线规则，如 Li 与 Mg、Be 与 Al、B 与 Si。

斜线规则成立在于处于斜线位置的几对元素的离子势(即电荷半径比)相近。处于斜线位置第二周期元素的离子半径小于第三期元素的离子，但第二周期元素的离子电荷也小于第三期元素的离子，造成两个离子的离子势非常接近。

2. 硼与硅的相似性

(1) 硼的氯化物与硅的氯化物水解产物相似，都生成含氧酸和氯化氢。

$$BCl_3 + 3H_2O \xlongequal{} H_3BO_3 + 3HCl$$

$$SiCl_4 + 4H_2O \xlongequal{} H_4SiO_4 + 4HCl$$

(2) 硼的氟化物与硅的氟化物水解产物相似，水解生成的HF进一步与氟化物反应。

$$BF_3 + HF \xlongequal{} HBF_4$$

$$SiF_4 + 2HF \xlongequal{} H_2SiF_6$$

(3) 硼和硅的氢化物热稳定性都较差，易分解。

$$2B_2H_6 \xlongequal{} B_4H_{10} + H_2$$

$$SiH_4 \xlongequal{} Si + 2H_2$$

但二者分解产物不同，硅的氢化物分解生成单质硅，硼的氢化物与其说分解不如说是聚合。

(4) 硼和硅的氢化物还原能力强，空气中自燃。

$$B_2H_6 + 3O_2 \xlongequal{} B_2O_3 + 3H_2O$$

$$SiH_4 + 2O_2 \xlongequal{} SiO_2 + 2H_2O$$

(5) 硼和硅的氢化物均易水解。

$$B_2H_6 + 6H_2O \xlongequal{} 2H_3BO_3 + 6H_2$$

$$SiH_4 + (n+2)H_2O \xlongequal{} SiO_2 \cdot nH_2O + 4H_2$$

实际上发生的是氧化还原反应，水中的氢将硼和硅的氢化物中的氢氧化生成氢气。

(6) 硼酸和硅酸均为极弱的酸

$$H_3BO_3 + H_2O \rightleftharpoons H^+ + [B(OH)_4]^- \qquad K_a^\ominus = 5.8 \times 10^{-10}$$

$$H_4SiO_4 \rightleftharpoons H^+ + H_3SiO_4^- \qquad K_a^\ominus = 2.5 \times 10^{-10}$$

13.5 铝、镓、铟、铊

核心内容

1. 金属铝非常活泼，在空气中因表面生成致密的保护膜而避免被腐蚀。γ-Al_2O_3 具有较高的化学活性，既溶于酸也溶于碱。α-Al_2O_3 的化学活性较差，不溶于酸或碱中。

2. AlF_3 为离子化合物。$AlCl_3$ 晶体为离子化合物，在熔点时转为共价化合物，具有四配位的二聚体结构；高温时 $AlCl_3$ 为气态单分子。$AlBr_3$ 和 AlI_3 为共价化合物。

3. 镓、铟、铊的金属性比铝强，镓、铟呈银白色，铊呈银灰色。镓是两性金属，而铟和铊为碱性金属。镓、铟、铊既可以和非氧化性的酸反应，也可以和氧化性的酸反应。

4. Tl_2O_3 氧化性较强而不稳定。In_2O_3、$In(OH)_3$、Tl_2O_3 均显碱性，TlOH 为强碱。

13.5.1 铝单质及其化合物

1. 铝单质

单质铝是从自然界中广泛分布的铝矾土 Al_2O_3 中提取的。利用 Al_2O_3 的两性，用碱将难溶的 Al_2O_3 转化为可溶的 $Na[Al(OH)_4]$；过滤分离出不溶的杂质后，向 $Na[Al(OH)_4]$ 溶液中通 CO_2 以获得 $Al(OH)_3$ 沉淀；焙烧 $Al(OH)_3$ 以得到较纯的 Al_2O_3。电解溶解在熔融的 $Na_3[AlF_6]$ 中的 Al_2O_3 则获得液态铝，进一步可铸成铝锭。

金属铝非常活泼，但长期放置在空气中的铝表面容易生成致密的保护膜，避免了铝被腐蚀，因而日常生活中曾广泛使用铝制器皿。

铝是两性金属，既可以与酸反应，也可以与碱反应

$$2Al+6HCl \xlongequal{} 2AlCl_3+3H_2$$

$$2Al+2NaOH+2H_2O \xlongequal{} 2NaAlO_2+3H_2$$

金属铝还原性强，可以从许多过渡金属氧化物（如 Fe_2O_3、Cr_2O_3、MnO）中置换出金属，这主要是 Al_2O_3 的生成反应能放出很多热的缘故，使置换反应自发进行。这种用铝从金属氧化物置换出金属的方法称为“铝热法”。

$$2Al+Fe_2O_3 \xlongequal{} 2Fe+Al_2O_3$$

$$2Al+Cr_2O_3 \xlongequal{} 2Cr+Al_2O_3$$

2. 铝的含氧化合物

氧化铝包括两种类型。通常所说的两性氧化物 Al_2O_3 指的是 γ-Al_2O_3。γ-Al_2O_3 可通过较低的温度下加热 $Al(OH)_3$ 而获得。γ-Al_2O_3 具有较高的化学活性，既溶于酸也溶于碱。

$$Al_2O_3+6HCl \xlongequal{} 2AlCl_3+3H_2O$$

$$Al_2O_3+2NaOH+3H_2O \xlongequal{} 2Na[Al(OH)_4]$$

Al_2O_3 的另一种晶型是 α-Al_2O_3。铝在空气中燃烧或在高温下加热 $Al(OH)_3$ 均可获得 α-Al_2O_3。α-Al_2O_3 的化学活性较差，不溶于酸或碱中。自然界中的刚玉就是 α-Al_2O_3。

$Al(OH)_3$ 为两性物质，可溶解于酸或碱中。但 $Al(OH)_3$ 不能溶于氨水，这一性质可以实现 Al^{3+} 与某些溶于氨水的金属离子的分离。

3. 铝的卤化物

AlF_3 是离子化合物，Al^{3+} 的配位数为 6。$AlCl_3$ 晶体为离子化合物，Al^{3+} 的配位数为 6。高温时 $AlCl_3$ 为气态单分子，呈平面三角形结构。在熔点 192.4 ℃时，$AlCl_3$ 键型发生变化成为共价化合物，铝转为四配位的二聚体（图 13 - 18），结构类似于 B_2H_6。

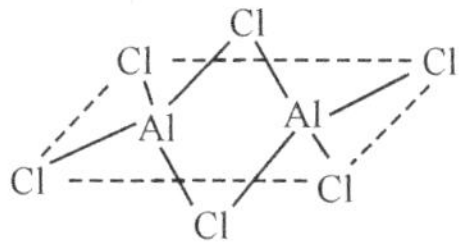

在 $AlCl_3$ 的二聚体中，Al 采取 sp^3 杂化。每个 Al 的 2 个单电子所在杂化轨道分别与 2 个 Cl 有单电子的 p 轨道“头碰头”形成 σ 键。2 个 Al 中心和 4 个端 Cl 处于同一平面。另外，2 个桥 Cl 位于平面的两侧，且为 2 个 Al 共用形成 Cl 桥；Cl 桥提供一个有单电子的轨道和一个有电子对的轨道与 2 个 Al 形成三中心键，由于 2 个 Al 提供一个电子，Al—Cl—Al 键形成的是三中心四电子键。也可以看成 Cl 桥同 2 个 Al 中心形成了一个共价键和一个配位键，这与 C_2H_6 中的氢桥是不同的。$AlCl_3$ 形成二聚结构的主要原因也是铝的缺电子造成的。

图 13 - 18　$AlCl_3$ 的二聚结构

13.5.2　镓、铟、铊单质及化合物

1. 镓、铟、铊单质

铝、镓、铟、铊的金属性依次增强。镓、铟呈银白色，铊呈银灰色。镓的熔点和沸点分别为 29.76 ℃和 2204 ℃，在单质中镓的液态温度区间最大。

镓同铝一样，是两性金属，而铟、铊为碱性金属。镓、铟、铊既可以和非氧化性的酸发生反应，也可以和氧化性的酸反应。不同的是，镓、铟与酸反应生成+3 氧化态的盐，而铊与酸反应生成+1 氧化态的盐。镓能够和碱发生反应，而铟和铊不与碱发生反应。

$$2M+3H_2SO_4 \xlongequal{} M_2(SO_4)_3+3H_2 \quad (M=Ga、In)$$

$$2Tl+H_2SO_4 \xlongequal{} Tl_2SO_4+H_2$$

$$M+6HNO_3 = M(NO_3)_3+3NO_2+3H_2O \quad (M=Ga、In)$$

$$Tl+2HNO_3 = TlNO_3+NO_2+H_2O$$

$$2Ga+2NaOH+2H_2O = 2NaGaO_2+3H_2$$

2. 镓、铟、铊的化合物

+3 价镓、铟、铊的氧化物的稳定性依次降低。例如，Tl_2O_3 不是很稳定，受热易分解。

$$Tl_2O_3 = Tl_2O+O_2$$

镓、铟、铊的氢氧化物的稳定性也依次降低，+3 价铊的氢氧化物 $Tl(OH)_3$ 甚至不存在。但+1 价铊的氢氧化物 TlOH 很稳定。

Ga_2O_3 和 $Ga(OH)_3$ 均为两性化合物。反常的是 $Ga(OH)_3$ 的酸性强于 $Al(OH)_3$。这主要表现在 $Ga(OH)_3$ 能够溶于氨水，但 $Al(OH)_3$ 却不能。

$$Ga(OH)_3+NH_3 \cdot H_2O = NH_4[Ga(OH)_4]$$

In_2O_3、$In(OH)_3$、Tl_2O_3、TlOH 均显碱性。其中 TlOH 是强碱，类似于 KOH。

Tl^{3+} 具有较强的氧化性（Tl^{3+}/Tl^+ 标准电极电势为 1.25 V），能够与许多典型的还原剂（如 Fe^{2+}、S^{2-}、I^-、SO_3^{2-} 等）发生反应，自身被还原成稳定的 Tl^+ 盐。

$$Tl^{3+}+3I^- = TlI+I_2$$

$$2Tl^{3+}+2S^{2-} = Tl_2S+S$$

$$Tl^{3+}+2Fe^{2+} = Tl^++2Fe^{3+}$$

$$Tl^{3+}+SO_3^{2-}+H_2O = Tl^++SO_4^{2-}+2H^+$$

+3 价铊的卤化物中，$TlCl_3$ 受热易分解，而 $TlBr_3$ 和 TlI_3 常温下不存在。

$$TlCl_3 = TlCl+Cl_2$$

Tl^{3+} 有较强的氧化性，这一特性是由铊的价电子组态决定的。铊的价电子组态为 $6s^2 6p^1$，由于 $6s^2$ 电子具有较强钻穿效应，不容易失去，因而 Tl^+ 较稳定。这种 $6s^2$ 电子不容易失去的性质称为“惰性电子对效应”。Tl^{3+} 的强氧化性也是“惰性电子对效应”所致。同周期的铅和铋同样具有惰性电子对效应。

思 考 题

1. 简述碳的同素异形体的类型和结构。
2. 比较氮化硼和石墨在结构上的相同点和不同点。
3. 总结硅酸盐的结构类型及其与组成的关系。
4. 举例说明硅与硼的相似性。
5. 如何制备变色硅胶？其变色机理是什么？
6. 总结硼氢化物的结构与组成的关系。
7. 分析 B_2H_6 和 $AlCl_3$ 结构的相似点与不同点。
8. 总结硼氢化物中主要有哪几种键型。
9. 比较烷烃、硅烷和硼烷性质上的相似点与不同点。

习 题

1. 给出下列各物质的化学式。

(1) 石英　(2) 水玻璃　(3) 锗石矿　(4) 方铅矿　(5) 密陀僧　(6) 铅丹
(7) 硼镁矿　(8) 硼砂　(9) 铝矾土　(10) 冰晶石　(11) 刚玉

2. 完成并配平下列物质与 NaOH 共熔反应的方程式。
(1) SiO_2　(2) Si　(3) Al_2O_3　(4) $B+KNO_3$　(5) Ga

3. 完成并配平下列物质与 NaOH 溶液反应的方程式。
(1) Al　(2) Sn　(3) Pb　(4) SnS_2　(5) $SnCl_2$　(6) PbO

4. 完成并配平下列物质与过量 HNO_3 溶液反应的方程式。
(1) Sn　(2) Pb　(3) Ga　(4) In　(5) Tl

5. 给出下列金属离子与 Na_2CO_3 溶液反应的方程式。
(1) Ca^{2+}　(2) Al^{3+}　(3) Cr^{3+}　(4) Mg^{2+}　(5) Cu^{2+}　(6) Zn^{2+}

6. 给出下列各物质与水反应的化学方程式。
(1) BF_3　(2) BCl_3　(3) B_2H_6　(4) B_2O_3　(5) $Na_2B_4O_7 \cdot 10H_2O$

7. 完成并配平下列反应方程式。
(1) $CO+PdCl_2+H_2O \longrightarrow$　(2) $CO+CuCl+H_2O \longrightarrow$
(3) $SiO_2+HF \longrightarrow$　(4) $Si+HF+HNO_3 \longrightarrow$
(5) $SiH_4+KMnO_4 \longrightarrow$　(6) $SiCl_4+LiAlH_4 \longrightarrow$
(7) $SiH_4+O_2 \longrightarrow$　(8) $B_2H_6+O_2 \longrightarrow$
(9) $SnS+Na_2S_2 \longrightarrow$　(10) $SnS_2+Na_2S \longrightarrow$
(11) $Na_2SnS_3+HCl \longrightarrow$　(12) $BF_3+NH_3 \longrightarrow$
(13) $LiAlH_4+BCl_3 \longrightarrow$　(14) $Na_2B_4O_7+H_2SO_4+H_2O \longrightarrow$

8. 给出下列各化合物或离子的颜色。
(1) $PbCl_2$　(2) PbI_2　(3) $[PbI_4]^{2-}$　(4) PbO　(5) PbO_2
(6) Pb_3O_4　(7) Pb_2O_3　(8) $Pb(OH)_2$　(9) $[Pb(OH)_3]^-$　(10) $PbSO_4$

9. 解释下列实验现象。
(1) $Ga(OH)_3$ 溶于氨水而 $Al(OH)_3$ 不溶于氨水；
(2) 硼酸与硫酸混合物中加入乙醇后点燃观察到绿色火焰；
(3) 硼砂与 $CoCl_2$ 共熔得到蓝色产物，硼砂与 $CrCl_3$ 共熔得到绿色产物；
(4) Si 不溶于硝酸而 B 溶于硝酸。

10. 简要回答下列各题。
(1) 为什么由 SiO_2 的氯化反应制备 $SiCl_4$ 时要添加焦炭？
(2) 为什么金刚石不导电，而石墨导电？
(3) 如何配制 $SnCl_2$ 溶液？
(4) 为什么 BX_3 能够以单分子的形式存在而 BH_3 只能以二聚体形式存在？
(5) 为什么 Tl^{3+} 具有强氧化性？
(6) 为什么 $[AlF_6]^{3-}$ 和 $[BF_4]^-$ 都能稳定存在而 $[BF_6]^{3-}$ 不存在？

11. 用化学反应方程式表示下列制备过程。
(1) 实验室中制备一氧化碳；
(2) 以硼砂为原料制备单质硼；
(3) 以二氧化硅为原料制备高纯硅；
(4) 以二氧化硅为原料制备甲硅烷；
(5) 用三种方法制备乙硼烷。

12. 用四种方法区分下列各对物质。
(1) $SnCl_2$ 和 $SnCl_4$　(2) $SnCl_2$ 和 $BiCl_3$　(3) PbO 和 Pb_2O_3

13. 试设计实验以验证 Pb_3O_4 中铅的不同氧化态，给出反应的方程式。

14. 设计方案将溶液中的离子分离。

(1) Pb^{2+},Mg^{2+},Sn^{2+}　　(2) Al^{3+},Cr^{3+},Fe^{3+}

15. 请解释:

(1) CCl_4 不水解而 BCl_3 和 $SiCl_4$ 都易水解;

(2) BF_3 中 B—F 键能是 646 $kJ \cdot mol^{-1}$,而在 NF_3 中 N—F 键能仅 280 $kJ \cdot mol^{-1}$;

(3) BF_3 和 AlF_3 的熔点相差约 1200 ℃,而 CF_4 和 SiF_4 的熔点仅相差 100 ℃;

(4) $GaCl_2$ 是反磁性物质;

(5) BF_3 的酸性比 H_3BO_3 强。

16. 银白色金属 A 溶于硫酸生成可燃性气体 B 和溶液 C,向 C 溶液中加入氨水,生成白色沉淀 D,D 不溶于过量的氨水中。D 溶于过量的 NaOH 中,生成无色溶液 E。D 经高温灼烧后得到化合物 F,F 既不溶于酸也不溶于碱。F 与焦硫酸钾共熔,又有 C 生成。试给出 A～F 所代表的物质的化学式,并写出相关反应的化学方程式。

17. 短周期元素 A 的氯化物 B 常温下为液态。A 的单质与氧作用可得到两种氧化物,其中相对分子质量较大的氧化物 C 与氢氧化钠溶液作用得到两种碱性产物 D 和 E,但 D 的碱性小于 E。给出 B、C、D、E 所代表的物质的化学式,比较 D 和 E 的热稳定性和溶解度。

18. 化合物 A 为白色固体,加热 A 分解为固体 B 和气体混合物 C,固体 B 溶于 HNO_3。将 C 通过冰盐水冷却管,得一无色液体 D 和气体 E。A 的溶液中加 NaOH 溶液得白色沉淀 F,NaOH 溶液过量则 F 溶解得无色溶液 G;A 的溶液中加 KI 溶液得金黄色沉淀 H,H 溶于热水。D 加热变为是红棕色气体 I。E 是一种能助燃的气体,其分子具有顺磁性。试写出 A～I 所代表的物质的化学式,并用化学反应方程式表示各过程。

19. 白色固体 A 不溶于水,溶于 HNO_3 生成无色溶液 B 和无色气体 C。将溶液 B 浓缩后析出的晶体在煤气灯上加热得到黄色固体 D 和棕色气体 E。在煤气灯上加热 A 则得到 D 和 C。向盛溶液 B 的试管中加入 KI 溶液生成黄色沉淀 F,将试管加热则黄色沉淀溶解。气体 C 与 KI 或 $KMnO_4$ 溶液不反应。将 C 通入饱和石灰水溶液则有白色沉淀 G 生成,再通入 E 则沉淀溶解,说明有 H 生成。试给出 A～H 所代表的物质的化学式,并写出有关反应的方程式。

20. 白色固体 A 与水混合后生成白色沉淀 B。B 溶于 HCl 中得无色溶液 C。向 C 中加入 NaOH 溶液有白色沉淀 D 生成,NaOH 溶液过量则 D 溶解得到无色溶液 E。B 溶于 HCl 后缓慢滴加到 $HgCl_2$ 溶液中先有白色沉淀 F 生成,而后白色沉淀逐渐变灰,最后转化为黑色沉淀 G。B 溶于稀 HNO_3 后加入 $AgNO_3$ 溶液得到白色沉淀 H。H 溶于氨水得无色溶液,加 HNO_3 酸化又生成 H。试给出 A～H 所代表的物质的化学式,并写出有关反应的方程式。

21. 金属 A 难溶于稀盐酸。A 溶于稀硝酸得无色溶液 B 和无色气体 C。C 在空气中转变为红棕色气体 D。在溶液 B 中加入盐酸,产生白色沉淀 E。E 不溶于氨水,但与 H_2S 反应生成黑色沉淀 F。F 溶于硝酸生成无色气体 C、浅黄色沉淀 G 和溶液 B。向溶液 B 中加入 NaOH 溶液生成白色沉淀 H,NaOH 溶液过量时 H 溶解,得到无色溶液 I。向溶液 I 中加入氯水有黑色沉淀 J 生成。J 加入热的酸性 $MnSO_4$ 溶液,溶液变红。试给出 A～J 所代表的物质的化学式,并写出有关反应的方程式。

第14章 s区元素和稀有气体

14.1 碱金属

- 单质
- 含氧化合物
- 盐类

14.2 碱土金属

- 单质
- 氧化物与氢氧化物
- 盐类
- 锂与镁的相似性
- 铍与铝的相似性

14.3 氢

- 氢气
- 氢化物

14.4 稀有气体

- 稀有气体的性质和用途
- 稀有气体化合物
- 稀有气体化合物的结构

s 区元素包括氢、碱金属和碱土金属元素。稀有气体属 p 区的 0 族或ⅧA 族元素。

碱金属元素属ⅠA 族，包括锂、钠、钾、铷、铯、钫 6 种元素，其中钫为放射性元素。这些金属的氢氧化物都是强碱，故称为碱金属。碱金属元素原子核外价层电子的构型为 ns^1，在元素周期表中是同周期元素中最活泼的元素，在化合物中的氧化态为+1。

碱土金属元素属ⅡA 族，包括铍、镁、钙、锶、钡、镭 6 种元素，其中镭为放射性元素。钙、锶、钡的氧化物性质介于"碱性的"碱金属氧化物和"土性的"氧化铝之间，故将本族元素称为碱土金属。碱土金属元素原子核外价层电子的构型为 ns^2，在元素周期表中是同周期元素中次活泼的元素，在化合物中的氧化态为+2。

碱金属和碱土金属元素中，在地壳中质量分数列前 20 位的有钠(2.3%，第 6 位)、钾(2.1%，第 8 位)、镁(2.3%，第 7 位)、钙(4.1%，第 5 位)、锶(3.7×10^{-2}%，第 16 位)、钡(5.0×10^{-2}%，第 14 位)。锂、铍、铷、铯在地壳中的丰度很低，属于稀有元素。

氢属ⅠA 族，但其性质与碱金属相差甚远，是典型的非金属元素。氢在地壳中的质量分数为 1.52×10^{-1}%，列第 10 位，但氢在整个宇宙中的质量分数排在第 1 位。

稀有气体元素属 0 族或ⅧA 族，包括氦、氖、氩、氪、氙、氡 6 种元素。其中氡为放射性元素。稀有气体元素基态的价电子构型除了氦为 $1s^2$ 以外，其余均为 ns^2np^6。

锂的重要矿物为锂辉石 $LiAlSi_2O_6$，还有锂长石 $NaAlSi_4O_{10}$ 等矿物。钠大量存在于海水中(海水中钠的含量约为 1.1%)，钠的矿物主要有钠长石 $NaAlSi_3O_8$、岩盐 NaCl、硝石 $NaNO_3$、芒硝 $Na_2SO_4\cdot10H_2O$ 等。钾的矿物主要有钾长石 $NaAlSi_3O_8$，光卤石 $KCl\cdot MgCl_2\cdot6H_2O$，天然氯化钾 KCl 等。铷和铯与钾等其他矿物共生。

铍最重要矿物是绿柱石 $Be_3Al_2Si_6O_{18}$(若其中含有 2%的 Cr 即为祖母绿)。镁的矿物及其丰富，如光卤石 $KCl\cdot MgCl_2\cdot6H_2O$、白云石 $MgCO_3\cdot CaCO_3$、菱镁矿 $MgCO_3$、尖晶石 $MgAl_2O_4$、泻盐 $MgSO_4\cdot7H_2O$ 等，海水中含有较多的镁(约 0.12%)。钙的重要矿物有方解石 $CaCO_3$、石膏 $CaSO_4\cdot2H_2O$、萤石 CaF_2、磷灰石 $Ca_5(PO_4)_3X$(氟磷灰石 X=F，羟基磷灰石 X=OH)，珊瑚、贝壳和珍珠的主要成分也是 $CaCO_3$。锶最重要的矿物是天青石 $SrSO_4$ 和菱锶矿 $SrCO_3$。钡重要的矿物有重晶石 $BaSO_4$ 和毒重石 $BaCO_3$。

氢是宇宙中最丰富的元素，除大气中含有少量 H_2 以外，地壳中绝大部分以化合物的形式存在。地球、太阳及木星等天体上都有大量的氢，可以说整个宇宙空间都有氢的存在。

稀有气体主要存在于大气中，富氦的天然气中有约 1% 体积的氦。氦在宇宙中质量分数仅次于氢位列第 2 位。

Na、K、Mg、Ca、H 为生命必需元素，在成年人体内的质量分数分别为 0.26%、0.22%、0.04%、1.4%、9.3%。Na 和 K 在生命体内起着传递神经信号的作用，调节细胞内外的渗透压(Na^+ 为细胞外液的主要阳离子，K^+ 为细胞内液的主要阳离子)，是 ATP 酶的激活剂。Mg 是体内许多酶的激活剂，在 DNA 的复制和蛋白质的合成中起重要作用，具有稳定 DNA 和 RNA 双螺旋结构的作用；镁盐具有镇静作用，向血管中注射镁盐能够麻痹神经。Ca 是骨骼、牙齿、细胞壁的重要成分(骨骼、牙齿主体是羟基磷灰石)；Ca 对人血液凝固起重要作用；Ca^{2+} 可以传递神经信息、触发肌肉收缩和激素释放等。体内过量的钙可能诱发白内障、胆结石、动脉硬化。

铍盐有毒甚至致癌，含铍盐的烟雾或灰尘会引起肺中毒；Be^{2+} 可以置换酶中的 Mg^{2+} 使酶失去功能。Mg^{2+} 能使蛋白质凝固，误服 $MgCl_2$ 后若不及时抢救会丧命。可溶性钡盐有剧毒，误服会导致平滑肌、骨骼肌及心肌麻痹，钡盐能够改变细胞膜的通透性而引起低血钾，钡盐中毒死亡率很高。

14.1 碱　金　属

1. 碱金属单质均为银白色，有金属光泽，有良好的导电性和延展性，硬度低，熔点低，密度小（锂、钠、钾的密度小于 1）。碱金属都是活泼金属。

2. 常用熔盐电解法和热还原法制备碱金属。

3. 碱金属与氧所形成的二元化合物有普通氧化物、过氧化物、超氧化物及臭氧化物。

4. 碱金属盐均为离子型化合物，大多数易溶于水，易形成结晶水合盐和复盐。

14.1.1　单质

1. 性质

碱金属单质均为银白色，有金属光泽和良好的导电性、延展性，硬度低，熔点低，密度小。锂的熔点 180.5 ℃，其余碱金属的熔点都低于 100 ℃，铯的熔点最低，仅 28.44 ℃（其熔点在金属中只比汞高）。碱金属单质的沸点与熔点的温度差较大，沸点比熔点一般高出 700 ℃以上。碱金属的硬度都小于 1。碱金属的密度都较小，属于轻金属，其中锂、钠、钾的密度比水还小，Li 是最轻的金属而用于制造轻质合金。

碱金属都是活泼金属，具有很强的还原性，能够与许多非金属单质直接化合，生成离子型化合物。最活泼的 Li 在加热时可与 N_2 反应。

$$6Li + N_2 = 2Li_3N$$

利用碱金属的强还原性可以制备贵金属或稀有金属。例如

$$NbCl_5 + 5Na = Nb + 5NaCl$$

$$TiCl_4 + 2Mg = Ti + 2MgCl_2$$

碱金属（除 Li 外）和水发生剧烈反应，原因是碱金属熔点低以及其氢氧化物具有较大的溶解度。反应有大量氢气生成而易发生爆炸，实验室内要小心使用碱金属单质，避免与水接触。

$$2Na + 2H_2O = 2NaOH + H_2$$

碱金属在高温下与 H_2 反应生成离子型氢化物。例如，在 380 ℃可生成 NaH

$$2Na + H_2 = 2NaH$$

其中，H 呈 −1 价氧化态。碱金属氢化物中，LiH 最稳定，688.7 ℃时熔融而不分解。

2. 单质的制备

碱金属的化学性质活泼，在自然界中都以化合物的形式存在，较难还原。工业上通常采用熔盐电解法和热还原法大量生产碱金属。

锂和钠常用电解熔融氯化物的方法生产，而钾、铷、铯则采用金属热还原法生产。

金属钠的生产是以石墨为阳极，以铸钢为阴极，在 580 ℃通过电解 NaCl 熔盐获得。

$$2NaCl(l) = 2Na(l) + Cl_2(g)$$

由于 Na 的沸点（883 ℃）接近于 NaCl 的熔点（801 ℃），通常加入 $CaCl_2$ 为助熔剂降低盐的熔融温度（混合盐熔点约为 500 ℃），以避免 Na 挥发损失。较低的操作温度也可以降低 Na 在

熔融体中的溶解度。

钾极易溶于熔融的氯化物中以致难以分离，不适合采用熔盐电解法生产。工业上通常利用其低沸点的特性（钾的沸点 759 ℃）采用热还原法大量生产金属钾。850 ℃下用金属 Na（沸点 883 ℃）还原 KCl 获得金属钾。

$$Na(l)+KCl(l)=\!=\!=NaCl(l)+K(g)$$

钾以蒸气的形式逸出并被收集，纯度可达到 99.99%。

铷和铯的生产也是采用热还原法，以金属钙还原其氯化物获得。反应如下

$$2RbCl(l)+Ca(l)=\!=\!=CaCl_2(l)+2Rb(g)$$

$$2CsCl(l)+Ca(l)=\!=\!=CaCl_2(l)+2Cs(g)$$

14.1.2 含氧化合物

碱金属与氧所形成的二元化合物包括普通氧化物、过氧化物、超氧化物和臭氧化物。过氧化物 M_2O_2 中的氧无单电子，为抗磁性物质，O—O 键级为 1。超氧化物 MO_2 中的氧有单电子，为顺磁性物质，O—O 键级为 1.5。臭氧化物 MO_3 中的氧有单电子，为顺磁性物质。

碱金属在充足的空气中燃烧，Li 生成普通氧化物 Li_2O，Na 生成过氧化物 Na_2O_2，K、Rb、Cs 生成超氧化物 KO_2、RbO_2、CsO_2。

干燥的 Na、K、Rb、Cs 的氢氧化物粉末与 O_3 反应可以生成臭氧化物 MO_3。

1. 普通氧化物

氧化锂 Li_2O 可由单质 Li 在充足的空气中燃烧获得，氧化钠 Na_2O 可用叠氮化钠还原亚硝酸钠的方法制得，氧化钾 K_2O 可用单质钾还原硝酸钾的方法制得。

$$4Li+O_2=\!=\!=2Li_2O$$

$$3NaN_3+NaNO_2=\!=\!=2Na_2O+5N_2$$

$$10K+2KNO_3=\!=\!=6K_2O+N_2$$

碱金属氧化物从 Li_2O 到 Cs_2O 颜色逐渐加深。Li_2O 和 Na_2O 呈白色，K_2O 呈淡黄色，Rb_2O 呈亮黄色，Cs_2O 呈橙红色。

碱金属氧化物与水反应生成相应的氢氧化物，并放出大量的热。

$$Na_2O+H_2O=\!=\!=2NaOH$$

$$K_2O+H_2O=\!=\!=2KOH$$

2. 过氧化物

所有的碱金属都能形成过氧化物。过氧化物可看成 H_2O_2 的盐，稳定性随碱金属离子的半径增大而增强。

稳定性最差的 Li_2O_2 在 195 ℃以上即分解，Na_2O_2 在 675 ℃以上才分解。

$$2Li_2O_2=\!=\!=2Li_2O+O_2$$

$$2Na_2O_2=\!=\!=2Na_2O+O_2$$

水合氢氧化锂 $LiOH\cdot H_2O$ 与过氧化氢反应生成 $LiOOH\cdot H_2O$，将其在减压的条件下缓慢加热脱水后即可得到 Li_2O_2。

$$LiOH\cdot H_2O+H_2O_2=\!=\!=LiOOH\cdot H_2O+H_2O$$

$$2LiOOH\cdot H_2O=\!=\!=Li_2O_2+H_2O_2+2H_2O$$

金属 Na 在充足的空气中燃烧生成 Na_2O_2。

$$2Na+O_2 = Na_2O_2$$

碱金属过氧化物与水或与稀酸作用，生成过氧化氢。

$$Na_2O_2+2H_2O = 2NaOH+H_2O_2$$

$$Na_2O_2+H_2SO_4 = Na_2SO_4+H_2O_2$$

生成的过氧化氢不稳定，易分解释放出氧气。

碱金属过氧化物显碱性，与 CO_2 发生反应放出氧气。

$$2Na_2O_2+2CO_2 = 2Na_2CO_3+O_2$$

在防毒面具和潜水艇中经常使用 Na_2O_2 作为 CO_2 吸收剂，并提供氧气。在宇航密封舱中通常使用质量最轻的 Li_2O_2。

碱金属过氧化物具有强氧化性。例如，Na_2O_2 可以将 Fe 氧化为 Na_2FeO_4，将 Cr_2O_3 氧化为 Na_2CrO_4。

$$3Na_2O_2+Fe = 2Na_2O+Na_2FeO_4$$

$$3Na_2O_2+Cr_2O_3 = Na_2O+2Na_2CrO_4$$

在这里，Na_2O_2 不仅是氧化剂，而且是一种熔矿剂。

过氧化物也具有还原性，当遇到强氧化剂时被氧化。

$$5Na_2O_2+2MnO_4^-+16H^+ = 5O_2+2Mn^{2+}+10Na^++8H_2O$$

3. 超氧化物和臭氧化物

Li 不能形成超氧化物，Na 的超氧化物也很不稳定。这主要是因为 Li^+ 和 Na^+ 半径小，极化能力强。

半径大的阳离子的超氧化物 KO_2、RbO_2 和 CsO_2 较稳定，可通过单质在充足的空气中燃烧制得。

超氧化物均有颜色，KO_2 呈橙色，RbO_2 呈暗棕色，CsO_2 呈橘黄色。

超氧化物也可吸收 CO_2 并放出氧气，高温时分解为氧化物和氧气。

$$4KO_2+2CO_2 = 2K_2CO_3+3O_2$$

$$4KO_2 = 2K_2O+3O_2$$

超氧化物氧化性很强，与水或其他质子溶剂发生剧烈反应生成氧和过氧化氢。

$$2KO_2+2H_2O = O_2+H_2O_2+2KOH$$

Li 不能形成臭氧化物。干燥的 Na、K、Rb、Cs 的氢氧化物粉末与臭氧 O_3 反应可生成相应的臭氧化物 MO_3。

$$4KOH+4O_3 = 4KO_3+2H_2O+O_2$$

臭氧化物与水发生反应生成氢氧化物并释放出氧气。

$$4KO_3+2H_2O = 4KOH+5O_2$$

臭氧化物不稳定，室温条件下可缓慢分解为超氧化物。

$$2KO_3 = 2KO_2+O_2$$

4. 氢氧化物

碱金属氢氧化物都是强碱，在空气中很容易吸潮，易溶于水同时放出大量的热。氢氧化物的溶解度随着碱金属离子半径的增大而增加。

碱金属氢氧化物中最重要的是氢氧化钠 NaOH，又称烧碱、火碱和苛性碱。工业上生产氢氧化钠的主要方法是电解氯化钠水溶液，具体方法有汞阴极法、隔膜法和离子膜法。

14.1.3 盐类

碱金属或其化合物在高温火焰中可以使火焰呈现出特征的颜色，这种方法称为焰色实验。其中，锂火焰为深红色，钠火焰为黄色，钾火焰为紫色，铷火焰为紫红色，铯火焰为蓝色。

1. 盐的溶解性

锂盐的溶解性较特殊，强酸盐较易溶于水，而一些弱酸盐溶解性较差，如 LiF、Li_2CO_3、Li_3PO_4 溶解度较小。

其他碱金属盐绝大多数都溶于水，均为离子型化合物。

重要的碱金属难溶盐有：$NaBiO_3$，乙酸铀酰锌钠 $NaAc \cdot Zn(Ac)_2 \cdot 3UO_2(Ac)_2 \cdot 9H_2O$（黄绿色），锑酸钠 $Na[Sb(OH)_6]$；$KClO_4$，$K_3[Co(NO_2)_6]$（黄色），酒石酸氢钾 $KHC_4H_4O_6$，四苯硼酸钾 $K[B(C_6H_5)_4]$，$K_2[PtCl_6]$（黄色）；$Rb_2[SnCl_6]$；$CsClO_4$。

2. 盐的结晶水与复盐

半径小的碱金属对水分子的引力较大，容易形成结晶水合盐。但碱金属卤化物一般不带结晶水。

硝酸盐中，只有硝酸锂有结晶水（$LiNO_3 \cdot H_2O$，$LiNO_3 \cdot 3H_2O$），其他硝酸盐无结晶水。有结晶水的碱金属硫酸盐只有 $Li_2SO_4 \cdot H_2O$ 和 $Na_2SO_4 \cdot 10H_2O$。碳酸盐中除 Li_2CO_3 外，其他碱金属盐都带结晶水，如 $Na_2CO_3 \cdot H_2O$、$Na_2CO_3 \cdot 7H_2O$、$Na_2CO_3 \cdot 10H_2O$、$K_2CO_3 \cdot H_2O$、$K_2CO_3 \cdot 5H_2O$ 等。$Na_2SO_4 \cdot 10H_2O$ 熔化热较大，受热溶于其结晶水而熔化，冷却结晶时放出较多热量，故可以作储热材料。

钾的半径略大，钾盐较钠盐更不易潮解。因此，实验室常用钾盐为试剂，如 KI、KBr、$KMnO_4$、$K_2Cr_2O_7$ 等。

除锂外，碱金属离子能形成一系列复盐，如 $KCl \cdot MgCl_2 \cdot 6H_2O$（光卤石）、$K_2SO_4 \cdot Al_2(SO_4)_3 \cdot 24H_2O$（明矾）、$K_2SO_4 \cdot MgCl_2 \cdot 6H_2O$（软钾镁矾）、$K_2SO_4 \cdot Cr_2(SO_4)_3 \cdot 24H_2O$（铬钾矾）。复盐的溶解度比简单盐小是复盐能够形成的主要因素。

3. 含氧酸盐的热稳定性

碱金属离子的极化能力影响着其含氧酸盐的热稳定性。碱金属离子的半径越小，极化能力越强，其含氧酸盐越不稳定，分解温度越低。以碱金属碳酸盐为例，Li_2CO_3 的分解温度最低，700 ℃即分解，而 Na_2CO_3 和 K_2CO_3 的分解温度要高于 1000 ℃。

$$Li_2CO_3 = Li_2O + CO_2$$

碱金属离子极化能力的不同有时也影响其含氧酸盐的热分解产物。以硝酸盐为例，由于锂离子的强极化能力，其硝酸盐热分解的产物为金属氧化物；而其他碱金属硝酸盐的受热分解产物为亚硝酸盐，在更高的温度分解则生成氧化物、氮气和氧气。

$$4LiNO_3 = 2Li_2O + 4NO_2 + O_2$$

$$2NaNO_3 = 2NaNO_2 + O_2$$

$$4NaNO_3 = 2Na_2O + 2N_2 + 5O_2$$

4. 重要的碱金属盐

碱金属盐中最重要的是 NaCl，俗称食盐、岩盐，大量存在于海水中（NaCl 质量分数近 2.7%），也有其矿物（岩盐）。NaCl 是人们日常生活的必需品，也是重要的化工原料。历史上曾将以 NaCl 为原料生产 NaOH 作为化学工业开端的标志，以 NaCl 为原料可以生产 Na、NaOH、Cl_2、Na_2CO_3 和 HCl 等。NaCl 也大量用在食品加工、石油工业、纺织品工业等方面，作为公路除雪剂的用量也相当大。

碳酸钠 Na_2CO_3，俗称苏打、纯碱，是最重要的碱性化合物之一。市售的商品是含有 10 个结晶水的碳酸钠 $Na_2CO_3 \cdot 10H_2O$，易失去部分结晶水而风化。碳酸钠是重要的化工原料，大量用于生产纸浆、肥皂、洗涤剂和其他化学试剂等。工业生产碳酸钠的方法有氨碱法和联合制碱法。

碳酸氢钠 $NaHCO_3$，俗称小苏打，大量用于食品加工，也是重要的化工原料，加热很容易脱水转化为 Na_2CO_3。

无水硫酸钠 Na_2SO_4，俗称元明粉，大量用于造纸和陶瓷等工业中。十水硫酸钠 $Na_2SO_4 \cdot 10H_2O$ 俗称芒硝，是储能材料。

硝酸钾 KNO_3，大量用作化肥；硝酸钾有氧化性、易爆炸，可用来制造炸药。

锂盐最初主要是制造硬脂酸锂，用于润滑剂的增稠剂。Li_2CO_3 用于电解铝时降低熔点，小剂量口服 $LiCO_3$ 可有效治疗狂郁精神病。近年来，锂电池和锂离子电池大量用于智能手机等电子产品，使锂的用途和产品开发越来越受到重视。

14.2 碱土金属

核心内容

1. 碱土金属均为银白色，有金属光泽，具有良好的导电性和延展性，熔点、沸点、硬度、密度都比碱金属高很多。

2. 碱土金属均可以采用电解熔融氯化物的方法制得。金属铍也可以使用热还原法制得。

3. 碱土金属与氧形成的二元化合物有普通氧化物、过氧化物、超氧化物。$Be(OH)_2$ 为两性氢氧化物，其他碱土金属的氢氧化物均为碱性。

4. 碱土金属的盐多为离子型化合物，与 −1 价阴离子形成的盐一般易溶于水，与负电荷高的阴离子形成的盐的溶解度一般都较小。碱土金属盐带结晶水的趋势更大。

5. Li 与 Mg 处于周期表中斜线的位置，离子势 ϕ 值相近，二者单质及化合物的性质有许多相似之处。

14.2.1 单质

1. 单质的性质

碱土金属单质均为银白色，有金属光泽，具有良好的导电性和延展性。

碱土金属有 2 个价电子，因而碱土金属的金属键比碱金属的金属键要强。碱土金属的熔点、沸点、硬度、密度都比碱金属高很多。

碱土金属从 Be 到 Ba 金属的活泼性依次增强，其活泼性表现在强的还原性。碱土金属能够与许多非金属单质直接化合，生成离子型化合物。例如，加热条件下能与 N_2 反应。

$$3Mg+N_2 = Mg_3N_2$$

利用碱土金属的强还原性可制备贵金属或稀有金属。

$$2Ca+ZrO_2 = Zr+2CaO$$

$$2Mg+TiCl_4 = Ti+2MgCl_2$$

碱土金属中的 Ca、Sr、Ba 在高温下能够与 H_2 反应生成相应的氢化物，与水反应生成氢氧化物。

$$Ca+H_2 = CaH_2$$

$$Ca+2H_2O = Ca(OH)_2+H_2$$

钙、锶、钡与水反应比较温和。原因是金属熔点较高，与水反应不熔化；氢氧化物的溶解度小，生成的氢氧化物覆盖在金属表面阻碍金属与水的接触而减缓了反应速率。

Be 和 Mg 因表面形成了致密的氧化物保护膜，常温下不与水反应。

2. 单质的制备

所有的碱土金属均可以采用电解熔融氯化物的方法制得。

金属铍可以由电解熔融 $BeCl_2$ 的方法制得，生产过程中需加入 NaCl 或 $CaCl_2$ 以增加熔盐的导电性。

金属铍也可以使用热还原法制得，通常用金属镁在高温下还原 BeF_2 进行制备。

14.2.2 氧化物与氢氧化物

1. 氧化物

碱土金属与氧形成的二元化合物有普通氧化物、过氧化物、超氧化物。

碱土金属在充足的空气中燃烧，Be、Mg、Ca、Sr 都生成普通氧化物 BeO、MgO、CaO、SrO；Ba 生成过氧化物 BaO_2。

碱土金属元素都能形成氧化物，氧化物均呈白色。可以通过其碳酸盐、氢氧化物、硝酸盐或者硫酸盐的热分解得到。

$$CaCO_3 = CaO+CO_2$$

$$Ca(OH)_2 = CaO+H_2O$$

$$2Ca(NO_3)_2 = 2CaO+4NO_2+O_2$$

$$CaSO_4 = CaO+SO_3$$

碱土金属氧化物的熔点比同周期碱金属氧化物的熔点要高得多。这主要因为碱土金属离子的半径比较小，正电荷又高，导致其氧化物的晶格能比较大。

经过煅烧的 BeO 和 MgO 极难与水反应，而且熔点很高。因此，它们是很好的耐火材料。

碱土金属过氧化物中，BeO_2 并不存在，无水 MgO_2 只能从液氨中获得。SrO_2 可由 Sr 与高压氧气直接化合而获得。BaO_2 可由 Ba 在充足的空气中燃烧生成。

无水过氧化钙 CaO_2 可通过间接的方法制得。在低温和碱性条件下，用氯化钙与过氧化氢反应可以制得接近白色的含结晶水的 $CaO_2 \cdot 8H_2O$。在 100℃以上脱水则生成黄色 CaO_2。

碱土金属过氧化物的热稳定性从 MgO_2 到 BaO_2 逐渐提高，但稳定性不如碱金属过氧化物高。

碱土金属过氧化物可与水或与稀酸作用，生成过氧化氢 H_2O_2。H_2O_2 不稳定，容易分解释放出氧气。实验室常用 BaO_2 与稀硫酸反应制备 H_2O_2。BaO_2 热分解得到较纯的 O_2。

$$BaO_2 + H_2SO_4 = H_2O_2 + BaSO_4$$

$$2BaO_2 = 2BaO + O_2$$

市面上的氧吧多采用 CaO_2 作为氧气的发生剂，用 MnO_2 作为催化剂。

Ca、Sr、Ba 能够生成黄色的超氧化物 $M(O_3)_2$。

2. 氢氧化物

多数碱土金属氧化物与水反应生成相应的氢氧化物，并释放出热量。碱土金属氢氧化物碱性的强弱可以由金属阳离子的离子势 ϕ 值的大小来确定。

$$\phi = \frac{Z}{r}$$

式中，Z 为离子的电荷；r 为离子的半径。ϕ 值越大，金属离子的极化能力越强。

(1) 若 ϕ 值较大，则氢氧化物采取酸式解离方式，氢氧化物显酸性。

$$M—O—H \longrightarrow MO^- + H^+$$

(2) 若 ϕ 值较小，则氢氧化物采取碱式解离方式，氢氧化物显碱性。

$$M—O—H \longrightarrow M^+ + OH^-$$

(3) 若 ϕ 值适中，则氢氧化物的两种解离方式相当，氢氧化物显两性。

若离子半径 r 的单位为 pm，则判断金属氢氧化物酸碱性的经验公式为

$\sqrt{\phi} < 0.22$　　金属氢氧化物为碱性

$0.22 < \sqrt{\phi} < 0.32$　　金属氢氧化物为两性

$\sqrt{\phi} > 0.32$　　金属氢氧化物为酸性

按经验公式计算，$Be(OH)_2$ 为两性氢氧化物（$\sqrt{\phi} = 0.27$），而 $Mg(OH)_2$、$Ca(OH)_2$、$Sr(OH)_2$、$Ba(OH)_2$ 都为碱性氢氧化物。

碱土金属氢氧化物在水中的溶解度比碱金属氢氧化物的溶解度要小得多，且随着碱土金属元素族数的增加而增大。$Be(OH)_2$ 和 $Mg(OH)_2$ 难溶于水，其余碱土金属氢氧化物的溶解度也不大。

$Be(OH)_2$ 是典型的两性氢氧化物，可以溶解在强碱中。

$$Be(OH)_2 + 2OH^- = [Be(OH)_4]^{2-}$$

$Mg(OH)_2$ 为中强碱，$Ca(OH)_2$、$Sr(OH)_2$ 和 $Ba(OH)_2$ 为强碱。

14.2.3　盐类

碱土金属的盐在高温火焰中也呈现出特征的颜色（焰色试验），如钙火焰为橙红色，锶火焰为洋红色，钡火焰为绿色。

1. 盐的溶解性

除铍外，碱土金属的盐都是离子化合物，与一价阴离子形成的盐一般易溶于水。硝酸盐、氯化物、乙酸盐、碳酸氢盐、磷酸二氢盐等都易溶于水。卤化物中只有氟化物难溶。

碱土金属与负电荷高的阴离子形成的盐溶解度一般都较小，如碳酸盐、磷酸盐和草酸盐都

难溶。$BeSO_4$ 和 $MgSO_4$ 易溶于水，$CaSO_4$、$SrSO_4$、$BaSO_4$ 难溶；$BeCrO_4$ 和 $MgCrO_4$ 易溶于水，$CaCrO_4$、$SrCrO_4$、$BaCrO_4$ 难溶。

半径大的复杂阴离子与半径大的阳离子形成的盐溶解度一般都较小。阳离子的半径大可避免晶体中的阴离子之间接触，晶体的晶格能更大。

2. 盐的结晶水与复盐

碱土金属离子的电荷比碱金属高，盐带结晶水的趋势更大，如 $MgCl_2 \cdot 6H_2O$、$CaCl_2 \cdot 6H_2O$、$MgSO_4 \cdot 7H_2O$、$CaSO_4 \cdot 2H_2O$、$BaCl_2 \cdot 2H_2O$。碱土金属的无水盐有吸水性，如无水 $CaCl_2$ 是重要的干燥剂。

3. 含氧酸盐的热分解

碱土金属含氧酸盐的热稳定性一般比碱金属含氧酸盐的热稳定性低。原因是碱土金属阳离子电荷高，半径小，极化能力较强，含氧酸盐分解温度降低。

碱土金属碳酸盐热分解的产物为金属氧化物和二氧化碳。

$$MgCO_3 \xlongequal{} MgO + CO_2$$

碱土金属硝酸盐热分解的产物为金属氧化物、二氧化氮和氧气。

$$2Mg(NO_3)_2 \xlongequal{} 2MgO + 4NO_2 + O_2$$

碱土金属硫酸盐热分解的产物为金属氧化物和三氧化硫，温度更高时三氧化硫分解。

$$MgSO_4 \xlongequal{} MgO + SO_3$$

14.2.4 锂与镁的相似性

锂和镁在元素周期表中处于斜线位置上，元素及其化合物的许多性质具有相似性。

(1) 金属在空气中燃烧均生成普通氧化物。

$$4Li + O_2 \xlongequal{} 2Li_2O$$

$$2Mg + O_2 \xlongequal{} 2MgO$$

(2) 金属半径小，与 N_2 反应产物比同族其他半径大的元素的氮化物稳定。

$$6Li + N_2 \xlongequal{} 2Li_3N$$

$$3Mg + N_2 \xlongequal{} Mg_3N_2$$

(3) 相应的盐的溶解性相似。

LiF 和 MgF_2、Li_2CO_3 和 $MgCO_3$、Li_3PO_4 和 $Mg_3(PO_4)_2$ 等均为难溶盐。

(4) 氢氧化物溶解度小且受热易脱水生成氧化物。

$$2LiOH \xlongequal{} Li_2O + H_2O$$

$$Mg(OH)_2 \xlongequal{} MgO + H_2O$$

而 NaOH 和 KOH 受热熔化，但不脱水。

(5) 硝酸盐热分解均生成金属氧化物、二氧化氮和氧。

$$4LiNO_3 \xlongequal{} 2Li_2O + 4NO_2 + O_2$$

$$Mg(NO_3)_2 \xlongequal{} 2MgO + 4NO_2 + O_2$$

(6) 离子极化能力强。Li_2O_2 和 MgO_2 稳定性差，易分解。

14.2.5 铍与铝的相似性

铝和铍在元素周期表中处于斜线位置上，在某些性质上具有相似性。

(1) 单质铝与铍均是钝化金属,与冷的浓硝酸作用时在金属表面生成致密的氧化膜。

(2) 单质铝与铍均呈两性,不仅与酸反应,也与碱反应。

$$2Al + 2OH^- + 6H_2O \xlongequal{} 2[Al(OH)_4]^- + 3H_2$$

$$Be + 2OH^- + 2H_2O \xlongequal{} [Be(OH)_4]^{2-} + H_2$$

(3) 铝与铍的卤化物受热脱水时易发生水解,生成碱式盐。

$$AlCl_3 \cdot 6H_2O \xlongequal{} Al(OH)_2Cl + 4H_2O + 2HCl$$

$$BeCl_2 \cdot 4H_2O \xlongequal{} Be(OH)Cl + 3H_2O + HCl$$

(4) 铝与铍的氢氧化物均难溶于水,且均呈两性,不仅溶于酸,也溶于碱。

$$Al(OH)_3 + OH^- \xlongequal{} [Al(OH)_4]^-$$

$$Be(OH)_2 + 2OH^- \xlongequal{} [Be(OH)_4]^{2-}$$

金属铝和铍的性质的相似性同样和其电荷与半径之比相近有关。

14.3　氢

1. H_2 是质量最小的分子,最重要化学性质是还原性。

2. 氢气制备方法很多,可由稀酸与活泼金属作用制取;由电解水的方法制取;工业上催化裂解天然气或用水蒸气通过红热的炭层都可获得氢。

3. 氢化物包括离子型氢化物、分子型氢化物和金属型氢化物。

氢在大多数化合物中通过共用电子对形成共价键,如 CH_4、HF、H_2O、NH_3 等。氢与活泼金属结合时得到一个电子,形成含 H^- 的氢化物,如 NaH、CaH_2 等。强酸中以极性共价键结合的氢,在水中解离出 H^+ 或 H_3O^+。在硼氢化合物或多核配位化合物中形成氢桥键。与半径小且电负性大的原子结合的氢能够形成氢键,如 HF、H_2O、NH_3 分子间的氢键。

14.3.1　氢气

1. 氢气的性质

H_2 是质量最小的分子,分子间作用力很弱,温度降到 20 K 时才液化。氢分子中 H—H 键的键能为 435.88 kJ · mol^{-1},比一般单键的键能大,和一般双键的键能相近。因此,常温下氢分子具有一定程度的惰性,与许多物质反应很慢。

H_2 与 F_2 在低温下即发生剧烈反应,光照下与 Cl_2 剧烈反应,引燃时与 O_2 剧烈反应,这些反应放出大量热量,易发生爆炸。

H_2 与活泼金属在高温下反应,生成金属氢化物。

H_2 最重要的化学性质是还原性。在加热的条件下可还原氧化铜,在适当的温度、压力和相应的催化剂存在下,H_2 可与 CO 及不饱和碳氢化合物反应。

$$H_2 + CuO \xlongequal{} H_2O + Cu$$

2. 氢气的制备

实验室常利用稀盐酸或稀硫酸与锌等活泼金属作用制取氢气。因为金属锌中常含有杂质，需要经过纯化后才能得到纯净的氢气。

用电解水的方法得到的氢气纯度高，常采用 NaOH 或 KOH 溶液为电解液。

氢气是氯碱工业的副产物。电解食盐水的过程中阴极上放出 H_2。

工业生产上大量的氢气是靠催化裂解天然气得到的，如

$$CH_4 + H_2O \xlongequal{} CO + 3H_2$$

工业生产上也利用水蒸气通过红热的炭层来获得氢。

$$C + H_2O(g) \xlongequal{} H_2 + CO$$

3. 氢气的用途

氢气重要的用途之一是作为合成氨工业的原料。

$$3H_2 + N_2 \xlongequal{} 2NH_3$$

高温下，氢气能将许多金属氧化物或金属卤化物还原以得到金属单质。

$$TiCl_4 + 2H_2 \xlongequal{} Ti + 4HCl$$

氢气也是一种重要的有机化工原料，如不饱和有机分子的氢化等都需要氢气。氢气可作为燃料，能迅速燃烧且无污染。氢气在氧气或空气中燃烧时，火焰温度可以达到 3000 ℃左右，可用于切割和焊接金属。

14.3.2　氢化物

氢化物包括离子型氢化物、分子型氢化物和金属型氢化物。

1. 离子型氢化物

氢与碱金属及多数碱土金属在较高的温度下直接化合，生成离子型氢化物。熔融态的离子型氢化物导电。电解熔融的氢化物，阳极产生氢气，这一事实可以证明 H^- 的存在。

碱金属和碱土金属的氢化物都是白色或灰白色，很多性质与盐类相似，因此有时称之为盐型氢化物。其中 LiH 和 BaH_2 热稳定性较高，其他氢化物均在熔化前分解成相应的单质。

离子型氢化物遇水发生剧烈反应，并放出氢气。

$$NaH + H_2O \xlongequal{} H_2 + NaOH$$

在非水极性溶剂中，离子型氢化物可与一些缺电子化合物结合生成复合氢化物。

$$4LiH + AlCl_3 \xlongequal{} LiAlH_4 + 3LiCl$$

$$2LiH + B_2H_6 \xlongequal{} 2LiBH_4$$

离子型氢化物以及复合氢化物均具有很强的还原性，是很好的还原剂。

$$TiCl_4 + 4NaH \xlongequal{} Ti + 4NaCl + 2H_2$$

2. 分子型氢化物

元素周期表中 p 区元素的氢化物属于分子型晶体，这类氢化物熔、沸点低，通常条件下多为气体，故称为分子型氢化物。

分子型氢化物在水中的性质差异很大。HCl、HBr 和 HI 在水中完全解离显强酸性，H_2S 和 HF 在水中部分解离显弱酸性，NH_3 和 PH_3 溶于水使溶液显弱碱性，SiH_4 和 B_2H_6 与水作用时放出氢气。

$$NH_3 + H_2O \xlongequal{} NH_4^+ + OH^-$$

$$SiH_4 + 4H_2O \xlongequal{} H_4SiO_4 + 4H_2$$
$$B_2H_6 + 6H_2O \xlongequal{} 2H_3BO_3 + 6H_2$$

3. 金属型氢化物

d 区元素和 f 区元素的氢化物基本上保留着金属光泽、导电性等金属特有的物理性质，故称为金属型氢化物。

金属型氢化物有的是整比化合物，如 CrH_2、NiH、CuH 和 ZnH_2；有的则是非整比化合物，如 $PdH_{0.8}$ 和一些 f 区元素的氢化物等。

Pt 不能形成氢化物，但氢可在 Pt 表面上形成化学吸附，Pt 在加氢反应中可作催化剂。

14.4 稀有气体

1. 稀有气体属单原子分子，分子间仅存在着微弱的范德华力。

2. 氦气可代替氢气填充气球，在冶炼金属时提供惰性环境，液氦可用于维持超低温。氖和氙在光源方面有着重要用途。

3. 稀有气体化合物主要是 Xe 的化合物，多数为氟化物和氧化物及其衍生物。

4. 多数稀有气体化合物可由价层电子对互斥理论判断几何构型。

自 1894 年从空气中分离出第一种稀有气体氩，随后的几年，另外四种稀有气体氦、氖、氪、氙陆续被分离出来。1902 年，最后一种稀有气体氡作为核衰变产物也被分离出来。由于它们极不活泼的性质，一度被称为“惰性气体”。

早在 1785 年卡文迪什(H. Cavendish)就曾经论述过空气中少量不能用化学方法除去的未知残余气体，但未进一步研究。1868 年人们在观察日食期间发现太阳光谱有新的谱线，1869 年洛克耶(J. N. Lockyer)和富兰克林(E. Frankland)提出这是一种新元素，并根据元素来自太阳将其命名为 Helium。1881 年意大利的巴尔米尼(L. Palmieri)就观察到某火山的气体光谱中有氦的谱线。最终确认在地球上有氦，是由雷利(L. Rayleigh)和拉姆塞(W. Ramsay)经实验确认的，二人分别获得 1904 年诺贝尔物理学奖和化学奖。

雷利发现由分解氨得来的氮气密度比从空气中分离出来的氮气低 0.5%。经与拉姆塞合作研究，于 1894 年第一次从空气中分离出氩(Ar)。

1962 年，巴特利特(N. Batrlett)合成了第一个稀有气体的化合物 $Xe^+[PtF_6]^-$。此后又有一些稀有气体化合物(如 XeF_2、XeF_4 等)不断被合成出来。于是，“惰性气体”也随之改称为“稀有气体”。由于稀有气体在化合状态时可达 +8 氧化数，所以有人建议把稀有气体元素定义为周期表ⅧA 族元素，把铁系元素作为ⅧB 族元素。

14.4.1 稀有气体的性质和用途

1. 稀有气体的性质

稀有气体属单原子分子，分子间仅存在着微弱的范德华力，因此，稀有气体的蒸发热和在水中的溶解度都很小。2.2 K 以下的液氦具有许多反常的性质，如超导性、低黏滞性等。氦在常压下不能固化。

2. 稀有气体的用途

比氢气安全得多的氦气可代替氢气填充气球，在冶炼金属时氦气可提供惰性环境以避免高温下生成的金属与空气中的氧气或氮气发生反应。液氦可用于维持超低温，如维持核磁共振波谱仪的超低温。

氖和氙在光源方面有着重要用途。氖因在电场的激发下放出美丽的红光而广泛地用于广告和标牌。氙可在电场的激发下放出强烈的白光，因此氙灯有“人造小太阳”之称。

14.4.2 稀有气体化合物

目前，研究较多的稀有气体化合物主要是 Xe 的化合物，而其他稀有气体的化合物稳定性差，数量也不多。

1. 氙的氟化物

常温下，XeF_2、XeF_4 和 XeF_6 均为白色固态。随着氟个数增多，熔点反而依次降低。

在光照下，F_2 和 Xe 的混合气体可以直接化合生成 XeF_2。在一定温度和压力下，Xe 和 F_2 直接化合即可获得 3 种氙的氟化物 XeF_2、XeF_4 和 XeF_6。

$$Xe(g)+F_2(g) = XeF_2(g)$$

$$Xe(g)+2F_2(g) = XeF_4(g)$$

$$Xe(g)+3F_2(g) = XeF_6(g)$$

通过控制 Xe 和 F_2 的比例、反应时间、反应温度等条件，可以对产物中 XeF_2、XeF_4、XeF_6 的比例进行适当调控。例如，Xe 大过量有利于 XeF_2 的生成；F_2 过量并控制反应时间有利于 XeF_4 的生成；F_2 大过量并延长反应时间有利于 XeF_6 的生成。

由 XeF_6 和 SiO_2 反应可最终生成易爆炸的 XeO_3（熔点约 25 ℃）。

$$2XeF_6+3SiO_2 = 2XeO_3+3SiF_4$$

因此，XeF_6 不能盛放在玻璃容器中。

XeF_2、XeF_4 和 XeF_6 均能够与水发生反应。

$$2XeF_2+2H_2O = 2Xe+O_2+4HF$$

$$6XeF_4+12H_2O = 2XeO_3+4Xe+24HF+3O_2$$

$$XeF_6+3H_2O = XeO_3+6HF$$

XeF_6 不完全水解时则生成 $XeOF_4$（低温时为黄色固体，0 ℃时分解）。

$$XeF_6+H_2O = XeOF_4+2HF$$

XeF_2、XeF_4 和 XeF_6 均具有强氧化性，能够与许多还原性物质发生反应。例如

$$XeF_2+2I^- = Xe+I_2+2F^-$$

$$XeF_2+H_2 = Xe+2HF$$

$$XeF_4+2ClO_3^-+2H_2O = Xe+2ClO_4^-+4HF$$

$$XeF_4+Pt = Xe+PtF_4$$

2. 氙的含氧化合物

氙的含氧化物主要有 XeO_3、XeO_4、Na_4XeO_6、Na_2XeO_4 等。

将 XeF_4 水解可制得 XeO_3。

$$6XeF_4 + 12H_2O = 2XeO_3 + 4Xe + 24HF + 3O_2$$

XeO_3 为白色固体，极易爆炸分解。

$$2XeO_3 = 2Xe + 3O_2$$

XeO_3 具有强氧化性，在酸性介质中能够将 Mn^{2+} 氧化。

$$5XeO_3 + 6Mn^{2+} + 9H_2O = 6MnO_4^- + 5Xe + 18H^+$$

XeO_3 溶于碱后以酸式盐 $HXeO_4^-$ 的形式存在，酸式盐在碱性溶液中不稳定，缓慢发生歧化反应。

$$XeO_3 + NaOH \rightleftharpoons NaHXeO_4$$

$$2HXeO_4^- + 2OH^- = XeO_6^{4-} + Xe + O_2 + 2H_2O$$

向 XeO_3 的水溶液中通入 O_3 可制得高氙酸 H_4XeO_6，如果该反应在碱性溶液中进行，将生成高氙酸的正盐。

$$XeO_3 + O_3 + 2H_2O = H_4XeO_6 + O_2$$

$$XeO_3 + 4NaOH + O_3 + 2H_2O = Na_4XeO_6 + O_2 + 4H_2O$$

Na_4XeO_6 的氧化性极强，很容易将 Mn^{2+} 氧化。

$$5Na_4XeO_6 + 8MnSO_4 + 2H_2O = 5Xe + 8NaMnO_4 + 6Na_2SO_4 + 2H_2SO_4$$

用浓硫酸处理 Na_4XeO_6 可生成 XeO_4（无色液体）。

$$Na_4XeO_6 + 2H_2SO_4(\text{浓}) = XeO_4 + 2Na_2SO_4 + 2H_2O$$

XeO_4 是比 XeO_3 更易爆炸的物质，其氧化性也比 XeO_3 强。

14.4.3　稀有气体化合物的结构

现代价键理论同样适用于对稀有气体化合物的分子结构的讨论。由价层电子对互斥理论可判断分子的几何构型，用杂化轨道理论可以探讨分子的成键情况并解释几何构型。

由价层电子对互斥理论，XeF_2 的电子对构型为三角双锥形，而分子构型为直线形，如图 14-1(a)所示；Xe 采取 sp^3d 不等性杂化。

XeF_4 电子对构型为正八面体形，分子构型为正方形，如图 14-1(b)所示；Xe 的原子轨道采取了 sp^3d^2 不等性杂化。

XeF_6 分子中，Xe 的价层电子对数为 7，成键电子对数为 6，有 1 个孤电子对。XeF_6 的分子构型为变形八面体，孤电子对可能指向一个边的中心，如图 14-1(c)所示。Xe 采取了并不常见的 sp^3d^3 不等性杂化，即有 3 个 5p 电子激发到 5d 轨道上。

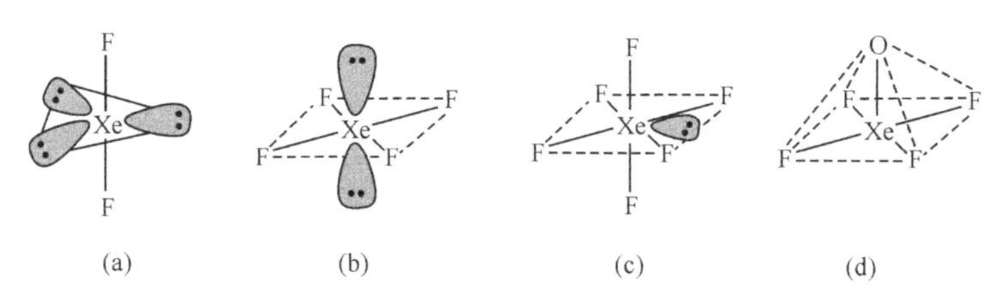

图 14-1　几个稀有气体化合物的结构

$XeOF_4$ 电子对构型为正八面体形，分子构型为四角锥形，如图 14-1(d)所示；Xe 的原子轨道采取了 sp^3d^2 不等性杂化。

思 考 题

1. 总结碱金属和碱土金属的制备方法。
2. 举例说明锂及其化合物的特殊性。
3. 总结碱金属和碱土金属在空气中燃烧的产物。
4. 总结碱金属和碱土金属盐火焰的颜色。
5. 为什么碱土金属中的铍与同族其他元素在性质上有很大差别?
6. 试举例说明锂和镁的相似性。
7. 举例说明氢在化合物中的成键情况。
8. 举例说明氢气都有哪些重要的化学性质。
9. 在合成 XeF_2、XeF_4 和 XeF_6 时,需要采取哪些措施以提高目标产物的产率?

习 题

1. 完成并配平下列化合物与水反应的方程式。
   (1) K_2O　(2) K_2O_2　(3) KO_2　(4) KO_3　(5) XeF_2
   (6) XeF_4　(7) XeF_6　(8) $XeOF_4$　(9) NaH　(10) Mg_3N_2
2. 完成并配平下列化合物吸收 CO_2 反应的方程式。
   (1) K_2O　(2) K_2O_2　(3) KO_2　(4) KO_3
3. 完成并配平下列化合物受热分解反应的方程式。
   (1) $NaNO_3$　(2) $LiNO_3$　(3) $Mg(NO_3)_2$　(4) CaO_2　(5) KO_2
   (6) KO_3　(7) $MgCl_2 \cdot 6H_2O$　(8) $CaCl_2 \cdot 6H_2O$　(9) Na_2CO_3　(10) $MgSO_4$
4. 给出下列矿物的名称。
   (1) $NaNO_3$　(2) NaCl　(3) $KCl \cdot MgCl_2 \cdot 6H_2O$　(4) $Be_3Al_2Si_6O_{18}$
   (5) $MgCO_3$　(6) $CaCO_3$　(7) $MgCO_3 \cdot CaCO_3$　(8) $CaSO_4 \cdot 2H_2O$
   (9) CaF_2　(10) $SrSO_4$　(11) $BaSO_4$　(12) $BaCO_3$
5. 给出下列物质的化学式。
   (1) 纯碱　(2) 烧碱　(3) 芒硝　(4) 泻盐　(5) 卤水
6. 请解释:$Be(OH)_2$ 溶于 NaOH 溶液,$Mg(OH)_2$ 不溶于 NaOH 溶液却溶于 NH_4Cl 溶液。
7. 按标准电极电势大小应是锂比钠活泼,为什么与水作用时钠却比锂要剧烈?
8. 请解释下列物质在水中的溶解度大小次序。
   (1) $LiClO_4 > NaClO_4 > KClO_4$　(2) $LiF < NaF < KF$
9. 比较下列各对化合物的热稳定性(用“$>$”或“$<$”表示)。
   (1) Li_2CO_3 和 Na_2CO_3　(2) $NaHCO_3$ 和 Na_2CO_3　(3) Na_2CO_3 和 $MgCO_3$
   (4) Li_3N 和 Na_3N　(5) Ba_3N_2 和 Ca_3N_2　(6) LiH 和 NaH
   (7) NaI_3 和 KI_3　(8) Na_2O_2 和 Li_2O_2
10. 用两种方法区分下列各对物质。
    (1) Na_2CO_3 和 $MgCO_3$　(2) $BaCO_3$ 和 $MgCO_3$
    (3) LiCl 和 NaCl　(4) KCl 和 NaCl
11. 设计方案将下列各组溶液中的离子分离。
    (1) Mg^{2+}、Ca^{2+}、Ba^{2+}　(2) K^+、Na^+、Ag^+
12. 有 5 瓶失落标签的白色固体试剂,分别是 Na_2CO_3、$BaCO_3$、$CaCl_2$、Na_2SO_4 和 $Mg(OH)_2$。试加以鉴别,并

写出有关反应方程式。

13. 用反应方程式表示下列制备过程。

(1) 以重晶石为主要原料制备 $BaCl_2$ 和 BaO_2；

(2) 以 KCl 为主要原料制备 $KClO_3$ 和 O_2；

(3) 以 KCl 为原料制备 K_2O；

(4) 以单质 Xe 和 F_2 为原料制备 XeO_3 和 Na_4XeO_6。

14. 用价层电子对互斥理论讨论下列分子的几何构型。

(1) XeF_2　(2) XeF_4　(3) XeO_3　(4) $XeOF_4$

15. 用杂化轨道理论讨论下列分子的中心原子轨道的杂化、分子的成键情况。

(1) XeF_2　(2) XeF_4　(3) XeO_3　(4) $XeOF_4$

16. 用分子轨道理论讨论下列分子或离子存在的可能性。

(1) HeH　(2) HeH^+　(3) He_2^+　(4) HeH^-

17. 试探讨氙的化合物一般比其他稀有气体的化合物稳定的原因。

18. 有一白色固体混合物，其中含有 KCl、$MgSO_4$、$BaCl_2$、$CaCO_3$ 中的一种或几种。根据下列实验现象判断混合物中含有哪些化合物？说明理由。

(1) 混合物溶于水，得到澄清透明的溶液；

(2) 对溶液作焰色反应，通过钴玻璃观察到紫色；

(3) 向溶液中加碱，产生白色胶状沉淀。

19. 某金属单质 A 与水反应剧烈，生成的产物 B 呈碱性。B 与酸 C 反应得到溶液 D，D 的固体在无色火焰中燃烧呈黄色焰色。在 D 中加入 $AgNO_3$ 溶液有白色沉淀 E 生成，E 溶于氨水。A 在空气中燃烧可得化合物 F，F 溶于水则得到 B 和 G 的混合溶液。化合物 G 可使酸性高锰酸钾溶液褪色，并放出气体 H。试确定 A～G 代表何种物质，写出相关的反应方程式。

第15章 铜副族和锌副族元素

15.1 铜副族元素单质
- 单质的性质
- 单质的提炼

15.2 铜的化合物
- 一价铜的化合物
- 二价铜的化合物
- Cu(Ⅰ)和Cu(Ⅱ)的相互转化

15.3 银和金的化合物
- 银的化合物
- 金的化合物

15.4 锌副族元素单质
- 单质的性质
- 单质的提炼

15.5 锌和镉的化合物
- 氢氧化物和氧化物
- 盐和配合物

15.6 汞的化合物
- 一价汞的化合物
- 二价汞的化合物
- Hg(Ⅰ)和Hg(Ⅱ)的相互转化

铜副族(ⅠB)和锌副族(ⅡB)属于 ds 区元素。铜副族元素除最外层 ns 轨道电子参与成键外，次外层的$(n-1)$d 轨道电子也可能参与成键，而锌副族元素往往只有最外层 ns 轨道电子参与成键。

铜副族非放射性元素包括铜、银、金三种元素，原子核外价层电子的构型为 $(n-1)d^{10}ns^1$。铜的常见氧化态为+1、+2，银为+1，金为+1、+3。铜的+1 氧化态不稳定，在酸性溶液中歧化。铜副族元素都能形成稳定的配位化合物。

锌副族非放射性元素包括锌、镉、汞三种元素，原子核外价层电子的构型为$(n-1)d^{10}ns^2$，锌和镉最常见的氧化态为+2，汞最常见的氧化态为+1 和+2。锌副族元素都能形成稳定的配位化合物。

自然界中，铜、银、金能够以单质状态存在，作为货币金属成为人们最熟悉的金属。铜、银、金也是最有代表性的金属，如代表荣誉的金牌、银牌、铜牌，金奖、银奖、铜奖；代表典型颜色的金黄色、银白色、紫铜色；在不同的情境下这些金属被赋予特殊的意义，如铜鼎、维也纳金色大厅、布达拉宫金色屋顶等。

铜在地壳中的质量分数为 $5.0\times10^{-3}\%$，列第 26 位；银和金在地壳中的质量分数比铜低得多。铜的矿物最重要的是黄铜矿 $CuFeS_2$ 或 $Cu_2S \cdot Fe_2S_3$(约占铜矿蕴藏量的 50%)，其他重要的矿物有辉铜矿 Cu_2S、赤铜矿 Cu_2O、黑铜矿 CuO、孔雀石 $CuCO_3 \cdot Cu(OH)_2$、胆矾 $CuSO_4 \cdot 5H_2O$ 等。我国的铜矿储量居世界第三位。银最重要的是闪银矿 Ag_2S，少量的角银矿 AgCl 是由闪银矿与盐水作用转化的结果，有些硫化银常与方铅矿共存。金主要是以自然金形式存在，包括散布在岩石中的岩脉金和存在于沙砾中的冲积金两大类。

锌在地壳中的质量分数为 $7.5\times10^{-3}\%$，列第 24 位；镉和汞在地壳中的质量分数更低。锌副族元素主要以硫化物形式存在于自然界中。锌最重要的矿物是闪锌矿 ZnS，少量菱锌矿 $ZnCO_3$。汞矿物主要是辰砂 HgS(又名朱砂)。镉常以硫化物形式存在于闪锌矿中。锌矿常与铅、铜、镉等共存，最常见的是铅锌矿。

铜和锌为生命必需元素，人体内含有 100～150 mg 铜，1～2 g 锌。在铁的吸收和利用过程中，需要血浆铜蓝蛋白的参与，铜缺乏会引起贫血及心血管障碍；缺铜会引起局部色素缺乏皮肤发白而患白癜风病，体内因缺乏含有铜的酪氨酸酶而不能在皮肤和毛发形成黑色素而患白化病；如果铜的代谢受到破坏会引起肝脏豆状核变(Wilson 病)。体内的锌参与多种代谢过程，如糖类、脂类、蛋白质和核酸的合成与降解；锌与骨骼和智力发育有关，缺锌可能会导致侏儒症；锌是体内许多酶的活性中心。

镉化合物有剧毒(致死量仅 300 mg)，致癌。镉易在肾脏积累导致肾功能不良，镉能置换锌酶中的锌使酶失去功能。慢性镉中毒使骨质疏松而患“痛痛病”，吸入含镉粉尘会引起呼吸道、肺的疾病甚至死亡。国内许多农田被镉污染，已有多起“毒大米”的报道。

汞的蒸气、汞的无机物和有机物均有毒，有机汞因其脂溶性则毒性更大。慢性汞中毒由长期吸入汞蒸气和汞化合物及粉尘引起，造成头痛、震颤精神-神经异常，严重者致人死亡。1952 年造成日本水俣村 50 多人死亡的罪魁祸首就是甲基汞 $HgCH_3^+$。

15.1　铜副族元素单质

1. 铜副族元素单质导电性、导热性和延展性好，易形成合金。

2. 铜副族元素单质的活泼性差。铜和银不溶于非氧化性酸中，易溶于硝酸。金不溶于硝酸但溶于王水生成配酸。

3. 高温冶炼得到粗铜，进一步电解得到精铜。银提炼主要用氰化法，金的提炼以汞齐法和氰化法结合则更佳。

15.1.1　单质的性质

铜是人类广泛使用的第一种金属，约在公元前3000年前，人类开始使用铜。后来出现强度更高、易加工的青铜(铜锡合金)，成为铁器出现前制造生产工具和武器的重要材料。青铜的使用推动了农业生产的发展，历史上把公元前3000年至公元前1000年青铜占有重要地位的这段时期称为"青铜时代"(也称"青铜器时代")。

在所有金属中，铜副族元素有最好的导电性和导热性(其中银占首位)；也有很好的延展性。铜副族元素容易形成合金，尤其以铜合金居多，如黄铜(含锌40%)、青铜(含锡约15%，锌5%)、白铜(含镍13%～15%)等。铜副族元素的金属性随着原子序数的增加而减弱，这与碱金属恰恰相反。

铜在干燥空气中比较稳定，但与含有二氧化碳的潮湿空气接触，在铜的表面会慢慢生成一层铜绿

$$2Cu + O_2 + H_2O + CO_2 = Cu(OH)_2 \cdot CuCO_3$$

银和金在空气中不发生反应。空气中若含有H_2S气体，与银接触后在表面很快生成一层Ag_2S黑色薄膜而使银失去银白色光泽。

铜、银、金与稀盐酸或稀硫酸都不能反应。铜和银可溶于硝酸，与热的浓硫酸反应缓慢。

$$Cu + 4HNO_3(\text{浓}) = Cu(NO_3)_2 + 2NO_2 + 2H_2O$$

$$3Cu + 8HNO_3(\text{稀}) = 3Cu(NO_3)_2 + 2NO + 4H_2O$$

$$Cu + 2H_2SO_4(\text{浓}) = CuSO_4 + SO_2 + 2H_2O$$

铜副族元素中，金的活性最差，不溶于硝酸，只能溶于王水中。

$$Au + 4HCl + HNO_3 = HAuCl_4 + NO + 2H_2O$$

红热的铜与空气中的氧气反应生成CuO，在高温下分解为Cu_2O。银和金高温下在空气中也是稳定的。

铜在有强配体(如CN^-)时可与水作用放出H_2。

$$2Cu + 8CN^- + 2H_2O = 2[Cu(CN)_4]^{3-} + 2OH^- + H_2$$

在氧气存在下，Cu与配位能力较弱的配体也能反应。

$$2Cu + 8NH_3 + O_2 + 2H_2O = 2[Cu(NH_3)_4]^{2+} + 4OH^-$$

15.1.2　单质的提炼

1. 铜的提炼

铜的氧化物矿与焦炭一起加热可直接得到金属铜。

$$CuO + C \longrightarrow Cu + CO$$
$$Cu_2O + C \longrightarrow 2Cu + CO$$

大量的铜是以黄铜矿为原料生产的。将黄铜矿经过粉碎和浮选后得到的精矿进行焙烧，使部分硫化物变成氧化物并除去部分的硫和挥发性杂质(如 As_2O_3 等)；再将焙烧后的矿石与沙子混合，在反射炉中加热到 1000 ℃左右，形成熔渣($FeSiO_3$，因密度小而浮在上层)和“冰铜”(Cu_2S 和 FeS 熔融体，因密度大沉于下层)；将冰铜放入转炉熔炼得到粗铜。涉及的反应主要有

$$2CuFeS_2 + O_2 \longrightarrow Cu_2S + 2FeS + SO_2$$
$$2FeS + 3O_2 \longrightarrow 2FeO + 2SO_2$$
$$FeO + SiO_2 \longrightarrow FeSiO_3$$
$$2Cu_2S + 3O_2 \longrightarrow 2Cu_2O + 2SO_2$$
$$2Cu_2O + Cu_2S \longrightarrow 6Cu + SO_2$$

在盛有 $CuSO_4$ 和 H_2SO_4 混合溶液的电解槽中，以粗铜为阳极、纯铜为阴极进行电解，得到精铜。

2. 银和金的提炼

金 Au 以单质形式存在，其密度($19.3\ g \cdot cm^{-3}$)比砂的密度(约 $2.5\ g \cdot cm^{-3}$)大得多，带入河流的金在水流的冲刷下沉入砂的下部，传统的“淘金”主要是从河沙里获取金。这些较大颗粒天然金的资源早已枯竭。

将矿石中的银转化为氰化银，再用锌等较活泼的金属置换即可得到单质银，最后用电解法精炼得到纯银。

$$4Ag + 8NaCN + 2H_2O + O_2 \longrightarrow 4Na[Ag(CN)_2] + 4NaOH$$
$$Ag_2S + 4NaCN \longrightarrow 2Na[Ag(CN)_2] + Na_2S$$
$$2[Ag(CN)_2]^- + Zn \longrightarrow [Zn(CN)_4]^{2-} + 2Ag$$

从矿石中炼金的方法有两种，即汞齐法和氰化法。汞齐法是将矿粉与汞混合使金与汞生成汞齐，加热使汞挥发掉即得单质金。氰化法是用氰化钠浸取矿粉将金溶出，再用金属锌进行置换得到单质金。

$$4Au + 8NaCN + 2H_2O + O_2 \longrightarrow 4Na[Au(CN)_2] + 4NaOH$$
$$2[Au(CN)_2]^- + Zn \longrightarrow [Zn(CN)_4]^{2-} + 2Au$$

实际生产中多是先用汞齐法，再用氰化法，两种方法联合使用。金的精制是通过电解 $AuCl_3$ 的盐酸溶液完成的。

15.2 铜的化合物

1. +1 价铜的化合物主要有氧化物、卤化物。Cu^+ 有还原性，在酸中歧化，能生成配位数为 2～4 的无色配位化合物。

2. +2 价铜的化合物稳定，颜色丰富多彩。与易挥发酸的酸根形成的水合盐受热水解。

3. +2 价铜的四配位配离子为正方形或平面四边形。

15.2.1 一价铜的化合物

1. 氧化亚铜

在碱性介质中用葡萄糖还原Cu(Ⅱ)溶液很容易得到红色的Cu_2O沉淀。医学上用该反应来检测尿样中的糖分。由于晶粒大小不同，Cu_2O呈现出不同的颜色，如黄、橘黄、鲜红或深棕色。

高温下CuO分解也可得到Cu_2O。Cu_2O热稳定性高，在1244 ℃熔化但不分解。Cu_2O呈弱碱性，不溶于水，溶于稀酸并立即歧化为Cu和Cu^{2+}。

$$Cu_2O + 2H^+ = Cu + Cu^{2+} + H_2O$$

Cu_2O溶于氨水，生成无色的配离子，由于氨水中氧的氧化作用，Cu_2O溶于氨水得到的是蓝色$[Cu(NH_3)_4]^{2+}$溶液。

$$Cu_2O + 4NH_3 + H_2O = 2[Cu(NH_3)_2]^+ + 2OH^-$$

$$4[Cu(NH_3)_2]^+ + O_2 + 8NH_3 + 2H_2O = 4[Cu(NH_3)_4]^{2+} + 4OH^-$$

2. 卤化物和硫化物

CuCl、CuBr和CuI均为白色难溶化合物且溶解度依次减小，可由+2价铜离子在相应的卤离子存在的条件下还原得到。

$$2Cu^{2+} + 4I^- = 2CuI + I_2$$

$$Cu^{2+} + Cu + 4Cl^- = 2[CuCl_2]^- \text{（无色）}$$

用水稀释$[CuCl_2]^-$溶液，得到难溶的CuCl沉淀。用$SnCl_2$和Na_2SO_3等还原剂与卤化铜作用，也可以得到卤化亚铜。

$$2CuCl_2 + SO_2 + 2H_2O = 2CuCl + H_2SO_4 + 2HCl$$

$$2CuCl_2 + SnCl_2 = 2CuCl + SnCl_4$$

CuCl溶于氨水、浓盐酸及碱金属的氯化物溶液中，形成配位化合物。

硫化亚铜Cu_2S，黑色，难溶于水，能溶于热的浓硝酸或CN^-的溶液中。

$$3Cu_2S + 16HNO_3 = 6Cu(NO_3)_2 + 3S + 4NO + 8H_2O$$

$$Cu_2S + 4CN^- = 2[Cu(CN)_2]^- + S^{2-}$$

3. 配位化合物

由于配体浓度不同，Cu^+与单基配体形成配位数为2～4的配位化合物，这些配离子都为无色的，如$[Cu(NH_3)_2]^+$、$[Cu(NH_3)_3]^+$、$[Cu(NH_3)_4]^+$、$[CuCl_2]^-$、$[CuCl_3]^{2-}$、$[CuCl_4]^{3-}$、$[Cu(CN)_2]^-$、$[Cu(CN)_3]^{2-}$、$[Cu(CN)_4]^{3-}$等。

$[Cu(NH_3)_2]^+$不稳定，遇到空气则被氧化成深蓝色的$[Cu(NH_3)_4]^{2+}$，利用这个性质可除去气体中的痕量O_2。Cu^+与Cl^-或CN^-生成的配合物在空气中稳定。

$[Cu(NH_3)_2]^+$可吸收CO气体。

15.2.2 二价铜的化合物

1. 颜色

二价铜化合物、配离子的颜色丰富多彩，主要有：

无水盐 CuF_2 白色，$CuCl_2$ 棕黄色，$CuBr_2$ 黑色，$CuSO_4$ 白色，$Cu(NO_3)_2$ 蓝绿色；
水合盐 $CuF_2 \cdot 2H_2O$ 绿色，$CuCl_2 \cdot 2H_2O$ 绿色，$CuSO_4 \cdot 5H_2O$ 蓝色，$CuAc_2 \cdot H_2O$ 绿色；$Cu(NO_3)_2 \cdot 3H_2O$ 蓝色，$Cu(NO_3)_2 \cdot 6H_2O$ 蓝色；
氧化物 CuO 黑色；
氢氧化物 $Cu(OH)_2$ 浅蓝色；
配离子 $[Cu(H_2O)_4]^{2+}$ 蓝色，$[CuCl_4]^{2-}$ 黄色，$[Cu(NH_3)_4]^{2+}$ 深蓝，$[Cu(CN)_4]^{2-}$ 黄色，$[Cu(OH)_4]^{2-}$ 蓝色。

2. 氢氧化铜和氧化铜

在可溶性铜(Ⅱ)盐溶液中加入强碱，得到氢氧化铜 $Cu(OH)_2$ 沉淀。

$$Cu^{2+} + 2OH^- \longrightarrow Cu(OH)_2$$

$Cu(OH)_2$ 两性偏碱，在强碱的浓溶液中部分溶解，但易溶于氨水。

$$Cu(OH)_2 + 2OH^- \longrightarrow [Cu(OH)_4]^{2-}$$

$$Cu(OH)_2 + 4NH_3 \longrightarrow [Cu(NH_3)_4]^{2+} + 2OH^-$$

$Cu(OH)_2$ 热稳定性较差，加热至约 80 ℃ 脱水转变为氧化铜 CuO。

$$Cu(OH)_2 \longrightarrow CuO + H_2O$$

CuO 也可由某些含氧酸盐受热分解或在氧气中加热铜粉而制得。

$$2Cu(NO_3)_2 \longrightarrow 2CuO + 4NO_2 + O_2$$

$$2Cu + O_2 \longrightarrow 2CuO$$

CuO 为碱性氧化物，难溶于水，易溶于酸。CuO 具有氧化性，在高温下可被 H_2 等还原剂还原。

$$CuO + H_2 \longrightarrow Cu + H_2O$$

CuO 的热稳定性较好，加热到熔点温度(1227 ℃)时不分解，分解生成 Cu_2O 需更高的温度。

$$4CuO \longrightarrow 2Cu_2O + O_2$$

3. 盐类

最重要的铜盐是五水合硫酸铜 $CuSO_4 \cdot 5H_2O$，蓝色，俗称胆矾。5 个 H_2O 中有 4 个向 Cu^{2+} 配位，另一个 H_2O 与 SO_4^{2-} 形成氢键。260 ℃时 $CuSO_4 \cdot 5H_2O$ 失去全部水转化为 $CuSO_4$，高于 560 ℃ 分解为 CuO。

$CuSO_4 \cdot 5H_2O$ 常用于电镀、杀虫剂(波尔多液)、净化水的除藻剂，也是制备其他铜化合物的原料。无水 $CuSO_4$ 粉末吸水性较强，吸水后显示水合铜离子的特征蓝色，这一性质可用来检验一些有机物中的微量水。

二价铜的卤化物包括无水盐 CuF_2、$CuCl_2$ 和 $CuBr_2$，结晶水盐 $CuF_2 \cdot 2H_2O$ 和 $CuCl_2 \cdot 2H_2O$。无水 $CuCl_2$ 为无限长链结构。每个 Cu 处于 4 个 Cl 形成的平面四边形的中心。

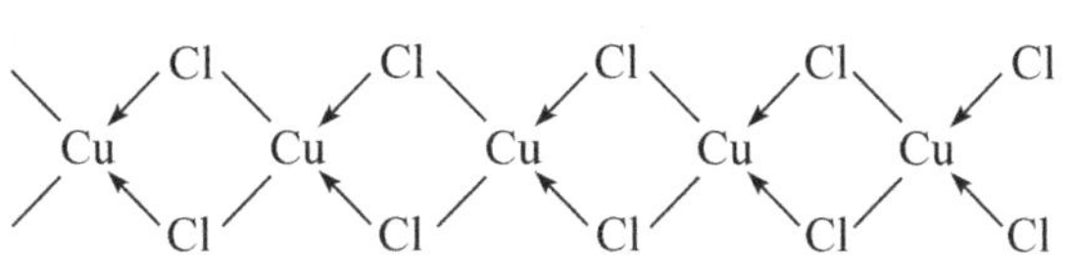

```
 \     Cl \     Cl \     Cl \     Cl      Cl
  \  ↙     \  ↙     \  ↙     \  ↙       ↙
   Cu       Cu       Cu       Cu       Cu
  /  ↖     /  ↖     /  ↖     /  ↖       ↖
 /     Cl /     Cl /     Cl /     Cl      Cl
```

CuF_2 微溶于水，$CuCl_2$ 和 $CuBr_2$ 易溶于水。在很浓的 $CuCl_2$ 水溶液中，形成黄色的

$[CuCl_4]^{2-}$；而 $CuCl_2$ 稀溶液为蓝色，溶液中主要是 $[Cu(H_2O)_4]^{2+}$。向盛 $CuCl_2$ 固体的试管中缓慢滴加水，依次观察到黄色、黄绿色、绿色、蓝绿色和蓝色。颜色变化的原因是溶液中黄色的 $[CuCl_4]^{2-}$ 和蓝色的 $[Cu(H_2O)_4]^{2+}$ 相对量不同所致，二者浓度相当时溶液为绿色。

$CuCl_2 \cdot 2H_2O$ 受热时发生水解反应

$$2CuCl_2 \cdot 2H_2O = Cu(OH)_2 \cdot CuCl_2 + 2HCl + 2H_2O$$

所以用脱水方法制备无水 $CuCl_2$ 时，要在 HCl 气氛中进行。无水 $CuCl_2$ 在高温下进一步受热分解为 CuCl。

$$2CuCl_2 = 2CuCl + Cl_2$$

无水硝酸铜 $Cu(NO_3)_2$ 真空易升华，气态时为单体。

硫化铜 CuS 难溶于水，能溶于浓硝酸或氰化物溶液中。

$$3CuS + 8HNO_3 = 3Cu(NO_3)_2 + 3S + 2NO + 4H_2O$$

$$CuS + 4CN^- = [Cu(CN)_4]^{2-} + S^{2-}$$

4. 配位化合物

Cu^{2+} 与单基配体形成四配位的正方形或平面四边形配离子，如 $[CuCl_4]^{2-}$、$[Cu(H_2O)_4]^{2+}$、$[Cu(NH_3)_4]^{2+}$、$[Cu(CN)_4]^{2-}$ 等。Cu^{2+} 也可能存在六配位（拉长的八面体）、五配位（四角锥形或三角双锥）情况，前者为“4＋2”配位，后者为“4＋1”配位。Cu^{2+} 与氨水实际生成的是 $[Cu(NH_3)_4(H_2O)_2]^{2+}$，只不过 2 个 H_2O 分子距离中心较远，故可写成 $[Cu(NH_3)_4]^{2+}$。

Cu^{2+} 还可以与一些有机配体（如乙二胺等）生成稳定的配位化合物。

5. 还原性

Cu(Ⅲ) 的化合物因稳定性差而很少见。氯化铜、金属钾和单质氟共热可得 K_3CuF_6

$$5K + CuCl_2 + 3F_2 = K_3CuF_6 + 2KCl$$

下面的反应也可以得到 Cu(Ⅲ) 的化合物

$$2CuO + 2KO_2 = KCuO_2 + O_2$$

15.2.3　Cu(Ⅰ)和 Cu(Ⅱ)的相互转化

为使 Cu(Ⅱ) 转变为 Cu(Ⅰ)，既需要有 Cu(Ⅱ)的还原剂存在，还必须有 Cu(Ⅰ)的沉淀剂或配体存在，以降低溶液中 Cu(Ⅰ)的浓度，使之成为难溶盐或稳定的配位化合物。

$CuCl_2$ 溶液中加入铜屑和盐酸后煮沸，发生的反应为

$$Cu^{2+} + Cu + 4Cl^- = 2[CuCl_2]^-$$

反应中，Cu 为还原剂，Cl^- 为配体。再加入大量的水使 Cl^- 的浓度降低，则有白色 CuCl 沉淀析出。

$$[CuCl_2]^- = CuCl + Cl^-$$

向热的 $CuCl_2$ 溶液中通入 SO_2，冷却后也析出 CuCl。

$$CuCl_2 + SO_2 + 2H_2O = CuCl + H_2SO_4 + 2HCl$$

反应中，SO_2 为还原剂，Cl^- 为沉淀剂。

在 Cu^{2+} 溶液中加入 KI 溶液，生成 CuI 沉淀，因沉淀中混有 I_3^-，观察到的沉淀为黄色。

$$2Cu^{2+} + 5I^- = 2CuI + I_3^-$$

反应中，I^- 既是还原剂，也是沉淀剂。加入适量的还原剂 Na_2SO_3、$Na_2S_2O_3$ 等消耗掉 I_3^-，则可

观察到沉淀变白。但加入 $Na_2S_2O_3$ 时要适量，过量的 $Na_2S_2O_3$ 能溶解 CuI。

$$I_3^- + 2S_2O_3^{2-} = 3I^- + S_4O_6^{2-}$$

$$CuI + 2Na_2S_2O_3 = Na_3[Cu(S_2O_3)_2] + NaI$$

在 Cu^{2+} 溶液中加入 KCN 溶液，生成白色 CuCN 沉淀，加入过量的 KCN 则 CuCN 溶解。

$$2Cu^{2+} + 4CN^- = 2CuCN\downarrow + (CN)_2\uparrow$$

$$CuCN + (x-1)CN^- = [Cu(CN)_x]^{1-x} (x = 2 \sim 4)$$

利用 Cu^+ 还原性可使其转化为 Cu^{2+}，如

$$2CuCl + Cl_2 = 2CuCl_2$$

空气中的氧能缓慢氧化 CuCl，颜色逐步加深。

$$4CuCl + O_2 = 2CuCl_2 + 2CuO$$

Cu^+ 在溶液中不稳定，发生歧化反应生成 Cu^{2+} 和 Cu，反应进行得很彻底。

$$2Cu^+ = Cu^{2+} + Cu$$

$$Cu_2O + H_2SO_4(稀) = Cu + CuSO_4 + H_2O$$

15.3　银和金的化合物

1. AgOH 极易脱水，Ag_2O 受热易分解。

2. AgF 和 $AgNO_3$ 易溶于水，AgCl、AgBr、AgI、Ag_2S 难溶于水。Ag^+ 生成二配位的无色配位化合物。

3. Au 不溶于硝酸，溶于王水生成 $H[AuCl_4]$。金的化合物主要是卤化物，热稳定性都较低。

15.3.1　银的化合物

1. 氢氧化物与氧化物

Ag^+ 与强碱作用生成白色 AgOH 沉淀，AgOH 极不稳定，立即脱水转化为棕黑色 Ag_2O，室温下观察不到白色沉淀。

$$Ag^+ + OH^- = AgOH$$

$$2AgOH = Ag_2O + H_2O$$

在低于 228K 用强碱与可溶性银盐的乙醇溶液反应可得到 AgOH。

向 $AgNO_3$ 溶液中加入适量氨水，立即有棕黑色 Ag_2O 沉淀生成(观察不到白色 AgOH 沉淀)，氨水过量则沉淀溶解得无色溶液。

$$2Ag^+ + 2NH_3 + H_2O = Ag_2O + 2NH_4^+$$

$$Ag_2O + 2NH_3 + 2NH_4^+ = 2[Ag(NH_3)_2]^+ + H_2O$$

Ag_2O 稳定性差，200 ℃即发生分解。

$$2Ag_2O = 4Ag + O_2$$

Ag_2O 与盐酸作用转化为 AgCl 沉淀。

$$Ag_2O + 2HCl = 2AgCl + H_2O$$

2. 银盐

银与所有卤素都能形成稳定的化合物。AgF 为离子型化合物，在水中溶解度非常大(溶解度超过 $13mol \cdot dm^{-3}$)。AgF 易形成水合物，如 $AgF \cdot 2H_2O$、$AgF \cdot 4H_2O$。

AgCl(白色)、AgBr(浅黄)、AgI(黄色)均难溶于水，随着卤离子半径增大卤化银共价性增加，溶解度依次降低，颜色也依次加深。

卤化银有感光性，即在光的作用下分解为 Ag 和 X_2。

黑色 Ag_2S 难溶于水，溶于热的浓硝酸(加热使反应加快)或 CN^- 溶液中。

$$3Ag_2S + 8HNO_3(浓) = 6AgNO_3 + 3S + 2NO + 4H_2O$$

$$Ag_2S + 4CN^- = 2[Ag(CN)_2]^- + S^{2-}$$

$AgNO_3$ 易溶于水，在光照或加热到 440 ℃时分解，须保存在棕色瓶中。

$$2AgNO_3 = 2Ag + 2NO_2 + O_2$$

Ag_2SO_4，白色，微溶于水(溶度积为 1.2×10^{-5})。

3. 配位化合物

AgCl 能溶解在氨水中，AgBr 能溶解在 $Na_2S_2O_3$ 溶液中，而 AgI 能溶解在 KCN 溶液中。Ag^+ 与单齿配体形成配位数为 2 的直线形配合物，如 $[Ag(NH_3)_2]^+$、$[Ag(S_2O_3)_2]^{3-}$、$[Ag(CN)_2]^-$ 等，三者均无色。

$[Ag(NH_3)_2]^+$ 用于制造保温瓶和镜子镀银。

$$2[Ag(NH_3)_2]^+ + RCHO + 3OH^- = 2Ag + RCOO^- + 4NH_3 + 2H_2O$$

该反应称为银镜反应，常用来鉴定醛。

15.3.2 金的化合物

金不溶于硝酸，溶于王水生成金酸 $H[AuCl_4]$。

$$Au + HNO_3 + 4HCl = H[AuCl_4] + NO + 2H_2O$$

经蒸发浓缩后析出黄色的 $HAuCl_4 \cdot 4H_2O$。

$[AuCl_4]^-$ 为正方形结构。$[AuCl_4]^-$ 与 Br^- 作用得到 $[AuBr_4]^-$，而同 I^- 作用得到不稳定的 AuI。向 $[AuCl_4]^-$ 溶液中加碱得到水合 $Au_2O_3 \cdot H_2O$，若碱过量则有 $[Au(OH)_4]^-$ 生成。

Au_2O_3(棕色)不稳定，约 160 ℃时分解。

$$2Au_2O_3 = 4Au + 3O_2$$

金在化合态时的氧化数主要为 +3。氧化数为 +1 的化合物不稳定，很容易转化为氧化数为 +3 的化合物。

Au(Ⅴ)的化合物只有 AuF_5(红色)，稳定性差，60 ℃时分解。

Au(Ⅲ)的卤化物随着卤离子半径增大稳定性降低。AuF_3(橙黄色)稳定，300 ℃升华但不分解；$AuCl_3$(红色)高于 160 ℃分解；$AuBr_3$(红棕色)约 160 ℃时分解。

金与氯气在 200 ℃反应得到反磁性的 $AuCl_3$。无论在固态还是在气态下，该化合物均为二聚体，呈平面结构。

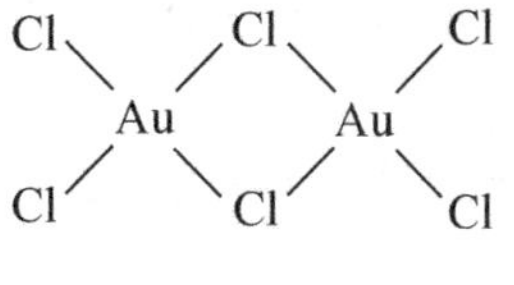

```
Cl       Cl       Cl
   \    /   \    /
    Au        Au
   /    \   /    \
Cl       Cl       Cl
```

$AuCl_3$ 在高于 160 ℃ 分解为 AuCl 和 Cl_2。

$$AuCl_3 = AuCl + Cl_2$$

$Cs[AuCl_4]$部分分解则得到黑色 $CsAuCl_3$，其结构为 $Cs_2[AuCl_2][AuCl_4]$，Au 不是+2 氧化态，而是+1 和+3 氧化态，这种结构支持了 $CsAuCl_3$ 为反磁性的实验结果。

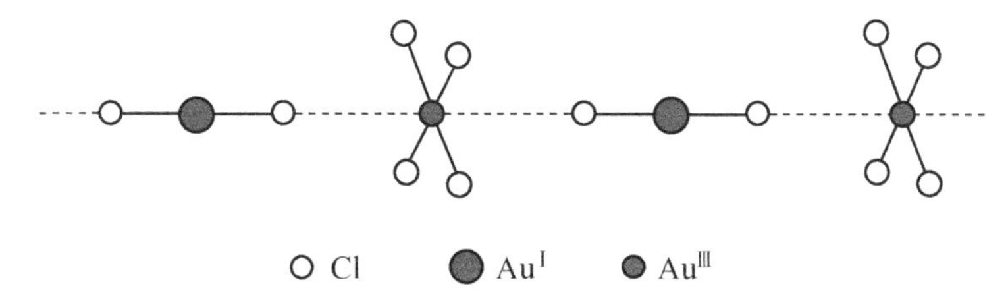

Au(Ⅰ)的卤化物稳定性都不高，AuCl(黄色)289 ℃分解，AuBr(暗黄)165 ℃分解，AuI(黄绿)120 ℃分解。

15.4　锌副族元素单质

核 心 内 容

1. 锌副族元素单质熔、沸点较低，汞常温下为液态。
2. 锌和镉为活泼金属，汞为惰性金属。
3. 锌和汞主要由其硫化物提炼。

15.4.1　单质的性质

锌副族元素的一个重要特点是熔、沸点较低。与铜副族元素相比，锌副族元素外层的单电子少，金属键弱；与过渡金属元素相比，锌副族元素次外层 d 轨道全充满，半径大，金属键弱。汞在室温下是液体，且在−20～300 ℃体积膨胀系数很均匀，不润湿玻璃，所以常被用在温度计中指示温度。

汞易挥发，蒸气有毒，在使用时注意实验室通风。如果不慎将汞撒落，要尽快收集起来，然后在有金属汞的地方撒上硫磺粉，使汞转化成 HgS。

汞可以溶解其他金属形成汞齐。因组成不同，汞齐可以呈液态和固态两种形式。利用汞能溶解金、银的性质，在冶金中用汞来提炼这些金属。锌、镉、汞与其他金属容易形成合金。

锌副族元素次外层 d 轨道全充满，d 轨道电子不易参与成键，常形成氧化数为+2 的化合物。但汞氧化数为+1 的化合物却是稳定的。锌副族元素单质的化学活泼性比同周期铜副族元素高，且同族元素随着周期数的增加活性递减，这与碱土金属恰好相反。

锌和镉为活泼金属，能从稀酸中置换出氢气，而汞为惰性金属。纯锌与稀酸反应极慢，这可能是氢在锌表面析出时超电势大造成的。如果锌中含有少量金属杂质(如 Cu、Ag 等)则因氢的超电势小而加快反应。

过量的硝酸溶解汞生成硝酸汞。

$$3Hg + 8HNO_3 = 3Hg(NO_3)_2 + 2NO + 4H_2O$$

但过量的汞与稀硝酸反应得到的是硝酸亚汞。

$$6Hg + 8HNO_3 = 3Hg_2(NO_3)_2 + 2NO + 4H_2O$$

与镉、汞不同，锌是两性金属。锌能溶于强碱溶液中，也能溶于氨水中。

$$Zn + 2NaOH + H_2O \xlongequal{} Na_2[Zn(OH)_4] + H_2$$

$$Zn + 4NH_3 + H_2O \xlongequal{} [Zn(NH_3)_4]^{2+} + H_2 + 2OH^-$$

15.4.2 单质的提炼

1. 锌的冶炼

浮选后的闪锌矿经焙烧转化为氧化锌。

$$2ZnS + 3O_2 \xlongequal{} 2ZnO + 2SO_2$$

再把氧化锌和焦炭混合在鼓风炉中加热，将生成的锌蒸馏出来，冷却后得到粗锌。

$$2C + O_2 \xlongequal{} 2CO$$

$$ZnO + CO \xlongequal{} Zn + CO_2$$

通过精馏将铅、镉、铜、铁等杂质除掉，可得到纯度为 99.9% 的锌。

欲得到更纯的金属锌，可采用"湿法冶金"。将焙烧后的氧化锌及少量的硫化物用稀硫酸浸取，使 ZnO 转化为 $ZnSO_4$。调节溶液的 pH 使铁、砷、锑化合物等生成沉淀除去。加入 Zn 粉，使溶液中的镉、铜化合物等转化成金属进入残渣中除去。最后以 $ZnSO_4$ 作电解液，进行电解，可得到纯度为 99.99% 的金属锌。

2. 汞的冶炼

在 600 ℃温度下将 HgS 在空气流中煅烧，得到单质汞。

$$HgS + O_2 \xlongequal{} Hg + SO_2$$

铁或生石灰与 HgS 煅烧，也得到单质汞。

$$HgS + Fe \xlongequal{} Hg + FeS$$

$$4HgS + 4CaO \xlongequal{} 4Hg + 3CaS + CaSO_4$$

15.5 锌和镉的化合物

核心内容

1. $Zn(OH)_2$ 和 ZnO 为两性化合物，$Cd(OH)_2$ 和 CdO 为碱性化合物。
2. 锌盐的溶解度一般都比较大。
3. Zn^{2+} 和 Cd^{2+} 易生成四配位的配合物。

15.5.1 氢氧化物和氧化物

氢氧化锌 $Zn(OH)_2$，白色，两性，不仅溶于酸，也溶于强碱。

$$Zn(OH)_2 + 2OH^- \xlongequal{} [Zn(OH)_4]^{2-}$$

$Cd(OH)_2$ 为白色，有微弱的两性但明显偏碱性。只有在热、浓的强碱中才缓慢生成 $[Cd(OH)_4]^{2-}$，但无明显的溶解。

纯 ZnO 为白色，俗名锌白，加热则变为黄色(氧的逸出造成晶格缺陷的缘故)。ZnO 稳定、无毒、抗 H_2S 侵蚀，是优质的添加剂。常用于生产橡胶、塑料、油漆、颜料、玻璃、搪瓷等。

CdO 为棕褐色(颗粒大小或晶格缺陷可能呈不同颜色)，稳定(受热升华，但不易分解)。CdO 可用于生产装饰玻璃、搪瓷、有机物加氢及脱氢反应的催化剂。

CdO 属碱性氧化物，而 ZnO 属两性氧化物。

$Zn(OH)_2$、$Cd(OH)_2$ 都可以溶于氨水中，形成无色的配离子。

$$Zn(OH)_2 + 4NH_3 = [Zn(NH_3)_4]^{2+} + 2OH^-$$

$$Cd(OH)_2 + 4NH_3 = [Cd(NH_3)_4]^{2+} + 2OH^-$$

15.5.2 盐和配合物

锌和镉的强酸盐都易溶于水。$ZnCl_2$ 溶液因 Zn^{2+} 的水解而显酸性。

$$Zn^{2+} + H_2O = [Zn(OH)]^+ + H^+$$

因此，通过将溶液蒸干或加热含结晶水的 $ZnCl_2$ 晶体的方法得不到无水 $ZnCl_2$。

$ZnCl_2$ 的浓溶液因生成 $H[ZnCl_2(OH)]$ 而具有显著的酸性，能溶解金属氧化物。利用这一性质可去除金属表面的氧化物。

$$FeO + 2H[ZnCl_2(OH)] = Fe[ZnCl_2(OH)]_2 + H_2O$$

硫化锌 ZnS(白色)和硫化镉 CdS(黄色)都不溶于水。ZnS 能溶于稀盐酸。CdS 的溶度积更小，不溶于稀酸，但能溶于浓的强酸。通过控制溶液的酸度，可以用通入 H_2S 气体的方法使 Zn^{2+}、Cd^{2+} 分离。

ZnS 和 $BaSO_4$ 共沉淀形成混合物 ZnS · $BaSO_4$，称为锌钡白，是一种很好的白色颜料。CdS 称为镉黄，可用做黄色颜料、复合荧光材料。

Zn^{2+} 和 Cd^{2+} 都易生成四配位的四面体配离子，均为无色，如 $[Zn(NH_3)_4]^{2+}$、$[Cd(NH_3)_4]^{2+}$、$[Zn(CN)_4]^{2-}$、$[Cd(CN)_4]^{2-}$ 等。

15.6 汞的化合物

1. 汞的重要难溶化合物有：Hg_2Cl_2 白色，Hg_2I_2 黄色，HgI_2 红色，HgO 黄色(红色)，$HgNH_2Cl$ 白色，$HgNH_2NO_3$ 白色。

2. 在一定条件下 Hg(Ⅰ)和 Hg(Ⅱ) 能够相互转化。降低 Hg^{2+} 的浓度，可使平衡向有利于 Hg_2^{2+} 歧化反应的方向移动。Hg_2^{2+} 具有还原性，可被较强的氧化剂氧化为 Hg^{2+}。

3. Hg^{2+} 与 CN^-、Cl^-、I^-、SCN^-、NH_3 等能生成无色的四面体配离子。

15.6.1 一价汞的化合物

氧化数为+1 的亚汞化合物，都形成双聚体 Hg_2^{2+}，这与亚汞化合物的反磁性相一致。

亚汞的卤化物均为直线形结构(X—Hg—Hg—X)，Hg 采取 sp 杂化。Hg_2Cl_2(白色)、Hg_2Br_2(白色)和 Hg_2I_2(黄色)均难溶于水，且溶解度依次减小，均易升华。

氯化亚汞 Hg_2Cl_2 因味略甜，俗称甘汞，常被用来制作甘汞电极。Hg_2Cl_2 应保存在棕色瓶中，以防止遇光分解。

$$Hg_2Cl_2 = HgCl_2 + Hg$$

$Hg_2(NO_3)_2$ 为离子化合物，在水中溶解度较大，但部分水解生成 $Hg_2(OH)NO_3$，可加入稀硝酸抑制水解。

$Hg_2(NO_3)_2$ 和 Hg_2Cl_2 与氨水作用发生歧化反应，生成白色的氨基化合物和黑色的极为分散的单质汞，但黑色的覆盖能力强，所以反应产物为黑灰色。

$$Hg_2Cl_2 + 2NH_3 = Hg(NH_2)Cl\downarrow + Hg + NH_4Cl$$

$$Hg_2(NO_3)_2 + 2NH_3 = Hg(NH_2)NO_3\downarrow + Hg + NH_4NO_3$$

Hg_2^{2+} 在酸中稳定，但在碱中发生歧化反应。

$$Hg_2^{2+} + 2OH^- = HgO + Hg + H_2O$$

向 $Hg_2(NO_3)_2$ 溶液中加入 KI 溶液，先生成黄色 Hg_2I_2 沉淀，KI 过量则 Hg_2I_2 发生歧化反应。

$$Hg_2^{2+} + 2I^- = Hg_2I_2$$

$$Hg_2I_2 + 2I^- = [HgI_4]^{2-} + Hg$$

Hg_2SO_4 为微溶化合物（$K_{sp}^{\ominus}=6.5\times10^{-5}$）。

15.6.2　二价汞的化合物

1. 氧化物

Hg^{2+} 溶液与强碱作用得到黄色 HgO 沉淀。

$$Hg^{2+} + 2OH^- = HgO + H_2O$$

$Hg(NO_3)_2$ 热分解则得到红色 HgO。

$$2Hg(NO_3)_2 = 2HgO + 4NO_2 + O_2$$

约 350 ℃时 Hg 与 O_2 反应生成 HgO，反应在 500 ℃以上逆向进行。

$$2Hg + O_2 = 2HgO$$

HgO 由于晶粒大小不同而显不同颜色，黄色 HgO 颗粒要小些。HgO 的热稳定性远低于 ZnO 和 CdO。

HgO 碱性，溶于酸不溶于碱。

$$HgO + 2HCl = HgCl_2 + H_2O$$

2. 盐类

硝酸汞 $Hg(NO_3)_2$、硫酸汞 $HgSO_4$ 为离子化合物，在水中发生水解反应生成沉淀。

$$2Hg(NO_3)_2 + H_2O = HgO\cdot Hg(NO_3)_2\downarrow + 2HNO_3$$

$$2HgSO_4 + H_2O = HgO\cdot HgSO_4\downarrow + H_2SO_4$$

故配制 $Hg(NO_3)_2$ 和 $HgSO_4$ 溶液时应加入相应的酸。

氯化汞 $HgCl_2$（白色），共价化合物，熔点较低，易升华，俗称升汞，有剧毒。$HgCl_2$ 略溶于水，在水中部分水解但无明显沉淀。

$$HgCl_2 + H_2O = Hg(OH)Cl + HCl$$

HgI_2 在常温下为红色，加热后变为黄色，难溶于水。

适量的 $SnCl_2$ 可将 $HgCl_2$ 还原为 Hg_2Cl_2 沉淀；如果 $SnCl_2$ 过量，Hg_2Cl_2 会继续被还原为金属汞。所观察到的现象是先有白色沉淀生成，而后沉淀由白逐渐变灰，最后变黑。用此反应可鉴定 Hg(Ⅱ)或 Sn(Ⅱ)。

$$2HgCl_2 + SnCl_2 = Hg_2Cl_2\downarrow + SnCl_4$$

$$Hg_2Cl_2 + SnCl_2 = 2Hg + SnCl_4$$

向 Hg^{2+} 中滴加 KI 溶液，首先产生红色 HgI_2 沉淀，沉淀溶于过量的 KI 中，生成无色的

$[HgI_4]^{2-}$。

$$Hg^{2+} + 2I^- = HgI_2$$
$$HgI_2 + 2I^- = [HgI_4]^{2-}$$

$[HgI_4]^{2-}$的碱性溶液称为奈斯勒(Nessler)试剂。溶液中有微量的 NH_4^+ 或 NH_3 遇奈斯勒试剂立即生成特殊的红色沉淀$[Hg_2ONH_2]I$,常被用来鉴定 NH_4^+。

$$2[HgI_4]^{2-} + NH_4^+ + 4OH^- = \left[\begin{array}{ccc} & Hg & \\ O & & NH_2 \\ & Hg & \end{array}\right]I + 7I^- + 3H_2O$$

红色沉淀不宜写成$[Hg_2NOH_2]I$,可以写成$[OHg_2NH_2]I$。

在含 Hg^{2+} 的溶液中通入 H_2S 得到黑色的 HgS(天然辰砂 HgS 是红色的)。黑色的 HgS 加热到 386 ℃ 可以转变为比较稳定的红色变体。硫化汞是溶解度最小的硫化物,不溶于浓硝酸,但可溶于王水、过量的浓 Na_2S 或过量酸性 KI 溶液中。

$$3HgS + 8H^+ + 2NO_3^- + 12Cl^- = 3[HgCl_4]^{2-} + 3S\downarrow + 2NO\uparrow + 4H_2O$$
$$HgS\ (s) + Na_2S\ (浓) = Na_2[HgS_2]$$
$$HgS + 2H^+ + 4I^- = [HgI_4]^{2-} + H_2S$$

3. 配位化合物

Hg^{2+} 与 CN^-、Cl^-、I^-、SCN^-、NH_3 等生成无色的四面体配离子。由于 Hg^{2+} 的半径大,极化能力也强,与变形性大的配体形成的配合物相当稳定。例如

$$[Hg(CN)_4]^{2-} \quad K^\ominus_{稳} = 2.5\times10^{41}$$
$$[HgCl_4]^{2-} \quad K^\ominus_{稳} = 1.2\times10^{15}$$
$$[HgI_4]^{2-} \quad K^\ominus_{稳} = 6.8\times10^{29}$$
$$[Hg(SCN)_4]^{2-} \quad K^\ominus_{稳} = 1.7\times10^{21}$$
$$[Hg(NH_3)_4]^{2+} \quad K^\ominus_{稳} = 1.9\times10^{19}$$

氨水与 $HgCl_2$、$Hg(NO_3)_2$ 溶液反应分别生成白色沉淀氨基氯化汞、氨基硝酸汞。

$$HgCl_2 + 2NH_3 = Hg(NH_2)Cl\downarrow + NH_4Cl$$
$$Hg(NO_3)_2 + 2NH_3 = Hg(NH_2)NO_3\downarrow + NH_4NO_3$$

$HgNH_2Cl$ 溶解度比 $HgNH_2NO_3$ 小得多。$Hg(NH_2)Cl$ 在 NH_3-NH_4Cl 混合溶液中基本不溶,溶于过量 NH_3-NH_4NO_3 混合溶液;$Hg(NH_2)NO_3$ 易溶于 NH_3-NH_4NO_3 混合溶液。向 $HgCl_2$ 溶液中加入 NH_3-NH_4NO_3 混合溶液有白色沉淀析出,而向 $Hg(NO_3)_2$ 溶液中加入 NH_3-NH_4NO_3 混合溶液没有白色沉淀析出,后者更易生成$[Hg(NH_3)_4]^{2+}$。

向 $Hg(NO_3)_2$ 溶液中加入 KSCN 溶液,先有白色沉淀生成,KSCN 溶液过量则沉淀溶解得到无色溶液,该溶液遇 Zn^{2+} 生成白色沉淀,遇 Co^{2+} 生成蓝色沉淀。

$$Hg^{2+} + 2SCN^- = Hg(SCN)_2\downarrow(白色)$$
$$Hg(SCN)_2 + 2SCN^- = [Hg(SCN)_4]^{2-}(无色)$$
$$[Hg(SCN)_4]^{2-} + Zn^{2+} = Zn[Hg(SCN)_4]\downarrow(白色)$$
$$[Hg(SCN)_4]^{2-} + Co^{2+} = Co[Hg(SCN)_4]\downarrow(蓝色)$$

15.6.3 Hg(Ⅰ)和 Hg(Ⅱ)的相互转化

从汞的元素电势图可知,Hg^{2+} 和 Hg_2^{2+} 是中等强度的氧化剂,标准状态下 Hg_2^{2+} 不会发生

歧化反应。

$$Hg^{2+} \xrightarrow{0.920\ V} Hg_2^{2+} \xrightarrow{0.789\ V} Hg$$

用较强的还原剂可将二者还原，控制还原剂的量可将 Hg^{2+} 还原为 Hg_2^{2+}；加入氧化剂可将 Hg_2^{2+} 氧化为 Hg^{2+}；在酸性介质中利用逆歧化反应使 Hg^{2+} 转化为 Hg_2^{2+}。

1. Hg(Ⅰ)转化为 Hg(Ⅱ)

标准状态下 Hg_2^{2+} 不发生歧化反应，但 Hg_2^{2+} 做氧化剂与其做还原剂的标准电极电势相差很小。因此，降低 Hg^{2+} 的浓度，可使平衡向有利于歧化反应的方向移动，如在 Hg_2^{2+} 溶液中加入 Hg^{2+} 的沉淀剂或过量配体时，促使歧化反应发生，使 Hg_2^{2+} 转化为 Hg^{2+}。

$$Hg_2^{2+} + H_2S = HgS\downarrow + Hg + 2H^+$$

$$Hg_2^{2+} + 2OH^- = HgO\downarrow + Hg + H_2O$$

$$Hg_2^{2+} + 2CN^- = Hg(CN)_2\downarrow + Hg$$

$$Hg_2^{2+} + 4I^- = [HgI_4]^{2-} + Hg$$

在 Hg_2^{2+} 溶液中加入较强的氧化剂，可使其转化为 Hg^{2+}。

$$Hg_2^{2+} + 2HNO_3(\text{浓}) + 2H^+ = 2Hg^{2+} + 2NO_2 + 2H_2O$$

$$Hg_2^{2+} + Cl_2 = 2Hg^{2+} + 2Cl^-$$

2. Hg(Ⅱ) 转化为 Hg(Ⅰ)

利用逆歧化反应，可由 Hg^{2+} 转化为 Hg_2^{2+}。

$$HgCl_2 + Hg = Hg_2Cl_2$$

$$Hg(NO_3)_2 + Hg = Hg_2(NO_3)_2$$

用较强的还原剂可将 Hg^{2+} 还原为 Hg_2^{2+}

$$2HgCl_2 + SnCl_2 = Hg_2Cl_2 + SnCl_4$$

$$2Hg^{2+} + 2Fe^{2+} = Hg_2^{2+} + 2Fe^{3+}$$

思　考　题

1. 比较铜副族和锌副族同周期元素单质的熔点相对高低并说明原因。
2. 比较铜副族和碱金属元素、锌副族元素和碱土金属元素的性质。
3. 简述铜和锌的提炼过程，给出相关的反应方程式。
4. 给出 5 种颜色的 +2 价铜化合物。
5. 总结 Cu(Ⅰ)和 Cu(Ⅱ)、Hg(Ⅰ)和 Hg(Ⅱ)的相互转化反应。
6. 总结铜副族和锌副族元素氯化物与氨水的反应。

习　　题

1. 给出下列物质的化学式。

(1) 黄铜矿　(2) 孔雀石　(3) 赤铜矿　(4) 黑铜矿
(5) 辉铜矿　(6) 胆矾　(7) 闪锌矿　(8) 菱锌矿
(9) 锌白　(10) 辰砂

2. 完成并配平下列铜化合物反应的方程式。
   (1) 用 $Na_2S_2O_3$ 溶液处理 CuI；
   (2) 向 $CuSO_4$ 溶液中缓慢滴加氨水；
   (3) 向 $CuSO_4$ 溶液中加入 KI 溶液；
   (4) 将 SO_2 通入热的 $CuCl_2$ 溶液后冷却；
   (5) 用稀硫酸溶解 Cu_2O；
   (6) 向$[Cu(NH_3)_4]Cl_2$ 溶液中缓慢滴加盐酸；
   (7) 向 $CuSO_4$ 溶液中滴加 KCN 溶液；
   (8) $Cu(NO_3)_2 \cdot 3H_2O$ 受热分解。
3. 完成并配平下列银化合物反应的方程式。
   (1) 向 $AgNO_3$ 溶液中滴加少量 $Na_2S_2O_3$ 溶液；
   (2) 向 $Na_2S_2O_3$ 溶液中滴加少量 $AgNO_3$ 溶液；
   (3) 用 N_2H_4 溶液处理 AgBr；
   (4) 加热分解 Ag_2O；
   (5) 向$[Ag(S_2O_3)_2]^{3-}$ 溶液中加入稀盐酸；
   (6) 用盐酸处理 Ag_2O。
4. 完成并配平下列汞化合物的反应方程式。
   (1) 向 $HgCl_2$ 溶液中滴加 $SnCl_2$ 溶液；
   (2) 向 $Hg(NO_3)_2$ 溶液中加入金属汞；
   (3) 用过量 HI 溶液处理 HgO；
   (4) 向 $Hg_2(NO_3)_2$ 溶液中加入盐酸；
   (5) 向 $Hg_2(NO_3)_2$ 溶液中加入 NaOH 溶液；
   (6) 向奈斯勒试剂中加少量铵盐。
5. 完成并配平下列金属溶解反应的方程式。
   (1) 铜溶于氰化钠溶液；
   (2) 银溶于稀硝酸；
   (3) 金溶于王水；
   (4) 锌溶于 NaOH 溶液；
   (5) 汞溶于稀硝酸。
6. 完成并配平下列溶液与氨水反应的方程式。
   (1) $CuCl_2$　(2) $AgNO_3$　(3) $ZnCl_2$　(4) $CdSO_4$　(5) $Hg_2(NO_3)_2$　(6) $HgCl_2$
7. 试选用合适的试剂将下列难溶于水的化合物溶解。
   (1) CuCl　(2) AgCl　(3) AgBr　(4) AgI　(5) HgI_2　(6) Hg_2Cl_2
8. 用反应方程式表示下列制备过程。
   (1) 由 $CuSO_4$ 溶液制备$[Cu(CN)_4]^{2-}$ 溶液；
   (2) 由 Cu 制备 CuI；
   (3) 由 $CuSO_4$ 和 $ZnSO_4$ 混合溶液提取 Cu；
   (4) 由 Hg 制备 Hg_2Cl_2。
9. 请解释下列实验现象。
   (1) 稀释 $CuCl_2$ 浓溶液时，溶液的颜色依次是：黄色、黄绿、绿色、蓝绿、蓝色；
   (2) 向 $Hg_2(NO_3)_2$ 溶液加入过量氨水生成黑色沉淀，而向 $Hg(NO_3)_2$ 溶液中加入氨水生成白色沉淀；
   (3) 向 $Hg(NO_3)_2$ 溶液中加入金属汞并充分反应后，加入盐酸有白色沉淀生成；
   (4) 用煤气灯加热 $Cu(NO_3)_2 \cdot 3H_2O$ 晶体最终得到黑色产物，而用煤气灯加热 $CuSO_4 \cdot 5H_2O$ 晶体最终得到白色产物。

(5) 在 $Cu(NO_3)_2$溶液中加入 KI 溶液可生成 CuI 沉淀，而加入 KCl 溶液不会生成 CuCl 沉淀。

10. 向 $CuSO_4$ 溶液中加入 KI 溶液，有黄色沉淀生成；向黄色沉淀中加入过量 Na_2SO_3 溶液，沉淀转化为白色；向黄色沉淀中加入过量 $Na_2S_2O_3$ 溶液，沉淀消失，得到无色溶液。请解释实验现象并给出相关的反应方程式。

11. 给出实验现象和反应方程式。

(1) 向 $AgNO_3$ 溶液中缓慢加入过量氨水，再加盐酸；

(2) 向$[Zn(OH)_4]^{2-}$溶液中缓慢滴加盐酸直至过量；

(3) 向 $Hg_2(NO_3)_2$ 溶液中缓慢滴加 KI 溶液。

12. 简要回答下列各题。

(1) 为什么氯化亚汞的化学式写成 Hg_2Cl_2 形式，而不是 HgCl 形式？

(2) $AgNO_3$ 与 NH_3 和 AsH_3 反应，产物是否相同？为什么？

(3) 焊接铁皮时，为什么通常先用浓 $ZnCl_2$溶液处理铁皮表面？

(4) 金属活动顺序表中银排在氢后，但单质银却可以从 HI 溶液中置换出 H_2；

(5) 为什么向 $Hg_2(NO_3)_2$溶液中通入 H_2S 气体生成的是 HgS 和 Hg，而不是 Hg_2S?

(6) AgSCN 为折线形链状结构，画出其结构并加以解释；

(7) $CuAc_2 \cdot H_2O$ 磁矩($1.4\mu_B$)明显比具有 1 个单电子化合物的磁矩小；

(8) 画出 $MCuCl_3$ 的二聚平面结构；

(9) 无水 $Cu(NO_3)_2$ 的熔点较低，真空时易升华。

13. 设计方案将溶液中的离子分离。

(1) Cu^{2+}、Ag^+、Zn^{2+}、Cd^{2+}、Hg_2^{2+}　　(2) Al^{3+}、Sn^{2+}、Cu^{2+}、Zn^{2+}、Hg^{2+}

14. 给出下列化合物的颜色。

CuO, Cu_2O, Ag_2O, ZnO, CdO, HgO, AgBr, AgI, HgI_2, $CuCl_2$, $CuSO_4$, $Cu(OH)_2$, $Cd(OH)_2$, $CuCl_2 \cdot 2H_2O$, $CuSO_4 \cdot 5H_2O$

15. 给出下列配离子的颜色。

$[CuCl_2]^-$, $[Cu(NH_3)_2]^+$, $[Cu(S_2O_3)_2]^{3-}$, $[Cu(H_2O)_4]^{2+}$, $[CuCl_4]^{2-}$, $[Cu(NH_3)_4]^{2+}$, $[HgI_4]^{2-}$, $[Cu(CN)_4]^{2-}$

16. 三种不溶于水的黄色粉末 AgI、Hg_2I_2、CdS，请通过实验加以区分。

17. 试比较 Ag(Ⅰ)和 Hg(Ⅰ)的相似性和不同点。

18. 白色固体 A 溶于水后加入盐酸，有白色沉淀 B 生成。用过量 $SnCl_2$ 溶液与 B 作用，B 最后转化为黑色的 C。B 溶于过量硝酸生成无色溶液，再加入过量 NaOH 溶液有黄色沉淀 D 析出。D 不溶于氨水和 NaOH 溶液，但易溶于硝酸。用 HI 溶液处理 D 先有红色沉淀 E 生成，HI 溶液过量则沉淀消失得无色溶液。请给出 A～E 的化学式，并写出相关反应的化学方程式。

19. 用煤气灯加热晶体 A 得到黑色固体 B 和棕色气体 C，C 能部分溶于氢氧化钠溶液。将 C 通入 $KMnO_4$ 溶液有棕褐色沉淀 D 生成，C 过量后 D 消失得无色溶液。若将 C 通入碘化钾溶液，则溶液变黄，说明有 E 生成。将 B 溶于浓盐酸得黄色溶液 F，再通入二氧化硫并加热则溶液变为无色，冷却后有白色沉淀 G 生成。将 G 用氢氧化钠溶液处理得到红色沉淀 H。给出 B～H 的化学式。

20. 化合物 A 为白色粉末，不溶于水。A 溶于盐酸得无色溶液 B。向 B 中加入适量 NaOH 溶液得白色沉淀 C。C 经高温加热又得到 A。C 溶于 NaOH 溶液得无色溶液 D。向溶液 D 中通入 H_2S 有白色沉淀 E 生成，E 不溶于水但易溶于稀盐酸。C 溶于氨水生成无色溶液 F，向溶液 F 中缓慢滴加稀盐酸，先有白色沉淀生成，盐酸过量则白色沉淀溶解。给出 A～F 的化学式，并写出相关反应的化学方程式。

21. 一种固体混合物可能含有 $AgNO_3$、CuS、$AlCl_3$、$KMnO_4$、K_2SO_4、$ZnCl_2$。将此混合物加水，并用少量盐酸酸化后，得白色沉淀物 A 和无色溶液 B。白色沉淀 A 溶于氨水中。滤液 B 分成两份，一份中加入少量氢氧化钠溶液，有白色沉淀生成，该沉淀溶于过量氢氧化钠。另一份中加入少量氨水，也产生白色沉淀，当加入过量氨水时，沉淀溶解。试确定在混合物中，哪些物质肯定存在？哪些肯定不存在？哪些可能存在？

说明理由,并用化学方程式表示。

22. 金属 A 与其盐 B 的溶液经酸化后一起加热一段时间后冷却,生成一种白色沉淀 C。C 与氢氧化钠溶液共热则转化为不溶于水的棕红色 D。C 溶于浓盐酸得无色溶液 E;用大量水稀释溶液 E 若时生成白色沉淀 C。C 溶于氨水生成无色溶液 F;F 在空气中迅速变成蓝色溶液 G。A 不溶于盐酸和氢氧化钠溶液,但可溶于硝酸中生成蓝色溶液 I。试给出 B～I 的化学式,并写出相关反应的化学方程式。

第16章 过渡元素

周期表中d区元素具有部分填充的d轨道的特征，称为过渡元素，因为它们都是金属，所以又称为过渡金属。通常，过渡元素包括ⅢB～ⅦB和Ⅷ族元素（Ⅷ族也可看成ⅧB族），有时，人们把过渡元素的范围扩大到镧系元素和锕系元素，与前者不同的是，这两个系列的元素中f轨道逐渐被电子填充，也称为内过渡元素。

由于铜副族和锌副族部分元素离子的d轨道未充满以及铜副族和锌副族元素在形成稳定配位化合物的能力上与过渡元素很相似，因此有人建议把铜副族和锌副族元素也纳入过渡元素的范畴。

16.1 过渡元素通性

1. 过渡金属都有金属光泽，延展性、导电性和导热性好，熔点、沸点较高，密度大。
2. 过渡金属常表现出多种氧化态，同族中随着周期数增加高氧化态趋于稳定。
3. 过渡金属化合物、水合离子和配离子一般有颜色，显色与d-d跃迁和电荷迁移有关。
4. 过渡金属离子易生成配位化合物。

16.1.1 单质的物理性质

过渡金属都有金属光泽，延展性、导电性和导热性好。过渡金属之间能形成多种合金。

过渡金属除s电子参与形成金属键外，d电子也参与成键，因而熔点、沸点较高。第三过渡系列金属中，钽、钨、铼、锇的熔点都在3000℃以上。钨是熔点最高的金属，熔点约为3422℃，见表16－1。

表16－1 部分过渡金属的熔点和密度

过渡金属	Sc/Y/La	Ti/Zr/Hf	V/Nb/Ta	Cr/Mo/W	Mn/Tc/Re	Fe/Ru/Os	Co/Rh/Ir	Ni/Pd/Pt
熔点/℃	1541	1668	1910	1907	1246	1538	1495	1455
	1522	1855	2477	2623	2157	2334	1964	1555
	920	2233	3017	3422	3185	3033	2446	1768
密度/($g\cdot cm^{-3}$)	2.99	4.51	6.00	7.15	7.30	7.87	8.86	8.90
	4.47	6.52	8.57	10.2	11.0	12.1	12.4	12.0
	6.15	13.3	16.4	19.3	20.8	22.59	22.56	21.45

过渡金属的密度大。其中铼、锇、铱、铂的密度超过20$g\cdot cm^{-3}$，锇是密度最大的单质。

除ⅢB族的镧熔点反常外，其他各族(列)过渡元素单质从上到下熔点升高、密度增大。同周期过渡金属，熔点变化基本上是先逐渐升高，ⅥB族元素达到最高，然后逐渐降低，这与金属单电子数变化规律是一致的；密度变化则基本上是同周期逐渐增大。

过渡金属的硬度高，如铬、锰、钼、钌、钨、钽、铼、锇的莫氏硬度都超过6。其中金属铬最高，硬度为9，在单质中仅次于金刚石的硬度。

16.1.2 氧化态

由于过渡元素中d电子参与化学键的形成，所以在它们的化合物中常表现出多种氧化态，最高氧化态从ⅢB族元素(钪、钇、镧)的+3到第Ⅷ族元素(钌、锇)的+8。

同族中,随着周期数增加高氧化态趋于稳定。例如,铬稳定氧化态为+3,+6氧化态不稳定;而钼和钨稳定氧化态为+6;铁、钌、锇一列中,铁的最高氧化态是+6,而锇则达到+8。

第四周期元素中,由Sc到Mn,3d和4s电子都易于参与成键,与族数相同的最高氧化态都较为稳定:Sc,+3;Ti,+4;V,+5;Cr,+6;Mn,+7。由Fe到Ni,高氧化态的稳定性降低:Fe,+2和+3;Co,+2;Ni,+2;三价钴和镍有很强的氧化性而极不稳定。

16.1.3 化合物和离子的颜色

过渡金属的化合物、水合离子和配离子一般都有颜色,显色原因可归结为金属的d-d跃迁和正、负离子间的电荷迁移。

过渡金属的d轨道一般都有电子且未充满,电子吸收可见光发生d-d跃迁而显其互补色,如$[V(H_2O)_6]^{2+}$,紫色;$[Cr(H_2O)_6]^{2+}$,蓝色;$[Cr(H_2O)_6]^{3+}$,紫色;$[Mn(H_2O)_6]^{2+}$,浅红色;$[Fe(H_2O)_6]^{2+}$,绿色;$[Co(H_2O)_6]^{2+}$,粉红色;$[Ni(H_2O)_6]^{2+}$,绿色。

发生d-d跃迁的同时也可能伴随电荷迁移。Mn^{2+}和Fe^{3+}都有5个d电子,但Mn^{2+}的化合物颜色较浅,而Fe^{3+}的化合物颜色较深。例如,$Mn(OH)_2$白色,$MnS \cdot H_2O$粉红色,而$Fe(OH)_3$棕色,Fe_2S_3黑色,原因在于Fe^{3+}极化能力强,与负离子间还有电荷迁移。

某些过渡金属具有d^0电子构型的化合物或含氧酸根离子也可能有颜色,原因也是发生了电荷迁移,如黄色的CrO_4^{2-},紫色的MnO_4^-,黄色的$NbCl_5$等。

16.1.4 配位化合物

过渡元素具有可接受电子对成配键的空d轨道和较高的电荷/半径比,因此,容易形成稳定的配位化合物。过渡金属配合物的生成具有重要的意义,如$[Zn(CN)_4]^{2-}$离子的生成被广泛用于在低品位金矿中金的回收;维生素B_{12}(钴的配位化合物)、血红素(铁的配位化合物)等都在生命过程中起着十分重要的作用;过渡元素的一些配合物常用作催化剂或作为催化反应的中间体。

16.1.5 生命体中的过渡元素

过渡元素中,钒、铬、锰、铁、钴、镍、铜、锌、钼为生命必需的微量元素,多为第四周期元素(表16-2)。

表16-2　生命必需过渡元素在人体内的含量

元素	V	Cr	Mn	Fe	Co	Ni	Cu	Zn	Mo
人体内含量/%	3×10^{-6}	4×10^{-6}	1×10^{-4}	5×0^{-3}	4×10^{-6}	4×10^{-6}	4×10^{-4}	2.5×10^{-3}	2×10^{-5}

铁是人体内含量最高的过渡元素,在人体中的含量为4.2～6.1g,多分布在红血球和血红蛋白分子中,主要以铁卟啉的形式存在,参与体内氧气和二氧化碳的转运、交换和组织呼吸等过程。人体内的血红蛋白(Hb)、肌红蛋白(Mb)、过氧化氢酶、细胞色素c和铁蛋白等都靠铁作为活性因子。Hb的功能是运载氧,Mb的功能是储存氧,过氧化氢酶的功能是维持过氧化氢的代谢,细胞色素c的功能是电子的传递即氧化还原作用,铁蛋白的功能是将铁储于细胞中。

锌是许多酶的活性中心,参与多种代谢过程。例如,糖类、脂类、蛋白质和核酸的合成与降解；锌与骨骼和智力发育有关，锌缺乏可能会导致侏儒症；锌的配位化合物在体内的 pH 控制机制中起缓冲作用；碳酸酐酶能催化 CO_2 与 H_2O 的反应，使体内的 CO_2 及时排出体外。

钴在人体内的含量只有 1～2mg，集中在肝脏里，主要以维生素 B_{12} 及其衍生物的形式存在，具有治疗贫血症的功能。钴在辅酶中对生物体发挥作用，促进红细胞的成熟，参与蛋白质的合成、氢和甲基的转移，参加氧化还原反应等。

铜在人体内含有 100～150mg，已发现有十几种酶中含有铜。铁的吸收和利用过程，需要血浆铜蓝蛋白的参与。由酪氨酸转化为黑色素需要含有铜的酪氨酸酶，缺铜会引起局部色素缺乏皮肤发白而患白癜风病；体内缺乏酪氨酸酶而不能在皮肤和毛发形成黑色素，全身粉白，称之为白化病。如果铜的代谢受到破坏会引起铜在肝、脑等组织中过量积累，发生肝脏豆状核变，即 Wilson 病。

钼参与新陈代谢，能阻止亚硝酸的合成而具有抗癌作用。固氮酶的活性中心是 Mo-Fe 蛋白或 Mo-Fe-S 蛋白，在生物固氮过程中起着极其重要的作用。

锰是某些酶的激活剂，是线粒体中呼吸酶的辅因子。

镍存在于人和哺乳动物的血清中。对动物的研究表明，缺乏镍将影响铁的吸收，降低血红蛋白的量和红细胞数。

铬是胰岛素的辅因子，胰岛素有促进糖的代谢功能。铬抑制胆固醇和脂肪酸的合成，影响氨基酸的利用，具有防止动脉粥样化的作用。

钒能促进牙齿矿化，预防龋齿，降低血清中胆固醇的含量。

16.2 钛副族元素

1. 金属钛密度小、强度大、耐热、抗腐蚀、可塑性和韧性好，具有亲生物性。金属钛是优质的结构材料。

2. $BaTiO_3$ 具有压电效应。

3. TiO_2 是白色粉末，不溶于水和稀酸；$TiCl_4$ 是无色液体，易水解。

钛副族是周期表中第ⅣB 族，包括钛(Ti)、锆(Zr)、铪(Hf)3 种元素。钛副族元素原子的价电子层构型为 $(n-1)d^2ns^2$，最稳定的氧化态是 +4，其次是 +3，而 +2 氧化态则较为少见。钛还可能呈现 0 和 −1 的低氧化态。锆、铪生成低氧化态的趋势比钛小。

钛在地壳中的质量分数为 0.56%(列第 9 位)，最重要的矿物是钛铁矿 $FeTiO_3$ 和金红石 TiO_2 矿，其他还有钙钛矿 $CaTiO_3$、榍石 $CaTiSiO_5$ 等。钛因提炼较难、研究起步较晚而成为稀有元素。锆常以锆英石 $ZrSiO_4$、斜锆石 ZrO_2 等形式存在于自然界中。铪常与锆矿共存。锆和铪在地壳中的质量分数分别为 $1.9\times10^{-2}\%$(列第 18 位)和 $3.3\times10^{-4}\%$。

16.2.1 钛副族元素的单质

1. 金属的提炼

金属钛熔点高，高温下易与空气、氧气、氮气、碳和氢气反应，因而不容易提取，价格昂贵。钛铁矿经富集得到钛精矿，用硫酸处理转化为硫酸氧钛 $TiOSO_4$。

$$FeTiO_3 + 2H_2SO_4 \xlongequal{} TiOSO_4 + FeSO_4 + 2H_2O$$

浸取液在低温下结晶出 $FeSO_4 \cdot 7H_2O$。过滤后稀释、加热使 $TiOSO_4$ 水解得到 H_2TiO_3，煅烧 H_2TiO_3 得到 TiO_2。

$$TiOSO_4 + 2H_2O \xlongequal{} H_2TiO_3 \downarrow + H_2SO_4$$

$$H_2TiO_3 \xlongequal{} TiO_2 + H_2O$$

将 TiO_2 与碳、氯气共热生成四氯化钛 $TiCl_4$。

$$TiO_2 + 2Cl_2 + 2C \xlongequal{} TiCl_4 + 2CO$$

产物中也有 CO_2 生成。

然后在氩气氛中用镁或钠进行热还原得到金属钛。

$$TiCl_4 + 2\ Mg \xlongequal{} Ti + 2\ MgCl_2$$

也可由熔盐电解法提炼金属钛。以熔融 $CaCl_2$ 为助熔剂，在惰性气氛中直接电解 TiO_2 即可获得金属钛。

早期由钛铁矿与碳、氯气在 900 ℃反应制备 $TiCl_4$。

$$2FeTiO_3 + 7Cl_2 + 7C \xlongequal{} 2TiCl_4 + 2FeCl_3 + 6CO$$

金属锆则由四碘化锆 ZrI_4 在 1300 ℃热分解提取。

$$ZrI_4 \xlongequal{} Zr + 2I_2$$

2. 单质的性质

金属钛的主要特点是密度小、强度大。因此，钛兼有钢（强度高）和铝（质地轻）的优点。纯净的钛有良好的可塑性和韧性，耐热和抗腐蚀性也很好。金属钛及其合金是优质的结构材料，用于制造飞机和航天器。

金属锆的抗腐蚀能力超过钛和钽。

钛是活泼金属（$E^\ominus = -1.37$ V），但在常温或低温是钝化的，因为金属表面生成了一层薄的难渗透的氧化膜。钛能缓慢地溶解在热的浓酸中，生成 Ti^{3+}，其水合离子为紫红色。

$$2Ti + 6HCl\ (浓,热) \xlongequal{} 2TiCl_3 + 3H_2$$

$$2Ti + 3H_2SO_4(浓) \xlongequal{} Ti_2(SO_4)_3 + 3H_2$$

钛可溶于热的硝酸中生成 $TiO_2 \cdot nH_2O$。锆能溶于热的浓 H_2SO_4 或王水中。

钛副族金属均可溶于氢氟酸中

$$Ti + 6HF \xlongequal{} H_2[TiF_6] + 2H_2$$

在高温时，钛副族金属都很活泼，可以直接化合生成氧化物 MO_2、卤化物 MX_4、间充型氮化物 MN 和间充型碳化物 MC 等。

粉末状的钛副族金属能吸附氢气并生成间充型化合物，吸收氢气的量取决于温度和压力，其极限组成为 MH_2。该族元素的氢化物能在空气中稳定存在，且不与水作用。钛能在空气、氮气中燃烧。

钛可以和多种金属形成合金。钛铌合金在温度低于临界温度 4K 时，呈现出零电阻的超导功能，是高场超导磁体的主要制造材料。钛镍合金有较强的形状记忆应变和较高的恢复能力，是最佳形状记忆合金，其在航空航天领域内的应用有很多成功的范例，如人造卫星上庞大的天线可以用记忆合金制作。在临床医疗领域广泛用于人造骨骼、牙科正畸器、各类腔内支架等，记忆合金在现代医疗中正扮演着不可替代的角色。记忆合金同我们的日常生活也同样休戚相关，如可以制作消防报警装置及电器设备的保险装置等。

金属钛无磁性、无毒,具有亲生物性(在体内不出现排斥反应),可用于制造人造关节和接骨等。

锆粉有较好的吸收气体性能,可吸收氧气、氢气、氮气、一氧化碳和二氧化碳等。锆与锡、铁、镍、铌等元素所形成的合金具有良好的耐蚀性和较高的强度。

除氢氟酸外铪只溶于浓硫酸,在普通酸、碱介质中,腐蚀速率极低,是很好的耐腐蚀材料。铪及其化合物还具有熔点高、抗氧化性强的特点,是很好的耐高温材料。

16.2.2 钛副族元素的化合物

1. 氧化物

钛最重要的氧化物是二氧化钛(TiO_2,白色)。其他氧化物的颜色都比较深,如 Ti_3O_5(蓝黑色)、Ti_2O_3(深紫色)、TiO(青铜色)等。

自然界中,TiO_2 有金红石、锐钛矿、板钛矿三种晶形,其中最常见、热稳定性最高的是金红石(熔点超过 1800 ℃)。TiO_2具有高折射率,主要用于油漆涂料(作为颜料)和纸张表面处理(易着色),也用于塑料添加剂等。

纯净的二氧化钛又称钛白粉,不溶于水,也不溶于稀酸,但能缓慢地溶解在氢氟酸和热的浓硫酸中。

$$TiO_2 + 6HF \xlongequal{} H_2[TiF_6] + 2H_2O$$

$$TiO_2 + 2H_2SO_4 \xlongequal{} Ti(SO_4)_2 + 2H_2O$$

$$TiO_2 + H_2SO_4 \xlongequal{} TiOSO_4 + H_2O$$

从溶液中析出的是白色的 $TiOSO_4 \cdot H_2O$ 而不是 $Ti(SO_4)_2$。

TiO_2 不溶于碱性溶液,但能与熔融的碱作用生成偏钛酸盐,表明其是两性氧化物。

$$2KOH + TiO_2 \xlongequal{} K_2TiO_3 + H_2O$$

ZrO_2 的化学活性低,热膨胀系数也很小,但熔点非常高(2980K),是极好的耐火材料。

2. 钛酸、偏钛酸及其盐

二氧化钛的水合物 $TiO_2 \cdot nH_2O$ 也常写成 H_2TiO_3(偏钛酸)或 $Ti(OH)_4$(钛酸)。将 TiO_2 与浓 H_2SO_4 作用所得的溶液加热、煮沸,得到不溶于酸、碱的水合二氧化钛(β 型钛酸)。当把碱加入新制备的酸性钛盐溶液时,所得的水合二氧化钛则称为 α 型钛酸。α 型钛酸比 β 型钛酸的活性大,既能溶于稀酸,也能溶于浓碱,具有两性。它溶于浓 NaOH 溶液,得到钛酸钠水合物($Na_2TiO_3 \cdot nH_2O$)结晶。

将二氧化钛与碳酸钡一起熔融(加入氯化钡或碳酸钠作助熔剂)得偏钛酸钡。

$$TiO_2 + BaCO_3 \xlongequal{} BaTiO_3 + CO_2\uparrow$$

$BaTiO_3$ 具有高的介电常数和显著的“压电性能”(受机械压力后产生电势差)。

3. 盐类

Ti(Ⅳ)盐最显著的性质是其溶液与 H_2O_2 反应生成特征的橘黄色$[TiO(H_2O_2)]^{2+}$。这个反应可用于 Ti(Ⅳ) 或 H_2O_2 的比色分析。Ti(Ⅳ)盐在强酸性溶液中生成$[Ti(O_2)OH(H_2O)_4]^+$而显红色,其中的过氧基是一个双基配体。

钛的四种卤化物都比较稳定。TiF_4 为白色固体(熔点 284 ℃),$TiCl_4$ 为无色液体(熔点

-24 ℃)，$TiBr_4$ 为橙色固体(熔点 38 ℃)，TiI_4 为浅棕色固体(熔点 155 ℃)。

钛的最重要卤化物是 $TiCl_4$，是制备一系列钛化合物和金属钛的原料，也用于有机化合物合成的催化剂。$TiCl_4$ 极易水解，若暴露在空气中会冒白烟。

$$TiCl_4 + 2H_2O = TiO_2 + 4HCl$$

$TiCl_4$ 在浓盐酸中生成 $H_2[TiCl_6]$，这种酸只能存在于溶液中，加入 NH_4^+，则析出黄色的 $(NH_4)_2[TiCl_6]$ 晶体。

工业上通过 TiO_2 与碳、氯气共热来制备 $TiCl_4$，高温下用 $COCl_2$、$SOCl_2$、$CHCl_3$ 或 CCl_4 等氯化 TiO_2 来制备 $TiCl_4$。钛的其他卤化物则通过 $TiCl_4$ 与相应的卤化氢发生置换反应来制备。

$$TiO_2 + 2C + 2Cl_2 = TiCl_4 + 2CO$$

$$TiO_2 + CCl_4 = TiCl_4 + CO_2$$

三氯化钛 $TiCl_3$ 可由金属钛溶于盐酸制得，也可以由金属锌或高温下由 H_2 还原 $TiCl_4$ 制得。

$$2Ti + 6HCl = 2TiCl_3 + 3H_2$$

$$2TiCl_4 + Zn = 2TiCl_3 + ZnCl_2$$

$$2TiCl_4 + H_2 = 2TiCl_3 + 2HCl$$

$TiCl_3$ 水溶液为紫红色，$TiCl_3 \cdot 6H_2O$ 晶体有两种异构体，紫色的$[Ti(H_2O)_6]Cl_3$ 和绿色的$[Ti(H_2O)_4Cl_2]Cl \cdot 2H_2O$。$(NH_4)_3TiF_6$ 为紫红色。

TiF_3 固体常温下磁矩为 $1.75\mu_B$，其他 TiX_3 的磁矩都很低，说明有明显的 Ti—Ti 成键，使物质的磁矩降低。Ti^{3+} 能成矾，如生成 $CsTi(SO_4)_2$ 等。

无水 $Ti(NO_3)_4$ 为白色固体，熔点(58 ℃)低，真空中易升华，极易水解，不能从溶液中得到。$TiOSO_4 \cdot H_2O$ 中有 $(TiO)_n^{2n-}$ 折线形长链结构(O—Ti—O—Ti—)。

锆和铪的四卤化物(ZrX_4 和 HfX_4)均为白色固体。锆能生成水合盐 $Zr(NO_3)_4 \cdot 5H_2O$、$Zr(SO_4)_2 \cdot 4H_2O$，说明 Zr^{4+} 极化能力比 Ti^{4+} 差得多。

16.3　钒副族元素

1. 纯钒呈银白色，有金属光泽，常温下活性较低，除 HF 以外，不与非氧化性酸反应。

2. V_2O_5，橙黄色，两性偏酸，易溶于 NaOH 溶液，也溶于较浓的 H_2SO_4 中生成 VO_2^+，氧化性较强。

3. VO_2^+ 黄色；VO^{2+} 蓝色；V^{3+} 绿色；V^{2+} 紫色；$[VO_2(O_2)_2]^{3-}$ 黄色；$[V(O_2)]^{3+}$ 红色。

钒副族是周期表中第ⅤB族，包括钒(V)、铌(Nb)、钽(Ta)3 种元素。钒和钽原子的价电子层构型为$(n-1)d^3ns^2$，而铌原子的价电子层构型为 $4d^45s^1$，最稳定的氧化态都是+5。钒的氧化态变化范围很广，从-1 到$+5$。铌和钽元素也有低氧化态化合物。

钒在地壳中的质量分数为 1.6×10^{-2}%(列第 19 位)，钒最重要的矿物是绿硫钒石 VS_4，其他矿物还有钒铅矿 $Pb_5(VO_4)_3Cl$ 和钒钾铀矿 $K_2(UO_2)_2(VO_4)_2 \cdot 3H_2O$ 等，但富矿很少。钒在自然界中分布极为分散，故为稀有元素。铌和钽总是共生在一起，如 (Fe, Mn)M_3O_6

(M=Nb,Ta),根据其中占优势的金属称为铌铁矿或钽铁矿。铌和钽在地壳中的丰度分别为 $2\times10^{-3}\%$和 $2\times10^{-4}\%$。

16.3.1 钒副族元素的单质

1. 单质的提炼

钒副族单质在高温下有较高的反应活性,都很难提取。

钒多由其他金属冶炼的残渣中提炼,将钒的矿物或富钒残渣与 NaCl 或 Na_2CO_3 煅烧使钒转化为 $NaVO_3$,将浸取液调至 pH=2~3 得到富含 V_2O_5 的"红饼",再在 700 ℃煅烧得到 V_2O_5。还原 V_2O_5 得到工业级金属钒。

提炼高纯度钒可以利用金属 Na 或 H_2 还原 VCl_3、单质 Mg 还原 VCl_4 来获得。所有的钒副族金属均可以通过电解熔融氟的配位化合物来制备。

2. 单质的性质

钒副族单质均为银白色,有金属光泽,纯度高的金属较软,延展性好,当含有杂质时则变得硬而脆。

钒副族单质均为活泼金属。但由于表面钝化,常温下活性较低。钒副族金属同族由上至下抗氧化能力增强,低氧化态稳定性降低但高氧化态趋于稳定。例如,钒的稳定氧化态为+4,而+5 氧化态氧化性较强;但铌和钽稳定的氧化态为+5。

钒副族单质常温下不与空气、水、碱反应,钒与 HNO_3、浓 H_2SO_4 和王水反应,非氧化性酸中只与 HF 反应。

$$2V + 6HF \longrightarrow 2VF_3 + 3H_2$$

由下面钒的元素电势图可知,HNO_3 能将钒氧化至+4 氧化态。

$$E_A^\ominus/V \qquad VO_2^+ \xrightarrow{0.991} VO^{2+} \xrightarrow{0.337} V^{3+} \xrightarrow{-0.225} V^{2+} \xrightarrow{-1.175} V$$

$$3V + 10HNO_3 \longrightarrow 3VO(NO_3)_2 + 4NO + 5H_2O$$

高温下,钒副族元素的单质能与许多非金属反应,并可与熔融的苛性碱发生作用,如

$$4V + 5O_2 \longrightarrow 2V_2O_5$$

$$V + 2Cl_2 \longrightarrow VCl_4$$

金属钒主要用于制造合金钢,钢中加入少量钒,使钢的硬度、弹性显著提高,可用于制造弹簧和高速刀具。

铌具有良好的耐腐蚀性、冷加工性和较强的热传导性,常用来生产合金钢。铌锆合金可作超导磁体。钽具有抗腐蚀性强、不会被人体排斥的特性,可用来制作修复严重骨折所需的金属板、螺钉和金属丝等。

铌和钽极不活泼,除 HF 以外不与其他酸作用。

16.3.2 钒副族元素的化合物

1. 氧化物

五氧化二钒(V_2O_5)是钒的重要化合物之一,颜色从橙黄色到深红色(一般呈橙黄色),无嗅、无味、有毒、微溶于水。V_2O_5 是 SO_2 氧化为 SO_3 的催化剂,用于生产硫酸。

可由 NH_4VO_3 加热分解得到 V_2O_5。

$$2NH_4VO_3 = V_2O_5 + 2NH_3 + H_2O$$

V_2O_5 两性偏酸，易溶于 NaOH，也溶于浓度较大的强酸中。V_2O_5 溶解在 NaOH 溶液中，得到近无色的钒酸盐 Na_3VO_4 或偏钒酸盐 $NaVO_3$ 溶液；溶于强酸中，在 $pH<1$ 的酸性溶液中，能生成淡黄色的钒二氧基阳离子 VO_2^+。

$$V_2O_5 + 2NaOH = 2NaVO_3 + H_2O$$

$$V_2O_5 + 6NaOH = 2Na_3VO_4 + 3H_2O$$

$$V_2O_5 + 2H^+ = 2VO_2^+ + H_2O$$

V_2O_5 氧化性较强，与浓盐酸反应生成氯气。

$$V_2O_5 + 6HCl = 2VOCl_2 + Cl_2 + 3H_2O$$

深蓝色的 VO_2 可由 V_2O_5 缓慢还原得到，VO_2 溶于酸生成蓝色的 VO^{2+}。酸性介质中 $KMnO_4$ 定量和 VO^{2+} 反应。

$$MnO_4^- + 5VO^{2+} + H_2O = Mn^{2+} + 5VO_2^+ + 2H^+$$

V_2O_3 为黑色，VO 为灰黑色。钒还能与氧形成许多非整比化合物。

Nb_2O_5 和 Ta_2O_5 都是白色固体，两性偏碱，活性低，除 HF 以外不与其他酸作用。Nb_2O_5、Ta_2O_5 与 NaOH 共熔分别生成相应的含氧酸盐。

$$Nb_2O_5 + 10HF = 2NbF_5 + 5H_2O$$

$$Nb_2O_5 + 10NaOH = 2Na_5NbO_5 + 5H_2O$$

2. 含氧酸盐

钒酸盐有正钒酸盐（如 Na_3VO_4）和偏钒酸盐（如 $NaVO_3$）。正钒酸根为四面体构型；偏钒酸根 VO_3^- 通过共顶点氧形成四面体配位的长链结构。

VO_4^{3-} 或 VO_3^- 仅存在于强碱性溶液中，随着 pH 的降低，会逐步聚合生成二聚物（$V_2O_7^{4-}$，无色）、三聚物（$V_3O_9^{3-}$，无色）和十聚物（$V_{10}O_{28}^{6-}$，橘红色）等。随着 H^+ 浓度的增加，多钒酸根中的氧逐渐被 H^+ 夺走而使钒与氧的比值依次下降。到了 $pH\approx2$ 时，析出橙黄色的 V_2O_5，$pH<1$ 后溶液中主要是淡黄色的 VO_2^+。钒酸根在溶液中的缩合平衡，除了与 pH 有关外，还与钒酸根的浓度有关。

VO_2^+ 可以被 Fe^{2+}、I^- 等还原为 VO^{2+}，草酸能将 VO_2^+ 还原为 V^{3+}，有些强还原剂还能将 VO_2^+ 还原为 V^{2+}：

$$VO_2^+(\text{黄色}) + Fe^{2+} + 2H^+ = VO^{2+}(\text{蓝色}) + Fe^{3+} + H_2O$$

$$2VO_2^+ + 2I^- + 4H^+ = 2VO^{2+} + I_2 + 2H_2O$$

$$VO_2^+ + H_2C_2O_4 + 2H^+ = V^{3+}(\text{绿色}) + 2CO_2 + 2H_2O$$

$$2VO_2^+ + 3Zn + 8H^+ = 2V^{2+}(\text{紫色}) + 3Zn^{2+} + 4H_2O$$

五价钒溶液与 H_2O_2 发生过氧链转移反应，产物及颜色与溶液的酸碱性有关。在碱性和中性溶液中生成黄色的 $[VO_2(O_2)_2]^{3-}$，在强酸性溶液中主要生成红色的 $[V(O_2)]^{3+}$。

3. 卤化物

钒的五卤化物只有 VF_5，铌和钽的五卤化物均可由金属与卤素单质直接化合制得。此外，钒副族元素一般都能形成四卤化物、三卤化物和二卤化物。

VF_5 为无色液体，VF_4 为绿色固体，VF_3 为黄绿色固体，VCl_4 为红色液体。铌和钽的卤化物均为固体，NbF_5 和 TaF_5 为白色，$NbCl_5$、NbI_5、$TaCl_5$ 和 $TaBr_5$ 为黄色，$NbBr_5$ 为橙色，TaI_5 为黑色。

16.4 铬副族元素

1. 铬是硬度最大的金属，熔、沸点高，稳定性和抗腐蚀性好。钨是熔点最高的金属。
2. 铬化合物的颜色丰富多彩，最稳定的氧化态为+3和+6。三价铬在酸性条件下还原能力弱，六价铬在酸性条件下氧化能力较强。
3. 铬和铝的三价化合物有许多相似性，Cr_2O_3 和 $Cr(OH)_3$ 具有两性，盐易水解。
4. 铬副族元素都易形成多酸。钼和钨的氧化态为+6的化合物最为稳定。

铬副族是周期表中第ⅥB族元素，包括铬(Cr)、钼(Mo)、钨(W)3种元素。铬和钼基态原子的价电子层结构为$(n-1)d^5ns^1$，而钨是$5d^46s^2$，它们的s电子和d电子都参与成键，最高氧化态都是+6。铬副族元素氧化态可以从−2到+6，铬的稳定氧化态为+3和+6，而钼和钨的最稳定氧化态为+6。

铬最重要的矿物是铬铁矿 $FeCr_2O_4$(即 $FeO \cdot Cr_2O_3$)，其他含铬矿有铬铅矿 $PbCrO_4$、铬赭石矿 Cr_2O_3 等。铬在地壳中质量分数为 $1\times10^{-2}\%$，列第21位。钼的主要矿物有辉钼矿 MoS_2、钼钨钙矿 $Ca(Mo,W)O_4$ 和钼铅矿 $PbMoO_4$。钨矿主要有白钨矿 $CaWO_4$、黑钨矿 $(Fe,Mn)WO_4$ 等。钼和钨在地壳中质量分数分别为 $1.5\times10^{-4}\%$ 和 $1\times10^{-4}\%$。

16.4.1 铬副族元素的单质

1. 单质的性质

铬单质的熔点(1907 ℃)和沸点(2671 ℃)都较高，铬是硬度最大的金属。这与铬的单电子多、金属键强是一致的。常温下，铬因表面生成致密氧化膜而化学性质稳定，在潮湿空气中不会被腐蚀，能保持光亮的金属光泽。但在高温下铬的反应活性增强，可与多种非金属反应生成整比或非整比化合物。

铬与稀硝酸、浓硝酸或王水作用发生钝化，一般认为是金属表面生成一层致密氧化物的缘故。若铬纯度很高，可以抵抗稀硫酸的侵蚀。

铬为活泼金属，易溶于盐酸生成蓝色 $CrCl_2$ 溶液，Cr^{2+} 不稳定，很快被氧化为 Cr^{3+}。

$$Cr + 2HCl \xlongequal{} CrCl_2 + H_2$$

$$4CrCl_2 + O_2 + 4HCl \xlongequal{} 4CrCl_3 + 2H_2O$$

钼和钨是熔点和沸点较高的重金属，其中钨是熔点最高的金属(可用于作灯丝)。钼和钨与 KNO_3、$KClO_3$ 或 Na_2O_2 共熔被氧化成 MoO_4^{2-} 和 WO_4^{2-}。

2. 单质的提炼

将铬铁矿与碳酸钠强热转化为水溶性的铬酸盐(其中铁转化为不溶性的 Fe_2O_3)，进一步用水浸取、酸化使重铬酸盐析出。加热还原重铬酸盐而转化为 Cr_2O_3，用铝等还原 Cr_2O_3 就可得到金属铬。

$$4FeCr_2O_4 + 8Na_2CO_3 + 7O_2 = 2Fe_2O_3 + 8Na_2CrO_4 + 8CO_2$$

$$Na_2Cr_2O_7 + 2C = Cr_2O_3 + Na_2CO_3 + CO$$

$$Cr_2O_3(s) + 2Al(s) = 2Cr(s) + Al_2O_3(s)$$

将铬铁矿用碳在电弧炉中还原，生成含有碳的铬铁合金，可直接用于制造合金钢。

$$FeCr_2O_4 + 4C = 2Cr(s) + Fe + 4CO$$

辉钼矿矿石在空气中灼烧形成 MoO_3，将 MoO_3 转化为 $(NH_4)_2MoO_4$ 之后再进行精制得到较纯的 MoO_3，高温下用 H_2、A1 或 C 还原即制得金属钼。

$$2\ MoS_2 + 7\ O_2 = 2\ MoO_3 + 4\ SO_2$$

$$MoO_3 + H_2O + 2NH_3 = (NH_4)_2MoO_4$$

$$(NH_4)_2MoO_4 = MoO_3 + 2NH_3 + H_2O$$

$$MoO_3 + 2Al = Mo + A1_2O_3$$

金属钨由纯的 WO_3 用 H_2 高温还原制备。

$$WO_3 + 3H_2 = W + 3H_2O$$

黑钨矿与氢氧化钠共熔的产物以水浸取得到可溶性 Na_2WO_4，经酸化析出钨酸 H_2WO_4。白钨矿与盐酸作用也可得到不溶性钨酸。焙烧钨酸得到 WO_3。

$$Na_2WO_4 + 2HCl = H_2WO_4 + 2NaCl$$

$$CaWO_4 + 2HCl = H_2WO_4 + CaCl_2$$

$$H_2WO_4 = WO_3 + H_2O$$

16.4.2 三价铬的化合物

由铬的元素电势图可知，六价铬易被还原为三价铬，二价铬易被氧化为三价铬，铬最稳定的氧化态为+3。

$$E_A^\ominus/V \qquad Cr_2O_7^{2-} \xrightarrow{1.33} Cr^{3+} \xrightarrow{-0.407} Cr^{2+} \xrightarrow{-0.913} Cr$$

1. 氧化物和氢氧化物

Cr_2O_3为深绿色的固体，熔点很高，常用作绿色涂料，俗称铬绿。Cr_2O_3 微溶于水，与 Al_2O_3 同晶，具有两性。Cr_2O_3 溶于 H_2SO_4 生成 $Cr_2(SO_4)_3$，由于水的配位使溶液呈蓝紫色。Cr_2O_3 溶于 NaOH 溶液生成绿色的亚铬酸钠 $Na[Cr(OH)_4]$或 $NaCrO_2$。

$$Cr_2O_3 + 3H_2SO_4 = Cr_2(SO_4)_3 + 3H_2O$$

$$Cr_2O_3 + 2NaOH = 2NaCrO_2 + H_2O$$

$Cr_2(SO_4)_3$ 溶液用于电镀。

与 α-Al_2O_3相似，高温灼烧过的 Cr_2O_3 不溶于酸和碱。需与 $K_2S_2O_7$共熔才能转化为易溶于水的盐 $Cr_2(SO_4)_3$ 和 K_2SO_4。

$$Cr_2O_3 + 3K_2S_2O_7 = Cr_2(SO_4)_3 + 3K_2SO_4$$

与 $Al(OH)_3$的两性相似，$Cr(OH)_3$也具有两性，溶于酸和强碱。

$$Cr(OH)_3 + NaOH = Na[Cr(OH)_4]$$

2. 盐和配位化合物

无水三卤化物 CrF_3(绿色)、$CrCl_3$(紫红)、$CrBr_3$(暗绿)固体都比较稳定，加热至熔点也不分解。

三价铬的盐往往都易带有结晶水，颜色丰富多彩，组成与相应的铝盐类似。

$CrCl_3 \cdot 6H_2O$(紫色)	$AlCl_3 \cdot 6H_2O$
$Cr_2(SO_4)_3 \cdot 18H_2O$(紫色)	$Al_2(SO_4)_3 \cdot 18H_2O$
$K_2SO_4 \cdot Cr_2(SO_4)_3 \cdot 24H_2O$(紫色)	$K_2SO_4 \cdot Al_2(SO_4)_3 \cdot 24H_2O$

$CrCl_3 \cdot 6H_2O$ 是常见的铬盐，属配位化合物，由于内界配体不同而有不同的颜色。

$[Cr(H_2O)_4Cl_2]Cl \cdot 2H_2O$	暗绿
$[Cr(H_2O)_5Cl]Cl_2 \cdot H_2O$	浅绿
$[Cr(H_2O)_6]Cl_3$	紫色

若$[Cr(H_2O)_6]^{3+}$内界的 H_2O 逐步被 NH_3 取代后，配离子颜色发生变化。

$[Cr(H_2O)_6]^{3+}$	紫色
$[Cr(NH_3)_2(H_2O)_4]^{3+}$	紫红
$[Cr(NH_3)_3(H_2O)_3]^{3+}$	浅红
$[Cr(NH_3)_4(H_2O)_2]^{3+}$	橙红
$[Cr(NH_3)_5(H_2O)]^{3+}$	橙黄
$[Cr(NH_3)_6]^{3+}$	黄色

三价铬的重要配位化合物还有 $K_3[Cr(C_2O_4)_3] \cdot 3H_2O$(紫红色)、$K_3[Cr(NCS)_6] \cdot 4H_2O$(紫色)、$K_3[Cr(CN)_6]$(黄色)、$[Cr(en_3)]I_3$(黄色)。

有 NH_4^+ 存在，抑制 $NH_3 \cdot H_2O$ 解离，有利于 NH_3 参与配位。但 Cr^{3+} 与氨的配位反应仍然是不彻底的，故分离 Al^{3+} 和 Cr^{3+} 时不能用 $NH_3 \cdot H_2O$，而是利用在碱性溶液中 Cr(Ⅲ) 的还原性，使其转化为可溶性的 CrO_4^{2-}。

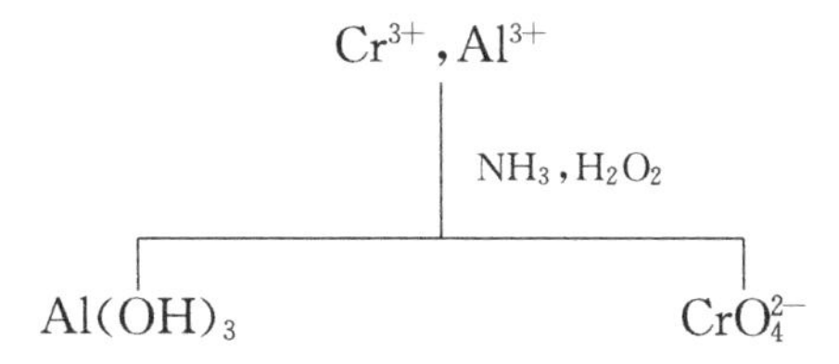

$Al(OH)_3$ 为胶状沉淀，很难过滤。用乙酸调节溶液至弱酸性使 $Al(OH)_3$ 溶解，再加入 $BaCl_2$ 溶液使 CrO_4^{2-} 生成 $BaCrO_4$ 沉淀，实现分离的目的。

与 $AlCl_3 \cdot 6H_2O$ 相似，$CrCl_3 \cdot 6H_2O$ 受热脱水时水解。

$$CrCl_3 \cdot 6H_2O \xlongequal{} Cr(OH)Cl_2 + 5H_2O + HCl\uparrow$$

硫酸铬加热脱水时不水解，因为产物 H_2SO_4 不挥发。硫酸铬因含结晶水不同而有不同的颜色，如 $Cr_2(SO_4)_3 \cdot 18H_2O$(紫色)、$Cr_2(SO_4)_3 \cdot 6H_2O$(绿色)、$Cr_2(SO_4)_3$(红色)。

与 Al^{3+} 相似，Cr^{3+} 因电荷高，易与 OH^- 结合，在碱性溶液中水解生成灰蓝色 $Cr(OH)_3$ 沉淀。

$$Cr^{3+} + 3S^{2-} + 3H_2O \xlongequal{} Cr(OH)_3\downarrow + 3HS^-$$

$$2Cr^{3+} + 3S^{2-} + 6H_2O \xlongequal{} 2Cr(OH)_3\downarrow + 3H_2S$$

$$Cr^{3+} + 3CO_3{}^{2-} + 3H_2O \xlongequal{} Cr(OH)_3\downarrow + 3HCO_3^-$$

$$2Cr^{3+} + 3CO_3{}^{2-} + 3H_2O \xlongequal{} 2Cr(OH)_3\downarrow + 3CO_2$$

$$Cr^{3+} + 3\ NH_3 + 3H_2O \xlongequal{} Cr(OH)_3\downarrow + 3\ NH_4^+$$

重要的 Cr(Ⅲ)化合物或配合物还有 $Cr(NO_3)_3 \cdot 9H_2O$(紫色)、$K_3[Cr(CN)_6]$(黄色)、$K_3[Cr(C_2O_4)_3] \cdot 3H_2O$(紫红)、$K_3[Cr(NCS)_6] \cdot 4H_2O$(紫色)。

3. 还原性

在碱性溶液中 Cr(Ⅲ)有较强的还原性,很容易被氧化至最高价。

$$2CrO_2^-(\text{绿色}) + 3H_2O_2 + 2OH^- = 2CrO_4^{2-}(\text{黄色}) + 4H_2O$$

$$2CrO_2^- + 3I_2 + 8OH^- = 2CrO_4^{2-}(\text{黄色}) + 6I^- + 4H_2O$$

在酸性溶液中需强氧化剂方可将 Cr(Ⅲ) 氧化。

$$10Cr^{3+} + 6MnO_4^- + 11H_2O = 6Mn^{2+} + 5Cr_2O_7^{2-}(\text{橙色}) + 22H^+$$

$$2Cr^{3+} + 3BiO_3^- + 4H^+ = Cr_2O_7^{2-} + 3Bi^{3+} + 2H_2O$$

16.4.3 六价铬的化合物

六价铬的化合物有含氧酸盐(铬酸盐和重铬酸盐),三氧化铬(CrO_3)和氯化铬酰(CrO_2Cl_2)。

1. 存在形式与转化

向 CrO_4^{2-} 溶液中加酸,转化为二聚的重铬酸根 $Cr_2O_7^{2-}$,酸的浓度大则析出红色针状 CrO_3 晶体,浓的强酸中有 CrO_2^{2+} 生成。若向 $Cr_2O_7^{2-}$ 溶液中加碱,又转化为 CrO_4^{2-} 溶液。

$$2CrO_4^{2-} + 2H^+ = Cr_2O_7^{2-} + H_2O \qquad K^\ominus = 1.0 \times 10^{14}$$

重铬酸根二聚体是由四面体 CrO_4 共顶点氧形成,如图 16-1 所示。

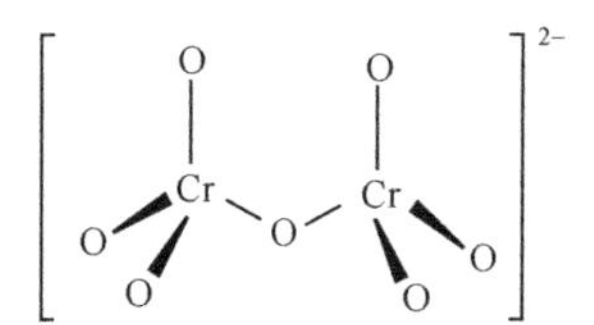

图 16-1　重铬酸根离子构型

配制洗液时,将浓 H_2SO_4 与 $K_2Cr_2O_7$ 饱和溶液混合,有 CrO_3 红色针状晶体析出。

$$K_2Cr_2O_7 + 2H_2SO_4(\text{浓}) = 2KHSO_4 + 2CrO_3 + H_2O$$

CrO_2^{2+} 称为铬氧基或铬酰基。氯化铬酰 CrO_2Cl_2 是深红色液体,易挥发。$K_2Cr_2O_7$ 和 KCl 粉末相混合,滴加浓 H_2SO_4 并加热则有 CrO_2Cl_2 挥发出来

$$K_2Cr_2O_7 + 4KCl + 3H_2SO_4(\text{浓}) = 2CrO_2Cl_2\uparrow + 3K_2SO_4 + 3H_2O$$

CrO_2Cl_2 水解生成 $H_2Cr_2O_7$ 和 HCl。

$$2CrO_2Cl_2 + 3H_2O = 2H_2Cr_2O_7 + 4HCl$$

2. 含氧酸盐

六价铬最重要的盐有黄色的 Na_2CrO_4 和 K_2CrO_4,橘红色的 $Na_2Cr_2O_7$ 和 $K_2Cr_2O_7$,深红色的 $(NH_4)_2Cr_2O_7$,它们都易溶于水。由于钠盐易吸水潮解,实验室多使用钾盐。

Na_2CrO_4 广泛用于生产油漆、油墨、橡胶、陶瓷,也可用于杀菌、有机合成反应的氧化剂等。

六价铬常见的难溶铬酸盐有:砖红色的 Ag_2CrO_4 和黄色的 $PbCrO_4$、$BaCrO_4$、$SrCrO_4$。

H_2CrO_4 为强酸但易聚合,其二级解离常数很小,难溶铬酸盐易溶于强酸。

$$H_2CrO_4 \rightleftharpoons H^+ + H_2CrO_4^- \qquad K_{a1}^\ominus = 1.82$$

$$H_2CrO_4^- \rightleftharpoons H^+ + CrO_4^{2-} \qquad K_{a1}^\ominus = 1.26 \times 10^{-5}$$

Ag_2CrO_4 溶于硝酸,与 NaOH 溶液作用转化为 Ag_2O,与盐酸作用转化为 AgCl。

$$2Ag_2CrO_4 + 4HNO_3 \xlongequal{} 4AgNO_3 + H_2Cr_2O_7 + H_2O$$

$$Ag_2CrO_4 + 2NaOH \xlongequal{} Ag_2O + Na_2CrO_4 + H_2O$$

$$2Ag_2CrO_4 + 4HCl \xlongequal{} 4AgCl + H_2Cr_2O_7 + H_2O$$

$PbCrO_4$既溶于硝酸又溶于强碱。

$$2PbCrO_4 + 4HNO_3 \xlongequal{} 2Pb(NO_3)_2 + H_2Cr_2O_7 + H_2O$$

$$PbCrO_4 + 4NaOH \xlongequal{} Na_2[Pb(OH)_4] + Na_2CrO_4$$

$BaCrO_4$ 溶于盐酸和硝酸,不溶于强碱,与硫酸作用转化为 $BaSO_4$。

$$2BaCrO_4 + 4HNO_3 \xlongequal{} 2Ba(NO_3)_2 + H_2Cr_2O_7 + H_2O$$

$$2BaCrO_4 + 2H_2SO_4 \xlongequal{} 2BaSO_4 + H_2Cr_2O_7 + H_2O$$

向 CrO_4^{2-} 或 $Cr_2O_7^{2-}$ 溶液中加入 Ba^{2+}、Pb^{2+}、Ag^+ 等,均生成铬酸盐沉淀,说明铬酸盐比重铬酸盐的溶解度小。

$$2Ba^{2+} + Cr_2O_7^{2-} + H_2O \xlongequal{} 2BaCrO_4\downarrow + 2H^+$$

3. 氧化性

酸性介质中,六价铬具有强氧化性。

$$Cr_2O_7^{2-} + 14H^+ + 6e^- \xlongequal{} 2Cr^{3+} + 7H_2O \qquad E^\ominus = 1.36\ V$$

$K_2Cr_2O_7$是常用的氧化剂,酸性条件下能够氧化许多物质,与 Fe^{2+} 定量而快速反应常用来分析铁的含量。

$$Cr_2O_7^{2-} + 6Fe^{2+} + 14H^+ \xlongequal{} 2Cr^{3+} + 6Fe^{3+} + 7H_2O$$

$$Cr_2O_7^{2-} + 3H_2S + 8H^+ \xlongequal{} 2Cr^{3+} + 3S\downarrow + 7H_2O$$

$$K_2Cr_2O_7 + 14HCl \xlongequal{} 2KCl + 2CrCl_3 + 3Cl_2\uparrow + 7H_2O$$

CrO_3 和 $(NH_4)_2Cr_2O_7$有强的氧化性,受热极易分解。

$$4CrO_3 \xlongequal{} 2Cr_2O_3 + 3O_2$$

$$(NH_4)_2Cr_2O_7 \xlongequal{} N_2 + Cr_2O_3 + 4H_2O$$

$(NH_4)_2Cr_2O_7$热分解生成的 Cr_2O_3因经过高温,既不溶于酸,也不溶于碱。

用稀硫酸酸化含 $K_2Cr_2O_7$溶液,加入 H_2O_2 溶液有蓝色 CrO_5 生成,其化学式为 $CrO(O_2)_2$。这是检验 Cr(Ⅵ)或 H_2O_2 的一个灵敏反应。

$$Cr_2O_7^{2-} + 4H_2O_2 + 2H^+ \xlongequal{} 2CrO_5 + 5H_2O$$

CrO_5在水中稳定性较差,很快分解生成绿色的 Cr^{3+}。

$$4CrO_5 + 12H^+ \xlongequal{} 4Cr^{3+} + 6H_2O + 7O_2\uparrow$$

若向生成 CrO_5 溶液中加入乙醚或戊醇,有机层呈蓝色。CrO_5 在有机溶剂中较稳定,分解速度较慢(不要理解为 CrO_5 只在乙醚中才能生成)。

16.4.4 铬的其他氧化态化合物

铬能形成许多低氧化态的化合物,氧化态为 0 的化合物如羰基配合物 $Cr(CO)_6$(白色),苯夹心配合物 $Cr(C_6H_6)_2$(棕黑色)。

1. 二价铬的化合物

Cr(Ⅱ)无水卤化物有 CrF_2(蓝绿色)、$CrCl_2$(白色)、$CrBr_2$(白色)、CrI_2(红棕色),均为离子

化合物，熔点都在 800 ℃以上。

$CrSO_4 \cdot 5H_2O$(蓝色)，$[Cr(H_2O)_4Cl_2] \cdot 4H_2O$(蓝色)，$Cr(C_5H_5)_2$(深红色，茂夹心配合物)，$Cr(CH_3COO)_2 \cdot H_2O$(红色)等二聚体(如图 16-2 所示)，含有 Cr—Cr 四重键。

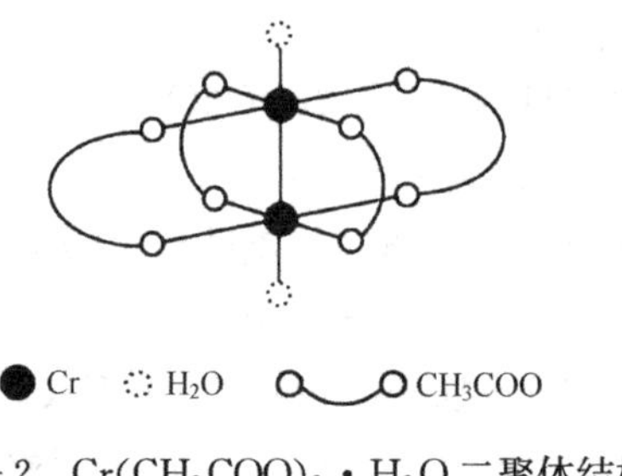

图 16-2　$Cr(CH_3COO)_2 \cdot H_2O$ 二聚体结构

2. 五价铬和四价铬的化合物

五价铬的稳定化合物只有氟化物 CrF_5(红色)，熔点(34 ℃)和沸点(117 ℃)都较低，具有强氧化性，易挥发。

四价铬的卤化物中，CrF_4 最稳定，绿色固体，熔点(277 ℃)明显比 CrF_5 高，熔化时不分解。$CrCl_4$ 只在高温下以气态形式存在，600 ℃以上分解。

二氧化铬 CrO_2(棕黑色)，具有金属的导电性。CrO_2 的铁磁性质使其应用于磁带制造业，优点是比用铁氧化物制造的磁带有更高的分辨率和高频响应。

16.4.5　钼和钨的化合物

钼和钨的氧化态分布最广，从－2 到＋6。有许多低氧化态的化合物，如$[M(CO)_5]^{2-}$中金属氧化态为－2，$M(CO)_6$ 中金属氧化态为 0。钼和钨最稳定的氧化态为＋6，其次是＋3 和＋4。

1. ＋6 氧化态的化合物

将钼酸盐溶液酸化得到白色的“钼酸”($H_2MoO_4 \cdot H_2O$)沉淀，将钨酸盐溶液酸化得到黄色的“钨酸”($H_2WO_4 \cdot xH_2O$)沉淀。

钼酸和钨酸脱水得到氧化物，MoO_3(白色粉末)和 WO_3(黄色粉末)热稳定性高，MoO_3 在沸点温度(1155 ℃)不分解，WO_3 加热至 1473 ℃ 熔化但不分解。MoO_3 和 WO_3 均不溶于水，易溶于强碱和氨水。

$$MoO_3 + 2NaOH = Na_2MoO_4 + H_2O$$
$$MoO_3 + 2NH_3 + H_2O = (NH_4)_2MoO_4$$

在一定温度下用 H_2 还原，MoO_3 还原为棕色的 MoO_2，WO_3 还原为蓝色的 WO_2。

六价钼的卤化物只有 MoF_6，无色液体，熔点(17.4 ℃)和沸点(34 ℃)都较低，易水解。六价钨的卤化物有 WF_6 为无色气体，WCl_6 为紫色固体，WBr_6 为暗蓝色固体，都易水解。

2. 同多酸和杂多酸

多酸包括同多酸和杂多酸。

由同种元素的简单含氧酸分子脱水缩合形成的酸称同多酸，V、Cr、Mo、W、B、Si、P、As 等的含氧酸都易形成同多酸，如 $H_2Cr_2O_7$、$(HPO_3)_4$、$H_5P_3O_{10}$、$H_6Si_3O_9$、$H_4Si_4O_{10}$、$H_6V_{10}O_{28}$、$H_6Mo_7O_{24}$等。

含氧酸根聚合与溶液的酸度有关。例如

$$7MoO_4^{2-} + 8H^+ \rightleftharpoons Mo_7O_{24}^{6-} + 4H_2O$$
$$8MoO_4^{2-} + 12H^+ \rightleftharpoons Mo_8O_{26}^{4-} + 6H_2O$$
$$36MoO_4^{2-} + 64H^+ \rightleftharpoons Mo_{36}O_{112}^{8-} + 32H_2O$$

由两种不同元素的含氧酸分子脱水缩合形成的多酸称为杂多酸，如 $H_3[PMo_{12}O_{40}]$、$H_6[TeMo_6O_{24}]$ 等。杂多酸是一类特殊的配合物，其中的 P 或 Si 等是配合物的中心原子，多钼酸根或多钨酸根为配位体。杂多酸是固体酸。

多酸往往以盐的形式存在，如 $Na_5P_3O_{10}$、$Na_6Si_3O_9$、$K_6V_{10}O_{28}$、$(NH_4)_3[PMo_{12}O_{40}]$、$Na_6[TeMo_6O_{24}]$、$K_5CoW_{12}O_{40}$等。

杂多化合物结构多样，人们研究较多的两种常见组成类型为具有 Keggin 结构的阴离子$[XM_{12}O_{40}]$和具有 Dawson 结构的阴离子$[X_2M_{12}O_{62}]$。具有 Keggin 结构的阴离子有 5 种异构体，其中 α-Keggin 结构中的杂原子 XO_4 四面体以桥氧被 4 个 M_3O_{13}单元包围在中间。在 M_3O_{13}单元中，3 个 MO_6 八面体之间两两共边后，3 个单元又共一个顶点构成 M_3O_{13}。4 个 M_3O_{13}单元之间靠共顶点氧而构成 α-Keggin 结构，如图 16－3 所示。

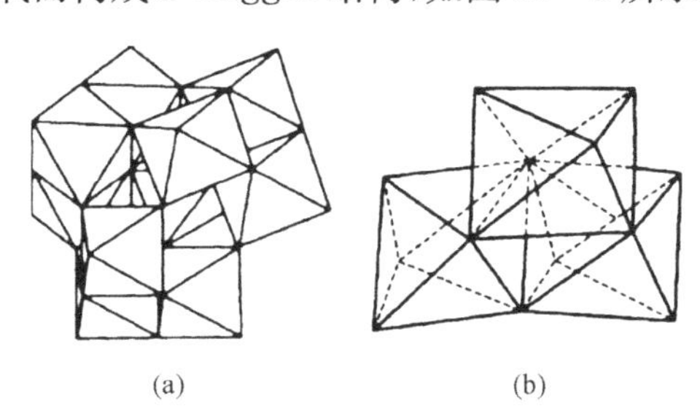

图 16－3 α-Keggin 结构(a)和 M_3O_{13}单元(b)

杂多化合物具有许多优异的性能，如用作石油化学工业的高效均相催化剂、染料的沉淀剂、新颖的树脂交换剂。此外，钼的杂多化合物还可用作阻燃剂。杂多类化合物在医学、药学、生物化学等领域的潜在应用价值引起了人们的极大兴趣。

钼酸铵与磷酸根离子可生成黄色 $(NH_4)_3PO_4 \cdot 12MoO_3$ 沉淀，这一反应可用来鉴定 PO_4^{3-}。

$$H_3PO_4 + 12(NH_4)_2MoO_4 + 21HNO_3 = (NH_4)_3PO_4 \cdot 12MoO_3 \downarrow + 21NH_4NO_3 + 12H_2O$$

3. 其他氧化态的化合物

三价钼的卤化物都比较稳定，如 MoF_3(棕黄色)、$MoCl_3$(暗红色)、$MoBr_3$(绿色)、MoI_3(黑色)；三价钨的卤化物只有两种，WCl_3(红色)、WBr_3(黑色)。

四价钼和钨除碘化物外，其他卤化物都比较稳定。例如，MoF_4(淡绿色)、$MoCl_4$(黑色)、$MoBr_4$(黑色)、WF_4(红棕色)、WCl_4(黑色)、WBr_4(黑色)。

五价钼的卤化物只有 MoF_5(黄色)和 $MoCl_5$(黑色)；五价钨的卤化物只有 WCl_5(黑色)。

钼和钨的卤化物，随着卤素和金属周期数增加颜色加深，同一金属则氧化数高的卤化物颜色一般较深。

16.5　锰副族元素

1. 金属锰活泼，溶于非氧化性稀酸和热水。Mn(Ⅱ)的强酸盐易溶而弱酸盐难溶，碱性条件下还原性强，酸性条件下还原性弱。

2. MnO_2 为中强氧化剂，与浓盐酸反应常用来制备氯气，碱性条件下熔融氧化为Mn(Ⅵ)。

3. MnO_4^{2-} 在弱碱、中性及酸中均歧化，在较浓的强碱中稳定。

4. $KMnO_4$ 是最重要和最常用的氧化剂之一，还原产物与介质的酸碱性有关。

5. 铼的密度高，熔、沸点高，化学性质很稳定。$[Re_2Cl_8]^{2-}$ 中存在Re—Re四重键。

锰副族是周期表中第ⅦB族元素，包括锰(Mn)、锝(Tc)、铼(Re)3种元素。锰副族元素的价电子结构是 $(n-1)d^5ns^2$，最高氧化态是+7。在本族中锰表现的氧化态范围最宽，可形成+2、+3、+4、+6、+7价化合物。

锰的矿物主要有软锰矿 MnO_2、黑锰矿 Mn_3O_4、方锰矿MnO、菱锰矿 $MnCO_3$，这些矿物都是由硅酸盐矿床风化生成的。风化的产物与铁等金属氧化物的胶体被冲刷入海，在海中聚集起来压缩在海底形成大量的锰结核，一般含锰15%～30%。锰在地壳中质量分数为 $9.5\times10^{-2}\%$，列第12位。

铼以痕量出现在钼矿(辉钼矿 MoS_2)中，在地壳中质量分数仅为 $4\times10^{-6}\%$。

16.5.1　锰的单质

1. 锰的提炼

高温用碳还原软锰矿得到纯度不高的金属锰。

$$MnO_2 + 2C \xlongequal{} Mn + 2CO$$

电解 $MnSO_4$ 溶液可得到纯度为99.9%的金属锰。

$$MnSO_4 + 2H_2O \xlongequal{\text{电解}} Mn + H_2 + O_2 + H_2SO_4$$

利用铝热反应由锰的氧化物可制备金属锰。

$$3MnO_2 + 4\,Al \xlongequal{} 3Mn + 2\,Al_2O_3$$

$$3Mn_3O_4 + 8\,Al \xlongequal{} 9\,Mn + 4\,Al_2O_3$$

将 MnO_2 和 Fe_2O_3 混合后高温下用碳还原得到Mn-Fe合金，锰能够提高钢的硬度。

2. 锰的性质

块状锰为银白色，粉末状的锰为灰色。锰主要用于制造合金钢、金属冶炼的"净化剂"。电阻温度系数几乎为零的"锰铜"是著名的锰合金(Cu 84%，Mn 12%，Ni 4%)。

锰在酸性条件下的元素电势图如下：

$$E_A^\ominus/V \qquad MnO_4^- \xrightarrow{0.56} MnO_4^{2-} \xrightarrow{2.24} MnO_2 \xrightarrow{1.22} Mn^{2+} \xrightarrow{-1.18} Mn$$

锰比较活泼，为非钝化金属，与非氧化性稀酸反应放出氢气。在空气中锰易被氧化，加热时生成黑色的 Mn_3O_4(即 $MnO\cdot Mn_2O_3$)；高温下可与卤素、硫、碳、磷作用。

$$3Mn + 2O_2 \xlongequal{} Mn_3O_4$$

$$Mn + 2HCl \xlongequal{} MnCl_2 + H_2\uparrow$$

$$Mn + Cl_2 \xlongequal{} MnCl_2$$

锰与镁相似，溶于热水生成 $Mn(OH)_2$ 并放出氢气，但不溶于冷水。

$$Mn + 2H_2O \xlongequal{} Mn(OH)_2 + H_2\uparrow$$

16.5.2　锰的化合物

锰常见的化合物有 Mn(Ⅱ)盐类、MnO_2 和高锰酸盐。

1. 二价锰的化合物

Mn(Ⅱ)的强酸盐易溶，其水合晶体为浅红色或玫瑰色，如 $MnSO_4 \cdot 7H_2O$、$MnCl_2 \cdot 4H_2O$、$MnCl_2 \cdot 6H_2O$、$MnI_2 \cdot 4H_2O$、$Mn(NO_3)_2 \cdot 4H_2O$、$Mn(NO_3)_2 \cdot 6H_2O$ 等。Mn(Ⅱ)的无水卤化物都比较稳定，MnF_2、$MnCl_2$、$MnBr_2$、MnI_2 基本为浅红色。

Mn(Ⅱ)的无水含氧酸盐有些是白色的，如 $MnSO_4$、$Mn(NO_3)_2$、MnC_2O_4、$MnCO_3$ 等。

Mn(Ⅱ)的弱酸盐和氢氧化物难溶，如 $MnCO_3$、$Mn(OH)_2$、MnC_2O_4。这些难溶弱酸盐易溶于强酸中，这是过渡元素的通性。

水溶液中生成的沉淀 $MnS \cdot nH_2O$ 呈淡粉红色，在 100～120 ℃脱水其颜色不变（可能转化为水解产物，文献报道 α-MnS 为绿色，β-MnS 为红色）。MnS 难溶于水，但易溶于弱酸（如 HAc）中。MnS、$MnCO_3$ 和 MnC_2O_4 在空气中放置或加热，都会被空气中的氧所氧化。

$$MnS + O_2 + H_2O \xlongequal{} MnO(OH)_2 + S$$

$$2MnCO_3 + O_2 + 2H_2O \xlongequal{} 2MnO(OH)_2 + 2CO_2$$

在碱性溶液中 Mn(Ⅱ)的还原性较强，极易被氧化成 Mn(Ⅳ)。

$$Mn^{2+} + H_2O_2 + 2OH^- \xlongequal{} MnO(OH)_2 + H_2O$$

Mn^{2+} 溶液遇 NaOH 或 $NH_3 \cdot H_2O$ 都生成白色的 $Mn(OH)_2$ 沉淀，$Mn(OH)_2$ 易被空气中的氧氧化为棕褐色的 $MnO(OH)_2$（或写成 H_2MnO_3、MnO_2）。

$$Mn^{2+} + 2OH^- \xlongequal{} Mn(OH)_2$$

$$2Mn(OH)_2 + O_2 \xlongequal{} 2MnO(OH)_2$$

在酸性溶液中 Mn^{2+} 的还原性较弱，只有强氧化剂[如 $(NH_4)_2S_2O_8$、$NaBiO_3$、PbO_2、H_5IO_6 等]能将其氧化。

$$2Mn^{2+} + 5NaBiO_3 + 14H^+ \xlongequal{} 2MnO_4^- + 5Na^+ + 5Bi^{3+} + 7H_2O$$

$$2Mn^{2+} + 5PbO_2 + 4H^+ \xlongequal{} 2MnO_4^- + 5Pb^{2+} + 2H_2O$$

MnO_4^- 有颜色，故可用生成 MnO_4^- 反应鉴定 Mn^{2+}。

锰(Ⅱ)盐受热分解时，若酸根有氧化性则 Mn(Ⅱ) 被氧化

$$Mn(NO_3)_2 \xlongequal{} MnO_2 + 2NO_2$$

$$Mn(ClO_4)_2 \xlongequal{} MnO_2 + Cl_2 + 3O_2$$

2. 三价锰的化合物

由下面锰在酸性条件下元素电势图可知，锰(Ⅲ)稳定性差，酸性条件下歧化的趋势很大。

$$E_A^{\ominus}/V \qquad MnO_2 \xrightarrow{0.95} Mn^{3+} \xrightarrow{1.54} Mn^{2+} \xrightarrow{-1.18} Mn$$

有些锰(Ⅲ)化合物是稳定的，MnF_3 在 600 ℃ 以上分解，Mn_2O_3 在 1080 ℃分解。在浓硫酸中 $Mn_2(SO_4)_3$ 较稳定，歧化的速率慢。水溶液中能生成稳定的红色$[Mn(CN)_6]^{3-}$，配位化合物 $K_3[Mn(C_2O_4)_3]\cdot 3H_2O$ 也比较稳定。

3. 四价锰的化合物

最重要 Mn(Ⅳ) 的化合物是 MnO_2，较稳定，不歧化，不溶于水、稀酸和稀碱。

MnO_2 是两性氧化物，可以和浓酸、浓碱缓慢反应而部分溶解(不能利用其两性溶于酸、碱)。

$$MnO_2 + 6HCl(浓) = H_2[MnCl_6] + 2H_2O$$

$$MnO_2 + 2NaOH\ (浓) = Na_2MnO_3 + H_2O$$

室温下，MnO_2 与浓盐酸反应很慢，静止后上部为土黄色透明溶液，可能是生成了 $H_2[MnCl_6]$。

由元素电势图可知，MnO_2 既可做氧化剂又可做还原剂，在酸中是较强的氧化剂。

$$MnO_2 + H_2O_2 + H_2SO_4 = MnSO_4 + 2H_2O + O_2\uparrow$$

$$MnO_2 + 4HBr = MnBr_2 + Br_2 + 2H_2O$$

加热条件下 MnO_2 与浓盐酸作用生成氯气，与浓硫酸作用生成氧气。

$$MnO_2 + 4HCl(浓) = MnCl_2 + 2H_2O + Cl_2\uparrow$$

$$4MnO_2 + 6H_2SO_4(浓) = 2Mn_2(SO_4)_3(紫红) + 6H_2O + O_2\uparrow$$

$$2Mn_2(SO_4)_3 + 2H_2O = 4MnSO_4 + 2H_2SO_4 + O_2\uparrow$$

实验室经常用 MnO_2 与热浓盐酸反应制备氯气，优点是不加热则不放出氯气。

在碱性条件下，MnO_2 由熔融反应可被氧化至深绿色的 Mn(Ⅵ)。

$$3MnO_2 + 6KOH + KClO_3 = 3K_2MnO_4 + KCl + 3H_2O$$

$$MnO_2 + 2KOH + KNO_3 = K_2MnO_4 + KNO_2 + H_2O$$

$$2MnO_2 + 4KOH + O_2 = 2K_2MnO_4 + 2H_2O$$

MnO_2 主要用于制造锌锰干电池、玻璃的脱色剂、有机合成的氧化剂。大量 MnO_2 用于制砖(可呈红色、棕色、灰色等色泽)。

MnF_4 室温分解，其他锰(Ⅳ)卤化物不存在。但形成的配位化合物 $K_2[MnX_6]$ 较稳定。

4. 六价锰的化合物

Mn(Ⅵ) 的化合物中比较稳定的是锰酸钾 K_2MnO_4(深绿色)，但受热也易分解。

$$E_A^\ominus/V \qquad MnO_4^- \xrightarrow{0.56} MnO_4^{2-} \xrightarrow{2.26} MnO_2$$

$$E_B^\ominus/V \qquad MnO_4^- \xrightarrow{0.56} MnO_4^{2-} \xrightarrow{0.60} MnO_2$$

由元素电势图可知，在弱碱、中性及酸中 MnO_4^{2-} 均歧化，只有在相当强的碱中才稳定。

$$3MnO_4^{2-} + 4H^+ = 2MnO_4^- + MnO_2\downarrow + 2H_2O$$

$$3MnO_4^{2-} + 2H_2O = 2MnO_4^- + MnO_2\downarrow + 4OH^-$$

5. 七价锰的化合物

高锰酸钾 $KMnO_4$，紫黑色晶体，是最重要的 Mn(Ⅶ)化合物。其水溶液的颜色与浓度有关，随着溶液由浓至稀，呈紫黑色、紫色、紫红色、红色、浅红色。

$KMnO_4$ 是最重要和最常用的氧化剂，可由 K_2MnO_4 的歧化、氯氧化、电解等方法制备。但歧化法转化率低，氯氧化法成本高，工业上采取电解方法制备。

$$2K_2MnO_4 + Cl_2 = 2KMnO_4 + 2KCl$$

$$2K_2MnO_4 + 2H_2O \xlongequal{电解} 2KMnO_4 + H_2 + 2KOH$$

$KMnO_4$ 的氧化能力和还原产物因介质的酸碱程度不同而有显著差别。例如

酸中 $\quad 2MnO_4^- + 5SO_3^{2-} + 6H^+ = 2Mn^{2+} + 5SO_4^{2-} + 3H_2O$

中性 $\quad 2MnO_4^- + 3SO_3^{2-} + H_2O = 2MnO_2\downarrow + 3SO_4^{2-} + 2OH^-$

碱性 $\quad 2MnO_4^- + SO_3^{2-} + 2OH^- = 2MnO_4^{2-} + SO_4^{2-} + H_2O$

在酸性溶液中 $KMnO_4$ 是很强的氧化剂，能将 Cl^-、Cr^{3+}、I_2 等氧化，与 H_2O_2 反应可用来分析溶液中 H_2O_2 的含量。

$$2MnO_4^- + 16H^+ + 10Cl^- = 2Mn^{2+} + 5Cl_2\uparrow + 8H_2O$$

$$6MnO_4^- + 10Cr^{3+} + 11H_2O = 6Mn^{2+} + 5Cr_2O_7^{2-} + 22H^+$$

$$2MnO_4^- + I_2 + 4H^+ = 2Mn^{2+} + 2IO_3^- + 2H_2O$$

$$2MnO_4^- + 5H_2O_2 + 6H^+ = 2Mn^{2+} + 5O_2 + 8H_2O$$

实验室经常用酸性条件下 $KMnO_4$ 与 $H_2C_2O_4$ 定量反应来标定 $KMnO_4$ 溶液的浓度。

$$2MnO_4^- + 6H^+ + 5H_2C_2O_4 = 2Mn^{2+} + 10CO_2\uparrow + 8H_2O$$

高锰酸盐氧化性强，热力学上不稳定，在酸性溶液中明显分解，在中性或微碱性溶液中缓慢分解。

$$4MnO_4^- + 4H^+ = 4MnO_2 + 3O_2\uparrow + 2H_2O$$

$$4MnO_4^- + 4OH^- = 4MnO_4^{2-} + O_2\uparrow + 2H_2O$$

高锰酸盐固体稳定性略高些，但温度高于 200 ℃时分解。

$$2KMnO_4(s) = K_2MnO_4 + MnO_2 + O_2$$

温度更高时还有锰的其他氧化物生成。

$KMnO_4$ 是重要的化工原料，用于糖精、苯甲酸的生产，可作为消毒剂、水的净化剂等。

$KMnO_4$ 和冷的浓硫酸作用生成深绿色油状 Mn_2O_7。

$$2KMnO_4 + H_2SO_4 = Mn_2O_7 + K_2SO_4 + H_2O$$

Mn_2O_7受热爆炸分解，遇有机物即燃烧。

光对高锰酸钾分解起催化作用，因此高锰酸钾溶液应当储存在棕色瓶中。由于分解作用，其浓度会随时间而变化，高锰酸钾标准溶液用前需重新标定。

16.5.3 锝和铼

锝是第一个人工合成的元素，由于锝稀少以及具有放射性，人们对锝的化学性质研究不多。铼是最后一个被发现的非合成元素。

1. 铼的单质及化合物

熔烧辉钼矿(MoS_2)时，其中痕量铼转化为易挥发的 Re_2O_7，将收集的 Re_2O_7 转化为铵盐后高温下用氢气还原，得到金属铼。

$$2(NH_4)ReO_4 + 7H_2 \xlongequal{\triangle} 2Re + 2NH_3 + 8H_2O$$

铼为银灰色的金属，有金属光泽，密度高($21g\cdot cm^{-3}$)，熔点高(3170℃)，在金属中仅次于最难熔的金属钨。

铼和其他金属制成的合金，硬度大、耐高温、弹性好、耐磨损。金属铼可用于做灯丝、笔尖、开关的触点，铼钨热电偶可测定、控制高达2500℃的高温；在工业上铼用于生产某些有机化合物的催化剂。

铼的化学性质很稳定。耐酸碱，不与氢氟酸反应。

与Mn(Ⅶ)相比，Re(Ⅶ)较稳定，氧化性较弱。

$$ReO_4^- + 8H^+ + 4e^- = Re^{3+} + 4H_2O \qquad E^{\ominus} = 0.42\ V$$

$HReO_4$ 为强酸，其溶液经蒸发、浓缩后析出黄色晶体 $Re_2O_7\cdot 2H_2O$。

Re的氧化物主要有：Re_2O_7，黄色，熔点约300℃；ReO_3，红色，具有金属光泽，400℃时分解；Re_2O_5，蓝色，不稳定，易歧化为 Re_2O_7 和 ReO_2；ReO_2，灰色，非常稳定，900℃以上歧化为 Re_2O_7 和单质Re。

铼的卤化物主要有：ReF_7，黄色，熔点48.3℃；ReF_6，黄色液体，熔点18.5℃；ReF_5，黄绿色，熔点48℃；ReF_4，蓝色，300℃升华；$ReCl_6$，红绿色，熔点29℃。

2. $[Re_2Cl_8]^{2-}$ 的结构与四重键

在 $[Re_2Cl_8]^{2-}$ 结构中，Re—Re之间距离远小于金属晶体中Re—Re的键长，存在Re—Re多重键。$[Re_2Cl_8]^{2-}$ 的结构如图16-4所示，每个 Re^{3+} 的周围有处于近正方形位置的 Cl^- 与之配位，中心 Re^{3+} 的 dsp^2 杂化轨道与配体 Cl^- 成键，形成的 $ReCl_4$ 单元位于 xoy 平面内，2个 $ReCl_4$ 单元间Cl的斥力使Re略偏离4个Cl组成的正方形。

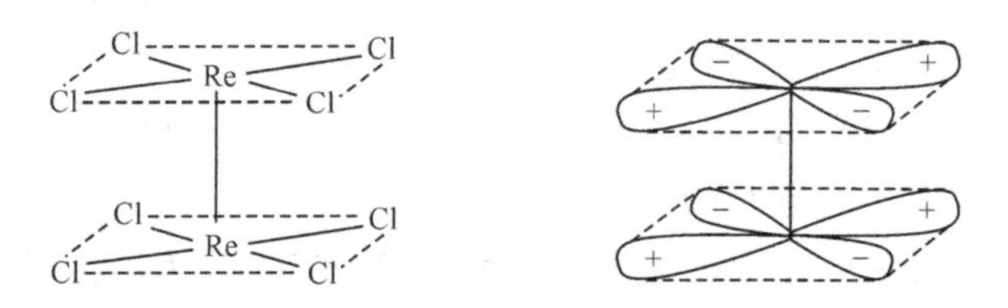

图16-4 $[Re_2Cl_8]^{2-}$ 的结构及金属间的δ键

中心Re参与杂化的d轨道是 $d_{x^2-y^2}$，其余4个d轨道在两个 $ReCl_4$ 单元相结合时用于Re—Re之间形成四重键。

垂直于 $ReCl_4$ 单元平面的两个 d_{z^2} 轨道“头碰头”重叠，成σ键；两个Re的 d_{yz} 轨道“肩并肩”重叠，成π键；两个Re的 d_{xz} 轨道也是“肩并肩”重叠，成π键；两个 d_{xy} 轨道分别位于两个互相平行的 $ReCl_4$ 单元平面内，它们之间的重叠方式是“面对面”。这两个 d_{xy} 轨道在Re—Re之间形成的化学键称为δ键。所以说在Re—Re之间存在四重键。

δ键在 x 轴和 y 轴之间，两个 Re^{3+} 的 d_{xy} 轨道重叠形成4块电子云，δ键对于通过Re—Re键轴中点且垂直于键轴的平面是对称的。

16.6 铁系和铂系元素

核心内容

1. 铁系金属都有强磁性，耐强碱，与稀酸作用放出氢气。

2. 铁系金属的强酸盐都易溶于水，弱酸盐、氢氧化物和氧化物等不溶于水。

3. 二价铁还原能力较强，二价钴和镍碱性介质中还原能力强而在酸性介质中还原能力很弱；酸性介质中，三价铁为中等偏弱的氧化剂，三价钴、镍氧化能力很强。若三价金属生成更稳定的配合物则使二价金属的还原能力增强。

4. 二价钴、镍易生成氨的配合物而溶解，二价和三价铁均不能生成氨的配合物。

5. 铂系金属均为高熔点的贵金属，抗氧化、耐酸能力都较强。铂溶于王水的产物是制备其他铂化合物的原料。

元素周期表第Ⅷ族中包括铁(Fe)、钴(Co)、镍(Ni)、钌(Ru)、铑(Rh)、钯(Pd)、锇(Os)、铱(Ir)、铂(Pt)共9种元素。通常将前三种元素称为铁系元素，后六种元素称为铂系元素。

铁系元素的价电子构型为$(n-1)d^{6\sim8}ns^2$。除2个s电子参与成键外，内层的d轨道电子也可能参与成键，因而，铁系元素除形成稳定的+2氧化态外，还有其他氧化态。铁的稳定氧化态为+2和+3，也存在不稳定的+6氧化态。钴和镍的稳定氧化态为+2。

铁的矿物主要有赤铁矿Fe_2O_3、磁铁矿Fe_3O_4、褐铁矿$2Fe_2O_3 \cdot 3H_2O$、菱铁矿$FeCO_3$。钴的矿物是砷化物矿和硫化物矿，如砷钴矿$CoAs_2$、辉钴矿CoAsS和硫钴矿Co_2S_4等。镍的重要矿物有硅镁镍矿$(Ni,Mg)_6Si_4O_{10}(OH)_8$、镍黄铁矿$(Ni,Fe)_9S_8$、红砷镍矿NiAs等。铁、钴和镍在地壳中的丰度分别为4.1%、2.9×10^{-3}%和9.9×10^{-3}%。

铂系元素中，只有Os($5d^66s^2$)和Ir($5d^76s^2$)电子正常排布，其他4种元素的电子均为特殊排布：Ru $4d^75s^1$，Rh $4d^85s^1$，Pd $4d^{10}5s^0$，Pt $5d^96s^1$，最外层s轨道减少1个或2个电子，而排布在次外层d轨道上。铂系元素的内层d轨道参与成键能力更强，表现出更多的氧化态。

16.6.1 铁系元素的单质

铁在人类社会发展的过程中起到了无可替代的作用。公元前1400年左右，人类社会开始进入"铁器时代"，铁制工具的使用使大面积的农田开垦和耕作成为可能，社会生产力显著提高，推动了人类由原始社会进入奴隶社会。

铁系元素单质都是银白色具有光泽的金属，都有强磁性，许多铁、钴、镍合金是很好的磁性材料。铁和镍延展性好，钴则硬而脆，低纯度的铸铁也是脆性的。依铁、钴、镍顺序，原子半径逐渐减小，金属的密度依次增大。

铁系金属耐强碱性好，铂系金属抗酸能力强。金属镍、钯、铂都有吸收氢的能力，其中金属钯吸收氢的能力最强，1体积钯最多可吸收900多体积的氢。

铁、钴、镍活泼性依次降低，都能与稀酸反应置换出氢气。

$$M + 2H^+ \longrightarrow M^{2+} + H_2\uparrow (M=Fe,Co,Ni)$$

块状的铁、钴、镍在空气和纯水中稳定，含有杂质的铁在潮湿的空气中缓慢锈蚀，形成结构疏松的棕色铁锈$Fe_2O_3 \cdot nH_2O$。

经过浓硝酸或浓硫酸处理过的铁表面可形成一层致密的氧化膜，能保护铁表面免受潮湿空气的侵蚀。钴和镍被空气氧化可生成薄而致密的膜，这层膜可保护金属使之不被继续侵蚀。在赤热条件下，水蒸气与铁反应生成 Fe_2O_3 和 H_2；钴在空气中与氧反应，较低温度下生成 Co_3O_4，温度在 900℃以上产物则为 CoO；镍与氧反应生成 NiO。

$$2Fe + 3H_2O(蒸气) \xlongequal{} Fe_2O_3 + 3H_2$$

$$3Co + 2O_2 \xlongequal{} Co_3O_4$$

$$2Co + O_2 \xlongequal{>900℃} 2CoO$$

$$2Ni + O_2 \xlongequal{} 2NiO$$

铁系元素都难与强碱发生反应。其中，镍对碱的稳定性最高，可以使用镍制坩埚熔融强碱。铁在常温下不易与非金属单质反应，但在红热情况下，与硫、氯、溴等发生剧烈作用。

钴和镍的冶炼都是先将矿物转化为氧化物，再用碳还原氧化物得到纯度不高的金属。高纯度金属则可利用电解的方法得到。

16.6.2 铁系元素的化合物

1. 溶解性与水解性

铁系元素的强酸盐都易溶于水，如硫酸盐、硝酸盐和氯化物。铁系元素的弱酸盐、氢氧化物和氧化物等不溶于水。

铁系元素的水合离子有特征的颜色，如$[Fe(H_2O)_6]^{2+}$浅绿色、$[Fe(H_2O)_6]^{3+}$淡紫色、$[Co(H_2O)_6]^{2+}$粉红色、$[Ni(H_2O)_6]^{2+}$亮绿色。

$Co(OH)_2$ 和 $Ni(OH)_2$ 易溶于氨水，$Fe(OH)_2$ 和 $Fe(OH)_3$ 不溶于氨水。

$$Co(OH)_2 + 6NH_3 \xlongequal{} [Co(NH_3)_6]^{2+} + 2OH^-$$

$$Ni(OH)_2 + 6NH_3 \xlongequal{} [Ni(NH_3)_6]^{2+} + 2OH^-$$

盐的水解与金属离子的电荷高低有关，金属离子的电荷越高，极化能力越强，盐越容易水解。电荷低的 Fe^{2+}、Co^{2+}、Ni^{2+} 水解程度差，特别是 $CoCl_2 \cdot 6H_2O$ 受热不水解，缓慢加热 $CoCl_2 \cdot 6H_2O$ 逐步失去全部结晶水而不水解。

$$\underset{粉红色}{CoCl_2 \cdot 6H_2O} \longrightarrow \underset{紫红色}{CoCl_2 \cdot 2H_2O} \longrightarrow \underset{蓝紫色}{CoCl_2 \cdot H_2O} \longrightarrow \underset{蓝色}{CoCl_2}$$

$FeCl_2 \cdot 6H_2O$ 和 $NiCl_2 \cdot 6H_2O$ 加热时水解得不到无水盐。

高电荷的 Fe^{3+} 水解能力强，其盐的水溶液显强酸性。将 $FeCl_3$ 溶液与氨水或碳酸盐溶液混合，都生成氢氧化物 $Fe(OH)_3$ 沉淀。

$$[Fe(H_2O)_6]^{3+} \xlongequal{} [Fe(OH)(H_2O)_5]^{2+} + H^+$$

$$FeCl_3 + 3NH_3 + 3H_2O \xlongequal{} Fe(OH)_3 + 3NH_4Cl$$

Fe^{3+} 的强酸盐溶于水，得不到淡紫色的$[Fe(H_2O)_6]^{3+}$，得到的是淡黄色溶液，因逐渐水解生成的$[Fe(OH)(H_2O)_5]^{2+}$及二聚体$[Fe_2(OH)_2(H_2O)_8]^{4+}$均为黄色；随着溶液 pH 升高，生成棕色的 β-FeOOH 胶体，在更高的 pH 下，最终生成 $Fe_2O_3 \cdot nH_2O$ 沉淀。

2. 氧化还原性

Fe^{3+} 是一种中等偏弱的氧化剂，$E^\ominus(Fe^{3+}/Fe^{2+}) = 0.77V$，能将强还原剂 KI、$H_2S$、$SO_2$、$Sn^{2+}$ 等氧化，能够腐蚀金属铜。

$$2Fe^{3+} + 2I^- \xlongequal{} 2Fe^{2+} + I_2$$

$$2Fe^{3+} + H_2S = 2Fe^{2+} + S + 2H^+$$
$$2Fe^{3+} + SO_2 + 2H_2O = 2Fe^{2+} + SO_4^{2-} + 4H^+$$
$$2Fe^{3+} + Sn^{2+} = 2Fe^{2+} + Sn^{4+}$$
$$2Fe^{3+} + Cu = 2Fe^{2+} + Cu^{2+}$$

氧化态为+3的钴和镍在酸性条件下是强氧化剂，能将 HCl 和 Mn^{2+} 等氧化，在水溶液中不稳定。

$$2Co(OH)_3 + 6HCl = 2CoCl_2 + Cl_2 + 3H_2O$$
$$5\,Co(OH)_3 + Mn^{2+} + 7H^+ = 5\,Co^{2+} + MnO_4^- + 11H_2O$$
$$4Co(OH)_3 + 8H^+ = 4Co^{2+} + O_2 + 10H_2O$$

碱性条件下，碘水、双氧水和空气中的氧等很容易将 $Fe(OH)_2$ 和 $Co(OH)_2$ 氧化，但不能将 $Ni(OH)_2$ 氧化，用溴水和氯水等强氧化剂才能氧化 $Ni(OH)_2$。

$$2Fe(OH)_2 + I_2 + 2OH^- = 2Fe(OH)_3 + 2I^-$$
$$2Fe(OH)_2 + H_2O_2 = 2Fe(OH)_3$$
$$2Ni(OH)_2 + Br_2 + 2OH^- = 2NiO(OH) + 2\,Br^- + 2H_2O$$

在强碱中 $Fe(OH)_3$ 可以被 Cl_2 或 ClO^- 氧化生成紫红色的 FeO_4^{2-}；FeO_4^{2-} 在酸性条件下不稳定，氧化能力极强；FeO_4^{2-} 与 Ba^{2+} 生成红棕色 $BaFeO_4$ 沉淀。

$$2Fe(OH)_3 + 3ClO^- + 4OH^- = 2FeO_4^{2-} + 3Cl^- + 5H_2O$$
$$4FeO_4^{2-} + 20H^+ = 4Fe^{3+} + 3O_2\uparrow + 10H_2O$$
$$5FeO_4^{2-} + 3Mn^{2+} + 16H^+ = 5Fe^{3+} + 3MnO_4^- + 8H_2O$$
$$Ba^{2+} + FeO_4^{2-} = BaFeO_4\downarrow$$

若高价金属配合物比低价金属配合物稳定，有配体存在时低价金属的还原性增强，如 I_2 不能氧化 Fe^{2+} 和 Co^{2+}，但能氧化 $[Fe(CN)_6]^{4-}$ 和 $[Co(NH_3)_6]^{2+}$。

$$2[Fe(CN)_6]^{4-} + I_2 = 2[Fe(CN)_6]^{3-} + 2I^-$$
$$2[Co(NH_3)_6]^{2+} + I_2 = 2[Co(NH_3)_6]^{3+} + 2I^-$$

3. 铁系元素的氢氧化物和氧化物

$Fe(OH)_2$ 白色，与空气中的氧作用迅速转变为灰蓝绿色，全部被氧化后生成棕色 $Fe(OH)_3$，$Fe(OH)_3$ 脱水生成红棕色 Fe_2O_3（称为铁丹或铁红）。Fe_2O_3 可用作红色颜料（如红色油漆中）和抛光粉，α-Fe_2O_3 可用于作为录音带的磁性材料。

FeO 黑色粉末，CoO 灰绿色，NiO 暗绿色，Fe_3O_4 黑色。Fe_3O_4 具有强铁磁性，导电性好（电子在 Fe^{2+} 和 Fe^{3+} 间传递的结果）。

向 Co^{2+} 溶液中加入 NaOH 溶液先生成蓝色沉淀，放置或加热转化为粉红色，即 $Co(OH)_2$，有两种变体。$Co(OH)_2$ 在空气中缓慢被氧化为棕黑色的 $Co(OH)_3$（或写成 $Co_2O_3 \cdot nH_2O$）。

向 Ni^{2+} 溶液中加入 NaOH 溶液生成淡绿色 $Ni(OH)_2$ 沉淀，沉淀在空气中不发生变化。用强氧化剂可将 $Ni(OH)_2$ 氧化为 NiO(OH)（棕黑色，有人认为是 NiO_2）。

4. 重要的铁盐

铁的无水卤化物有：FeF_2、$FeCl_2$、$FeBr_2$、FeI_2、FeF_3、$FeCl_3$、$FeBr_3$。卤化物随着铁的氧化

数升高、卤素的半径增大则颜色加深。

向 $FeCl_3$ 溶液中加入 NaF 溶液生成白色 FeF_3 沉淀（在 100～120 ℃干燥其颜色不变），FeF_3 溶于过量 F^- 溶液（生成较稳定的配离子 $[FeF_5]^{2-}$）。

$FeCl_3$ 是重要的化工原料，可作为印刷电路板的刻蚀剂和水处理的絮凝剂。$FeCl_3$ 有明显的共价成分，易溶于乙醇；高温时 $FeCl_3$ 转为共价化合物（气态时为二聚体，图 16-5）。

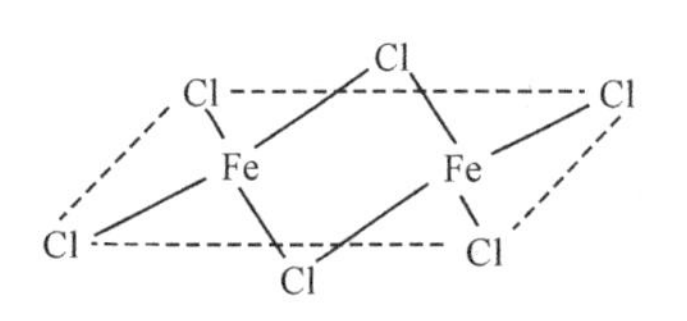

图 16-5　$FeCl_3$ 二聚体的结构

无水 $FeSO_4$ 白色粉末，$FeSO_4 \cdot 7H_2O$ 为绿色，俗称绿矾；$FeSO_4 \cdot (NH_4)_2SO_4 \cdot 6H_2O$ 浅蓝绿色，莫尔盐；$Fe(SCN)_2 \cdot 3H_2O$ 绿色。

$FeCl_3 \cdot 6H_2O$ 橘黄色，$Fe(NO_3)_3 \cdot 9H_2O$ 和 $Fe(NO_3)_3 \cdot 6H_2O$ 淡紫色（与水合离子颜色相同），$NH_4Fe(SO_4)_2 \cdot 12H_2O$ 淡紫色（称为铁铵矾），$Fe_2(SO_4)_3 \cdot 9H_2O$ 黄色。$Fe_2(SO_4)_3$ 白色，$Fe(SCN)_3$ 紫红色。

5. 重要的钴和镍的盐

钴的无水盐 CoF_2 红色，$CoCl_2$ 蓝色，$CoBr_2$ 绿色，CoI_2 蓝黑色，$Co(NO_3)_2$ 淡紫色，$CoSO_4$ 红色，$Co(SCN)_2$ 棕黄色。

镍的无水盐 NiF_2 黄色，$NiCl_2$ 黄色，$NiBr_2$ 黄色，NiI_2 黑色，$Ni(NO_3)_2$ 绿色，$NiSO_4$ 黄绿色，$Ni(SCN)_2$ 绿色。

钴的水合盐中，六水合的盐为粉红色或红色（水合离子的颜色），如 $CoCl_2 \cdot 6H_2O$、$CoBr_2 \cdot 6H_2O$、$CoI_2 \cdot 6H_2O$、$CoSO_4 \cdot 7H_2O$、$Co(NO_3)_2 \cdot 6H_2O$；随着结晶水的减少，颜色介于水合离子与无水盐之间，如 $CoCl_2 \cdot H_2O$ 蓝紫色，$CoCl_2 \cdot 2H_2O$ 紫红色，$CoI_2 \cdot 2H_2O$ 绿色，$CoI_2 \cdot 4H_2O$ 绿色。$Co(SCN)_2 \cdot 4H_2O$ 红色。

Ni^{2+} 化合物及水合盐晶体多为绿色，如 $NiCl_2 \cdot 6H_2O$、$NiI_2 \cdot 6H_2O$、$NiSO_4 \cdot 7H_2O$、$Ni(NO_3)_2 \cdot 6H_2O$。

16.6.3　铁系元素的配合物

1. 铁的配合物

Fe^{2+} 和 Fe^{3+} 在氨水中都生成氢氧化物沉淀，不生成氨的配合物。Fe^{3+} 溶液与 Cl^- 生成黄色的 $[FeCl_4]^-$ 或 $[FeCl_4(H_2O)_2]^-$；与 F^- 生成无色的 $[FeF_5(H_2O)]^{2-}$；与 SCN^- 生成红色的 $[Fe(SCN)_n(H_2O)_{6-n}]^{3-n}$ 或 $[Fe(SCN)_n]^{3-n}$（$n=1\sim6$），随着溶液中配合物浓度增大，溶液的颜色从浅红到暗红。

$[Fe(C_2O_4)_3]^{3-}$ 为黄绿色，其中 $C_2O_4^{2-}$ 为双齿配体。$K_3[Fe(C_2O_4)_3] \cdot 3H_2O$ 绿色晶体，具有光学活性，光照则分解为黄色 $FeC_2O_4 \cdot 2H_2O$。FeC_2O_4 溶于过量 $K_2C_2O_4$ 溶液生成可溶性的 $K_2[Fe(C_2O_4)_2]$。

$K_4[Fe(CN)_6] \cdot 3H_2O$ 晶体为黄色，俗称黄血盐。将 Fe^{3+} 与黄血盐溶液混合，生成蓝色产物，称为普鲁士蓝。将 Fe^{2+} 与黄血盐溶液混合，生成白色 $K_2Fe[Fe(CN)_6]$ 沉淀。

$K_3[Fe(CN)_6]$ 晶体为红色，俗称赤血盐。将 Fe^{2+} 与赤血盐溶液混合，生成蓝色产物，称为滕氏蓝。将 Fe^{3+} 与赤血盐溶液混合，生成绿色 $Fe[Fe(CN)_6]$ 沉淀。

实验结果表明，普鲁士蓝和滕氏蓝结构和组成相同，可以写成 $K[FeFe(CN)_6]$，Fe^{3+} 和

Fe^{2+}都在内界，CN^-的C原子向Fe^{2+}配位而N原子向Fe^{3+}配位，如图16-6所示。$K[FeFe(CN)_6]$的结构可以看成Fe^{2+}以立方体堆积，CN^-在立方体的棱上，Fe^{3+}嵌入立方体棱上2个CN^-的N原子间，立方体空穴中填充K^+和H_2O。

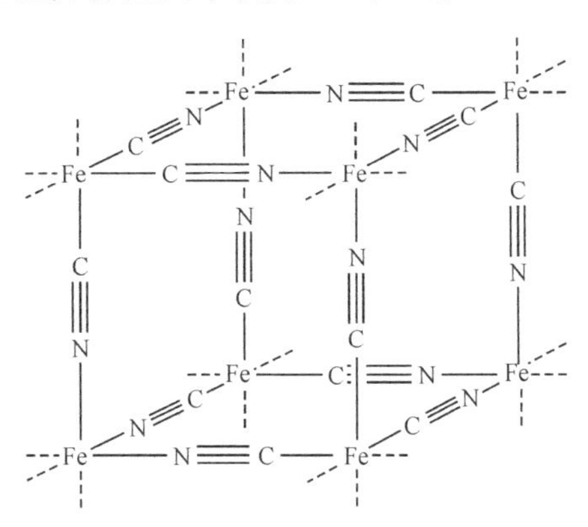

图16-6 $[FeFe(CN)_6]^-$结构示意图

Fe^{2+}与1,10-二氮菲(记为phen)生成的配合物$[Fe(phen)_3]^{2+}$(红色)比其Fe^{3+}生成的配合物$[Fe(phen)_3]^{3+}$(蓝色)稳定，因而$[Fe(phen)_3]^{2+}$的还原性比Fe^{2+}差。

Fe^{3+}与PO_4^{3-}生成浅黄色$FePO_4 \cdot 2H_2O$沉淀，沉淀溶于磷酸生成无色的$[Fe(HPO_4)_3]^{3-}$或$[Fe(PO_4)_3]^{6-}$。

利用Fe^{2+}与NO在酸性条件下反应生成棕色的$[Fe(NO)]^{2+}$或$[Fe(NO)(H_2O)_5]^{2+}$，可以鉴定NO_3^-和NO_2^-。沿着盛Fe^{2+}与NO_3^-混合溶液试管壁加入浓硫酸，在浓硫酸和水溶液的界面生成棕色产物，从试管侧面观察到棕色环。若以NO_2^-代替NO_3^-，则得到棕色溶液而不是棕色环。

$$3Fe^{2+} + NO_3^- + 4H^+ \longequal 3Fe^{3+} + NO + 2H_2O$$

$$Fe^{2+} + NO \longequal [Fe(NO)]^{2+}$$

实验结果表明，$[Fe(NO)]^{2+}$磁矩为$3.9\mu_B$。据此有人提出$[Fe(NO)]^{2+}$中有Fe^+和NO^+(中心有3个单电子)。

$K_4[Fe(CN)_6]$与HNO_3作用可得到$[Fe(CN)_5NO]^{2-}$(硝普离子)，具有抗磁性，故其中心为Fe^{2+}，配体为CN^-和NO^+。

二茂铁$Fe(C_5H_5)_2$，橙色固体，具有夹心型结构(图16-7)。进一步研究证明，二茂铁既不是重叠型构型，也不是交错型构型，而是介于二者之间。

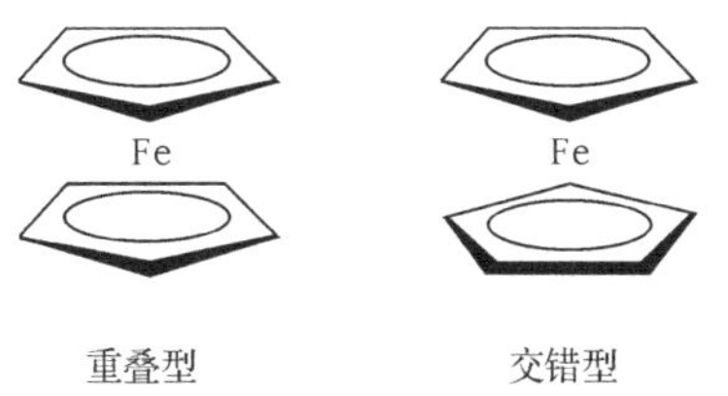

图16-7 二茂铁的结构

一定条件下Fe能与CO反应生成单核、双核和多核配合物，如黄色液体$Fe(CO)_5$、黄色固体$Fe_2(CO)_9$(共面八面体结构，图16-8)。用金属钠还原$Fe_2(CO)_9$生成$Na_2[Fe(CO)_4]$。

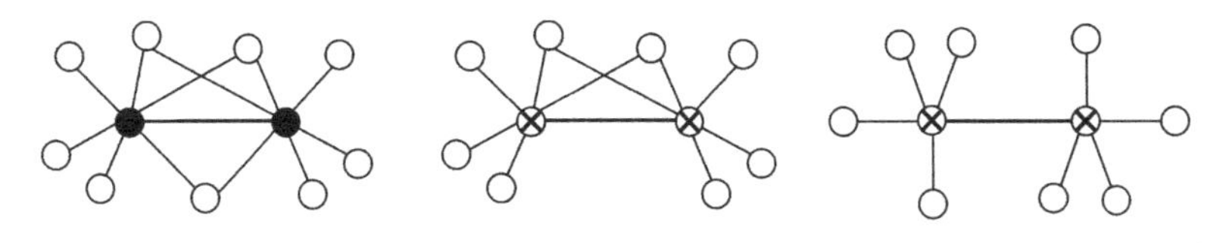

图16-8 铁和钴双核羰基化合的结构

● Fe ⊗ Co ○ CO

2. 钴和镍的配合物

人们对 Co(Ⅲ) 配合物的认识和研究推动了配位化学的发展。早在 1798 年,有人观察到 $CoCl_2$的氨水溶液在空气中逐渐变成棕色,再煮沸则变成酒红色,后来人们认识到 Co^{2+} 被氧化。人们共得到三种含有 Co(Ⅲ)、氨和氯的化合物,$Co(NH_3)_6Cl_3$(黄色)、$Co(NH_3)_5Cl_3$(紫色)、$Co(NH_3)_4Cl_3$(红色)。进一步研究表明,向 $Co(NH_3)_6Cl_3$ 溶液中加入 $AgNO_3$ 时 3 个氯离子均生成沉淀,向 $Co(NH_3)_5Cl_3$ 溶液中加入 $AgNO_3$ 时 2 个氯离子生成沉淀,向 $Co(NH_3)_4Cl_3$ 溶液中加入 $AgNO_3$ 时只有 1 个氯离子生成沉淀。这与我们今天所知的三者组成分别为 $[Co(NH_3)_6]Cl_3$、$[Co(NH_3)_5Cl]Cl_2$ 和$[Co(NH_3)_4Cl_2]Cl$ 极为吻合。维尔纳以这些实验结果为基础,提出配位化合物的概念。

$[Co(H_2O)_6]^{2+}$粉红色,$[Co(NH_3)_6]^{2+}$和$[Co(NH_3)_6]^{3+}$橙黄色,$[Co(SCN)_4]^{2-}$蓝色(稳定常数较小,萃取到乙醚或戊醇中可提高显色的灵敏度)。$Na_3[Co(NO_2)_6]$ 和 $K_3[Co(NO_2)_6]$ 均为黄色,但前者易溶于水而后者难溶。向 $Na_3[Co(NO_2)_6]$ 溶液中加入 KCl 溶液则生成黄色沉淀 $K_3[Co(NO_2)_6]$。$K_3[Co(CN)_6]$ 黄色,抗磁性。

向粉红色 $CoCl_2$ 溶液中加入适量氨水,生成绿色沉淀可能为碱式盐 Co(OH)Cl;氨水过量则沉淀溶为$[Co(NH_3)_6]^{2+}$,在空气中缓慢被氧化为$[Co(NH_3)_6]^{3+}$。

$$4[Co(NH_3)_6]^{2+} + O_2 + 2H_2O = 4[Co(NH_3)_6]^{3+} + 4OH^-$$

Co^{3+}氧化能力强,在水溶液中不稳定。但 Co(Ⅲ)配合物一般比 Co(Ⅱ)配合物稳定,如$[Co(NH_3)_6]^{3+}$稳定常数为 1.6×10^{35},$[Co(NH_3)_6]^{2+}$稳定常数为 1.3×10^{5}。

向粉红色 $CoCl_2$ 溶液中加入浓盐酸,溶液变蓝;将不太稀的 $CoCl_2$ 溶液($2mol \cdot dm^{-3}$以上)加热,溶液由粉红色变为蓝色。

$$[Co(H_2O)_6]^{2+} + 4Cl^- \rightleftharpoons [CoCl_4]^{2-} + 6H_2O$$

向绿色 Ni^{2+} 溶液中滴加氨水,先生成绿色的 $Ni(OH)_2$ 沉淀,氨水过量得到蓝色$[Ni(NH_3)_6]^{2+}$溶液。

$$Ni^{2+} + 2NH_3 + 2H_2O = Ni(OH)_2\downarrow + 2NH_4^+$$

$$Ni(OH)_2 + 6NH_3 = [Ni(NH_3)_6]^{2+} + 2OH^-$$

镍与乙二胺的配合物$[Ni(en)_3]^{2+}$为紫色。

绿色 $Ni(CN)_2$ 不溶于水,溶于氰化钾溶液得到黄色$[Ni(CN)_4]^{2-}$溶液;氰化钾溶液过量,最后生成$[Ni(CN)_5]^{3-}$红色溶液。$[Ni(CN)_4]^{2-}$为正方形结构,$[Ni(CN)_5]^{3-}$有三角双锥和四角锥形两种结构。

弱配体的三价镍配合物不稳定,如 $K_3[NiF_6]$(紫色晶体)氧化能力很强。

钴和镍能形成一系列羰基配合物,如 $Ni(CO)_4$、$Co_2(CO)_8$、$K[Co(CO)_4]$等。$Ni(CO)_4$ 是人们发现最早的羰基配合物。Ni 粉末与 CO 在 50 ℃反应生成无色 $Ni(CO)_4$ 液体;经分离后得到纯净的 $Ni(CO)_4$,在 200 ℃分解 $Ni(CO)_4$ 可制备高纯 Ni。

$Ni(CO)_4$ 为四面体结构;已经测得 $Co_2(CO)_8$的两种结构(图 16-8)。

16.6.4 铂系元素

1. 铂系元素的单质

铂系元素在地壳上的含量均较低,都是稀有元素,与金、银一起统称为贵金属。除锇为蓝灰色外,其余的铂系金属均为银白色。钌和锇硬度大而脆,其余四种铂系金属都有延展性。

铂系金属均为高熔点金属。铂系元素中高周期的三种金属的密度都很大,在 20 $g\cdot cm^{-3}$ 以上。铂系元素的性质见表 16-3。

表 16-3 铂系元素的一些性质

元素符号	Ru	Rh	Pd	Os	Ir	Pt
原子半径/pm	132.5	134.5	137.6	137.7	135.7	137.7
密度/($g\cdot cm^{-3}$)	12.45	12.41	12.02	22.59	22.56	21.45
熔点℃	2310	1966	1554	3045	2410	1772
沸点℃	3900	3700	2970	5000	4130	3827
稳定氧化态	+3,+4	+3	+2	+4	+4	+2,+4,

铂俗称白金,由于化学稳定性、极好的延展性和可加工性,使其成为首饰加工的良好材料。铂坩埚可用来处理含 SiO_2 样品与 HF 的反应。铂可做电极,铂铑合金可做热电偶材料。

铂系元素的单质均为惰性金属,最活泼的 Pd 也不与非氧化性酸作用,Pd 缓慢溶于硝酸和热的浓硫酸。Pt 不溶于硝酸,溶于王水生成配合酸 $H_2[PtCl_6]$。Ru、Rh、Os 和 Ir 与王水作用极其缓慢。在与碱和氧化剂 KNO_3、$KClO_3$、Na_2O_2 共熔时,铂系金属都能被氧化。

2. 铂系元素的化合物

铂系金属的氧化物主要有 RuO_2、RuO_4、Rh_2O_3、RhO_2、PdO、OsO_2、OsO_4、IrO_2、PtO_2 等。RuO_4 和 OsO_4 为共价化合物,易挥发,剧毒。

铂系金属中,Os 的卤化物最丰富,氧化态从 +2~+7 的卤化物都有。Ru、Rh、Ir 稳定氧化态为 +3,能与所有卤素形成三卤化物。Pt 稳定氧化态为+4 和+2,能与所有卤素形成四卤化物。Pd 稳定氧化态为+2,能与所有卤素形成二卤化物。

高价金属的卤化物不稳定,氧化能力强。PtF_6 是已知的最强的氧化剂,能将 O_2 氧化生成 $O_2^+[PtF_6]^-$,将 Xe 氧化生成 $Xe[PtF_6]$。

将 CO 通入 $PdCl_2$ 溶液立即生成黑色单质 Pd 沉淀,可以用来鉴定 CO 的存在。

$$PdCl_2 + CO + H_2O = Pd\downarrow + CO_2 + 2HCl$$

3. 铂系元素配合物

铂系元素的化合物多数都以配位化合物形式存在,$H_2[PtCl_6]\cdot 6H_2O$ 为棕红色晶体,$K[Pt(C_2H_4)Cl_3]\cdot H_2O$(Zeise 盐,第一个有机金属化合物)为橙黄色晶体,结构如图 16-9 所示。Pt 采取 dsp^2 杂化,C_2H_4 占据平面四边形的一个顶点。

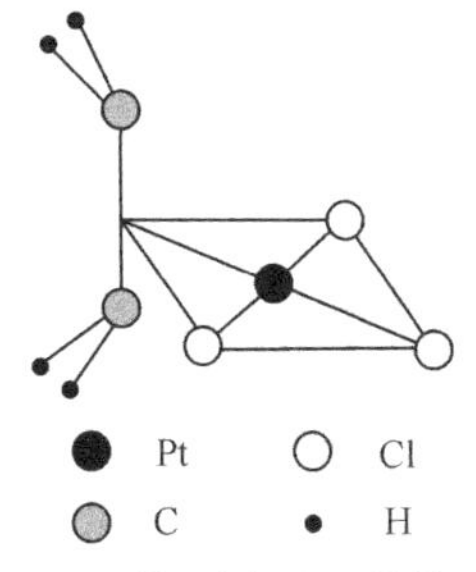

图 16-9 $[Pt(C_2H_4)Cl_3]^-$ 的结构

铂溶于王水得到 H_2PtCl_6，由此可制备铂的其他化合物，如微溶盐 K_2PtCl_6。

$$3Pt + 4HNO_3 + 18HCl \xlongequal{} 3H_2PtCl_6 + 4NO + 8H_2O$$

$$H_2PtCl_6 + 6KNO_3 \xlongequal{灼烧} PtO_2 + 6KCl + 4NO_2 + O_2 + 2HNO_3$$

$$H_2PtCl_6 + SO_2 + 2H_2O \xlongequal{} H_2PtCl_4 + H_2SO_4 + 2HCl$$

$$H_2PtCl_6 + 2K^+ \xlongequal{} K_2PtCl_6 + 2H^+$$

$$K_2PtCl_6 + K_2C_2O_4 \xlongequal{} K_2PtCl_4 + 2KCl + 2CO_2$$

Pt(Ⅱ)四配位配合物一般为平面四边形结构。$[PtCl_4]^{2-}$ 为红色，$[Pt(NH_3)_4]^{2+}$ 和 $[Pt(CN)_4]^{2-}$ 为无色。$[Pt(NH_3)_4]Cl_2 \cdot H_2O$ 为无色晶体，而由两种无色离子形成的 $[Pt(NH_3)_4][PtCl_4]$ 却是绿色的。$Pt(NH_3)_2Cl_2$ 黄色，顺式异构体称为“顺铂”，有抗癌性能。

$[PdCl_4]^{2-}$ 为棕黄色，$Pd(NH_3)_2Cl_2$ 为黄色。

16.7 内过渡元素

1. 镧系元素加上钪和钇共 17 种元素统称为稀土元素。稀土金属活泼，有较强的顺磁性。

2. 镧系收缩使镧系元素后的元素与同族上一周期元素性质相似，也使镧系元素性质相似。

3. 因 f-f 跃迁镧系金属离子多数都有颜色，化合物有优异的发光性能。

4. Ln_2O_3 难溶于水或碱，溶于强酸。Ln^{3+} 半径大，生成配合物能力弱，配位数高。

5. 锕系元素都是放射性元素，钍和铀的化合物较为重要。

内过渡元素包括两个系列元素，即第六周期ⅢB族的镧系元素和第七周期ⅢB族的锕系元素。镧系元素包括从镧 La(57 号元素)到镥 Lu(71 号元素)共 15 种元素，其中有 1 种放射性元素(Pm)；锕系元素包括从锕 Ac(89 号元素)到铹 Lr(103 号元素)15 种元素，全部都是放射性元素，铀以后的 11 种金属都是由人工核反应合成的“人造元素”，这些金属又称超铀元素。

16.7.1 镧系元素

镧系 15 种元素(常用 Ln 表示)加上钪(Sc)、钇(Y)共 17 种元素统称为稀土元素(常用 RE 表示)。人们将 La、Ce、Pr、Nd、Pm、Sm、Eu 称为铈组稀土(也称轻稀土)；将 Gd、Tb、Dy、Ho、Er、Tm、Yb、Lu、Sc、Y 称为钇组稀土(也称重稀土)。稀土元素虽然在地壳中的丰度很高，但分布比较分散，彼此性质又十分相似而提取和分离比较困难，因此被人们认为比较稀少。

1. 镧系收缩

从 La 到 Lu 15 种镧系元素的金属半径递减累积达 9pm，这种现象称为镧系收缩。镧系收缩使镧系元素后的元素与同族上一周期(第五周期)元素原子半径和离子半径相近，化学性质相似，分离困难。例如，Zr 与 Hf，Nb 与 Ta，Mo 与 W 等各对元素性质十分相似。

镧系收缩使镧系元素之间半径相近，性质相似，容易共生，很难分离。镧系收缩的结果使 Y^{3+} 半径与 Er^{3+} 相近，Sc^{3+} 半径与 Lu^{3+} 接近。因而，在自然界中 Y、Sc 常与镧系元素共生，成为稀土元素的成员。

2. 金属单质

镧系金属均为银白色，质地较软，具有延展性，但抗拉强度低。Eu 和 Tb 的密度、熔点比它们各自左右相邻的金属都小，其他镧系金属的密度和熔点基本上随着原子序数的增加而增加。镧系金属都具有较强的顺磁性。

稀土金属均为活泼金属，在空气中可缓慢氧化，与冷水缓慢作用，与热水作用较快，都易溶于稀酸置换出氢，但不溶于碱。

稀土金属还原性强，一般采用熔盐电解法制备金属单质。

稀土金属能显著提高钢的韧性、耐磨性、抗腐性，并能改善钢的焊接性能。稀土金属及其合金具有吸收气体的能力。

镧系元素常见氧化态是 +3，在水溶液中容易形成 +3 价离子，有些元素还存在除 +3 以外的稳定氧化态，如 Ce、Pr、Tb、Dy 常呈现出 +4 氧化态，而 Sm、Eu、Tm、Yb 则有+2 氧化态。

3. 化合物的一些性质

镧系金属中，电子构型为 $4f^{1\sim13}$离子的 4f 电子吸收可见光发生 f-f 跃迁，一般都有颜色，而具有 f^0 和 f^{14}结构的 La^{3+} 和 Lu^{3+} 则无色。高氧化态金属离子极化能力较强而产生电荷迁移，如 Ce^{4+} ($4f^0$)的橙红色就是由电荷迁移引起的。

含有未成对电子的物质具有顺磁性或铁磁性，$f^{1\sim13}$构型的单质或化合物都是顺磁性的。

稀土元素具有优异的发光性能，可用来制造发光材料、电光源材料和激光材料等。例如，以氧化钇（Y_2O_3）或硫氧化钇（Y_2O_2S）为基质的掺铕荧光粉（Y_2O_3:Eu；Y_2O_2S:Eu）可作为红色发光粉，(Ba,Eu)$Mg_2Al_{16}O_{27}$ 是蓝色荧光粉，(Ce,Tb)$MgAl_{11}O_{19}$ 是绿色荧光粉，Y_2O_3:Eu 是红色荧光粉。

4. 镧系元素的重要化合物

1）氧化物和氢氧化物

在空气中加热，Ce 生成白色的 CeO_2，Pr 生成棕黑色的 Pr_6O_{11}，Tb 生成暗棕色的 Tb_4O_7，其他镧系金属生成高熔点氧化物 Ln_2O_3。将氢氧化物、草酸盐、碳酸盐、硝酸盐、硫酸盐在空气中灼烧也可得到 Ln_2O_3。

Ln_2O_3 难溶于水或碱性介质，即使经过灼烧的 Ln_2O_3 也能溶于强酸中。

镧系元素的氢氧化物溶解度小于碱土金属，$Ln(OH)_3$ 的溶解度随温度升高而降低。

2）简单盐和配合物

在镧系金属卤化物中，LnF_3 为难溶盐，不溶于稀 HNO_3。向镧系金属氢氧化物、氧化物、碳酸盐中加盐酸就可得到易溶于水的氯化物。从水溶液中析出的氯化物结晶都是水合晶体，$LnCl_3 \cdot nH_2O$(n=6 或 7)。多数水合氯化物晶体在加热时发生水解。

$Ln(OH)_3$ 或 Ln_2O_3 溶于硫酸可生成易溶于水的硫酸盐，溶解度随着温度升高而降低。除硫酸铈形成九水合物 $Ce_2(SO_4)_3 \cdot 9H_2O$ 外，其余都形成八水合物 $Ln_2(SO_4)_3 \cdot 8H_2O$。

由于 Ce^{4+}有很强的氧化性，反应速度快，分析化学中常用做氧化还原滴定剂。

$$2CeO_2 + 6HCl + H_2O_2 = 2CeCl_3 + 4H_2O + O_2$$

$$2Ce(OH)_4 + 8HCl = 2CeCl_3 + 8H_2O + Cl_2$$

水合硫酸盐加热脱水得到无水盐，无水盐加热分解成碱式盐，碱式盐继续加热分解成氧化物。

$$Ln_2(SO_4)_3 \cdot nH_2O = Ln_2(SO_4)_3 + nH_2O$$

$$Ln_2(SO_4)_3 = Ln_2O_2SO_4 + 2SO_2 + O_2$$

$$2Ln_2O_2SO_4 = 2Ln_2O_3 + 2SO_2 + O_2$$

稀土硫酸盐和碱金属硫酸盐易形成稀土硫酸复盐 $xLn_2(SO_4)_3 \cdot yM_2SO_4 \cdot zH_2O$，式中 M 为 K^+、Na^+、NH_4^+。条件不同 x、y、z 值不同。

镧系元素的草酸盐难溶于水，也难溶于酸。向镧系金属硝酸盐或氯化物的溶液中加硝酸和草酸混合溶液可得到草酸盐沉淀。

Ln^{3+} 半径比过渡元素离子半径大，所以镧系元素生成配合物能力小于过渡元素。镧系元素离子半径大、外层空的轨道多，Ln^{3+} 的配位数一般比较大，可以从 6 到 12。

Ln^{3+} 属于“硬酸”，易与“硬碱”氟、氧配位原子成键，如羧酸、β-二酮及一些含氧化合物。Ln^{3+} 与氮、硫以及氟除外的卤素生成配合物的能力差，只能形成一些螯合物。

16.7.2 锕系元素

锕系元素单质都是具有银白色光泽的放射性金属。与镧系金属相比，锕系金属熔点、密度略高，金属结构变体多。

锕系元素和镧系元素的价电子结构相似。锕系元素也有和镧系收缩类似的“锕系收缩”现象。

除锕和钍外，锕系前半部分元素在水溶液中具有几种不同的氧化态，这是因为金属 7s、5f、6d 电子都可以作为价电子参与成键。随着原子序数的递增，5f 和 6d 轨道能量差变大，5f 电子不易失去或参与成键，使得从 Am(镅)开始，+3 为稳定氧价态。

当 Ac、Th、Pa、U 所有的价电子都用于成键时，它们所表现的最稳定氧化态分别为+3、+4、+5 和+6。氧化态为+7 的 Np 不稳定，其最稳定氧化态为+5。Pu 的稳定氧化态为+4。从 Am 到 Lr 九种元素最稳定氧化态都是+3。

锕系元素在化合物中配位数主要是 6 或 8，还有较高的配位数如 10、11、12。

1. 钍的化合物

钍最稳定氧化态为+4。在稀溶液中存在水合离子$[Th(H_2O)_n]^{4+}$，加入 NaOH 生成 $Th(OH)_4$ 白色沉淀。

ThO_2 为白色粉末，熔点为 3660 K，是熔点最高的氧化物。ThO_2 只能溶于 HNO_3-HF 混合酸中。在钍盐溶液中加入氨水或碱生成白色凝胶状的二氧化钍水合物。

硝酸钍 $Th(NO_3)_4 \cdot 5H_2O$ 易溶于水、醇、酮和酯中，常用于制取钍的其他化合物。

Th^{4+} 电荷高，水解能力强。Th^{4+} 的半径大，有利于形成配位数高的配合物，如八配位的 $(NH_4)_4[ThF_8]$ 和高配位的 $Ca[Th(NO_3)_6]$(NO_3^- 为双齿配体)等。

2. 铀的化合物

铀是一种活泼金属，溶于酸，在空气中易被氧化使金属表面很快由黄变黑。

铀的氧化物很复杂，多为非化学计量比的化合物。氧化物主要有棕黑色的 UO_2，墨绿色的 U_3O_8 和橙黄色的 UO_3。UO_3 具有两性，溶于酸生成黄绿色 UO_2^{2+}，溶于碱生成 $U_2O_7^{2-}$，如

UO_3 溶于硝酸生成硝酸铀酰。

$$UO_3 + 2HNO_3 = UO_2(NO_3)_2 + H_2O$$

UO_2^{2+} 在溶液中水解，室温时水解产物主要有 UO_2OH^+、$UO_2(OH)_2$ 和 $(UO_2)_3(OH)_5^+$。将 UO_3 溶于碱或向 $UO_2(NO_3)_2$ 溶液中加碱，析出黄色的 $Na_2U_2O_7 \cdot 6H_2O$，加热脱水，得黄色无水盐，可作黄色颜料。

铀的卤化物一般都有颜色，如 UF_3、UF_4、UCl_4 为绿色，UF_5 淡蓝色，UBr_3、UCl_3 为红色，UBr_4 为棕色，UCl_6 为绿色，而 UF_6 为白色。

铀的六卤化物水解生成 UO_2^{2+}

$$UF_6 + 2H_2O = UO_2F_2 + 4HF$$

思 考 题

1. 总结过渡元素单质的熔点变化规律。
2. 总结过渡元素单质的反应活性。
3. 写出钒各种氧化态转化的条件。
4. 通过具体实例比较酸性条件下 Co_2O_3、MnO_4^-、$Cr_2O_7^{2-}$、VO_2^+ 氧化能力。
5. 铬化合物的颜色丰富多彩，试给出 Cr^{3+} 常见配离子、化合物的颜色。
6. 总结锰各种氧化态相互转化的条件并给出反应方程式。
7. 比较铁系元素单质性质的变化规律并说明原因。
8. 举例说明镧系收缩及其对元素性质的影响。

习 题

1. 给出下列矿物主要成分的化学式。
   (1) 金红石　(2) 钛铁矿　(3) 钙钛矿　(4) 锆英石
   (5) 斜锆石　(6) 铬铁矿　(7) 铬铅矿　(8) 辉钼矿
   (9) 钼铅矿　(10) 白钨矿　(11) 黑钨矿　(12) 软锰矿
   (13) 黑锰矿　(14) 赤铁矿　(15) 磁铁矿　(16) 菱铁矿
2. 完成过量稀硝酸与下列金属反应的方程式。
   (1) Ti　(2) V　(3) Cr　(4) Mn　(5) Fe　(6) Ni
3. 完成氨水与下列化合物反应的方程式。
   (1) $FeCl_2$　(2) $CrCl_3$　(3) $MnCl_2$　(4) $NiCl_2$　(5) $CoCl_2$
4. 完成浓盐酸与下列化合物反应的方程式。
   (1) V_2O_5　(2) CrO_3　(3) MnO_2　(4) $KMnO_4$　(5) Co_2O_3
5. 完成浓硫酸与下列化合物反应的方程式(必要时可加热)。
   (1) TiO_2　(2) V_2O_5　(3) MnO_2(加热)　(4) $Co(OH)_3$　(5) $Ni(OH)_3$
6. 完成反应的方程式：下列溶液或固体与过量 NaOH 溶液反应后产物暴露在空气中。
   (1) $CrCl_3$　(2) $MnCl_2$　(3) $FeCl_2$　(4) $CoCl_2$　(5) $NiCl_2$
7. 完成下列化合物的热分解反应的方程式。
   (1) NH_4VO_3　(2) $(NH_4)_2Cr_2O_7$　(3) CrO_3　(4) $KMnO_4$　(5) Mn_2O_7　(6) Co_2O_3
8. 解释下列实验现象。
   (1) V_2O_5 溶于硫酸得黄色溶液；再加入过量锌粒充分反应，溶液变为紫色。在酸性的紫色溶液中缓慢滴加 $KMnO_4$ 溶液，则溶液由紫色依次变为绿色、蓝色、绿色、黄色。

(2) 将 V_2O_5 溶于 NaOH 溶液后加入 H_2O_2，溶液变为黄色；而将 V_2O_5 溶于 H_2SO_4 溶液后加入 H_2O_2，溶液变为红色。

(3) 向 K_2MnO_4 溶液中缓慢通入 NO_2，先有棕黑色沉淀生成，NO_2 过量则沉淀消失得到无色溶液。

(4) 向 $K_2Cr_2O_7$ 溶液中滴加过量 $KHSO_3$ 溶液得到绿色溶液；然后将溶液加热一段时间后冷却，溶液变为蓝紫色。

(5) 向含有少量 NH_4Cl 的 $CoCl_2$ 溶液中加入氨水，先生成绿色沉淀，继续加入氨水，沉淀溶解为棕黄色溶液。在空气中放置后，溶液的颜色略加深。

(6) 酸性介质中用锌还原 $Cr_2O_7^{2-}$，溶液颜色由橙色变绿色再变成蓝色。放置后，又变为绿色。

(7) 向 $(NH_4)_2S_2O_8$ 酸性溶液中加入 $MnSO_4$ 溶液并加热，有棕色沉淀生成；若反应前向体系中加少许 $AgNO_3$，则溶液很快变为紫红色。

9. 用三种方法鉴别下列各对物质。

(1) MnO_2 和 CuO　　(2) K_2MnO_4 和 $NiSO_4 \cdot 7H_2O$

(3) Cr_2O_3 和 NiO　　(4) Co_2O_3 和 Ni_2O_3

(5) Pt 和 Cr　　(6) $NiSO_4 \cdot 7H_2O$ 和 $FeSO_4 \cdot 7H_2O$

10. 用反应方程式表示下列物质的制备过程。

(1) 由 TiO_2 制备 Ti　　(2) 由 Cr_2O_3 制备 $K_2Cr_2O_7$

(3) 由 MnO_2 制备 $KMnO_4$　　(4) 由 Fe 制备 $K_3[Fe(C_2O_4)_3] \cdot 3H_2O$

(5) 由 $CoCl_2$ 制备 $[Co(NH_3)_6]Cl_3$　　(6) 由 Fe 制备 $(NH_4)_2SO_4 \cdot FeSO_4 \cdot 6H_2O$

(7) 由 NiS 制备 $[Ni(CO)_4]$　　(8) 由 Pt 制备顺铂 $[Pt(NH_3)_2Cl_2]$

11. 给出下列铁的配合物的颜色。

(1) $K_3[Fe(C_2O_4)_3] \cdot 3H_2O$　　(2) $K_4[Fe(CN)_6] \cdot 3H_2O$

(3) $K_3[Fe(CN)_6]$　　(4) $Fe(C_5H_5)_2$

(5) $K[FeFe(CN)_6]$　　(6) $K_3[Fe(SCN)_6]$

12. 设计方案分离溶液中的离子。

(1) Fe^{3+}、Cr^{3+}、Ni^{2+}、Zn^{2+}

(2) Al^{3+}、Zn^{2+}、Cu^{2+}、Cr^{3+}、Mn^{2+}

(3) Al^{3+}、Zn^{2+}、Fe^{3+}、Ni^{2+}、Cu^{2+}

(4) Cr^{3+}、Mn^{2+}、Fe^{3+}、Ni^{2+}、Zn^{2+}

13. 有四瓶失落标签的黑色粉末，分别为 MnO_2、Fe_3O_4、PbO_2 和 Co_3O_4，试加以鉴别，并写出相关的反应方程式。

14. 解释下列事实。

(1) $Fe(OH)_2$ 和 $Mn(OH)_2$ 为白色，而 $Fe(OH)_3$ 和 $MnO(OH)_2$ 颜色较深；

(2) $CrCl_3 \cdot 6H_2O$ 为绿色，而 $Cr(NO_3)_3 \cdot 9H_2O$ 为紫色；

(3) $[CoF_6]^{3-}$ 为顺磁性物质，而 $[Co(CN)_6]^{3-}$ 为抗磁性物质；

(4) 向 $CoCl_2$ 溶液中加稀 KSCN 溶液，溶液不变蓝；再加入乙醚则有机层变蓝；

(5) Co^{3+} 和 Cl^- 不能共存于同一溶液中，而 $[Co(NH_3)_6]^{3+}$ 和 Cl^- 却能共存于同一溶液中。

15. 简要回答下列问题。

(1) 向 $KHSO_3$ 溶液、K_2SO_3 溶液中分别加 $KMnO_4$ 溶液，实验现象有何不同？

(2) 向两份 $CrCl_3$ 溶液中分别滴加氨水和 NaOH 溶液，实验现象有何不同？

(3) 向 $CrCl_3$ 溶液中滴加 Na_2CO_3 溶液和向 Na_2CO_3 溶液中滴加 $CrCl_3$ 溶液观察到的实验现象是否相同？为什么？

(4) 解释下列卤化物的熔点变化。

TiF_4 284 ℃，$TiCl_4$ −25 ℃，$TiBr_4$ 29 ℃，TiI_4 150 ℃。

(5) 分别向 $FeSO_4$、$CoSO_4$ 和 $NiSO_4$ 溶液中滴加氨水，实验现象有何不同？

(6) 在制备 $TiCl_4$ 时，为什么不能直接用 Cl_2 与 TiO_2 作用，而需要加入焦炭粉参与反应？

(7) 为什么在化工生产中一般不采用生成 $Fe(OH)_3$ 沉淀的方法来除铁杂质？

(8) 将铂粉与固体氢氧化钠和过氧化钠共熔后，再将熔体溶于浓盐酸中，在此溶液中铂形成了什么化合物？

16. 化合物 A 为无色液体，在空气中迅速冒白烟。A 的盐酸溶液与金属锌反应生成紫色溶液 B，加入 NaOH 至溶液呈现碱性后，产生紫色沉淀 C。沉淀 C 用稀 HNO_3 处理，得无色溶液 D。将 D 逐滴加入沸腾的热水中得白色沉淀 E，将 E 过滤后灼烧，再与 $BaCO_3$ 共熔，得一种具有压电性的产物 F。试确定 A、B、C、D、E、F 的化学式，写出相关的反应方程式。

17. 化合物 A 为白色晶体，A 受热分解生成橙黄色固体 B 和无色气体 C。B 与 $NaHSO_3$ 溶液作用得到蓝色溶液 D。D 能使酸性 $KMnO_4$ 溶液退色，使 D 转化为 E。气体 C 通入 $NiCl_2$ 溶液中生成绿色沉淀 F，继续通入气体 C 至过量则绿色沉淀消失，生成蓝色溶液 G。请给出各字母所代表的物质，给出相关反应的方程式。

18. 化合物 A 为黄色晶体。向 A 的溶液中加入 $Pb(NO_3)_2$ 溶液得黄色沉淀 B。B 溶于 KOH 溶液得到黄色溶液 C，而溶于硝酸溶液则得到橙色溶液 D。向 A 的饱和溶液中加入浓硫酸，有深红色物质 E 析出。E 溶于 KOH 溶液后，蒸发、浓缩则析出晶体 A。E 溶于稀硫酸后加入 H_2O_2 溶液得到蓝色物质 F。请给出 A、B、C、D、E、F 的化学式。

19. 白色固体 A 溶于水后加入 $BaCl_2$ 溶液有不溶于酸、碱的白色沉淀 B 生成。向 A 的水溶液中加入 NaOH 溶液，生成白色沉淀 C，C 暴露在空气中则逐渐变为棕黑色的 D。D 不溶于稀酸和稀碱，D 与酸性的 H_2O_2 溶液作用则溶解。将 A 的水溶液用硫酸酸化后加入 $NaBiO_3$ 则溶液变红，说明有 E 生成。$NaHSO_3$ 溶液能够使 E 褪色。D 与 KOH、$KClO_3$ 混合后共熔生成绿色产物 F。将 F 投入大量水中，则转化为 D 和 E。请给出 A、B、C、D、E、F 的化学式和相关转化反应的化学方程式。

20. 绿色水合盐 A 在一定温度下脱水得到白色固体 B。B 在更高的温度下分解生成红棕色固体 C 和气体 D，D 能使 $KMnO_4$ 溶液褪色。C 溶于盐酸后加入 KSCN 溶液得红色溶液 E。向溶液 E 中加入 NaOH 溶液生成棕色沉淀 F。F 溶于 KHC_2O_4 溶液得到黄绿色溶液，经蒸发、浓缩后冷却，析出绿色水合晶体 G。F 溶于 $KHSO_3$ 溶液后，将溶液浓缩则有 A 析出。请给出 A、B、C、D、E、F、G 的化学式及相关反应的化学方程式。

21. 粉红色晶体 A 易溶于水。向 A 的溶液中加入氨水生成绿色沉淀，氨水过量则沉淀溶解得到棕黄色溶液 B。向溶液 B 中加入少量碘水，充分作用后加入 CCl_4 但 CCl_4 层不变色，说明 B 转化为 C。向 A 的溶液中加入 NaClO 溶液，生成棕褐色沉淀 D。D 溶于稀盐酸得到粉红色溶液，该溶液浓缩后冷却则析出 A。晶体 A 受热转化为蓝色的固体 E。给出 A、B、C、D、E 的化学式和各步反应的方程式。

22. 绿色固体 A 不溶于水和 NaOH 溶液。A 缓慢溶于氨水生成蓝色溶液 B。用 NaClO 溶液与 A 作用，固体颜色加深，最后转化为棕黑色的 C。C 溶于 HCl 溶液得绿色溶液 D 和气体 E。向溶液 D 中加入 NaOH 溶液生成沉淀 F，F 与 H_2O_2 不反应。加热 F 则转化为 A。给出 A、B、C、D、E、F 的化学式。

23. 某溶液可能含有 Fe^{3+}、Al^{3+}、Zn^{2+}、Cu^{2+}、Ag^{+}。若向溶液中滴加过量的氨水得白色沉淀和深蓝色溶液。分离后，白色沉淀溶于过量的 NaOH 溶液，并得到无色溶液。将深蓝色溶液用稀 HCl 调至强酸性，则溶液呈浅蓝色并有白色沉淀析出。此溶液中哪些离子肯定存在？哪些离子可能存在？哪些离子肯定不存在？简要说明理由。

主要参考文献

北京师范大学无机化学教研室，华中师范大学无机化学教研室，南京师范大学无机化学教研室，等. 2002. 无机化学（上、下）. 4版. 北京：高等教育出版社

高松. 普通化学. 2013. 北京：北京大学出版社

格林伍德，厄恩肖. 1996. 元素化学（中册）. 李学同，孙玲，单辉，等译. 北京：高等教育出版社

格林伍德，厄恩肖. 1996. 元素化学（下册）. 王曾隽，张庆芳，林蕴和，等译. 北京：高等教育出版社

格林伍德，厄恩肖. 1997. 元素化学（上册）. 曹庭礼，王致勇，张弱非，等译. 北京：高等教育出版社

华彤文，王颖霞，卞江，等. 2013. 普通化学原理. 6版. 北京：北京大学出版社

黄孟健，黄炜. 2004. 无机化学考研攻略. 北京：科学出版社

刘新锦，朱亚先，高飞. 2010. 无机元素化学. 2版. 北京：科学出版社

宋其圣. 2009. 无机化学学习笔记. 北京：科学出版社

宋天佑. 2014. 简明无机化学. 2版. 北京：高等教育出版社

宋天佑，程鹏，徐家宁，等. 2015. 无机化学（上册）. 3版. 北京：高等教育出版社

宋天佑，徐家宁，程功臻，等. 2015. 无机化学（下册）. 3版. 北京：高等教育出版社

徐家宁，井淑波，史书华，等. 2011. 无机化学例题与习题. 3版. 北京：高等教育出版社

徐家宁，宋晓伟，张萍. 2014. 无机化学考研复习指导. 2版. 北京：科学出版社

严宣申，王长富. 1999. 普通无机化学. 2版. 北京：北京大学出版社

附　　录

附录 1　常用物理化学常数

量	符号和数值
阿伏伽德罗常量	$N_A=6.0221367(36)\times10^{23}$ mol^{-1}
电子电荷量	$e=1.60217733(49)\times10^{-19}$ C
电子静止质量	$m_e=9.1093897(54)\times10^{-31}$ kg
法拉第常量	$F=96485.309(29)$ C · mol^{-1}
普朗克常量	$h=6.6260755(40)\times10^{-34}$ J · s
玻耳兹曼常量	$k=1.380658(12)\times10^{-23}$ J · K^{-1}
摩尔气体常量	$R=8.314510(70)$ J · K^{-1}mol^{-1}
玻尔磁子	$\mu_B=9.2740154(31)\times10^{-24}$ J · T^{-1}
里德伯常量	$R_\infty=1.0973731534(13)\times10^{7}$ m^{-1}
标准大气压	1 atm=101.325 kPa
真空中的光速	$c_0=299792458$ m · s^{-1}
原子的质量单位	$u=1.6605402(10)\times10^{-27}$ kg

数据摘自:James G, Speight. Lange's Handbook of Chemistry. 16th ed. 2005。

附录 2　常用换算关系

物理量	换算关系
长度	1 Å=1×10^{-10} m=100 pm=0.1 nm 1 in=2.54 cm
能量	1 cal=4.184 J 1 eV=1.602×10^{-19} J
温度	$F/℉=\frac{9}{5}t℃+32$
压力	1 Pa=1 N · m^{-2} 1 atm=760 mmHg=101.325 kPa 1 mmHg=1 torr=133.3 Pa 1 bar=105 Pa
质量	1 lb=0.454 kg 1 oz=28.3 g
电量	1 esu=3.335×10^{-10} C
偶极矩	1 D(debye)=3.33564×10^{-30} C · m
其他	1 cm^{-1}相当于 1.986×10^{-23} J=0.124 meV 1 eV 相当于 96.485 kJ · mol^{-1},8065.5 cm^{-1} R=8.314 J · mol^{-1} · K^{-1}=8.314 kPa · dm^3 · mol^{-1} · K^{-1}

附录 3 元素的一些性质

原子序数	元素名称	元素符号	相对原子质量	原子半径 /pm	第一电离能 I_1/(kJ · mol^{-1})	第一电子亲和能 E_1/(kJ · mol^{-1})	电负性 χ
1	氢	H	1.00784		1312.0	72.77	2.20
2	氦	He	4.002602(2)		2372.3	(—)	—
3	锂	Li	6.938	152	520.2	59.63	0.98
4	铍	Be	9.012182(3)	111.3	899.5	(—)	1.57
5	硼	B	10.806	86	800.6	26.99	2.04
6	碳	C	12.0096		1086.5	121.78	2.55
7	氮	N	14.00643		1402.3	—	3.04
8	氧	O	15.99903		1313.9	140.98	3.44
9	氟	F	18.9984032(5)	71.7	1681.0	328.16	3.98
10	氖	Ne	20.1797(6)		2080.7	(—)	—
11	钠	Na	22.98976928(2)	186	495.8	52.87	0.93
12	镁	Mg	24.3050(6)	160	737.7	(—)	1.31
13	铝	Al	26.981536(8)	143.1	577.5	41.76	1.61
14	硅	Si	28.084	118	786.5	134.07	1.90
15	磷	P	30.973762(2)	108	1011.8	72.03	2.19
16	硫	S	32.059	106	999.6	200.41	2.58
17	氯	Cl	35.446		1251.2	348.57	3.16
18	氩	Ar	39.948(1)		1520.6	(—)	—
19	钾	K	39.0983(1)	232	418.8	48.38	0.82
20	钙	Ca	40.078(4)	197	589.8	2.37	1.00
21	钪	Sc	44.955912(6)	162	633.1	18.14	1.36
22	钛	Ti	47.867(1)	147	658.8	7.62	1.54
23	钒	V	50.9415(1)	134	650.9	50.65	1.63
24	铬	Cr	51.9961(6)	128	652.9	64.26	1.66
25	锰	Mn	54.93805(5)	127	717.3	(—)	1.55
26	铁	Fe	55.845(2)	126	762.5	14.57	1.83
27	钴	Co	58.933195(5)	125	760.4	63.87	1.88
28	镍	Ni	58.6934(4)	124	737.1	111.54	1.91
29	铜	Cu	63.546(3)	128	745.5	119.16	1.90
30	锌	Zn	65.38(2)	134	906.4	—	1.65
31	镓	Ga	69.723(1)	135	578.8	41.49	1.81
32	锗	Ge	72.63(1)	128	762.2	118.94	2.01
33	砷	As	74.92160(2)	124.8	944.5	78.54	2.18
34	硒	Se	78.96(3)	116	941.0	194.96	2.55

续表

原子序数	元素名称	元素符号	相对原子质量	原子半径/pm	第一电离能 I_1/(kJ·mol^{-1})	第一电子亲和能 E_1/(kJ·mol^{-1})	电负性 χ
35	溴	Br	79.904(1)		1139.9	324.54	2.96
36	氪	Kr	83.798(2)		1350.8	(—)	—
37	铷	Rb	85.4678(3)	248	403.0	46.88	0.82
38	锶	Sr	87.62(1)	215	549.5	4.63	0.95
39	钇	Y	88.90585(2)	180	599.9	29.62	1.22
40	锆	Zr	91.224(2)	160	640.1	41.10	1.33
41	铌	Nb	92.90638(2)	146	652.1	88.38	1.6
42	钼	Mo	95.96(2)	139	684.3	72.17	2.16
43	锝	Tc	[97.9072]	136	702.4	(53.07)	2.10
44	钌	Ru	101.07(2)	134	710.2	(101.31)	2.2
45	铑	Rh	102.90550(2)	134	719.7	109.70	2.28
46	钯	Pd	106.42(1)	137	804.4	54.22	2.20
47	银	Ag	107.8682(2)	144	731.0	125.62	1.93
48	镉	Cd	112.411(8)	148.9	867.8	—	1.69
49	铟	In	114.818(3)	167	558.3	28.95	1.78
50	锡	Sn	118.710(7)	151	708.6	107.30	1.96
51	锑	Sb	121.760(1)	145	830.6	100.92	2.05
52	碲	Te	127.60(3)	142	869.3	190.16	2.1
53	碘	I	126.90447(3)		1008.4	295.15	2.66
54	氙	Xe	131.293(6)		1170.3	(—)	2.60
55	铯	Cs	132.9054519(2)	265	375.7	45.50	0.79
56	钡	Ba	137.327(7)	217.3	502.9	13.95	0.89
57	镧	La	138.90547(7)	183	538.1	45.35	1.10
58	铈	Ce	140.116(1)	181.8	534.4		1.12
59	镨	Pr	140.90765(2)	182.4	528.1		1.13
60	钕	Nd	144.242(3)	181.4	533.1		1.14
61	钷	Pm	[144.9127]	183.4	538.6		—
62	钐	Sm	150.36(2)	180.4	544.5		1.17
63	铕	Eu	151.964(1)	208.4	547.1		—
64	钆	Gd	157.25(3)	180.4	593.4		1.20
65	铽	Tb	158.92535(2)	177.3	565.8		—
66	镝	Dy	162.500(1)	178.1	573.0		1.22
67	钬	Ho	164.93032(2)	176.2	581.0		1.23
68	铒	Er	167.259(3)	176.1	589.3		1.24
69	铥	Tm	168.93421(2)	175.9	596.7		1.25
70	镱	Yb	173.054(5)	193.3	603.4		—

续表

原子序数	元素名称	元素符号	相对原子质量	原子半径/pm	第一电离能 I_1/(kJ · mol^{-1})	第一电子亲和能 E_1/(kJ · mol^{-1})	电负性 χ
71	镥	Lu	174.9668(1)	173.8	523.5		1.0
72	铪	Hf	178.49(2)	159	658.5	1.35	1.3
73	钽	Ta	180.94788(2)	146	728.4	31.07	1.5
74	钨	W	183.84(1)	139	758.8	78.76	1.7
75	铼	Re	186.207(1)	137	755.8	(14.47)	1.9
76	锇	Os	190.23(3)	135	814.2	(106.13)	2.2
77	铱	Ir	192.217(3)	135.5	865.2	150.88	2.2
78	铂	Pt	195.084(9)	138.5	864.4	205.32	2.2
79	金	Au	196.966569(4)	144	890.1	222.75	2.4
80	汞	Hg	200.59(2)	151	1007.1	—	1.9
81	铊	Tl	204.382	170	589.4	36.37	1.8
82	铅	Pb	207.2(1)	175	715.6	35.12	1.8
83	铋	Bi	208.98040(1)	154.7	702.9	90.92	1.9
84	钋	Po	[208.9824]	164	811.8	(183.32)	2.0
85	砹	At	[209.9871]			(270.16)	2.2
86	氡	Rn	[222.0176]		1037.1	(—)	—
87	钫	Fr	[223.0197]	270	393.0	(46.89)	0.7
88	镭	Ra	[226.0254]	(220)	509.3	(9.65)	0.9
89	锕	Ac	[227.0277]	187.8	498.8	(33.77)	1.1
90	钍	Th	232.03806(2)	179	608.5		1.3
91	镤	Pa	231.03588(2)	163	568.3		1.5
92	铀	U	238.02891(3)	156	597.6		1.7
93	镎	Np	[237.0482]	155	604.5		1.3
94	钚	Pu	[244.0642]	159	581.4		1.3
95	镅	Am	[243.0614]	173	576.4		
96	锔	Cm	[247.0704]	174	578.1		
97	锫	Bk	[247.0703]		598.0		
98	锎	Cf	[251.0796]	186(2)	606.1		
99	锿	Es	[252.0830]	186(2)	619.4		
100	镄	Fm	[257.0951]		627.2		
101	钔	Md	[258.0984]		634.9		
102	锘	No	[259.1010]		641.6		
103	铹	Lr	[262.1097]				

原子半径数据摘自：James G，Speight. Lange's Handbook of Chemistry. 16th ed. 2005；其余数据均摘自：Haynes WM. CRC Handbook of Chemistry and Physics. 93rd ed. 2012～2013。原表中数据单位为 eV 的，本表中将其换算成kJ · mol^{-1}。

附录 4 一些弱酸的解离常数

中文名称	英文名称	分子式	级数	温度/K	$K_a^\ominus$	$pK_a^\ominus$
硼酸	boric acid	H_3BO_3	1	293	5.81×10^{-10}	9.236
碳酸	carbonic acid	H_2CO_3	1	298	4.45×10^{-7}	6.352
			2	298	4.69×10^{-11}	10.329
亚氯酸	chlorous acid	$HClO_2$		298	1.15×10^{-2}	1.94
氰酸	cyanic acid	HCNO		298	3.47×10^{-4}	3.46
叠氮酸	hydrazoic acid	HN_3		298	2.40×10^{-5}	4.62
氢氰酸	hydrocyanic acid	HCN		298	6.17×10^{-10}	9.21
氢氟酸	hydrofluoric acid	HF		298	6.31×10^{-4}	3.20
过氧化氢	hydrogen peroxide	H_2O_2	1	298	2.29×10^{-12}	11.64
次磷酸	hydrogen phosphinate	H_3PO_2		298	5.89×10^{-2}	1.23
硒化氢	hydrogen selenide	H_2Se	1	298	1.29×10^{-4}	3.89
			2	298	1.00×10^{-11}	11.0
硫化氢	hydrogen sulfide	H_2S	1	298	1.07×10^{-7}	6.97
			2	298	1.26×10^{-13}	12.90
碲化氢	hydrogen telluride	H_2Te	1	291	2.29×10^{-3}	2.64
			2	291	$10^{-11}\sim10^{-12}$	11～12
次溴酸	hypobromous acid	HBrO		298	2.82×10^{-9}	8.55
次氯酸	hypochlorous acid	HClO		298	2.90×10^{-8}	7.537
次碘酸	hypoiodous acid	HIO		298	3.16×10^{-11}	10.5
碘酸	iodic acid	HIO_3		298	1.57×10^{-1}	0.804
亚硝酸	nitrous acid	HNO_2		298	7.24×10^{-4}	3.14
高碘酸	periodic acid	HIO_4		298	2.29×10^{-2}	1.64
磷酸	phosphoric acid	H_3PO_4	1	298	7.11×10^{-3}	2.148
			2	298	6.34×10^{-8}	7.198
			3	298	4.79×10^{-13}	12.32
亚磷酸	phosphorous acid	H_3PO_3	1	293	3.72×10^{-2}	1.43
			2	293	2.09×10^{-7}	6.68

续表

中文名称	英文名称	分子式	级数	温度/K	$K_a^\ominus$	$pK_a^\ominus$
焦磷酸	pyrophosphoric acid	$H_4P_2O_7$	1	298	1.23×10^{-1}	0.91
			2	298	7.94×10^{-3}	2.10
			3	298	2.00×10^{-7}	6.70
			4	298	4.47×10^{-10}	9.35
硒酸	selenic acid	H_2SeO_4	2	298	2.19×10^{-2}	1.66
亚硒酸	selenious acid	H_2SeO_3	1	298	2.40×10^{-3}	2.62
			2	298	5.01×10^{-9}	8.30
硅酸	silicic acid	H_4SiO_4	1	303	2.51×10^{-10}	9.60
			2	303	1.58×10^{-12}	11.8
硫酸	sulfuric acid	H_2SO_4	2	298	1.02×10^{-2}	1.99
亚硫酸	sulfurous acid	H_2SO_3	1	298	1.29×10^{-2}	1.89
			2	298	6.24×10^{-8}	7.205
碲酸	telluric acid	H_6TeO_6	1	298	2.24×10^{-8}	7.65
			2	298	1.00×10^{-11}	11.00
亚碲酸	tellurous acid	H_2TeO_3	1	293	5.37×10^{-7}	6.27
			2	293	3.72×10^{-9}	8.43
四氟硼酸	tetrafluoroboric acid	HBF_4		298	3.16×10^{-1}	0.5
乙酸	acetic acid	CH_3COOH		298	1.75×10^{-5}	4.756
乙二胺四乙酸	ethylenediamine	EDTA	1	298	1.02×10^{-2}	1.99
	N,*N*,*N*′,*N*′-tetra-acetic acid		2	298	2.14×10^{-3}	2.67
			3	298	6.92×10^{-7}	6.16
			4	298	5.50×10^{-11}	10.26
甲酸	formic acid	HCOOH		298	1.77×10^{-4}	3.751
草酸	oxalic acid	$H_2C_2O_4$	1	298	5.36×10^{-2}	1.271
			2	298	5.35×10^{-5}	4.272
苯酚	phenol	C_6H_5OH		298	1.02×10^{-10}	9.99

数据摘自:James G, Speight. Lange's Handbook of Chemistry. 16th ed. 2005。pK_b 数据是由表中相应的质子化了的化合物的 pK_a 数据计算而得。

附录5 一些配离子的稳定常数

配离子	$K_{稳}^{\ominus}$	$\lg K_{稳}^{\ominus}$	配离子	$K_{稳}^{\ominus}$	$\lg K_{稳}^{\ominus}$
$[Ag(NH_3)_2]^+$	1.12×10^{7}	7.05	$[Cd(NH_3)_4]^{2+}$	1.32×10^{7}	7.12
$[Co(NH_3)_6]^{2+}$	1.29×10^{5}	5.11	$[Co(NH_3)_6]^{3+}$	1.58×10^{35}	35.2
$[Cu(NH_3)_2]^+$	7.24×10^{10}	10.86	$[Cu(NH_3)_4]^{2+}$	2.09×10^{13}	13.32
$[Hg(NH_3)_4]^{2+}$	1.91×10^{19}	19.28	$[Ni(NH_3)_4]^{2+}$	9.12×10^{7}	7.96
$[Pt(NH_3)_6]^{2+}$	2.00×10^{35}	35.3	$[Zn(NH_3)_4]^{2+}$	2.88×10^{9}	9.46
$[AuCl_2]^+$	6.31×10^{9}	9.8	$[CuCl_3]^{2-}$	5.01×10^{5}	5.7
$[FeCl_4]^-$	1.02×10^{0}	0.01	$[HgCl_4]^{2-}$	1.17×10^{15}	15.07
$[PtCl_4]^{2-}$	1.00×10^{16}	16.0	$[SnCl_4]^{2-}$	3.02×10^{1}	1.48
$[Ag(CN)_2]^-$	1.26×10^{21}	21.1	$[Au(CN)_2]^-$	2.00×10^{38}	38.3
$[Cd(CN)_4]^{2-}$	6.03×10^{18}	18.78	$[Cu(CN)_2]^-$	1.00×10^{24}	24.0
$[Cu(CN)_4]^{3-}$	2.00×10^{30}	30.3	$[Fe(CN)_6]^{4-}$	1.00×10^{35}	35
$[Fe(CN)_6]^{3-}$	1.00×10^{42}	42	$[Hg(CN)_4]^{2-}$	2.51×10^{41}	41.4
$[Ni(CN)_4]^{2-}$	2.00×10^{31}	31.3	$[Zn(CN)_4]^{2-}$	5.01×10^{16}	16.7
$[AlF_6]^{3-}$	6.92×10^{19}	19.84	$[FeF]^{2+}$	1.91×10^{5}	5.28
$[FeF_2]^+$	2.00×10^{9}	9.30	$[ScF_6]^{3-}$	2.00×10^{17}	17.3
$[Al(OH)_4]^-$	1.07×10^{33}	33.03	$[Cd(OH)_4]^{2-}$	4.17×10^{8}	8.62
$[Cr(OH)_4]^-$	7.94×10^{29}	29.9	$[Cu(OH)_4]^{2-}$	3.16×10^{18}	18.5
$[Fe(OH)_4]^{2-}$	3.80×10^{8}	8.58	$[AgI_2]^-$	5.50×10^{11}	11.74
$[HgI_4]^{2-}$	6.76×10^{29}	29.83	$[PbI_4]^{2-}$	2.95×10^{4}	4.47
$[Ag(SCN)_2]^-$	3.72×10^{7}	7.57	$[Ag(SCN)_4]^{3-}$	1.20×10^{10}	10.08
$[Co(SCN)_4]^{2-}$	1.00×10^{3}	3.00	$[Fe(SCN)]^{2+}$	8.91×10^{2}	2.95
$[Fe(SCN)_2]^+$	2.29×10^{3}	3.36	$[Cu(SCN)_2]^-$	1.51×10^{5}	5.18
$[Hg(SCN)_4]^{2-}$	1.70×10^{21}	21.23	$[Ag(S_2O_3)_2]^{3-}$	2.88×10^{13}	13.46
$[Cu(S_2O_3)_2]^{3-}$	1.66×10^{12}	12.22	$[Hg(S_2O_3)_4]^{6-}$	1.74×10^{33}	33.24
$[Pb(S_2O_3)_2]^{2-}$	1.35×10^{5}	5.13	$[Ag(en)_2]^+$	5.01×10^{7}	7.70
$[Cd(en)_3]^{2+}$	1.23×10^{12}	12.09	$[Co(en)_3]^{2+}$	8.71×10^{13}	13.94
$[Co(en)_3]^{3+}$	4.90×10^{48}	48.69	$[Cu(en)_2]^+$	6.31×10^{10}	10.8
$[Cu(en)_3]^{2+}$	1.00×10^{21}	21.0	$[Hg(en)_2]^{2+}$	2.00×10^{23}	23.3
$[Ni(en)_3]^{2+}$	2.14×10^{18}	18.33	$[Zn(en)_3]^{2+}$	1.29×10^{14}	14.11
$[Co(C_2O_4)_3]^{4-}$	5.01×10^{9}	9.7	$[Co(C_2O_4)_3]^{3-}$	1×10^{20}	20
$[Cu(C_2O_4)2]^{2-}$	3.16×10^{8}	8.5	$[Fe(C_2O_4)_3]^{4-}$	1.66×10^{5}	5.22
$[Fe(C_2O_4)_3]^{3-}$	1.58×10^{20}	20.2	$[AlEDTA]^-$	1.29×10^{16}	16.11
$[CaEDTA]^{2-}$	1.00×10^{11}	11.0	$[CoEDTA]^{2-}$	2.04×10^{16}	16.31
$[CoEDTA]^-$	1.00×10^{36}	36	$[CuEDTA]^{2-}$	5.01×10^{18}	18.7
$[FeEDTA]^{2-}$	2.14×10^{14}	14.33	$[FeEDTA]^-$	1.70×10^{24}	24.23
$[HgEDTA]^{2-}$	6.31×10^{21}	21.80	$[MgEDTA]^{2-}$	4.37×10^{8}	8.64
$[NiEDTA]^{2-}$	3.63×10^{18}	18.56	$[ZnEDTA]^{2-}$	2.51×10^{16}	16.4

数据摘自:James G, Speight. Lange's Handbook of Chemistry. 16th ed. 2005。

附录 6 常见难溶电解质的溶度积

化学式	$K_{sp}^{\ominus}$	$pK_{sp}^{\ominus}$	化学式	$K_{sp}^{\ominus}$	$pK_{sp}^{\ominus}$
AgBr	5.35×10^{-13}	12.27	CuI	1.27×10^{-12}	11.90
Ag_2CO_3	8.46×10^{-12}	11.07	CuSCN	1.77×10^{-13}	12.75
Ag_2CrO_4	1.12×10^{-12}	11.95	$CuCO_3$	1.4×10^{-10}	9.86
$AgNO_2$	6.0×10^{-4}	3.22	$Cu(IO_3)_2$	6.94×10^{-8}	7.16
Ag_2SO_3	1.50×10^{-14}	13.82	$Cu_3(PO_4)_2$	1.40×10^{-37}	36.85
AgI	8.52×10^{-17}	16.07	$Ga(OH)_3$	7.28×10^{-36}	35.14
$Al(OH)_3$	1.3×10^{-33}	32.89	In_2S_3	5.7×10^{-74}	73.24
$AuCl_3$	3.2×10^{-25}	24.50	FeF_2	2.36×10^{-6}	5.63
As_2S_3	2.1×10^{-22}	21.68	FeS	6.3×10^{-18}	17.20
$BaCrO_4$	1.17×10^{-10}	9.93	$FePO_4\cdot2H_2O$	9.91×10^{-16}	15.00
$BaSiF_6$	1×10^{-6}	6	$Pb(OAc)_2$	1.8×10^{-3}	2.75
$Ba(IO_3)_2\cdot H_2O$	4.01×10^{-9}	8.40	$PbCO_3$	7.4×10^{-14}	13.13
$BaSO_4$	1.08×10^{-10}	9.97	$PbCrO_4$	2.8×10^{-13}	12.55
$BeCO_3\cdot4H_2O$	1×10^{-3}	3	$Pb(OH)_2$	1.43×10^{-15}	14.84
$Bi(OH)_3$	6.0×10^{-31}	30.4	PbI_2	9.8×10^{-9}	8.01
BiOCl	1.8×10^{-31}	30.75	$PbSO_4$	2.53×10^{-8}	7.60
$BiO(NO_3)$	2.82×10^{-3}	2.55	LiF	1.84×10^{-3}	2.74
$CdCO_3$	1.0×10^{-12}	12.0	$MgNH_4PO_4$	2.5×10^{-13}	12.60
CdF_2	6.44×10^{-3}	2.19	MgF_2	5.16×10^{-11}	10.29
CdS	8.0×10^{-27}	26.10	$Mg_3(PO_4)_2$	1.04×10^{-24}	23.98
$CaCrO_4$	7.1×10^{-4}	3.15	$Mn(OH)_2$	1.9×10^{-13}	12.72
$Ca[SiF_6]$	8.1×10^{-4}	3.09	Hg_2Br_2	6.40×10^{-23}	22.19
$Ca(IO_3)_2\cdot6H_2O$	7.10×10^{-7}	6.15	$Hg_2(CN)_2$	5×10^{-40}	39.3
$Ca_3(PO_4)_2$	2.07×10^{-29}	28.68	$Hg_2(OH)_2$	2.0×10^{-24}	23.70
$CaSO_4$	4.93×10^{-5}	4.31	Hg_2SO_4	6.5×10^{-7}	6.19
$Ce(OH)_3$	1.6×10^{-20}	19.8	$HgBr_2$	6.2×10^{-20}	19.21
$Cs_3[Co(NO_2)_6]$	5.7×10^{-16}	15.24	HgI_2	2.9×10^{-29}	28.54
$Cs_2[PtF_6]$	2.4×10^{-6}	5.62	HgS(黑)	1.6×10^{-52}	51.80
$CsClO_4$	3.95×10^{-3}	2.40	$Ni(OH)_2$(新生成)	5.48×10^{-16}	15.26
$Cr(OH)_2$	2×10^{-16}	15.7	$Pd(OH)_2$	1.0×10^{-31}	31.0
CrF_3	6.6×10^{-11}	10.18	$K_2[PtCl_6]$	7.48×10^{-6}	5.13
$Co(OH)_2$(新生成)	5.92×10^{-15}	14.23	$K_2[SiF_6]$	8.7×10^{-7}	6.06
α-CoS	4.0×10^{-21}	20.40	$K_2Na[Co(NO_2)_6]\cdot H_2O$	2.2×10^{-11}	10.66
CuN_3	4.9×10^{-9}	8.31	$Na[Sb(OH)_6]$	4×10^{-8}	7.4
CuCl	1.72×10^{-7}	6.76	$SrCO_3$	5.60×10^{-10}	9.25

续表

化学式	$K_{sp}^{\ominus}$	$pK_{sp}^{\ominus}$	化学式	$K_{sp}^{\ominus}$	$pK_{sp}^{\ominus}$
SrF_2	4.33×10^{-9}	8.36	$CsIO_4$	5.16×10^{-6}	5.29
$SrSO_4$	3.44×10^{-7}	6.46	$Cr(OH)_3$	6.3×10^{-31}	30.20
Tl_2CrO_4	8.67×10^{-13}	12.06	$CoCO_3$	1.4×10^{-13}	12.84
Tl_2S	5.0×10^{-21}	20.30	$Co(OH)_3$	1.6×10^{-44}	43.80
$Sn(OH)_2$	5.45×10^{-28}	27.26	β-CoS	2.0×10^{-25}	24.70
SnS	1.0×10^{-25}	25.00	CuBr	6.27×10^{-9}	8.20
$ZnCO_3$	1.46×10^{-10}	9.94	CuCN	3.47×10^{-20}	19.46
$Zn(OH)_2$	3×10^{-17}	16.5	Cu_2S	2.5×10^{-48}	47.60
α-ZnS	1.6×10^{-24}	23.80	$Cu(N_3)_2$	6.3×10^{-10}	9.20
AgCl	1.77×10^{-10}	9.75	$Cu(OH)_2$	2.2×10^{-20}	19.66
AgCN	5.97×10^{-17}	16.22	CuC_2O_4	4.43×10^{-10}	9.35
$AgIO_3$	3.17×10^{-8}	7.50	CuS	6.3×10^{-36}	35.20
Ag_2SO_4	1.20×10^{-5}	4.92	$In(OH)_3$	6.3×10^{-34}	33.2
Ag_2S	6.3×10^{-50}	49.20	$FeCO_3$	3.13×10^{-11}	10.50
AgN_3	2.8×10^{-9}	8.54	$Fe(OH)_2$	4.87×10^{-17}	16.31
$AlPO_4$	9.84×10^{-21}	20.01	$Fe(OH)_3$	2.79×10^{-39}	38.55
$Au(OH)_3$	5.5×10^{-46}	45.26	$La(OH)_3$	2.0×10^{-19}	18.70
$BaCO_3$	2.58×10^{-9}	8.59	$Pb(N_3)_2$	2.5×10^{-9}	8.59
BaF_2	1.84×10^{-7}	6.74	$PbCl_2$	1.70×10^{-5}	4.77
$Ba(OH)_2\cdot8H_2O$	2.55×10^{-4}	3.59	PbF_2	3.3×10^{-8}	7.48
$Ba_3(PO_4)_2$	3.4×10^{-23}	22.47	$Pb(IO_3)_2$	3.69×10^{-13}	12.43
$BaSO_3$	5.0×10^{-10}	9.30	PbS	8.0×10^{-28}	27.10
$Be(OH)_2$	6.92×10^{-22}	21.16	Li_2CO_3	2.5×10^{-2}	1.60
BiI_3	7.71×10^{-19}	18.11	Li_3PO_4	2.37×10^{-11}	10.63
BiO(OH)	4×10^{-10}	9.4	$MgCO_3$	6.82×10^{-6}	5.17
Bi_2S_3	1×10^{-97}	97	$Mg(OH)_2$	5.61×10^{-12}	11.25
$Cd(CN)_2$	1.0×10^{-8}	8.0	$MnCO_3$	2.34×10^{-11}	10.63
$Cd(OH)_2$(新生成)	7.2×10^{-15}	14.14	$Hg_2(N_3)_2$	7.1×10^{-10}	9.15
$CaCO_3$	2.8×10^{-9}	8.54	Hg_2Cl_2	1.43×10^{-18}	17.84
CaF_2	5.3×10^{-9}	8.28	Hg_2F_2	3.10×10^{-6}	5.51
$Ca(OH)_2$	5.5×10^{-6}	5.26	Hg_2I_2	5.2×10^{-29}	28.72
$CaC_2O_4\cdot H_2O$	2.32×10^{-9}	8.63	Hg_2S	1.0×10^{-47}	47.0
$CaSiO_3$	2.5×10^{-8}	7.60	$Hg(OH)_2$	3.2×10^{-26}	25.52
$CaSO_3$	6.8×10^{-8}	7.17	HgS(红)	4×10^{-53}	52.4
$Ce(OH)_4$	2×10^{-48}	47.7	$NiCO_3$	1.42×10^{-7}	6.85
$Cs_2[PtCl_6]$	3.2×10^{-8}	7.50	β-NiS	1.0×10^{-24}	24.0
$Cs_2[SiF_6]$	1.3×10^{-5}	4.90	$Pt(OH)_2$	1×10^{-35}	35

续表

化学式	$K_{sp}^{\ominus}$	$pK_{sp}^{\ominus}$	化学式	$K_{sp}^{\ominus}$	$pK_{sp}^{\ominus}$
$K_2[PtF_6]$	2.9×10^{-5}	4.54	TlI	5.54×10^{-8}	7.26
$KClO_4$	1.05×10^{-2}	1.98	$Tl(OH)_3$	1.68×10^{-44}	43.77
$Rb_3[Co(NO_2)_6]$	1.5×10^{-15}	14.83	$Sn(OH)_4$	1.0×10^{-56}	56
$Na_2[AlF_6]$	4.0×10^{-10}	9.39	$Ti(OH)_3$	1×10^{-40}	40
$SrCrO_4$	2.2×10^{-5}	4.65	ZnF_2	3.04×10^{-2}	1.52
$Sr_3(PO_4)_2$	4.0×10^{-28}	27.39	$Zn_3(PO_4)_2$	9.0×10^{-33}	32.04
TlCl	1.86×10^{-4}	3.73	β-ZnS	2.5×10^{-22}	21.60

数据摘自：James G，Speight. Lange's Handbook of Chemistry. 16th ed. 2005。

附录 7　一些单质和化合物的热力学数据(常温常压)

化学式	状态	$\Delta_f H_m^{\ominus}/(kJ\cdot mol^{-1})$	$\Delta_f G_m^{\ominus}/(kJ\cdot mol^{-1})$	$S_m^{\ominus}/(J\cdot mol^{-1}\cdot K^{-1})$
Ag	s	0.0	0.0	42.6
Ag_2CrO_4	s	−731.7	−641.8	217.6
Ag_2O	s	−31.1	−11.2	121.3
Ag_2S	s	−32.6	−40.7	144.0
Ag_2SO_4	s	−715.9	−618.4	200.4
AgBr	s	−100.4	−96.9	107.1
AgCl	s	−127.0	−109.8	96.3
AgCN	s	146.0	156.9	107.2
AgI	s	−61.8	−66.2	115.5
$AgNO_3$	s	−124.4	−33.4	140.9
Al	s	0.0	0.0	28.3
Al_2O_3	s	−1675.7	−1582.3	50.9
$AlCl_3$	s	−704.2	−628.8	109.3
AlF_3	s	−1510.4	−1431.1	66.5
AlI_3	s	−302.9		195.9
Ar	g	0.0	0.0	154.8
As	s	0.0	0.0	35.1
As_2S_3	s	−169.0	−168.6	163.6
AsH_3	g	66.4	68.9	222.8
Au	s	0.0	0.0	47.4
$AuCl_3$	s	−117.6		
B_2H_6	g	36.4	87.6	232.1
B_2O_3	s	−1273.5	−1194.3	54.0
$B_3N_3H_6$	l	−541.0	−392.7	199.6
BCl_3	l	−427.2	−387.4	206.3

续表

化学式	状态	$\Delta_f H_m^\ominus/(kJ \cdot mol^{-1})$	$\Delta_f G_m^\ominus/(kJ \cdot mol^{-1})$	$S_m^\ominus/(J \cdot mol^{-1} \cdot K^{-1})$
BCl_3	g	−403.8	−388.7	290.1
BF_3	g	−1136.0	−1119.4	254.4
BN	s	−254.4	−228.4	14.8
Ba	s	0.0	0.0	62.5
$Ba(OH)_2$	s	−944.7		
$BaCl_2$	s	−855.0	−806.7	123.7
$BaCO_3$	s	−1213.0	−1134.4	112.1
BaO	s	−548.0	−520.3	72.1
BaS	s	−460.0	−456.0	78.2
$BaSO_4$	s	−1473.2	−1362.2	132.2
Be	s	0.0	0.0	9.5
$Be(OH)_2$	s	−902.5	−815.0	45.5
$BeCl_2$	s	−490.4	−445.6	75.8
BeO	s	−609.4	580.1	13.8
$BeSO_4$	s	−1205.2	−1093.8	77.9
Bi	s	0.0	0.0	56.7
$Bi(OH)_3$	s	−711.3		
Bi_2S_3	s	−143.1	−140.6	200.4
$BiCl_3$	s	−379.1	−315.0	177.0
Br_2	l	0.0	0.0	152.2
Br_2	g	30.9	3.1	245.5
C（石墨）	s	0.0	0.0	5.7
C（金刚石）	s	1.9	2.9	2.4
$COCl_2$	g	−219.1	−204.9	283.5
CCl_4	l	−128.2		
CO	g	−110.5	−137.2	197.7
CO_2	g	−393.5	−394.4	213.8
Ca	s	0.0	0.0	41.6
$Ca(OH)_2$	s	−985.2	−897.5	83.4
$Ca_3(PO_4)_2$	s	−4120.8	−3884.7	236.0
CaC_2	s	−59.8	−64.9	70.0
$CaCl_2$	s	−795.4	−748.8	108.4
$CaCO_3$(方解石)	s	−1207.6	−1129.1	91.7
$CaCO_3$(霰石)	s	−1207.8	−1128.2	88.0
CaH_2	s	−181.5	−142.5	41.4
CaO	s	−634.9	−603.3	38.1
Cd	s	0.0		

续表

化学式	状态	$\Delta_f H_m^\ominus/(kJ \cdot mol^{-1})$	$\Delta_f G_m^\ominus/(kJ \cdot mol^{-1})$	$S_m^\ominus/(J \cdot mol^{-1} \cdot K^{-1})$
$CdCl_2$	s	−391.5	−343.9	115.3
CdS	s	−161.9	−156.5	64.9
Cl	g	121.3	105.3	165.2
Cl_2	g	0.0	0.0	223.1
ClO_2	g	102.5	120.5	256.8
$Co(OH)_2$	s	−539.7	−454.3	79.0
$CoCl_2$	s	−312.5	−269.8	109.2
CoO	s	−237.9	−214.2	53.0
CoS	s	−82.8		
$CoSO_4$	s	−888.3	−782.3	118.0
Cr	s	0.0	0.0	23.8
Cr_2O_3	s	−1139.7	−1058.1	81.2
Cs	s	0.0	0.0	85.2
CS_2	l	89.0	64.6	151.3
CS_2	g	116.7	67.1	237.8
Cs_2O	s	−345.8	−308.1	146.9
Cs_2SO_4	s	−1443.0	−1323.6	211.9
CsOH	s	−416.2	−371.8	104.2
Cu	s	0.0	0.0	33.2
$Cu(OH)_2$	s	−449.8		
Cu_2O	s	−168.6	−146.0	93.1
CuCl	s	−137.2	−119.9	86.2
$CuCl_2$	s	−220.1	−175.7	108.1
CuCN	s	96.2	111.3	84.5
CuI	s	−67.8	−69.5	96.7
CuO	s	−157.3	−129.7	42.6
CuS	s	−53.1	−53.6	66.5
$CuSO_4$	s	−771.4	−662.2	109.2
F_2	g	0.0	0.0	202.8
Fe	s	0.0	0.0	27.3
Fe_2O_3	s	−824.2	−742.2	87.4
Fe_3O_4	s	−1118.4	−1015.4	146.4
$FeCl_2$	s	−341.8	−302.3	118.0
$FeCl_3$	s	−399.5	−334.0	142.3
FeO	s	−272.0		
FeS	s	−100.0	−100.4	60.3

续表

化学式	状态	$\Delta_f H_m^\ominus/(kJ \cdot mol^{-1})$	$\Delta_f G_m^\ominus/(kJ \cdot mol^{-1})$	$S_m^\ominus/(J \cdot mol^{-1} \cdot K^{-1})$
$FeSO_4$	s	−928.4	−820.8	107.5
Ga	s	0.0	0.0	40.8
$Ga(OH)_3$	s	−964.4	−831.3	100.0
$GaCl_3$	s	−524.7	−454.8	142.0
GaF_3	s	−1163.0	−1085.3	84.0
Ge	s	0.0	0.0	31.1
H_2	g	0.0	0.0	130.7
H_2O	l	−285.8	−237.1	−70.0
H_2O	g	−241.8	−228.6	188.8
H_2O_2	l	−187.8	−120.4	109.6
H_2S	g	−20.6	−33.4	205.8
H_2Se	g	29.7	15.9	219.0
H_2SiO_3	s	−1188.7	−1092.4	134.0
H_2SO_4	l	−814.0	−690.0	156.9
H_2Te	g	99.6		
H_3AsO_4	s	−906.3		
H_3BO_3	s	−1094.3	−968.9	90.0
H_3PO_2	s	−604.6		
H_3PO_3	s	−964.4		
H_3PO_4	s	−1284.4	−1124.3	110.5
$H_4P_2O_7$	s	−2241.0		
H_3Sb	g	145.1	147.8	232.8
H_4SiO_4	s	−1481.1	−1332.9	192.0
HBr	g	−36.3	−53.4	198.7
HCl	g	−92.3	−95.3	186.9
HClO	g	−78.7	−66.1	236.7
$HClO_4$	g	−40.6		
HCN	l	108.9	125.0	112.8
HCN	g	135.1	124.7	201.8
He	g	0.0	0.0	126.2
HF	l	−299.8		
HF	g	−273.3	−275.4	173.8
Hg	l	0.0	0.0	75.9
Hg	g	61.4	31.8	175.0
Hg_2Cl_2	s	−265.4	−210.7	191.6
$HgBr_2$	s	−170.7	−153.1	172.0
$HgCl_2$	s	−224.3	−178.6	146.0

续表

化学式	状态	$\Delta_f H_m^\ominus$/(kJ·mol^{-1})	$\Delta_f G_m^\ominus$/(kJ·mol^{-1})	$S_m^\ominus$/(J·mol^{-1}·K^{-1})
HgI_2	s	−105.4	−101.7	180.0
HgO	s	−90.8	−58.5	70.3
HgS	s	−58.2	−50.6	82.4
$HgSO_4$	s	−707.5		
HI	g	26.5	1.7	206.6
HIO_3	g	−230.1		
HN_3	g	294.1	328.1	239.0
HNO_2	g	−79.5	−46.0	254.1
HNO_3	l	−174.1	−80.7	155.6
HSCN	g	127.6	113.0	247.8
I_2	s	0.0	0.0	116.1
I_2	g	62.4	19.3	260.7
In	s	0.0	0.0	57.8
In_2O_3	s	−925.8	−830.7	104.2
K	s	0.0	0.0	64.7
K_2CO_3	s	−1151.0	−1063.5	155.5
K_2O	s	−361.5		
K_2O_2	s	−494.1	−425.1	102.1
K_2SiF_6	s	−2956.0	−2798.6	226.0
K_2SO_4	s	−1437.8	−1321.4	175.6
K_3PO_4	s	−1950.2		
KBH_4	s	−227.4	−160.3	106.3
KCl	s	−436.5	−408.5	82.6
$KClO_3$	s	−397.7	−296.3	143.1
$KClO_4$	s	−432.8	−303.1	151.0
KCN	s	−113.0	−101.9	128.5
$KHCO_3$	s	−963.2	−863.5	115.5
KHF_2	s	−927.7	−859.7	104.3
KI	s	−327.9	−324.9	106.3
KIO_3	s	−501.4	−418.4	151.5
$KMnO_4$	s	−837.2	−737.6	171.7
KNO_2	s	−369.8	−306.6	152.1
KNO_3	s	−494.6	−394.9	133.1
KO_2	s	−284.9	−239.4	116.7
KOH	s	−424.6	−379.4	81.2
Kr	g	0.0	0.0	164.1
KSCN	s	−200.2	−178.3	124.3

续表

化学式	状态	$\Delta_f H_m^\ominus/(kJ \cdot mol^{-1})$	$\Delta_f G_m^\ominus/(kJ \cdot mol^{-1})$	$S_m^\ominus/(J \cdot mol^{-1} \cdot K^{-1})$
Li	s	0.0	0.0	29.1
Li_2CO_3	s	−1215.9	−1132.1	90.4
Li_2O	s	−597.9	−561.2	37.6
Li_2SO_4	s	−1436.5	−1321.7	115.1
LiF	s	−616.0	−587.7	35.7
$LiAlH_4$	s	−116.3	−44.7	78.7
$LiBH_4$	s	−190.8	−125.0	75.9
LiF	s	−616.0	−587.7	35.7
LiH	s	−90.5	−68.3	20.0
LiOH	s	−487.5	−441.5	42.8
Mg	s	0.0	0.0	32.7
$Mg(OH)_2$	s	−924.5	−833.5	63.2
$MgCl_2$	s	−641.3	−591.8	89.6
$MgCO_3$	s	−1095.8	−1012.1	65.7
MgH_2	s	−75.3	−35.9	31.1
MgO	s	−601.6	−569.3	27.0
$MgSO_4$	s	−1284.9	−1170.6	91.6
Mn	s	0.0	0.0	32.0
$Mn(NO_3)_2$	s	−576.3		
$MnCl_2$	s	−481.3	−440.5	118.2
$MnCO_3$	s	−894.1	−816.7	85.8
MnO	s	−385.2	−362.9	59.7
MnO_2	s	−520.0	−465.1	53.1
MnS	s	−214.2	−218.4	78.2
N_2	g	0.0	0.0	191.6
N_2H_4	l	50.6	149.3	121.2
N_2O	g	81.6	103.7	220.0
NO	g	91.3	87.6	210.8
N_2O_3	l	50.3		
N_2O_3	g	86.6	142.4	314.7
NO_2	g	33.2	51.3	240.1
N_2O_4	l	−19.5	97.5	209.2
N_2O_4	g	11.1	99.8	304.4
N_2O_5	s	−43.1	113.9	178.2
NF_3	g	−132.1	−90.6	260.8
NH_3	g	−45.9	−16.4	192.8
NH_4Cl	s	−314.4	−202.9	94.6

续表

化学式	状态	$\Delta_f H_m^\ominus/(kJ \cdot mol^{-1})$	$\Delta_f G_m^\ominus/(kJ \cdot mol^{-1})$	$S_m^\ominus/(J \cdot mol^{-1} \cdot K^{-1})$
NH_4F	s	−464.0	−348.7	72.0
NH_4NO_3	s	−365.6	−183.9	151.1
$(NH_4)_2SO_4$	s	−1180.9	−901.7	220.1
Na	s	0.0	0.0	51.3
$Na_2B_4O_7$	s	−3291.1	−3096.0	189.5
Na_2CO_3	s	−1130.7	−1044.4	135.0
Na_2HPO_4	s	−1748.1	−1608.2	150.5
Na_2O	s	−414.2	−375.5	75.1
Na_2O_2	s	−510.9	−447.7	95.0
Na_2S	s	−364.8	−349.8	83.7
Na_2SiF_6	s	−2909.6	−2754.2	207.1
Na_2SiO_3	s	−1554.9	−1462.8	113.9
Na_2SO_3	s	−1100.8	−1012.5	145.9
Na_2SO_4	s	−1387.1	−1270.2	149.6
$NaBF_4$	s	−1844.7	−1750.1	145.3
$NaBH_4$	s	−188.6	−123.9	101.3
NaCl	s	−411.2	−384.1	72.1
NaCN	s	−87.5	−76.4	115.6
NaF	s	−576.6	−546.3	51.1
$NaHCO_3$	s	−950.8	−851.0	101.7
$NaHSO_4$	s	−1125.5	−992.8	113.0
NaH	s	−56.3	−33.5	40.0
NaN_3	s	21.7	93.8	96.9
$NaNH_2$	s	−123.8	−64.0	76.9
$NaNO_2$	s	−358.7	−284.6	103.8
$NaNO_3$	s	−467.9	−367.0	116.5
NaOH	s	−425.8	−379.5	64.4
NaO_2	s	−260.2	−218.4	115.9
Ne	g	0.0	0.0	146.3
Ni	s	0.0	0.0	29.9
Ni_2O_3	s	−489.5		
NiS	s	−82.0	−79.5	53.0
$NiSO_4$	s	−872.9	−759.7	92.0
O_2	g	0.0	0.0	205.2
O_3	g	142.7	163.2	238.9
OF_2	g	24.5	41.8	247.5
P(白)	s	0.0	0.0	41.1

续表

化学式	状态	$\Delta_f H_m^\ominus/(kJ \cdot mol^{-1})$	$\Delta_f G_m^\ominus/(kJ \cdot mol^{-1})$	$S_m^\ominus/(J \cdot mol^{-1} \cdot K^{-1})$
P(红)	s	−17.6		22.8
P(黑)	s	−39.3		
$Pb(NO_3)_2$	s	−451.9		
Pb_3O_4	s	−718.4	−601.2	211.3
$PbCl_2$	s	−359.4	−314.1	136.0
$PbCl_4$	l	−329.3		
$PbCO_3$	s	−699.1	−625.5	131.0
PbI_2	s	−175.5	−173.6	174.9
PbO	s	−217.3	−187.9	68.7
PbO_2	s	−277.4	−217.3	68.6
PbS	s	−100.4	−98.7	91.2
PCl_3	l	−319.7	−272.3	217.1
PCl_3	g	−287.0	−267.8	311.8
PCl_5	g	−374.9	−305.0	364.6
PF_5	g	−1594.4	−1520.7	300.8
PH_3	g	5.4	13.5	210.2
Pd	s	0.0	0.0	
PdO	s	−85.4		
$PtCl_4$	s	−231.8		
PtF_6	s			235.6
Rb	s	0.0	0.0	76.8
RbCl	s	−435.4	−407.8	95.9
$RbClO_4$	s	−437.2	−306.9	161.1
$RbNO_3$	s	−495.1	−395.8	147.3
RbOH	s	−418.8	−373.9	94.0
Sb_2O_3	s	−971.9	−829.2	125.1
Sc_2O_3	s	−1908.8	−1819.4	77.0
Se	s	0.0	0.0	42.4
$SiCl_4$	l	−687.0	−619.8	239.7
SiF_4	g	−1615.0	−1572.8	282.8
SiH_4	g	34.3	56.9	204.6
SiO_2	s	−910.7	−856.3	41.5
Sn(白)	s	0.0		51.2
Sn(灰)	s	−2.1	0.1	44.1
$Sn(OH)_2$	s	−561.1	−491.6	155.0
$SnCl_2$	s	−325.1		
$SnCl_4$	l	−511.3	−440.1	258.6

续表

化学式	状态	$\Delta_f H_m^\ominus$/(kJ · mol^{-1})	$\Delta_f G_m^\ominus$/(kJ · mol^{-1})	$S_m^\ominus$/(J · mol^{-1} · K^{-1})
SnS	s	−100.0	−98.3	77.0
SF_4	g	−763.2	−722.0	299.6
SF_6	g	−1220.5	−1116.5	291.5
SO_2	g	−296.8	−300.1	248.2
SO_3	s	−454.5	−374.2	70.7
SO_3	l	−441.0	−373.8	113.8
SO_3	g	−395.7	−371.1	256.8
Sr	s	0.0	0.0	55.0
$SrCO_3$	s	−1220.1	−1140.1	97.1
SrO	s	−592.0	−561.9	54.4
$SrSO_4$	s	−1453.1	−1340.9	117.0
Ti	s	0.0	0.0	30.7
$TiCl_4$	l	−804.2	−737.2	252.2
TiO_2	s	−944.0	−888.8	50.6
Tl	s	0.0	0.0	64.2
Tl_2O	s	−178.7	−147.3	126.0
Tl_2S	s	−97.1	−93.7	151.0
Tl_2SO_4	s	−931.8	−830.4	230.5
TlCl	s	−204.1	−184.9	111.3
TlI	s	−123.8	−125.4	127.6
TlOH	s	−238.9	−195.8	88.0
V	s	0.0	0.0	28.9
V_2O_5	s	−1550.6	−1419.5	131.0
W	s	0.0	0.0	32.6
WO_3	s	−842.9	−764.0	75.9
Xe	g	0.0	0.0	169.7
XeF_4	s	−261.5		
Zn	s	0.0	0.0	41.6
$Zn(NO_3)_2$	s	−483.7		
$Zn(OH)_2$	s	−641.9	−553.5	81.2
$ZnCl_2$	s	−415.1	−369.4	111.5
$ZnCO_3$	s	−812.8	−731.5	82.4
ZnO	s	−350.5	−320.5	43.7
ZnS	s	−206.0	−201.3	57.7
$ZnSO_4$	s	−982.8	−871.5	110.5

数据摘自：Haynes W M. CRC Handbook of Chemistry and Physics. 93rd ed. 2012～2013。

附录 8　标准电极电势(常温)

电对符号	电极反应 氧化型 $+ze^- \rightleftharpoons$ 还原型	$E^{\ominus}/V$
Li^+/Li	$Li^+ + e^- \rightleftharpoons Li$	−3.0401
Cs^+/Cs	$Cs^+ + e^- \rightleftharpoons Cs$	−3.026
Rb^+/Rb	$Rb^+ + e^- \rightleftharpoons Rb$	−2.98
K^+/K	$K^+ + e^- \rightleftharpoons K$	−2.931
Ba^{2+}/Ba	$Ba^{2+} + 2e^- \rightleftharpoons Ba$	−2.912
Sr^{2+}/Sr	$Sr^{2+} + 2e^- \rightleftharpoons Sr$	−2.899
Ca^{2+}/Ca	$Ca^{2+} + 2e^- \rightleftharpoons Ca$	−2.868
Na^+/Na	$Na^+ + e^- \rightleftharpoons Na$	−2.71
La^{3+}/La	$La^{3+} + 3e^- \rightleftharpoons La$	−2.379
Y^{3+}/Y	$Y^{3+} + 3e^- \rightleftharpoons Y$	−2.372
Mg^{2+}/Mg	$Mg^{2+} + 2e^- \rightleftharpoons Mg$	−2.372
Ce^{3+}/Ce	$Ce^{3+} + 3e^- \rightleftharpoons Ce$	−2.336
N_2/NH_3OH^+	$N_2 + 2H_2O + 4H^+ + 2e^- \rightleftharpoons 2NH_3OH^+$	−1.87
Be^{2+}/Be	$Be^{2+} + 2e^- \rightleftharpoons Be$	−1.847
Al^{3+}/Al	$Al^{3+} + 3e^- \rightleftharpoons Al$	−1.662
Ti^{3+}/Ti	$Ti^{3+} + 3e^- \rightleftharpoons Ti$	−1.37
Mn^{2+}/Mn	$Mn^{2+} + 2e^- \rightleftharpoons Mn$	−1.185
V^{2+}/V	$V^{2+} + 2e^- \rightleftharpoons V$	−1.175
Cr^{2+}/Cr	$Cr^{2+} + 2e^- \rightleftharpoons Cr$	−0.913
H_3BO_3/B	$H_3BO_3 + 3H^+ + 3e^- \rightleftharpoons B + 3H_2O$	−0.8698
Zn^{2+}/Zn	$Zn^{2+} + 2e^- \rightleftharpoons Zn$	−0.7618
H_2SeO_3/Se	$H_2SeO_3 + 4H^+ + 4e^- \rightleftharpoons Se + 3H_2O$	0.74
As/AsH_3	$As + 3H^+ + 3e^- \rightleftharpoons AsH_3$	−0.608
Ga^{3+}/Ga	$Ga^{3+} + 3e^- \rightleftharpoons Ga$	−0.549
Sb/SbH_3	$Sb + 3H^+ + 3e^- \rightleftharpoons SbH_3$	−0.510
H_3PO_2/P	$H_3PO_2 + H^+ + e^- \rightleftharpoons P + 2H_2O$	−0.508
H_3PO_3/H_3PO_2	$H_3PO_2 + 2H^+ + 2e^- \rightleftharpoons H_3PO_2 + 2H_2O$	−0.499
Fe^{2+}/Fe	$Fe^{2+} + 2e^- \rightleftharpoons Fe$	−0.447
Cr^{3+}/Cr^{2+}	$Cr^{3+} + e^- \rightleftharpoons Cr^{2+}$	−0.407
Cd^{2+}/Cd	$Cd^{2+} + 2e^- \rightleftharpoons Cd$	−0.4030
$Se/H_2Se(aq)$	$Se + 2H^+ + 2e^- \rightleftharpoons H_2Se(aq)$	−0.399
In^{3+}/In	$In^{3+} + 3e^- \rightleftharpoons In$	−0.3382
Tl^+/Tl	$Tl^+ + e^- \rightleftharpoons Tl$	−0.336
Co^{2+}/Co	$Co^{2+} + 2e^- \rightleftharpoons Co$	−0.28

续表

电对符号	电极反应 氧化型+ze^-⇌还原型	$E^\ominus$/V
H_3PO_4/H_3PO_3	$H_3PO_4+2H^++2e^- \rightleftharpoons H_3PO_3+H_2O$	−0.276
Ni^{2+}/Ni	$Ni^{2+}+2e^- \rightleftharpoons Ni$	−0.257
$N_2/N_2H_5^+$	$N_2+5H^++4e^- \rightleftharpoons N_2H_5^+$	−0.23 *
$SO_4^{2-}/S_2O_6^{2-}$	$2SO_4^{2-}+4H^++2e^- \rightleftharpoons S_2O_6^{2-}+H_2O$	−0.22
Sn^{2+}/Sn	$Sn^{2+}+2e^- \rightleftharpoons Sn$	−0.1375
Pb^{2+}/Pb	$Pb^{2+}+2e^- \rightleftharpoons Pb$	−0.1262
$P/PH_3(g)$	P(白)$+3H^++3e^- \rightleftharpoons PH_3(g)$	−0.063
$H_2SO_3/HS_2O_4^-$	$2H_2SO_3+H^++2e^- \rightleftharpoons HS_2O_4^-+2H_2O$	−0.056
H^+/H_2	$2H^++2e^- \rightleftharpoons H_2$	0.00000
MoO_3/Mo	$MoO_3+6H^++6e^- \rightleftharpoons Mo+3H_2O$	0.075
Ge^{4+}/Ge	$Ge^{4+}+4e^- \rightleftharpoons Ge$	0.124
S/H_2S	$S+2H^++2e^- \rightleftharpoons H_2S(aq)$	0.142
Sn^{4+}/Sn^{2+}	$Sn^{4+}+2e^- \rightleftharpoons Sn^{2+}$	0.151
Cu^{2+}/Cu^+	$Cu^{2+}+e^- \rightleftharpoons Cu^+$	0.153
SO_4^{2-}/H_2SO_3	$SO_4^{2-}+4H^++2e^- \rightleftharpoons H_2SO_3+H_2O$	0.172
SbO^+/Sb	$SbO^++2H^++3e^- \rightleftharpoons Sb+2H_2O$	0.212
As_2O_3/As	$As_2O_3+6H^++6e^- \rightleftharpoons 2As+3H_2O$	0.234
Bi^{3+}/Bi	$Bi^{3+}+3e^- \rightleftharpoons Bi$	0.308
VO^{2+}/V^{3+}	$VO^{2+}+2H^++e^- \rightleftharpoons V^{3+}+H_2O$	0.337
Cu^{2+}/Cu	$Cu^{2+}+2e^- \rightleftharpoons Cu$	0.3419
$(CN)_2/HCN$	$(CN)_2+2H^++2e^- \rightleftharpoons 2HCN$	0.373
H_2SO_3/S	$H_2SO_3+4H^++4e^- \rightleftharpoons S+3H_2O$	0.449
Cu^+/Cu	$Cu^++e^- \rightleftharpoons Cu$	0.521
I_2/I^-	$I_2+2e^- \rightleftharpoons 2I^-$	0.5355
MnO_4^-/MnO_4^{2-}	$MnO_4^-+e^- \rightleftharpoons MnO_4^{2-}$	0.558
$H_3AsO_4/HAsO_2$	$H_3AsO_4+2H^++2e^- \rightleftharpoons HAsO_2+2H_2O$	0.560
$S_2O_6^{2-}/H_2SO_3$	$S_2O_6^{2-}+4H^++2e^- \rightleftharpoons 2H_2SO_3$	0.564
$[PtCl_6]^{2-}/[PtCl_4]^{2-}$	$[PtCl_6]^{2-}+2e^- \rightleftharpoons [PtCl_4]^{2-}+2Cl^-$	0.68
O_2/H_2O_2	$O_2+2H^++2e^- \rightleftharpoons H_2O_2$	0.695
$[PtCl_4]^{2-}/Pt$	$[PtCl_4]^{2-}+2e^- \rightleftharpoons Pt+4Cl^-$	0.755
Rh^{3+}/Rh	$Rh^{3+}+3e^- \rightleftharpoons Rh$	0.758
$(CNS)_2/CNS^-$	$(CNS)_2+2e^- \rightleftharpoons 2CNS^-$	0.77
Fe^{3+}/Fe^{2+}	$Fe^{3+}+e^- \rightleftharpoons Fe^{2+}$	0.771
Hg_2^{2+}/Hg	$Hg_2^{2+}+2e^- \rightleftharpoons 2Hg$	0.7973
Ag^+/Ag	$Ag^++e^- \rightleftharpoons Ag$	0.7996
NO_3^-/N_2O_4	$2NO_3^-+4H^++2e^- \rightleftharpoons N_2O_4+2H_2O$	0.803

续表

电对符号	电极反应 氧化型$+ze^- \rightleftharpoons$还原型	$E^\ominus$/V
Hg^{2+}/Hg_2^{2+}	$2Hg^{2+}+2e^- \rightleftharpoons Hg_2^{2+}$	0.920
NO_3^-/HNO_2	$NO_3^-+3H^++2e^- \rightleftharpoons HNO_2+H_2O$	0.934
Pd^{2+}/Pd	$Pd^{2+}+2e^- \rightleftharpoons Pd$	0.951
NO_3^-/NO	$NO_3^-+4H^++3e^- \rightleftharpoons NO+2H_2O$	0.957
HNO_2/NO	$HNO_2+H^++e^- \rightleftharpoons NO+H_2O$	0.983
HIO/I^-	$HIO+H^++2e^- \rightleftharpoons I^-+H_2O$	0.987
VO_2^+/VO^{2+}	$VO_2^++2H^++e^- \rightleftharpoons VO^{2+}+H_2O$	0.991
N_2O_4/NO	$N_2O_4+4H^++4e^- \rightleftharpoons 2NO+2H_2O$	1.035
N_2O_4/HNO_2	$N_2O_4+2H^++2e^- \rightleftharpoons 2HNO_2$	1.065
$Br_2(aq)/Br^-$	$Br_2(aq)+2e^- \rightleftharpoons 2Br^-$	1.0873
Pt^{2+}/Pt	$Pt^{2+}+2e^- \rightleftharpoons Pt$	1.18
ClO_4^-/ClO_3^-	$ClO_4^-+2H^++2e^- \rightleftharpoons ClO_3^-+H_2O$	1.189
IO_3^-/I_2	$2IO_3^-+12H^++10e^- \rightleftharpoons I_2+6H_2O$	1.195
$ClO_3^-/HClO_2$	$ClO_3^-+3H^++2e^- \rightleftharpoons HClO_2+H_2O$	1.214
MnO_2/Mn^{2+}	$MnO_2+4H^++2e^- \rightleftharpoons Mn^{2+}+2H_2O$	1.224
O_2/H_2O	$O_2+4H^++4e^- \rightleftharpoons 2H_2O$	1.229
$Cr_2O_7^{2-}/Cr^{3+}$	$Cr_2O_7^{2-}+14H^++6e^- \rightleftharpoons 2Cr^{3+}+7H_2O$	1.36
Tl^{3+}/Tl^+	$Tl^{3+}+2e^- \rightleftharpoons Tl^+$	1.252
$N_2H_5^+/NH_4^+$	$N_2H_5^++3H^++2e^- \rightleftharpoons 2NH_4^+$	1.275
$ClO_2/HClO_2$	$ClO_2+H^++e^- \rightleftharpoons HClO_2$	1.277
HNO_2/N_2O	$2HNO_2+4H^++4e^- \rightleftharpoons N_2O+3H_2O$	1.297
Cl_2/Cl^-	$Cl_2+2e^- \rightleftharpoons 2Cl^-$	1.358
ClO_4^-/Cl_2	$ClO_4^-+8H^++7e^- \rightleftharpoons 1/2Cl_2+4H_2O$	1.39
Au^{3+}/Au^+	$Au^{3+}+2e^- \rightleftharpoons Au^+$	1.401
$NH_3OH^+/N_2H_5^+$	$2NH_3OH^++H^++2e^- \rightleftharpoons N_2H_5^++2H_2O$	1.42
HIO/I_2	$2HIO+H^++2e^- \rightleftharpoons I_2+H_2O$	1.439
PbO_2/Pb^{2+}	$PbO_2+4H^++2e^- \rightleftharpoons Pb^{2+}+2H_2O$	1.455
ClO_3^-/Cl_2	$ClO_3^-+6H^++5e^- \rightleftharpoons 1/2Cl_2+3H_2O$	1.47
BrO_3^-/Br_2	$BrO_3^-+6H^++5e^- \rightleftharpoons 1/2Br_2+3H_2O$	1.482
MnO_4^-/Mn^{2+}	$MnO_4^-+8H^++5e^- \rightleftharpoons Mn^{2+}+4H_2O$	1.507
Mn^{3+}/Mn^{2+}	$Mn^{3+}+e^- \rightleftharpoons Mn^{2+}$	1.5415
$HBrO/Br_2(aq)$	$HBrO+H^++e^- \rightleftharpoons 1/2Br_2(aq)+H_2O$	1.574
NO/N_2O	$2NO+2H^++2e^- \rightleftharpoons N_2O+H_2O$	1.591
Bi_2O_4/BiO^+	$Bi_2O_4+4H^++2e^- \rightleftharpoons 2BiO^++2H_2O$	1.593
H_5IO_6/IO_3^-	$H_5IO_6+H^++2e^- \rightleftharpoons IO_3^-+3H_2O$	1.601
$HClO/Cl_2$	$HClO+H^++2e^- \rightleftharpoons 1/2Cl_2+H_2O$	1.611

续表

电对符号	电极反应 氧化型$+ze^- \rightleftharpoons$还原型	$E^\ominus/V$
$HClO_2/Cl_2$	$HClO_2+3H^++2e^- \rightleftharpoons 1/2Cl_2+2H_2O$	1.628
NiO_2/Ni^{2+}	$NiO_2+4H^++2e^- \rightleftharpoons Ni^{2+}+2H_2O$	1.678
MnO_4^-/MnO_2	$MnO_4^-+4H^++2e^- \rightleftharpoons MnO_2+2H_2O$	1.679
$PbO_2/PbSO_4$	$PbO_2+SO_4^{2-}+4H^++2e^- \rightleftharpoons PbSO_4+2H_2O$	1.6913
Au^+/Au	$Au^++e^- \rightleftharpoons Au$	1.692
N_2O/N_2	$N_2O+2H^++2e^- \rightleftharpoons N_2+H_2O$	1.766
H_2O_2/H_2O	$H_2O_2+2H^++2e^- \rightleftharpoons 2H_2O$	1.776
Co^{3+}/Co^{2+}	$Co^{3+}+e^- \rightleftharpoons Co^{2+}$	1.92
Ag^{2+}/Ag^+	$Ag^{2+}+e^- \rightleftharpoons Ag^+$	1.980
$S_2O_8^{2-}/SO_4^{2-}$	$S_2O_8^{2-}+2e^- \rightleftharpoons 2SO_4^{2-}$	2.010
$HFeO_4/Fe^{3+}$	$HFeO_4^-+7H^++3e^- \rightleftharpoons Fe^{3+}+4H_2O$	2.07
O_3/H_2O	$O_3+2H^++2e^- \rightleftharpoons O_2+H_2O$	2.076
XeO_3/Xe	$XeO_3+6H^++6e^- \rightleftharpoons Xe+3H_2O$	2.10
H_4XeO_6/XeO_3	$H_4XeO_6+2H^++2e^- \rightleftharpoons XeO_3+3H_2O$	2.42
F_2/HF	$F_2+2H^++2e^- \rightleftharpoons 2HF$	3.053

数据摘自：Haynes W H. CRC Handbook of Chemistry and Physics. 93rd ed. 2012～2013。